高 等 学 校 教 材

材料力学

（第2版）

主　编　王　博
副主编　马红艳

中国教育出版传媒集团
高等教育出版社·北京

内容提要

本书是根据《高等学校工科基础课程教学基本要求》中的"高等学校力学基础课程教学基本要求"并结合慕课的教学特点编写而成的。本书注重典型性、新颖性、趣味性和启发性的风格特色，内容包括绪论、轴向拉伸和压缩、剪切、扭转、弯曲内力、截面图形的几何性质、弯曲应力、弯曲变形、应力状态分析与强度理论、组合变形、压杆稳定、能量法、静不定结构、动载荷、疲劳等，书中收入了大量贴近工程和生活实际的题目并附有详尽的解答及其进一步的讨论。

本书是与"材料力学"慕课（大连理工大学王博主讲）配套的教材，可供高等学校本科力学、机械、土木等专业的材料力学课程教学使用，也可供社会学习者及工程技术人员参考。

图书在版编目（CIP）数据

材料力学 / 王博主编；马红艳副主编. --2 版. --北京：高等教育出版社，2022.9（2023.11 重印）

ISBN 978-7-04-058823-1

Ⅰ. ①材… Ⅱ. ①王… ②马… Ⅲ. ①材料力学-高等学校-教材 Ⅳ. ①TB301

中国版本图书馆 CIP 数据核字（2022）第 105464 号

Cailiao Lixue

策划编辑 黄 强　　责任编辑 黄 强　　封面设计 李小璐　　版式设计 杜微言
责任绘图 黄云燕　　责任校对 张 薇　　责任印制 刘思涵

出版发行 高等教育出版社
社 址 北京市西城区德外大街 4 号
邮政编码 100120
印 刷 三河市华骏印务包装有限公司
开 本 787mm×1092mm 1/16
印 张 24.75
字 数 550 千字
插 页 1
购书热线 010-58581118
咨询电话 400-810-0598

网 址 http://www.hep.edu.cn
http://www.hep.com.cn
网上订购 http://www.hepmall.com.cn
http://www.hepmall.com
http://www.hepmall.cn
版 次 2018 年 9 月第 1 版
2022 年 9 月第 2 版
印 次 2023 年 11 月第 2 次印刷
定 价 50.00 元

物 料 号 58823-00

材料力学
（第2版）

1 计算机访问http://abook.hep.com.cn/1255623，或手机扫描二维码、下载并安装Abook应用。

2 注册并登录，进入"我的课程"。

3 输入封底数字课程账号（20位密码，刮开涂层可见），或通过Abook应用扫描封底数字课程账号二维码，完成课程绑定。

4 单击"进入课程"按钮，开始本数字课程的学习。

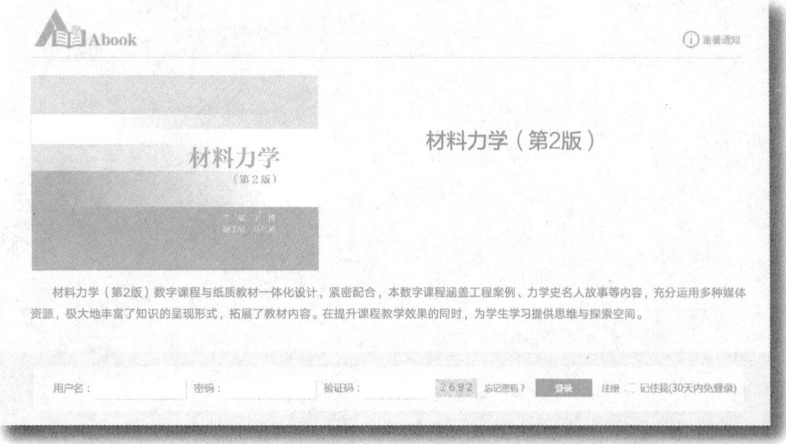

课程绑定后一年为数字课程使用有效期。受硬件限制，部分内容无法在手机端显示，请按提示通过计算机访问学习。

如有使用问题，请发邮件至abook@hep.com.cn。

http://abook.hep.com.cn/1255623

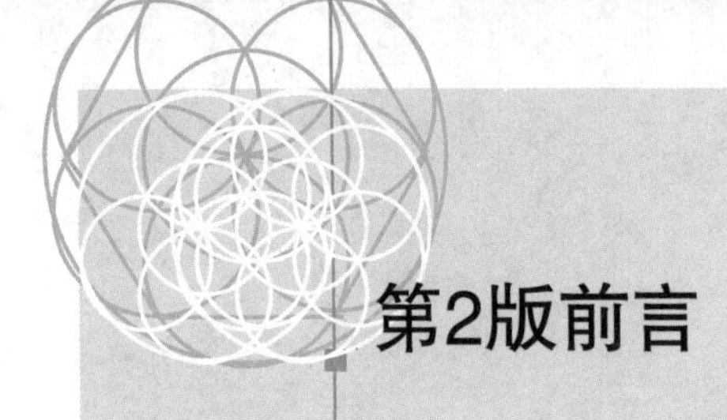

第2版前言

《材料力学》第 1 版自 2018 年出版以来受到广大师生的欢迎和认可，随着社会和科技的不断发展进步，有必要对书中内容不断进行调整更新。第 2 版根据读者的建议做了一些修订，在保持逻辑严谨、内容丰富和知识点覆盖全面的同时，扩展知识的深度和广度，融入了作者获国家科技进步奖的最新科研成果，力图为读者提供学科发展最前沿的学习资源。

为更好地运用线上线下混合式教学模式提高教学效果，本书与中国大学 MOOC 上线的大连理工大学“材料力学”课程相匹配，该课程 2020 年被认定为首批国家级一流本科课程（线上一流课程）。读者通过扫描二维码可阅读与知识点相关的课程思政案例，包括工程实例、力学史人物故事等。

本书第 2 版承蒙北京工业大学叶红玲教授审阅。叶红玲教授提出了许多宝贵的意见和建议，在此表示衷心的感谢。

受作者水平所限，书中疏漏和不妥之处在所难免，恳请专家、读者指正。

编　者

2022 年 5 月

第1版前言

慕课具有打破时空限制、开放程度高、可重复、强调学习的体验和互动等基本特点，本书正是与爱课程网上“材料力学”慕课(大连理工大学王博主讲)配套的教材。

本书将材料力学知识点碎片化，以方便学生随时、随地学习；基于核心知识点，结合实际应用性，采用了进阶式设计，读者可基于自主学习的成效安排各章节内容；以线上教学内容为基础，再进行拓展和延伸，将慕课视频中讲授的知识点展开，辅以解释和说明，帮助学生更好地理解和吸收；内容和形式丰富全面，题材选择涉及了更多的工程领域，题目的类型和训练的层次更加多样化，可满足不同层次读者的需求，特别是书中收入的部分题目由编者的科研实践和工程实践转化而来，这些题目体现了材料力学原理的创新性应用，也突出了力学建模能力的培养。

本书注重典型性、新颖性、趣味性和启发性的风格特色，这一特色将对在校大学生和有需求的不同层面的社会学习者具有重要的指导帮助作用，也对工程技术界的读者具有参考价值。

本书内容包括绪论、轴向拉伸和压缩、剪切、扭转、弯曲内力、截面图形的几何性质、弯曲应力、弯曲变形、应力状态分析与强度理论、组合变形、压杆稳定、静不定结构、能量法、动载荷、疲劳等。本书可供高等学校本科力学、机械、土木等专业的材料力学课程教学使用，也可供社会学习者及工程技术人员参考。

参加本书编写工作的主要有季顺迎(第1章)、马红艳(第2、3、4章)、毕祥军(第5、6、7章)、李锐、郝鹏(第8、9章)、张昭(第10章、附录)、王博(第11、12章)、马国军(第13、14章)。全书由王博担任主编，马红艳为副主编。

本书得到大连理工大学教务处教材出版基金的资助，也得到大连理工大学运载工程与力学学部、工程力学系的大力支持。大连理工大学杨春秋教授对本书给予了悉心的指导，在此表示诚挚的感谢。

由于作者水平所限，疏漏和不足之处在所难免，恳请专家、读者给予批评指正。

编　者

2018年3月

目　录

第1章 绪论

1.1 走进材料力学

材料力学的建立和发展在人们的日常生活、生产和工程实践中经历了漫长的历史时期。我国古代对材料力学的发展也做出了重要贡献。作为一门相对独立、系统的学科，材料力学是从文艺复兴时期的17世纪建立并不断发展完善起来的。近年来，随着科学技术的高速发展，材料力学不断面临着新的研究课题。

一、我国古代有关材料力学的生产和工程实践

在我国历史上，人们在日常生活、生产和工程实践中积累了丰富的力学经验。我国劳动人民的智慧充分地体现在大型水利和建筑工程的应用中，形成了朴素的材料力学基础。春秋战国时代的《考工记》《墨经》《荀子》、汉代的《淮南子》、宋代的《营造法式》、明代的《天工开物》等著作中，已有关于刚性、韧性、挠度和复合材料的初步知识。古代文献中最早关于力的概念的论述出现在《墨经》中，定义力为“力，刑之所以奋也”①，即力是物体改变运动状态的原因。这与牛顿第一定律“任何物体都保持静止或匀速直线运动的状态，直到受到其他物体的作用力迫使它改变这种状态为止”是一致的。该书还提及“发均县(悬)，轻而发绝，不均也。均，其绝也莫绝”。它指的是：用多根头发悬挂重物，物很轻时头发就断了，是因为头发受力不均匀；如果受力均匀，该断时也不会断。这段话的力学基础是静不定及强度理论。

东汉建武七年(公元31年)，杜诗创造了水排，表明人们已经很清楚地知道如何用拉(压)杆、弯曲梁、扭转轴等构件设计出一个完整的工程结构。东汉经学家郑玄在《考弓记·弓人》的注中以弓的拉力为研究对象建立了力与位移的比例关系，形成了朴实的弹性定律。此外，明代宋应星的《天工开物》也谈及弓拉力与伸长的线弹性关系。对于矩形截面梁的高宽比，我国北宋李诫在其《营造法式》中推荐取值为3∶2，这一取值处在最佳强度设计($\sqrt{2}:1$)和最佳刚度设计($\sqrt{3}:1$)之间。近年来，我国学者对8—12世纪建筑中121根木梁截面的测量结果发现，53.7%的高宽比在$\sqrt{2}:1\sim\sqrt{3}:1$之间，由此表明我国古代建筑技术中力学知识的科学性和合理性。

我国古代对材料力学的贡献还集中表现在工程结构中。例如，隋代工匠李春利用石料耐压不耐拉的特性，主持建造了跨长37 m之多，拱圈矢高7 m多的拱桥，跨越在河北省赵县

① 这里“刑”同“形”，指物体。

的洨河上，即著名的赵州桥（图 1-1）。其主拱上的小拱不仅便于排水，而且表明工匠李春对减重省材、优化结构的力学效应已有清楚的认识。在当时同类石拱桥中，赵州桥的设计与工艺之先进堪称世界之冠。世界上现存最高的木结构建筑——山西应县木塔（图 1-2）距今已近一千年的历史，在 1305 年曾经历过一次大地震，附近民房全部倒塌，而木塔仍完整地屹立至今。

图 1-1

图 1-2

综上所述，我国古代有丰富的有关材料力学的生活、生产和工程实践，并做出了卓越贡献。其主要表现在工程建设的实践活动中，但缺乏理论上的总结和交流传播。封建制度的长期延续，严重地束缚了生产力的发展，因而也限制了科学技术的成长，致使材料力学，乃至经典力学作为一个系统的学科没能在中国产生，而是于文艺复兴期间在欧洲建立并发展起来。

二、材料力学的建立与发展

任何一门科学都不是个别人在短期内创造出来的。源于实践活动的材料力学知识由来已久。文艺复兴初期的意大利美术大师、力学家、工程师达·芬奇应用虚位移原理的概念研究过起重机具上的滑轮和杠杆系统，并做过铁丝的拉伸实验。一般认为，意大利科学家伽利略的《关于力学和位置运动的两门新科学的对话》一书的发表，是材料力学开始形成一门独立学科的标志。在该书中这位科学巨匠尝试用科学的解析方法确定构件的尺寸，讨论的第一问题是直杆轴向拉伸问题，得到承载能力与横截面面积成正比而与长度无关的正确结论。图 1-3 所示为伽利略的结构强度试验装置。

图 1-3

对材料力学的系统研究一般认为是以 17 世纪胡克和马略特的工作为代表。英国科学家胡克通过对一系列试验资料作总结，在 1678 年提出了物体弹性变形与所受的力成正比的规律,即胡克定律。它是材料力学进一步发展的基础,并在该领域内得到广泛的应用。近代把应力表示成应变分量的函数可以认为是胡克定律的通式。所以胡克是材料力学这门科学的奠基人之一。随着牛顿和莱布尼茨所建微积分的发展和应用,材料力学的研究成果不断涌现,如欧拉和伯努利所建立的梁的弯曲理论,欧拉提出的压杆稳定理论(欧拉公式),直到今天依然被广泛应用。

直到18世纪末19世纪初,材料力学作为一门学科,才真正形成比较完整的体系。这一时期,对材料力学贡献最大的首推法国科学家库仑。他系统地研究了脆性材料(当时主要是石料)的破坏问题,给出了判断材料强度的重要指标。同时他还修正了伽利略和马略特理论中的错误,获得了圆形截面杆扭转切应力的正确计算结果。法国科学家纳维明确提出了应力、应变的概念,给出了各向同性和各向异性弹性体的广义胡克定律,研究了梁的静不定问题及曲梁的弯曲问题。法国科学家圣维南研究了柱体的扭转和一般梁的弯曲问题,提出了著名的圣维南原理,为材料力学应用于工程实际奠定了重要的基础。法国科学家泊松发现在弹性范围内材料的横向应变与纵向应变之比为一常数,这一比值也因此被称为泊松比。

力学发展史呈现出理论与实验相结合的交叉式递进,探索与创新相交融的螺旋型发展的丰富多彩的画面。以梁的理论研究为例,从达·芬奇开始讨论梁的问题,到伽利略最早开始梁的理论研究,再历经马略特、胡克、伯努利、纳维、儒拉夫斯基和铁摩辛柯,历经400年的探索才将梁的系统理论建立起来。可见,科学研究不可能是一帆风顺的,常常要经历一个不断发展和变革的漫长过程。在这个过程中,尽管一些科学家得到的成果不完备,甚至是不正确的,但对最终得到正确解答也会起到很大的促进作用。除了弯曲理论的研究外,扭转、疲劳、压杆稳定、强度理论等材料力学中的许多理论,从问题的提出、研究发展到基本完善均经历了较长的发展阶段,其间对材料力学的理论都存在一个由猜测到确认、从模糊到清晰的认识过程。

19世纪中期至20世纪,铁路、桥梁的发展以及钢铁和其他新材料的出现,向力学工作者提出了更广泛更深入的研究课题,使得力学的分工越来越细,出现了更多地以材料力学、结构力学、弹性力学和塑性力学为基础的固体力学分支。在材料力学教学内容和体系方面,美籍俄罗斯力学家铁摩辛柯做出了卓越的贡献。他一生编著了《材料力学》《结构力学》《弹性力学》《弹性稳定性理论》《工程中的振动问题》和《材料力学史》等20多种书籍,被人们普遍确认为是力学的经典书籍。其中,《材料力学史》对材料力学这一学科的发展沿革进行了全面的论述。

三、材料力学的任务

材料力学是在不断地解决机械、土木等工程问题的过程中产生和发展起来的,其目的是为不同工程结构的分析和设计提供理论基础和计算方法。材料力学又是固体力学的入门课程,其作用是奠定学习变形体固体力学的基础。因此,工程应用性和理论基础性构成了材料力学课程的特点。

工程结构和机械是由若干单个部分或零部件组成的,这些单个组成部分或零部件统称构件。只有每一个构件都正常工作,才能保证整个结构正常工作。材料力学重点研究单个构件正常工作的基本力学条件:强度、刚度和稳定性。

工程结构和机械的各组成部分,在外力作用下会发生尺寸改变和形状改变,这两种改变统称变形。构件受外力发生变形,外力卸除后能消失的变形称为弹性变形,不能消失的变形称为塑性变形或残余变形。工程结构和机械设计的基本要求是安全可靠和经济合理。材料力学要解决的问题主要是建立构件正常工作的强度、刚度和稳定性条件。

强度是指构件抵抗破坏的能力。构件在外力的作用下可能断裂,也可能发生显著的不能消失的塑性变形。这两种情况都属于破坏。构件正常工作需具有足够的强度,以保证在规定的使用条件下不发生意外断裂或显著的塑性变形,这类条件称为强度条件。

刚度是指构件抵抗变形的能力。多数构件在正常工作时只允许发生弹性变形。将构件的变形控制在设计范围以内,以保证其在规定的使用条件下不产生过大变形,这类条件称为刚度条件。

稳定性是指构件维持原有平衡形式的能力。材料力学研究的构件一般都处于平衡状态,但平衡状态的稳定程度是各不相同的。构件应具有稳定平衡需要满足的条件,以保证其在规定的使用条件下不失稳,这类条件称为稳定性条件。

材料力学的任务是研究建立构件的强度条件、刚度条件和稳定性条件,为经济合理地设计构件提供基本理论和分析方法。

在材料力学研究中,建立在简化假设基础上的理论需要由实验来验证,材料的力学性能需要由实验测定,在理论上尚未解决的问题,要通过实验方法解决。因此,完成材料力学的任务也要重视实验研究的地位和作用。此外,近年来计算机技术的飞速发展为材料力学的基础研究和工程应用提供了有力的工具。

1.2 材料力学的基本概念

一、材料力学的研究对象

长度方向的尺寸远大于横向尺寸的构件,称为杆件。工程中最常见、最基本的构件是杆件。梁、柱、传动轴、支撑杆等构件都可以抽象为杆件。

描述杆件的几何要素是横截面和轴线。垂直于杆的长度方向的平切面称为横截面。所有横截面形心的连线称为杆的轴线。杆件的横截面与轴线正交。横截面的大小和形状都相同的杆件称为等截面杆(图 1-4a,b),不相同的称为变截面杆(图 1-4c)。

轴线为直线的杆称为直杆(图 1-4a,c),轴线为曲线的杆称为曲杆(图 1-4b)。材料力学的研究对象主要是等截面直杆,简称等直杆(图 1-4a)。材料力学中等直杆的计算原理一般可以近似用于曲率很小的曲杆和横截面变化不大的变截面杆。

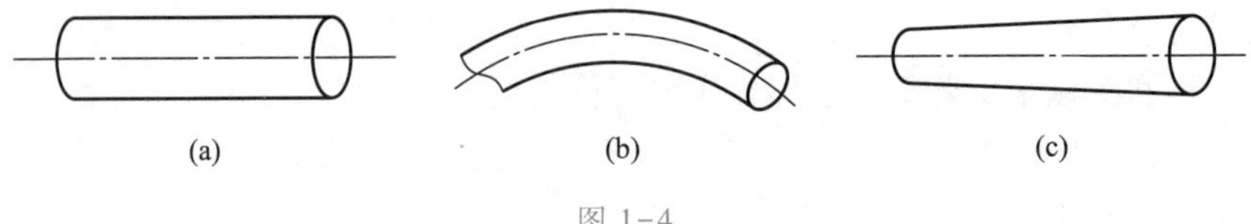

图 1-4

二、材料力学的基本假设

由于工程材料的多种多样性,构件的微观结构非常复杂。按照实际构件材料的性质进行精确的力学计算既不可能也无必要。为了简化力学模型,在满足工程精度要求的条件下,对材料力学研究的可变形固体作出以下基本假设。

1. 连续性假设

认为固体材料的整个体积内毫无间隙地充满了物质。构件在其占有的几何空间内是密实的和连续的,而且变形后仍然保持这种连续状态。这一假设意味着构件变形时材料既不相互分离,也不相互挤入。这样,固体的力学量就可以表示为坐标的连续函数,便于应用数学分析的方法。

2. 均匀性假设

认为固体材料内任一部分的力学性能都完全相同。因为固体材料的力学性能反映的是其所有组成部分的性能的统计平均量,所以可认为力学性能是均匀的,不随坐标位置而改变。这样就可以从物体中任取一微小部分进行分析和试验,其结果可适用于整体。

3. 各向同性假设

认为固体材料在各个方向上的力学性能都是完全相同的。虽然工程上常用的金属材料在微观尺度下各个单晶并非各向同性,但是构件中包含着许许多多无序排列的晶粒,综合起来并不显示出方向性的差异,而是宏观上呈现出各向同性的性质。具备这种性质的材料称为各向同性材料。而沿不同方向力学性能不同的材料,则称为各向异性材料。

4. 小变形假设

认为固体材料在外力作用下产生的变形量远远小于其原始尺寸。材料力学所研究的问题大部分只限于这种情况。这样,在研究平衡问题时就可以不考虑因变形而引起的尺寸变化,按其原始尺寸进行分析,使计算得以简化。但对构件作强度、刚度和稳定性研究,以及对大变形平衡问题进行分析时,就不能忽略构件的变形。

综上所述,材料力学一般将实际材料看作是连续、均匀和各向同性的可变形固体,并在具有弹性力学行为的小变形条件下进行研究。

三、外力、内力和应力

1. 外力

对于材料力学所研究的构件来说,其他构件与物体作用于其上的力均为外力,包括载荷和约束力。按照外力的作用形式,可分为表面力和体积力。作用在构件表面的力,称为表面力,如两物体间的接触压力;作用在构件各质点上的外力,称为体积力,如重力和惯性力。

按照表面力在构件表面的分布情况,又可分为分布力和集中力。作用在构件上的外力如果作用面积远小于构件尺寸,可以简化为集中力,如图 1-5a 所示,单位为 N 或 kN。

如果力的作用范围较大时则应简化为分布力;简化为一条线上的连续作用的力称为线分布力,如长杆的重力就可以简化为作用在杆的轴线上的线分布力,如图 1-5b 所示,其大小用线分布力集度 $q(x)$ 表示,单位为 N/m 或 kN/m。$q(x)$ 是常数时称为均布力,或均布载荷，如图 1-5c 所示。图 1-5d 是水闸受到静水压力作用时沿深度方向的线性线分布力的简化图。其可简化成在一个面上连续作用的力，称为面分布力，其大小用 p 表示，单位为 Pa($1\ \text{Pa}=1\ \text{N/m}^2$)。压力容器内的压力载荷也是典型的面分布力，如图 1-5e 所示。

图 1-5f 是集中力偶的示意图，单位为 N · m 或 kN · m。图 1-5g 则为线分布力偶的示意图，其单位为 N · m/m。

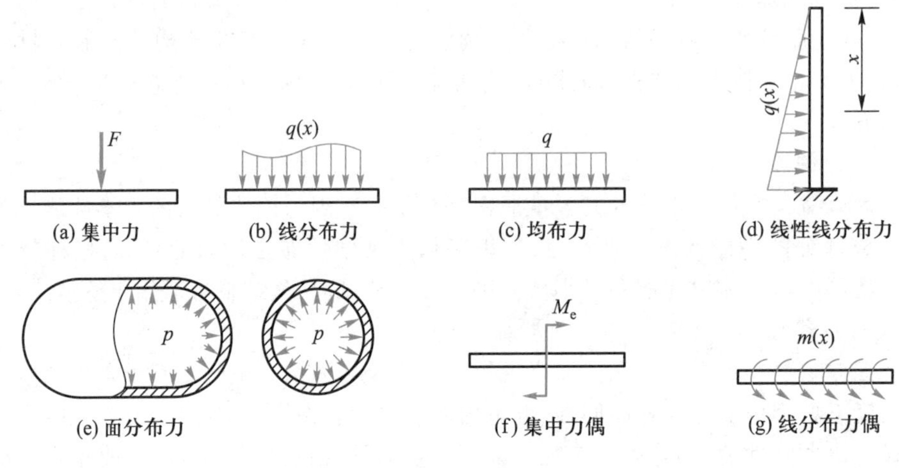

图 1-5

按照载荷是否随时间变化的情况，载荷又可分为静载荷和动载荷。随时间变化极缓慢或不变化的载荷，称为静载荷。其特征是在加载过程中，构件的加速度很小可以忽略不计。例如，水库静水对坝体的压力、建筑物上的雪载荷等。随时间显著变化或使构件各质点产生明显加速度的载荷，称为动载荷，又称为交变载荷或冲击载荷。例如，锻造时汽锤连杆受到的冲击力、汽车在行驶中对地面的作用力。构件在静载荷和动载荷作用下的力学行为不同，分析方法也有一定的差异，前者是后者的基础。

2. 内力和截面法

物体受外力作用产生变形时，内部各部分因相对位置改变而引起的相互作用力称为内力。不受外力作用时，物体内部各质点间也存在着相互作用力，在外力作用下则会引起原有相互作用力改变。材料力学中的内力，就是指这种因外力引起的物体内部各部分相互作用力的改变量。

构件的强度、刚度和稳定性与内力密切相关。因此，内力分析是解决材料力学问题的基础。

内力是物体内部各相连部分相互作用的力，只有将物体假想地截开才可能把内力显露出来并进行分析计算。以图 1-6a 中在平衡力系作用下的物体为例，沿 C 截面假想地将物体截为 A、B 两部分，如图 1-6b 所示。A 部分的截面上因为 B 部分对它的作用而存在着内力，按照连续性假设，内力在该截面上也是连续分布的。这种分布内力可以向截面形心 O

简化为主矢 F_R 和主矩 M_O，如图 1-6c 所示。这里将分布内力的合力称为**截面上的内力**。同理，B 部分的截面上也存在着因 A 部分对它的作用而产生的内力 F'_R 和 M'_O。

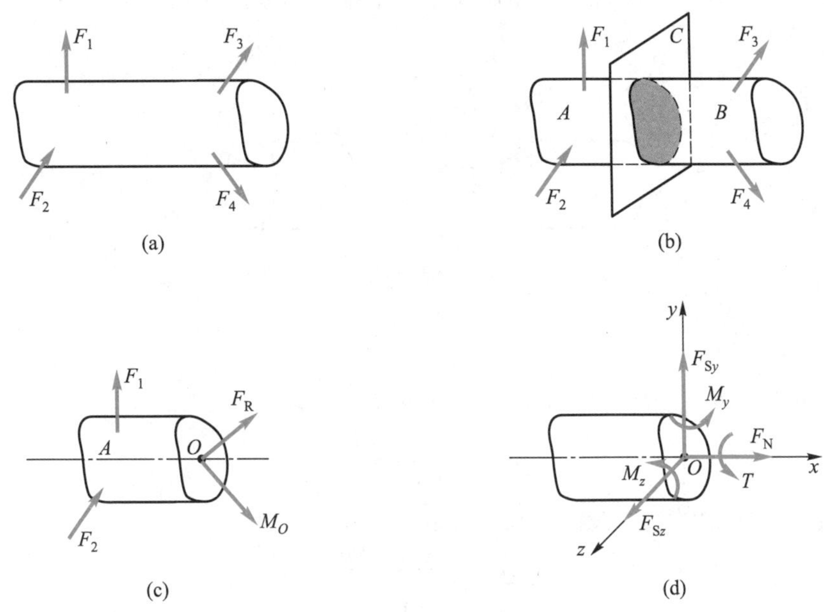

图 1-6

根据作用与反作用定律，同一截面两侧的内力必大小相等方向相反，即任一截面处的内力总是成对出现的。整个物体处于平衡状态时，若对 A、B 两部分中任意一部分进行观察，它也必然保持平衡，因此对该部分建立平衡方程就可以确定该截面上的内力。这种用假想截面把构件截开后求内力的方法称为**截面法**。

截面法是计算内力的基本方法，其步骤如下：

(1) **截开**　若确定某一截面上的内力，就沿该截面假想地把构件截分为两部分；

(2) **脱离**　取其中一部分作为研究对象，将另一部分对研究对象的作用力用内力代替；

(3) **平衡**　对研究对象建立平衡方程，并求解出内力。

在材料力学中，通常将构件横截面上的内力（主矢 F_R 和主矩 M_O）分解为六个内力分量计算（图 1-6d），即

轴力 F_N：力作用线通过截面形心并垂直于横截面；

剪力 F_S：力作用线与横截面平行，F_{Sy}、F_{Sz}分别表示平行于 y、z 轴的剪力；

扭矩 T：力偶作用面与横截面平行，或力偶矩矢与横截面垂直；

弯矩 M：力偶作用面与横截面垂直，力偶矩矢平行于 y 轴的弯矩记作 M_y，平行于 z 轴的弯矩记作 M_z。

3. 应力

内力是连续分布的，用截面法确定的内力是这种分布内力的合力。为了描述内力的分

布情况，需要引入应力的概念。截面上一点处内力分布的集度，称为应力。

在截面上某一点 D 处其微小面积 ΔA 上的内力设为 ΔF，其法向内力为 ΔF_N，切向内力为 ΔF_S，如图 1-7a 所示。应力按其作用线相对于截面的方向和位置可分为正应力和切应力，如图 1-7b 所示。

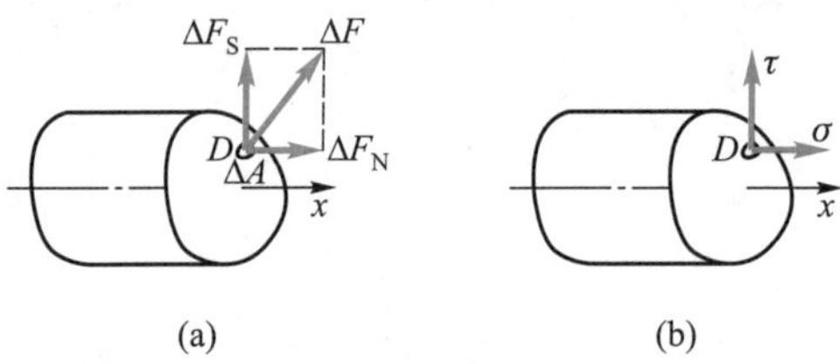

图 1-7

作用线垂直于截面的应力称为正应力，用 σ 表示，定义为

$$\sigma=\lim_{\Delta A\to 0}\frac{\Delta F_N}{\Delta A}=\frac{dF_N}{dA} \tag{1-1}$$

作用线位于截面内的应力称为切应力，用 τ 表示，定义为

$$\tau=\lim_{\Delta A\to 0}\frac{\Delta F_S}{\Delta A}=\frac{dF_S}{dA} \tag{1-2}$$

应力的单位是帕斯卡，简称帕（Pa），1 Pa = 1 N/m^2。工程中常用的应力单位为兆帕（MPa），1 MPa = 10^6 Pa。

四、位移、变形和应变

1. 位移与变形

物体受外力作用或环境温度变化时，物体内各质点的坐标会发生改变，这种坐标位置的改变量称为位移。位移分为线位移和角位移。线位移是指物体上一点位置的改变；角位移是指物体上一条线段或一个面转动的角度。

由于物体内各点的位移使物体的尺寸和形状都发生了改变，这种尺寸和形状的改变统称为变形。通常，物体内各部分的变形是不均匀的，为了衡量各点处的变形程度，需要引入应变的概念。

2. 应变

线应变

假设构件是由许多个微小单元体（简称微元体或微元）组成的，物体整体的变形则是所有微元体变形累加的结果。微元体通常为正六面体。

对于正应力作用下的微元体（图 1-8），沿着正应力方向和垂直于正应力方向将产生伸长或缩短，这种变形称为线变形。描述物体在各点处线变形程度的量，称为线应变或正应变，用 ε 表示。根据微元体变形前后在 x 方向长度 dx 的相对改变量，有

$$\varepsilon_x=\frac{du}{dx} \tag{1-3}$$

式中，dx 为变形前微元体在正应力作用方向的长度；du 为微元体变形后相距为 dx 的两截面沿正应力方向的相对位移；ε_x 的下标 x 表示应变发生的方向。

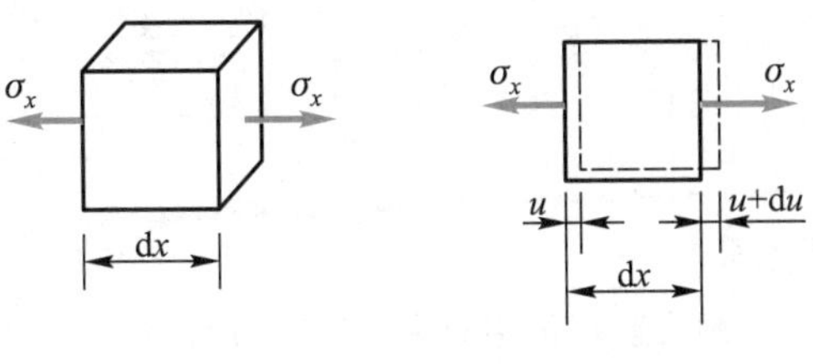

图 1-8

如果考虑受拉等直杆的变形情况，如图 1-9 所示，其原长为 l，在两端轴向拉力作用下的伸长为 δ，则该杆沿长度方向的平均线应变为

$$\varepsilon_m = \frac{\delta}{l} \tag{1-4}$$

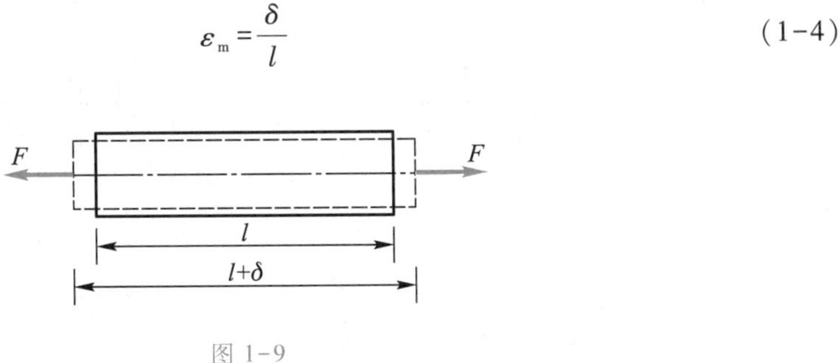

图 1-9

如果杆内各点变形是均匀的，ε_m 认为是杆内各点处的沿杆长方向的线应变 ε。对于杆内各处变形是不均匀的情况，可在各点处沿杆长方向取一微段 Δx，若该微段的长度改变量为 $\Delta\delta$，则定义该点处沿杆长方向的线应变为

$$\varepsilon = \lim_{\Delta x \to 0} \frac{\Delta\delta}{\Delta x} = \frac{d\delta}{dx} \tag{1-5}$$

线应变 ε 可以度量物体内各点处沿某一方向长度的相对改变。在小变形情况下，ε 是一个微小的量。

切应变

在物体内一点 A 附近沿 x、y 轴方向取微段 dx 和 dy（图 1-10）。物体变形后，原来相互垂直的两条边夹角发生变化。通过 A 点的两个互相垂直的微段之间的直角改变量 γ 称为 A 点的**切应变**，用弧度（rad）来度量。小变形时 γ 也是一个微小的量。

由此可见，构件的整体变形是各微元体局部变形的组合结果，而微元体的局部变形则可用线应变和切应变表示。线应变 ε 和切应变 γ 是度量构件内一点处变形程度的两个基本量，以后可以注意到，它们分别与正应力 σ 和切应力 τ 相联系。线应变和切应变均为量纲为一的量。

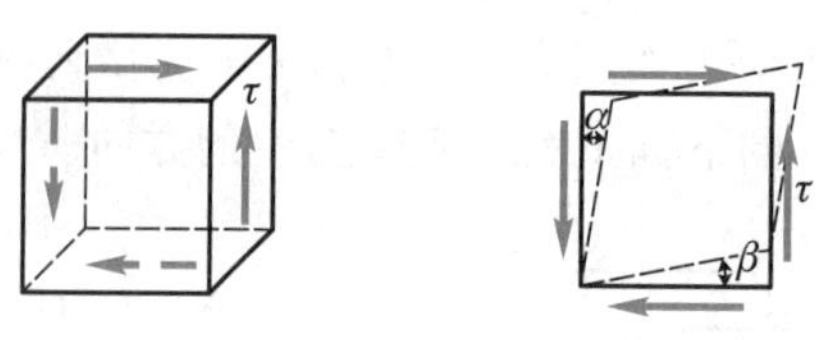

图 1-10

五、杆件变形的基本形式

杆件的受力情况和变形情况是多种多样的,但其可以看成几种基本变形之一或几种基本变形的组合。杆件的基本变形形式有四种,即轴向拉伸或压缩、剪切、扭转和弯曲。

1. 轴向拉伸或压缩

外力或外力合力作用线与杆件轴线重合,杆件将产生轴向伸长或缩短变形,分别如图 1-11a,b 所示。以轴向伸长或缩短为主要特征的变形形式,称为轴向拉伸和压缩。

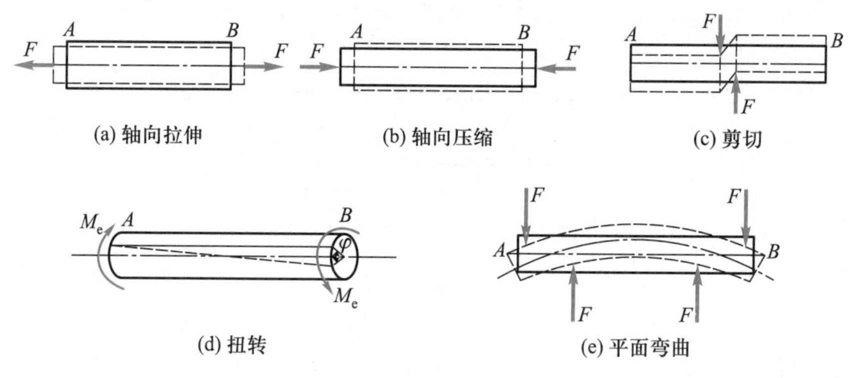

图 1-11

2. 剪切

当受到与杆件横截面平行、相距很近、大小相等、方向相反的一对外力作用时,杆件沿着受剪面发生错动,如图 1-11c 所示。以横截面发生相对错动为主要特征的变形形式,称为剪切。

3. 扭转

在垂直杆件轴线的平面内作用一对转向相反的外力偶,杆件横截面将绕轴线作相对转动,杆表面的纵向线将变成螺旋线,而轴线仍保持为直线,如图 1-11d 所示。以横截面绕轴线作相对旋转为主要特征的变形形式,称为扭转。

4. 弯曲

在垂直于轴线的外力或矩矢量垂直于轴线的外力偶作用下,杆件轴线由直线变为曲线,如图 1-11e 所示。以轴线变弯为主要特征的变形形式,称为弯曲。

由不同基本变形组成的变形形式,称为组合变形。本教材先介绍各种基本变形形式的强度和变形计算,然后再介绍它们的组合情况。

课程设计及学习思路

第 1 章
工程案例

(1) 理解材料力学的任务、变形固体的基本假设和基本变形的特征;掌握正应力和切应力、正应变和切应变的概念。

(2) 掌握截面法,熟练运用截面法求解杆件(一维构件)各种变形的内力(轴力、扭矩、剪力和弯矩)。

第 1 章力学史人物故事

课程难点分析及学习体会

(1) 在进行工程设计制造过程中应时刻考虑三大力学条件:强度、刚度和稳定性。不满足任何一个条件,构件或结构都会失效,无法正常工作。

(2) 材料力学的基本假设是将复杂问题进行简化和抽象,假设在每一点、沿每个方向材料的力学性质都相同,并能应用数学手段求解力学问题。在后面很多公式的推导过程均应用了小变形条件假设使问题得到了简化。

(3) 外力包括已知的主动力(载荷)和未知的约束力,需要利用静力学平衡方程通过已知的主动力求出全部的未知力,才能进一步往下分析。

(4) 求截面的内力利用截面法,内力的特点是不截开不暴露,截开后取任一部分为研究对象,仍满足静力学平衡方程,可求内力的大小和方向。

(5) 应力是单位面积上内力的大小,是集度,乘以作用面积之后才是力。内力和应力类似于合力和分力的关系,所以它们的方向是一致的。一点的应力分解为正应力和切应力,与变形相对应。正应力与横截面垂直,引起纤维伸长和缩短变形;切应力与截面平行,引起截面错动变形。

(6) 构件在力的作用下会产生变形,是指形状和尺寸的变化。变形引起位移,用位移度量变形的大小。一点的变形称为应变,分为线应变和切应变。正应力引起线应变,切应力引起切应变。

(7) 杆件的基本变形形式分四种,通过受力特点和变形特点进行分类。

习 题

1-1 混凝土圆柱在两端受压力而破坏,此时高度方向的平均线应变为$-1\ 200\times10^{-6}$,若圆柱高度为 400 mm,试求破坏前圆柱缩短了多少?

1-2 试计算图中所示结构 $m-m$ 截面上的各内力分量。

1-3 减振机构如图所示,若已知刚臂向下位移为 0.01 mm,试求橡皮的平均切应变。

1-4 从某构件中的三点 A、B、C 取出的微块如图所示。受力前后的微块分别用实线和虚线表示,试求各点的切应变。

1-5 如图所示均质矩形薄板,A 点在 AB、AC 面上的平均切应变为 $\gamma=1\ 000\times10^{-6}$。虚线表示变形后的形状。试求 B 点的水平线位移 BB'。

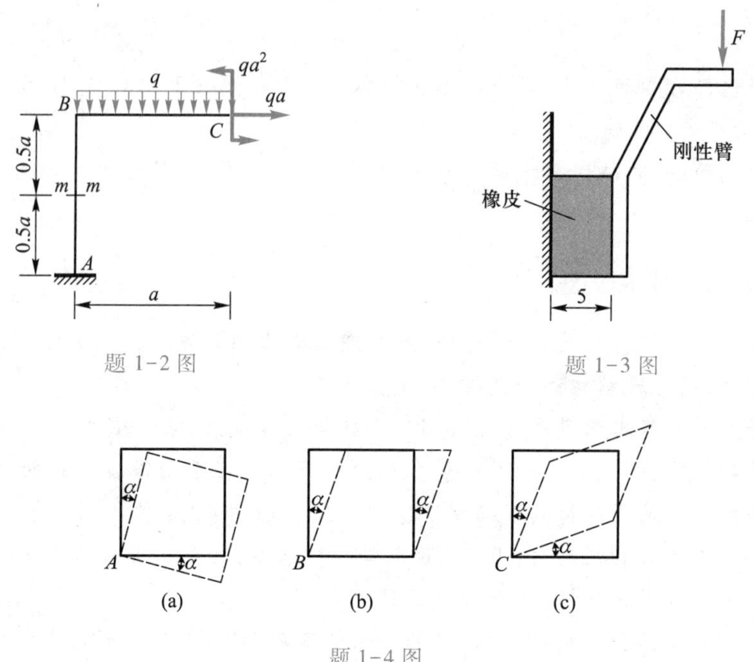

题 1-2 图　　题 1-3 图

题 1-4 图

1-6　如图所示三角形薄板 ABC 受力变形后，B 点垂直向上位移为 0.03 mm，AB'、$B'C$ 仍保持为直线（虚线）。试求：(1) 沿 OB 方向的平均线应变；(2) 沿 CB 方向的平均线应变；(3) B 点沿 AB、BC 方向的切应变。

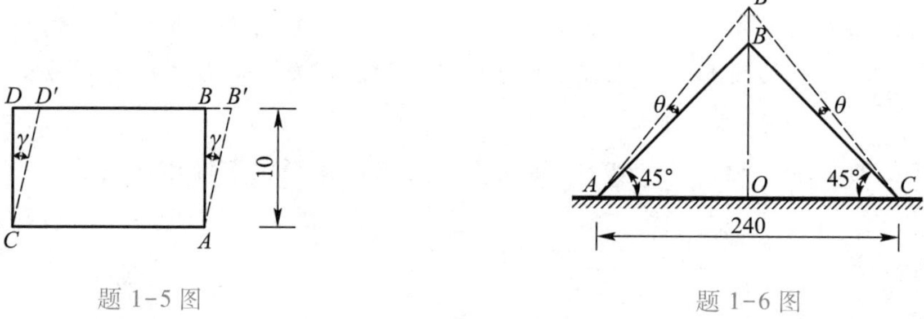

题 1-5 图　　题 1-6 图

第2章 轴向拉伸和压缩

2.1 轴向拉伸与压缩

作用在杆件上的外力,如果其合力作用线与杆的轴线重合,称为轴向载荷。当杆件只受轴向载荷作用时,发生纵向伸长或缩短变形,这种变形形式称为轴向拉伸或轴向压缩。承受轴向拉伸载荷作用的杆件称为拉杆,承受轴向压缩载荷作用的杆件称为压杆,并将两者统称为拉压杆。轴向拉伸或压缩变形是杆件最基本的变形形式,在工程实际中很多构件在忽略自重等次要因素后可看作拉压杆,图 2-1a 所示吊车结构中杆 AB 即可视为拉杆,图 2-1b 为其计算简图。图 2-2a 所示的千斤顶的顶杆可视为压杆,图 2-2b 为其计算简图。

轴向拉伸

轴向压缩

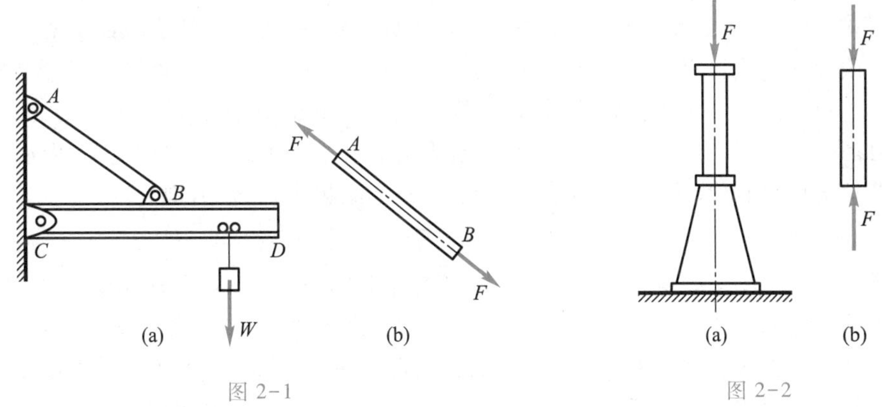

图 2-1 图 2-2

本章主要研究等直杆的轴向拉伸和压缩问题。为了解决拉压杆的强度与刚度问题,首先需要分析拉压杆的内力。

一、轴力

图 2-3a 所示拉压杆承受轴向载荷作用,轴向载荷为一个共线力系。由杆件整体的平衡条件可得

$$F_2+F_3=F_1+F_4,\qquad 即\ F_1-F_2=F_3-F_4 \tag{a}$$

计算拉压杆的内力采用截面法。欲求横截面 $m-m$ 上的内力,用一个假想的平面沿 $m-m$ 将杆截成两段,研究其中左段的平衡,如图 2-3b 所示。设该截面上内力为 F_N,其数值可由平衡方程求出:

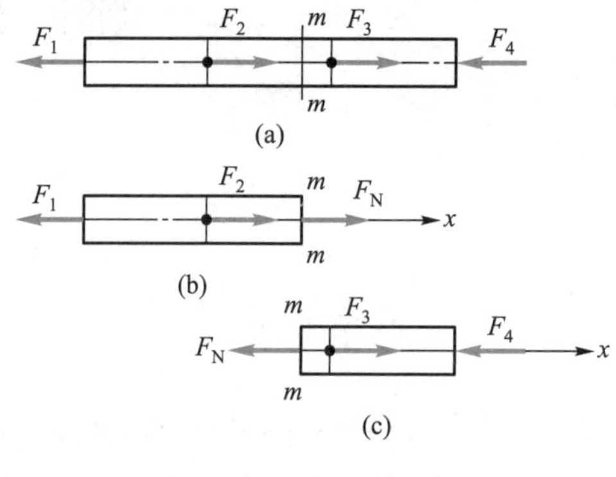

图 2-3

$$\sum F_x = 0, \qquad F_N - F_1 + F_2 = 0$$

$$F_N = F_1 - F_2 \tag{b}$$

如前所述,F_N 的作用线与杆件的轴线重合,所以 F_N 即为**轴力**。

同样,也可取右段为研究对象(图 2-3c),由平衡方程得截面上的轴力

$$F_N = F_3 - F_4 \tag{c}$$

根据式(a),式(b)、式(c)所得结果相同。由此可见,拉压杆任意横截面上的轴力,数值上等于该截面任一侧所有外力的代数和。当轴力背离截面时,截面附近微段变形是伸长的,轴力为**拉力**;反之,当轴力指向截面时,截面附近微段变形是缩短的,轴力为**压力**。

内力都是代数量。通常规定拉力为正,压力为负。求轴力时,宜先假定 F_N 为正,用平衡方程求得轴力后,如结果为正,说明轴力确为拉力;如结果为负,轴力则为压力。

二、轴力图

当杆件受多个轴向载荷作用时,其每段轴力各不相同,如图 2-3 所示。为了便于分析轴力随截面位置的变化情况,常使用**轴力图**表示轴力沿杆轴线的变化情况。轴力图的横坐标轴代表杆件的轴线,x 表示横截面位置,纵坐标表示相应截面的轴力值。从轴力图中可以确定杆件最大轴力 F_{Nmax} 的位置及其数值。

例 2-1 图 2-4a 所示杆 AC,在自由端 A 受轴向载荷 F 作用,在截面 B 受载荷 $2F$ 作用,试求:(1) 1-1、2-2 截面的轴力;(2) 画轴力图。

解: (1) 轴力计算

截取 1-1、2-2 截面,取左段为研究对象,假定轴力 F_{N1}、F_{N2} 为拉力(图 2-4b,c),由平衡方程 $\sum F_x = 0$,分别求得

$$F_{N1} - F = 0, \qquad F_{N1} = F$$

$$F_{N2} - F + 2F = 0, \qquad F_{N2} = -F$$

轴力结果为一正一负,表明 F_{N1} 为拉力,F_{N2} 为压力。

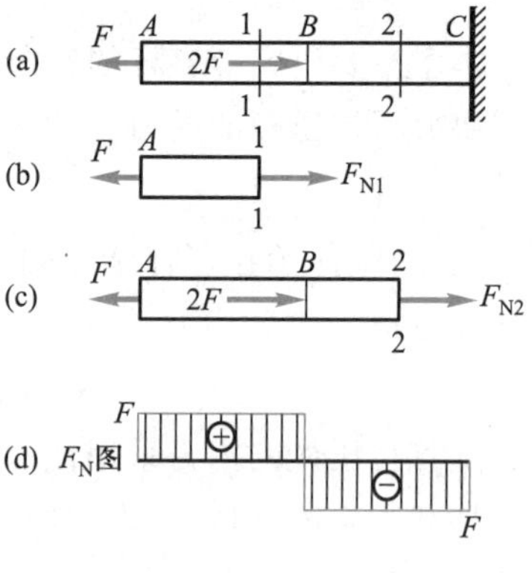

图 2-4

(2) 画轴力图

选定适当的比例尺，画出轴力图如图 2-4d 所示。

例 2-2　图 2-5a 所示杆受自重作用。已知杆长为 l，单位长度自重为 ρ，试画轴力图。

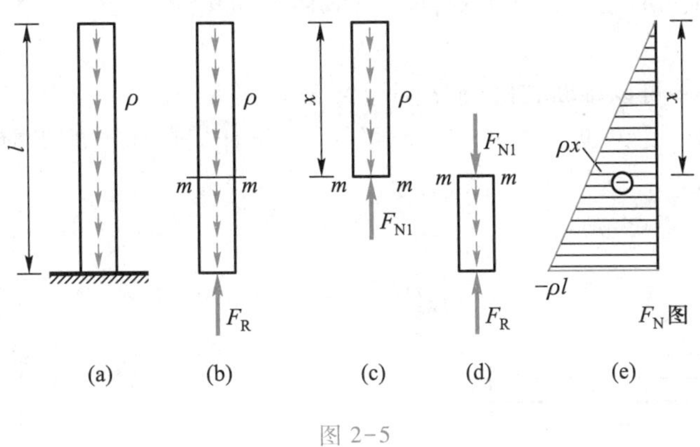

图 2-5

解：(1) 计算支座约束力(图 2-5b)

由

$$\sum F_x = 0$$

得

$$F_R = \rho l \quad (\uparrow)$$

(2) 计算轴力

用截面法，沿任意横截面 $m-m$ 假想截开，取上部为研究对象(图 2-5c)，列平衡方程求得

$$\sum F_x = 0, \qquad F_{N1} = -\rho x$$

(3) 画轴力图

轴力图为一条斜直线(图 2-5e)。F_{Nmax}位于底面，$F_{Nmax} = -\rho l$。

2.2　拉压杆的应力

研究构件的强度问题时，只确定截面上的内力是不够的，还必须掌握内力在杆截面上的分布情况。本节研究拉压杆横截面和斜截面上的应力。

一、横截面上的应力

由拉压杆轴力和应力的概念可知，已知轴力求应力的问题是不确定的，因为正应力在横截面上的分布规律还是未知的，这需要通过研究杆的变形规律来确定。为便于观察变形，事先在杆件表面画出若干条纵向线和横向线(图 2-6a)。在杆端分别加上均匀分布的轴向拉力 F 后，可以观察到变形的规律是各纵向线仍为平行于轴线的直线，且都发生了伸长变形；各横向线仍为直线且与纵向线垂直(图 2-6b)，说明横截面上不存在剪切变形，而各纵向线的伸长是相同的。

对于杆件内部的变形，若设想横向线即代表横截面，可假设变形后的横截面仍保持为平面，称为平面假设。按照平面假设，变形后各横截面仍垂直于杆件轴线，只是沿杆轴线作相对平移，任意两个横截面之间的所有纵向线段的伸长均相同。这个假设已为现代实验力学所证实。

由上述变形规律可以推断，杆件横截面上没有切应力，只有正应力。根据材料均匀性假设，各点变形相同时，受力也应相同。由此可知，拉压杆横截面上的正应力 σ 是均匀分布的，如图 2-6c 所示。

由静力学关系(图 2-7)有

$$F_N=\int_A \sigma \mathrm{d}A=\sigma\int_A \mathrm{d}A=\sigma A$$

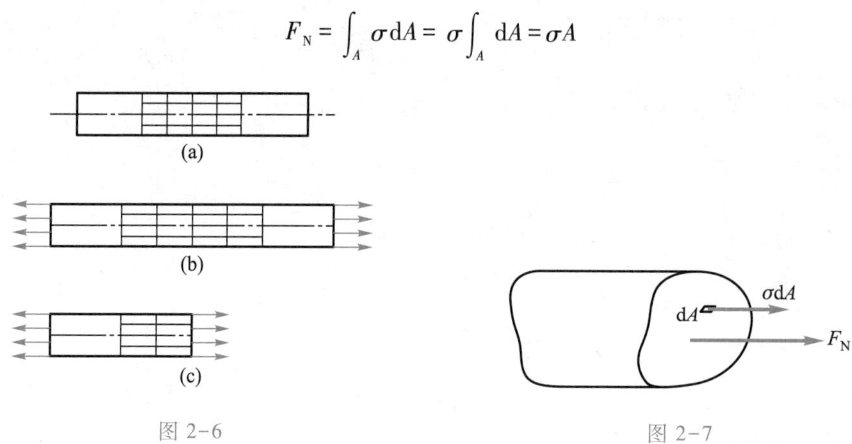

图 2-6　　图 2-7

则横截面上任一点的正应力为

$$\sigma=\frac{F_N}{A} \tag{2-1}$$

式中，A 为杆件横截面面积；σ 可称为工作应力，正负号与轴力一致，即拉应力为正，压应力为负。

二、斜截面上的应力

现在进一步研究斜截面上的应力。考虑图 2-8a 所示的拉杆，用任意斜截面 1-1 将其截开。设斜截面与横截面 2-2 的夹角为 α。根据前述变形规律，杆内各点纵向变形相同，因此，平行面 1-1 与 1′-1′之间各纵向纤维的变形也相同，因而斜截面上各点应力相同(2-8b)，其大小为

$$p_\alpha=\frac{F_N}{A_\alpha}$$

式中，A_α 为斜截面面积。设横截面面积为 A，则有 $A_\alpha=\dfrac{A}{\cos\alpha}$，代入上式得

$$p_\alpha=\frac{F_N}{A}\cos\alpha$$

因为横截面上的正应力 $\sigma=\dfrac{F_N}{A}$，故有

$$p_\alpha=\sigma\cos\alpha \qquad (2-2)$$

即斜截面上的应力 p_α 可以通过横截面上的正应力 σ 来表达。

根据强度分析的需要，将 p_α 正交分解为 σ_α 和 τ_α（图 2-8c），它们分别为

$$\begin{cases}\sigma_\alpha=p_\alpha\cos\alpha\\ \tau_\alpha=p_\alpha\sin\alpha\end{cases}$$

利用式（2-2），得

$$\left.\begin{aligned}\sigma_\alpha&=\sigma\cos^2\alpha=\frac{\sigma}{2}+\frac{\sigma}{2}\cos 2\alpha\\ \tau_\alpha&=\sigma\cos\alpha\sin\alpha=\frac{\sigma}{2}\sin 2\alpha\end{aligned}\right\} \qquad (2-3)$$

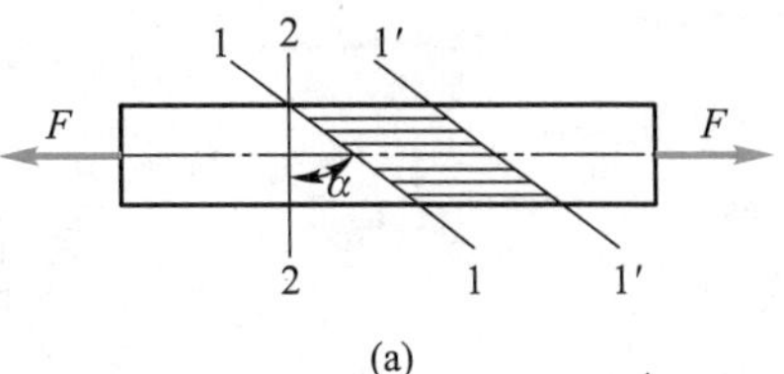

(a)

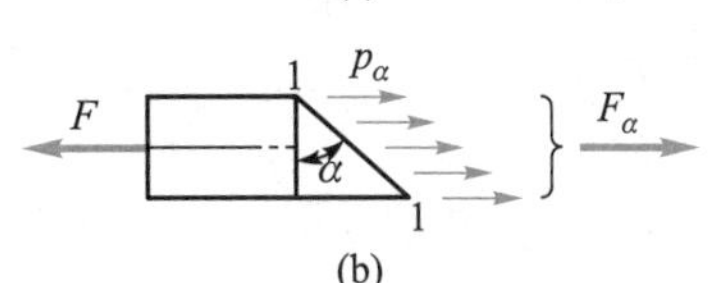

(b)

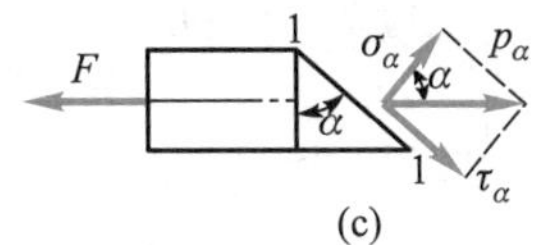

(c)

图 2-8

以上两式表明，在斜截面上既有垂直于截面的正应力 σ_α，又有沿截面的切应力 τ_α。其值随斜面倾角 α 的变化而变化，都是 α 角的有界周期函数。它们在几个特殊截面上有如下性质：

（1）$\alpha=0°$时，正应力最大，即最大正应力发生在横截面上，其值为

$$\sigma_{max}=\sigma \qquad (2-4)$$

（2）$\alpha=\pm45°$时，切应力最大，即最大切应力发生在与杆轴线成 45°的斜截面上，其绝对值为

$$\tau_{max}=\frac{\sigma}{2} \qquad (2-5)$$

（3）$\alpha=90°$时，正应力和切应力均为零，即纵向截面上无应力。

上述分析过程对拉杆、压杆都适用。

三、圣维南原理

如果作用在杆端的轴向载荷不是均匀分布的，外力作用点附近各截面的应力也是非均匀分布的。但圣维南原理指出，杆端外力的分布方式只显著影响杆端局部范围的应力分布，影响区的范围约等于杆的横向尺寸（图 2-9）。这一原理已为大量试验与计算所证实。当横截面距离力作用点大于横向尺寸时，正应力趋于均匀分布。目前，圣维南原理的理论基础还在完善之中。

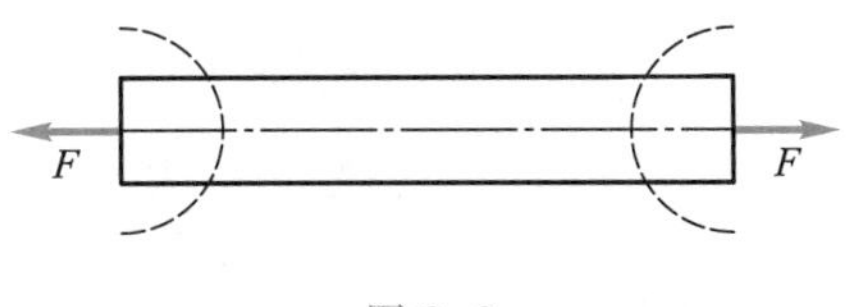

图 2-9

例 2-3　图 2-10a 所示阶梯形圆截面杆，已知 $D=20\ \text{mm}$，$d=16\ \text{mm}$，$F=8\ \text{kN}$，试求两段杆横截面上的应力。

解：（1）求各段杆的轴力，画出轴力图（图 2-10b）

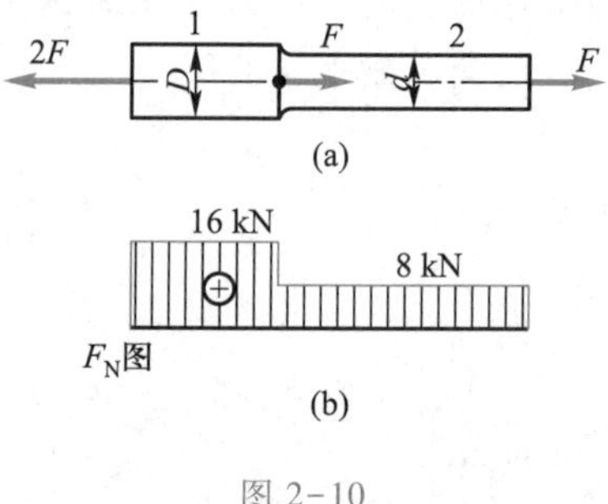

图 2-10

（2）分别计算各段杆横截面上的应力

$$\sigma_1=\frac{F_{N1}}{A_1}=\frac{16\ \text{kN}\times4}{\pi D^2}=\frac{16\times10^3\ \text{N}\times4}{\pi\times(20\times10^{-3}\ \text{m})^2}=50.93\times10^6\ \text{Pa}=50.93\ \text{MPa}$$

$$\sigma_2=\frac{F_{N2}}{A_2}=\frac{8\ \text{kN}\times4}{\pi d^2}=\frac{8\times10^3\ \text{N}\times4}{\pi\times(16\times10^{-3}\ \text{m})^2}=39.79\times10^6\ \text{Pa}=39.79\ \text{MPa}$$

例 2-4　一正方形截面的阶梯形砖柱，柱顶受轴向压力 F 作用（图 2-11a）。上下两段柱重分别为 W_1 和 W_2。已知 $F=15\ \text{kN}$，$W_1=2.5\ \text{kN}$，$W_2=10\ \text{kN}$，长度尺寸 $l=3\ \text{m}$。试求两段柱底截面 1-1 和 2-2 上的应力。

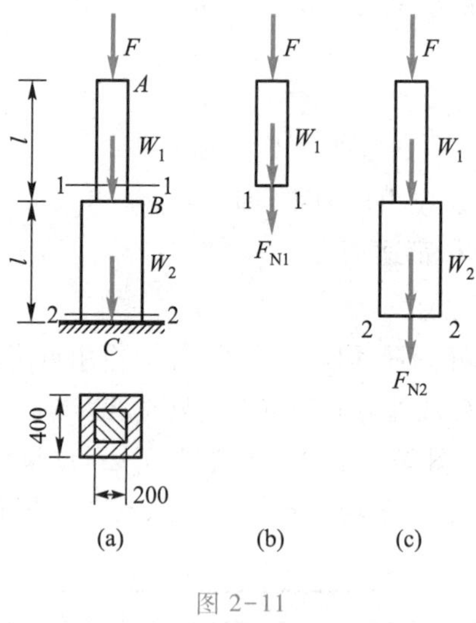

图 2-11

解：（1）轴力分析

采用截面法，画出两段杆的分离体受力图（图 2-11b,c），根据平衡条件 $\sum F_y=0$ 求轴力。

截面 1-1：

$$F_{N1}+F+W_1=0,\qquad F_{N1}=-15\ \text{kN}-2.5\ \text{kN}=-17.5\ \text{kN}(\text{压力})$$

截面 2-2：

$$F_{N2}+F+W_1+W_2=0$$

$$F_{N2}=-15\ \text{kN}-2.5\ \text{kN}-10\ \text{kN}=-27.5\ \text{kN}(\text{压力})$$

(2) 计算应力

将轴力代入式(2-1)，得

截面 1-1：

$$\sigma_1=\frac{F_{N1}}{A_1}=\frac{-17.5\times10^3\ \text{N}}{0.2\times0.2\ \text{m}^2}=-0.438\times10^6\ \text{Pa}=-0.438\ \text{MPa}(\text{压应力})$$

截面 2-2：

$$\sigma_2=\frac{F_{N2}}{A_2}=\frac{-27.5\times10^3\ \text{N}}{0.4\times0.4\ \text{m}^2}=-0.172\times10^6\ \text{Pa}=-0.172\ \text{MPa}(\text{压应力})$$

2.3 材料在拉伸和压缩时的力学性能

工程材料在外力作用下表现出强度和变形等方面的一些特性称为材料的力学性能，或机械性质。构件的强度、刚度和稳定性都与材料的力学性能有关。力学性能主要通过拉、压试验测定。

一、拉压试验简介

为了得出可靠且可以比较的试验结果，待测材料需要按照规范制成标准试样。拉伸试样常做成圆形截面和矩形截面两种(图 2-12)。为了能比较不同粗细的试样在拉断后工作段的变形程度，先在试样的中间等直部分上划两点，两点之间的一段为试样的工作段。工作段的长度称为标距，用 l 表示。对圆截面标准试样，工作段长度 l 与其直径 d 的标准比例有两种：

$$l=10d\qquad \text{或}\qquad l=5d$$

它们分别称为"10 倍试样"或"5 倍试样"。对矩形截面标准试样，则对其工作段长度 l 与横截面面积 A 规定为

$$l=11.3\sqrt{A}\qquad \text{或}\qquad l=5.65\sqrt{A}$$

压缩试样通常采用圆截面或正方截面的短柱体。为了避免试样在试验过程中被压弯失稳，其长度 l 与横截面直径 d 或边长 b 之比限制在小于 3 的范围内。金属试样一般做成短圆柱体（长度为直径的 1.5~3 倍，图 2-13a），混凝土试样通常做成正方体或棱柱体

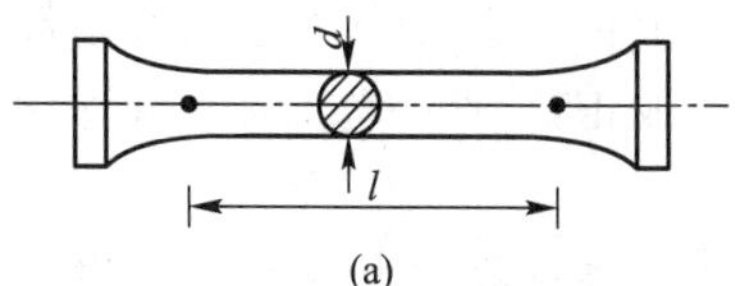

(a)

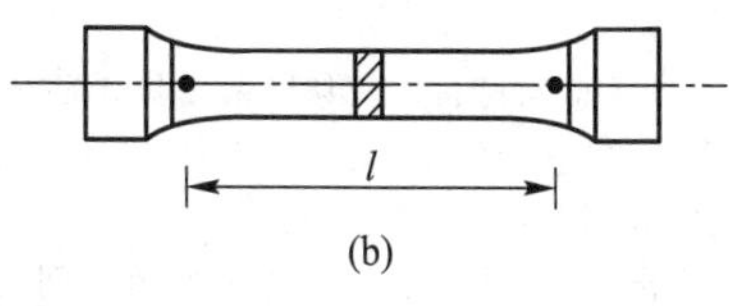

(b)

图 2-12

(图 2-13b)。

材料的力学性能测定需要在万能试验机上完成。将标准试样夹持在试验机的夹头上,通过试验机驱动夹头的运动将轴向载荷施加到试样上,并同时记录所施加载荷的大小与试样的变形量。试验一般在常温下进行。加载方式为静载荷,即载荷值从零开始缓慢增加,直至所测数值。在室温下,以缓慢平稳的加载方式进行试验,称为常温静载试验,该试验是测定材料力学性能的基本试验。

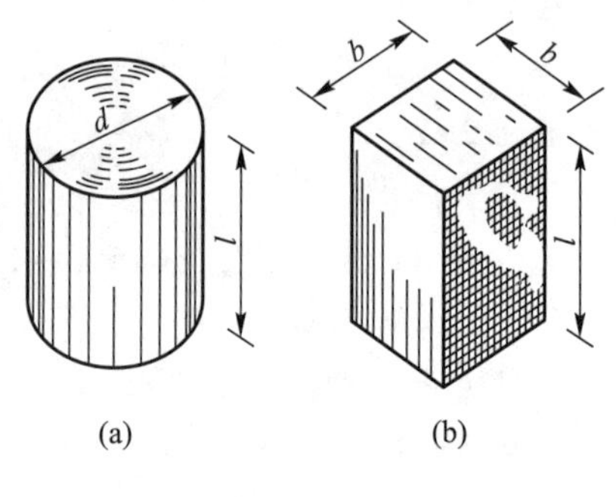

图 2-13

二、材料在拉伸时的力学性能

1. 低碳钢拉伸时的力学性能

低碳钢的含碳量一般不超过 0.25%,是工程中应用最广泛的金属材料。低碳钢在拉伸试验中所表现出的力学性能比较全面,典型地反映了塑性材料的力学性能。为了便于比较不同材料的试验性能,对试样的形状、加工精度、加载速率、试验环境等,均有统一的国家标准①。一般金属材料拉伸试验的应变速率在 $0.251\times10^{-3}\ s^{-1}\sim2.51\times10^{-3}\ s^{-1}$ 之间。

用标准试样在万能试验机上可自动绘出拉力 F 和试样标距的伸长量 Δl 的关系曲线,称为试样的拉伸图(图 2-14)。

为了消除试样尺寸对拉伸图的影响,将图中纵坐标拉力 F 除以试样的原始横截面面积 A,得名义正应力 $\sigma=\dfrac{F}{A}$;将横坐标伸长量 Δl 除以试样标距 l,得名义线应变 $\varepsilon=\dfrac{\Delta l}{l}$。坐标变换后的曲线称为应力-应变图。低碳钢的应力-应变图如图 2-15 所示。图中显示拉伸过程中低碳钢的应力-应变关系可分为以下四个阶段。

(1) 弹性阶段

试样在 OA 段的变形完全是弹性变形,全部卸除拉力后试样的变形可以完全消失,这一阶段称为弹性阶段。此阶段点 A 对应的应力 σ_e 称为材料的弹性极限。在弹性阶段内,OA_1 呈直线,表示应力和应变成正比。直线的最高点 A_1 对应的应力 σ_p 称为比例极限。σ_e 和 σ_p 数值上很接近,在工程上通常不加严格区分。当材料的应力不超过比例极限时,正应力与线应变成正比,这一范围称为线弹性范围。在线弹性范围内,有

$$\sigma=E\varepsilon \tag{2-6}$$

这个关系一般称为胡克定律,用于纪念英国科学家罗伯特·胡克(1635—1703)②。这里,E

---

① 《金属材料　拉伸试验　第 1 部分:室温试验方法》(GB/T 228.1—2021)。

② 这一比例关系最早由胡克发表在其论文《论弹簧》中。根据老亮考证(见《力学与实践》1987 年第一期),我国东汉经学家郑玄对《考工记·弓人》中"量其力,有三均"的注中,指出弓的变形与加力的关系是:"每加物一石,则张一尺",最早提出了变形与力呈正比的关系,在时间上比胡克早约 1 500 年。更有人建议将该式称为"郑玄-胡克定律",但这一说法还存在一定的争议。

为与材料有关的比例常数，称为弹性模量。E 的量纲与应力相同，常用单位为 GPa（1 GPa = 10^9 Pa）。低碳钢的比例极限 $\sigma_p = 200 \sim 210$ MPa，弹性模量 E 约为 200 GPa。

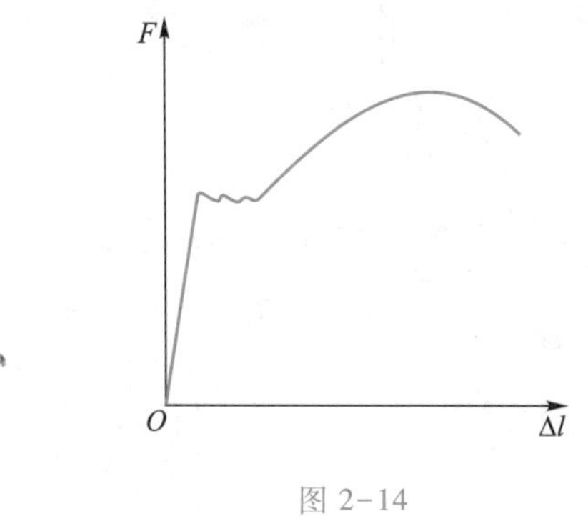

图 2-14

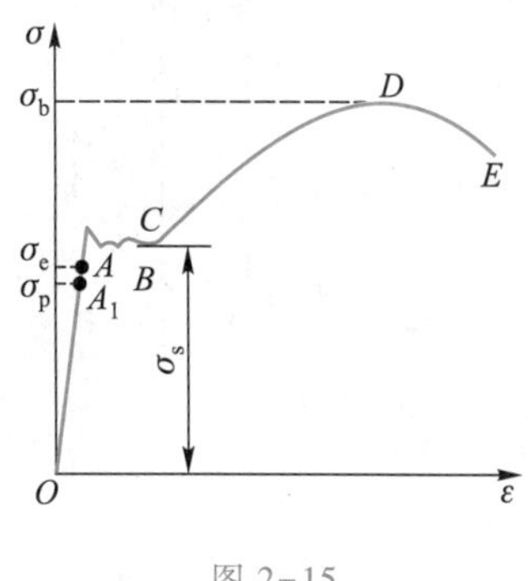

图 2-15

（2）屈服阶段

当应力超过弹性极限后，应力-应变曲线出现一个水平线段，应力仅有微幅波动，而应变急剧增大，这种现象称为屈服或流动，说明材料此时失去进一步的抵抗变形的能力。使材料发生屈服的应力称为屈服极限或流动极限，用 σ_s 表示。对于常见的低碳钢 Q235，$\sigma_s \approx$ 235 MPa。

当材料屈服时，在光滑试样表面可观测到一些与轴线成约45°角的纹线，称为滑移线（图 2-16）。如前所述，45°斜截面上存在最大切应力，因此，可认为滑移线与最大切应力有关，材料晶粒间由此产生相互位错所致。在屈服阶段，材料产生显著的塑性变形，这在工程结构中应加以限制，因此，屈服极限 σ_s 是低碳钢这类材料的一个重要的强度指标。

（3）强化阶段

经过屈服阶段后，材料的内部结构得到了重新调整，材料又恢复了抵抗进一步变形的能力，表现为应力-应变曲线自 C 点开始继续上升，直到最高点 D 为止，这一现象称为应变强化或硬化。强化阶段中试样的变形主要是塑性变形，试样明显变细。与曲线最高点 D 对应的应力称为材料的强度极限，用 σ_b 表示。对于 Q235 钢，$\sigma_b = 375 \sim 460$ MPa。

（4）颈缩阶段

经过 D 点以后，试样的某一局部急剧变细，收缩成颈（图 2-17），称为颈缩现象。由于颈缩部分横截面面积显著减小，试样对变形的抗力也随之降低，应力-应变图呈现下降趋势，到 E 点时试样从颈缩处断裂（图 2-17）。

2. 铸铁拉伸时的力学性能

灰口铸铁是典型的脆性材料，其拉伸时的 $\sigma-\varepsilon$ 曲线如图 2-18 所示。与低碳钢的 $\sigma-\varepsilon$ 曲线比较，它具有以下特点：伸长率 δ 很小（$\delta<0.5\%$），没有屈服、强化和颈缩现象，而且即使在低应力下也没有明显的直线段。其强度指标只有抗拉强度 σ_b。但由于试样的变形非常微小，在工程计算中通常将原点 O 与 $\sigma_b/4$ 处的 A 点连成割线，以割线的斜率来定义铸铁的弹性模量 E，称作割线弹性模量。

低碳钢拉伸
出现滑移线

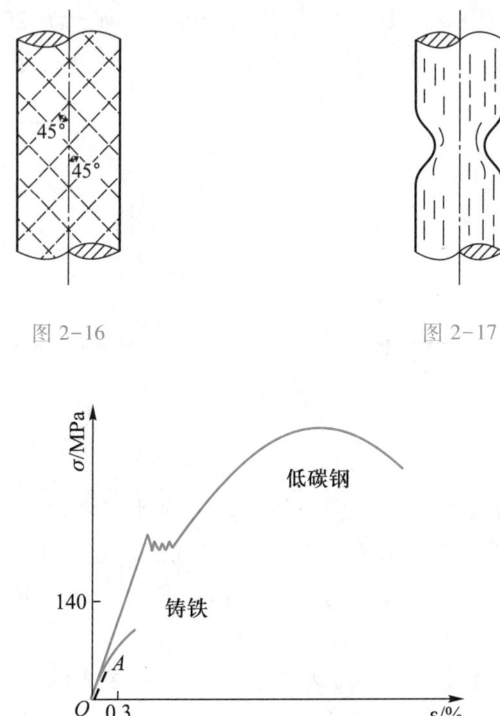

图 2-16

图 2-17

图 2-18

对于其他脆性材料，如混凝土、砖、石等，也是根据这一原则确定其割线弹性模量的。

三、材料压缩时的力学性能

1. 低碳钢压缩时的力学性能

图 2-19a 所示为低碳钢压缩时的 $\sigma-\varepsilon$ 图，作为对照，图中以虚线画出拉伸时 $\sigma-\varepsilon$ 曲线。比较可见，在屈服阶段以前，两曲线基本重合，拉伸和压缩的弹性模量和屈服极限基本相等。但进入强化阶段后，试样压缩时的应力 σ 随着 ε 值的增长迅速增大。试样越压越扁，并因端面摩擦作用，最后变为鼓形，如图2-19b 所示。因为受压面积越来越大，试样不可能发生断裂，所以压缩强度极限无法测定。通常，钢材的力学性能由拉伸试验确定。

2. 铸铁压缩时的力学性能

脆性材料在压缩时的力学性能与拉伸时有较大区别。图 2-20a 给出了铸铁在拉伸（虚线）和压缩（实线）时的 $\sigma-\varepsilon$ 曲线。比较可见，铸铁在压缩时，抗压强度极限和伸长率 δ 都比拉伸时大得多。铸铁试样受压破坏形式如图 2-20b 所示，大致沿与试样的轴线成约 45°的斜面发生剪切错动而破坏。$\sigma-\varepsilon$ 曲线最高点的应力值称为抗压强度极限，用 σ_{bc} 表示。图 2-20b 的断裂形态也说明铸铁的抗剪能力比抗压能力差。

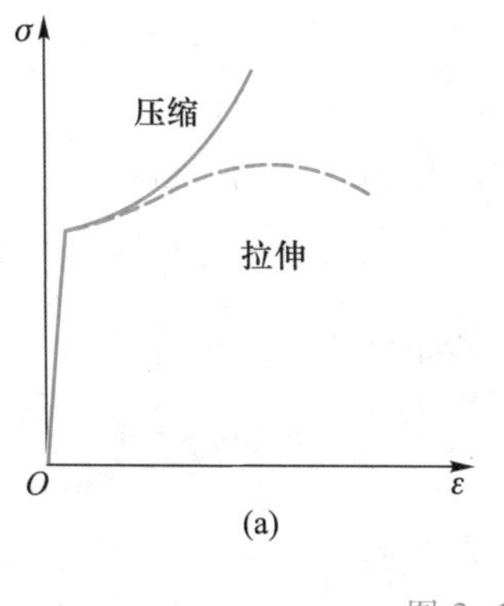

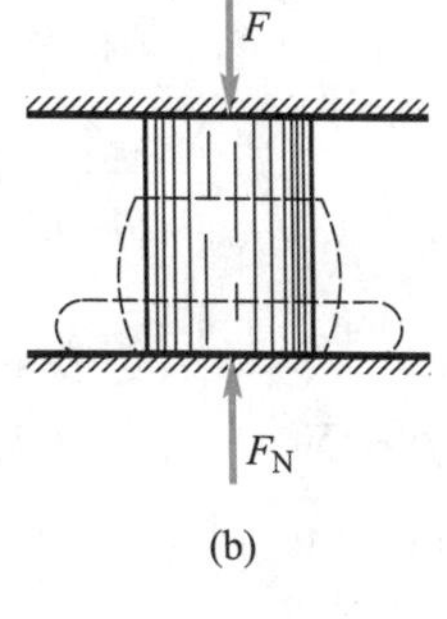

图 2-19

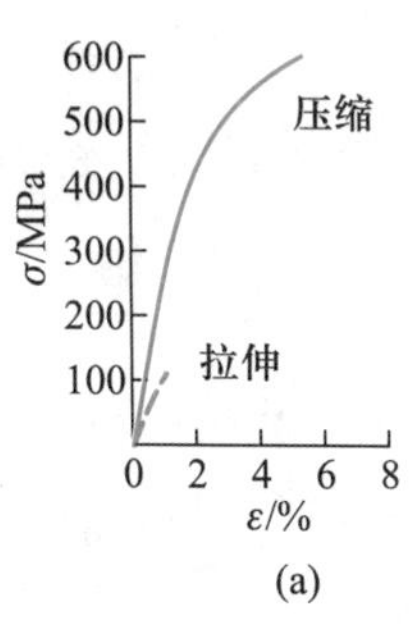

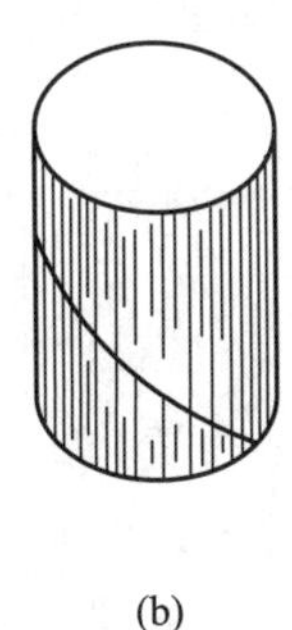

图 2-20

其他脆性材料，如混凝土，被压坏的形式有两种，如图 2-21a，b 所示。当压板与试样端面间不加润滑剂时，由于试样两端面与试验机压板间的摩擦阻力阻碍了试样两端材料的变形，所以试样压坏时是自中间部分开始逐渐剥落而形成两个截锥体（图 2-21a）；施加润滑剂以后，试样两端面与试验机压板间的摩擦力很小，试样破坏时沿纵向开裂（图 2-21b）。

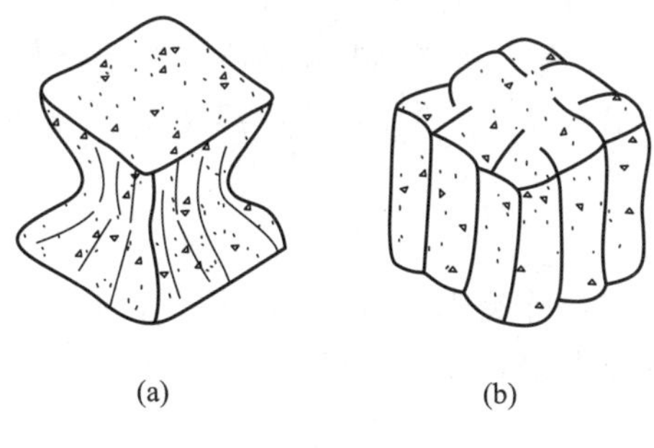

图 2-21

表 2-1 列出了部分材料在常温、静载下拉伸和压缩时的一些力学性能。

表 2-1 部分材料在常温、静载下拉伸和压缩时的一些力学性能

材料名称	牌号	弹性模量 E/GPa	泊松比 ν	屈服极限 σ_s/MPa	抗拉强度极限 σ_b/MPa	抗压强度极限 σ_{bc}/MPa	伸长率 δ_5/%
低碳钢	Q235	200~210	0.24~0.28	235	400	—	45
低合金钢	Q345	200	0.25~0.30	345	—	—	—
灰铸铁		80~150	0.23~0.27	—	100~300	640~1 100	0.6
混凝土		15.2~36	—	—	1~3	7~50	—
木　材		9~12	—	—	100	32	—

注：表中 δ_5 是指 $l=5d$ 的标准试样的伸长率。

2.4 典型塑性和脆性材料的力学行为

一、卸载定律

若自强化阶段的某一位置（如图 2-22 中的 m 点）开始卸载，则应力-应变曲线沿直线 mn 变化，卸载过程 mn 基本上与加载过程 OA 平行，这种卸载时应力与应变所遵循的线性规律，称为卸载定律。

完全卸载后试样的残余应变 ε_p 称为塑性应变，随着卸载而消失的应变 ε_e 称为弹性应变。因此，m 点的应变包含了弹性应变 ε_e 和塑性应变 ε_p 两部分，即

$$\varepsilon=\varepsilon_e+\varepsilon_p \tag{2-7}$$

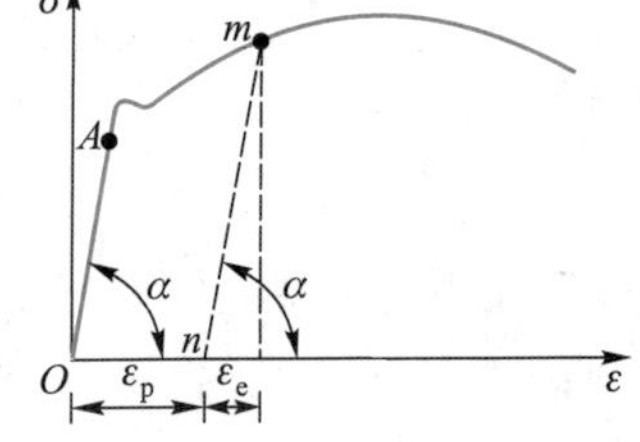

图 2-22

卸载后如果立即重新加载，σ 与 ε 将大致沿直线 nm 上升，到达 m 点后基本遵循原来的 $\sigma-\varepsilon$ 关系。与没有卸载过程的试样相比，经强化阶段卸载后的材料，比例极限有所提高，塑性有所降低。这种不经热处理，通过冷拉以提高材料弹性极限的方法，称为冷作硬化。冷作硬化有其有利的一面，也有不利的一面。起重钢索和钢筋经过冷作硬化可提高其弹性阶段的承载力，而经过初加工的零件因冷作硬化会给后续加工造成困难。材料经冷作硬化后塑性降低，这可以通过退火处理的工艺来消除。

二、塑性指标

试样断裂时保留了最大的残余变形，可用来衡量材料的塑性。塑性是指材料能经历较大塑性变形而不断裂的能力。材料的塑性指标有以下两种。

1. 断后伸长率 δ

以试样断裂后的相对伸长率来表示，即

$$\delta=\frac{l_1-l}{l}\times 100\% \tag{2-8}$$

式中,l 为试样原始标距长度;l_1 为试样断裂后的标距长度。

工程上常按照断后伸长率(简称伸长率)将材料分为两大类:$\delta\geq 5\%$的材料,称为塑性材料或韧性材料,如钢、铜、铝、化纤等;$\delta<5\%$的材料,称为脆性材料,如铸铁、混凝土、玻璃、陶瓷等。低碳钢的断后伸长率为 20%~30%。

2. 断面收缩率 ψ

以试样断裂后横截面面积的相对收缩率来表示,即

$$\psi=\frac{A-A_1}{A}\times 100\% \tag{2-9}$$

式中,A 为试样原始横截面面积;A_1 为断裂后缩颈处的横截面面积。低碳钢的断面收缩率为 50%~60%。

其他塑性金属材料,并非都像低碳钢那样在 $\sigma-\varepsilon$ 曲线中显示明显的四个阶段,但均可产生较大的塑性变形。图 2-23 给出了几种常用的塑性材料在拉伸时的 $\sigma-\varepsilon$ 曲线,将这些曲线与低碳钢的 $\sigma-\varepsilon$ 曲线相比较,可以看出:有些材料(如铝)没有屈服阶段,而其他三个阶段都很明显;另外一些材料(如低合金钢)仅有弹性阶段和强化阶段,而没有流动阶段和颈缩阶段。但这几种材料都有一个共同的特点,即伸长率 δ 均较大,属于塑性材料。

对于没有明显屈服阶段的塑性材料,按国家标准规定,取其塑性应变为 0.2%时所对应的应力值作为名义屈服极限,以 $\sigma_{0.2}$ 表示(图 2-24)。

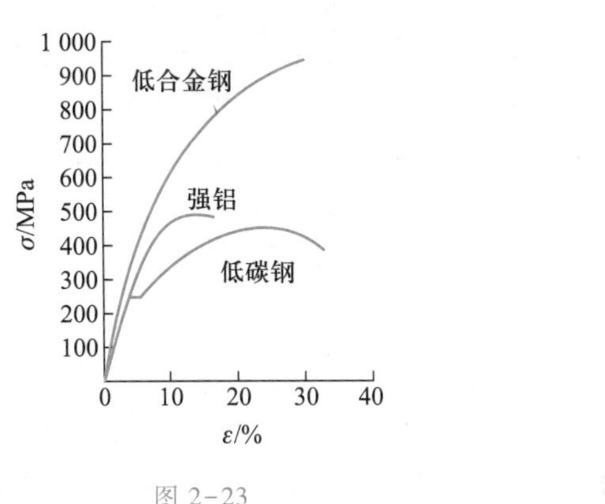

图 2-23

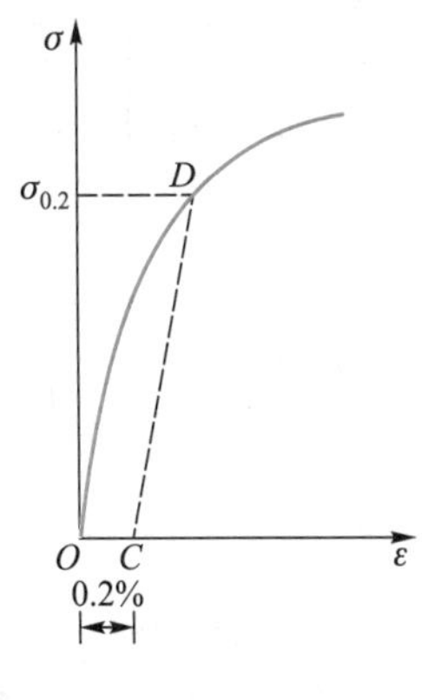

图 2-24

三、应力集中

等截面直杆受轴向拉伸或压缩时,横截面上的应力是均匀分布的。然而,工程构件上往往有圆孔、螺纹、切口、轴肩等局部加工部位。这些部位由于横截面尺寸发生突然变化,受轴向载荷后平面假设不再成立,因而横截面上的应力不再是均匀分布的。以图 2-25 所示中间开小孔的受拉薄板为例,在距离圆孔较远的 Ⅰ - Ⅰ 截面,正应力是均匀分布的,记为 σ。但

在小孔中心所在的Ⅱ-Ⅱ截面上，正应力分布则不均匀，在圆孔附近的局部区域内，应力急剧增加，且孔边处正应力最大。

这种因构件截面尺寸或外形突然变化而引起的局部应力急剧增大的现象，称为应力集中。应力集中的程度用理论应力集中因数 K 表示，其定义为

$$K=\frac{\sigma_{max}}{\sigma}$$

式中，σ_{max} 为最大局部应力；σ 为同一截面的名义应力，即不考虑应力集中时的计算应力。实验表明，截面尺寸改变得越急剧、角越尖、孔越小，应力集中的程度就越严重。因此，构件设计和加工中应尽可能避免带尖角的孔和槽，在阶梯轴的轴肩处用圆弧过渡，而且应尽可能使圆弧半径大一些。K 值与构件材料无关，其数值可在有关的工程手册上查到。

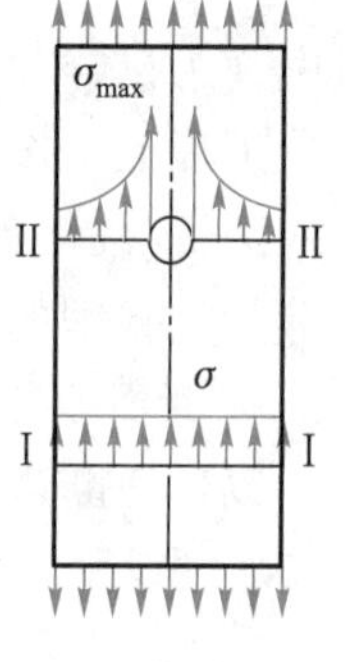

图 2-25

不同材料对应力集中的敏感程度是不同的，因此，工程设计时有不同的考虑。塑性材料在静载荷作用下对应力集中不很敏感。例如，图 2-26a 所示的开有小孔的低碳钢拉杆，当孔边最大正应力 σ_{max} 达到材料的屈服极限 σ_s 后便停止增长，载荷继续增加只引起该截面附近点的应力增长，直到达到 σ_s 为止，这样塑性区不断扩大（图 2-26b），直至整个截面全部屈服（图 2-26c）。由此可见，材料的屈服能够缓和应力集中的作用。因此，对于具有屈服阶段的塑性材料在静载荷作用下可不考虑应力集中的影响。

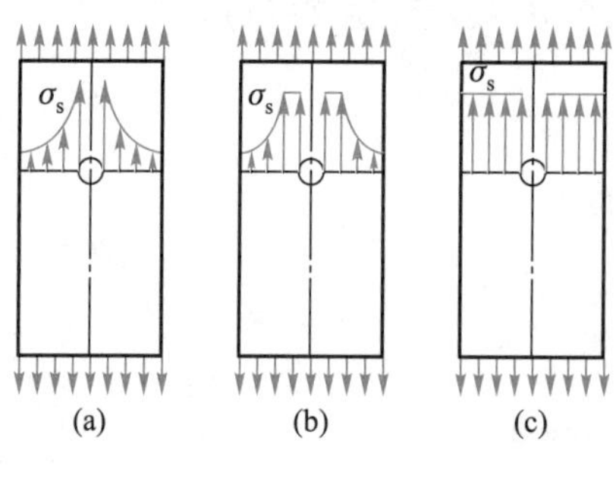

图 2-26

对于组织均匀的脆性材料，因为材料没有屈服阶段，所以当载荷不断增加时，最大局部应力 σ_{max} 会不停地增大，直至达到材料的强度极限 σ_b 并在该处首先断裂，从而迅速导致整个截面破坏。应力集中显著地降低了这类构件的承载能力。因此，对这类脆性材料制成的构件必须十分注意应力集中的影响。

对于组织粗糙的脆性材料，如铸铁，其内部本来就存在着大量的片状石墨、杂质和缺陷等，这些都是产生应力集中的主要因素。孔、槽等引起的应力集中并不比它们更严重，因此，对构件的承载能力没有明显的影响。这类材料在静载荷作用下可以不必考虑应力集中的影响。

四、温度和时间对材料力学性能的影响

前述材料的力学性能都是在常温静载条件下测定的。试验表明，在不同的温度、加载时间和加载方式下，材料所表现出的力学性能可能有明显的差别。

1. 温度影响

当温度高于室温时，材料的各种力学性能变化比较复杂。大多数材料随着温度的升高，σ_s（或 $\sigma_{0.2}$）和 σ_b 降低，弹性模量也减小，而塑性指标则显著增加，如图 2-27 所示铬锰合金钢在拉伸时的力学性能随温度升高而变化的曲线。个别材料如低碳钢的力学性能在某一温度段上会表现出反常的现象，低碳钢在 260℃ 以前 σ_b 升高，而 δ、ψ 等塑性指标却降低（图 2-28）。材料力学性能的温度效应总的趋势是：强度、弹性模量随温度的升高而降低。因而在高应力下工作时，材料的使用温度需要有一定限制。普通结构钢限制在 400℃ 以下，热强钢限制在 800℃ 左右。例如，2001 年“9 · 11”事件后，专家对纽约世贸大厦倒塌的原因进行了分析，发现其主要是由于飞机撞击楼层后航空燃油燃烧致使温度高达 1 000℃，使得钢结构的强度和刚度指标急剧下降，进而支承不了上部结构的载荷而造成坍塌。

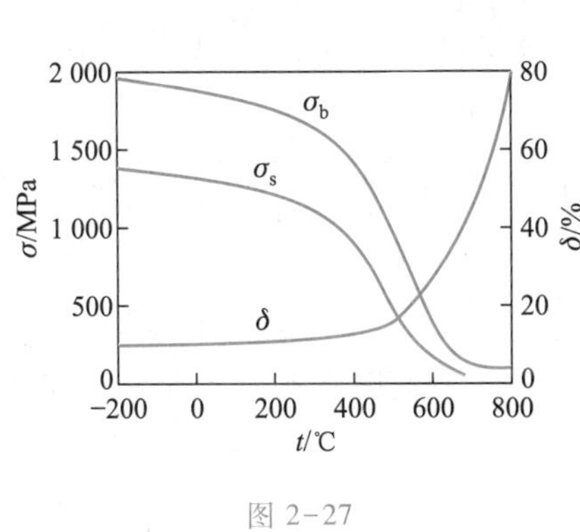

图 2-27

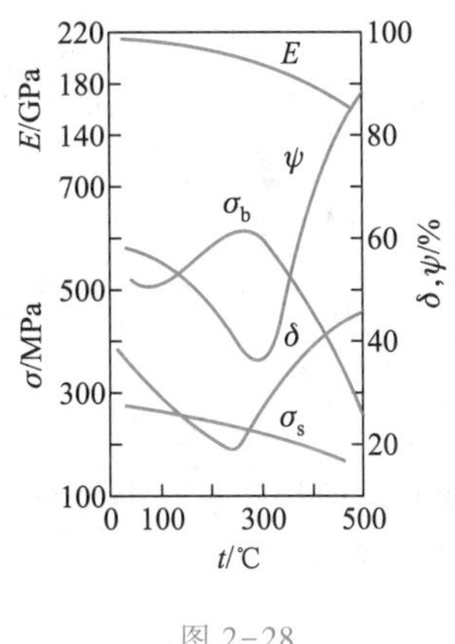

图 2-28

在低温情况下，碳钢的弹性极限和强度极限都会提高，但伸长率则相应减小。这表明在低温下，碳钢倾向于变脆。

2. 高温条件下材料的蠕变与松弛

在高温下，载荷的长期作用将显著影响材料的力学性能。试验表明，如果低于某一温度界限（对碳钢来说，为 300℃ ~ 350℃），载荷虽长期作用，但材料的力学性能并无明显变化。但当超过这一温度界限时，则材料在确定的高应力和温度下，随着时间的延续，变形将缓慢增大，这种现象称为蠕变。蠕变主体是塑性变形。一般金属材料在温度超过 $0.3T_m$① 时会发生较明显的蠕变变形。某些低熔点的有色金属（如铅等），一些非金属材料（如混凝土、岩土、高分子聚合物及以树脂为基体的复合材料等）在常温下就会发生蠕变变形。

① T_m 为金属熔点，用绝对温度表示。

金属材料典型的蠕变变形如图 2-29 所示。试样的蠕变变形(以 ε 表示)与加载时间 t 之间的关系,可分为四个阶段。AB 段蠕变速率$\frac{d\varepsilon}{dt}$开始较快,后来逐渐降低,称为不稳定蠕变阶段。BC 段蠕变速率比较稳定,接近常数,称为稳定阶段。CD 段蠕变速率逐渐增加,称为加速阶段。DE 段蠕变速率急剧增加,使拉伸试样在较短时间内断裂,称为破坏阶段。通常规定构件工作时不允许进入加速阶段。不同材料在不同温度和应力下的蠕变曲线是各不相同的。

如果试样的总变形量在固定温度下维持不变,则材料随时间的延续将产生越来越大的蠕变并逐渐取代其初始弹性变形,从而使试样中的应力逐渐降低,这种现象称为**应力松弛**,简称**松弛**。图 2-30 所示为铜在 165℃时的应力松弛曲线,初应力为 93.1 MPa,维持应变不变,1 000 h 后应力降低了一半多。松弛试验表明,在温度保持不变时,初始弹性应变 ε 越大,应力降低的速率越大。如果初始弹性应变相同,则温度越高,应力降低的速率就越大。

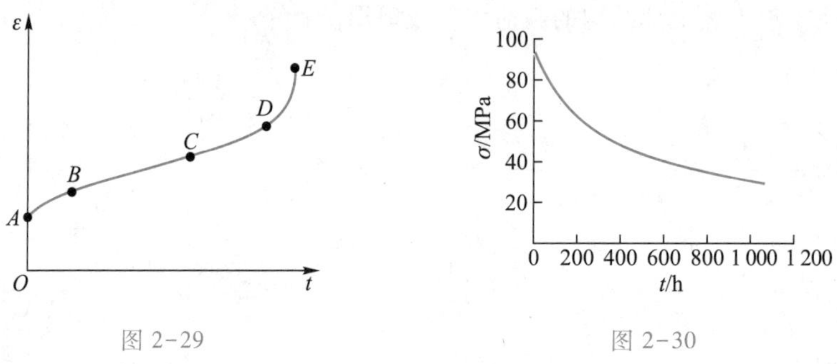

图 2-29　　图 2-30

蠕变和松弛现象在高温结构中经常会遇到,当应力很高时在室温下也会发生,这是工程设计不容忽视的。

2.5 拉压强度计算

由于材料的力学行为而使构件丧失正常功能的现象,称为**失效**。当杆件中最大应力超过材料的强度极限时,将发生断裂;最大应力超过屈服极限时,则发生屈服破坏。断裂和屈服是强度不足造成的失效现象。使材料丧失工作能力时的应力称为材料的**极限应力**,以符号 σ_u 表示,其值由试验确定。

在设计构件时,为了保证构件的安全性和可靠性,必须给构件以必要的安全储备,规定构件在载荷作用下最大工作应力小于材料的**许用应力**,许用应力以符号$[\sigma]$表示,即

$$[\sigma]=\frac{\sigma_u}{n} \tag{2-10}$$

式中,n 是一个大于 1 的系数,称为**安全因数**。

确定安全因数时考虑到以下几个方面:(1) 实际载荷超越设计载荷的可能性;(2) 材料

实际强度低于标准值的可能性;(3) 计算方法的近似性;(4) 施工、制造和使用时的不利条件的影响等。安全因数的确定涉及工程各个方面,其取值决定结构的可靠性和经济性。在实际结构设计中,可查阅相关规范确定安全因数取值。表 2-2 中列出了几种常用材料的许用应力值。

表 2-2 几种常用材料的许用应力值

材料名称	牌号	许用拉应力/MPa	许用压应力/MPa
低碳钢	Q235	170	170
低合金钢	Q345	230	230
木材(顺纹)		6~10	8~16
灰口铸铁		34~54	160~200

拉压杆要满足强度要求,就必须保证最大工作应力不超过材料的许用应力,即满足如下的强度条件:

$$\sigma_{max} \leqslant [\sigma] \tag{2-11a}$$

对于等截面杆,上式可写成

$$\sigma_{max} = \frac{F_{Nmax}}{A} \leqslant [\sigma] \tag{2-11b}$$

根据强度条件式(2-11),可以解决工程实际中有关强度计算的三类问题。

(1) 强度校核

已知杆件所受的载荷,杆件尺寸及材料的许用应力,根据式(2-11b)校核该杆件是否满足强度要求。

(2) 截面设计

已知杆件所受的载荷及材料的许用应力,可用下式确定杆件所需的横截面面积:

$$A \geqslant \frac{F_{Nmax}}{[\sigma]} \tag{2-11c}$$

(3) 确定许用载荷

已知杆件的横截面面积及材料的许用应力,确定该杆所能承受的最大轴力,其值为

$$F_{Nmax} \leqslant [\sigma] A \tag{2-11d}$$

然后可根据许用轴力计算出许用载荷。

例 2-5 图 2-31a 所示二杆桁架中,钢杆 AB 的许用应力 $[\sigma]_1 = 160$ MPa,横截面面积 $A_1 = 600\ \text{mm}^2$;木杆 AC 的许用压应力 $[\sigma]_2 = 7$ MPa,横截面面积 $A_2 = 10\ 000\ \text{mm}^2$。已知载荷 $F = 40$ kN,试校核此结构的强度。

解:(1) 各杆的内力计算

两杆均为二力杆,因此内力只有轴力。选结点 A 为研究对象,进行受力分析(图 2-31b),轴力均假设为拉力。由平衡方程

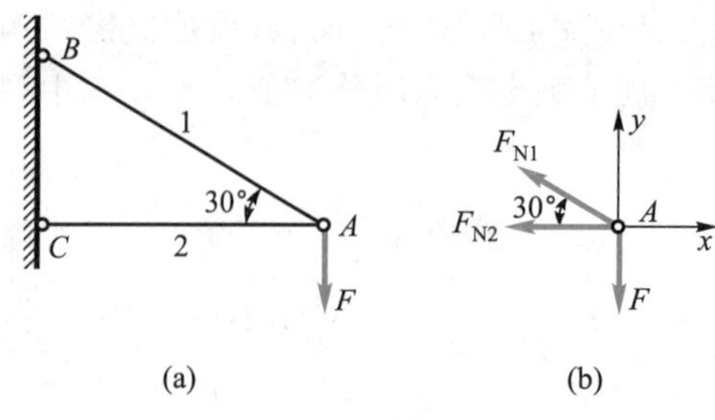

图 2-31

$$\sum F_y=0, \qquad F_{N1}\sin 30°-F=0$$

$$F_{N1}=\frac{F}{\sin 30°}=\frac{40\ \text{kN}}{0.5}=80\ \text{kN}(\text{拉})$$

$$\sum F_x=0, \qquad -F_{N1}\cos 30°-F_{N2}=0$$

$$F_{N2}=-F_{N1}\cos 30°=-80\ \text{kN}\times 0.866=-69.3\ \text{kN}(\text{压})$$

(2) 强度校核

由式(2-11b)可得各杆横截面上的应力为

$$AB\ \text{杆}: \sigma_1=\frac{F_{N1}}{A_1}=\frac{80\times 10^3\ \text{N}}{600\times 10^{-6}\ \text{m}^2}=133\times 10^6\ \text{Pa}=133\ \text{MPa}<[\sigma]_1$$

$$AC\ \text{杆}: \sigma_2=\frac{F_{N2}}{A_2}=\frac{69.3\times 10^3\ \text{N}}{10\ 000\times 10^{-6}\ \text{m}^2}=6.93\times 10^6\ \text{Pa}=6.93\ \text{MPa}<[\sigma]_2$$

因此,两杆均满足强度条件。

例 2-6 图 2-32a 所示结构中,已知载荷 F,AB 和 BC 杆的许用应力分别为$[\sigma]_1$与$[\sigma]_2$,试确定两杆的横截面面积 A_1与 A_2。

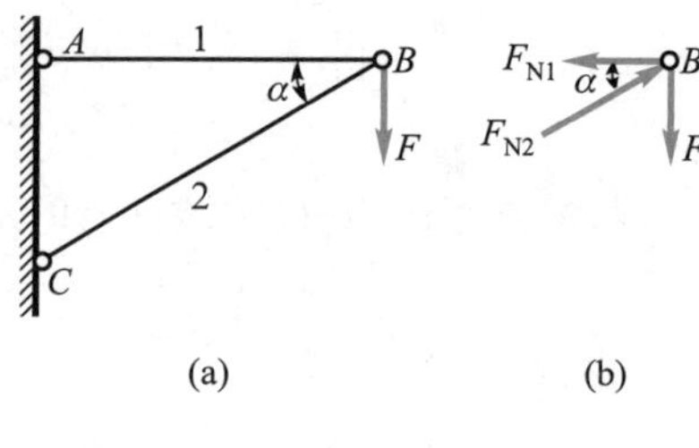

图 2-32

解:(1) 轴力计算

选结点 B 为研究对象,进行受力分析,画出受力图(图 2-32b)。计算各杆的轴力分别为

$$F_{N1}=F\cot\alpha, \qquad F_{N2}=\frac{F}{\sin\alpha}$$

（2）计算两杆横截面的应力分别为

$$\sigma_1=\frac{F\cot\alpha}{A_1},\qquad \sigma_2=\frac{F}{A_2\sin\alpha}$$

（3）确定横截面面积 A_1 与 A_2

由强度条件，令 $\sigma_1=[\sigma]_1$，$\sigma_2=[\sigma]_2$，得

$$A_1=\frac{F\cot\alpha}{[\sigma]_1},\qquad A_2=\frac{F}{[\sigma]_2\sin\alpha}$$

例 2-7 图 2-33a 所示吊车中滚轮可在横梁 CD 上移动，最大起重量 $W=20$ kN，斜杆 AB 拟由两根相同的等边角钢组成，许用应力 $[\sigma]=140$ MPa，试选择角钢型号。

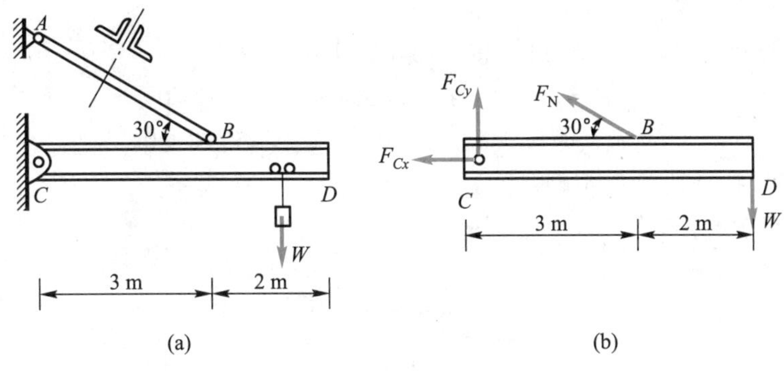

图 2-33

解： 当吊车位于 D 点时斜杆 AB 轴力最大，选 CD 杆为研究对象，作受力图如图 2-33b 所示。

（1）轴力计算

由平衡方程

$$\sum M_C=0,\qquad 3\ \text{m}\cdot F_N\sin 30°-5\ \text{m}\cdot W=0$$

$$F_N=\frac{5W}{3\sin 30°}=\frac{5\times 20\ \text{kN}}{3\times 0.5}=66.7\ \text{kN}(拉)$$

（2）选择角钢型号

每根角钢的轴力为 $F_N/2$，由式（2-11c），求出每根角钢的横截面面积 A 为

$$A\geqslant\frac{F_N}{2[\sigma]}=\frac{66.7\times 10^3\ \text{N}}{2\times 140\times 10^6\ \text{Pa}}=2.382\times 10^{-4}\text{m}^2=2.382\ \text{cm}^2$$

由型钢规格表查得 No. 4. 5，边宽为 45 mm，边厚为 3 mm，内圆弧半径为 5 mm 的等边角钢的横截面面积 $A_1=2.659\ \text{cm}^2$，可以满足要求。

例 2-8 图 2-34a 所示结构中，AC、BC 两杆均为钢杆，许用应力 $[\sigma]=115$ MPa，横截面面积分别为 $A_1=200\ \text{mm}^2$，$A_2=150\ \text{mm}^2$，结点 C 处悬挂一重物，试求此结构的许用载荷 $[W]$。

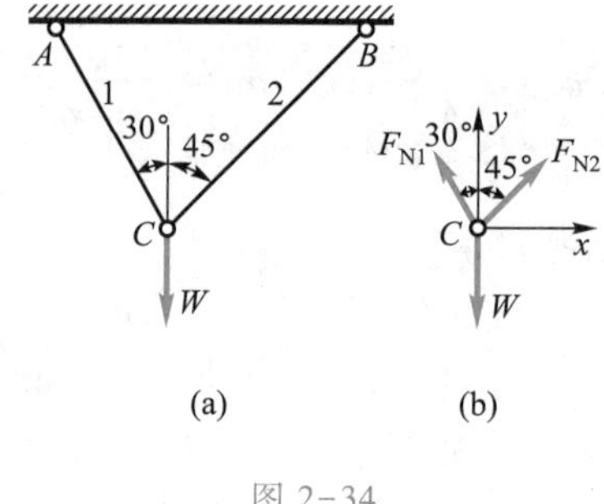

图 2-34

解：(1) 轴力计算

选结点 C 为研究对象，画受力图（图 2-34b），由平衡方程

$$\sum F_x=0,\qquad -F_{N1}\sin 30°+F_{N2}\sin 45°=0$$

$$\sum F_y=0,\qquad F_{N1}\cos 30°+F_{N2}\cos 45°-W=0$$

得 $F_{N1}=0.732W$（拉），$F_{N2}=0.518W$（拉）。

(2) 求许用载荷[W]

由 1 杆的强度条件

$$\frac{F_{N1}}{A_1}=\frac{0.732W}{A_1}\leqslant[\sigma]$$

得

$$W\leqslant\frac{A_1[\sigma]}{0.732}=\frac{200\times10^{-6}\times115\times10^{6}}{0.732}\text{ N}=31.4\times10^{3}\text{ N}=31.4\text{ kN}$$

由 2 杆的强度条件

$$\frac{F_{N2}}{A_2}=\frac{0.518W}{A_2}\leqslant[\sigma]$$

得

$$W\leqslant\frac{A_2[\sigma]}{0.518}=\frac{150\times10^{-6}\times115\times10^{6}}{0.518}\text{ N}=3.33\times10^{4}\text{ N}=33.3\text{ kN}$$

比较后取两者中的较小者：[W]=31.4 kN。

2.6 拉压变形计算与胡克定律

杆件在轴向载荷作用下的主要变形是纵向伸长（缩短），同时，其横向尺寸也会随之缩小（增大）。设等直杆原长为 l，横向尺寸为 d，横截面面积为 A。在轴向拉力 F 作用下，长度变为 l_1，横向尺寸变为 d_1（图 2-35a）。杆在轴线方向的伸长量为

$$\Delta l=l_1-l \tag{a}$$

Δl 可反映杆件的总变形量，但无法衡量其变形程度。对于均匀的变形，变形程度表示为单

位长度的伸长量，即线应变，写作

$$\varepsilon=\frac{\Delta l}{l} \tag{b}$$

一般规定伸长时 ε 为正，缩短时为负。

此外，横截面上的应力为

$$\sigma=\frac{F_{\mathrm{N}}}{A}=\frac{F}{A} \tag{c}$$

再依据胡克定律 $\sigma=E\varepsilon$，得到

$$\Delta l=\frac{F_{\mathrm{N}}l}{EA} \tag{2-12}$$

此式为胡克定律的另一种表达形式。EA 的乘积越大，轴向变形 Δl 越小，所以 EA 反映了此类杆件抵抗变形的能力，称为杆件的拉压刚度。上式也适用于杆的轴向压缩变形计算。Δl 的正负号与轴力 F_{N} 相同，正值表示轴向伸长，负值表示缩短。

由试验知，当杆件受拉（压）而沿轴向伸长（缩短）的同时，其横截面的尺寸必伴随有横向缩小（增大）。图 2-35b 所示拉压杆，其横向变形为

$$\Delta d=d_1-d \tag{2-13}$$

横向线变形与横向原始尺寸之比称作横向线应变，以符号 ε'表示，即

$$\varepsilon'=\frac{\Delta d}{d} \tag{2-14}$$

显然，杆件拉伸时横向尺寸缩小，故 Δd 和 ε'皆为负值；反之，当杆件压缩时，则 Δd 和 ε'皆为正值。

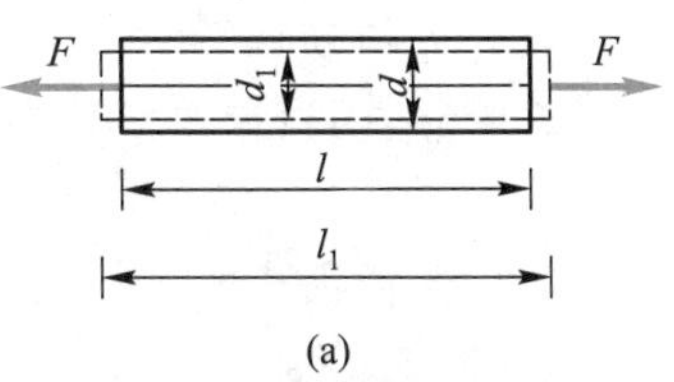

(a)

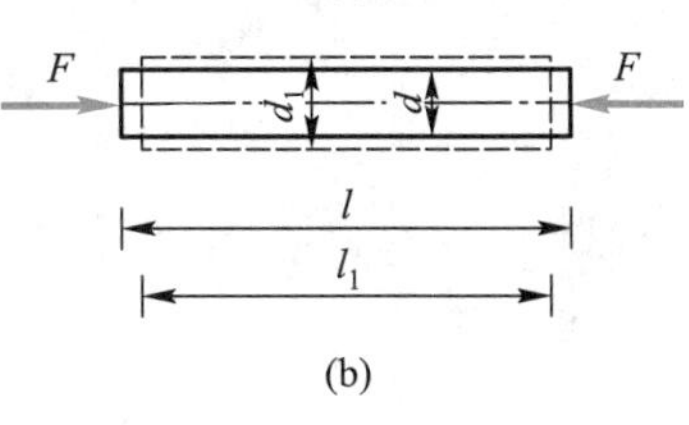

(b)

图 2-35

在弹性变形范围内，横向线应变 ε'与轴向线应变 ε 的比值是一个常数。此比值的绝对值称为泊松比，用 ν 来表示，即

$$\nu=\left|\frac{\varepsilon'}{\varepsilon}\right| \tag{2-15}$$

泊松比的量纲为一，其值随材料而异，可由试验测定。弹性模量 E 和泊松比 ν 都是表征材料的力学性能的常量。表 2-3 中列出了几种常用材料的 E、ν 值。

表 2-3　几种常用材料的 E、ν 值

材料	钢与合金钢	铝合金	铸铁	铜及其合金	混凝土	橡胶
E/GPa	200～220	70～72	80～160	100～120	15.2～36	0.008～0.67
ν	0.25～0.30	0.26～0.34	0.23～0.27	0.33～0.35	0.16～0.18	0.47

例 2-9 等直杆受力如图 2-36a 所示，试求杆的总变形量。

解：（1）画轴力图（图 2-36b）

（2）分段计算轴向变形

第 1 段：

$$\Delta l_1=\frac{F_{N1}l}{EA}=\frac{Fl}{EA}\quad（伸长）$$

第 2 段：

$$\Delta l_2=\frac{F_{N2}l}{EA}=\frac{2Fl}{EA}\quad（伸长）$$

总变形：

$$\Delta l=\Delta l_1+\Delta l_2=\frac{Fl}{EA}+\frac{2Fl}{EA}=\frac{3Fl}{EA}（伸长）$$

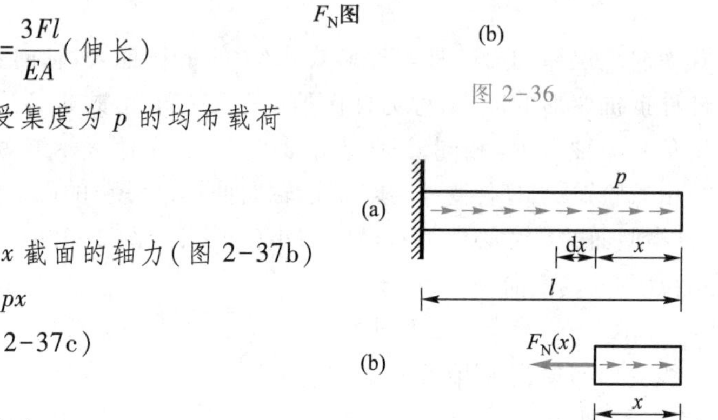

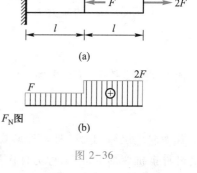

图 2-36

例 2-10 图 2-37a 所示杆受集度为 p 的均布载荷作用，试求杆的总伸长量。

解：（1）轴力计算

建立坐标系，由截面法计算 x 截面的轴力（图 2-37b）

$$F_N(x)=px$$

（2）计算微段杆的伸长（图 2-37c）

由式（2-12）得

$$\Delta(\mathrm{d}x)=\frac{F_N(x)}{EA}\mathrm{d}x$$

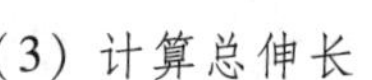

（3）计算总伸长

利用定积分

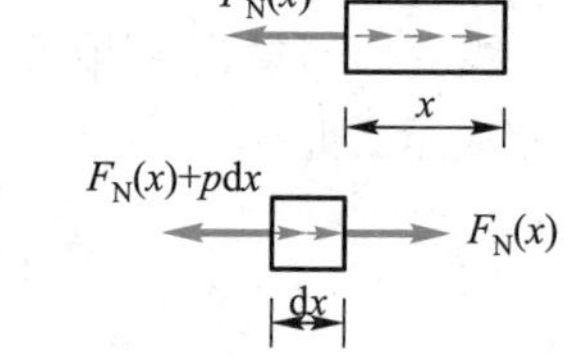

图 2-37

$$\Delta l=\int_0^l\frac{F_N(x)}{EA}\mathrm{d}x=\frac{1}{EA}\int_0^l F_N(x)\,\mathrm{d}x=\frac{1}{EA}\int_0^l px\mathrm{d}x=\frac{pl^2}{2EA}（伸长）$$

例 2-11 图 2-38a 所示桁架，试确定载荷 F 引起的 BC 杆的变形。已知 $F=40$ kN，$a=400$ mm，$b=300$ mm，$E=200$ GPa，BC 杆的横截面面积 $A=150\ \mathrm{mm}^2$。

解：（1）求支座约束力

以桁架整体为研究对象，假定两支座约束力均向上（图 2-38a），由平衡方程

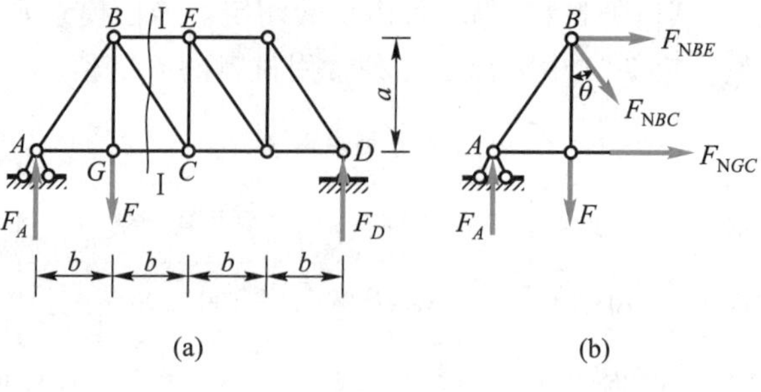

图 2-38

$$\sum M_D=0, \qquad F\cdot 3b-F_A\cdot 4b=0$$

求得

$$F_A=\frac{3}{4}F$$

(2) 计算杆 BC 的轴力

用截面法,从Ⅰ-Ⅰ处将桁架截开,取左半部分为研究对象,画受力图(图 2-38b)

$$\sum F_y=0, \qquad F_A-F-F_{NBC}\cos\theta=0, \qquad \cos\theta=\frac{4}{5}$$

$$F_{NBC}=-\frac{5}{16}F=-12.5\ \text{kN}$$

(3) 计算 BC 杆的变形

$$\Delta l_{BC}=\frac{F_{NBC}l_{BC}}{EA}=-\frac{12.5\times10^3\times500\times10^{-3}}{200\times10^9\times150\times10^{-6}}\ \text{m}=-0.208\ \text{mm(缩短)}$$

例 2-12 求图 2-39(a)所示阶梯状圆截面钢杆的轴向变形,已知钢的弹性模量 $E=200$ GPa。

解: (1) 内力计算

作杆的轴力图(图 2-39b)

$F_{N1}=-40$ kN(压), $F_{N2}=40$ kN(拉)

(2) 各杆变形计算

1、2 段的轴力 F_{N1}、F_{N2},横截面面积 A_1、A_2,长度 l_1、l_2 均不相同,故分别计算两段变形。

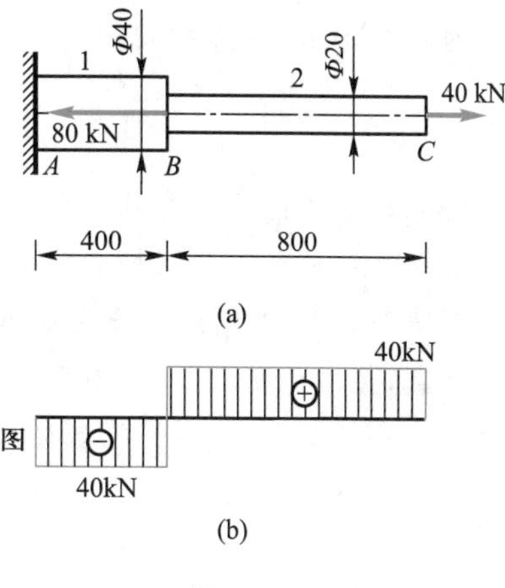

图 2-39

AB 段:

$$\Delta l_1=\frac{F_{N1}l_1}{EA_1}=\frac{-40\times10^3\times400\times10^{-3}}{200\times10^9\times\frac{\pi}{4}\times40^2\times10^{-6}}\ \text{m}=-0.064\ \text{mm}$$

BC 段:

$$\Delta l_2=\frac{F_{N2}l_2}{EA_2}=\frac{40\times10^3\times800\times10^{-3}}{200\times10^9\times\frac{\pi}{4}\times20^2\times10^{-6}}\ \text{m}=0.509\ \text{mm}$$

(3) 总变形量计算

$$\Delta l=\Delta l_1+\Delta l_2=-0.064\ \text{mm}+0.509\ \text{mm}=0.445\ \text{mm}$$

计算结果表明 AB 段缩短 0.064 mm,BC 段伸长 0.509 mm,全杆伸长 0.445 mm。

例 2-13 图 2-40a 所示结构中 AB、AC 两杆完全相同,结点 A 作用有铅垂载荷 F。设两杆长度 l、横截面面积 A、弹性模量 E 及杆与铅垂线夹角 α 均为已知,求结点 A 的铅垂位移 w_A。

解: (1) 轴力计算

由对称性可知两杆的轴力相同,设两杆的轴力 F_N 为拉力,相应的变形为伸长。以结点 A 为研究对象,画出受力图(图 2-40b),建立平衡方程求轴力,有

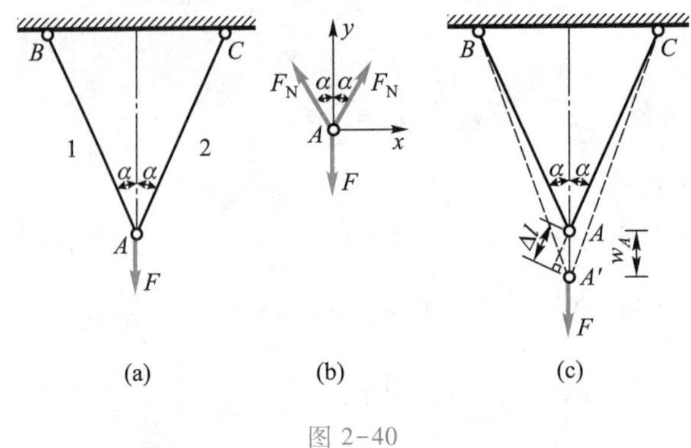

图 2-40

$$\sum F_y=0,\qquad 2F_N\cos\alpha-F=0$$

$$F_N=\frac{F}{2\cos\alpha} \tag{a}$$

(2) 各杆的变形计算

两杆变形相同,由式(2-12)有

$$\Delta l=\frac{F_N l}{EA}=\frac{Fl}{2EA\cos\alpha} \tag{b}$$

(3) 结点 A 的位移计算

结点 A 的位移是由两杆的伸长变形引起的,若 A 点位移后的位置为 A'(图 2-40c),则由变形协调关系,A'点应为分别以 B、C 点为圆心,AB、AC 杆变形后长度为半径画出的圆弧线的交点,但由于变形微小,因而可以近似地用切线代替上述圆弧线,即从两杆伸长后的杆端分别作各杆的垂线,两垂线的交点就是 A'点(图 2-40c),不难看出

$$w_A=\frac{\Delta l}{\cos\alpha} \tag{c}$$

将式(b)代入式(c)后,结点 A 的位移为

$$w_A=\frac{\Delta l}{\cos\alpha}=\frac{Fl}{2EA\cos^2\alpha}\quad(\downarrow)$$

结果为正,说明 A 点的位移方向与假设相同,即向下。

2.7 拉压静不定问题

仅用静力平衡方程便能求解结构的全部约束力或内力的问题称为静定问题,这类结构称为静定结构。在静定结构中,所有的约束或构件都是必需的,缺少任何一个都将使结构失去保持平衡或确定的几何形状的能力。

为了提高结构的强度和刚度,有时需增加一些约束或构件,而这些约束或构件对维持结构平衡来讲是多余的，习惯上称为多余约束。由于多余约束的存在，使得单凭静力平衡方程不能解出全部约束力或全部内力，这类问题称为静不定问题，又称为超静定问题。这类结构称为静不定结构，或超静定结构。

一、拉压静不定问题及解法

与多余约束对应的支座约束力或内力，称为多余未知力。一个结构如果有 n 个多余未知力，则称为 n 次静不定结构，n 称为静不定次数。显然，静不定次数等于全部未知力数目与全部可列独立平衡方程数目之差。求解静不定结构时，除了独立平衡方程之外，还需要依据结构连续性需满足的变形协调条件及变形与内力间的关系，建立 n 个补充方程。本节以简单静不定结构为例来分析如何建立补充方程以求解静不定问题。

图 2-41a 所示两端固定的等直杆，在 C 截面处受到轴向载荷 F 作用。由于外力是轴向载荷，所以支座约束力也是沿轴线的，分别记为 F_A 和 F_B，方向假设如图 2-41b 所示。由于共线力系只有一个独立平衡方程，而未知约束力有两个，因此存在一个多余未知力，是一次静不定结构。为解此题，必须从以下三方面来研究。

(1) 静力平衡方面

由杆的受力图（图 2-41b）可列出平衡方程

$$\sum F_y=0, \qquad F_A+F_B-F=0 \tag{a}$$

(2) 变形几何方面

本题有一个多余约束，取固定端 B 为多余约束，暂时将它解除，以未知力 F_B 来代替此约束对杆 AB 的作用，则得到基本静定结构（图 2-41c）。设杆由力 F 引起的伸长量为 Δl_F（图 2-41d），由 F_B 引起的缩短量为 Δl_{F_B}（图 2-41e）。但由于 B 端固定，整个杆件的总伸长量为零，故应有下列几何关系成立：

$$\Delta l=\Delta l_F-\Delta l_{F_B}=0 \tag{b}$$

上述关系是保证结构连续性所满足的变形几何关系，称为变形协调条件，或变形协调方程。每个多余约束都存在相应的变形几何关系，正确地找到这些关系是求解静不定问题的关键。

(3) 物理方面

如果杆件处于线弹性范围内，则材料服从胡克定律，有

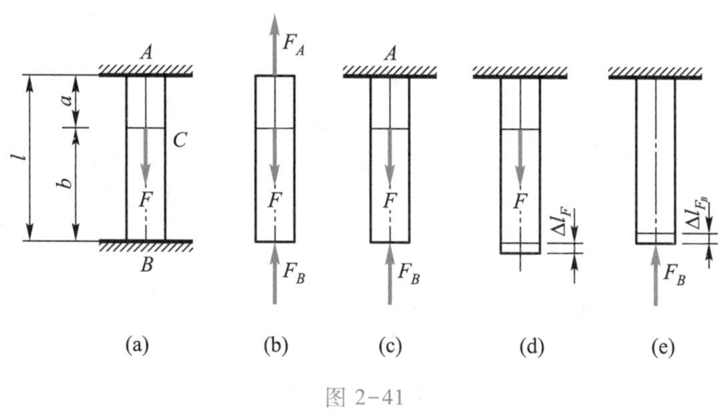

图 2-41

$$\Delta l_F = \frac{Fa}{EA}, \qquad \Delta l_{F_B} = \frac{F_B l}{EA} \tag{c}$$

称为物理方程，反映杆件变形和力之间的关系。将式(c)代入式(b)，化简得

$$Fa = F_B l \tag{d}$$

式(d)即为补充方程，该方程表达了多余未知力与已知力之间的关系。

联立解方程(a)和式(d)，得支座约束力为

$$F_A = \frac{Fb}{l}, \qquad F_B = \frac{Fa}{l} \tag{e}$$

求得约束力 F_A 和 F_B 后，即可用截面法求出 AC 段和 BC 段的轴力分别为

$$\left.\begin{aligned} F_{NAC} &= F_A = \frac{Fb}{l} \\ F_{NBC} &= -F_B = -\frac{Fa}{l} \end{aligned}\right\} \tag{f}$$

并可继续按照静定问题进行后续的应力或变形计算。

至此，可以将静不定问题的一般解法总结如下。

(1) 判断静不定次数 n；

(2) 根据静力平衡条件列出平衡方程；

(3) 根据变形与约束条件列出变形几何方程；

(4) 列出应有的物理方程，通常是胡克定律；

(5) 将物理方程代入几何方程得到补充方程；

(6) 联立解平衡方程与补充方程，即可得出全部未知力。

求解 n 次静不定结构需要建立 n 个补充方程，一般要综合静力学条件、几何方程和物理方程三个方面求解。

例 2-14 图 2-42a 所示结构中三杆铰接于 A 点，其中 1,2 两杆的长度 l、横截面面积 A，以及材料弹性模量 E 完全相同，3 杆的横截面面积为 A_3，弹性模量为 E_3。求在铅垂载荷 F 作用下各杆的轴力。

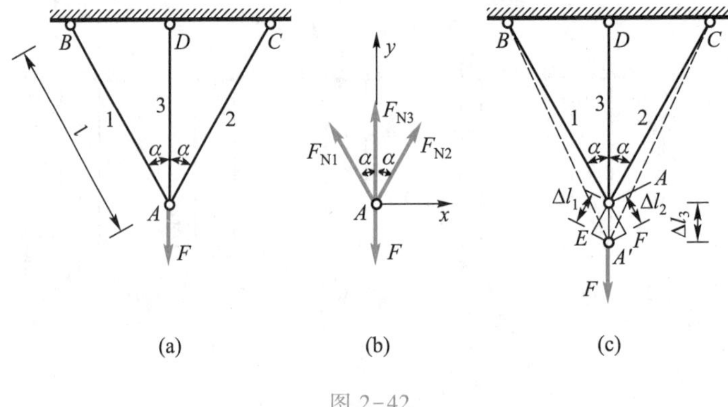

图 2-42

解：取结点 A 为研究对象，进行受力分析，如图 2-42b 所示，各杆轴力与载荷组成平面汇交力系，独立平衡方程只有两个，未知力有三个，故该结构为一次静不定结构，需建立一个补充方程。为此，从下列三方面来分析。

(1) 静力学方面

设三杆均受拉力作用(图 2-42b)，根据对称性设结点 A 移动到 A' 点，如图 2-42c 所示，这时三杆均伸长。

$$\sum F_x=0,\qquad F_{N1}=F_{N2} \tag{a}$$

$$\sum F_y=0,\qquad F_{N1}\cos\alpha+F_{N2}\cos\alpha+F_{N3}-F=0 \tag{b}$$

(2) 变形几何方面

设想将三根杆从 A 点拆开，各自伸长 Δl_1、Δl_2、Δl_3 后，应用小变形条件，使三杆端点画出的线段重新交于 A' 点(图 2-42c)，于是几何方程为

$$\Delta l_1=\Delta l_2=\Delta l_3\cos\alpha \tag{c}$$

(3) 物理方面

根据胡克定律，有

$$\Delta l_1=\frac{F_{N1}l}{EA},\qquad \Delta l_2=\frac{F_{N2}l}{EA},\qquad \Delta l_3=\frac{F_{N3}l\cos\alpha}{E_3A_3} \tag{d}$$

将式(d)代入式(c)，得补充方程为

$$F_{N1}=F_{N2}=F_{N3}\frac{EA}{E_3A_3}\cos^2\alpha \tag{e}$$

(4) 求解未知力

联立解式(a)、式(b)、式(e)得

$$F_{N1}=F_{N2}=\frac{F}{2\cos\alpha+\dfrac{E_3A_3}{EA\cos^2\alpha}}$$

$$F_{N3}=\frac{F}{1+2\dfrac{EA}{E_3A_3\cos^3\alpha}}$$

结果为正，表明假设正确，三杆轴力均为拉力。

上例结果表明，静不定结构的内力分配与各杆的刚度比有关，刚度大的杆内力也大，这是静不定结构的特点之一。

例 2-15 图 2-43a 所示结构，AB 为水平刚性杆，由两根弹性杆 1、2 固定，已知 1、2 杆的横截面面积均为 A，弹性模量均为 E，试求当 AB 杆受载荷 F 作用时 1、2 两杆的轴力。

解：(1) 静力学方面

取刚性杆 AB 为研究对象进行受力分析，如图 2-43b 所示，设两杆的轴力均为拉力，分别为 F_{N1} 和 F_{N2}。欲求这两个未知力，首先建立平衡方程

$$\sum M_A=0,\qquad -F_{N1}\cdot a-F_{N2}\cdot 2a+F\cdot 3a=0$$

$$F_{N1}+2F_{N2}=3F \tag{a}$$

(2) 变形几何方面

刚性杆 AB 在力 F 作用下，将绕点 A 顺时针转动，由此，杆 1 和杆 2 伸长。由于是小变形，可认为 C、D 两点沿铅垂线向下移动到点 C_1 和 D_1。设杆 1 的伸长量为 $CC_1=\Delta l_1$，杆 2 的伸长为 $DD_1=\Delta l_2$，由图 2-43c 可知，几何关系为

$$2\Delta l_1=\Delta l_2 \tag{b}$$

(3) 物理方面

根据胡克定律，有

$$\Delta l_1=\frac{F_{N1}a}{EA},\qquad \Delta l_2=\frac{F_{N2}a}{EA} \tag{c}$$

将式(c)代入式(b)，得

$$2\frac{F_{N1}a}{EA}=\frac{F_{N2}a}{EA}$$

$$2F_{N1}=F_{N2} \tag{d}$$

式(d)即为补充方程。

(4) 将式(a)与式(d)联立，解得杆 1 和杆 2 的轴力

$$F_{N1}=\frac{3}{5}F,\qquad F_{N2}=\frac{6}{5}F$$

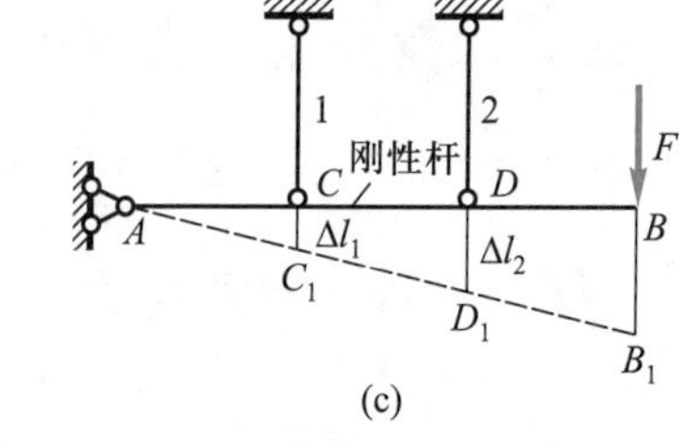

图 2-43

二、装配应力

在构件制作过程中，难免存在微小的误差。对静定结构，这种误差不会引起内力；而对静不定结构，由于多余约束的存在，必须通过某种强制方式才能将其装配，从而引起杆件在未承载时就存在初始内力，相应的应力称为装配应力。装配应力是静不定结构的又一特点，它是载荷作用之前构件内已有的应力，是一种初应力或预应力。

在工程实际中，常利用初应力进行某些构件的装配（例如，将轮圈套装在轮毂上），或提高某些构件的承载能力（例如，钢筋预应力混凝土的设计和应用）。但是，预应力处理不当也会给工程造成危害。一般装配应力也会对工程结构带来不利影响。

计算装配应力仍需要综合静力学、几何方程和物理关系三方面求解。

例 2-16　在图 2-44a 所示的结构中，3 杆比设计的长度 l 短一个小量 δ（图中长度为夸大画法）。已知三根杆的材料相同，弹性模量均为 E，横截面面积均为 A。现将此三杆装配在一起，求各杆的装配应力。

解：设装配后三杆交于 A' 点，如图 2-44a 所示，3 杆伸长，1、2 两杆缩短。对应地设 3 杆受拉力，1、2 杆受压力，三杆轴力组成平面汇交力系，如图 2-44b 所示，平衡方程只有两个，未知力为三个，因此是一次静不定问题。

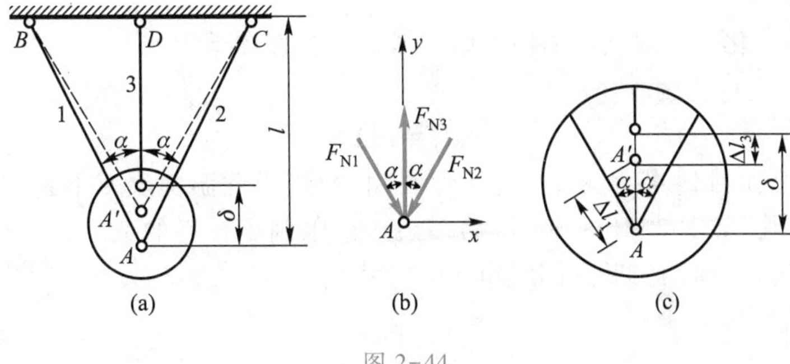

图 2-44

(1) 平衡方程

$$\sum F_x=0,\qquad F_{N1}=F_{N2} \tag{a}$$

$$\sum F_y=0,\qquad F_{N3}-F_{N1}\cos\alpha-F_{N2}\cos\alpha=0 \tag{b}$$

(2) 变形几何方程

由图 2-44c 可得

$$\Delta l_3+\frac{\Delta l_1}{\cos\alpha}=\delta \tag{c}$$

(3) 物理关系

当材料服从胡克定律时有

$$\Delta l_1=\frac{F_{N1}l_1}{EA}=\frac{F_{N1}l}{EA\cos\alpha},\qquad \Delta l_3=\frac{F_{N3}l}{EA} \tag{d}$$

将式(d)代入式(c),得补充方程为

$$\frac{F_{N3}l}{EA}+\frac{F_{N1}l}{EA\cos^2\alpha}=\delta \tag{e}$$

(4) 求解未知力

联立解式(a)、式(b)、式(e),得

$$F_{N1}=F_{N2}=\frac{\delta EA\cos^2\alpha}{l(1+2\cos^3\alpha)}(\text{压}),\qquad F_{N3}=\frac{2\delta EA\cos^3\alpha}{l(1+2\cos^3\alpha)}(\text{拉})$$

结果为正,说明假设正确,即 1、2 杆受压力,3 杆受拉力。

(5) 求装配应力

各杆横截面上的应力为

$$\sigma_1=\sigma_2=\frac{F_{N1}}{A}=\frac{\delta E\cos^2\alpha}{l(1+2\cos^3\alpha)}(\text{压}),\qquad \sigma_3=\frac{F_{N3}}{A}=\frac{2\delta E\cos^3\alpha}{l(1+2\cos^3\alpha)}(\text{拉})$$

如果$\dfrac{\delta}{l}=0.001$,$E=200$ GPa,$\alpha=30°$,那么由上式可以计算出 $\sigma_1=\sigma_2=65.2$ MPa(压),$\sigma_3=$ 113.0 MPa(拉),可见微小的制造误差能够引起很大的装配应力。

三、温度应力

环境温度的变化会引起杆件的伸长或缩短。设杆件原长为 l,材料的线胀系数为 α_l,则当温度变化 ΔT 时,杆长的改变量为

$$\Delta l_T=\alpha_l l\Delta T \tag{2-16}$$

对静定结构,如图 2-45 所示,杆件可以自由变形,因此温度改变不会在杆件中引起应力。对静不定结构,如图 2-46 所示,因为多余约束限制了杆件的变形,所以温度改变会在杆内引起应力,这种因温度变化而引起的应力,称为温度应力,或热应力,对应的内力称温度内力。

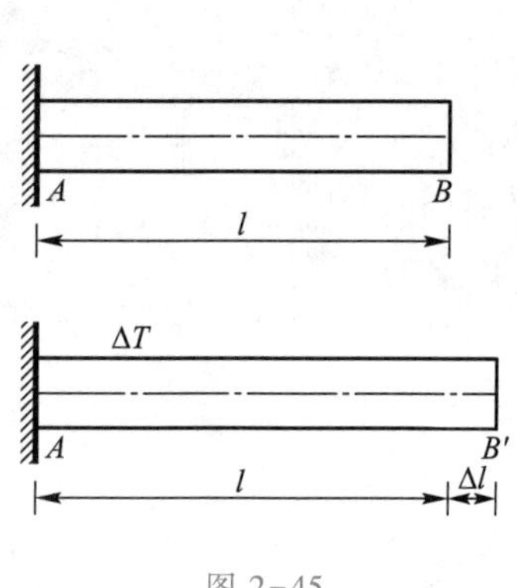

图 2-45

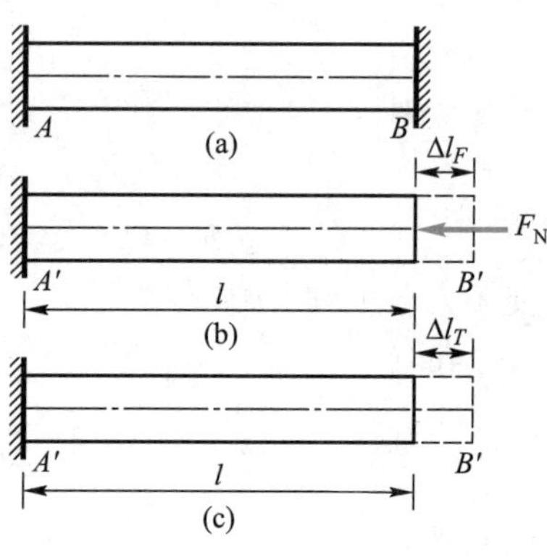

图 2-46

例 2-17 图 2-46a 所示两端固定等直杆 AB,长度为 l,横截面面积为 A,材料的弹性模量为 E,线胀系数为 α_l,求温度均匀改变 ΔT 后杆内应力。

解: (1) 变形几何方程

引起这根杆件变形的因素有两个:一是温度变化,另一个是温度内力,它们引起的变形分别记为 Δl_T,Δl_F(图 2-46b,c)。杆的两端固定,因此杆长始终不变,即

$$\Delta l=\Delta l_T+\Delta l_F=0 \tag{a}$$

(2) 物理方程

$$\Delta l_T=\alpha_l l\Delta T,\qquad \Delta l_F=\frac{F_{\mathrm{N}}l}{EA} \tag{b}$$

式中,F_{N} 为温度内力,设为正。

(3) 温度应力

将式(b)代入式(a),得

$$\Delta l=\Delta l_T+\Delta l_F=\alpha_l l\Delta T+\frac{F_{\mathrm{N}}l}{EA}=0$$

解得横截面上的温度应力为

$$\sigma=\frac{F_{\mathrm{N}}}{A}=-\alpha_l E\Delta T$$

负号表示温度内力与 ΔT 相反，例如，温度升高时温度内力为压力。

若此杆是钢杆，$\alpha_l = 1.2\times10^{-5}℃^{-1}$，$E = 210$ GPa，当温度升高 $\Delta T = 40℃$，可求得杆内温度应力为 $\sigma = 100.8$ MPa，可见环境温度变化较大的静不定结构，其温度应力是不容忽视的。

例 2-18　图 2-47a 中 OB 为一刚性杆，1、2 两杆长度均为 l，拉压刚度均为 EA，线胀系数为 α_l，试求当环境温度均匀升高 ΔT 时 1、2 两杆的内力。

解：设 OB 变化到 OB' 位置，这相当于 1、2 两杆都伸长，伸长量分别用 Δl_1、Δl_2 表示，对应的两杆轴力 F_{N1}、F_{N2} 设为拉力，如图 2-47b 所示。

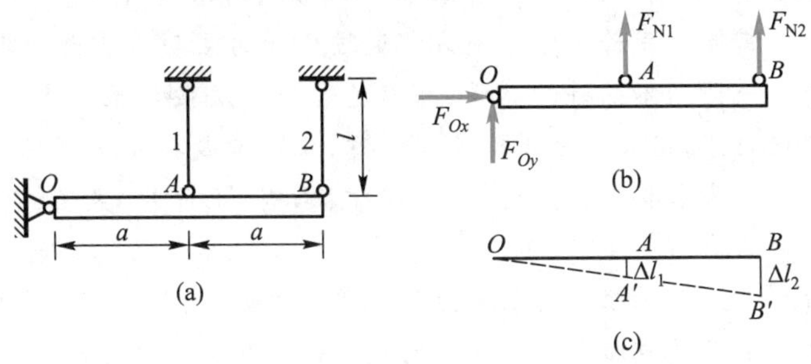

图 2-47

（1）平衡方程

$$\sum M_O = 0,\qquad F_{N1}a + 2F_{N2}a = 0 \tag{a}$$

（2）几何方程

$$\Delta l_2 = 2\Delta l_1 \tag{b}$$

（3）物理方程

$$\Delta l_1 = \frac{F_{N1}l}{EA} + \alpha_l l\Delta T,\qquad \Delta l_2 = \frac{F_{N2}l}{EA} + \alpha_l l\Delta T \tag{c}$$

将式(c)代入式(b)，得补充方程为

$$F_{N2} - 2F_{N1} = EA\alpha_l\Delta T \tag{d}$$

（4）求各杆的温度内力

联立求解式(a)、式(d)，得

$$F_{N1} = -\frac{2}{5}EA\alpha_l\Delta T\text{(压)},\qquad F_{N2} = \frac{1}{5}EA\alpha_l\Delta T\text{(拉)}$$

F_{N1} 为负值，说明 1 杆内力与假设相反，应为压力。

课程设计及学习思路

第 2 章
工程案例

（1）掌握直杆在轴向拉伸与压缩时横截面、斜截面上的应力计算；了解安全因数及许用应力的确定方法，能熟练进行强度校核、截面设计和许用载荷的计算。

第2章力学史人物故事

(2) 掌握胡克定律,了解泊松比,掌握直杆在轴向拉伸与压缩时的变形和应变计算;了解拉压应变能的计算。

(3) 掌握求解拉压杆件一次静不定问题的方法,了解温度应力和装配应力的计算。

(4) 掌握应力集中的概念,了解圣维南原理。

课程难点分析及学习体会

材料力学研究四种基本变形形式的方法和思路是一样的,所得结论也是类似的。通过拉伸和压缩变形的学习,掌握其他三种基本变形形式的求解过程。

(1) 外力分析。需要利用静力学平衡方程通过已知的主动力求出全部的未知约束力。

(2) 内力分析。一开始不熟练的时候,可以通过截面法按步骤求内力。熟练之后可以直接通过外力计算内力,包括大小和正负号。注意,正负号是按变形规定的,而不是看内力指向。画内力图有六个基本要求,包括:对齐、规律、比例、正负号、数值、符号。等直杆的危险截面就是内力最大的截面。

(3) 应力分析。应力公式推导过程中应用了平面假设,因为是静不定问题,所以分析变形几何关系是关键。根据横截面上各点变形的规律得到应力的分布规律。再根据应力和内力之间的静力学关系得到应力表达式。求出危险点最大应力与材料的许用应力比较,建立强度条件。

(4) 求变形。在线弹性阶段,变形的计算应用的是胡克定律。各种基本变形公式都是类似的,分子是内力乘以杆长,分母是变形刚度。变形刚度有两个参数:一个是弹性常数,另一个是截面的几何量。求出最大变形跟工程中的许可值比较,建立刚度条件。

(5) 静不定问题求解。利用三大关系:静力学平衡关系,变形几何关系和物理关系联立求解。其中分析变形几何关系是难点也是重点,要根据不同情况具体问题具体分析,一些解题技巧要掌握。本章的一个重点是用实验测定材料的力学性能,为建立强度条件、刚度条件和稳定性条件提供依据。需记住低碳钢和铸铁的实验曲线,掌握弹性常数、极限应力、强度指标、塑性指标、卸载定律,以及冷作硬化等概念。

习 题

2-1 试求图示各杆1-1、2-2、3-3截面上的轴力,并作轴力图。

2-2 图示钢筋混凝土柱长 $l=4$ m,正方形截面边长 $a=400$ mm,容重 $\gamma=24$ kN/m^3,在四分之三柱高处作用集中力 $F=20$ kN。考虑自重,试求1-1、2-2截面的轴力并作轴力图。

2-3 如图所示,指出阶梯状直杆的危险截面位置,计算相应的轴力及危险截面上的应力。已知各段横截面面积分别为 $A_1=400$ mm^2,$A_2=300$ mm^2,$A_3=150$ mm^2。

2-4 图示直杆中间部分开有对称于轴线的矩形槽,两端受拉力 F 作用。试计算杆内最大正应力。

2-5 图示石柱高 $h=8$ m,横截面为矩形,边长分别为3 m和4 m。集中载荷 $F=1\ 000$ kN,材料的容重 $\gamma=23$ kN/m^3,试求石柱底部横截面上的应力。

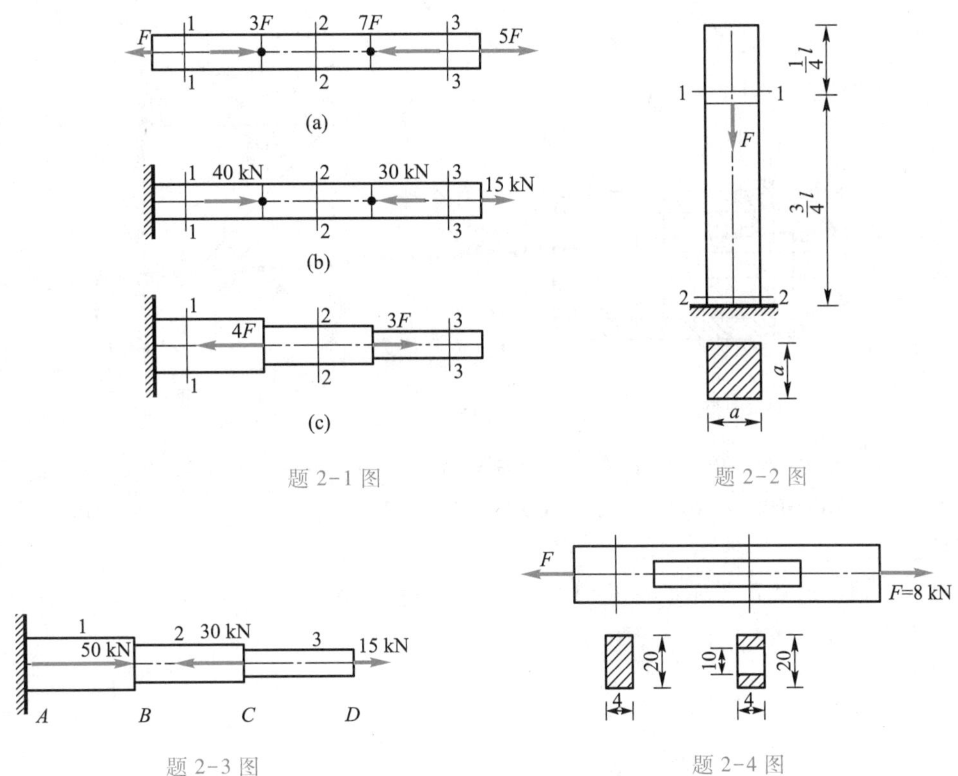

题 2-1 图

题 2-2 图

题 2-3 图

题 2-4 图

2-6 图示结构中的两根截面为 100 mm×100 mm 的木柱，分别受到由横梁传来的外力作用。不计自重，试求两柱上、中、下三段横截面上的应力。

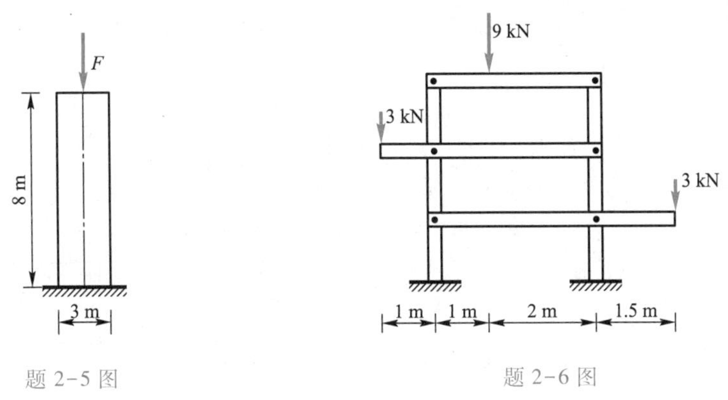

题 2-5 图

题 2-6 图

2-7 如图所示油缸内径 $D=75$ mm，活塞杆直径 $d=18$ mm，许用应力 $[\sigma]=50$ MPa。若油缸内最大工作压力 $p=2$ MPa，试校核活塞杆的强度。

2-8 托架受力如图所示。其中 AB 为圆截面钢杆，许用应力 $[\sigma]_1=160$ MPa；AC 为正方形截面木杆，许用压应力 $[\sigma]_2=4$ MPa。试按强度条件设计钢杆的直径和木杆的截面边长。

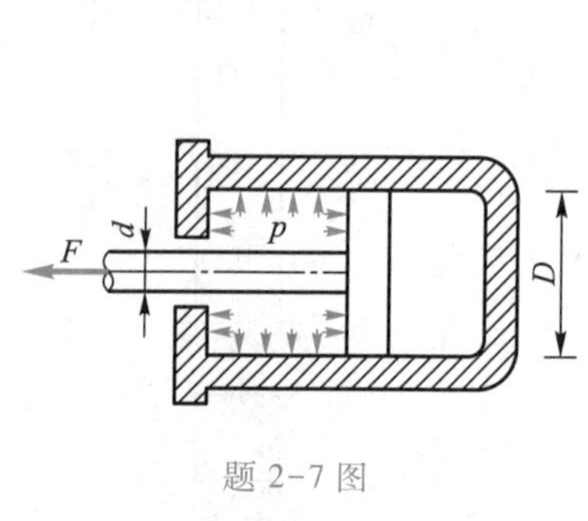

题 2-7 图

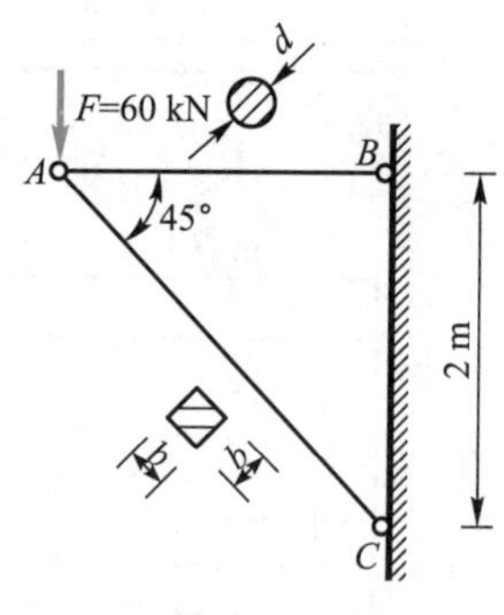

题 2-8 图

2-9　图示三角架 ABC 由 AC 和 BC 两杆组成。杆 AC 由两根 No. 12.6 的槽钢组成，许用应力 $[\sigma]_1 = 160$ MPa；杆 BC 为一根 No. 22a 的工字钢，许用应力 $[\sigma]_2 = 100$ MPa。求载荷 F 的许用值。

2-10　图示等截面圆杆直径 $d = 10$ mm，材料的弹性模量 $E = 200$ GPa。试求杆端 A 的水平位移。

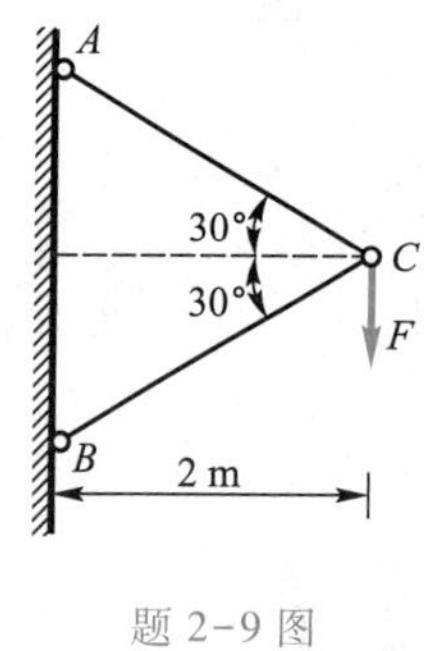

题 2-9 图

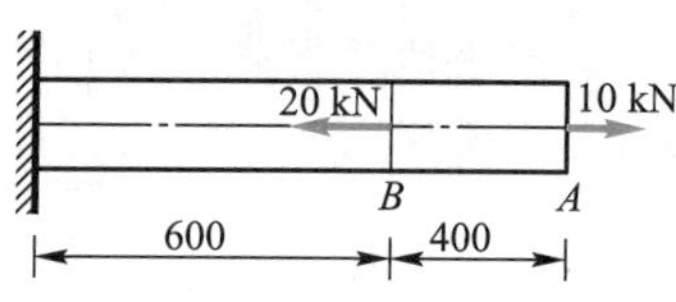

题 2-10 图

2-11　某阶梯状钢杆如图所示，材料的弹性模量 $E =$ 200 GPa。试求杆横截面上的最大正应力和杆的总伸长量。

2-12　直径 $d = 16$ mm 的圆截面杆，长 $l = 1.5$ m，承受轴向拉力 $F = 30$ kN 作用，测得杆的弹性变形总伸长 $\Delta l =$ 1.1 mm，试求杆材料的弹性模量 E。

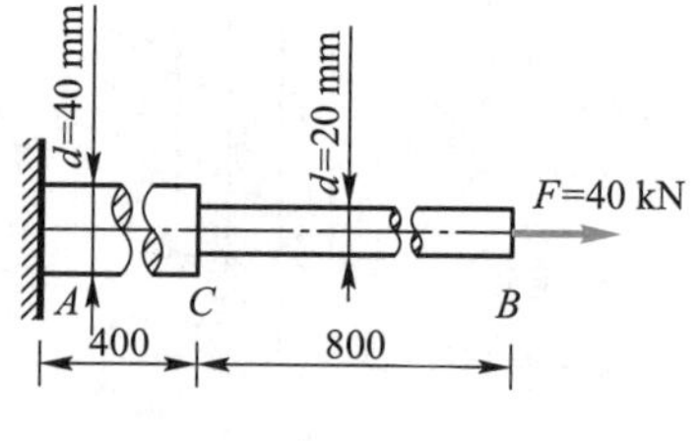

题 2-11 图

2-13　矩形截面试样尺寸如图所示，在轴向拉力 $F =$ 20 kN 作用下发生弹性变形。测得截面高度 h 缩小了 0.005 mm，长度增加了 1 mm，试求杆件材料的弹性模量 E 和泊松比 ν。

2-14　由钢和铜两种材料组成的阶梯状直杆如图所示，已知钢和铜的弹性模量分别为 $E_1 = 200$ GPa，$E_2 = 100$ GPa，横截面面积之比为 2 : 1。若杆的弹性变形总伸长 $\Delta l = 0.68$ mm，试求载荷 F 及杆内最大正应力。

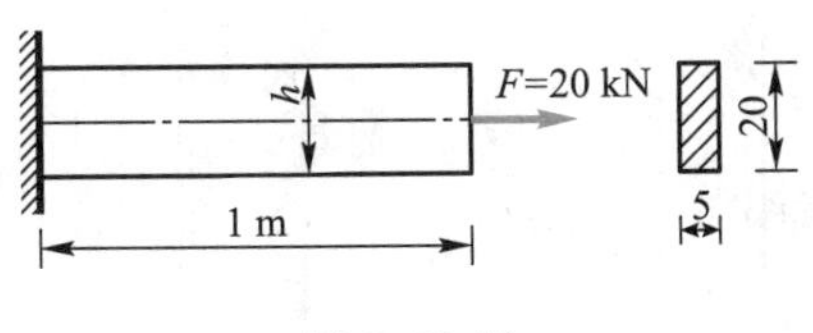

题 2-13 图

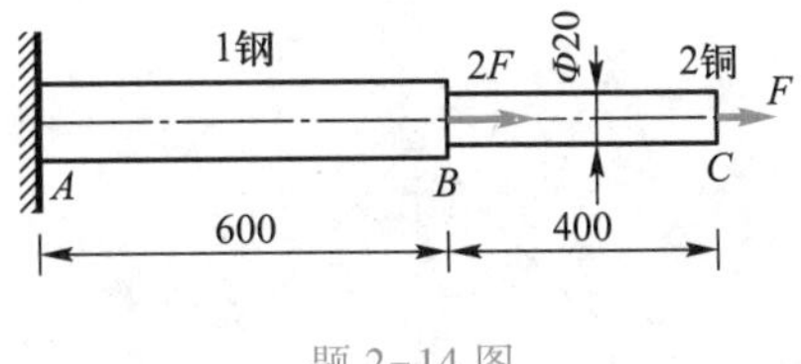

题 2-14 图

2-15　电子秤的传感器主体为一圆筒，如图所示。已知弹性模量 $E=200$ GPa，若测得筒壁轴向线应变 $\varepsilon=-49.8\times10^{-6}$，试求相应的轴向载荷 F。

2-16　图示结构中 AB、AC 两杆相同，横截面面积 $A=200\ \text{mm}^2$，弹性模量 $E=200$ GPa。今测得弹性变形后两杆纵向线应变分别为 $\varepsilon_1=2.0\times10^{-4}$，$\varepsilon_2=4.0\times10^{-4}$，试求载荷 F 及其方位角 θ。

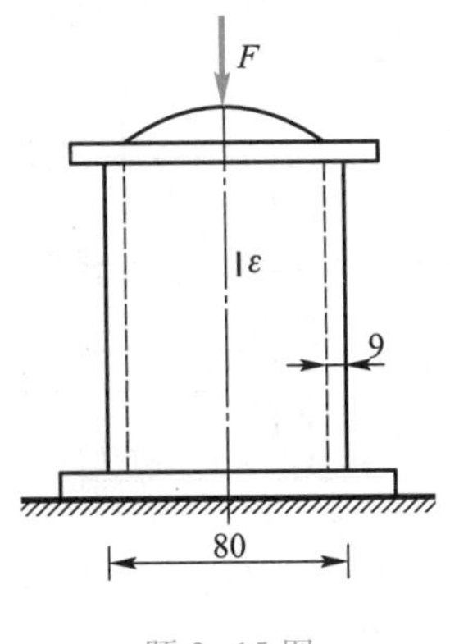

题 2-15 图

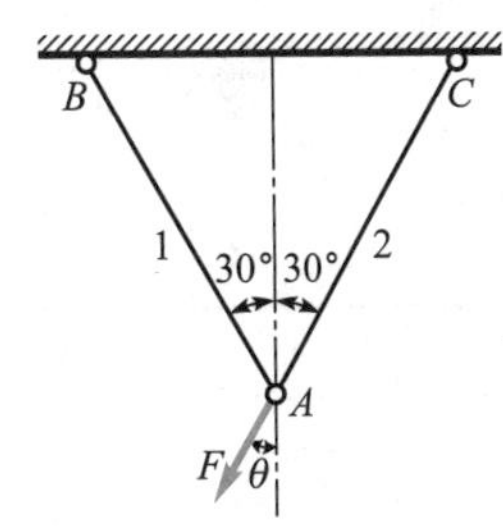

题 2-16 图

2-17　图示结构 AB、AC 两杆长度相同，均为 l，拉压刚度分别为 $2EA$ 和 EA，试求当角度 θ 为何值时，结点 A 在载荷 F 的作用下只产生向右的水平位移。

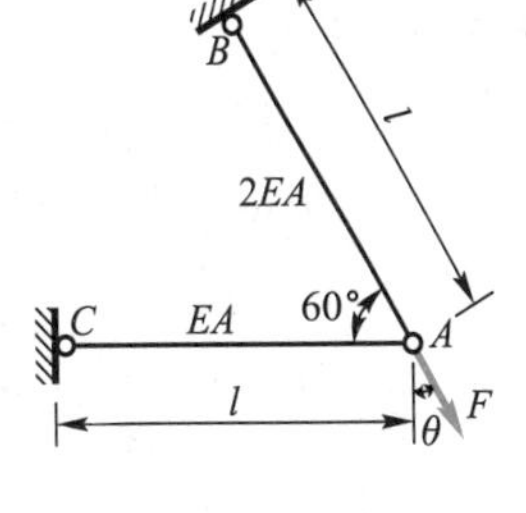

题 2-17 图

2-18　图示正方形平面桁架中五根杆的拉压刚度相同，均为 EA，1~4 杆的长度相同，均为 l。试求在图示结点载荷作用下 A、C 两点的相对线位移。

2-19　图示结构中 AB 为刚性杆，1、2 两杆材料相同，许用应力 $[\sigma]=170$ MPa，弹性模量 $E=210$ GPa；两杆均为圆截面杆，直径分别为 $d_1=25$ mm，$d_2=18$ mm。(1) 试校核两杆的强度；(2) 求刚性杆上力作用点 G 的铅垂位移。

2-20　图示结构中，杆 AB 的重量及变形可忽略不计。钢杆 1 和铜杆 2 均为圆截面杆，直径分别为 $d_1=20$ mm，$d_2=25$ mm，弹性模量分别为 $E_1=200$ GPa、$E_2=100$ GPa。试求：(1) 使杆 AB 保持水平状态时载荷 F 的位置 x；(2) 若此时 $F=30$ kN，分别求两杆横截面上的正应力。

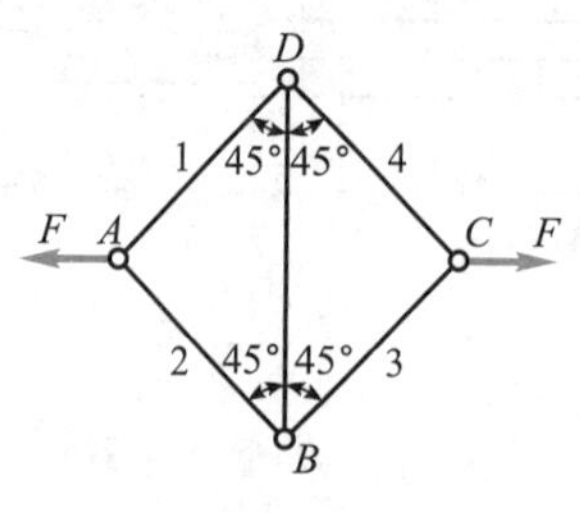

题 2-18 图

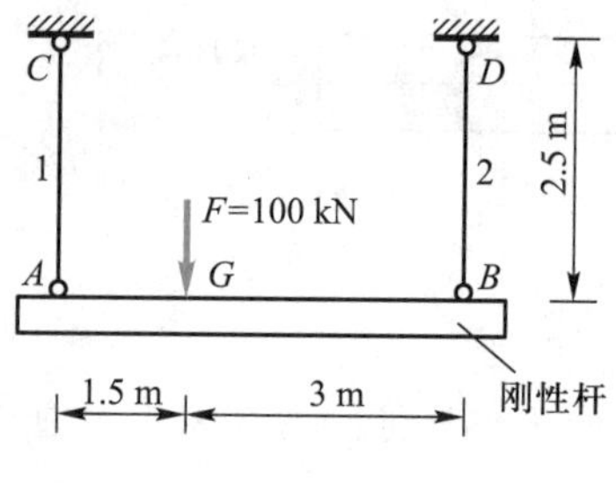

题 2-19 图

2-21　气缸结构如图所示。已知活塞杆直径 $d=80$ mm，材料的屈服极限 $\sigma_s=240$ MPa。气缸内径 $D=350$ mm，内压 $p=1.5$ MPa。气缸盖与气缸连接用螺栓的直径 $d_1=20$ mm，许用应力 $[\sigma]=60$ MPa。试求：(1) 活塞杆强度的安全因数 n；(2) 气缸盖与气缸体单侧连接所需的螺栓个数 N。

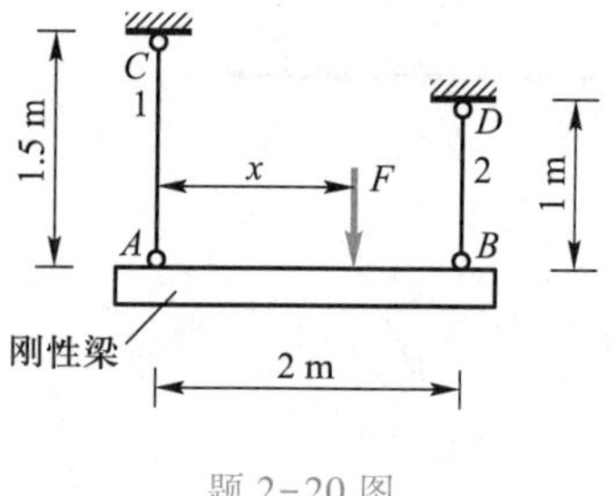

题 2-20 图

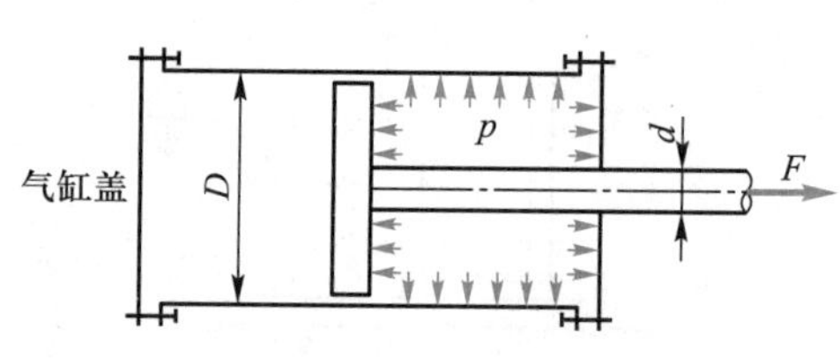

题 2-21 图

2-22　刚性梁 AB 由三根相同的弹性杆悬吊，受力如图所示。若尺寸 a、l，力 F，弹性模量 E 和横截面面积 A 均为已知，试求三杆的轴力。

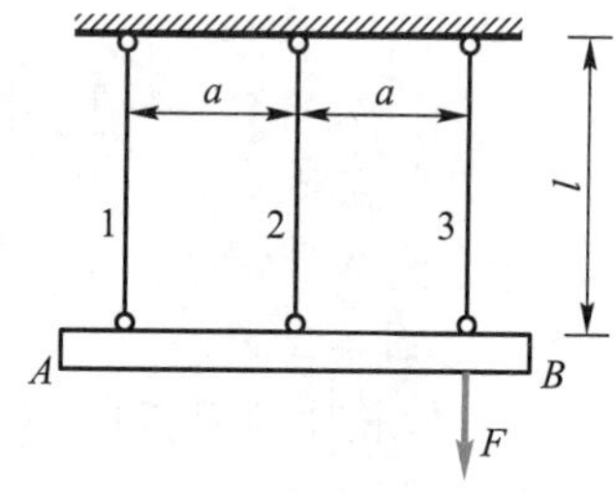

题 2-22 图

2-23　图中 AB 为刚性梁，1、2、3 杆的横截面面积均为 $A=200\ \text{mm}^2$，材料的弹性模量 $E=210$ GPa，设杆长 $l=1$ m，其中 2 杆因加工误差短了 $\delta=0.5$ mm，试求装配后各杆横截面上的应力。杆 2、3 互换位置后，求各杆应力。

2-24　如图所示阶梯形杆上端固定，下端距支座 $\delta=1$ mm。已知 AB、BC 两段杆横截面面积分别为 $A_1=600\ \text{mm}^2$，$A_2=300\ \text{mm}^2$，长度尺寸 $a=1.2$ m，材料的弹性模量均为 $E=210$ GPa。当载荷 $F_1=60$ kN，$F_2=40$ kN 时，试求杆内的轴力分布。

2-25　图中两端固定等直杆，1、2 两段分别由钢和铜制成。线胀系数分别为 $\alpha_{l1}=12.5\times10^{-6}\ ℃^{-1}$，$\alpha_{l2}=16.5\times10^{-6}\ ℃^{-1}$，弹性模量分别为 $E_1=200$ GPa，$E_2=100$ GPa。若杆的初应力为零，试求当温度升高 $\Delta T=50℃$ 时，杆内各横截面上的应力。

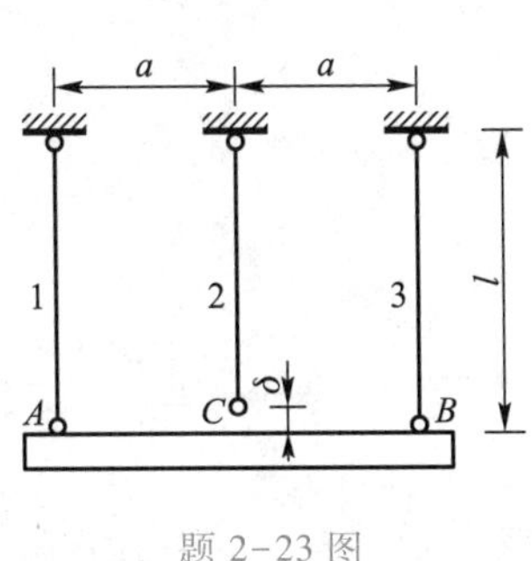

题 2-23 图

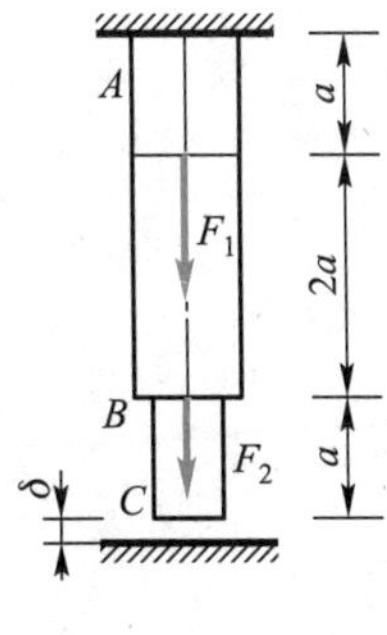

题 2-24 图

2-26　图中钢杆的下端固定，上端距固定约束 $\delta=0.2$ mm。已知杆长 $l=0.5$ m，材料的弹性模量 $E=200$ GPa，线胀系数 $\alpha_l=12.5\times10^{-6}℃^{-1}$，试求当温度升高 $\Delta T=50℃$ 时，杆横截面上的应力。

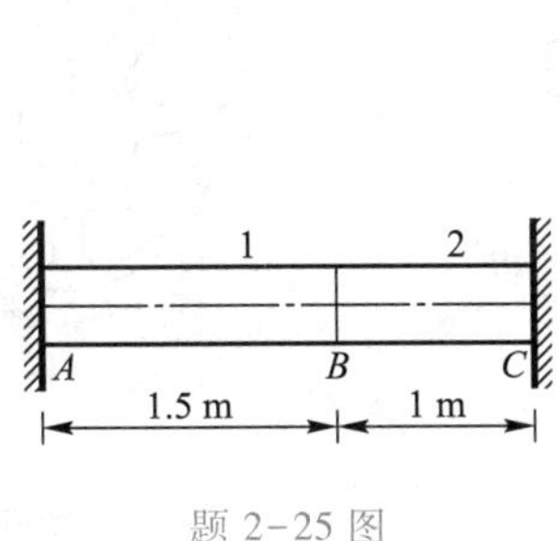

题 2-25 图

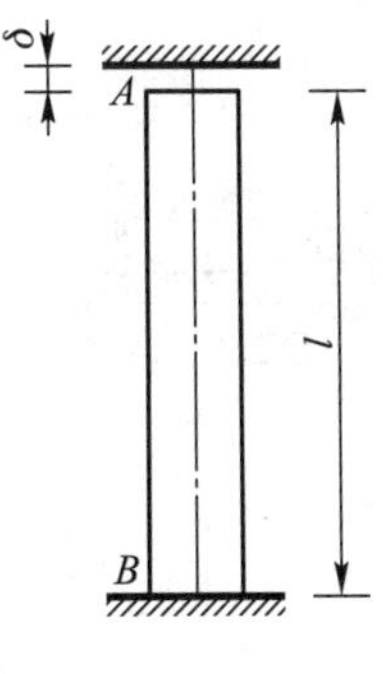

题 2-26 图

第3章 剪切

3.1 剪切实用强度计算

在实际工程中，一些构件通过某些元件相互连接组成结构。这些元件称为连接件，如螺栓、销、键块和铆钉等，如图 3-1 所示。剪切破坏和挤压破坏是连接件的主要破坏形式。由于被连接件的开孔处受到削弱，因此，连接强度计算应包括连接件和被连接件两部分。

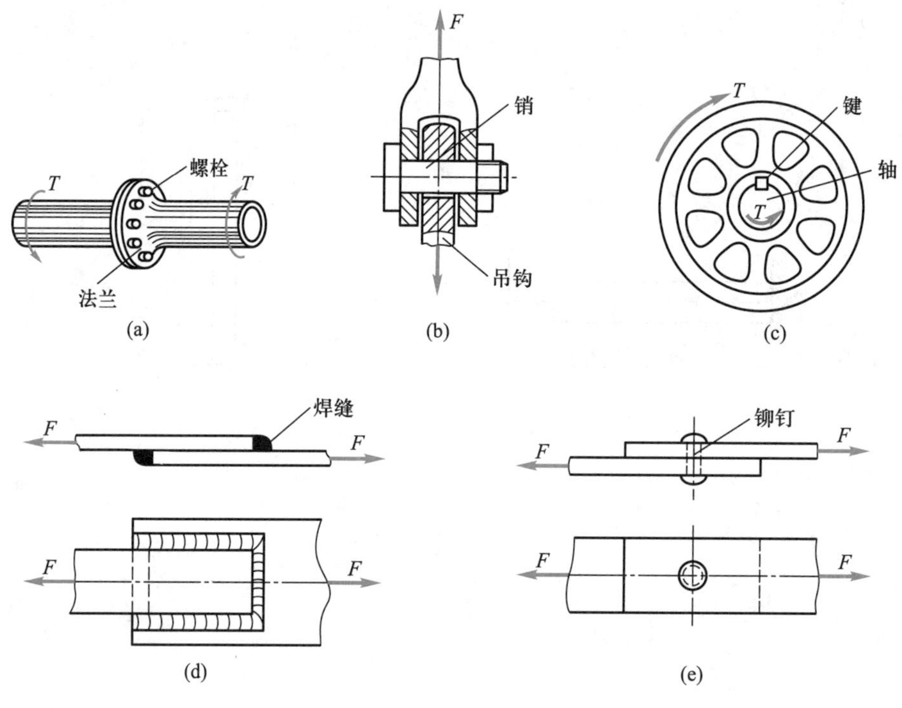

图 3-1

应当指出，连接件一般为非细长构件，在外力作用下，除产生剪切变形外，还伴有其他形式的变形，其应力分布复杂，精确的分析难度大且不实用。工程中为了便于应用，在直接试验的基础上，提出了简化的计算方法，称为实用计算法。

现以铆钉连接为例，介绍相关概念与计算方法。图 3-2a 表示两块钢板由铆钉连接，当钢板受拉力 F 作用后，铆钉的受力如图 3-2b 所示，两侧面上受到的分布力的合力大小相等、方向相反、作用线不在一条直线上，但相距很近的一对力，铆钉沿着剪切面发生相对错动。

为了研究铆钉在剪切面处的应力，首先求出剪切面上的内力。采用截面法，假想用一截面在 $m-m$ 处将铆钉截为两段，并取下段为研究对象（图 3-3a）。该部分受外力 F 作用，设 $m-m$ 面上的内力为 F_S，沿截面作用。根据平衡方程

$$\sum F_x=0, \qquad F-F_S=0$$

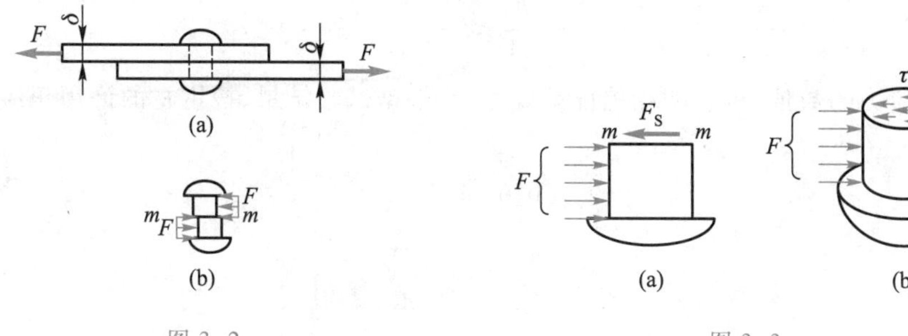

图 3-2　　　　图 3-3

剪切变形

得

$$F_S=F$$

在剪切面上的切向内力 F_S，称为剪力。与剪力相对应的应力为切应力 τ（图 3-3b）。采用实用计算法，即只考虑主要内力 F_S，忽略其他次要因素，并假定切应力在剪切面上均匀分布。铆钉剪切面上的计算切应力，或名义切应力为

$$\tau=\frac{F_S}{A} \tag{3-1}$$

式中，F_S 为剪切面上的剪力；A 为剪切面面积。切应力 τ 的方向与剪力 F_S 相同。式(3-1)也适用于其他连接构件切应力的计算。

基于剪切破坏试验，可建立剪切强度条件。剪切试验装置的简图如图 3-4a 所示。由于剪切面有两个，故称双剪试验。施加外力将试样剪断（图 3-4b），剪断时的力 F_b 除以剪切面面积 $2A$，得剪切强度极限 τ_b 的平均值，即

$$\tau_b=\frac{F_b}{2A}$$

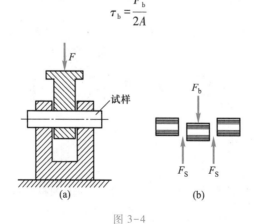

图 3-4

适当地考虑安全因数 n，即得到许用切应力为

$$[\tau]=\frac{\tau_b}{n} \tag{3-2}$$

与轴向拉伸和压缩的强度条件形式相似，连接件的剪切强度条件为

$$\tau=\frac{F_S}{A}\leqslant[\tau] \tag{3-3}$$

其中，许用切应力的数值，可查阅相关设计规范，或根据试验结果，按钢材的许用正应力 $[\sigma]$ 估计，即

$$[\tau]=(0.6\sim0.8)[\sigma] \tag{3-4}$$

3.2 挤压的实用强度计算

挤压应力是指连接件与被连接构件之间直接接触面上的局部应力。图 3-5 所示为铆接接头中的铆钉与孔在挤压下的塑性变形，孔边被挤压后可能出现褶皱（图 3-5a），铆钉被挤压后可能变扁（图 3-5b），因而使连接松动，导致破坏。

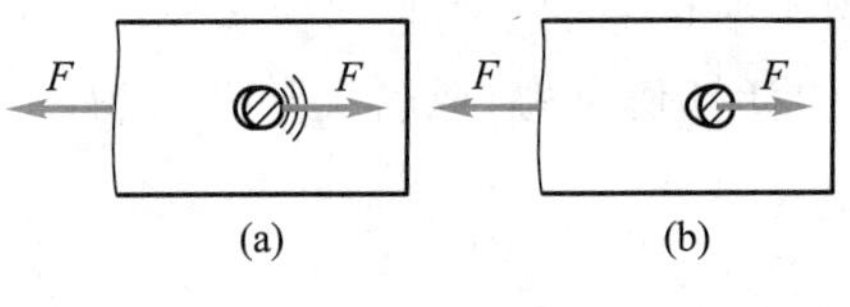

图 3-5

两接触面上的正压力称为挤压力，用 F_{bs} 表示。其接触面称为挤压面，用 A_{bs} 表示。挤压面上产生的挤压应力，用 σ_{bs} 表示。在承压面上，尤其是非平面情况，挤压应力的分布比较复杂。例如，铆钉受挤压时，承压面为半圆柱面，挤压应力 σ_{bs} 的大致分布情况如图 3-6a 所示，其中 $\sigma_{bs,max}$ 为最大挤压应力。

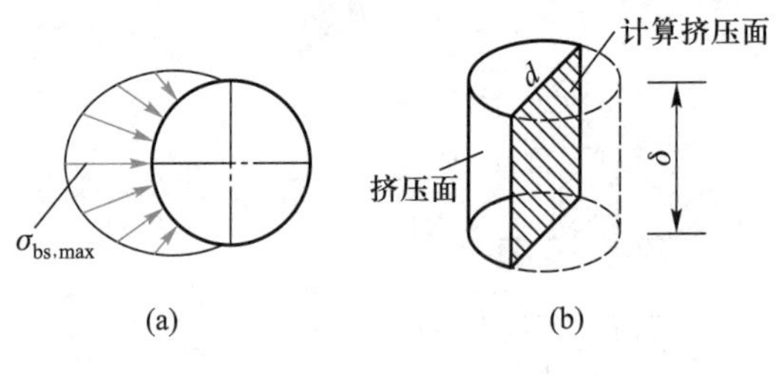

图 3-6

为了简化计算，在实用计算中取承压面在直径平面上的投影面积 A_{bs}^* 为计算挤压面面积（图 3-6b），则相应的挤压应力

$$\sigma_{bs}=\frac{F_{bs}}{A_{bs}^{*}} \tag{3-5}$$

图 3-6 中,A_{bs}^{*}为板厚δ与钉孔直径d的乘积,即

$$A_{bs}^{*}=\delta d$$

在式(3-5)的基础上,结合许用应力,即可建立挤压强度条件

$$\sigma_{bs}=\frac{F_{bs}}{A_{bs}^{*}}\leqslant[\sigma_{bs}] \tag{3-6}$$

式中,$[\sigma_{bs}]$为材料的许用挤压应力,是采用与$[\tau]$类似的方法确定的。对于钢材有

$$[\sigma_{bs}]=(1.7\sim2.0)[\sigma]$$

式中,$[\sigma]$为钢材的许用正应力。

例 3-1 某接头部分的销钉如图 3-7 所示,已知连接处受到大小为 $F=100$ kN 力的作用,几何尺寸为:$D=45$ mm,$d_1=32$ mm,$d_2=34$ mm,$\delta=12$ mm。试计算销钉的切应力τ和挤压应力σ_{bs}。

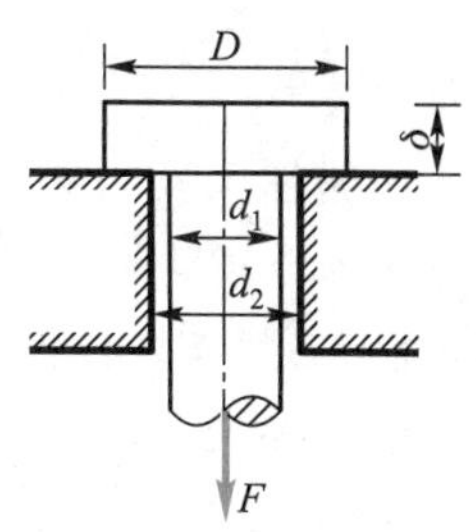

图 3-7

解: 首先进行内力分析,然后分析剪切面和挤压面。这是一个共线力系,有 $F_S=F_{bs}=F$。

(1) 销钉的剪切面是个圆柱面,其面积为

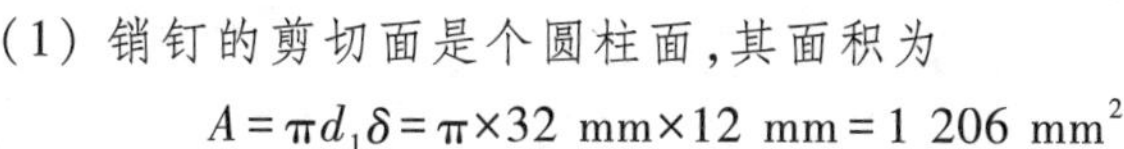

$$A=\pi d_1\delta=\pi\times32\ \text{mm}\times12\ \text{mm}=1\ 206\ \text{mm}^2$$

(2) 销钉的挤压面是个圆环,其面积为

$$A_{bs}^{*}=\frac{\pi}{4}(D^2-d_2^2)=\frac{\pi}{4}(45^2-34^2)\ \text{mm}^2=683\ \text{mm}^2$$

(3) 销钉的切应力和挤压应力分别为

$$\tau=\frac{F_S}{A}=\frac{100\times10^3}{1\ 206\times10^{-6}}\ \text{Pa}=82.9\times10^6\ \text{Pa}=82.9\ \text{MPa}$$

$$\sigma_{bs}=\frac{F_{bs}}{A_{bs}^{*}}=\frac{100\times10^3}{683\times10^{-6}}\ \text{Pa}=146.4\times10^6\ \text{Pa}=146.4\ \text{MPa}$$

例 3-2 某起重机吊具中的吊钩与吊板通过销轴连接,如图 3-8a 所示,起吊力为 F。已知:$F=40$ kN,销轴直径 $d=22$ mm,吊钩厚度 $\delta=20$ mm。销轴许用应力$[\tau]=60$ MPa,$[\sigma_{bs}]=120$ MPa。试校核该销轴的强度。

解: (1) 切剪强度校核

销轴的受力情况如图 3-8b 所示,剪切面为Ⅰ-Ⅰ和Ⅱ-Ⅱ。截取两截面间的部分作为研究对象(图 3-8c),两剪切面上的剪力为

$$F_S=\frac{F}{2}$$

应用式(3-1),将有关数据代入,得

$$\tau=\frac{F_S}{A}=\frac{F}{2A}=\frac{F}{2\times\frac{\pi d^2}{4}}=\frac{40\times10^3\ \text{N}}{2\times\frac{3.14}{4}\times(22\times10^{-3}\ \text{m})^2}=52.6\times10^6\ \text{Pa}=52.6\ \text{MPa}<[\tau]$$

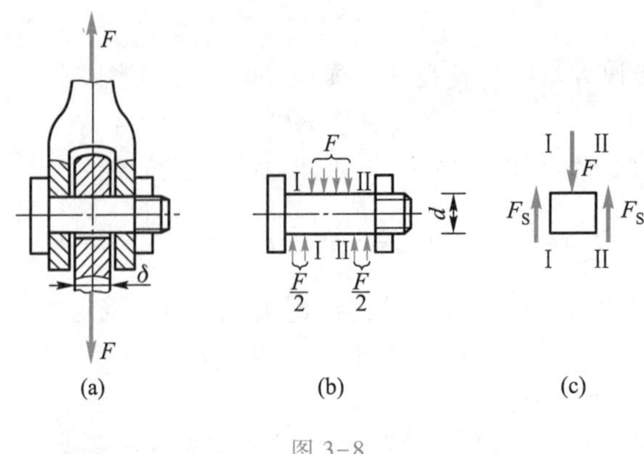

图 3-8

(2) 挤压强度校核

销轴与吊钩及吊板均有接触,所以其上、下两个侧面为挤压面。设两板的厚度之和比吊钩厚度大,则只校核销轴与吊钩之间的挤压应力即可。

由式(3-5)得

$$\sigma_{bs}=\frac{F_{bs}}{A_{bs}^*}=\frac{F}{\delta d}=\frac{40\times10^3\ \mathrm{N}}{22\times20\times10^{-6}\ \mathrm{m}^2}=90.9\times10^6\ \mathrm{Pa}=90.9\ \mathrm{MPa}<[\sigma_{bs}]$$

所以,该销轴满足强度要求。

例 3-3 钢板拼接采用相同材料的两块盖板和铆钉群连接,如图 3-9a 所示。已知铆钉的许用应力$[\tau]=120\ \mathrm{MPa}$,$[\sigma_{bs}]=300\ \mathrm{MPa}$,钢板的许用应力$[\sigma]=160\ \mathrm{MPa}$。试校核此接头的强度。

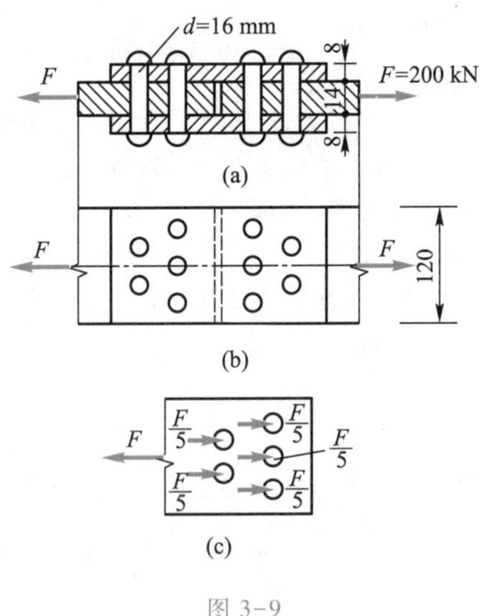

图 3-9

解：(1) 校核铆钉的剪切强度

研究表明，当铆钉群连接区域沿传力方向的尺寸不过长，各铆钉直径相同，材料相同，且沿轴线对称分布时，各铆钉的受力差别不大，可以假定每个铆钉的受力相同。连接的每一侧共有10个剪切面(图3-9b)，按照剪切强度条件计算，有

$$\tau=\frac{F_S}{A}=\frac{\frac{F}{5\times2}}{A}=\frac{200\times10^3\ \text{N}}{10\times\frac{\pi\times16^2\times10^{-6}}{4}\text{m}^2}=99.5\times10^6\ \text{Pa}=99.5\ \text{MPa}<[\tau]$$

(2) 校核铆钉的挤压强度

考虑铆钉与被连接钢板的接触面，该处具有最大挤压应力，按照挤压强度条件计算，有

$$\sigma_{bs}=\frac{F_{bs}}{A_{bs}^*}=\frac{\frac{F}{5}}{A_{bs}^*}=\frac{F}{5\times\delta d}=\frac{200\times10^3\ \text{N}}{5\times14\times16\times10^{-6}\ \text{m}^2}$$

$$=178.6\times10^6\ \text{Pa}=178.6\ \text{MPa}<[\sigma_{bs}]$$

(3) 校核钢板的强度

首先进行钢板的内力分析，画出接头一侧钢板的受力图(图3-9c)。钢板有2个截面分别被2个和3个铆钉孔削弱，根据分析，这两个截面的轴力分别为F和$\frac{3}{5}F$，其截面面积分别记为A'和A''，按照拉伸强度条件进行计算，有

第一排孔处：

$$\sigma=\frac{F}{A'}=\frac{200\times10^3\ \text{N}}{(120-2\times16)\times14\times10^{-6}\ \text{m}^2}=162.3\times10^6\ \text{Pa}=162.3\ \text{MPa}<[\sigma]$$

第二排孔处：

$$\sigma=\frac{3F/5}{A''}=\frac{3\times200\times10^3/5\ \text{N}}{(120-3\times16)\times14\times10^{-6}\ \text{m}^2}=119.1\times10^6\ \text{Pa}=119.1\ \text{MPa}<[\sigma]$$

综合以上分析，该接头满足强度要求。

例3-4 如图3-10a所示带轮与轴用平键连接，轴的直径$d=80$ mm，平键长$l=100$ mm，宽$b=10$ mm，高$h=20$ mm，材料的许用应力$[\tau]=60$ MPa，$[\sigma_{bs}]=100$ MPa。当传递的扭转力偶矩$M_e=2$ kN·m时，试校核平键的连接强度。

解：(1) 平键的剪切强度校核

取轴和平键为研究对象，作受力分析(图3-10b)，求出外力F。

$$\sum M_O=0,\quad F\cdot\frac{d}{2}-M_e=0,\quad F=\frac{2M_e}{d}=\frac{2\times2\times10^3\ \text{N}\cdot\text{m}}{80\times10^{-3}\ \text{m}}=50\ \text{kN}$$

再取平键为研究对象，受力如图3-10c所示，剪切面$m-m$上的剪力、切应力分别为

$$F_S=F=50\ \text{kN}$$

$$\tau=\frac{F_S}{A}=\frac{F}{bl}=\frac{50\times10^3\ \text{N}}{10\times100\times10^{-6}\ \text{m}^2}=50\times10^6\ \text{Pa}=50\ \text{MPa}<[\tau]$$

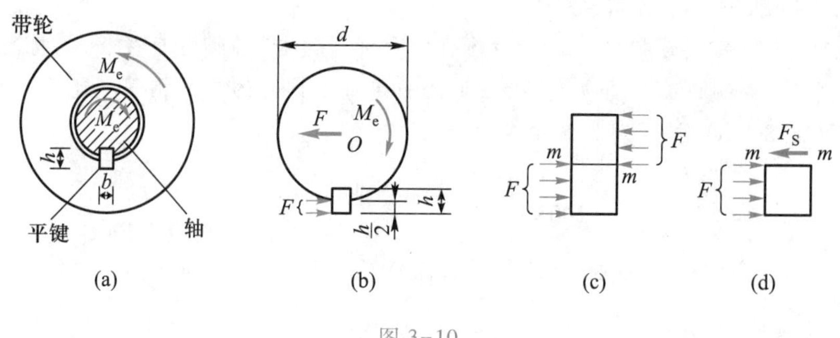

图 3-10

(2) 平键的挤压强度校核

由图 3-10d 可求得平键受到的挤压力为 $F_{bs}=F=2M_e/d$，平键的挤压面为平面，挤压面面积为 $A_{bs}^*=lh/2$，挤压应力为

$$\sigma_{bs}=\frac{F_{bs}}{A_{bs}^*}=\frac{2M_e/d}{lh/2}=\frac{2\times(2\times10^3\ \mathrm{N\cdot m})/(80\times10^{-3}\ \mathrm{m})}{100\times10^{-3}\ \mathrm{m}\times20\times10^{-3}\ \mathrm{m}/2}$$

$$=50\times10^6\ \mathrm{Pa}=50\ \mathrm{MPa}<[\sigma_{bs}]$$

因此，平键满足强度要求。

课程设计及学习思路

第 3 章
工程案例

了解工程中常见的连接结构工程实例与计算简图，掌握剪切强度的实用计算和挤压强度的实用计算。

课程难点分析及学习体会

第 3 章力学史人物故事

本章主要研究的是连接件及连接部位的强度问题。忽略了一些次要变形，进行了一些简化，实用计算方法就是简化的计算方法。

(1) 剪切强度的实用计算。关键是确定剪切面，剪切面一般与外力的作用线平行，是两个方向外力的分界面。根据剪切面数量，用截面法计算剪力，利用公式算出平均切应力，与许用值比较，建立强度条件。

(2) 挤压强度的实用计算。确定挤压面，挤压面一般与外力的作用线垂直，计算挤压面面积是圆弧面在直径面上的投影，利用公式算出平均正应力，与许用值比较，建立强度条件。

(3) 被连接构件的强度计算。被连接的板或杆件有可能从开孔的部位被拉断，先利用平衡关系求出开孔截面的内力，计算截面的面积，求出拉应力与许用值比较，建立强度条件。有时需校核多个开孔截面的强度。

习 题

3-1 图示两块钢板，由一个螺栓连接。已知螺栓直径 $d=24$ mm，每块板的厚度 $\delta=12$ mm，拉力 $F=27$ kN，螺栓的许用切应力 $[\tau]=60$ MPa，许用挤压应力 $[\sigma_{bs}]=120$ MPa。试校核螺栓强度。

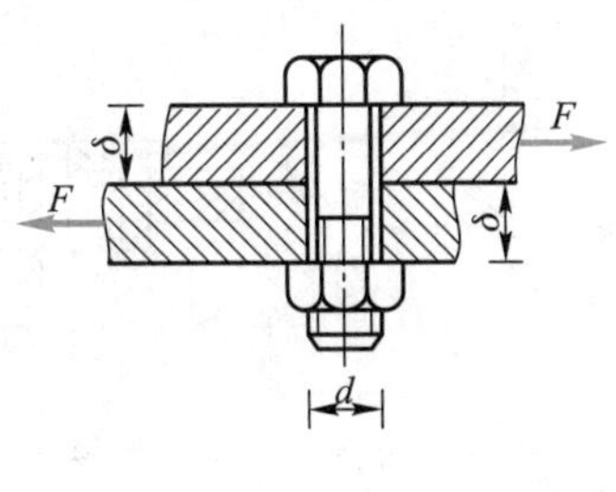

题 3-1 图

3-2 图示为一横截面为正方形的混凝土柱，其边长 $a=200$ mm，竖立在边长为 $l=1$ m 的正方形混凝土基础板上，柱顶承受轴向压力 $F=100$ kN 的作用。如果地基对混凝土板的支承约束力是均匀分布的，混凝土的许用切应力为 $[\tau]=1.5$ MPa。试确定混凝土板的最小厚度 δ。

3-3 一带肩杆件如图所示。已知肩部直径 $D=200$ mm，$d=100$ mm，$\delta=35$ mm。若杆件材料的许用应力 $[\tau]=100$ MPa，$[\sigma_{bs}]=320$ MPa，被连接件材料的许用应力 $[\sigma]=160$ MPa。试求许用载荷 $[F]$。

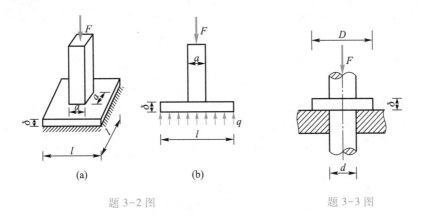

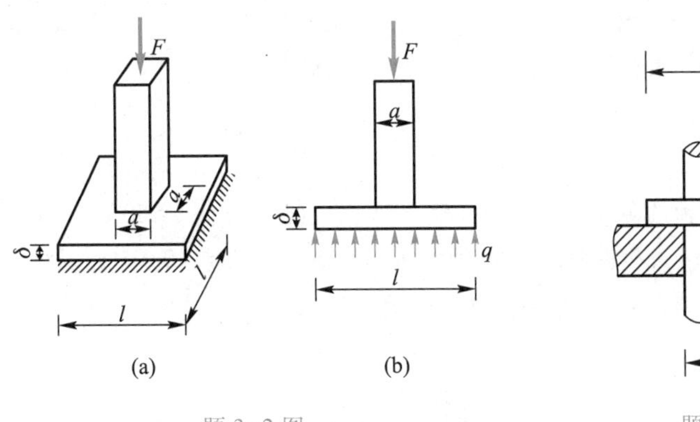

题 3-2 图

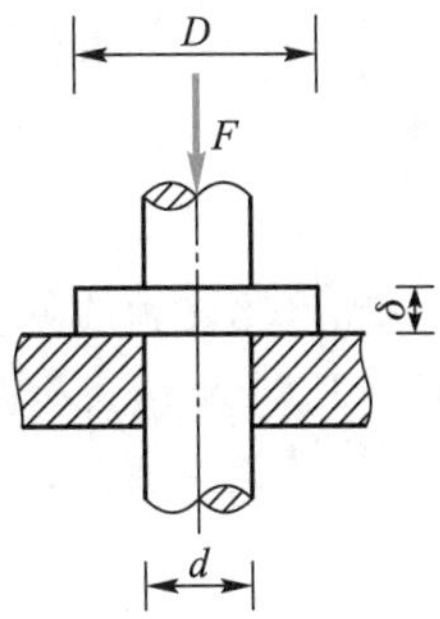

题 3-3 图

3-4 图示为一铆接接头。已知钢板宽 $b=200$ mm，主板厚 $\delta_1=20$ mm，盖板厚 $\delta_2=12$ mm，铆钉直径 $d=30$ mm，接头受拉力 $F=400$ kN 作用。试计算：(1) 铆钉切应力 τ；(2) 铆钉与板之间的挤压应力 σ_{bs}；(3) 板的最大拉应力 σ_{max}。

3-5 图示冲床的冲头，在力 F 作用下冲剪钢板。设板厚 $\delta=10$ mm，板材料的剪切强度极限 $\tau_b=360$ MPa。试计算冲剪一个直径 $d=20$ mm 的圆孔所需的冲力 F。

3-6 图示齿轮与传动轴用平键连接，已知轴的直径 $d=80$ mm，键长 $l=50$ mm，宽 $b=20$ mm，$h=12$ mm，$h'=7$ mm，材料的 $[\tau]=60$ MPa，$[\sigma_{bs}]=100$ MPa，试确定此键所能传递的最大扭转力偶矩 M_e。

3-7 图示联轴节传递的力偶矩为 $M_e=50$ kN·m，用 8 个分布于直径 $D=450$ mm 的圆周上的螺栓连接，若螺栓的许用切应力 $[\tau]=80$ MPa，试求螺栓的直径 d。

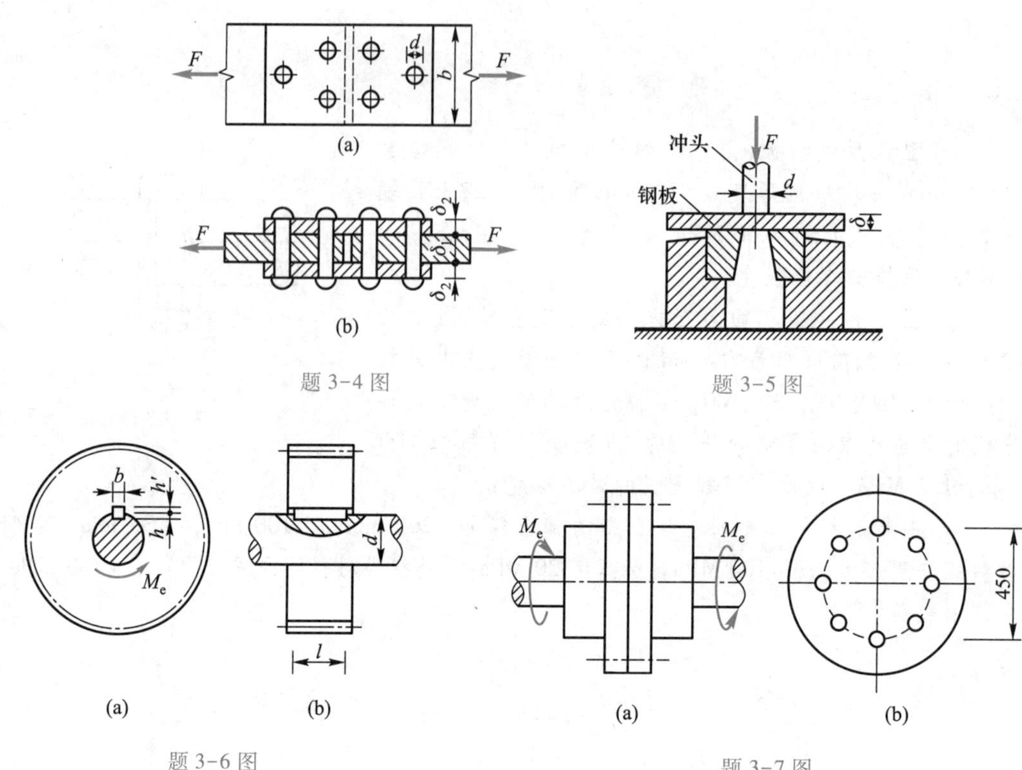

题 3-4 图

题 3-5 图

题 3-6 图

题 3-7 图

3-8 图示机床花键轴的截面有 8 个齿，轴与轮毂的配合长度 $l=50\ \mathrm{mm}$，靠花键侧面传递的力偶矩为 $M_e=3.5\ \mathrm{kN\cdot m}$，花键材料的许用挤压应力为 $[\sigma_{bs}]=140\ \mathrm{MPa}$，试校核该花键的挤压强度。

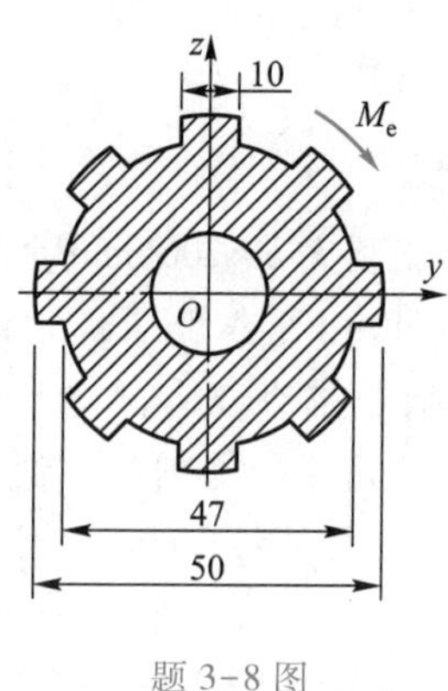

题 3-8 图

第4章 扭　　转

4.1 扭　　转

工程中有这样一类杆件，如钻杆、搅拌机轴、传动轴（图 4-1a）等，可以简化成图 4-1b 或图 4-2 所示的力学模型。在该模型中垂直于杆轴线的平面内受到一对大小相等、方向相反的力偶作用，在这种力偶作用下，杆件两横截面之间产生绕轴线转动的相对扭转角 φ。这种以横截面绕轴线作相对旋转为主要特征的变形形式，称为扭转，以扭转变形为主的杆件称为轴。图 4-2 中 φ_{BA} 表示 B 截面对 A 截面的相对扭转角。本章重点研究等直圆轴的扭转强度和变形，并对非圆形截面杆件的扭转进行简要分析。

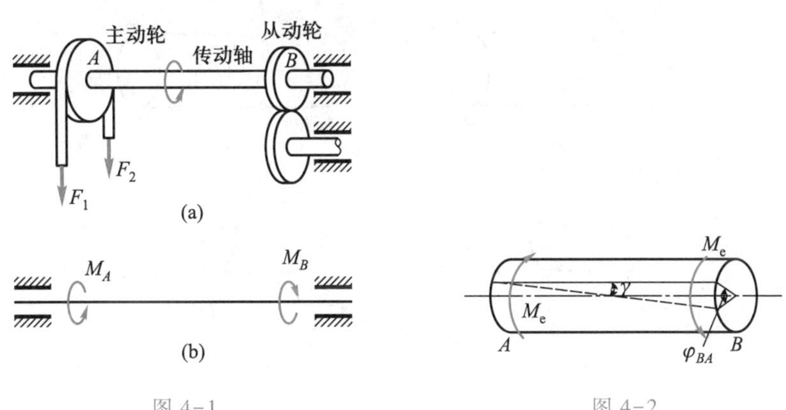

图 4-1　　图 4-2

1. 传动轴上的外力偶矩

在研究传动轴的扭转变形之前，首先要分析传动轴的受力情况。在通常情况下，传动轴传递的功率 P 及轴的转速 n 是已知的，则传动轴每分钟所做的功大小为

$$\{W\}_{\mathrm{J}}=\{P\}_{\mathrm{kW}}\times 1\,000\times 60 \text{ ①} \tag{a}$$

传动轴上外力偶矩每分钟所做的功为

$$\{W'\}_{\mathrm{J}}=\{M_{\mathrm{e}}\}_{\mathrm{N\cdot m}}\times 2\pi\{n\}_{\mathrm{r/min}} \tag{b}$$

由于则 $W=W'$，可得作用在传动轴上的外力偶矩为

---

① 这是《有关量、单位和符号的一般原则》（GB 3101—1993）中规定的数值方程式的表示方法。其中，$\{W\}_{\mathrm{J}}$ 表示功 W 以 J（焦）为单位时，W 之值；$\{P\}_{\mathrm{kW}}$ 表示功率 P 以 kW（千瓦）为单位时，P 之值。以下依此类推。

$$\{M_e\}_{N\cdot m}=9\ 550\times\frac{\{P\}_{kW}}{\{n\}_{r/min}} \tag{4-1}$$

式中,P 为输出功率,单位为 kW,n 为转速,单位为 r/min。例如,一钻探机的输出功率 $P=10$ kW,传动轴的转速 $n=180$ r/min,由式(4-1)可知,确定作用在钻杆上的外力偶矩为

$$M_e=9\ 550\times\frac{10}{180}\ \text{N}\cdot\text{m}=530\ \text{N}\cdot\text{m}=0.53\ \text{kN}\cdot\text{m}$$

2. 扭矩及扭矩图

(1) 扭矩

扭转外力偶作用面平行于轴的横截面,横截面上的内力只有扭矩 T。轴上的载荷(外力偶矩)确定后,即可通过截面法求出任意横截面的扭矩。

例如,图 4-3a 所示等直圆轴 AB,在外力偶矩 M_e 作用下处于平衡状态。欲计算 C 截面上的扭矩 T,可假想地在该截面处将圆轴截成两段,取左段作为研究对象,由于整个轴处于平衡状态,则左段轴亦应保持平衡(图 4-3b)。由平衡方程 $\sum M_x=0$ 得

$$T-M_e=0,\qquad T=M_e$$

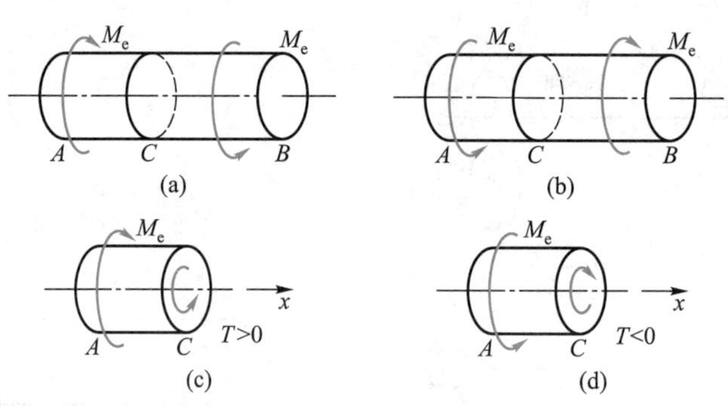

图 4-3

若取右段为研究对象,由平衡方程同样可得横截面内的扭矩 $T=M_e$,同一截面内的扭矩大小相等、转向相反。为使左、右两段轴上求得的同一截面上的扭矩数值相等、正负号相同,对扭矩的正负号作如下规定:用右手四指沿扭矩的转向握住轴,若拇指的指向离开截面向外侧为正,反之拇指指向截面内侧为负。上述判断扭矩正负号的方法,称作右手螺旋法则。图 4-3c 和图 4-3d 中 C 截面所示的扭矩分别为正的和负的扭矩。

(2) 扭矩图

为了清晰地表示各段轴上扭矩的大小,效仿拉压杆画轴力图的方法,作轴的扭矩图。下面举例说明扭矩的计算及扭矩图的作法。

例 4-1 传动轴如图 4-4a 所示,A 轮为主动轮,输入功率 $P_A=40$ kW,从动轮 B、C 的输出功率为 $P_B=P_C=10$ kW,从动轮 D 的输出功率为 $P_D=20$ kW,轴的转速为 $n=300$ r/min。试作此轴的扭矩图。

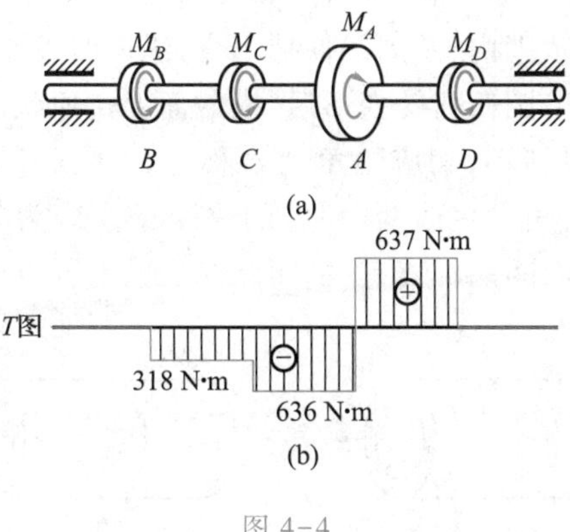

图 4-4

解：(1) 计算各轮的外力偶矩

$$M_A = 9\ 550\times\frac{P_A}{n} = 9\ 550\times\frac{40}{300}\ \text{N}\cdot\text{m} = 1\ 273\ \text{N}\cdot\text{m}$$

$$M_B = M_C = 9\ 550\times\frac{P_B}{n} = 9\ 550\times\frac{10}{300}\ \text{N}\cdot\text{m} = 318\ \text{N}\cdot\text{m}$$

$$M_D = 9\ 550\times\frac{P_D}{n} = 9\ 550\times\frac{20}{300}\ \text{N}\cdot\text{m} = 637\ \text{N}\cdot\text{m}$$

(2) 计算各轴段的扭矩

$$T_{BC} = -M_B = -318\ \text{N}\cdot\text{m}$$

$$T_{CA} = -(M_B + M_C) = -636\ \text{N}\cdot\text{m}$$

$$T_{AD} = M_D = M_A - (M_B + M_C) = 637\ \text{N}\cdot\text{m}$$

(3) 作扭矩图(图 4-4b)

从图中可知 $T_{\max} = 637\ \text{N}\cdot\text{m}$。若将 A、D 轮互换位置，将得到 $T_{\max} = 1\ 273\ \text{N}\cdot\text{m}$，显然这种轮的布局变换是不合理的。在布置主动轮和从动轮位置时，应考虑尽可能降低轴上的最大扭矩。

4.2 薄壁圆筒的扭转

首先研究薄壁圆筒的扭转，这是扭转最简单的情况，由此可以引出圆轴扭转分析中的一些必要的概念，如纯剪切、切应力和切应变的规律，以及切应力和切应变之间的关系。

一、薄壁圆筒扭转时横截面上的切应力

薄壁圆筒指的是壁厚 t 远小于其平均半径 r 的圆筒(图 4-5a)，若圆筒两端承受外力偶矩 M_e 的作用(图 4-5b)，圆轴任意横截面上的内力只有扭矩 $T=M_e$，故在横截面上不可能有垂直于横截面的正应力，只有平行于横截面的切应力(图 4-5c)。

为了得到横截面上切应力的分布规律，在圆筒表面画上等间距的圆周线和纵向线，在圆

筒两端施加扭转外力偶(力偶矩为 M_e)以后,观察圆筒表面纵向线和圆周线的变化。从试验中可以观察到,在线弹性范围内,圆周线保持不变,纵向线发生倾斜,且在小变形时纵向线仍为直线。由此可设想,薄壁圆筒扭转变形后,横截面保持原状,圆筒的长度不变,任意两横截面绕圆筒的轴线发生相对转动,相应的角度 φ 称为**相对扭转角**(图 4-5b)。圆筒表面上周向线与纵向线相交成的直角发生改变,相应的改变量 γ 即为**切应变**(图 4-5b)。从图中可知,相对扭转角与两横截面间的距离有关,而圆筒表面上各点处的切应变是相同的。

薄壁圆筒扭转

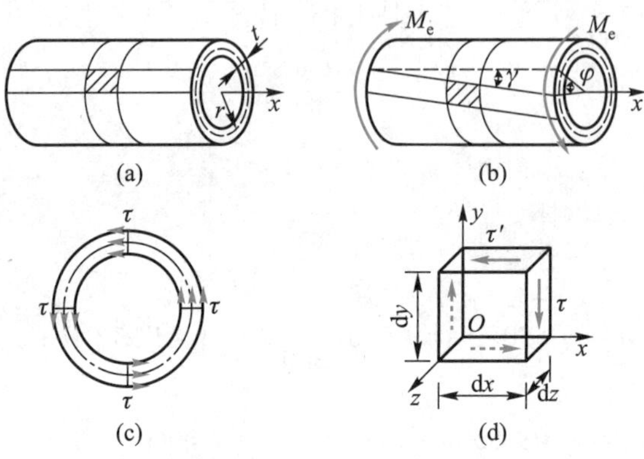

图 4-5

根据上述变形的观察和分析可知,圆筒横截面上任意一点处的切应力可近似看作相等,且方向与各点所在半径垂直(图 4-5c)。由横截面上的切应力与扭矩之间的静力学关系可得

$$T=\int_A r\tau \mathrm{d}A=\tau r\int_A \mathrm{d}A=\tau rA$$

即

$$\tau=\frac{T}{rA}=\frac{T}{2\pi r^2 t} \tag{4-2a}$$

令 $A_0=\pi r^2$,A_0 为以圆筒平均半径所作圆的面积。代入式(4-2a)中得

$$\tau=\frac{T}{2A_0 t} \tag{4-2b}$$

二、切应力互等定理

在图 4-5a 所示的圆筒表面取一微元体(图 4-5d),微元体左右两面为圆筒的横截面,上下两面为径向面,前后面为周向面。由变形可知前后面上无应力。圆筒横截面上有切应力作用,所以微元体左右面内有一对大小相等、方向相反的切应力 τ。由于微元体平衡需满足平衡方程 $\sum M_z=0$,故在微元体的上表面必存在另一个切应力 τ'(图 4-4d),使得

$$(\tau'\mathrm{d}z\mathrm{d}x)\mathrm{d}y=(\tau\mathrm{d}z\mathrm{d}y)\mathrm{d}x$$

即

$$\tau' = \tau \tag{4-3}$$

又由 $\sum F_x = 0$ 可知，单元体上、下面上应为一对大小相等、方向相反的切应力 τ'，由此可知：两个互相垂直平面上垂直于截面交线的切应力大小相等，其方向同时指向（或背离）两个平面的交线，称为切应力互等定理。该定理具有普遍意义，在同时有正应力的情况下也同样成立。图 4-5d 所示的在互相垂直平面上只有切应力而无正应力微元体的应力状态，通常称为纯剪切应力状态。

三、剪切胡克定律

微元体在切应力作用下，会发生如图 4-6a所示的切应变。对薄壁圆筒作扭转试验，图 4-6b 为切应力 τ 与切应变 γ 之间关系的试验曲线。图中直线段最高点的切应力值为剪切比例极限 τ_p，当切应力不超过 τ_p 时，τ 与 γ 之间呈线性关系，这一范围称为线弹性范围。在线弹性范围内，有

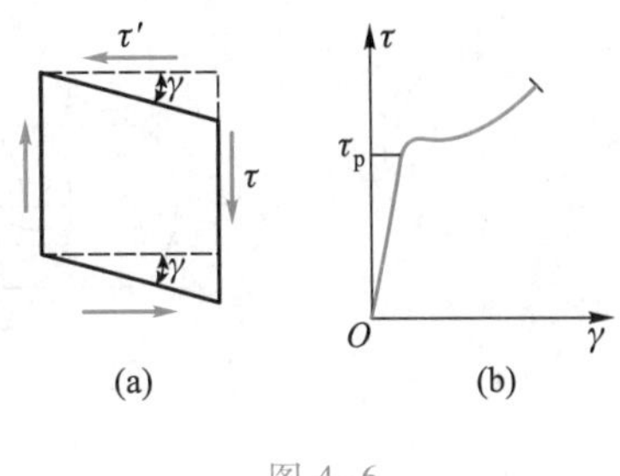

图 4-6

$$\tau = G\gamma \tag{4-4}$$

上式称为材料的剪切胡克定律，式中 G 称为材料的切变模量或剪切弹性模量，其量纲与弹性模量 E 相同。钢材的切变模量值约为 80 GPa。

至此，我们已引入材料的三个弹性常量，即弹性模量 E、泊松比 ν 和切变模量 G。对于各向同性材料，在线弹性范围内，三个弹性常量存在以下关系：

$$G = \frac{E}{2(1+\nu)} \tag{4-5}$$

可见，三个弹性常量并非是完全独立的，只要知道了任意两个，即可由式（4-5）确定另一个。

4.3 圆轴扭转与强度条件

一、圆轴扭转时横截面上的应力

工程中最常见的轴为圆形截面。为分析圆轴扭转时横截面上的应力，需要从变形几何、物理、静力学三个方面综合考虑。

1. 变形几何方面

在圆周表面上画上若干条纵向线和圆周线（图 4-7a），两端作用扭转外力偶后可观测到轴发生扭转变形：圆周线的形状、大小、间距均不变，绕轴线转过一个角度，纵向线产生倾斜角 γ（图 4-7b）。根据观察到的现象，可对轴内变形作出如下平面假设：在扭转变形过程中，各横截面就像刚性平面一样绕轴线转动。在此假设前提下，推导得到的应力和变形公式都已被试验结果和弹性力学所证实。

沿距离为 dx 的两横截面和相邻两个通过轴线的径向面截取研究对象（图 4-8a），放大后如图 4-8b 所示。左右两横截面间相对扭转角为 $d\varphi$，距轴线为 ρ 的点在垂直于它所在半径 OA 的平面内的切应变为 γ_ρ，小变形时有

圆轴扭转

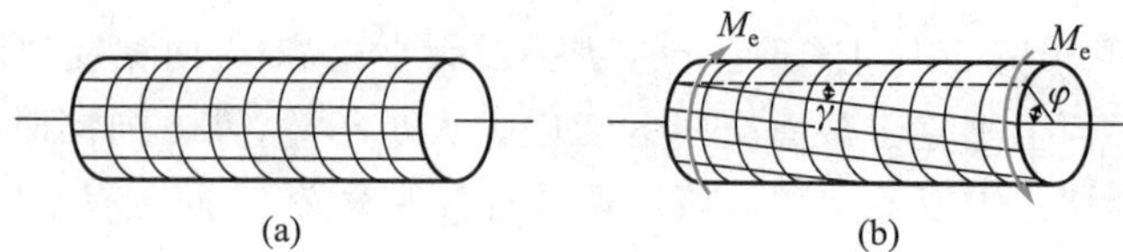

图 4-7

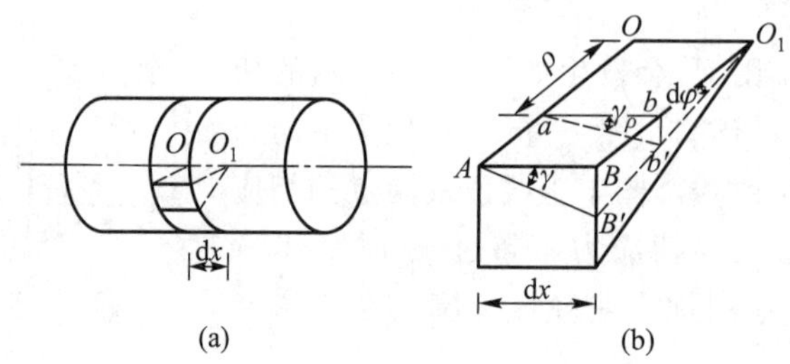

图 4-8

$$bb' = \gamma_\rho \mathrm{d}x = \rho \mathrm{d}\varphi$$

$$\gamma_\rho = \rho \frac{\mathrm{d}\varphi}{\mathrm{d}x} \tag{4-6}$$

式中,$\frac{\mathrm{d}\varphi}{\mathrm{d}x}$为单位长度扭转角。对于一个给定横截面它为常量。由式(4-6)可知,在指定截面上,同一半径 ρ 的圆周上各点处的切应变 γ_ρ 均相同,γ_ρ 的大小与 ρ 成正比。

2. 物理方面

由剪切胡克定律可知,当切应力不超过材料的比例极限 τ_p 时,即在线弹性范围内,切应力与切应变成正比,并将式(4-6)代入,得

$$\tau_\rho = G\gamma_\rho = G\rho \frac{\mathrm{d}\varphi}{\mathrm{d}x} \tag{4-7}$$

上式为切应力在横截面上分布的表达式。与切应变的分布规律相同,在同一半径 ρ 的圆周上各点的切应力 τ_ρ 均相同,τ_ρ 值与 ρ 成正比。切应力的方向垂直于半径,其分布如图 4-9a 所示,在形心处 $\tau_\rho = 0$,在横截面外边缘处 τ_ρ 值最大。图 4-9b 为圆环形截面的切应力分布规律,内边缘应力最小,外边缘应力最大。

3. 静力学方面

按照静力学关系,横截面上的扭矩 T 等于所有微面积 $\mathrm{d}A$ 上的力($\tau_\rho \mathrm{d}A$)对形心 O 的力矩之和(图 4-10),即

$$T = \int_A \rho \tau_\rho \mathrm{d}A \tag{4-8a}$$

将式(4-7)代入式(4-8a),整理得

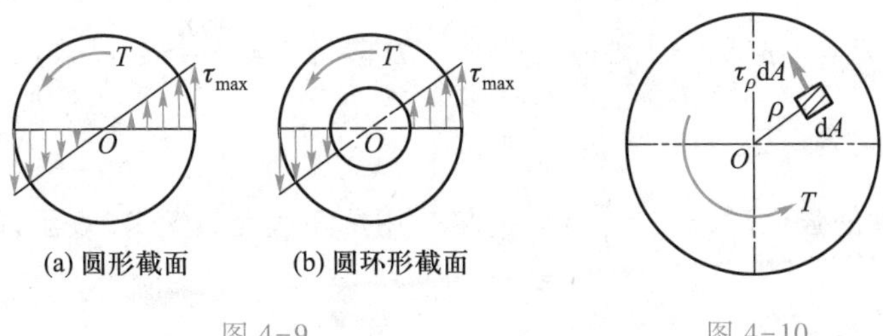

(a) 圆形截面　　(b) 圆环形截面

图 4-9　　　　图 4-10

$$T = G\frac{\mathrm{d}\varphi}{\mathrm{d}x}\int_A \rho^2 \mathrm{d}A \tag{4-8b}$$

令 $I_p = \int_A \rho^2 \mathrm{d}A$，$I_p$ 称作截面的极惯性矩，单位为 m^4 或 mm^4，代入式(4-8b)后得

$$\frac{\mathrm{d}\varphi}{\mathrm{d}x} = \frac{T}{GI_p} \tag{4-9}$$

此即圆轴扭转变形的基本公式。

将式(4-9)代入式(4-7)，得等直圆轴扭转时横截面上任意一点切应力的计算公式为

$$\tau_\rho = \frac{T\rho}{I_p} \tag{4-10}$$

此即圆轴扭转切应力的一般公式。

在式(4-10)中，横截面内的扭矩可根据外力偶矩求得，ρ 为横截面内所求点到圆心的距离，当 ρ 等于轴的半径 r 时，即为圆轴横截面最表面点处的切应力，也是该截面上的最大切应力 τ_{max}。

下面讨论圆形截面的极惯性矩 I_p 的计算。由于 $I_p = \int_A \rho^2 \mathrm{d}A$，在距圆心为 ρ 处取厚度为 $\mathrm{d}\rho$ 的面积元素，如图 4-11a 所示，则 $\mathrm{d}A = 2\pi\rho\mathrm{d}\rho$，积分得

$$I_p = \int_0^{\frac{d}{2}} 2\pi\rho^3 \mathrm{d}\rho = \frac{\pi d^4}{32} \tag{4-11}$$

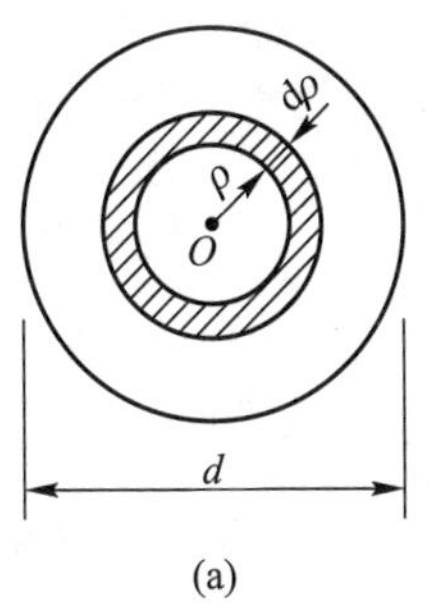

(a)

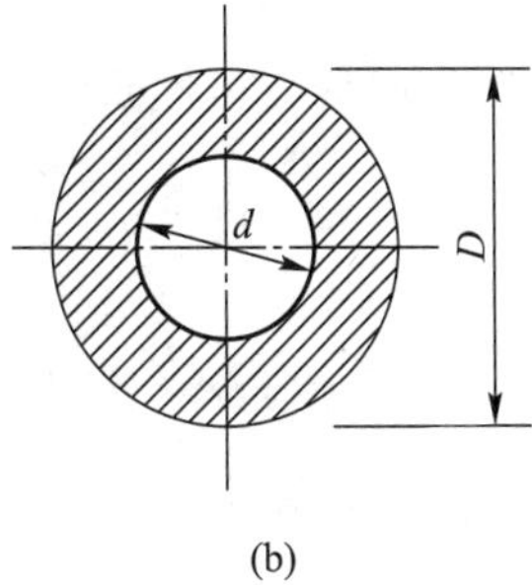

(b)

图 4-11

对空心圆轴(图 4-11b),如内径为 d、外径为 D,则极惯性矩为

$$I_p=\int_A \rho^2 \mathrm{d}A=\int_{\frac{d}{2}}^{\frac{D}{2}} 2\pi\rho^3 \mathrm{d}\rho=\frac{\pi}{32}(D^4-d^4)=\frac{\pi D^4}{32}(1-\alpha^4) \tag{4-12}$$

式中,$\alpha=d/D$。

通常在计算轴的强度时,$\tau_{max}=\frac{Tr}{I_p}=\frac{T}{\frac{I_p}{r}}$,将$\frac{I_p}{r}$用抗扭截面系数 W_t 表示,则最大切应力为

$$\tau_{max}=\frac{T}{W_t} \tag{4-13}$$

由此得到简单实用的计算表达式。

实心圆形截面的抗扭截面系数为

$$W_t=\frac{I_p}{r}=\frac{\pi d^3}{16} \tag{4-14}$$

空心圆形截面的抗扭截面系数为

$$W_t=\frac{\pi D^3}{16}(1-\alpha^4) \tag{4-15}$$

例 4-2 如图 4-12 所示,圆轴直径 $D=100$ mm,承受扭矩 $T=19$ kN · m 作用。试计算横截面上距圆心 $\rho=40$ mm 处点 K 的切应力及圆轴上的最大切应力。

解:(1) 计算点 K 的切应力

将已知条件代入式(4-10)中,得

$$\tau_K=\frac{T\rho}{I_p}=\frac{19\times10^3\times40\times10^{-3}}{\frac{\pi\times100^4\times10^{-12}}{32}}\ \text{Pa}=77.4\times10^6\ \text{Pa}=77.4\ \text{MPa}$$

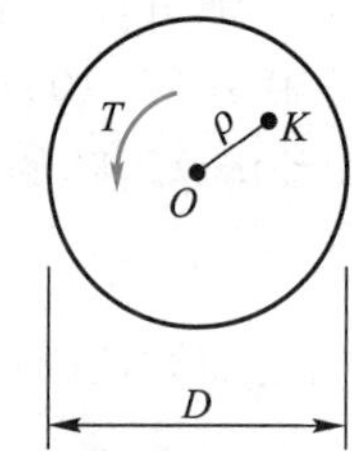

图 4-12

(2) 计算最大切应力

将已知条件代入式(4-13)中,得

$$\tau_{max}=\frac{T}{W_t}=\frac{19\times10^3}{\frac{\pi\times100^3\times10^{-9}}{16}}\ \text{Pa}=96.8\times10^6\ \text{Pa}=96.8\ \text{MPa}$$

由于切应力与点到圆心的距离成正比,所以也可根据比例关系求解 τ_{max},即

$$\frac{\tau_K}{\rho}=\frac{\tau_{max}}{r}$$

$$\tau_{max}=\tau_K\times\frac{r}{\rho}=77.5\times\frac{50}{40}\ \text{MPa}=96.8\ \text{MPa}$$

例 4-3 如图 4-13 所示,已知圆筒的壁厚 t 和平均直径 d_0。试验算薄壁圆筒横截面上切应力公式(4-2b)的精确度。

解:计算公式分析

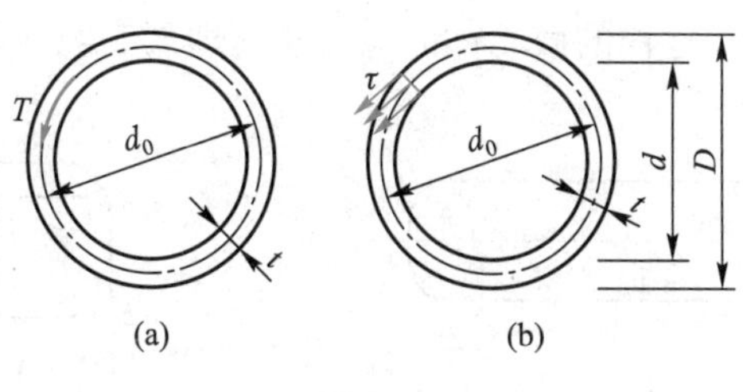

图 4-13

圆形截面切应力的计算公式(4-10)和式(4-13)具有普遍性,用此公式计算薄壁圆筒横截面上任意点的切应力可以认为是精确的。式(4-2b)是在假设薄壁圆筒横截面上切应力均匀分布的前提下推导出的,故是近似算法,下面讨论近似计算的精确度。

由式(4-13)得

$$\tau_{\max}=\frac{T}{W_t}=\frac{TD}{\frac{\pi(D^4-d^4)}{16}}=\frac{16TD}{\pi(D^2+d^2)(D+d)(D-d)}$$

将 $D=d_0+t$、$d=d_0-t$ 代入上式,整理后得

$$\tau_{\max}=\frac{T(1+\beta)}{2A_0t(1+\beta^2)} \tag{a}$$

式中,$\beta=t/d_0$,$A_0=\frac{\pi d_0^2}{4}$。由式(4-2b)计算出的切应力为

$$\tau=\frac{T}{2A_0t} \tag{b}$$

以式(a)为基准,式(b)的误差为

$$\Delta=\frac{\tau_{\max}-\tau}{\tau_{\max}}\times100\%=\left(1-\frac{\tau}{\tau_{\max}}\right)\times100\%=\frac{\beta(1-\beta)}{1+\beta}\times100\%$$

由于 $\beta=t/d_0$,所以误差的大小是由壁厚与平均直径的比值为决定的。β 越小,误差越小,式(4-2b)计算结果越精确。当 $\beta=5\%$ 时,$\Delta=4.52\%$。因此,在筒壁相对很薄时,切应力沿壁厚均匀分布的假设是合理的。

值得注意的是,根据切应力分布规律,轴心附近处的应力很小,对实心轴而言,轴心附近处的材料没有较好地发挥其作用,采用空心轴较为合理。然而,空心轴虽然比实心轴省材料,但是会增加加工成本。此外,筒壁过薄的轴在受扭时,可能会因失稳使筒壁局部出现褶皱,降低承载能力。因此,截面形状的选择需要综合考虑。

二、圆轴扭转时斜截面上的应力

分析圆轴扭转时斜截面上的应力,可以采用微元体局部平衡的方法。如图 4-14a所示,在圆轴上取微元体 $abcd$(图 4-14b),其各边边长均为无穷小量。微元体的左右侧面为横截

面，其切应力设为 τ。根据切应力互等定理，微元体上下面也存在数值为 τ 的切应力。此外微元体各面再无其他应力。这样的微元体的应力状态即属于纯剪切应力状态。

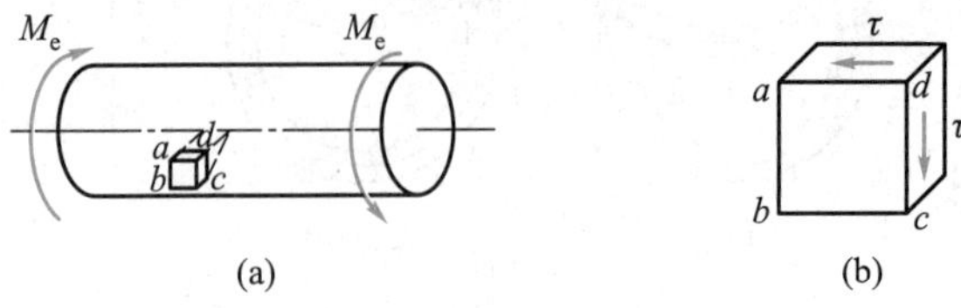

图 4-14

为研究斜截面上的应力，可在微元体上任取一斜截面 ae，如图 4-15a 所示，其方位可由其方向角 α 表示。α 角定义为斜截面外法线 n 与 x 轴正向的夹角，且自 x 轴正向逆时针转到 n 为正。

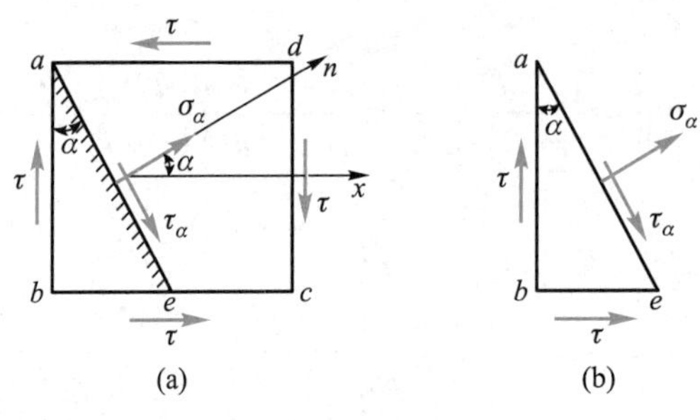

图 4-15

沿 ae 将微元体切开，取其一部分研究，如图 4-15b 所示，斜截面的应力设为 σ_α，τ_α，均设为正。切应力 τ 对作用面以里的实体产生顺时针转动趋势为正，反之为负。根据平衡条件（注意：各面面积不相等；代入平衡方程的量为力，不能直接用应力）可解得

$$\left.\begin{aligned}\sigma_\alpha &= -\tau\sin 2\alpha \\ \tau_\alpha &= \tau\cos 2\alpha\end{aligned}\right\} \tag{4-16}$$

从上式可知，σ_α 和 τ_α 都随 α 而变化，其极值及所在截面的方位为（图 4-16）

$\sigma_{max}=\tau$，当 $\alpha=135°$ 或 $-45°$；

$\sigma_{min}=-\tau$，当 $\alpha=45°$ 或 $-135°$；

$\tau_{max}=\tau$，当 $\alpha=0°$ 或 $180°$；

$\tau_{min}=-\tau$，当 $\alpha=\pm 90°$。

上述结论可以用来解释图 4-17 所示的两种材料的扭转破坏现象。低碳钢的抗剪强度低于其抗拉强度，所以扭转破坏发生在切应力最大的横截面上，破坏从外向内依次发生；铸铁的抗拉强度低于抗剪强度，所以扭转破坏发生在拉应力最大的截面上，破坏面与轴线夹角成 45°左右。

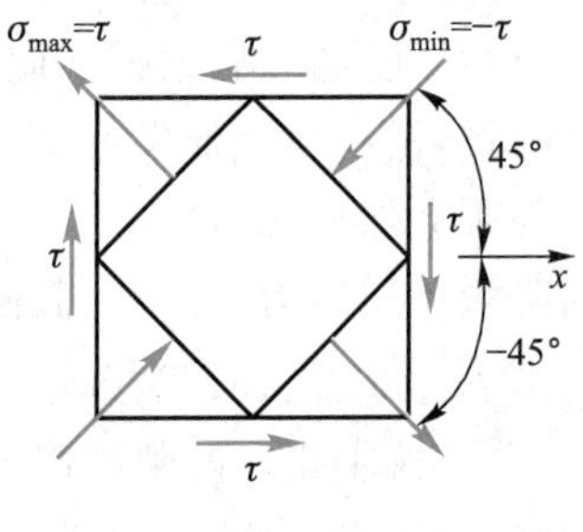

图 4-16

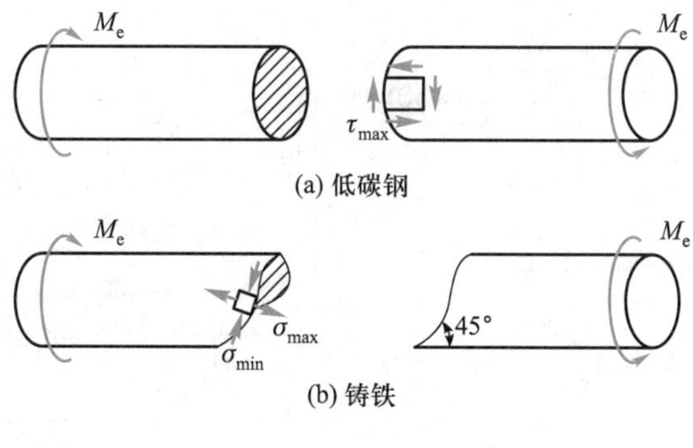

图 4-17

上述情况表明，轴在扭转作用下的失效方式为屈服或断裂。对于塑性材料，试样扭转屈服时横截面上的最大切应力，称为扭转屈服极限；对于脆性材料，试样扭转断裂时横截面上的最大切应力，称为扭转强度极限。扭转屈服极限与强度极限，统称为扭转极限应力，并用τ_u表示。

三、强度条件

将材料的扭转极限应力 τ_u除以安全因数 n，得到扭转许用切应力为

$$[\tau]=\frac{\tau_u}{n} \tag{4-17}$$

为保证受扭圆轴工作时不致因强度不够而破坏，最大扭转切应力不得超过扭转许用切应力$[\tau]$，即要求

$$\tau_{max} \leqslant [\tau] \tag{4-18a}$$

此即圆轴的扭转强度条件。按此式可校核受扭圆轴的强度，将式(4-13)代入式(4-18a)得

$$\frac{T_{max}}{W_t} \leqslant [\tau] \tag{4-18b}$$

根据上式，可以解决强度计算的三类问题：强度校核、截面设计和确定许用载荷。

理论与试验研究证明，材料在纯剪切时的许用切应力$[\tau]$与许用正应力$[\sigma]$之间有如下关系：

塑性材料，$[\tau]=(0.5\sim0.6)[\sigma]$；

脆性材料，$[\tau]=(0.8\sim1.0)[\sigma]$。

因此，许用切应力$[\tau]$也可以通过材料的许用正应力$[\sigma]$来估计。

例 4-4　已知某传动轴的转速 $n=100$ r/min，传递功率 $P=10$ kW，材料的许用切应力 $[\tau]=80$ MPa。试分别选择所需的实心轴和空心轴($d/D=0.5$)的直径，并比较两轴的重量。

解：(1) 扭矩计算

由式(4-1)有

$$T=M_e=9\ 550\frac{P}{n}=9\ 550\times\frac{10}{100}\ \text{N}\cdot\text{m}=955\ \text{N}\cdot\text{m}$$

(2) 按强度条件确定实心轴直径

$$D_0^3 \geqslant \frac{16T}{\pi[\tau]} = \frac{16 \times 955}{\pi \times 80 \times 10^6}\ \mathrm{m}^3 = 6.07 \times 10^{-5}\ \mathrm{m}^3$$

$$D_0 \geqslant 39.3\ \mathrm{mm}$$

直径取 $D_0 = 39\ \mathrm{mm}$。

(3) 按强度条件确定空心轴直径

$$D^3 \geqslant \frac{16T}{\pi(1-\alpha^4)[\tau]} = \frac{16 \times 955}{\pi \times (1-0.5^4) \times 80 \times 10^6}\ \mathrm{m}^3 = 6.48 \times 10^{-5}\ \mathrm{m}^3$$

$$D \geqslant 40.17\ \mathrm{mm}$$

外径取 $D = 40\ \mathrm{mm}$，内径取 $d = 0.5D = 20\ \mathrm{mm}$。

(4) 比较两者的重量

$$\frac{D^2-d^2}{D_0^2} = \frac{40^2-20^2}{39^2} = 0.79 = 79\%$$

例 4-5 如图 4-18a 所示阶梯薄壁圆轴，已知轴长 $l=1\ \mathrm{m}$，AB 段的平均半径 $R_{01}=30\ \mathrm{mm}$，壁厚 $t_1=3\ \mathrm{mm}$；BC 段的平均半径 $R_{02}=20\ \mathrm{mm}$，壁厚 $t_2=2\ \mathrm{mm}$。作用在轴上的集中力偶矩和分布力偶矩分别为 $M_e=920\ \mathrm{N \cdot m}$，$m=160\ \mathrm{N \cdot m/m}$。材料的许用切应力 $[\tau]=80\ \mathrm{MPa}$，试校核该轴的强度。

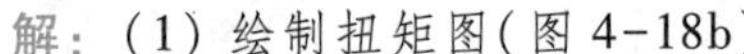

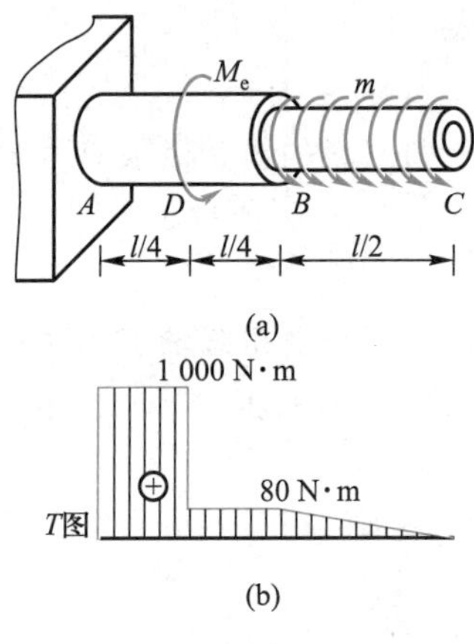

图 4-18

解：(1) 绘制扭矩图(图 4-18b)

确定危险截面在 AD 段和 B 截面右侧，$T_{max}=1\ 000\ \mathrm{N \cdot m}$。

(2) 计算 τ_{max} 并校核强度

AD 段：

$$\tau_{1max} = \frac{T_{max}}{2\pi R_{01}^2 t_1} = \frac{1\ 000 \times 10^3}{2\pi \times 30^2 \times 3}\ \mathrm{MPa} = 58.94\ \mathrm{MPa} < [\tau]$$

截面 $B_{右}$：

$$\tau_{2max} = \frac{T_B}{2\pi R_{02}^2 t_2} = \frac{80 \times 10^3}{2\pi \times 20^2 \times 2}\ \mathrm{MPa} = 15.9\ \mathrm{MPa} < [\tau]$$

所以，该轴满足强度要求。

4.4 圆轴的变形与刚度条件

一、圆轴扭转变形

上一节在观察扭转变形后作出了平面假设，即轴在扭转变形中，横截面仍为平面，其大小、形状不变，绕轴线转过一个角度。相距为 dx 的两个横截面的相对扭转角可由式(4-9)计算，即

$$\mathrm{d}\varphi = \frac{T}{GI_p}\mathrm{d}x$$

上式两边积分，得距离为 l 的两横截面之间的相对扭转角为

$$\varphi=\int_l \mathrm{d}\varphi=\int_l \frac{T}{GI_p}\mathrm{d}x$$

若在 l 长度内，等直圆轴的材料和扭矩为常量，则上式积分结果为

$$\varphi=\frac{Tl}{GI_p} \tag{4-19}$$

式(4-19)为计算扭转变形的公式。式中 GI_p 为圆轴的扭转截面刚度，表示轴抵抗扭转变形的能力，GI_p 越大，轴发生的扭转变形越小。

二、圆轴扭转刚度条件

工程上通常用单位长度扭转角 θ 来度量轴的刚度，即

$$\theta=\frac{\mathrm{d}\varphi}{\mathrm{d}x}=\frac{T}{GI_p} \tag{4-20}$$

等直圆轴在扭转时，除了要满足强度条件外，还需满足刚度要求。例如，某些传动轴工作过程中若变形过大，会严重影响加工精度。因此，应通过刚度条件对轴的扭转变形程度加以限制，即单位长度扭转角不超过许用的单位长度扭转角：

$$\theta_{\max}\leqslant[\theta] \tag{4-21}$$

将式(4-20)代入式(4-21)中，得

$$\frac{T_{\max}}{GI_p}\times\frac{180°}{\pi}\leqslant[\theta] \tag{4-22}$$

式中，$[\theta]$ 的单位为(°)/m。为使两边单位一致，故在左边乘以 $\frac{180°}{\pi}$。根据式(4-21)或式(4-22)，可对实心或空心圆轴进行刚度计算：包括刚度校核、截面选择和确定许用载荷。

例 4-6 图 4-19a 所示的实心圆轴，在 B、C 截面分别受力偶矩 M_B、M_C 作用，且 $M_B=2M_C=2M$。已知轴材料的切变模量为 G，轴长为 $2l$，轴的极惯性矩为 I_p，求 C 截面相对于 A 截面的扭转角。

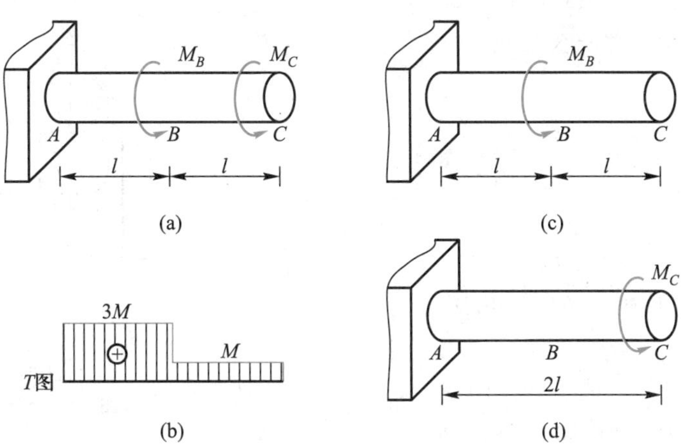

图 4-19

解：由截面法可求得 AB 段和 BC 段轴的扭矩分别为 $T_{AB}=3M, T_{BC}=M$（图 4-19b）。分段求解相对扭转角：

$$\varphi_{CB}=\frac{T_{BC}l}{GI_p}=\frac{Ml}{GI_p}$$

$$\varphi_{BA}=\frac{T_{AB}l}{GI_p}=\frac{3Ml}{GI_p}$$

C 截面相对于 A 截面的扭转角为

$$\varphi_C=\varphi_{CB}+\varphi_{BA}=\frac{4Ml}{GI_p}$$

上述计算方法为分段求解法。此类问题还可用叠加法求解，即分别考虑两力偶矩 M_C、M_B 的单独作用，然后将扭转变形的结果叠加。具体解法如下：

只有 M_B 单独作用时，C 截面的扭转角为（图 4-19c）

$$\varphi'_C=\frac{2Ml}{GI_p}$$

只有 M_C 单独作用时 C 截面的扭转角为（图 4-19d）

$$\varphi''_C=\frac{2Ml}{GI_p}$$

M_C、M_B 同时作用时，C 截面的扭转角为

$$\varphi_C=\varphi'_C+\varphi''_C=\frac{4Ml}{GI_p}$$

截面 C 的转向与 M_C 相同。在本题中，如果两段轴的截面不同，即 GI_p 不同，则应分段计算扭转角。

例 4-7　图 4-20a 所示阶梯实心圆轴，已知 $D=20$ mm，$l=0.5$ m，$M=10$ N·m，切变模量 $G=80$ GPa，许用单位长度扭转角 $[\theta]=0.5(°)/\text{m}$。试画扭矩图，并校核此轴的刚度。

解：(1) 绘出扭矩图（图 4-20b）

(2) 两段轴的单位长度扭转角

BC 段：

$$\theta_1=\frac{T_1}{GI_{p1}}=\frac{32M}{G\pi D^4}$$

AB 段：

$$\theta_2=\frac{T_2}{GI_{p2}}=\frac{6M}{G\pi D^4}$$

(3) 校核刚度

$$\theta_{max}=\theta_1=\frac{32M}{G\pi D^4}=\frac{32\times 10\ \text{N}\cdot\text{m}}{80\times 10^9\ \text{Pa}\times\pi\times 20^4\times 10^{-12}\ \text{m}^4}\times\frac{180°}{\pi}$$

$$=0.45(°)/\text{m}<[\theta]$$

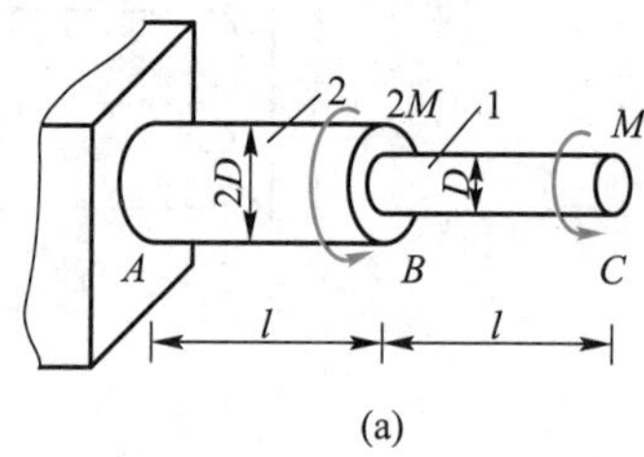

(a)

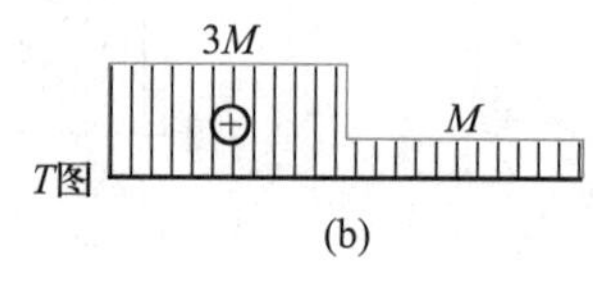

(b)

图 4-20

所以,该轴满足刚度要求。

例 4-8 图 4-21a 中传动轴的转速 $n=300\ \mathrm{r/min}$,A 轮输入功率 $P_A=40\ \mathrm{kW}$,其余各轮输出功率分别为 $P_B=10\ \mathrm{kW}$,$P_C=12\ \mathrm{kW}$,$P_D=18\ \mathrm{kW}$。材料的切变模量为 80 GPa,$[\tau]=50\ \mathrm{MPa}$,$[\theta]=0.3(°)/\mathrm{m}$。试设计轴的直径 d。

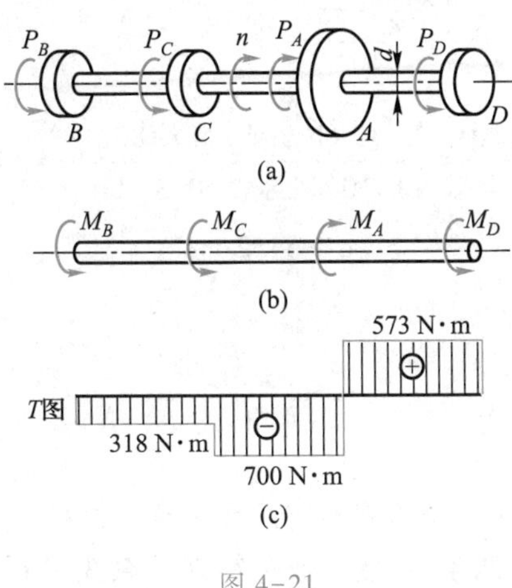

图 4-21

解:(1) 扭转外力偶矩的计算(图 4-21b)

$$M_A=9\ 550\times\frac{P_A}{n}=9\ 550\times\frac{40}{300}\ \mathrm{N\cdot m}=1\ 273\ \mathrm{N\cdot m}$$

$$M_B=9\ 550\times\frac{P_B}{n}=9\ 550\times\frac{10}{300}\ \mathrm{N\cdot m}=318\ \mathrm{N\cdot m}$$

$$M_C=9\ 550\times\frac{P_C}{n}=9\ 550\times\frac{12}{300}\ \mathrm{N\cdot m}=382\ \mathrm{N\cdot m}$$

$$M_D=9\ 550\times\frac{P_D}{n}=9\ 550\times\frac{18}{300}\ \mathrm{N\cdot m}=573\ \mathrm{N\cdot m}$$

(2) 内力分析

由扭矩图(图 4-21c)知最大扭矩值为

$$T_{\max}=700\ \mathrm{N\cdot m}$$

(3) 按强度条件设计直径

由式(4-18)有

$$\tau_{\max}=\frac{T_{\max}}{W_t}=\frac{16T_{\max}}{\pi d^3}\leqslant[\tau]$$

得

$$d^3\geqslant\frac{16T}{\pi[\tau]}=\frac{16\times700}{\pi\times50\times10^6}\ \mathrm{m}^3=7.13\times10^{-5}\ \mathrm{m}^3$$

$$d \geqslant 41.5\ \mathrm{mm}$$

(4) 按刚度条件设计直径

由式(4-22)有

$$\theta_{\max} = \frac{T_{\max}}{GI_{\mathrm{p}}} \times \frac{180°}{\pi} = \frac{32T_{\max}}{G\pi d^4} \times \frac{180°}{\pi} \leqslant [\theta]$$

得

$$d^4 \geqslant \frac{32T_{\max}}{G\pi[\theta]} \times \frac{180°}{\pi} = \frac{32 \times 700\ \mathrm{N \cdot m} \times 180°}{80 \times 10^9\ \mathrm{Pa} \times \pi^2 \times 0.3(°)/\mathrm{m}} = 17.02 \times 10^{-6}\ \mathrm{m}^4$$

$$d \geqslant 64.2\ \mathrm{mm}$$

根据上述两种要求,应取 $d = 64.2$ mm。

4.5 扭转静不定问题

求解扭转静不定问题与求解拉压静不定问题一样,要从三方面考虑。首先从几何方面分析,轴的变形应满足变形协调条件,然后通过物理关系式得到补充方程,再与静力平衡方程联立求解约束力,进而进行内力、强度和刚度计算。

下面以图 4-22a 所示圆轴为例,说明扭转静不定问题的具体解法。

设 AB 两端固定,C 截面作用矩为 M_{e} 的扭转外力偶,现计算 AB 两端的约束力偶矩。

(1) 平衡方程

$$\sum M_x = 0, \qquad M_A + M_B = M_{\mathrm{e}} \tag{a}$$

(2) 变形协调条件

依据轴的约束条件,横截面 A 与 B 之间的相对扭转角为零,则

$$\varphi_{BA} = \varphi_{BC} + \varphi_{CA} = 0 \tag{b}$$

(3) 将相应的物理方程代入,得补充方程

$$\frac{T_2 b}{GI_{\mathrm{p}}} + \frac{T_1 a}{GI_{\mathrm{p}}} = 0 \tag{c}$$

其中,$T_1 = M_A$,$T_2 = -M_B$ 代入,得

$$M_B b - M_A a = 0 \tag{d}$$

联立求解式(a)和式(d),得

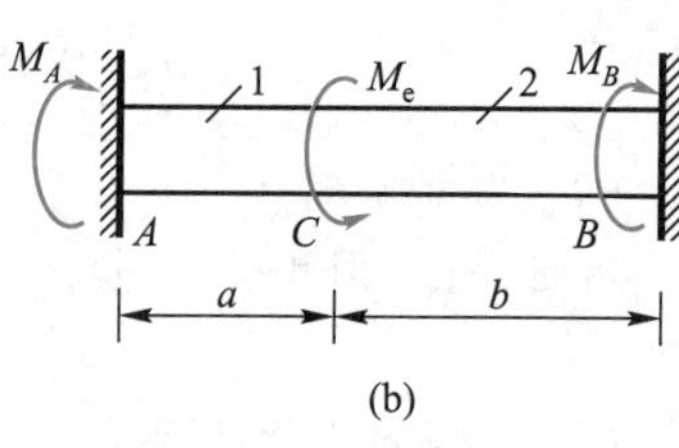

(b)

图 4-22

$$M_A = \frac{M_{\mathrm{e}} b}{a+b}, \qquad M_B = \frac{M_{\mathrm{e}} a}{a+b}$$

约束力偶矩确定后,即可分析轴的内力、应力和变形,并对轴作强度和刚度计算。

例 4-9 如图 4-23a 所示受扭圆轴,已知载荷 M_{e} 和长度 l,扭转刚度为 GI_{p}。试求支座 A、B 的力偶矩。

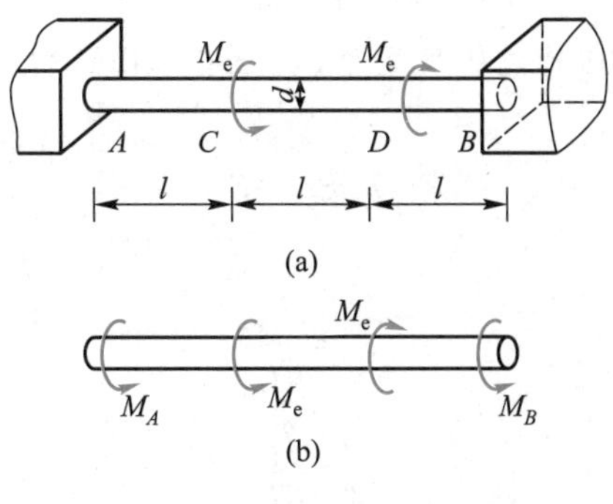

图 4-23

解：题中圆轴两端固定，故有两个约束力偶，而静力平衡方程只有一个$\sum M_x=0$，所以，此题为一次静不定问题。

从几何方面考虑，圆轴在变形过程中始终满足$\varphi_{BA}=0$，此即变形协调条件。由叠加法得

$$\varphi_{BA}=\frac{M_e l}{GI_p}-\frac{M_e 2l}{GI_p}+\frac{M_B 3l}{GI_p}=\frac{1}{GI_p}(-M_e l+3M_B l)=0$$

即可解得

$$M_B=\frac{M_e}{3} \tag{a}$$

由平衡方程$\sum M_x=0$有

$$M_A+M_B+M_e-M_e=0 \tag{b}$$

联立式(a)、式(b)，解得

$$M_A=-\frac{M_e}{3}$$

支座约束力偶M_A转向与图 4-23b 所示转向相反。

例 4-10 有一空心圆管A套在实心圆轴B的一端，如图 4-24a 所示。管和轴在同一横截面处各有一直径相同的贯穿孔，两孔的轴线之间的夹角为β。现在圆轴B上施加外力偶使圆轴B扭转，两孔对准，并穿过孔装上销钉。在装上销钉后卸除施加在圆轴B上的外力偶。试问此时圆管和圆轴内的扭矩分别为多少？已知圆管A和圆轴B的极惯性矩分别为I_{pA}和I_{pB}，圆管和圆轴材料相同，切变模量为G。

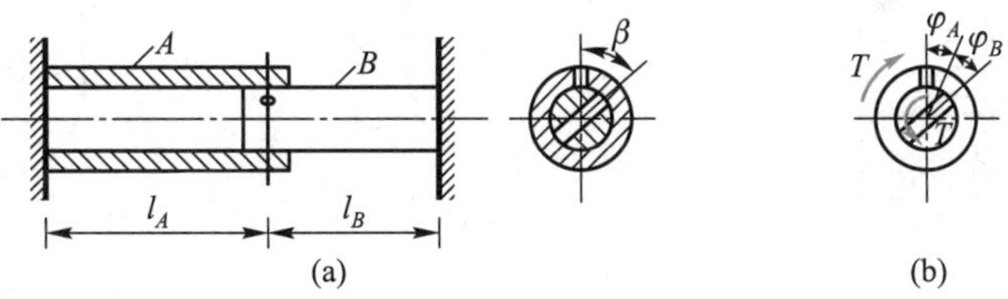

图 4-24

解：圆管 A 和圆轴 B 安装后在连接处有一相互作用的力偶 T，在此力偶作用下圆管 A 转过一角度 φ_A，圆轴 B 反方向转过的角度为 φ_B（图 4-24b），由圆管 A、圆轴 B 连接处的变形协调条件得

$$\varphi_A+\varphi_B=\beta \tag{a}$$

又由物理关系知

$$\varphi_A=\frac{Tl_A}{GI_{pA}} \tag{b}$$

$$\varphi_B=\frac{Tl_B}{GI_{pB}} \tag{c}$$

式（b）、式（c）代入式（a）中得

$$\frac{Tl_A}{GI_{pA}}+\frac{Tl_B}{GI_{pB}}=\beta$$

$$T=\frac{\beta}{\dfrac{l_A}{GI_{pA}}+\dfrac{l_B}{GI_{pB}}}=\frac{\beta GI_{pA}I_{pB}}{l_AI_{pB}+l_BI_{pA}}$$

扭矩 T 是圆轴 B 对圆管 A 的作用力，也是圆管 A 对圆轴 B 的反作用力，所以圆管 A、圆轴 B 的扭矩相同，大小均为 T。

4.6 圆柱形密圈螺旋弹簧的强度

弹簧是一种易变形的构件，工程中广泛地应用于减振、缓冲、控制、测力、施力等。图 4-25a 所示的圆柱形螺旋弹簧，弹簧丝的截面为圆形，当螺旋角 $\alpha<5°$时，称为密圈螺旋弹簧。密圈螺旋弹簧承受轴向载荷作用时可以近似应用圆轴扭转的理论进行强度计算。

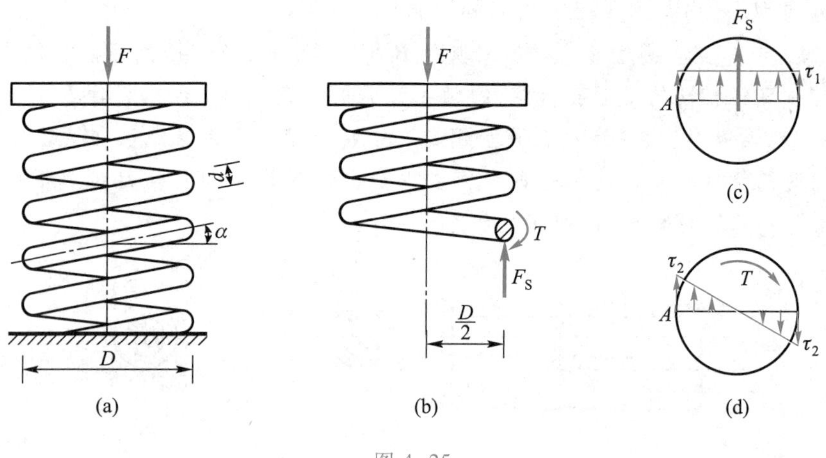

图 4-25

用截面法分析弹簧丝横截面上的内力(图 4-25b)时,由于 α 很小,所以可以近似认为弹簧丝横截面与弹簧轴线平行,即横截面与外力 F 平行。由此计算弹簧丝横截面上的内力,包括剪力和扭矩,分别为

$$F_S = F, \qquad T = \frac{FD}{2}$$

式中,D 为弹簧中径。

剪力 F_S 使弹簧丝发生剪切变形,采用实用计算法可认为切应力 τ_1 在横截面上均匀分布,方向向上,如图 4-25c 所示,其值为

$$\tau_1 = \frac{F_S}{A} = \frac{4F}{\pi d^2} \tag{a}$$

式中,d 为弹簧线径(弹簧丝直径)。

扭矩 T 引起弹簧丝扭转变形,当弹簧丝轴线的曲率较小时,可近似按直杆扭转切应力公式(4-13)计算横截面上的切应力,如图 4-25d 所示,横截面外缘各点的扭转切应力最大为

$$\tau_2 = \frac{T}{W_t} = \frac{FD/2}{\pi d^3/16} = \frac{8FD}{\pi d^3} \tag{b}$$

不难看出,横截面内侧 A 点上的扭转切应力不仅是最大的,而且其方向与剪力 F_S 引起的切应力方向相同。因此,它是弹簧丝截面上的危险点,其切应力的数值为

$$\tau_{max} = \tau_1 + \tau_2 = \frac{8FD}{\pi d^3}\left(1 + \frac{d}{2D}\right) \tag{4-23}$$

此式的计算值比实际结果偏低,这是因为计算 τ_1 时采用了实用计算方法,以及计算扭转切应力 τ_2 时忽略了螺旋角 α 及弹簧丝曲率影响的缘故。

当$\dfrac{D}{d} \geqslant 10$ 时,上式中的$\dfrac{d}{2D}$远小于 1,可以忽略,式(4-23)化简为

$$\tau_{max} = \frac{8FD}{\pi d^3} \tag{4-24}$$

若$\dfrac{D}{d} < 10$,则通常采用下面的修正公式:

$$\tau_{max} = K\frac{8FD}{\pi d^3} \tag{4-25}$$

式中,K 为修正系数,它综合考虑了剪力 F_S 和弹簧丝曲率的影响。K 由下式确定:

$$K = \frac{4c+2}{4c-3} \tag{4-26}$$

这里 c 称为弹簧指数,其值为 $c = \dfrac{D}{d}$。

弹簧丝的危险点处于纯剪切应力状态,因此其强度条件可写成

$$\tau_{max} \leqslant [\tau] \tag{4-27}$$

式中，$[\tau]$可查有关手册，对一般弹簧钢，$[\tau]=350\sim600$ MPa。

4.7 非圆形截面杆件的扭转

非圆形截面杆，如石油钻井的主轴，内燃机曲轴的曲柄臂等，与圆形截面杆扭转变形明显不同，其横截面在变形后不再保持为平面，这种现象称为截面翘曲（图 4-26a，b）。因此，根据平面假设建立的圆截面杆扭转公式对非圆形截面杆不再适用。对于这种比较复杂的变形情况，用弹性力学的方法可以得到一些精确解答。

非圆形截面杆件扭转

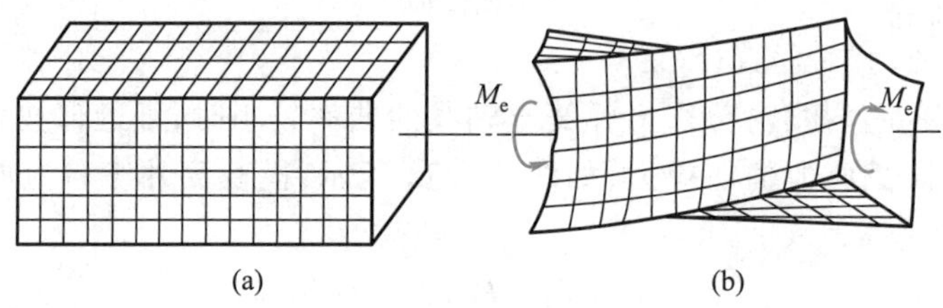

图 4-26

一、自由扭转和约束扭转

当杆件扭转时，如果各截面翘曲不受任何约束而可以自由翘曲，则横截面上没有正应力只有切应力，称为自由扭转。自由扭转又称纯扭转。只有当等直杆两端各受一个等值反向的扭转外力偶的作用，且端面翘曲没有任何约束时才可能发生纯扭转。

如果杆件扭转时，横截面翘曲受到某种限制，各横截面的翘曲程度不同，则纵向纤维伸长（缩短）量也各不相同，则横截面上不但有切应力，而且存在正应力。这种扭转称为约束扭转。对于实体杆件，这种正应力数值一般较小，但在薄壁杆件中其数值往往比较大，不能忽视。

二、矩形截面轴的扭转

现以矩形截面杆为例将有关研究结果作以简介。根据弹性力学的研究结果，矩形截面杆自由扭转时横截面上的切应力分布规律如图 4-27 所示。横截面外边缘各点切应力的方向与周边平行，四个角点上切应力为零，这两个结论可由切应力互等定理得到。

此外，截面形心处的切应力为零。最大切应力 τ_{max}位于长边边界中点，其值为

$$\tau_{max}=\frac{T}{\alpha b^2 h} \tag{4-28}$$

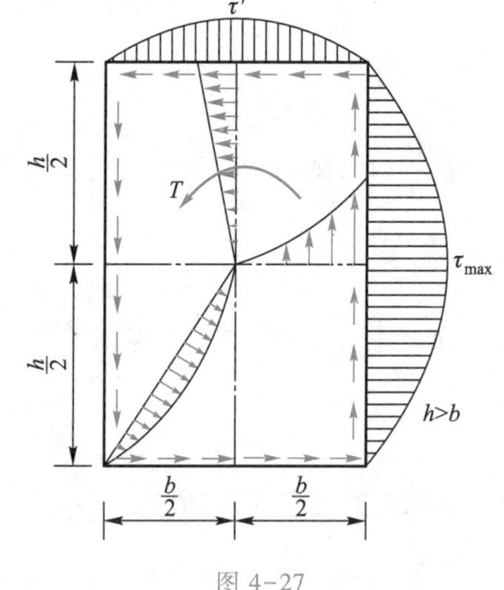

图 4-27

短边边界中点处的切应力 τ'数值也较大，它与 τ_{max}的关系为

$$\tau' = \nu\tau_{max} \tag{4-29}$$

杆件两端相对扭转角 θ 可由下式计算：

$$\theta = \frac{Tl}{G\beta b^3 h} \tag{4-30}$$

式(4-28)~式(4-30)中，T 为横截面扭矩，b 和 h 分别为横截面尺寸，且 $h \geqslant b$，G 为材料切变模量，α、β、ν 为由 h/b 决定的因数，其值见表 4-1。

表 4-1　矩形截面杆自由扭转时的因数 α、β 与 ν

h/b	1.00	1.20	1.50	1.75	2.00	2.50	3.0	4.0	5.0	6.0	8.0	10.0	∞
α	0.208	0.219	0.231	0.239	0.246	0.258	0.267	0.282	0.291	0.299	0.307	0.313	0.333
β	0.141	0.166	0.196	0.214	0.229	0.249	0.263	0.281	0.291	0.299	0.307	0.313	0.333
ν	1.000	0.930	0.859	0.820	0.795	0.766	0.753	0.745	0.744	0.743	0.742	0.742	0.742

从表 4-1 中可以看出，当 $h/b>10$ 时，则狭长矩形截面轴的 $\alpha=\beta\approx\frac{1}{3}$。若用 δ 表示狭长矩形宽度，则由式(4-28)和式(4-30)可得最大扭转切应力和相对扭转角分别为

$$\tau_{max} = \frac{3T}{h\delta^2} \tag{4-31}$$

$$\theta = \frac{3Tl}{Gh\delta^3} \tag{4-32}$$

这时长边边界各点切应力大体呈均匀分布，只在近角点处迅速减少到零。短轴上的切应力接近线性分布，如图 4-28 所示。

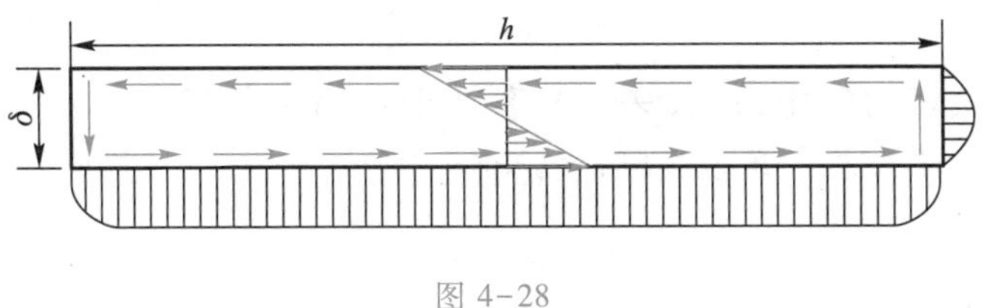

图 4-28

4.8　薄壁截面杆的扭转

薄壁截面杆(简称薄壁杆)是指壁厚远小于横截面其他两个方向边长尺寸的等截面直杆，例如，工字钢、槽钢、角钢、薄壁管等。横截面上等分壁厚的点的连线称为截面中心线。截面中心线不封闭的薄壁杆称为开口薄壁杆，如前面提及的工字钢、槽钢等；截面中线封闭

的称为闭口薄壁杆,如各种薄壁管。薄壁杆自由扭转时在横截面上只有切应力,但开口薄壁杆的切应力分布与闭口的大不相同。

一、开口薄壁杆的扭转应力

有些截面中心线由直线组成的开口薄壁截面可以看作是由几个狭长矩形组合而成的,如图 4-29 所示。这类杆件在自由扭转时可根据其变形特点作出刚周边假设,即认为横截面周线在扭转变形后,虽然在杆表面上变成曲线,但是在其变形前的平面上的投影的大小、形状保持不变。

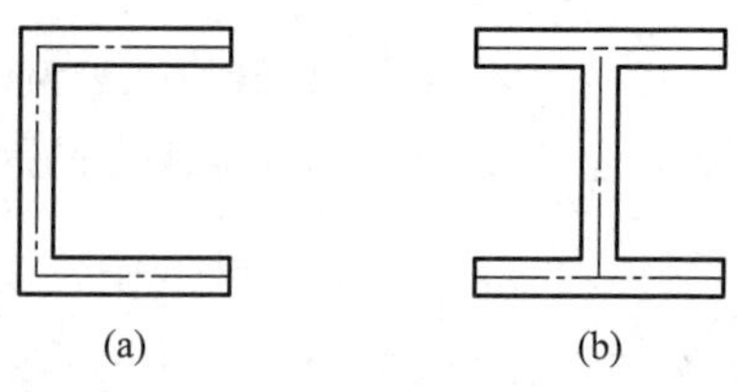

图 4-29

按照这个假设,杆件横截面的扭转变形可以分成两步:第一步,横截面绕杆的轴线发生刚性转动;第二步,横截面上各点再沿轴线方向发生不同的位移。由此,横截面的相对扭转角就可以认为在变形的第一步里完成。因此,同一截面上各个狭长矩形的相对扭转角都是相同的,单位长度扭转角也是相同的。若以 θ 代表整个截面的单位长度扭转角,$\theta_1,\theta_2,\cdots,\theta_n$ 分别代表这 n 个组成截面的狭长矩形的单位长度扭转角,则有

$$\theta=\theta_1=\theta_2=\cdots=\theta_n$$

式中,n 为组成截面的狭长矩形数。

将式(4-32)代入上式有

$$\theta=\frac{T_1}{\frac{1}{3}Gh_1\delta_1^3}=\frac{T_2}{\frac{1}{3}Gh_2\delta_2^3}=\cdots=\frac{T_n}{\frac{1}{3}Gh_n\delta_n^3}=\frac{T_1+T_2+\cdots+T_n}{\frac{1}{3}G(h_1\delta_1^3+h_2\delta_2^3+\cdots+h_n\delta_n^3)} \tag{a}$$

引用记号

$$I_t=\frac{1}{3}(h_1\delta_1^3+h_2\delta_2^3+\cdots+h_n\delta_n^3)=\frac{1}{3}\sum_{i=1}^{n}h_i\delta_i^3 \tag{b}$$

并注意到静力学关系

$$T=T_1+T_2+\cdots+T_n \tag{c}$$

式中,T 为整个横截面的扭矩,T_i 代表各狭长矩形截面上的扭矩。将式(b)、式(c)代入式(a)便可得到开口薄壁杆的单位长度扭转角公式为

$$\theta=\frac{T}{GI_t} \tag{4-33}$$

从式(a)还可以解出各狭长矩形截面上的扭矩为

$$T_i=\frac{1}{3}h_i\delta_i^3\frac{T}{I_t}\quad(i=1,2,\cdots,n) \tag{d}$$

式中,h_i和 δ_i分别代表狭长矩形截面的长度和厚度。

应用式(4-31)写出各狭长矩形长边中点的最大切应力为

$$\tau_{\max}=\frac{3T_i}{h_i\delta_i^2}\quad(i=1,2,\cdots,n) \tag{e}$$

将式(d)代入式(e)得

$$\tau_{\max}=\frac{T\delta_i}{I_t}\quad (i=1,2,\cdots,n) \tag{f}$$

这是截面上每一个狭长矩形长边中点的最大切应力数值,显然与该部分壁厚有关。当 δ_i 最大时,整个横截面上的最大切应力 $\tau_{\max}$ 为

$$\tau_{\max}=\frac{T\delta_{\max}}{I_t} \tag{4-34}$$

它发生在横截面上壁厚最大的狭长矩形长边边缘上。

在横截面边缘,切应力的方向与边界相切,形成顺流,壁厚上处在中心线两侧的切应力方向相反,如图 4-30a,b 所示。

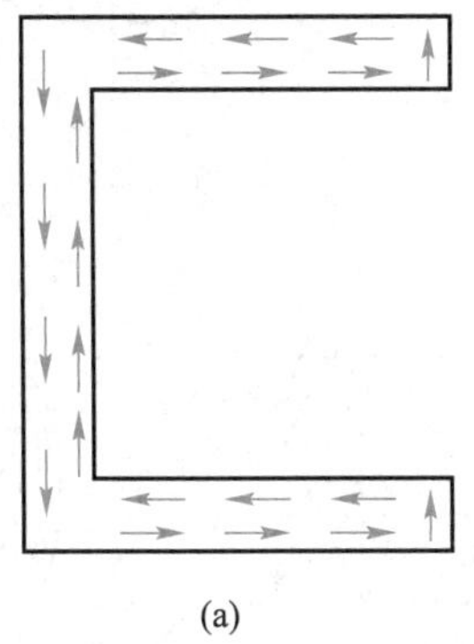
(a)

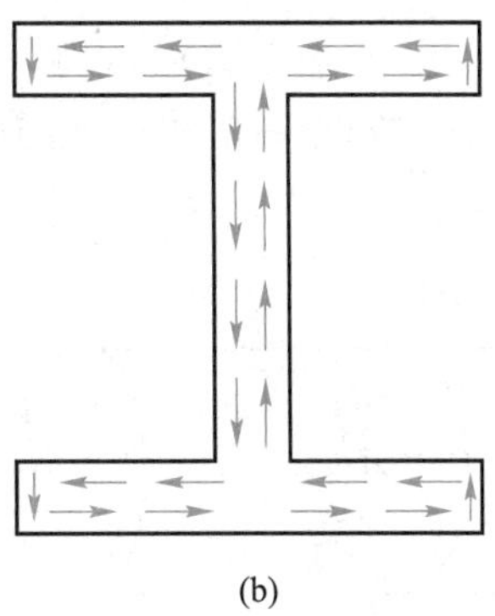
(b)

图 4-30

型钢截面各狭长矩形之间连接处有过渡圆角,翼缘也是变厚度的,因此计算型钢的应力和变形时要对式(b)进行修正,即采用

$$I_t=\eta\cdot\frac{1}{3}\sum_{i=1}^{n}h_i\delta_i^3 \tag{g}$$

式中,η 为修正因数,其值见表 4-2。

表 4-2　型钢 I_t 的修正因数 η

型钢	角钢	槽钢	T 型钢	工字钢
η	1.00	1.12	1.15	1.20

对于截面中线为曲线的开口薄壁杆,当其截面厚度 δ 不变时,例如,图 4-31 按照弹性力学的分析,可以近似当作狭长矩形来计算。

二、闭口薄壁杆的扭转应力和变形

闭口薄壁杆如图 4-32a 所示,设壁厚 δ 可以变化,但其尺寸远小于横截面尺寸,因

此可假设切应力 τ 沿壁厚方向没有变化。

从杆上假想截出 $ABCD$ 微段，如图 4-32b所示。设横截面上 A 点处壁厚为 δ_1，切应力为 τ_1；B 点处壁厚为 δ_2，切应力为 τ_2。纵截面 AD 和 BC 上的切应力可由切应力互等定理得出，分别为 τ_1、τ_2，由平衡方程有

$$\sum F_x = 0, \qquad \tau_1\delta_1 \mathrm{d}x = \tau_2\delta_2 \mathrm{d}x$$

或写成

$$\tau_1\delta_1 = \tau_2\delta_2$$

此式说明同一横截面上任意两点处的 τ 与 δ 的乘积相等，即

$$\tau\delta = \text{常数}$$

通常称 $\tau\delta$ 为剪力流，表示截面沿周界单位长度上的剪力值。它表明闭口薄壁杆扭转时，剪力流的数值沿截面中心线保持不变。

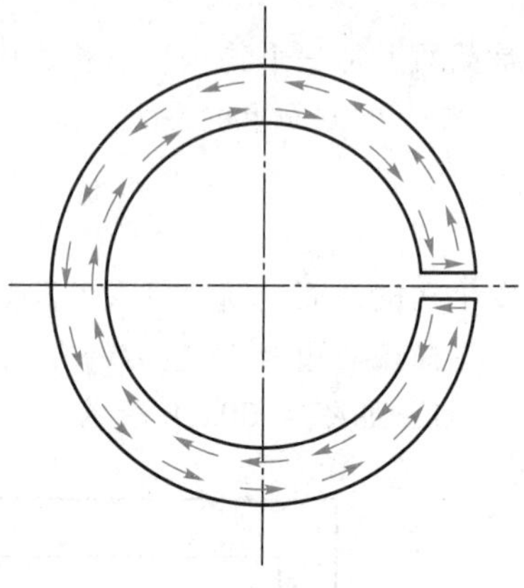

图 4-31

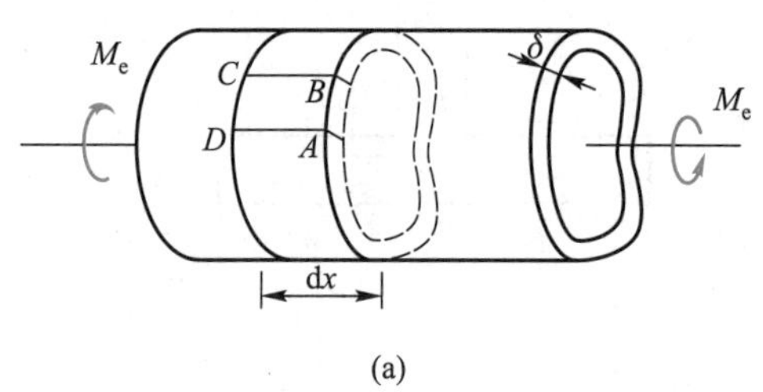

(a)

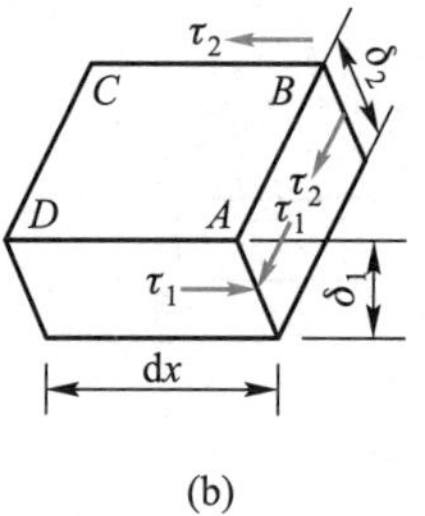

(b)

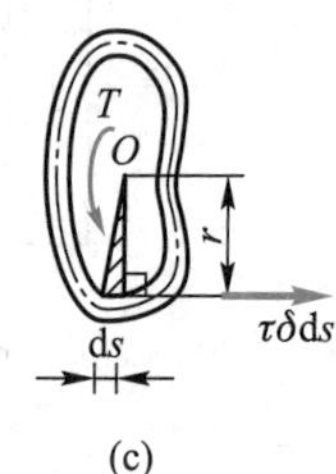

(c)

图 4-32

沿截面中线截取微段 ds，如图 4-32c 所示，微段内的微剪力为 $\tau\delta \mathrm{d}s$，它与截面中线相切。此力对横截面内任一点 O 取矩，沿整个横截面积分即是该截面上的微扭矩，即

$$T = \int_s r(\tau\delta \mathrm{d}s) = \tau\delta\int_s r\mathrm{d}s$$

式中，s 是截面中心线的全周长。

从图 4-32c 中可以看出，$r\mathrm{d}s$ 是阴影线三角形面积 A_0的 2 倍，所以积分 $\int_s r\mathrm{d}s$ 是截面中线所围面积 A_0 的 2 倍，这样上式可写成

$$\tau = \frac{T}{2A_0\delta} \tag{4-35}$$

这就是闭口薄壁杆自由扭转时横截面上任一点处切应力的计算公式。显然，在截面壁厚最薄处的切应力值最大，即

$$\tau_{\max} = \frac{T}{2A_0\delta_{\min}} \tag{4-36}$$

闭口薄壁杆自由扭转时单位长度扭转角 θ 可由下式计算：

$$\theta = \frac{T}{4GA_0^2}\oint \frac{\mathrm{d}s}{\delta}$$

其中 $\oint \frac{\mathrm{d}s}{\delta}$ 表示沿截面中心线全周长的积分。当壁厚 δ 为常数时，则得

$$\theta=\frac{Ts}{4GA_0^2\delta} \tag{4-37}$$

式中，s 为壁厚中线的全长。

我们知道，在周界长度相同的条件下，以圆形的面积为最大。所以在具有相同中线长度和壁厚的闭口薄壁截面中，以圆环形闭口截面的强度和刚度为最大。

课程设计及学习思路

第 4 章工程案例

掌握扭转时外力偶矩的换算，以及薄壁圆筒扭转时的切应力计算，切应力互等定理和剪切胡克定律。掌握圆轴扭转时的应力与变形计算，熟练进行扭转的强度和刚度计算。理解扭转静不定问题、非圆形截面杆扭转时的切应力概念。掌握开口和闭口薄壁截面直杆自由扭转的概念；了解开口和闭口薄壁截面直杆自由扭转时的应力和变形计算。

课程难点分析及学习体会

第 4 章力学史人物故事

(1) 扭转外力偶矩的计算。确定研究对象，进行受力分析，当扭转外力偶矩没有直接给定时需要进行换算。扭转外力偶矩等于力对轴的矩，可利用功率、转速与外力偶矩之间的关系计算扭转外力偶矩。

(2) 扭矩与扭矩图。扭矩在开始不熟练的时候，可以通过截面法按步骤求得，也可以直接通过外力来计算，包括大小和正负号。正负号按右手螺旋法则规定，大拇指的指向离开截面为正。画扭矩图应满足六个基本要求，包括对齐、规律、比例、正负号、数值、符号。

(3) 薄壁圆筒扭转时横截面上的应力公式推导过程中应用了平面假设，因为是静不定问题，分析变形几何关系是关键。根据横截面上各点变形的规律得到应力的分布规律。横截面上没有正应力只有切应力，切应力方向与半径垂直，且与扭矩转向一致。再根据应力和内力之间的静力学关系得到应力表达式。

(4) 研究一点的应力可利用应力单元体——直六面体，其边长为无穷小量，面上应力均匀分布。单元体处于平衡状态时，其平行面上应力大小相等、方向相反。纯剪切应力状态是指单元体各面上只有切应力，没有正应力的应力状态。

(5) 切应力互等定理无论有没有正应力都成立，一个面上有切应力，跟它垂直的面上一定也有切应力，且大小相等，方向同时指向或背离交线。这一定理非常重要，今后会经常用到。

(6) 切应力引起切应变，在线弹性范围内满足剪切胡克定律。切变模量是一个弹性常数，三个弹性常数 E、G、ν 间有一定的关系。

(7) 圆轴扭转时横截面上的应力公式推导与薄壁圆筒的类似，也应用了平面假设，横截

面上没有正应力只有切应力。切应力方向与半径垂直,与扭矩转向一致,大小沿半径呈线性分布,圆心处为零,外边缘有最大值。记住圆形截面和圆环形截面的极惯性矩、抗扭截面系数,求出危险点最大应力值与材料的许用应力比较,建立强度条件。

(8) 单位长度扭转角是在推导应力公式的过程中得到的,用它建立刚度条件需要进行换算。相对扭转角用来度量扭转变形的大小,计算公式满足胡克定律。计算变形公式中的分母为扭转刚度,两个参数分别是切变模量和极惯性矩。

(9) 简单扭转静不定问题利用三大关系(静力学平衡关系、变形几何关系和物理关系)联立求解,其中分析变形几何关系是难点也是重点。

(10) 圆柱形密圈螺旋弹簧的强度计算利用了叠加原理,将复杂变形分解,分别求简单变形的内力、应力,再将危险点的应力叠加,求出应力最大值,建立强度条件。

(11) 了解非圆形截面杆扭转时的变形特点,矩形截面杆的分析结果,薄壁截面杆的自由扭转,以及开口薄壁杆、闭口薄壁杆横截面应力。

习 题

4-1 试求图示等直圆轴各截面的扭矩。

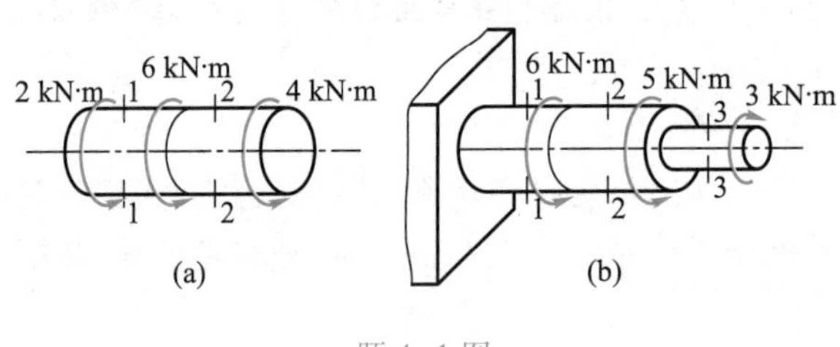

题 4-1 图

4-2 试作图示等直圆轴的扭矩图。

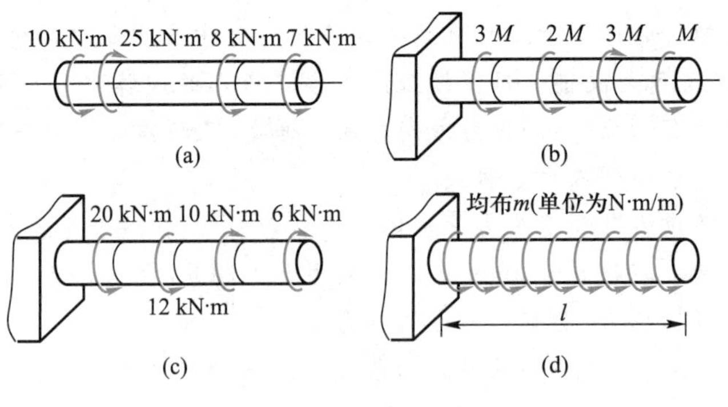

题 4-2 图

4-3 图示传动轴转速为 $n=200$ r/min,主动轮 B 输入功率 $P_B=60$ kW,从动轮 A、C、D 分别输出功率为 $P_A=22$ kW、$P_C=20$ kW 和 $P_D=18$ kW。试作该轴扭矩图。

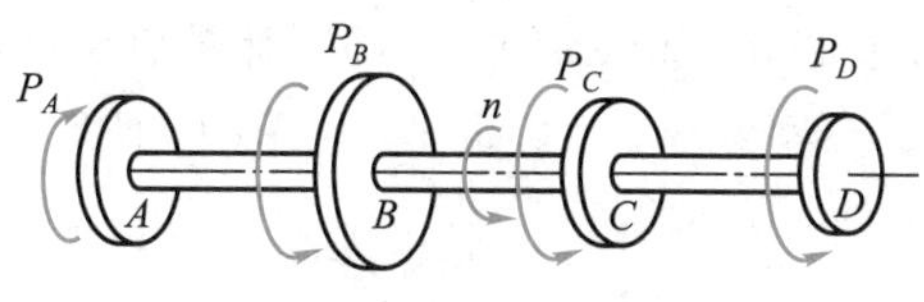

题 4-3 图

4-4　某钻机功率为 $P=10$ kW，转速 $n=180$ r/min。钻入土层的钻杆长度 $l=40$ m，若把土对钻杆的阻力看成沿杆长均匀分布力偶，如图所示。试求此轴分布力偶的集度 m，并作该轴的扭矩图。

4-5　直径 $d=400$ mm 的实心圆轴扭转时，其横截面上最大切应力 $\tau_{max}=100$ MPa。试求图示阴影区域所承担的部分扭矩。

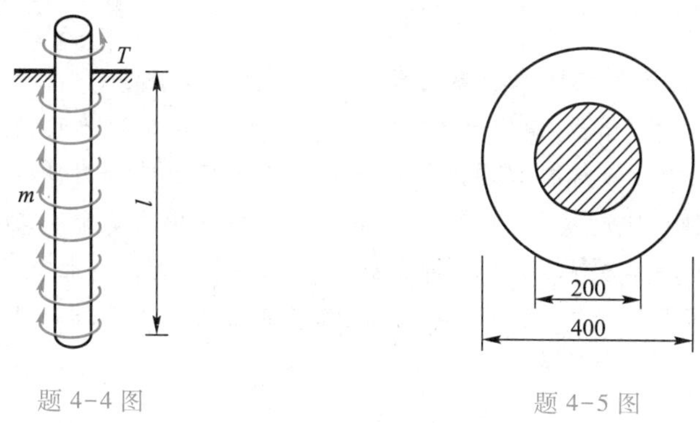

题 4-4 图

题 4-5 图

4-6　一钢制阶梯状轴如图所示，已知：$M_1=10$ kN·m，$M_2=7$ kN·m，$M_3=3$ kN·m。试计算轴上最大切应力值。

4-7　图示传动轴转速为 $n=200$ r/min，主动轮 A 输入功率 $P_A=30$ kW，从动轮 B、C 分别输出功率为 $P_B=17$ kW、$P_C=13$ kW。轴的许用切应力 $[\tau]=60$ MPa，$d_1=60$ mm，$d_2=40$ mm。试校核该轴的强度。

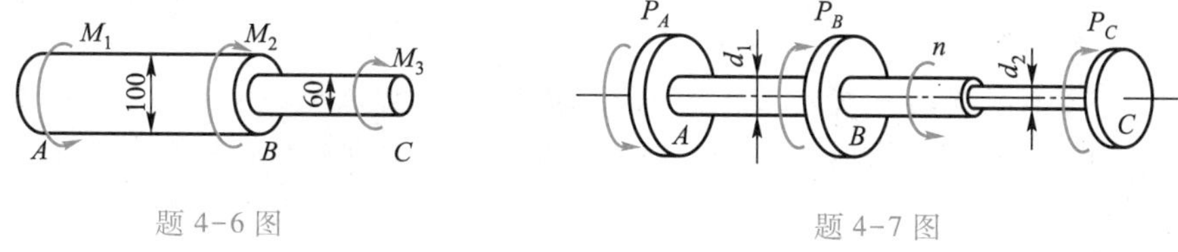

题 4-6 图

题 4-7 图

4-8　试设计一空心钢轴，其内直径与外直径之比为 1∶1.2，已知轴的转速 $n=75$ r/min，传递功率 $P=200$ kW，材料的许用切应力 $[\tau]=43$ MPa。

4-9　直径 $d=50$ mm 的圆轴，转速 $n=120$ r/min，材料的许用切应力 $[\tau]=60$ MPa。试求该圆轴许可传递的功率是多少？

4-10　图示阶梯状圆轴，材料切变模量为 $G=80$ GPa。试求 A、C 两端的相对扭转角。

4-11　图示折杆 AB 段直径 $d=40$ mm，长 $l=1$ m，材料的许用切应力 $[\tau]=70$ MPa，切变模量为 $G=80$ GPa。BC 段视为刚性杆，$a=0.5$ m。当 $F=1$ kN 时，试校核 AB 段的强度，并求 C 截面的铅垂位移。

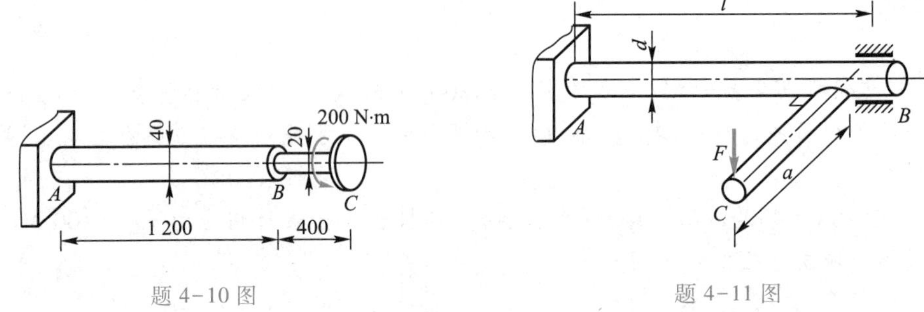

题 4-10 图　　题 4-11 图

4-12　如图所示，圆形截面橡胶棒的直径 $d=40$ mm，受扭后，原来表面上互相垂直的圆周线和纵向线间夹角变为 86°，如棒长 $l=300$ mm，试求端截面的扭转角。如果材料的切变模量 $G=2.7$ MPa，试求橡胶棒横截面上的最大切应力和棒上的外力偶矩 M_e。

4-13　一传动轴如图所示，轴转速 $n=208$ r/min，主动轮 B 的输入功率 $P_B=6$ kW，两个从动轮 A、C 的输出功率分别为 $P_A=4$ kW、$P_C=2$ kW。已知：轴的许用切应力 $[\tau]=300$ MPa，许用单位长度扭转角 $[\theta]=10(°)/\text{m}$，切变模量 $G=80$ GPa。试按强度条件和刚度条件设计轴的直径 d。

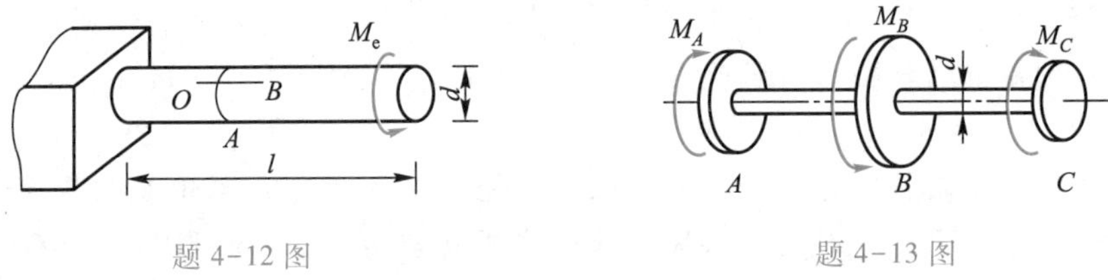

题 4-12 图　　题 4-13 图

4-14　从受扭转力偶 M_e 作用的圆轴中，截取出如图所示部分作为研究对象，试说明此研究对象是如何平衡的。

4-15　图示空心圆轴外直径 $D=50$ mm，AB 段内直径 $d_1=25$ mm，BC 段内直径 $d_2=38$ mm，材料的许用切应力 $[\tau]=70$ MPa，试求此轴所能承受的允许扭转外力偶矩 M_e。若要求 $\varphi_{AB}=\varphi_{BC}$，试确定长度尺寸 a 和 b。

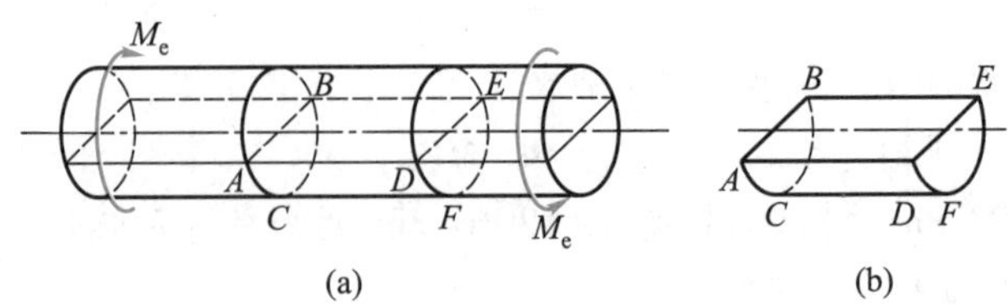

题 4-14 图

4-16　有一直径 $D=50$ mm，长 $l=1$ m 的实心铝轴，切变模量 $G_1=28$ GPa。现拟用一根同样长度和外径的钢管代替它，要求它与原铝轴承受同样的扭矩并具有同样的总扭转角。已知钢的切变模量 $G_2=84$ GPa，试求钢管内直径 d。

4-17　两端固定的受扭阶梯形圆轴，几何尺寸如图所示，各段材料相同，切变模量为 G。试求支座约束力偶矩。

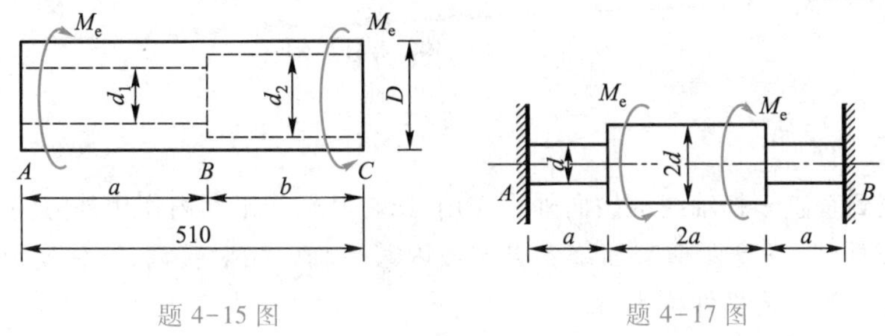

题 4-15 图　　　　题 4-17 图

4-18　一圆管套在一个圆轴外形成组合截面，两端与端板焊接，如图所示。圆轴与圆管材料的切变模量分别为 G_1、G_2，当两端施加一对扭转外力偶矩 M_e 时，试求圆管和圆轴各自承担的扭矩值。

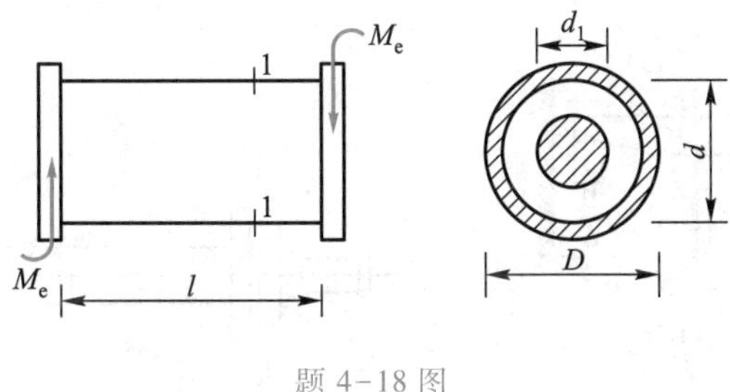

题 4-18 图

4-19　一矩形截面钢杆，其横截面尺寸为 100 mm×50 mm，长度 $l=2$ m，在杆的两端作用一对力偶矩。若材料的切变模量 $G=80$ GPa、许用切应力 $[\tau]=100$ MPa，许用扭转角 $[\theta]=2°$。试求作用于杆件两端的力偶矩的许用值。

第5章 弯曲内力

5.1 弯曲和梁

一、弯曲的概念

当杆件受到垂直于杆轴线的横向外力作用,或在其轴线平面内作用外力偶时,杆的轴线将由直线变成曲线,任意两横截面绕各自截面内某一轴作相对转动,这种变形称为弯曲变形。以弯曲变形为主的杆件称为梁。

对梁系统的研究是从17世纪初由伽利略开始的,并经过马略特、胡克、纳维、铁摩辛柯等人近三百年的努力,最后形成较为成熟的理论。

作为一类常用的构件,梁几乎在各类工程中都占有重要地位。例如,桥式起重机的大梁(图5-1a),火车轮轴(图5-2a)等,都可以看作是梁。它们的计算简图分别如图5-1b和图5-2b所示。

车轮轴弯曲变形

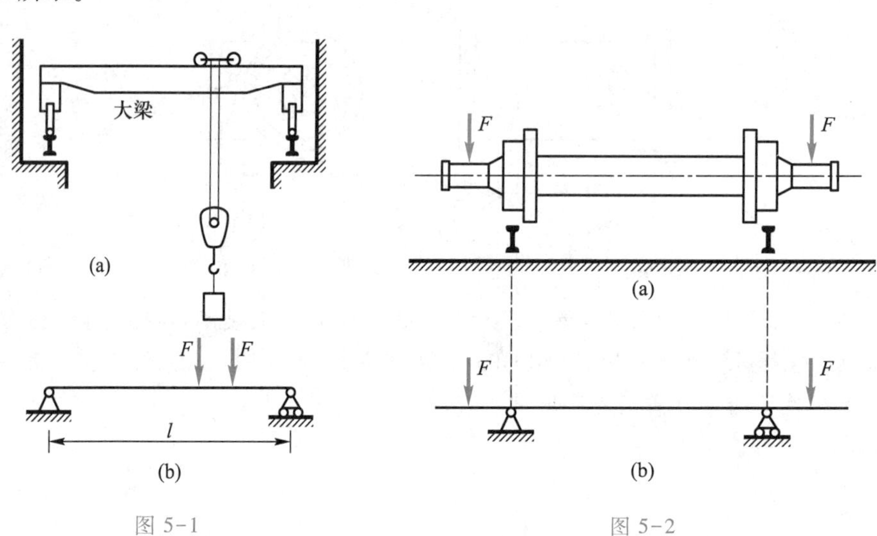

图5-1　　图5-2

二、梁的支座形式与支座约束力

作用在梁上的外力主要包括两部分,即载荷和支座对梁的约束力。下面对常见的几种支座及其约束力进行讨论。

(1) 活动铰支座。如图5-3a所示,活动铰支座仅限制梁在支承处垂直于支承平面的线位移,与此相应,仅存在垂直于支承平面的约束力F_R。

（2）固定铰支座。如图 5-3b 所示，固定铰支座限制梁在支承处沿任何方向的线位移，因此，相应约束力可用两个分力表示，即梁轴线方向的约束力 F_{Rx} 与垂直于梁轴线的约束力 F_{Ry}。

（3）固定端。如图 5-3c 所示，固定端限制梁端截面的线位移与角位移，因此，对于平面力系的情况，相应约束力可用三个分量表示，即沿梁轴线方向的约束力 F_{Rx}、垂直于梁轴线的约束力 F_{Ry} 和位于梁轴线平面内的约束力偶 M。

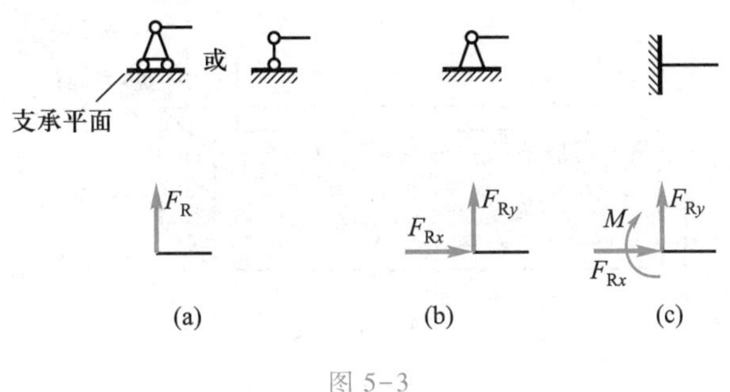

图 5-3

三、梁的基本类型

梁的约束力仅利用静力平衡方程便可全部求出，这样的梁称为静定梁。根据约束的特点，常见的静定梁有以下三种：

（1）简支梁

梁的一端为固定铰支座，另一端为可动铰支座，如图 5-4a 所示。

（2）悬臂梁

梁的一端固定，另一端自由，如图 5-4b 所示。

（3）外伸梁

简支梁的一端或两端伸出支座之外，如图 5-4c 和图 5-4d 所示。

梁的支座间距（对于悬臂梁就是梁的长度）称为跨长。

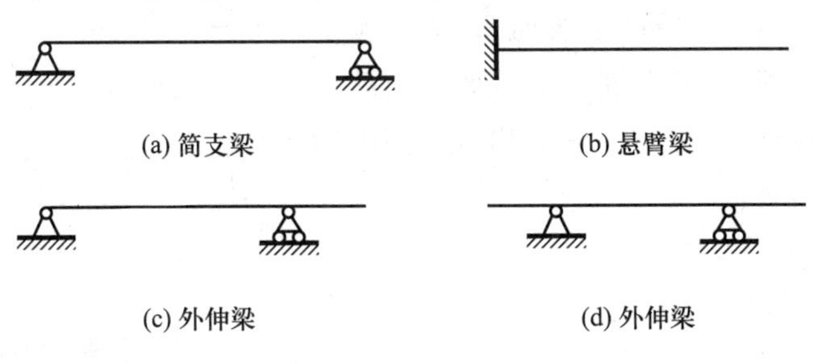

图 5-4

梁发生弯曲变形后轴线所在平面与外力所在平面重合，这种弯曲称为平面弯曲。工程中常见的梁横截面多为矩形、圆形、工字形等，这些横截面至少具有一根对称轴。由横截面的纵对称轴与梁轴线所构成的平面称为梁的纵对称面。当梁上的所有外力的合力都作用在此对称面内时(图 5-5),梁弯曲变形后的轴线是位于纵对称面内的一条平面曲线,这种弯曲称为对称弯曲。对称弯曲是平面弯曲的特例,是弯曲问题中最常见也是最基本的情况。本章及随后两章主要讨论等直梁的对称弯曲问题,并分别研究梁的内力、应力和变形。关于非对称截面梁的平面弯曲将于第 7 章中讨论。仅靠平衡方程不能确定全部约束力的梁称为静不定梁或超静定梁,将于第 8 章中讨论。

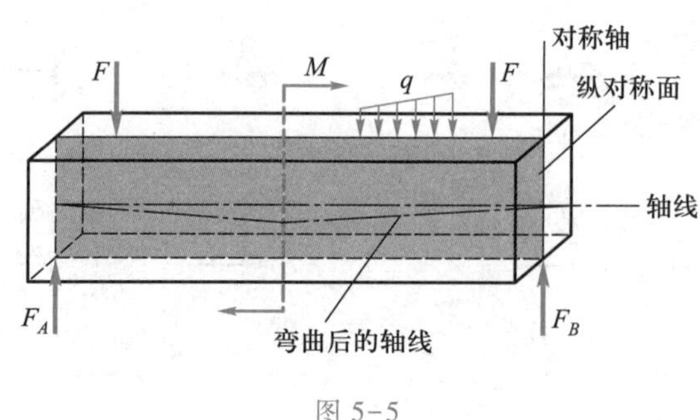

图 5-5

5.2 剪力和弯矩的求法与图形表示

一、剪力与弯矩

当梁上所有外力(载荷和约束力)均为已知时,可用截面法计算梁横截面上的内力。以图 5-6a 所示的简支梁为例,求距 A 端 x 处的横截面 $m-m$ 上的内力。在 $m-m$ 处假想地把梁截成两段,取左段梁作研究对象。作用于左段梁上的力有外力 F_1 和 F_A,以及右段梁作用于横截面 $m-m$ 上的内力,如图 5-6b 所示。

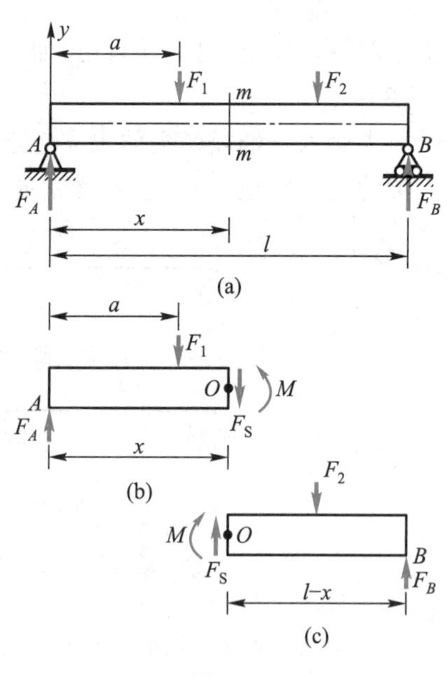

图 5-6

为满足左段梁的平衡条件,横截面 $m-m$ 上需要存在两个内力分量,即沿该截面与 y 轴平行的剪力 F_S和位于载荷平面内的弯矩 M。它们均可利用平衡方程求得。

根据左段梁的平衡方程

$$\sum F_y = 0, \qquad F_A - F_1 - F_S = 0$$

得

$$F_S = F_A - F_1$$

即剪力数值上等于左段梁上所有横向外力的代数和。

再由力矩的平衡方程,所有力对截面 $m-m$ 的形

心 O 取矩，得

$$\sum M_O=0,\qquad M+F_1(x-a)-F_Ax=0$$

得

$$M=F_Ax-F_1(x-a)$$

即弯矩数值上等于左段梁上所有横向外力与外力偶对截面形心 O 的力矩的代数和。

截面 $m-m$ 上的剪力与弯矩也可利用右段梁的平衡条件求得，研究对象如图 5-6c 所示。用两种方式求得同一截面的一对剪力 F_S 和弯矩 M 的大小相等、方向(或转向)相反，互为作用力与反作用力。

为了保证同一截面的一对剪力和弯矩具有相同的正负号，可把剪力和弯矩的正负号规则与梁的变形相联系，规定如下：如图 **5-7a** 所示的微段梁变形，即左端截面向上、右端截面向下的相对错动变形时，该截面上相应的剪力为正，反之为负；如图 **5-7b** 所示的微段梁变形，即弯曲为下凸而使底面伸长时，该截面上相应的弯矩为正，反之为负。依此规定，图 5-6b 和图 5-6c 中的剪力和弯矩都为正。

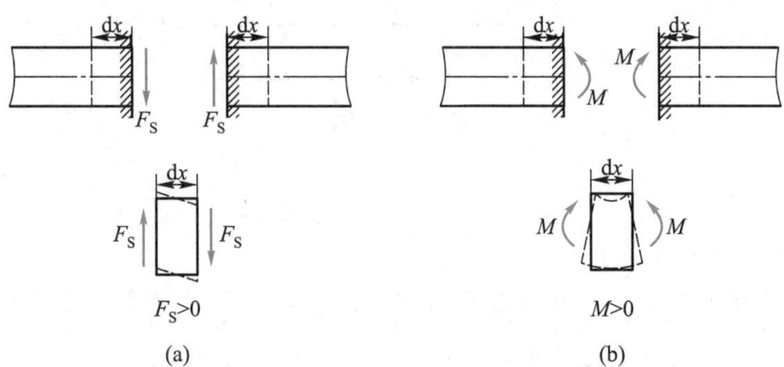

弯曲内力

图 5-7

综上所述，采用截面法计算剪力与弯矩的主要步骤如下：

(1) 在需求内力的横截面处用假想平面将梁截为两段，任选其中一段为研究对象。

(2) 画所选梁段的受力图，图中未知的剪力 F_S 与弯矩 M 都假设为正。

(3) 由平衡方程 $\sum F_y=0$ 计算剪力，由平衡方程 $\sum M_O=0$ 计算弯矩，其中 O 是所截横截面的形心。

用截面法求得梁上某一截面上的剪力和弯矩，总是与该截面任一侧梁上的外力相平衡。因此，有如下结论：

(1) 梁任意横截面上的剪力，数值上等于该截面任一侧(左侧或右侧)梁上全部横向力的代数和。当横向力对该截面形心产生顺时针转向的力矩时，该项剪力取正号，反之为负。

(2) 梁任一横截面上的弯矩，数值上等于该截面任一侧(左侧或右侧)梁上全部外力对该截面形心力矩(力偶矩)的代数和。向上的外力产生正弯矩，反之为负。截面左侧顺时针的外力偶产生正弯矩，逆时针的外力偶产生负弯矩。截面右侧的外力偶则相反。

利用上述结论,可直接根据梁上的外力计算梁任意横截面的剪力和弯矩。

例 5-1　简支梁 AB 受集中载荷 F、集中力偶 M_e 及一段均布载荷 q 的作用(图 5-8a),q、a 均为已知。试求梁 1-1、2-2 截面上的剪力和弯矩。

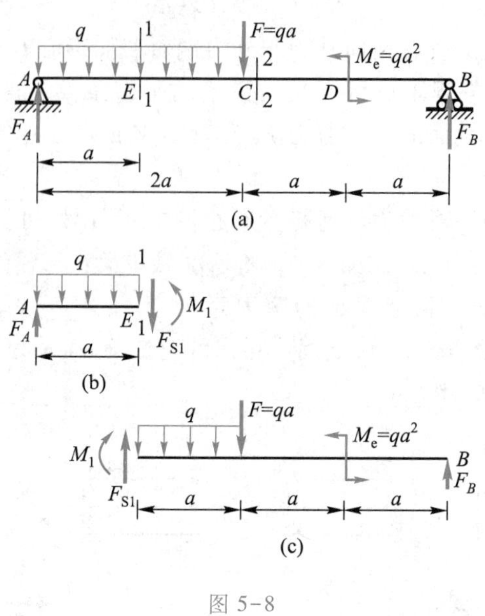

图 5-8

解:(1) 计算支座约束力

设支座 A 与 B 处的竖直约束力分别为 F_A 和 F_B,则由全梁平衡方程可求得

$$F_A=\frac{9qa}{4}(\uparrow),\qquad F_B=\frac{3qa}{4}(\uparrow)$$

(2) 计算 1-1 截面上的剪力和弯矩

采用截面法,沿 1-1 截面截开,取左段梁为研究对象。假设截面上的剪力 F_{S1} 和弯矩 M_1 均为正(图 5-8b)。由平衡方程 $\sum F_y=0$ 和 $\sum M_E=0$(矩心 E 为 1-1 截面形心)得

$$F_A-qa-F_{S1}=0,\qquad F_{S1}=\frac{5qa}{4}$$

$$M_1+qa\cdot\frac{a}{2}-F_A\cdot a=0,\qquad M_1=\frac{7qa^2}{4}$$

所得结果为正,说明所设的剪力和弯矩的方向(或转向)是正确的,均为正值。同样,也可以取右段梁为研究对象(图 5-8c)来计算剪力 F_{S1} 和弯矩 M_1。

(3) 求 2-2 截面上的剪力和弯矩

直接根据 2-2 截面右侧梁上的外力计算内力(图 5-8a),可得

$$F_{S2}=-F_B=-\frac{3qa}{4}$$

$$M_2=F_B\cdot 2a+M_e=\frac{3qa}{4}\cdot 2a+qa^2=\frac{5qa^2}{2}$$

二、剪力图和弯矩图

一般情况下，梁横截面上的剪力和弯矩随截面位置的不同而变化，若以梁的轴线为 x 轴，坐标 x 表示横截面的位置，则可将剪力和弯矩表示为 x 的函数，即

$$F_S=F_S(x),\qquad M=M(x)$$

以上函数表达式分别为剪力和弯矩沿梁轴线变化的解析表达式，称为剪力方程和弯矩方程。根据这两个方程，仿照轴力图和扭矩图的作法，画出剪力和弯矩沿梁轴线变化的图线，分别称为剪力图和弯矩图，简称 F_S图和 M 图。

在列剪力方程和弯矩方程时，可根据计算方便的原则，将坐标轴 x 的原点取在梁的左端或右端。在绘制剪力图和弯矩图时，一般规定：正号的剪力画在 x 轴的上侧，负号画在下侧；正弯矩也画在 x 轴上侧，负弯矩画在 x 轴的下侧，即把弯矩画在梁受压的一侧。

研究剪力和弯矩沿梁轴线的变化规律，对于解决梁的强度和刚度问题都是必要的前提。因此，剪力方程和弯矩方程，以及剪力图和弯矩图是研究弯曲问题的重要基础。

例 5-2　图 5-9a 所示的悬臂梁 AB，在自由端 A 受集中载荷 F 的作用。试作梁的剪力图和弯矩图。

解：(1) 列剪力方程和弯矩方程

取梁的左端 A 点为坐标原点（图 5-9a），根据 x 截面左侧梁上的外力可写出剪力方程和弯矩方程分别为

$$F_S(x)=-F\quad(0<x<l)\tag{a}$$

$$M(x)=-Fx\quad(0\leqslant x<l)\tag{b}$$

(2) 作剪力图和弯矩图

式(a)表明剪力 F_S为负常数，故剪力图为 x 轴下方的一条水平直线（图 5-9b）。式(b)表明弯矩 M 是 x 的一次函数，故弯矩图为一条斜直线，只需确定该直线上两个点便可画出图线，弯矩图如图 5-9c 所示。由图可知，$|M|_{max}=Fl$，位于固定端左侧截面上。

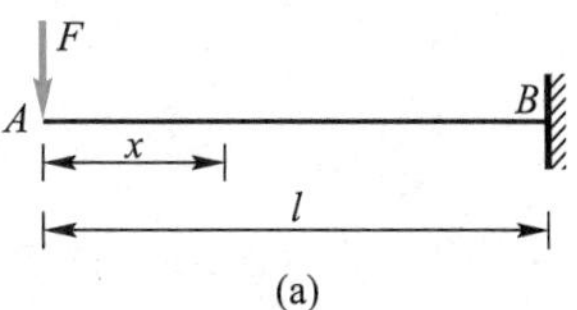

(a)

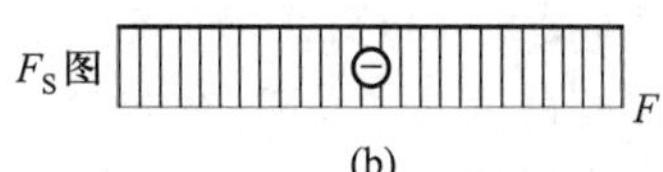

(b)

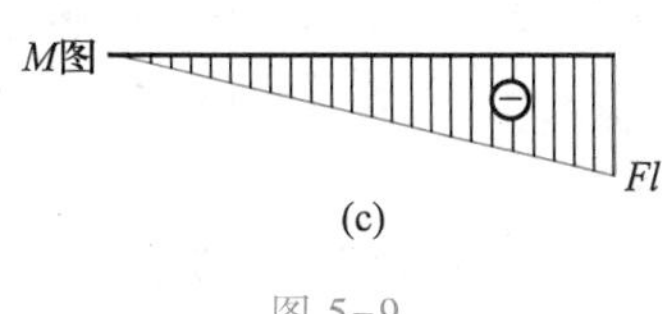

(c)

图 5-9

例 5-3　图 5-10a 所示的简支梁 AB，全梁受均布载荷 q 作用。试作梁的剪力图和弯矩图。

解：(1) 求支座约束力

根据载荷及支座受力的对称性，可得

$$F_A=F_B=ql/2(\uparrow)$$

(2) 列剪力方程和弯矩方程

取梁左端 A 点为坐标原点，根据 x 截面左侧梁上的外力可写出剪力方程和弯矩方程为

$$F_S(x)=F_A-qx=ql/2-qx\quad(0<x<l)\tag{a}$$

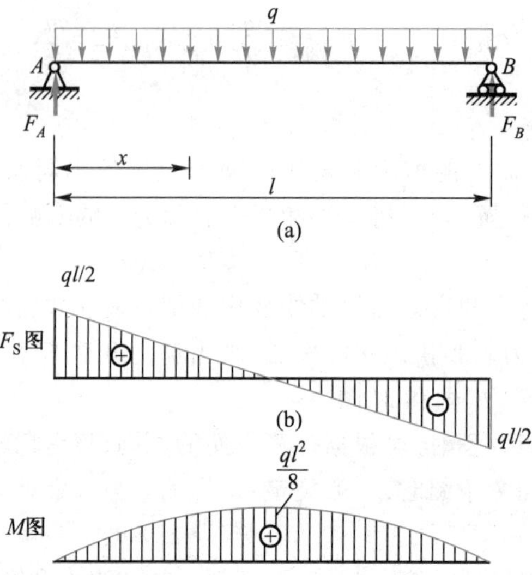

图 5-10

$$M(x)=F_A x-qx\cdot\frac{x}{2}=\frac{ql}{2}x-\frac{qx^2}{2}\quad(0\leqslant x\leqslant l)\tag{b}$$

(3) 作剪力图和弯矩图

式(a)表明剪力图是一条斜直线,由两点($x=0$ 处,$F_S=ql/2$;$x=l$ 处,$F_S=-ql/2$)作出剪力图(图 5-10b);式(b)表明弯矩 M 是 x 的二次函数,故弯矩图为抛物线。在确定两端点和顶点处的弯矩数值后,作出弯矩图(图 5-10c)。

由图可知,最大剪力位于两支座内侧横截面上,其数值均为 $|F_S|_{max}=ql/2$;最大弯矩位于梁的跨中截面上,其值为 $M_{max}=ql^2/8$。

例 5-4 图 5-11a 所示简支梁 AB,在 C 截面处作用一集中力 F。试作该梁的剪力图和弯矩图。

解: (1) 求支座约束力

由梁的平衡方程得

$$F_A=Fb/l(\uparrow),\qquad F_B=Fa/l(\uparrow)$$

(2) 列剪力方程和弯矩方程

由于 C 截面处有集中力 F 的作用,AC 与 BC 两段梁的剪力方程和弯矩方程不同,因此要分段列方程和作图。

梁的剪力方程为

$$F_S(x)=\begin{cases}\dfrac{Fb}{l} & (0<x<a) \quad (a)\\[2ex] -\dfrac{Fa}{l} & (a<x<l) \quad (b)\end{cases}$$

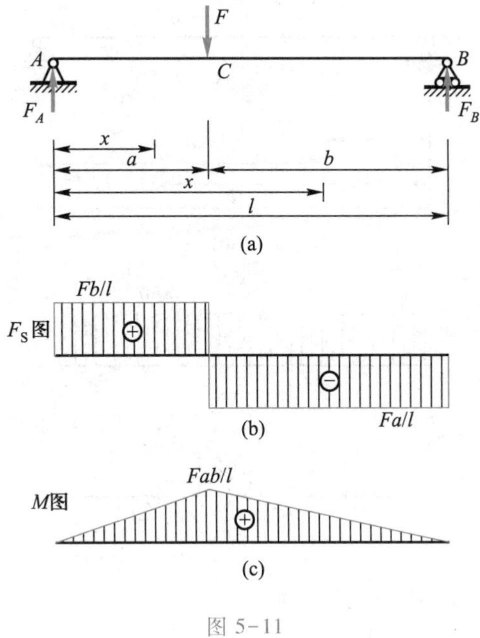

图 5-11

梁的弯矩方程为

$$M(x)=\begin{cases}\dfrac{Fb}{l}x & (0\leqslant x\leqslant a) \quad (c)\\ \dfrac{Fa}{l}(l-x) & (a\leqslant x\leqslant l) \quad (d)\end{cases}$$

(3) 作剪力图和弯矩图

由式(a)、式(b)作出剪力图(图 5-11b)。由图可见,在集中力 F 作用处剪力图发生突变,突变值等于该集中力的大小。当 $a<b$ 时,$F_{\mathrm{Smax}}=Fb/l$,位于 AC 段梁的各横截面。

由式(c)、式(d)作出弯矩图(图 5-11c)。由图可见,在集中力 F 作用处,弯矩图出现斜率改变的转折点,此截面出现最大值 $M_{\max}=Fab/l$。

例 5-5 图 5-12a 所示简支梁 AB,在 C 截面处作用一集中力偶 M_e。试作梁的剪力图和弯矩图。

解: (1) 求支座约束力

由梁的平衡方程得

$$F_A=M_e/l(\uparrow),\qquad F_B=M_e/l(\downarrow)$$

(2) 列剪力方程和弯矩方程

剪力方程为

$$F_S(x)=F_A=M_e/l\quad(0<x<l) \qquad (a)$$

弯矩方程为

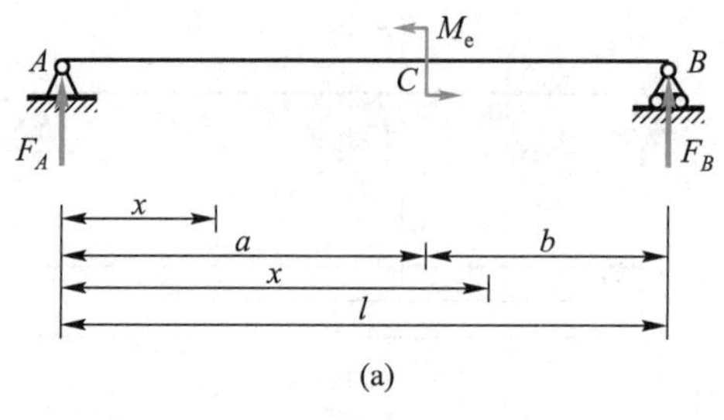

(a)

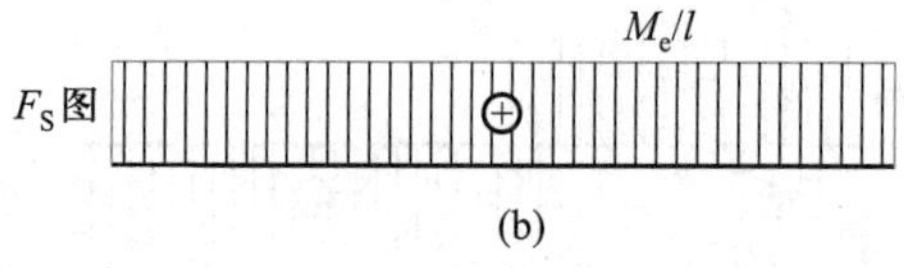

(b)

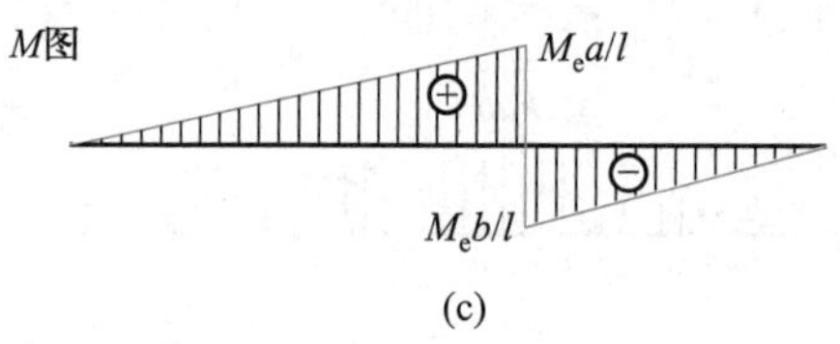

(c)

图 5-12

$$M(x)=\begin{cases}F_Ax=M_ex/l & (0\leqslant x<a) \quad \text{(b)}\\ -F_B(l-x)=-M_e(l-x)/l & (a<x\leqslant l) \quad \text{(c)}\end{cases}$$

(3)作剪力图和弯矩图

根据剪力方程和弯矩方程分别作出梁的剪力图(图 5-12b)和弯矩图(图 5-12c)。由图可知全梁 $F_{S\max}=M_e/l$;若 $a>b$,最大弯矩位于 C 的左邻截面上,其值为 $M_{\max}=M_ea/l$。由弯矩图还可以看到,在集中力偶 M_e 作用处,弯矩图发生突变,突变值等于集中力偶矩的大小。

例 5-6 试作图 5-13a 所示简支梁 AB 的剪力图和弯矩图。

解: (1) 求支座约束力

由平衡方程得

$$F_A=qa/4(\uparrow),\qquad F_B=3qa/4(\uparrow)$$

(2) 列剪力方程和弯矩方程

对于 AC 段,坐标原点取在 A 点,用 x_1 表示横截面的位置;对于 BC 段,为简单起见,取 B 点为坐标原点,用 x_2 表示横截面的位置。

梁的剪力方程为

$$F_S(x_1)=F_A=qa/4\quad(0<x_1\leqslant a) \qquad \text{(a)}$$

$$F_S(x_2)=-F_B+qx_2=-3qa/4+qx_2\quad(0<x_2\leqslant a) \qquad \text{(b)}$$

梁的弯矩方程为

$$M(x_1)=F_Ax_1=qax_1/4\quad(0\leqslant x_1\leqslant a) \qquad \text{(c)}$$

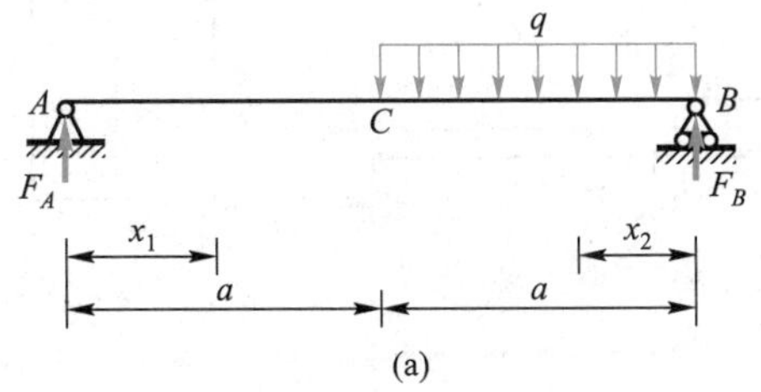

(a)

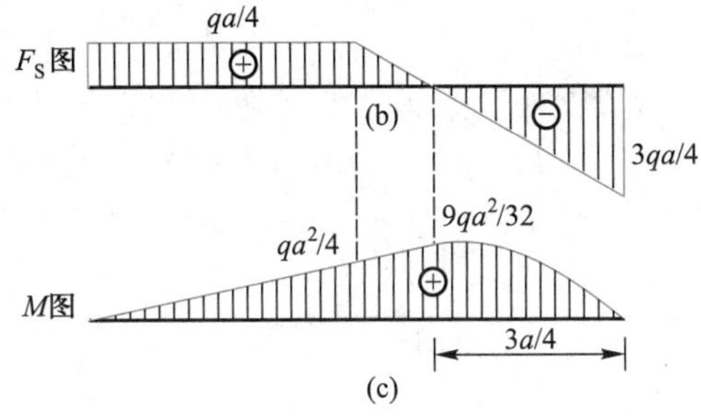

(c)

图 5-13

$$M(x_2)=F_Bx_2-\frac{qx_2^2}{2}=\frac{3qax_2}{4}-\frac{qx_2^2}{2}\quad(0\leqslant x_2\leqslant a)\tag{d}$$

由式(a)、式(b)作出梁的剪力图(图 5-13b),由式(c)、式(d)作出弯矩图(图 5-13c)。AC 段弯矩图为斜直线,在 $x_1=a$ 处(C 截面)弯矩值为 $qa^2/4$。CB 段弯矩图为抛物线,令 $\frac{\mathrm{d}M(x_2)}{\mathrm{d}x_2}=0$,得 $x_2=\frac{3}{4}a$,即在 $x_2=\frac{3}{4}a$ 处,弯矩有极值

$$M_{\max}=\frac{3}{4}qa\cdot\frac{3}{4}a-\frac{1}{2}q\left(\frac{3}{4}a\right)^2=\frac{9}{32}qa^2$$

一般来讲,梁的内力图与坐标系的选取无关,因此,以后画内力图时可以不画坐标轴,画成图 5-13b,c 那样即可。

5.3 剪力、弯矩与分布载荷集度间的微分关系

梁在载荷作用下会产生剪力和弯矩。下面通过研究剪力、弯矩与载荷集度间的相互关系,绘制剪力图和弯矩图。

一、剪力、弯矩与分布载荷集度间的微分关系

设直梁上作用有任意载荷(图 5-14a),其中分布载荷集度 $q(x)$ 是 x 的连续函数,并规定向上为正。坐标轴的选取如图 5-14a 所示。在 x 截面处截出长为 $\mathrm{d}x$ 的微段梁(图 5-14b)进行研究。设截面 $m-m$ 的剪力和弯矩分别为 $F_S(x)$ 和 $M(x)$,截面 $n-n$ 上的剪力和弯矩分别为 $F_S(x)+\mathrm{d}F_S(x)$ 和 $M(x)+\mathrm{d}M(x)$,它们均设为正值。微段梁上的分布载荷可视为均匀分布。

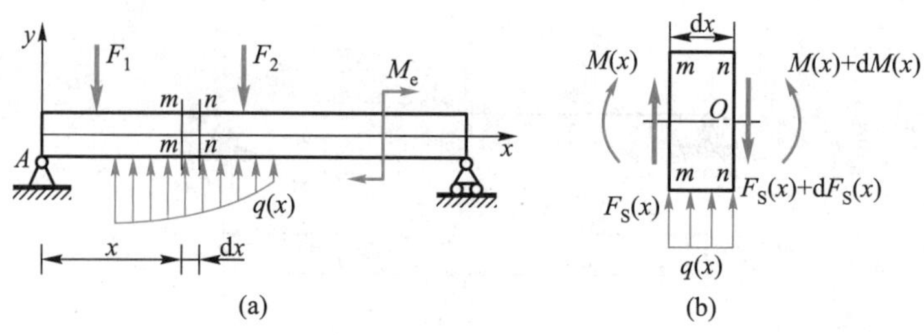

图 5-14

在上述各力的作用下,微段梁处于平衡状态,平衡方程为

$$\sum F_y=0,\qquad F_S(x)+q(x)\,dx-[F_S(x)+dF_S(x)]=0$$

从而得到

$$\frac{dF_S(x)}{dx}=q(x) \tag{5-1}$$

以及

$$\sum M_O=0,\qquad [M(x)+dM(x)]-M(x)-F_S(x)\,dx-q(x)\,dx\,\frac{dx}{2}=0$$

略去二阶微量,即得

$$\frac{dM(x)}{dx}=F_S(x) \tag{5-2}$$

由式(5-1)、式(5-2)又可得

$$\frac{d^2M(x)}{dx^2}=q(x) \tag{5-3}$$

以上三式就是弯矩 $M(x)$、剪力 $F_S(x)$和载荷集度 $q(x)$之间的微分关系式。这些微分关系的几何意义是:剪力图某点处的切线斜率等于梁上对应截面处的载荷集度;弯矩图某点处的切线斜率等于梁上对应截面处的剪力;弯矩图某点处的二阶导数,即斜率的变化率等于梁上对应截面处的载荷集度。

上述微分关系式实际上代表微段梁的平衡方程,反映的是梁的内力与连续分布外力之间的关系。有了这些关系,就使得我们可以根据梁上外力直接画出梁的剪力图和弯矩图,而不必再写剪力方程和弯矩方程。这对梁的内力分析很有意义。

二、利用微分关系绘制剪力图和弯矩图

根据上述微分关系式,可以得出梁上载荷、剪力图和弯矩图之间的如下规律。

(1) 梁上某段无分布载荷作用

在无分布载荷作用的梁段上,由于 $q(x)=0$,从而有 $F_S(x)=$ 常数,$M(x)$是 x 的一次函数。因此,此段梁的剪力图为平行于梁轴的直线,弯矩图为斜直线。若 $F_S>0$,M 图斜率为正,该直线向右上方倾斜;若 $F_S<0$,M 图斜率为负,该直线向右下方倾斜。

因此当梁上没有分布载荷作用时,剪力图和弯矩图一定是由直线构成的。

(2) 梁上某段受均布载荷作用

在均布载荷作用的梁段，由于 $q(x)=$ 常数，此时 F_S 为 x 的一次函数，$M(x)$ 为 x 的二次函数。因此，剪力图为斜直线，弯矩图为抛物线。

若 $q>0$（即 q 向上）时，F_S 图斜率为正，M 图为下凸抛物线；若 $q<0$（即 q 向下）时，F_S 图斜率为负，M 图为上凸抛物线。对应于 $F_S=0$ 的截面，弯矩图有极值点。但应注意，极值弯矩对全梁而言不一定是弯矩最大（或最小）值。

上述关系也可用于对梁的剪力图、弯矩图进行校核。

例 5-7 外伸梁受力如图 5-15a 所示，试利用 M、F_S 与 q 之间的微分关系作梁的剪力图和弯矩图。

解： (1) 计算支座约束力

由梁的平衡方程求得

$$F_A=F_B=\frac{F}{2}(\uparrow)$$

(2) 作剪力图

根据外力间断情况，将梁分为 AB 和 BC 两段，自左至右作剪力图。

AB 段：由 $q(x)=0$，F_S 图为水平线。由 $F_{SA右}=F_A=F/2$，作水平线至 B 截面左侧。

BC 段：仍有 $q(x)=0$，F_S 图为水平线。由 $F_{SB右}=F$，作水平线至 C 截面。B 处剪力的突变值等于 F_B。

由剪力图（图 5-15b）可见，A、B、C 三处剪力的突变值分别等于 A、B、C 三处集中力 F_A、F_B、F 的值。$F_{Smax}=F$，位于 BC 段梁的任一横截面。

(3) 作弯矩图

根据外力间断情况，将梁分为 AD、DB 和 BC 三段，各段梁的剪力图均为水平直线，弯矩图应为斜直线。将各段的起点和终点称为控制截面，计算各控制截面的弯矩值，分别为

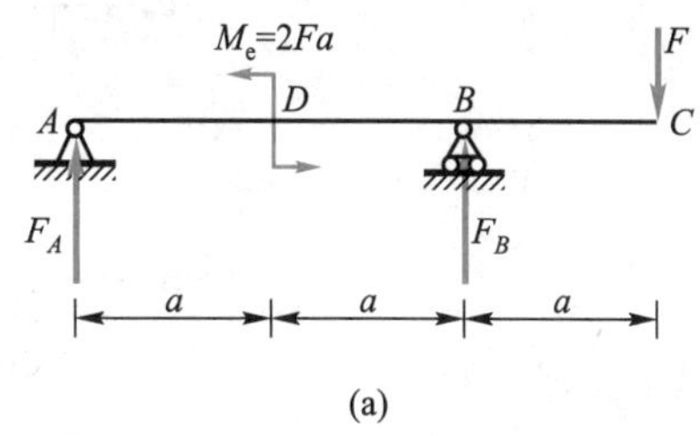

(a)

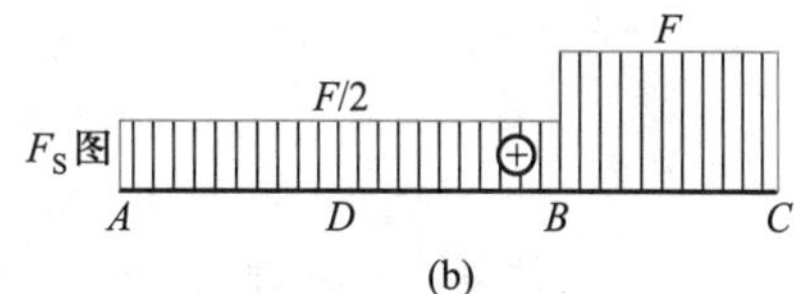

(b)

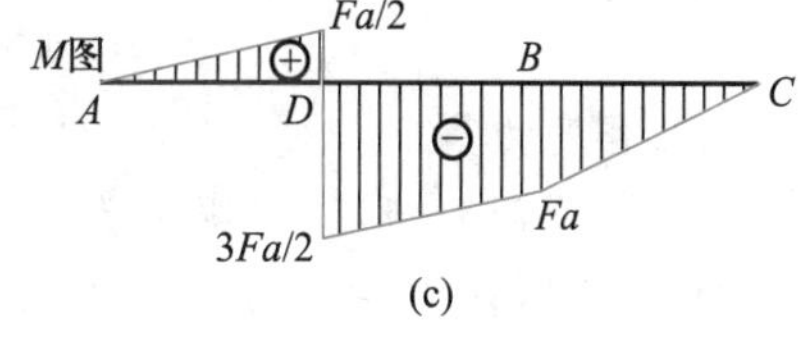

(c)

图 5-15

$$M_A=0,\qquad M_{D左}=Fa/2,\qquad M_{D右}=-3Fa/2$$

$$M_B=-Fa,\qquad M_C=0$$

根据以上数值确定相应的点，依次连直线，即得到梁的弯矩图，如图 5-15c 所示。

由弯矩图可见，在 D 截面处弯矩突变值等于该处外力偶矩的大小，而 AD 和 DB 段梁的剪力相同，故两段弯矩图斜率相同，是两条互相平行的斜直线。B 截面剪力图发生突变，弯矩图的斜率也相应地发生改变，使弯矩图在 B 处出现一个尖角。$|M|_{max}=3Fa/2$，位于 D 截面右侧。

例 5-8 试利用 M、F_S 与 q 之间的微分关系作图 5-16a 所示外伸梁的剪力图和弯矩图。

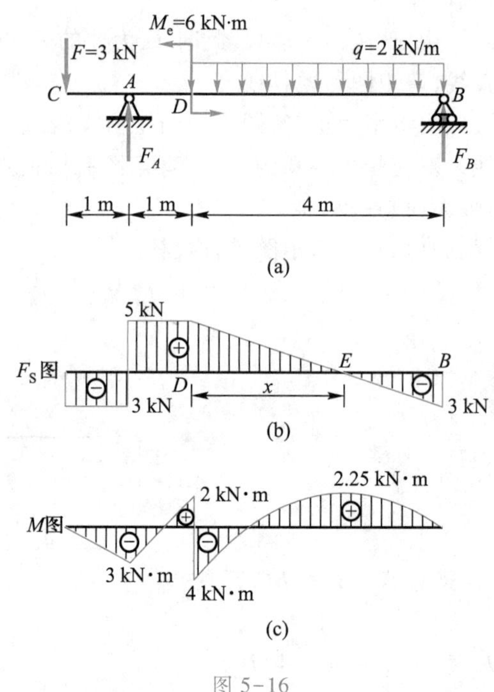

图 5-16

解：(1) 计算支座约束力

由梁的平衡方程求得

$$F_A = 8\ \text{kN}(\uparrow), \qquad F_B = 3\ \text{kN}(\uparrow)$$

(2) 作剪力图

根据外力间断情况，将梁分为三段，自左至右作图。

CA 段：$q(x)=0$，F_S 图为水平线。由 $F_{SC右}=-3$ kN，作水平线至 A 截面左侧。

AD 段：仍有 $q(x)=0$，F_S 图为水平线。由 $F_{SA右}=5$ kN，作水平线至 D 截面。A 处剪力的突变值等于 F_A。

BD 段：梁上有向下的均布载荷作用，F_S 图应为负斜率直线，由 $F_{SD}=5$ kN，$F_{SB左}=-3$ kN 可连成该直线。集中力偶作用处剪力无变化。

由剪力图(图 5-16b)可见，最大剪力位于 AD 段的任一横截面，其值为 $F_{Smax}=5$ kN。

(3) 作弯矩图

CA 段和 AD 段都无分布载荷作用，M 图应为直线，计算各控制截面的弯矩值，分别为

$$M_C=0, \qquad M_A=-3\ \text{kN}\cdot\text{m}, \qquad M_{D左}=2\ \text{kN}\cdot\text{m}$$

将对应各点依次用直线相连，即得到 CAD 段的 M 图。

DB 段：梁上有向下均布载荷作用，M 图为上凸抛物线。D 截面有集中力偶 M_e 作用，故弯矩图发生突变，$M_{D右}=-4$ kN·m。对应于 F_S 图上 $F_S=0$ 的 E 截面，弯矩有极值。利用 $F_{SE}=0$ 的条件确定其位置，即

$$F_{SE}=-3\ \text{kN}+8\ \text{kN}-qx=0$$

得

$$x=2.5\ \text{m}$$

$$M_E=F_B(4\ \text{m}-2.5\ \text{m})-q\times1.5\ \text{m}\times\frac{1.5}{2}\ \text{m}=2.25\ \text{kN}\cdot\text{m}$$

另外，有 $M_B=0$。

根据以上数值作出弯矩图（图 5-16c）。最大弯矩在 D 截面右侧，即 $|M|_{\max}=4\ \text{kN}\cdot\text{m}$。

讨论：

当弯矩图为抛物线时，用平衡方法计算弯矩图中极值点的弯矩值不太方便，这时通过对微分关系 $\frac{\mathrm{d}M(x)}{\mathrm{d}x}=F_S(x)$ 作定积分，便可快速而准确地确定该段弯矩值的增量：

$$M(b)-M(a)=\int_a^b F_S(x)\,\mathrm{d}x=A_{ab}(F_S)$$

其中，a、b 分别代表一段梁两个端截面的位置，且 $a<b$，$A_{ab}(F_S)$ 代表这两个截面之间剪力图的面积，为代数值，$M(a)$、$M(b)$ 代表这两个截面上的弯矩。上式表明，梁上任意两个横截面弯矩值之差，等于这两个横截面之间剪力图的面积；或一个截面的弯矩，等于此截面左边任一截面的弯矩值，加上这两个截面之间的剪力图面积。须注意弯矩和剪力都是代数值。现利用这种关系，计算例 5-8 中 DB 段弯矩图的极值。

由 F_S 图中 DB 段相似三角形对应边的比例关系，可得 $DE=2.5$ m，$EB=1.5$ m，DE 段 F_S 图面积 $A_{DE}(F_S)=6.25\ \text{kN}\cdot\text{m}$。由 $M_E-M_D=A_{DE}(F_S)$，有

$$M_E=M_D+A_{DE}(F_S)=-4\ \text{kN}\cdot\text{m}+6.25\ \text{kN}\cdot\text{m}=2.25\ \text{kN}\cdot\text{m}$$

或者由

$$M_B-M_E=A_{EB}(F_S),\qquad A_{EB}(F_S)=1.5\ \text{m}\times(-3\ \text{kN})\times\frac{1}{2}=-2.25\ \text{kN}\cdot\text{m}$$

得

$$M_E=M_B-A_{EB}(F_S)=0-(-2.25\ \text{kN}\cdot\text{m})=2.25\ \text{kN}\cdot\text{m}$$

例 5-9 图 5-17a 所示多跨静定梁是在 C 处利用中间铰连接而成的。试作该梁的剪力图和弯矩图。

解：(1) 求支座约束力

从中间铰 C 处将多跨静定梁拆分成 AC 和 CD 两部分，以 F_{Cx} 和 F_{Cy} 表示两部分间的相互作用力（图 5-17b,c）。根据 CD 部分（图 5-17b）的平衡条件可求得

$$F_{Cx}=0,\qquad F_{Cy}=qa/2,\qquad F_B=qa$$

再根据 AC 部分（图 5-17c）的平衡条件求得

$$F_A=3qa/2(\uparrow),\qquad M_A=qa^2(\circlearrowleft)$$

(2) 作剪力图

AC 段 $q<0$，F_S 图为右下斜直线，CB 段和 BD 段 $q=0$，F_S 图均为水平直线。由下列控制截面的剪力值可作出剪力图（图 5-17d）。

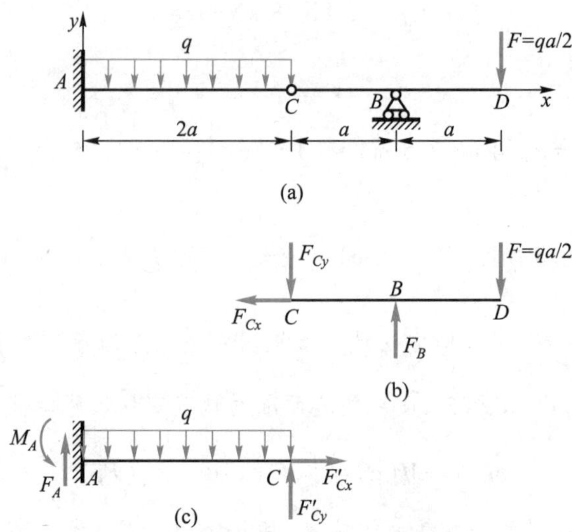

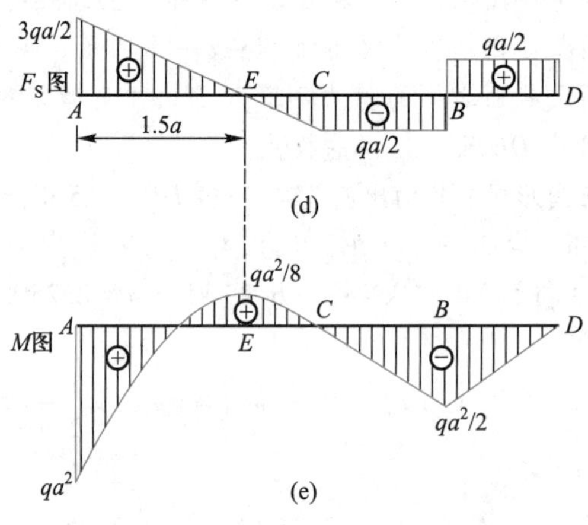

图 5-17

$$F_{SA右}=3qa/2,\qquad F_{SC}=-qa/2$$

$$F_{SB左}=-qa/2,\qquad F_{SB右}=qa/2,\qquad F_{SD左}=qa/2$$

可作出剪力图(图 5-17d),$F_{Smax}=3qa/2$,位于 A 截面右侧。

(3) 作弯矩图

AC 段 $q<0$,M 为上凸抛物线,对应于 $F_S=0$ 的 E 截面处 M 有极值。由 AC 段剪力图得

$$AE=3a/2$$

故

$$M_E=M_A+A_{AE}(F_S)=-qa^2+9qa^2/8=qa^2/8$$

由下列控制截面的弯矩值可作出 AC 段的弯矩图。

$$M_{A右}=-qa^2,\qquad M_E=qa^2/8,\qquad M_C=0$$

CB 段和 BD 段 $q=0$，M 图都为斜直线，由下列控制截面的弯矩值可作出这两段梁的弯矩图。

$$M_C=0,\qquad M_B=-qa^2/2,\qquad M_D=0$$

由全梁的弯矩图(图 5-17e)可知，最大弯矩位于 A 截面右侧，其值为 $|M|_{\max}=qa^2$。

三、叠加法作弯矩图

在小变形条件下，当梁上有几个载荷共同作用时，任意横截面上的内力与各载荷呈线性关系(图 5-18)。每一载荷引起的弯矩与其他载荷无关。梁在几个载荷共同作用下产生的内力等于各载荷单独作用产生的内力的代数和，此即为内力的叠加原理。

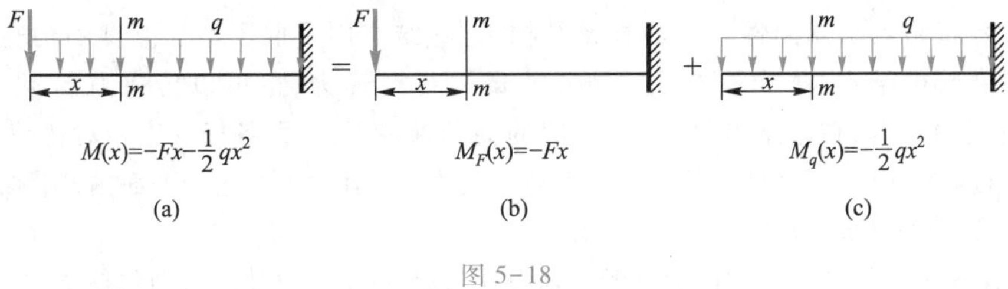

图 5-18

梁的弯矩可根据叠加原理求得，弯矩图也可依此原理作出，即几个载荷共同作用下的弯矩图等于每个载荷单独作用下的弯矩图之和。这种作图方法称为叠加法。用叠加法作弯矩图可为后续的梁的变形计算提供方便。

例 5-10 简支梁受载荷如图 5-19a 所示，试用叠加法作 M 图，并求梁的最大弯矩。

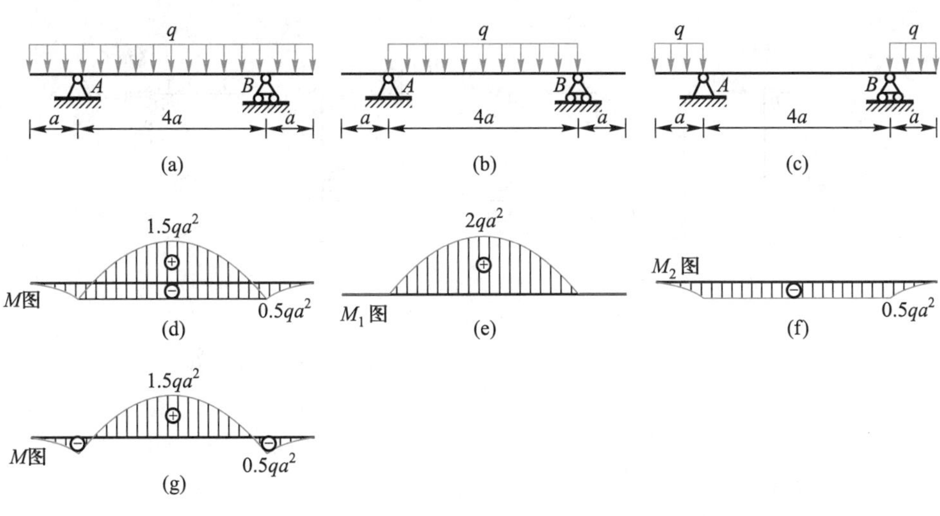

图 5-19

解： (1) 作弯矩图

将梁上的分布载荷分解为两部分，跨中部分载荷单独作用下(图 5-19b)的弯矩图如图(5-19e)所示,两端外伸段载荷单独作用下(图 5-19c)的弯矩图如图 5-19f 所示。这两个弯矩图正负号相反,叠加时两图重合的部分正负抵消(图 5-19d)。剩下的部分即代表叠加后的弯矩值,仍为抛物线。将重叠部分删除后即为通常形式的弯矩图(图 5-19g)。

(2) 求最大弯矩

由图 5-19g 可知,$M_{max}=3qa^2/2$。

5.4 平面刚架与曲梁的内力

一、平面刚架的内力

刚架是指结点采用刚性连接的杆系结构,这些结点因采取了增加刚度的构造,受力时可视为不变形的结点,称为刚结点。刚结点既可以传递力,也可以传递力偶矩。按照刚架力学模型的假定,在刚结点处,杆件之间的夹角保持不变,即各杆件无相对转动。若刚架全部杆件的轴线在同一平面内,并且作用于刚架上的全部外力也在这个平面内,则称该刚架为平面刚架,如图 5-20a 所示。

平面刚架各杆横截面上的内力一般有轴力、剪力和弯矩。故其内力图包括 F_N 图、F_S 图和 M 图。计算刚架某截面上的内力时,可直接根据该截面任意一侧的外力进行计算。为使计算简化,一般取外力较少的一侧为宜。作刚架内力图的方法基本与梁的相同,可逐杆分段进行。作 F_N 图、F_S 图时,轴力与剪力的正负号仍按前述规定注明。作 M 图时,可将弯矩图都画在杆的受压侧,图中不再注明正负号。

例 5-11 试作出图 5-20a 所示平面刚架的内力图。

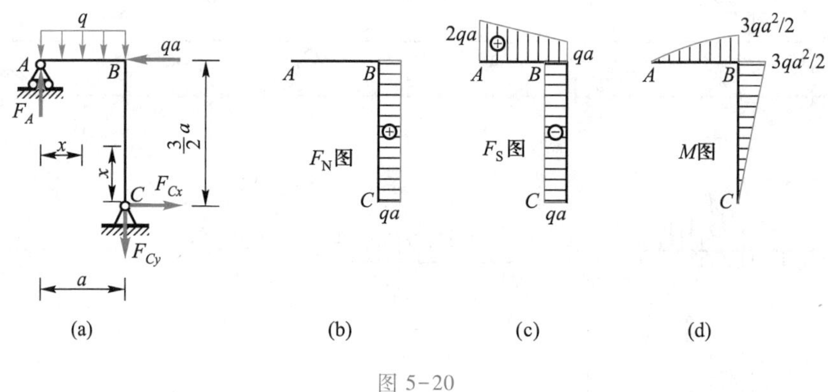

图 5-20

解:(1) 求支座约束力

由刚架整体的平衡条件求得

$$F_{Cx}=qa(\rightarrow),\qquad F_A=2qa(\uparrow),\qquad F_{Cy}=qa(\downarrow)$$

(2) 求控制截面的内力值

AB 段:

$$F_N=0$$

$$F_{SA右}=F_A=2qa, \qquad F_{SB左}=qa$$

$$M_A=0, \qquad M_B=F_{Cx}\cdot 3a/2=3qa^2/2 \quad (上侧受压)$$

BC 段：

$$F_N=F_{Cy}=qa$$

$$F_{SB下}=F_{SC上}=-F_{Cx}=-qa$$

$$M_B=F_{Cx}\cdot 3a/2=3qa^2/2 \quad (右侧受压), \qquad M_C=0$$

(3) 作内力图

根据平衡微分关系确定各内力图线的性质后，将上述控制截面内力值连成连续的图线，F_N 图、F_S 图、M 图分别如图 5-20b，c 和 d 所示。

二、曲梁的内力

在工程实际中，一些构件，如吊钩与链环等，其轴线为平面曲线，而且各截面的纵向对称轴均位于该平面内。这种以平面曲线为轴线，且横截面的纵向对称轴均位于轴线平面的杆件，称为平面曲杆。以弯曲为主要变形的平面曲杆，称为平面曲梁。现在研究平面曲梁在其轴线平面内受力时的内力。

例 5-12 半径为 R 的圆弧形平面曲杆受力如图 5-21a 所示。试写出曲杆的内力方程，并求出最大内力。

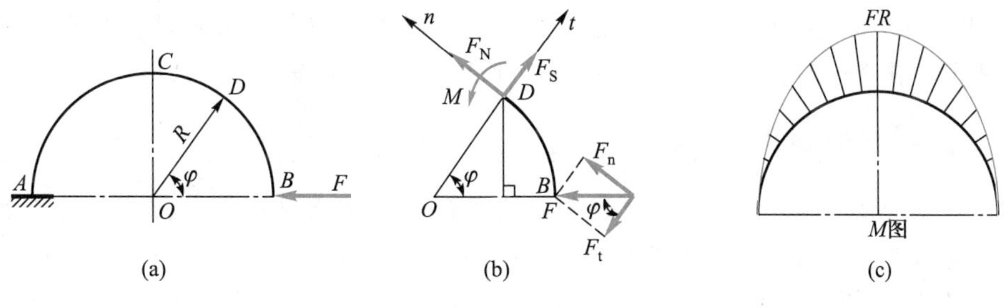

图 5-21

解： 用极坐标 φ 表示曲杆的任意横截面位置，截取该截面右侧 BD 部分作为研究对象，画受力图如图 5-21b 所示。坐标为 φ 的 D 截面上的内力 F_N、F_S、M 均设为正（通常规定使曲杆弯曲变形后曲率增大的弯矩为正），并建立沿该截面法向和切向的坐标系，将外力 F 分解为 F_n 和 F_t。

由平衡方程，有

$$\sum F_n=0, \qquad F_n+F_N=0$$

得

$$F_N=-F_n=-F\sin\varphi \quad (0<\varphi<\pi) \tag{a}$$

以及由

$$\sum F_t = 0, \qquad F_S - F_t = 0$$

得

$$F_S = F_t = F\cos\varphi \quad (0<\varphi<\pi) \tag{b}$$

再由

$$\sum M_D = 0, \qquad M - FR\sin\varphi = 0$$

得

$$M = FR\sin\varphi \quad (0<\varphi<\pi) \tag{c}$$

依据式(c),画出刚架的弯矩图,如图 5-21c 所示。

由轴力方程式(a)得:在 $\varphi=\pi/2$ 的 C 截面上有

$$|F_N|_{max} = F(压)$$

由剪力方程式(b)得:在 $\varphi=0$ 和 $\varphi=\pi$ 的 B 上侧和 A 上侧截面上有

$$|F_S|_{max} = F$$

由弯矩方程式(c)得:在 $\varphi=\pi/2$ 的 C 截面上有

$$|M|_{max} = FR$$

第 5 章
工程案例

课程设计及学习思路

掌握平面弯曲、对称弯曲、纯弯曲和横力弯曲的概念;求任意截面的剪力和弯矩,写剪力方程、弯矩方程,根据内力方程画内力图。掌握载荷集度、剪力和弯矩间的微分关系,利用微分关系画剪力图、弯矩图。掌握平面刚架内力图的画法,掌握曲杆的内力方程。

课程难点分析及学习体会

(1) 能够对工程实例中发生弯曲变形的梁进行简化,建立力学模型,画出计算简图。主要掌握对称弯曲。对称弯曲是平面弯曲的一个特例,梁的横截面至少有一根对称轴,与轴线构成纵对称面,外力作用在纵对称面内,轴线在纵对称面内弯成一条平面曲线。纵对称面两侧纤维变形是对称的。

(2) 发生弯曲变形时,一般情况下截面上的内力有剪力和弯矩,称为横力弯曲。如果截面内力只有弯矩,没有剪力,称为纯弯曲。剪力和弯矩可以通过截面法按步骤求得,也可以直接通过外力来计算,包括大小和正负号。剪力的大小等于截面任一侧所有横向力的代数和,弯矩的大小等于截面任一侧所有力对截面形心取矩的代数和。难点是内力正负号的判断,剪力口诀是“左上右下为正”;所求截面以左向上的外力引起正的剪力,所求截面以右向下的外力引起正的剪力;弯矩是箭头向上的外力引起正弯矩,如果是外力偶,口诀是“左顺右逆为正”;所求截面以左顺时针的力偶引起正的弯矩,所求截面以右逆时针的力偶引起正的弯矩。

(3) 写剪力方程和弯矩方程需要先确定坐标原点,离坐标原点 x 处截面的内力值是 x

的函数，函数表达式就是剪力方程和弯矩方程。可以根据方程画剪力图和弯矩图。先根据函数判断内力图的形状，再求几个函数值，将点连成线画出内力图。这种画内力图的方法比较麻烦，如果梁上有外力作用，必须分段列方程，而且不方便校对，容易出错。

(4) 本章的重点和难点是利用弯矩、剪力与分布载荷集度间的微分关系画剪力图和弯矩图。先画剪力图，根据微分关系判断剪力图的大致形状，梁上无分布力作用，剪力图是水平线；梁上有均布力作用，剪力图是斜直线；集中力作用处，剪力图有突变，突变值等于外力的大小。求出控制截面的剪力，将点连成线，画出剪力图。再画弯矩图，根据微分关系判断弯矩图的大致形状，梁上无分布力作用，弯矩图是斜直线，剪力为正，弯矩图向上倾斜；剪力为负，弯矩图向下倾斜；梁上有均布力作用，弯矩图是抛物线，抛物线开口的方向是均布力箭头指向；集中力偶作用处，弯矩图有突变，突变值等于外力偶的大小；剪力等于零的截面，弯矩有极值。求出控制截面的弯矩，将点连成线，画出弯矩图。

(5) 平面刚架的内力图，有轴力图、剪力图和弯矩图。轴力图和剪力图可以画在杆的任一侧，标正负号。弯矩图不标正负号，画在受压侧，力的箭头指向哪侧，哪侧的纤维就受压。难点是画刚架的弯矩图，注意刚结点的平衡关系，在刚结点处水平杆和竖直杆弯矩相等，弯矩图在同侧(同在外侧或内侧)。

画剪力图和弯矩图是以后各章的基础，画图要快速准确，并习惯利用微分关系校核内力图的正确性。

(6) 在进行工程设计时，如果梁上同时有正弯矩和负弯矩，那么最合理的设计是令正负弯矩的绝对值相等；若不相等，则必有一值偏大，在工程上会有不利影响。

习　题

5-1　试求图示各梁中指定截面上的剪力和弯矩。

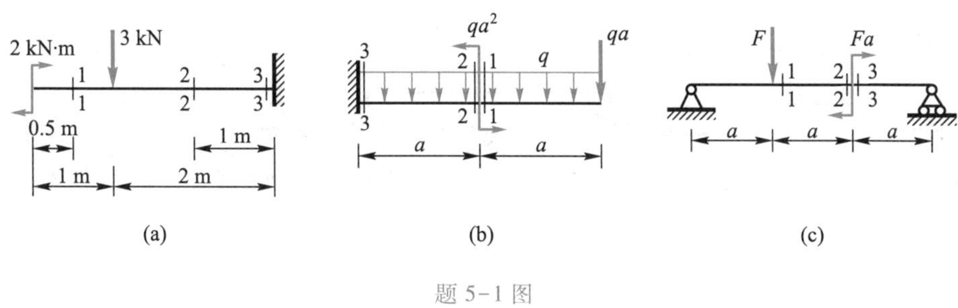

题 5-1 图

5-2　试写出图示各梁的剪力方程和弯矩方程，作剪力图和弯矩图。并求 $|F_S|_{max}$ 和 $|M|_{max}$。

5-3　利用 M、F_S 与 q 之间的微分关系作图示各梁的剪力图和弯矩图，并求 $|F_S|_{max}$ 和 $|M|_{max}$。

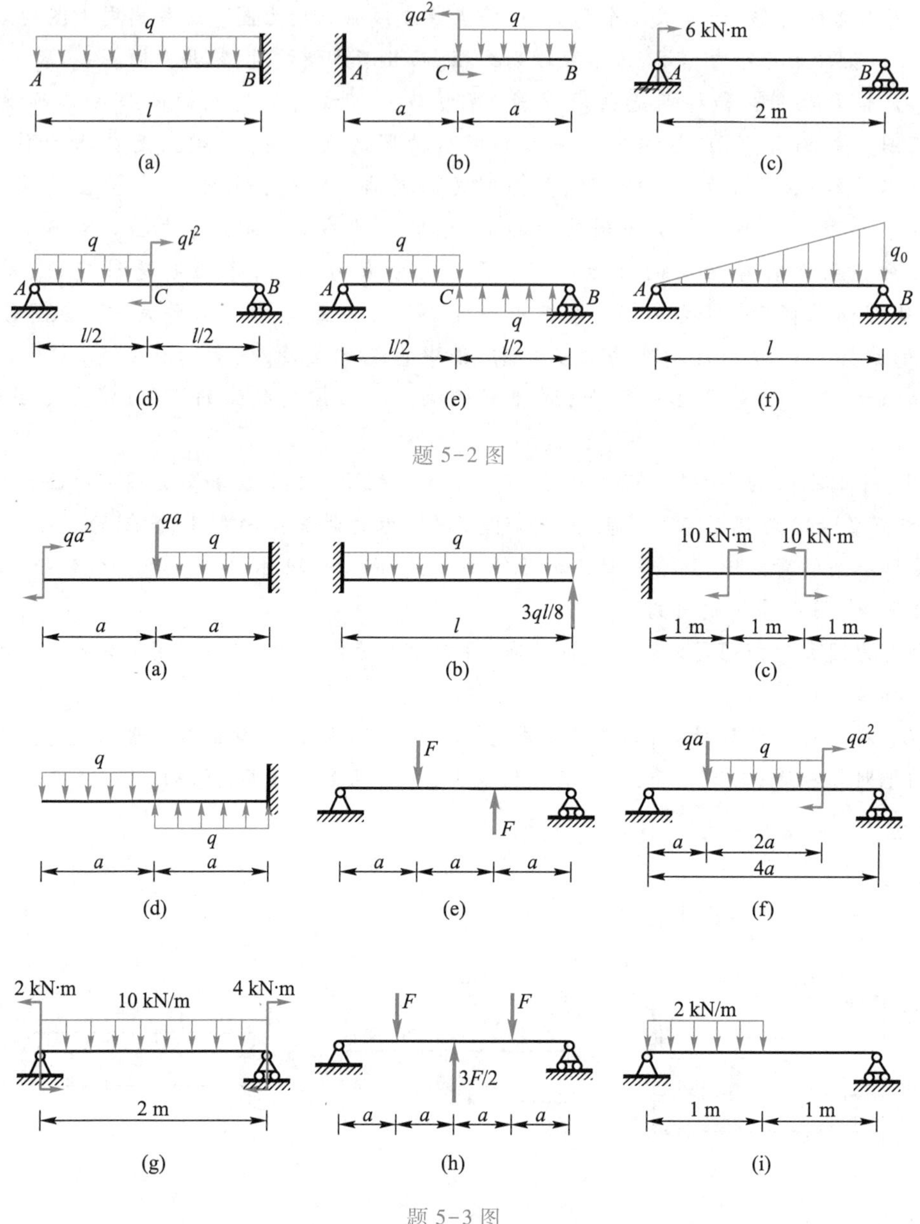

题 5-2 图

题 5-3 图

5-4 试作图示各多跨静定梁的剪力图和弯矩图。

5-5 试检查图示各梁的剪力图和弯矩图，指出并改正图中的错误。

5-6 已知梁的剪力图如图所示，试作梁的载荷图和弯矩图。已知梁上没有集中力偶作用。

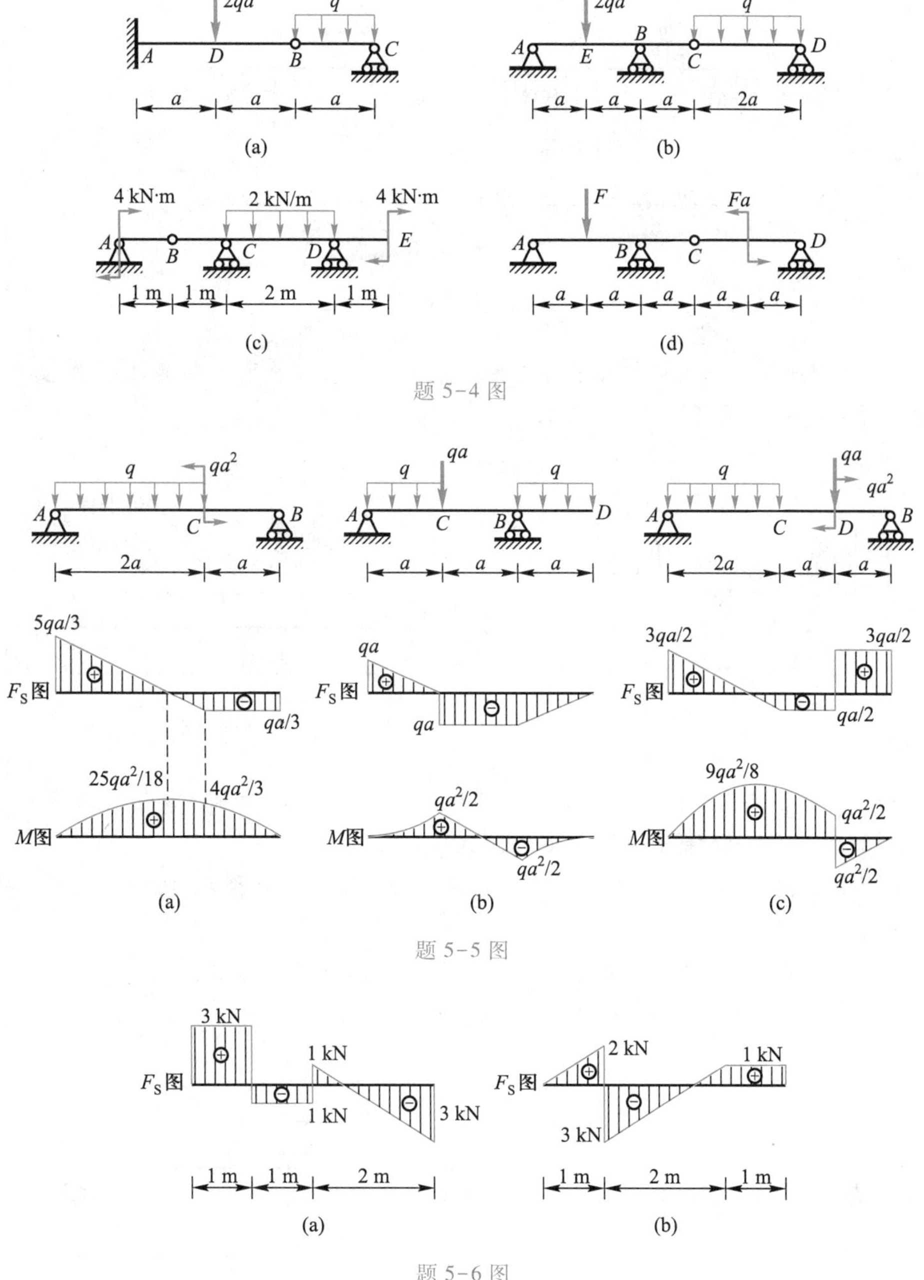

题 5-4 图

题 5-5 图

题 5-6 图

5-7　已知梁的弯矩图如图所示,试作梁的载荷图和剪力图。

5-8　已知右端 B 为固定端的悬臂梁的剪力图如图所示,梁上除支座约束力偶外,无其他外力偶作用。试作此梁的 M 图和载荷图,求出支座约束力和支座约束力偶,并在载荷图上标注出其方向或转向。

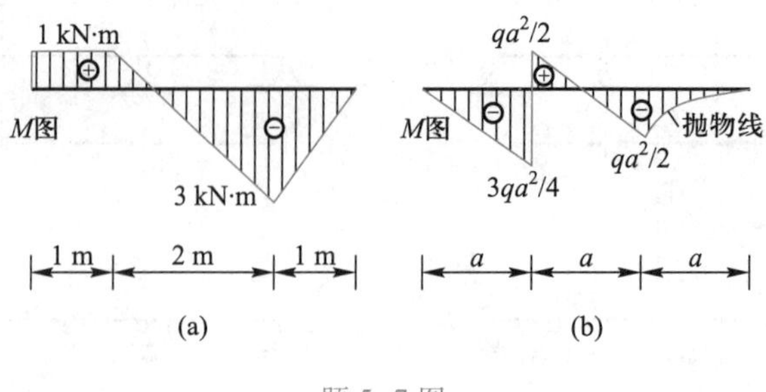

题 5-7 图

5-9　用钢绳起吊一根单位长度自重为 q、长度为 l 的等截面钢筋混凝土梁，如图所示。试问吊点位置 x 的合理取值应为多少？

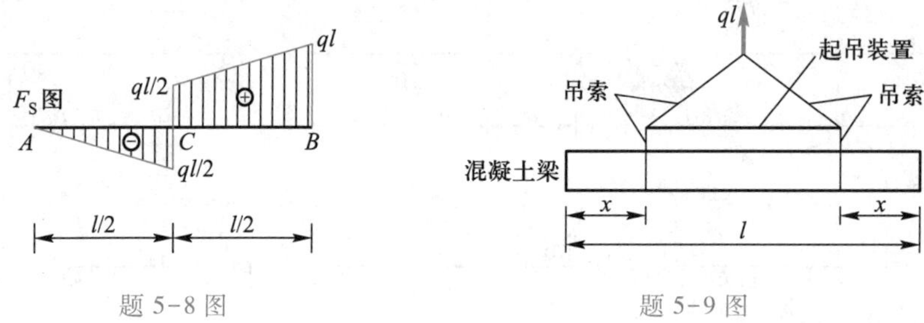

题 5-8 图　　题 5-9 图

5-10　一端外伸的梁在其全长上受均布载荷 q 作用，如图所示。欲使梁的最大弯矩值为最小，试求相应的外伸端长 a 与梁长 l 之比。

5-11　桥式起重机的大梁 AB 如图所示，梁上的小车可沿梁移动，两个轮子对梁的压力分别为 F_1、F_2，且 $F_1>F_2$。试问：

(1) 小车位置 x 为何值时，梁内的弯矩最大，最大弯矩等于多少？

(2) 小车位置 x 为何值时，梁的支座约束力最大，最大支座约束力和最大剪力各等于多少？

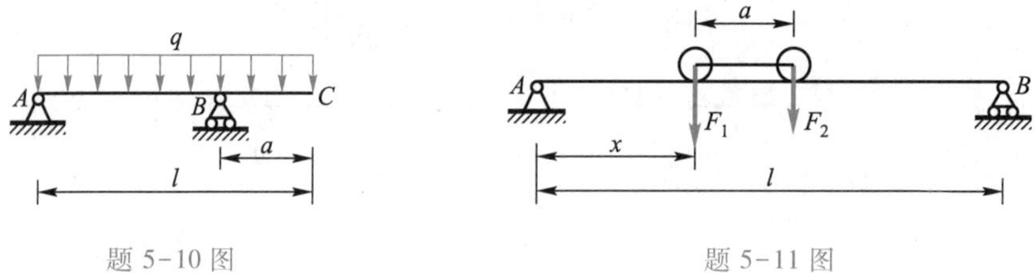

题 5-10 图　　题 5-11 图

5-12　试用叠加法作图示各梁的 M 图。

5-13　试作图示平面刚架的剪力图、弯矩图和轴力图。

5-14　试作图示平面刚架的弯矩图。

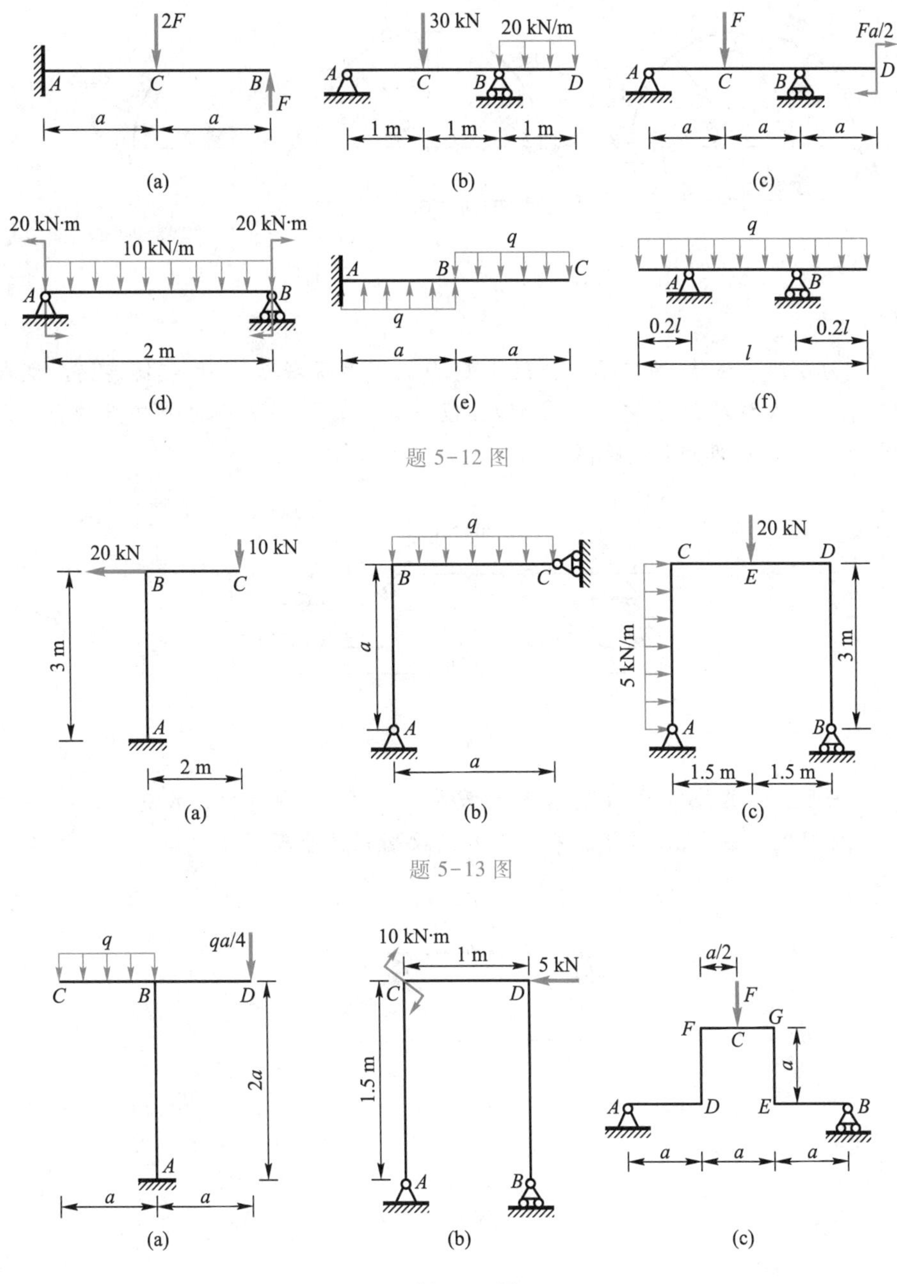

题 5-12 图

题 5-13 图

题 5-14 图

5-15 半径为 R 的曲梁受力如图所示。试求载荷作用下杆任意横截面的内力。（提示：图 c 所示均布径向载荷 q 的合力大小 $F=q\times DB$，合力作用线垂直且等分弦 DB。）

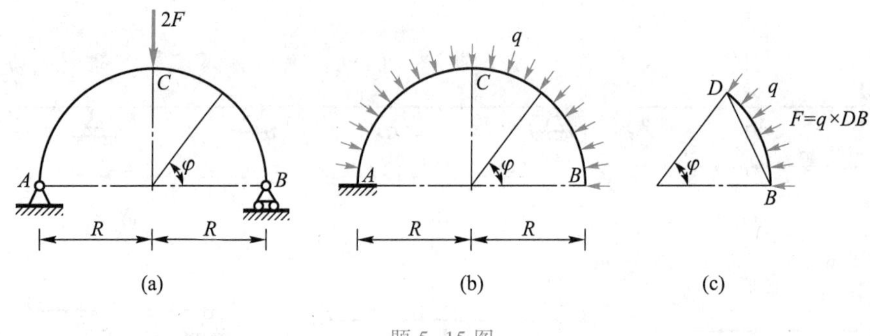

题 5-15 图

5-16　为了便于运输，将图示外伸梁沿 C、D 两横截面截断，并用铰链连接。试求在未截开前使 $M_C=0$ 的力 F_1，以及在此力 F_1 和其他外力作用下，铰 D 到右支座 B 的合理距离 x_0（提示：使 $M_D=0$ 的 x_0 即为合理距离）。

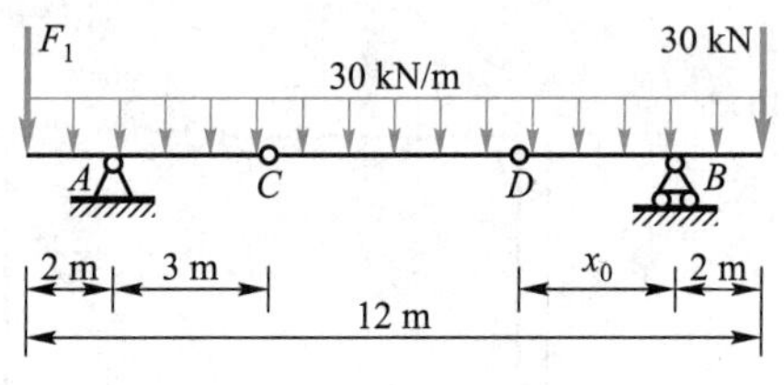

题 5-16 图

5-17　长度为 l 的外伸梁 AC 承受移动载荷 F 作用，如图所示。欲使力 F 在移动过程中梁内最大弯矩值为最小，试求相应的支座 B 到梁端 C 的合理距离 x_0。

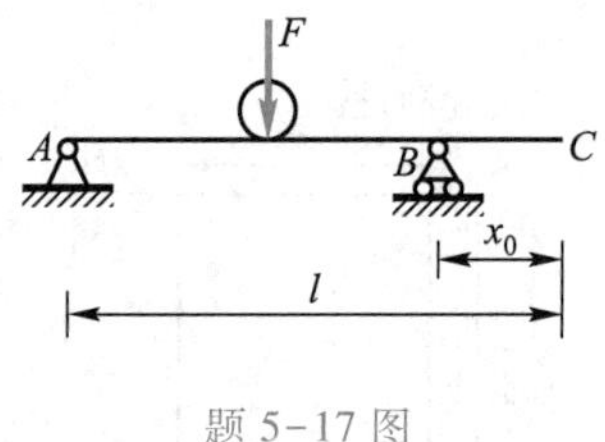

题 5-17 图

第6章 截面图形的几何性质

6.1 静矩、惯性矩和惯性积

无论是应力分析还是变形分析，都会用到杆件横截面的某些几何量，如横截面面积、惯性矩、极惯性矩等，这些几何量统称为截面的几何性质。下面主要介绍静矩、惯性矩、惯性积、极惯性矩等截面几何性质的定义和计算方法。

截面图形的几何性质对变形影响示例1

截面图形的几何性质对变形影响示例2

一、静矩和形心

对于任意截面图形，如图 6-1 所示，设其面积为 A，y 轴和 z 轴为图形所在平面内的任意直角坐标轴。在坐标(y,z)处取微面积 $\mathrm{d}A$，则 $z\mathrm{d}A$ 和 $y\mathrm{d}A$ 分别表示微面积对 y 轴和 z 轴的静矩，而在整个横截面面积上的下列积分分别称为截面对 y 轴和 z 轴的静矩：

$$S_y = \int_A z\mathrm{d}A \tag{6-1}$$

$$S_z = \int_A y\mathrm{d}A \tag{6-2}$$

静矩也称为一次矩，单位为 m^3 或 mm^3。静矩不仅与图形的面积有关，也与图形相对于坐标轴的位置有关。静矩是个代数量。

利用静矩可确定截面图形的形心位置。在平面坐标系中（图 6-1），等厚均质薄板的重心与平面图形的形心具有相同的坐标 $\overline{y}$ 和 $\overline{z}$。根据合力矩定理可得

$$\overline{y} = \frac{\int_A y\mathrm{d}A}{A}$$

$$\overline{z} = \frac{\int_A z\mathrm{d}A}{A}$$

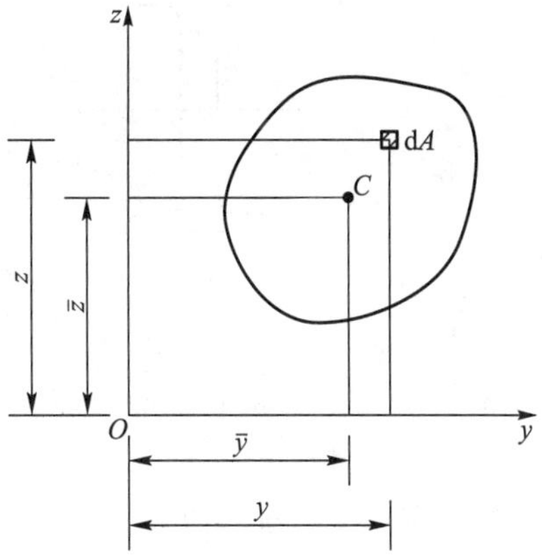

图 6-1

利用式(6-1)、式(6-2)，可得到形心坐标公式：

$$\overline{y} = \frac{S_z}{A} \tag{6-3}$$

$$\overline{z} = \frac{S_y}{A} \tag{6-4}$$

若把上述二式改写为

$$S_z = A\overline{y} \tag{6-5}$$

$$S_y = A\overline{z} \tag{6-6}$$

则得到静矩的另一表达式：截面图形对 z 轴和 y 轴的静矩分别等于截面图形面积与形心坐标 $\overline{y}$ 和 $\overline{z}$ 的乘积。

由式(6-5)、式(6-6)可知，如果截面图形对坐标轴的静矩 S_y 和 S_z 为零，则必然存在 $\overline{z}=0$ 和 $\overline{y}=0$，即此时坐标轴一定通过截面形心。反之，如果坐标轴 y 或 z 通过截面形心，则必有截面图形对该坐标轴的静矩为零。截面图形具有对称轴时，形心必然位于对称轴上，如图 6-2 所示的 z 轴。如果截面图形存在两根对称轴，则截面形心必然位于对称轴的交点。

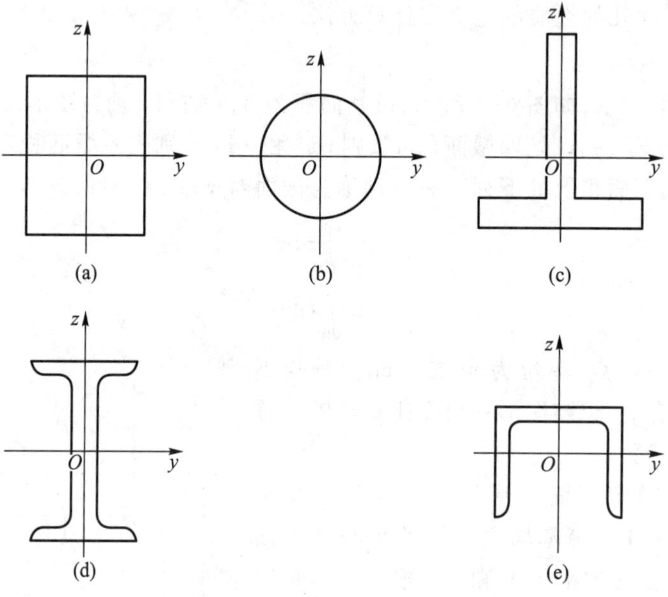

图 6-2

例 6-1 试求图 6-3 所示等腰三角形对底边的静矩以及形心坐标。

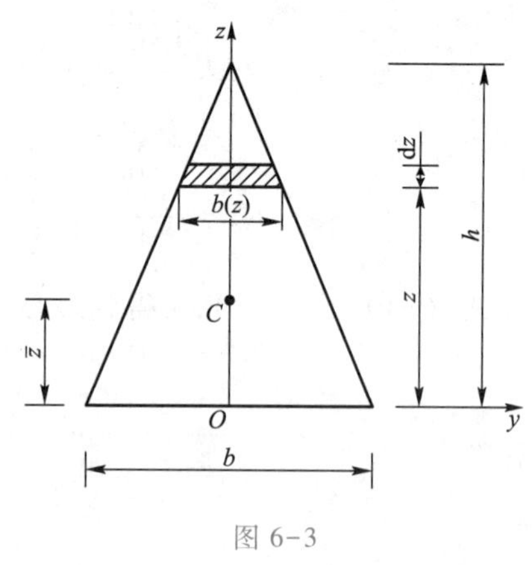

图 6-3

解：取与 y 轴平行的狭长条的面积作为微面积，$\mathrm{d}A=b(z)\mathrm{d}z$。

由三角形相似关系，可知

$$b(z)=\frac{b(h-z)}{h}$$

由静矩的定义式(6-1)，得

$$S_y=\int_A z\mathrm{d}A=\int_0^h z\frac{b(h-z)}{h}\mathrm{d}z=\frac{bh^2}{6}$$

由式(6-4),形心坐标为

$$\bar{z}=\frac{S_y}{A}=\frac{\frac{bh^2}{6}}{\frac{1}{2}bh}=\frac{h}{3}$$

由于 z 轴是对称轴,故

$$\bar{y}=0$$

例 6-2 试求图 6-4 所示半圆形对通过圆心的 y 轴的静矩以及形心坐标。

解: 由对称性,可知

$$\bar{y}=0$$

$$S_z=0$$

取平行于 y 轴的狭长条的微面积,如图 6-4 所示,则有

$$dA=2y\,dz=2\sqrt{R^2-z^2}\,dz$$

由静矩的定义,有

$$S_y=\int_A z\,dA=\int_0^R z\cdot 2\sqrt{R^2-z^2}\,dz=\frac{2}{3}R^3$$

则形心坐标为

$$\bar{z}=\frac{S_y}{A}=\frac{\frac{2}{3}R^3}{\frac{\pi}{2}R^2}=\frac{4R}{3\pi}$$

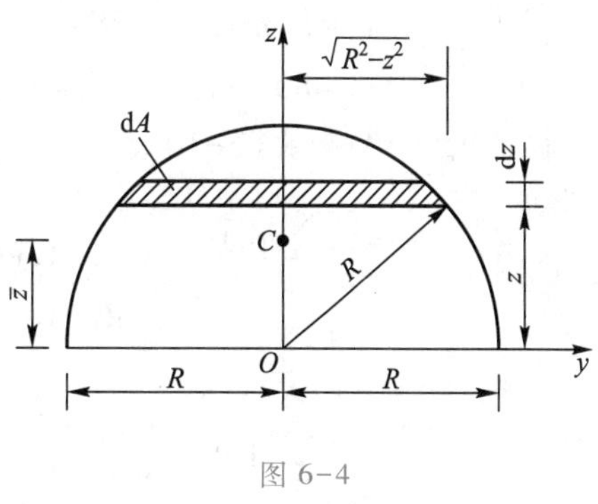

图 6-4

二、组合截面图形的静矩和形心

由若干个简单图形组合而成的截面图形,称为组合截面图形。由静矩的定义可知,截面各组成部分对某一轴静矩的代数和等于此组合截面图形对该轴的静矩,即

$$S_z=\sum_{i=1}^{n}A_i\bar{y}_i \tag{6-7}$$

$$S_y=\sum_{i=1}^{n}A_i\bar{z}_i \tag{6-8}$$

式中,A_i、$\bar{y}_i$、$\bar{z}_i$ 分别代表第 i 个简单图形的面积和形心坐标,n 代表简单图形的个数。组合截面图形形心坐标的计算公式为

$$\bar{y}=\frac{\sum_{i=1}^{n}A_i\bar{y}_i}{\sum_{i=1}^{n}A_i} \tag{6-9}$$

$$\bar{z}=\frac{\sum_{i=1}^{n}A_i\bar{z}_i}{\sum_{i=1}^{n}A_i} \tag{6-10}$$

例 6-3　试求图 6-5 所示组合截面图形的形心坐标。

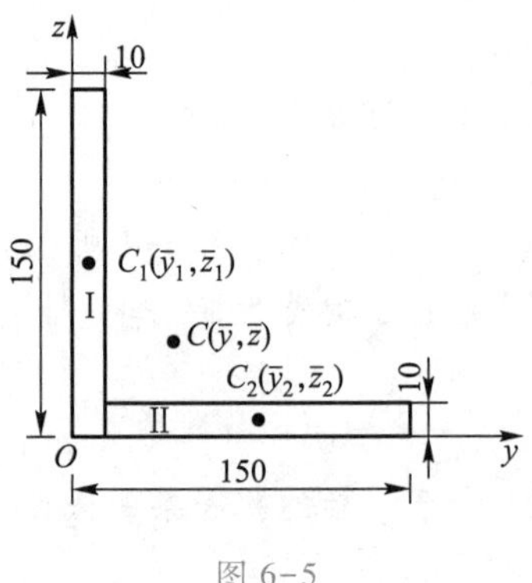

图 6-5

解：将组合截面分为 I、II 两个矩形，选择参考坐标系如图 6-5 所示。

两个矩形的面积分别为

$$A_1=150\times10\ \text{mm}^2=1\ 500\ \text{mm}^2$$

$$A_2=(150-10)\times10\ \text{mm}^2=1\ 400\ \text{mm}^2$$

两个矩形的形心坐标分别为

$$\bar{y}_1=5\ \text{mm},\qquad \bar{z}_1=75\ \text{mm}$$

$$\bar{y}_2=80\ \text{mm},\qquad \bar{z}_2=5\ \text{mm}$$

应用式(6-9)和式(6-10)，得

$$\bar{y}=\frac{\sum_{i=1}^{n}A_i\bar{y}_i}{\sum_{i=1}^{n}A_i}=\frac{A_1\bar{y}_1+A_2\bar{y}_2}{A_1+A_2}=\frac{1\ 500\times5+1\ 400\times80}{1\ 500+1\ 400}\ \text{mm}=41.2\ \text{mm}$$

$$\bar{z}=\frac{\sum_{i=1}^{n}A_i\bar{z}_i}{\sum_{i=1}^{n}A_i}=\frac{A_1\bar{z}_1+A_2\bar{z}_2}{A_1+A_2}=\frac{1\ 500\times75+1\ 400\times5}{1\ 500+1\ 400}\ \text{mm}=41.2\ \text{mm}$$

三、惯性矩和惯性积

任意截面图形如图 6-6 所示，设 y、z 轴为截面图形所在平面的直角坐标轴，在图形中坐标为 $(y,\ z)$ 处，取微面积 $\mathrm{d}A$，对整个截面图形面积的积分

$$I_y=\int_A z^2\mathrm{d}A \tag{6-11}$$

$$I_z=\int_A y^2\mathrm{d}A \tag{6-12}$$

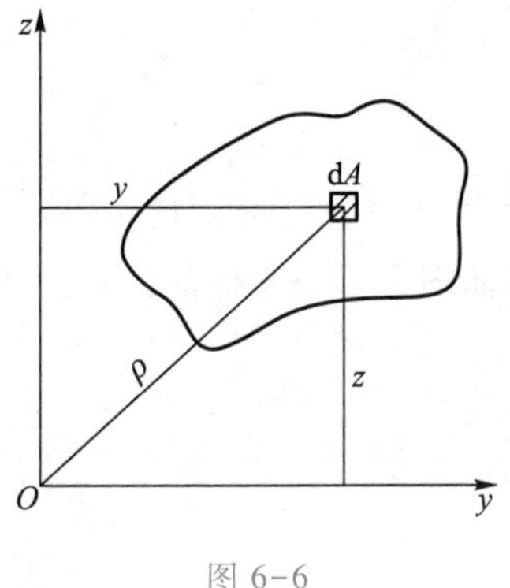

图 6-6

分别称为截面图形对 y 轴和 z 轴的惯性矩。惯性矩又称为截面二次矩，常用单位为 m^4 或者 mm^4。

实际应用中，有时把惯性矩表示成截面面积与某一长度的平方的乘积，即

$$I_y=i_y^2A \tag{6-13}$$

$$I_z=i_z^2A \tag{6-14}$$

式中，i_y、i_z 分别称为截面图形对 y 轴和 z 轴的惯性半径，常用单位为 m 或者 mm，定义为

$$i_y=\sqrt{\frac{I_y}{A}} \tag{6-15}$$

$$i_z=\sqrt{\frac{I_z}{A}} \tag{6-16}$$

若微面积 dA 到坐标原点的距离为 ρ，则对整个截面图形面积的积分

$$I_p=\int_A \rho^2 \mathrm{d}A \tag{6-17}$$

称为截面图形对坐标原点的**极惯性矩**，常用单位为 m^4 或者 mm^4。

由图 6-6 可见，$\rho^2=y^2+z^2$，代入式(6-17)，有

$$I_p=\int_A \rho^2 \mathrm{d}A=\int_A (y^2+z^2)\mathrm{d}A=I_z+I_y \tag{6-18}$$

可见，截面图形对任意一对正交坐标轴的惯性矩之和是个不变量，等于它对该两轴交点的极惯性矩。惯性矩和极惯性矩都是恒为正的。

在图形中坐标为(y,z)处，取微面积 dA，对整个图形面积的积分

$$I_{yz}=\int_A yz\mathrm{d}A \tag{6-19}$$

定义为截面图形对 y、z 轴的**惯性积**。

惯性积是对一对正交轴而定义的，它也是面积的二次矩。与惯性矩和极惯性矩不同，惯性积是个代数量，其值可能是正值或负值，也可能是零，常用单位为 m^4或者 mm^4。

易于证明，如果在一对正交轴 y，z 中有一根轴是截面的对称轴，则截面图形对包含此对称轴的惯性积 $I_{yz}=0$。

例 6-4 试求图 6-7 所示矩形截面对其两对称轴的惯性矩和惯性积。

解： 求 I_y时，微元面积可以表示为

$$\mathrm{d}A=b\mathrm{d}z$$

由式(6-11)有

$$I_y=\int_A z^2\mathrm{d}A=\int_{-\frac{h}{2}}^{\frac{h}{2}} z^2 b\mathrm{d}z=\frac{bh^3}{12}$$

同理，求 I_z 时，将微面积表示为

$$\mathrm{d}A=h\mathrm{d}y$$

由式(6-12)有

$$I_z=\int_A y^2\mathrm{d}A=\int_{-\frac{b}{2}}^{\frac{b}{2}} y^2 h\mathrm{d}y=\frac{hb^3}{12}$$

对于任一对称轴，如 z 轴，截面位于 z 轴两侧对称位置的两个微面积与其坐标的乘积 $yz\mathrm{d}A$ 大小相等，正负号相反，积分求和时相互抵消，故有

$$I_{yz}=\int yz\mathrm{d}A=0$$

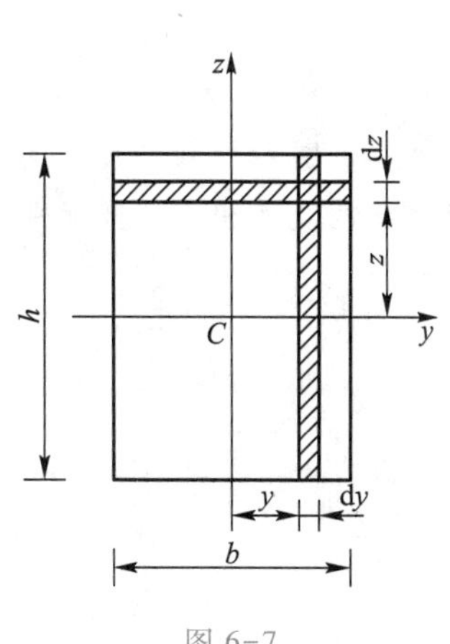

图 6-7

例 6-5　试求图 6-8 所示圆形截面对其形心轴的惯性矩和惯性积。

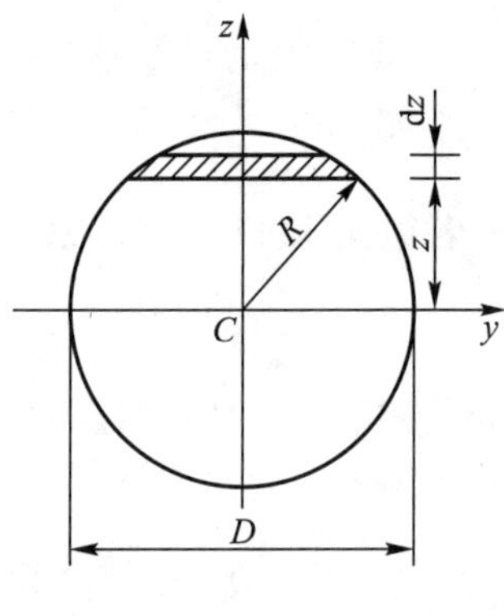

图 6-8

解：以圆心为坐标原点建立坐标系，如图 6-8 所示，微面积可以表示为

$$dA = 2\sqrt{R^2 - z^2}\,dz$$

由式(6-11)有

$$I_y = \int_A z^2 dA = \int_{-R}^{R} 2z^2\sqrt{R^2 - z^2}\,dz = \frac{\pi R^4}{4} = \frac{\pi D^4}{64}$$

同理，由式(6-12)也可得

$$I_z = \frac{\pi D^4}{64}$$

圆形为轴对称图形，由对称性也可知必有

$$I_y = I_z$$

因此，上述惯性矩也可由式(6-18)方便地得到。由于 y、z 均为对称轴，因此有

$$I_{yz} = 0$$

根据定义，组合截面图形对平面上某一轴的惯性矩，等于组成组合截面图形的每一个简单图形对同一轴的惯性矩之和；组合截面图形对平面上某一轴的惯性积，等于组成组合截面图形的每一个简单图形对同一轴的惯性积之和。若组合图形有 n 个简单图形组成，则

$$I_y = \sum_{i=1}^{n} (I_y)_i \tag{6-20}$$

$$I_z = \sum_{i=1}^{n} (I_z)_i \tag{6-21}$$

$$I_{yz} = \sum_{i=1}^{n} (I_{yz})_i \tag{6-22}$$

例 6-6　试求图 6-9 所示圆环截面对形心轴 y、z 的惯性矩和惯性积，内直径为 d，外直径为 D。

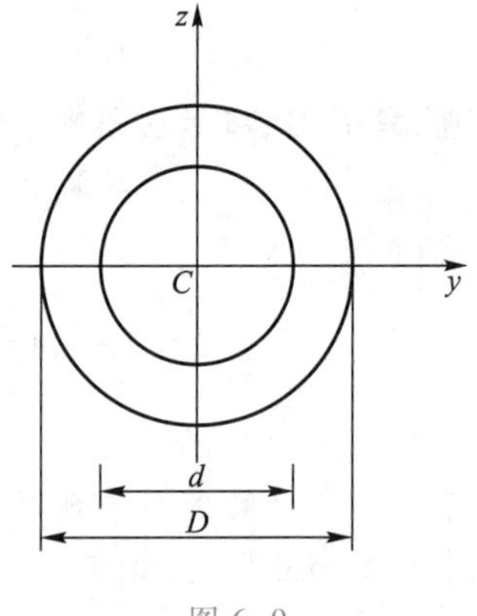

图 6-9

解：图示的圆环截面可以看作是由直径为 D 的圆和直径为 d 的负面积圆组合而成的，利用式(6-20)～式(6-22)，可得

$$I_y = I_z = \frac{\pi D^4}{64} - \frac{\pi d^4}{64} = \frac{\pi}{64}(D^4 - d^4)$$

由于 y、z 均为对称轴，因此有

$$I_{yz} = 0$$

6.2 平行移轴公式和转轴公式

一、平行移轴公式

截面图形对同一平面内相互平行的两根轴的惯性矩和惯性积存在内在关系，当其中一根轴是形心轴时，这种关系较为简单，下面导出这一关系式。

设图 6-10 所示的任意截面图形的面积为 A，在图形平面内有通过其形心 C 的一对正交轴 y_C 和 z_C，以及与他们分别平行的另一对正交轴 y 和 z，图形的形心在 Oyz 坐标系的坐标为(b,a)。

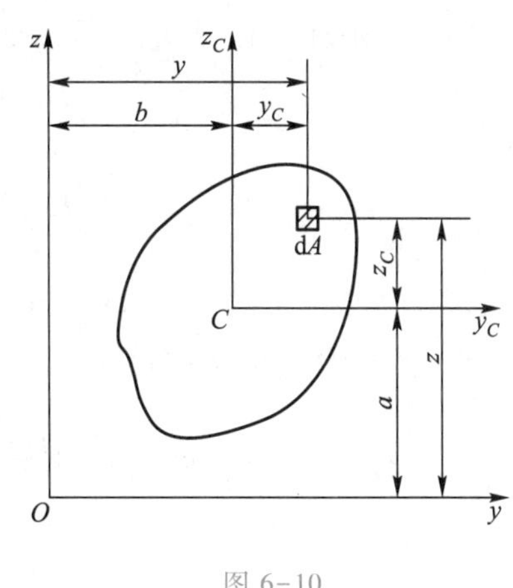

图 6-10

根据定义，截面图形对其形心轴 y_C、z_C 的惯性矩和惯性积分别为

$$I_{y_C}=\int_A z_C^2 \mathrm{d}A \tag{a}$$

$$I_{z_C}=\int_A y_C^2 \mathrm{d}A \tag{b}$$

$$I_{y_Cz_C}=\int_A y_C z_C \mathrm{d}A \tag{c}$$

截面图形对轴 y、z 的惯性矩和惯性积分别为

$$I_y=\int_A z^2 \mathrm{d}A \tag{d}$$

$$I_z=\int_A y^2 \mathrm{d}A \tag{e}$$

$$I_{yz}=\int_A yz \mathrm{d}A \tag{f}$$

由图可知，平行轴间的坐标平移变换关系为

$$y=y_C+b \tag{g}$$

$$z=z_C+a \tag{h}$$

将式(h)代入式(d)，并利用式(a)可得

$$I_y=\int_A z^2 \mathrm{d}A=\int_A (z_C+a)^2 \mathrm{d}A=\int_A (z_C^2+a^2+2az_C) \mathrm{d}A=I_{y_C}+a^2A+2aS_{y_C} \tag{i}$$

由于轴 y_C 和 z_C 通过形心，所以静矩 $S_{y_C}=0$，由此可以得到

$$I_y=I_{y_C}+a^2A \tag{6-23}$$

同理，可以得到 I_z和 I_{yz}的表达式为

$$I_z=I_{z_C}+b^2A \tag{6-24}$$

$$I_{yz}=I_{y_Cz_C}+abA \tag{6-25}$$

以上三式称为惯性矩和惯性积的平行移轴公式。须注意，由于 a 和 b 是图形形心在 Oyz 坐标系上的坐标，它们都是代数值。由式(6-23)和式(6-24)可见，在一组平行轴中，图形对形心轴的惯性矩是最小的。平行移轴公式常被用于复杂截面图形的惯性矩和惯性积的简化计算。

例 6-7　试求图 6-11 所示矩形对 y、z 轴的惯性矩和惯性积。

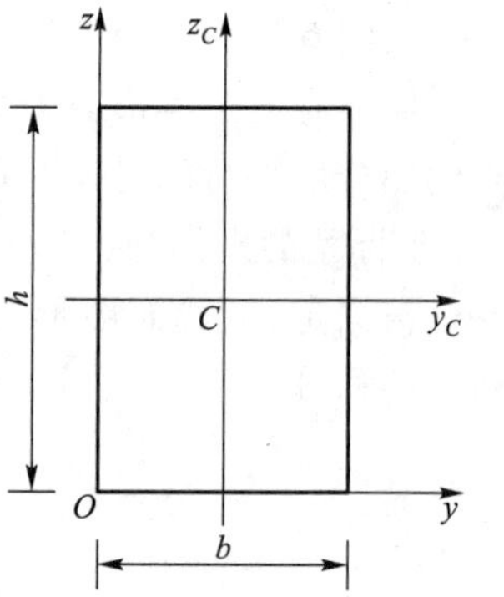

解：矩形对轴 y_C 和 z_C 的惯性矩和惯性积分别为

$$I_{y_C}=\frac{bh^3}{12}$$

$$I_{z_C}=\frac{hb^3}{12}$$

$$I_{y_Cz_C}=0$$

图 6-11

由式(6-23)、式(6-24)和式(6-25)可得

$$I_y=I_{y_C}+a^2A=\frac{bh^3}{12}+\left(\frac{h}{2}\right)^2bh=\frac{bh^3}{3}$$

$$I_z=I_{z_C}+b^2A=\frac{hb^3}{12}+\left(\frac{b}{2}\right)^2bh=\frac{hb^3}{3}$$

$$I_{yz}=I_{y_Cz_C}+abA=0+\left(\frac{h}{2}\right)\left(\frac{b}{2}\right)bh=\frac{b^2h^2}{4}$$

例 6-8　试求图 6-12 所示截面图形对形心轴 z_C 的惯性矩 I_{z_C}。

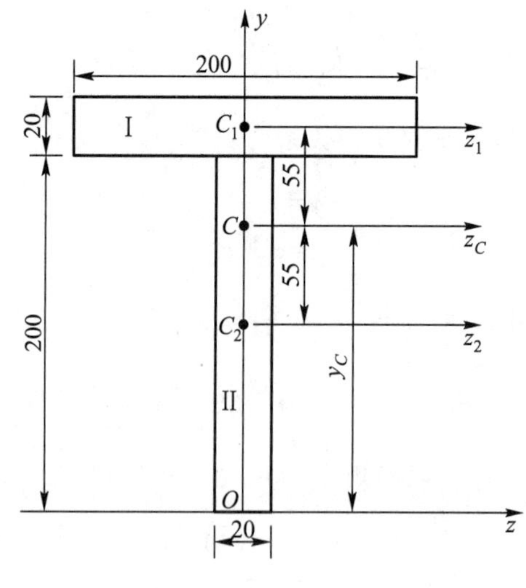

图 6-12

解：由对称性可知，图示组合截面的形心 C 位于对称轴上，其形心坐标为

$$y_C=\frac{A_1y_1+A_2y_2}{A_1+A_2}=\frac{200\times20\times210+200\times20\times100}{200\times20+200\times20}\ \text{mm}=155\ \text{mm}$$

则由平行移轴公式有

$$I_{z_C}=\left(\frac{200\times20^3}{12}+200\times20\times55^2\right)\text{mm}^4+\left(\frac{20\times200^3}{12}+200\times20\times55^2\right)\text{mm}^4$$
$$=37.63\times10^6\ \text{mm}^4$$

二、转轴公式和主惯性轴

图 6-13 所示任意截面图形对 y 轴和 z 轴的惯性矩 I_y、I_z 和惯性积 I_{yz} 均为已知，将坐标系 Oyz 绕坐标原点旋转 α 角（转角规定以逆时针旋转为正），截面图形对新坐标轴 y_1 和 z_1 的惯性矩和惯性积分别为

$$I_{y_1}=\int_A z_1^2\mathrm{d}A \tag{a}$$

$$I_{z_1}=\int_A y_1^2\mathrm{d}A \tag{b}$$

$$I_{y_1z_1}=\int_A y_1z_1\mathrm{d}A \tag{c}$$

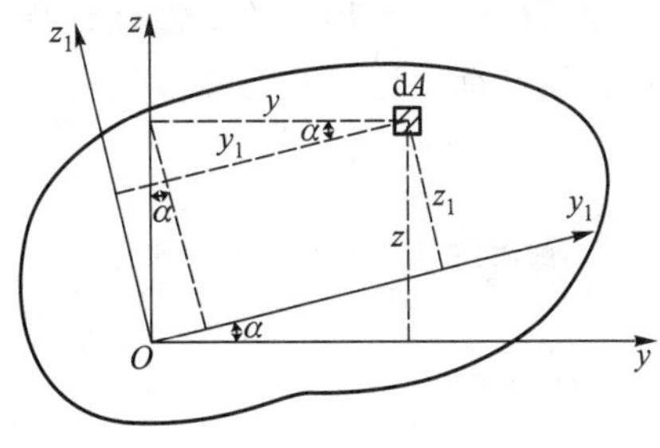

图 6-13

微面积 dA 的新旧坐标的转换关系为

$$y_1=y\cos\alpha+z\sin\alpha \tag{d}$$

$$z_1=z\cos\alpha-y\sin\alpha \tag{e}$$

将式(d)和式(e)分别代入式(a)、式(b)和式(c)，可以得到

$$I_{y_1}=\int_A z_1^2\mathrm{d}A=\int_A(z\cos\alpha-y\sin\alpha)^2\mathrm{d}A=\frac{I_y+I_z}{2}+\frac{I_y-I_z}{2}\cos 2\alpha-I_{yz}\sin 2\alpha \tag{6-26}$$

同理，可以得到

$$I_{z_1}=\frac{I_y+I_z}{2}-\frac{I_y-I_z}{2}\cos 2\alpha+I_{yz}\sin 2\alpha \tag{6-27}$$

$$I_{y_1z_1}=\frac{I_y-I_z}{2}\sin 2\alpha+I_{yz}\cos 2\alpha \tag{6-28}$$

式(6-26)～式(6-28)称为惯性矩和惯性积的转轴公式。

若将式(6-26)与式(6-27)相加，可以得到，

$$I_{y_1}+I_{z_1}=I_y+I_z=\text{常数} \tag{6-29}$$

由此，可以得到如下结论：截面图形对过同一点的任意一对正交轴的惯性矩之和恒为常数。由式(6-18)可知，这个常数就是截面对该点的极惯性矩。

三、主惯性轴和主惯性矩

若截面图形对正交轴 y_0 和 z_0 的惯性积 $I_{y_0z_0}=0$，则定义 y_0 和 z_0 为主惯性轴。设主惯性

轴与 y 轴的正向夹角为 α_0，则由式(6-28)可得

$$\tan 2\alpha_0=-\frac{2I_{yz}}{I_y-I_z} \tag{6-30}$$

满足式(6-30)的 α_0 有两个解，它们相差 90°，分别是主惯性轴 y_0、z_0 的方位。

截面图形对主惯性轴的惯性矩称为主惯性矩。将由式(6-30)解出的 α_0 分别代入式(6-26)和式(6-27)中，得到截面的主惯性矩为

$$I_{y_0}=\frac{I_y+I_z}{2}+\sqrt{\left(\frac{I_y-I_z}{2}\right)^2+I_{yz}^2} \tag{6-31}$$

$$I_{z_0}=\frac{I_y+I_z}{2}-\sqrt{\left(\frac{I_y-I_z}{2}\right)^2+I_{yz}^2} \tag{6-32}$$

通过截面图形形心的主惯性轴称为形心主惯性轴，相应的惯性矩称为形心主惯性矩。几种常用截面图形的几何性质见表 6-1。

表 6-1　几种常用截面图形的几何性质

截面图形	形心位置	惯性矩 I_y	惯性半径
z, C, y, h, e, b	$e=h/2$	$I_y=\frac{bh^3}{12}$	$i_y=\frac{h}{2\sqrt{3}}=0.289h$
z, C, y, H, h, b/2, b/2, e, B	$e=H/2$	$I_y=\frac{BH^3-bh^3}{12}$	$i_y=\sqrt{\frac{BH^3-bh^3}{12(BH-bh)}}$
z, C, y, d, e	$e=d/2$	$I_y=\frac{\pi d^4}{64}$	$i_y=\frac{d}{4}$

续表

截面图形	形心位置	惯性矩 I_y	惯性半径
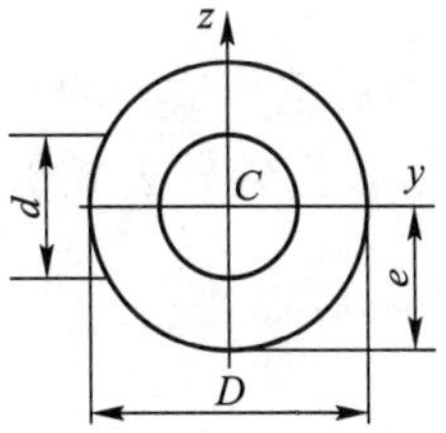	$e=D/2$	$I_y=\frac{\pi(D^4-d^4)}{64}$ $=\frac{\pi D^4}{64}(1-\alpha^4)$ $(\alpha=\frac{d}{D})$	$i_y=\frac{1}{4}\sqrt{D^2+d^2}$
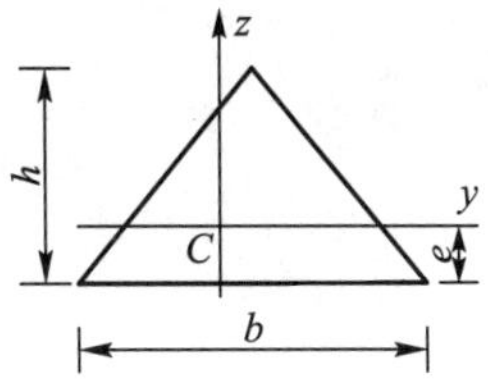	$e=h/3$	$I_y=\frac{bh^3}{36}$	$i_y=\frac{h}{3\sqrt{2}}$
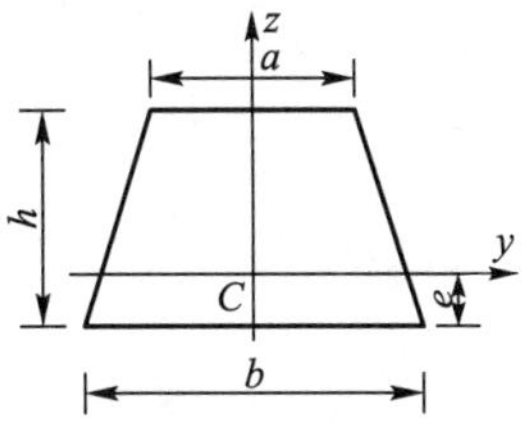	$e=\frac{h(2a+b)}{3(a+b)}$	$I_y=\frac{h^3(a^2+4ab+b^2)}{36(a+b)}$	$i_y=\sqrt{\frac{I_y}{A}}$
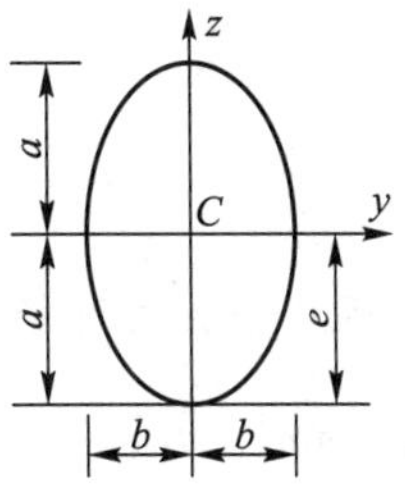	$e=a$	$I_y=\frac{\pi}{4}a^3b$	$i_y=\frac{a}{2}$
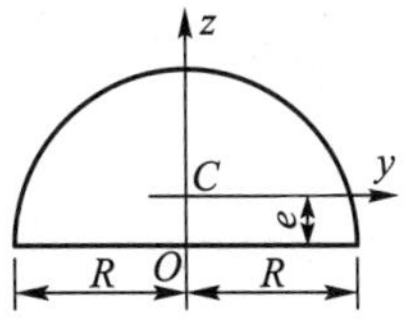	$e=\frac{4R}{3\pi}$	$I_y=\left(\frac{\pi}{8}-\frac{8}{9\pi}\right)R^4$ $=0.109\ 8R^4$	$i_y=0.264R$

6.3 组合图形的形心主惯性矩

计算组合图形的形心主惯性矩时，首先确定组合图形形心的位置，然后选择适当的坐标轴进行惯性矩和惯性积计算，得到当前形心坐标轴下的 I_y、I_z 和 I_{yz}，最后根据转轴公式确定形心主惯性轴的方位和形心主惯性矩。

例 6-9　确定图 6-14 所示截面图形的形心主惯性矩。

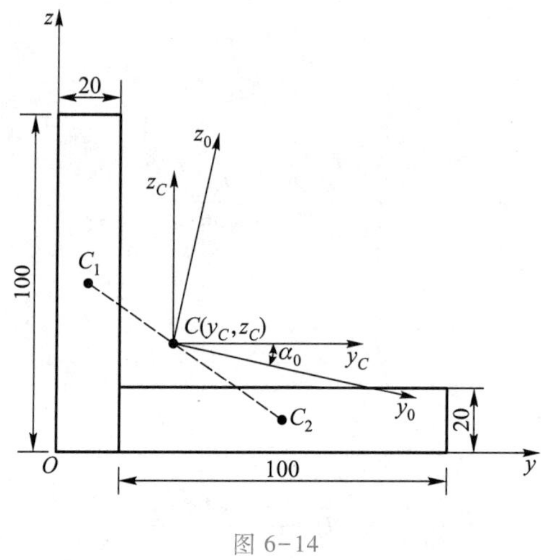

图 6-14

解：(1) 选定坐标系，确定截面的形心

$$y_C=\frac{100\times20\times10+100\times20\times70}{100\times20\times2}\ \mathrm{mm}=40\ \mathrm{mm}$$

$$z_C=\frac{100\times20\times50+100\times20\times10}{100\times20\times2}\ \mathrm{mm}=30\ \mathrm{mm}$$

(2) 计算形心轴的惯性矩和惯性积

将图形看作是由两个矩形组成的，利用矩形的形心惯性矩公式和平行移轴公式可得

$$\begin{aligned}I_{y_C}&=\left(\frac{20\times100^3}{12}+100\times20\times20^2\right)\mathrm{mm}^4+\left(\frac{100\times20^3}{12}+100\times20\times20^2\right)\mathrm{mm}^4\\&=3.33\times10^6\ \mathrm{mm}^4\end{aligned}$$

$$\begin{aligned}I_{z_C}&=\left(\frac{100\times20^3}{12}+100\times20\times30^2\right)\mathrm{mm}^4+\left(\frac{20\times100^3}{12}+100\times20\times30^2\right)\mathrm{mm}^4\\&=5.33\times10^6\ \mathrm{mm}^4\end{aligned}$$

$$\begin{aligned}I_{y_Cz_C}&=100\times20\times(-30\times20)\ \mathrm{mm}^4+100\times20\times(-20\times30)\ \mathrm{mm}^4\\&=-2.4\times10^6\ \mathrm{mm}^4\end{aligned}$$

(3) 计算形心主惯性矩，由式(6-31)、式(6-32)求得

$$I_{y_0}=\frac{I_{y_C}+I_{z_C}}{2}+\sqrt{\left(\frac{I_{y_C}-I_{z_C}}{2}\right)^2+I_{y_Cz_C}^2}=\frac{3.33+5.33}{2}\times10^6\ \text{mm}^4+$$

$$\sqrt{\left(\frac{3.33-5.33}{2}\right)^2+(-2.4)^2}\times10^6\ \text{mm}^4=6.93\times10^6\ \text{mm}^4$$

$$I_{z_0}=\frac{I_{y_C}+I_{z_C}}{2}-\sqrt{\left(\frac{I_{y_C}-I_{z_C}}{2}\right)^2+I_{y_Cz_C}^2}=\frac{3.33+5.33}{2}\times10^6\ \text{mm}^4-$$

$$\sqrt{\left(\frac{3.33-5.33}{2}\right)^2+(-2.4)^2}\times10^6\ \text{mm}^4=1.73\times10^6\ \text{mm}^4$$

(4) 确定形心主惯性轴的位置，由式(6-30)求得

$$\tan 2\alpha_0=\frac{-2\times(-2.4)\ \text{mm}^4}{3.33\ \text{mm}^4-5.33\ \text{mm}^4}=-2.4$$

解得

$$\alpha_0=-33.7^\circ\quad 或\quad 56.3^\circ$$

α_0 的两个值确定了 y_0 和 z_0 两个形心主惯性轴的位置。

课程设计及学习思路

第 6 章
工程案例

掌握平面图形的形心、静矩、惯性矩、极惯性矩、惯性积的计算；掌握平行移轴公式；了解惯性矩和惯性积的转轴公式；掌握平面图形的形心主惯性轴、形心主惯性平面和形心主惯性矩的概念。

课程难点分析及学习体会

(1) 静矩、形心、组合截面图形的静矩和形心。计算不规则图形的静矩时可用微面积乘以其对应的坐标，再对整个截面进行积分。如果计算简单图形的静矩，不用积分，可用图形的面积乘以形心坐标进行计算。静矩可正、可负、还可能为零，如果坐标轴过形心，则静矩为零；反过来也成立，如果静矩为零，则坐标轴一定过形心。

计算形心，可以先求静矩，静矩除以面积就是形心坐标。如果有对称轴，形心一定在对称轴上。

组合图形的静矩等于各简单图形的面积乘以形心坐标的代数和。组合图形的形心等于各简单图形的面积乘以形心坐标，求和之后除以总面积。

(2) 惯性矩、惯性半径、极惯性矩、惯性积，组合截面图形的惯性矩和惯性积。计算不规则图形的惯性矩时可用微面积乘以其对应坐标的平方，再对整个截面进行积分；计算极惯性矩时可用微面积乘以其到坐标原点距离的平方，再对整个截面进行积分；计算惯性积时可用微面积乘以其对应的坐标之积再对整个截面进行积分。惯性半径等于惯性矩除以面积再开方。

简单截面图形的惯性矩和惯性积可以查表得到。需要记住常用的矩形、圆形、圆环形的惯性矩、惯性半径、极惯性矩、惯性积。组合截面图形的惯性矩和惯性积可用平行移轴公式

进行计算。

有几个重要结论：

惯性矩和极惯性矩永远为正，不会有负值或零。

矩形截面惯性矩公式中的分子项，与轴平行的边长是一次方，与轴垂直的边长是三次方。惯性半径的分子项是与轴垂直的边长。

过同一坐标原点，极惯性矩等于两个垂直轴惯性矩之和。两个垂直轴可绕其坐标原点任意旋转，对两轴惯性矩之和为常数。像圆形这样的完全对称图形，或对两根垂直轴的惯性矩相等的图形，则其极惯性矩是惯性矩的 2 倍。

垂直轴中有一根是对称轴的图形，则其惯性积一定为零。

所有平行轴中对形心轴的惯性矩最小。平行移轴公式是针对形心轴而言的。惯性矩移轴时，附加项永远为正，其等于面积乘以两轴距离的平方。惯性积移轴时，附加项可能为正、可能为负、还可能为零，其等于面积乘以形心坐标之积。

(3) 组合图形的惯性矩等于每个简单图形惯性矩之和。先求简单图形对其形心轴的惯性矩，再平行移轴。

(4) 惯性矩和惯性积的转轴公式是计算形心主惯性轴和形心主惯性矩的依据。惯性积为零的轴且过形心的轴是形心主惯性轴，对形心主惯性轴的惯性矩是形心主惯性矩。这些都是通过转轴公式来确定的。形心主惯性矩是过同一坐标原点的所有轴惯性矩的极值。在强度、刚度、稳定性计算中有着非常重要的意义。通过转轴公式还可证明：完全对称图形，即两垂直轴的惯性矩相等，惯性积为零，则任一过形心的轴都是形心主惯性轴。

(5) 计算组合截面图形的形心主惯性矩需要设两次参考轴。第一次设参考轴是为了方便计算组合图形的形心坐标。过形心第二次设参考轴，方便用平行移轴公式计算组合图形的惯性矩、惯性积。最后代入公式确定形心主惯性轴的方位和形心主惯性矩的大小。

习 题

6-1 试求图示阴影部分对对称轴 y 的静矩。

6-2 试求图示 1/4 圆形截面的形心坐标。

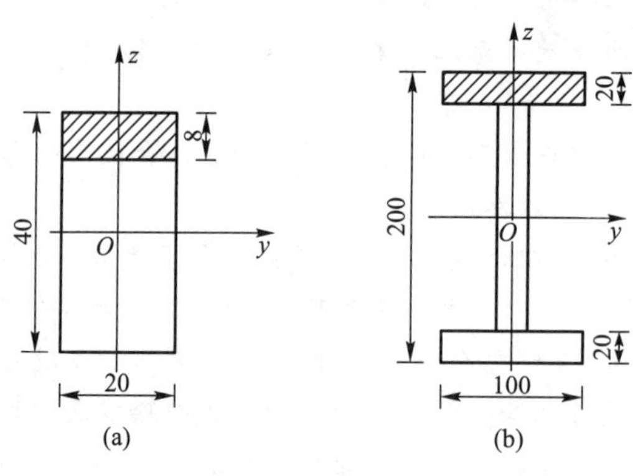

题 6-1 图

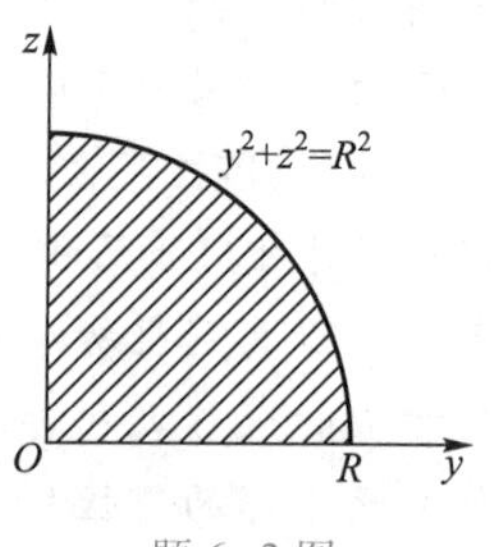

题 6-2 图

6-3 试求图示截面的 S_y、S_z、I_y、I_z和 I_{yz}。

6-4 当 $a=180$ mm 时试求图示双槽钢截面对图示对称轴 y、z 的惯性矩。为了使惯性矩 $I_y=I_z$，距离 a 应该等于多少？

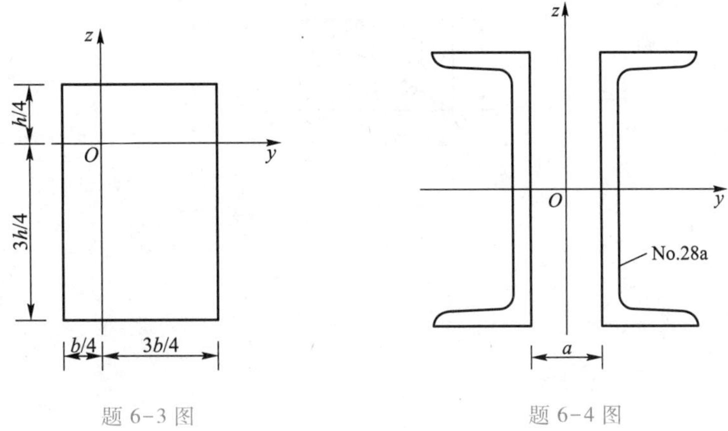

题 6-3 图　　题 6-4 图

6-5 欲使通过图示矩形截面长边中点 A 的任意轴 u 均为主惯性轴，则矩形截面的高宽比应为多少？

6-6 试证明过正方形和等边三角形形心的任一轴均为形心主惯性轴，由此归纳出统一性结论。

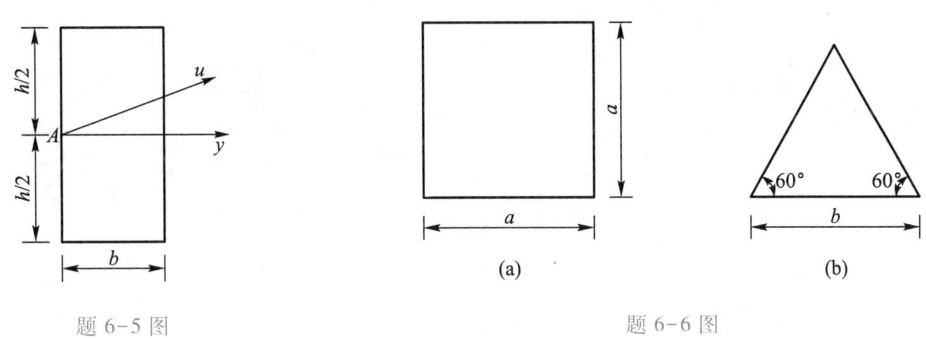

题 6-5 图　　题 6-6 图

6-7 试画出图示图形的形心主惯性轴的大致位置。

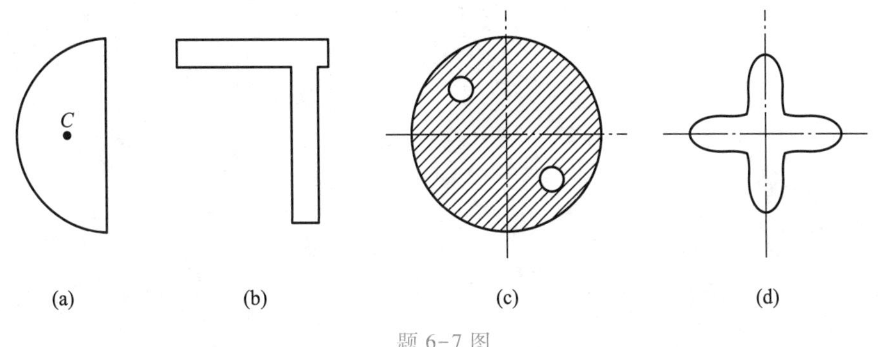

题 6-7 图

6-8　试证明图示矩形以其对角线划分成的两个三角形Ⅰ和Ⅱ的 I_{yz} 相等，且等于矩形 I_{yz} 的一半。

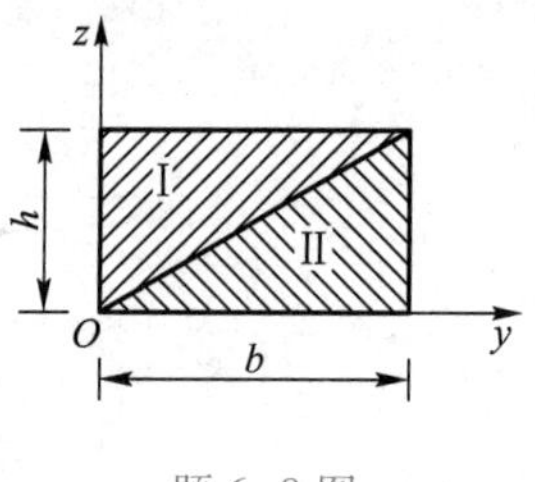

题 6-8 图

第7章 弯曲应力

7.1 弯曲应力概述

为对梁作强度计算，在确定了梁的内力后，还要研究横截面上应力的分布规律。一般情况下，梁的内力既有剪力 F_S，又有弯矩 M。剪力 F_S 沿着梁的横截面，是横截面上切向微内力 τdA 合成的结果(图 7-1a)；弯矩 M 是横截面上法向微内力 σdA 合成的结果(图 7-1b)。梁弯曲时横截面上的切应力和正应力分别称为弯曲切应力和弯曲正应力。

如果梁的各横截面上的剪力均为零，则弯矩为常量，这种弯曲称为纯弯曲，如图 7-2 所示梁中的 CD 段。各横截面上同时存在剪力和弯矩的情况称为横力弯曲，如图 7-2 梁中的 AC 段和 DB 段。为分析方便，本章先研究较简单的纯弯曲情况，然后再扩展到横力弯曲。

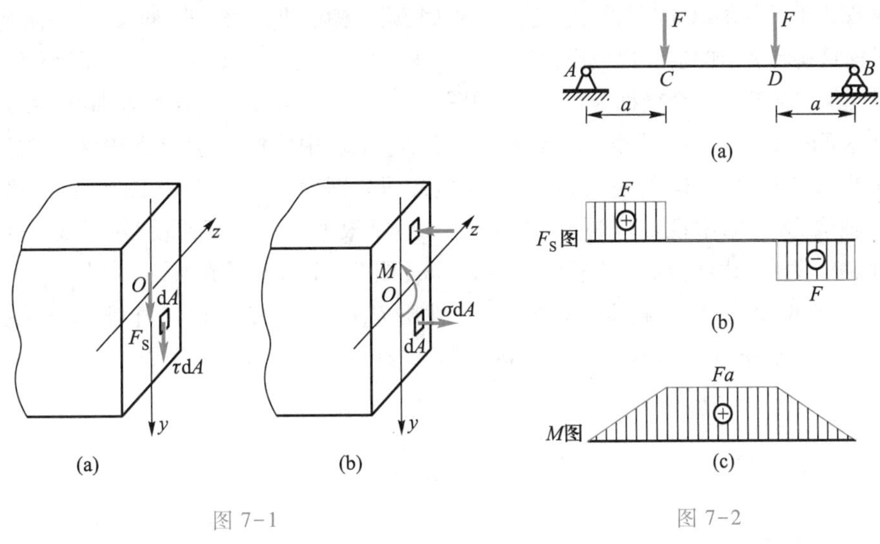

图 7-1 图 7-2

7.2 弯曲正应力

纯弯曲梁横截面上的切应力为零，只存在弯曲正应力。确定纯弯曲梁横截面上的正应力仍然需要综合考虑几何、物理和静力学三个方面的关系。

一、变形几何方面

以矩形截面梁为例，在梁的表面画出一组等间隔的横向线和与之正交的纵向线(图 7-3a)，梁发生纯弯曲后可以观察到以下变形现象(图 7-3b)：

纯弯曲变形特点

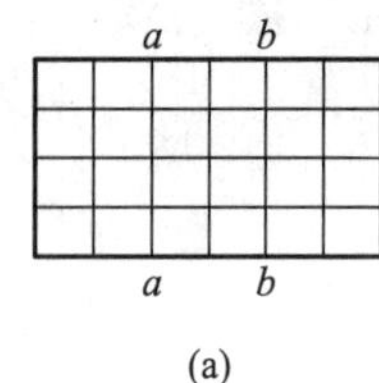

(a)

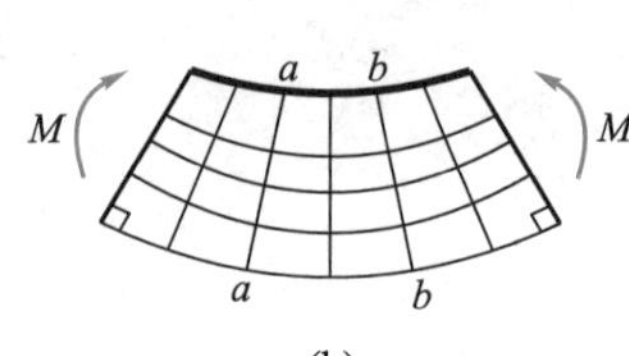

(b)

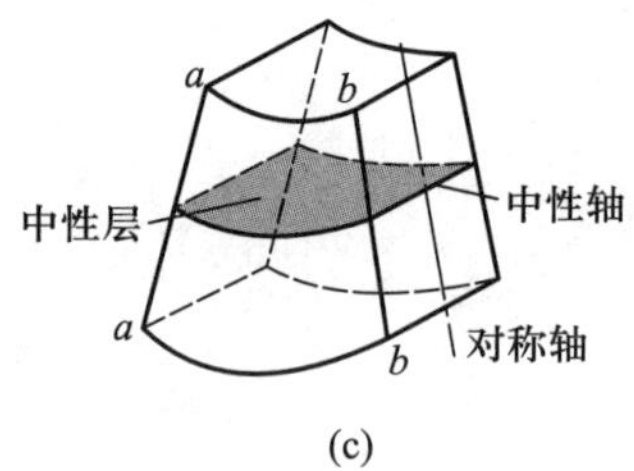

(c)

图 7-3

(1) 横向线如 $a-a$、$b-b$ 仍为直线,且仍与变为圆弧线的纵向线正交,只是相对转动了一个角度而彼此不再平行。

(2) 凹入一侧(顶面)的纵向线长度缩短而宽度增加,凸出一侧(底面)的纵向线伸长而宽度减小,这分别与轴向压缩和轴向拉伸的变形情况相似。

根据梁表面的上述变形现象,可对纯弯曲梁的内部变形情况作出如下假设:横截面在梁变形后仍保持为平面,且与变弯后的轴线保持正交,只是绕截面内某一轴线转动了一个角度。这个假设称为弯曲变形的平面假设。

将梁视为由无数层纵向"纤维"组成,纯弯曲时,梁一侧的纵向"纤维"伸长,另一侧则相应地缩短。根据材料和变形的连续性假设,梁内必有一层"纤维"的长度保持不变,这层"纤维"称为中性层。中性层与横截面的交线称为中性轴,如图 7-3c 所示。梁在发生对称弯曲时,由于外力作用在纵对称面内,故变形后的形状也应对称于此平面,因此,中性轴应与横截面的对称轴垂直。

从梁中截取长度为 dx 的一段梁,其两端横截面分别为 $c-c$ 和 $d-d$(图 7-4a),横截面的竖向对称轴取为 y 轴,中性轴取为 z 轴(位置待定)。根据弯曲平面假设,横截面 $c-c$ 和 $d-d$ 都绕中性轴 z 发生相对转动。设相对转角为 $d\theta$(图 7-4b),于是距离中性层为 y 处的纵向"纤维"n_1n_2 的长度变为$(\rho+y)d\theta$,其中 ρ 为中性层 O_1O_2 的曲率半径,"纤维"n_1n_2 的原长为 $dx=\rho d\theta$,其长度改变为$(\rho+y)d\theta-\rho d\theta=yd\theta$。所以"纤维"$n_1n_2$ 的线应变为

纯弯曲变形几何关系

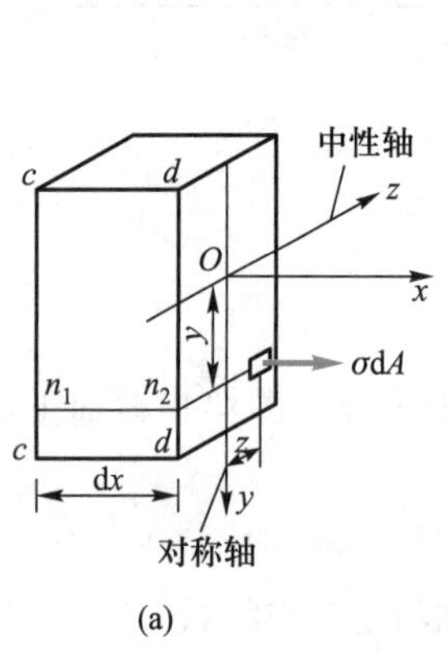

(a)

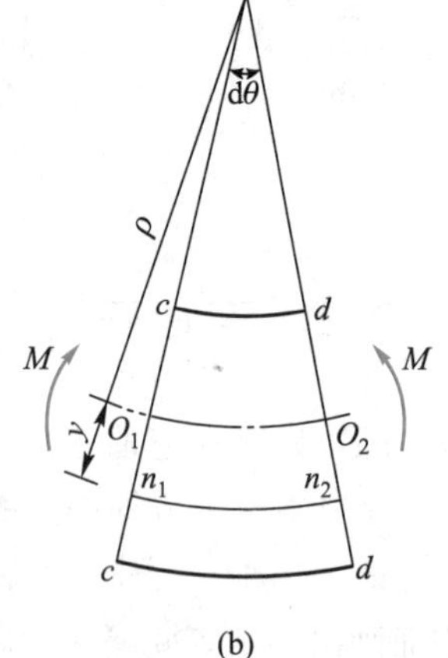

(b)

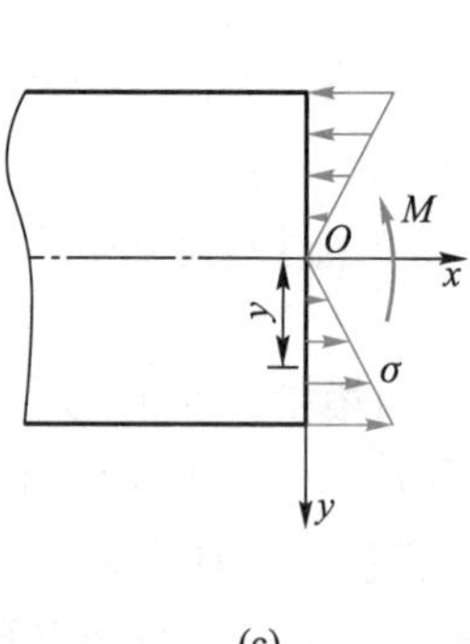

(c)

图 7-4

$$\varepsilon=\frac{y\mathrm{d}\theta}{\mathrm{d}x}=\frac{y}{\rho} \tag{a}$$

此式表明横截面上任一点的纵向应变 ε 与该点离中性轴的距离 y 成正比。

二、物理方面

假设梁的各纵向“纤维”互不挤压，则梁的各“纤维”处于单向受力状态。当材料在线弹性范围内工作时，可应用胡克定律

$$\sigma=E\varepsilon \tag{b}$$

将式(a)代入式(b)，得

$$\sigma=E\frac{y}{\rho} \tag{c}$$

可见，横截面上任一点的正应力与该点到中性轴的距离 y 成正比，而中性轴上各点处的正应力均为零。由于中性轴 z 的位置及中性层的曲率半径 ρ 都未确定，因此还不能利用式(c)直接计算正应力。

三、静力学方面

由于梁的横截面上坐标为 (y,z) 的微面积 $\mathrm{d}A$ 上只有法向微内力 $\sigma\mathrm{d}A$（图 7-4a），整个横截面上的法向微内力构成一个空间平行力系，可能合成三个内力分量，分别为

$$F_{\mathrm{N}}=\int_A\sigma\mathrm{d}A,\qquad M_y=\int_A z\sigma\mathrm{d}A,\qquad M_z=\int_A y\sigma\mathrm{d}A$$

当梁发生纯弯曲时，上式中的 F_{N} 和 M_y 均为零，而 M_z 就是横截面上的弯矩 M。由此以上三式写作

$$\int_A\sigma\mathrm{d}A=0 \tag{d}$$

$$\int_A z\sigma\mathrm{d}A=0 \tag{e}$$

$$\int_A y\sigma\mathrm{d}A=M \tag{f}$$

将式(c)分别代入以上三式，并根据静矩、惯性矩和惯性积的定义（见第 6 章），得

$$F_{\mathrm{N}}=\frac{E}{\rho}\int_A y\mathrm{d}A=\frac{E}{\rho}S_z=0 \tag{g}$$

$$M_y=\frac{E}{\rho}\int_A zy\mathrm{d}A=\frac{E}{\rho}I_{yz}=0 \tag{h}$$

$$M_z=\frac{E}{\rho}\int_A y^2\mathrm{d}A=\frac{E}{\rho}I_z=M \tag{i}$$

对于式(g)，由于 $\frac{E}{\rho}\neq0$，只能是横截面对 z 轴的静矩 $S_z=0$，即中性轴 z 必然通过横截面的形心。这就确定了中性轴的位置①。

① 中性轴的定位研究历时数百年。参见由武际可所著《力学史杂谈》中的“说梁”。

对于式(h),因为 y 轴是横截面的对称轴,所以惯性积 I_{yz} 必等于零(参见第 6 章)。

对于式(i),可得到中性层曲率 $\frac{1}{\rho}$ 的表达式为

$$\frac{1}{\rho}=\frac{M}{EI_z} \tag{7-1}$$

式中,EI_z 称为梁的弯曲截面刚度,代表梁抵抗弯曲变形的能力。

四、弯曲正应力

将式(7-1)代入式(c),即得梁发生纯弯曲时横截面上任一点处正应力的计算公式为

$$\sigma=\frac{My}{I_z} \tag{7-2}$$

式中,M 为横截面上的弯矩,y 为所求点的坐标,M、y 均为代数量,I_z 为横截面对中性轴的惯性矩。惯性矩是截面的几何性质之一,与截面的形状、尺寸有关。

式(7-2)表明,横截面上的正应力 σ 沿截面高度呈线性分布(图 7-4c)。中性轴上 $\sigma=0$,在横截面的上、下边缘(离中性轴最远)处,即 $y=y_{\max}$ 处,正应力达到最大值,为

$$\sigma_{\max}=\frac{M}{I_z}y_{\max} \tag{7-3}$$

令

$$W_z=\frac{I_z}{y_{\max}} \tag{7-4}$$

则

$$\sigma_{\max}=\frac{M}{W_z} \tag{7-5}$$

式中,W_z 称为抗弯截面系数,它只与截面的形状和尺寸有关。式(7-5)表明,最大弯曲正应力与弯矩成正比,与抗弯截面系数成反比。

对于矩形截面(图 7-5a),惯性矩、离中性轴最远距离,以及抗弯截面系数分别为

$$I_z=\frac{bh^3}{12},\qquad y_{\max}=\frac{h}{2},\qquad W_z=\frac{I_z}{y_{\max}}=\frac{bh^2}{6} \tag{7-6}$$

对圆形截面(图 7-5b),惯性矩、离中性轴最远距离,以及抗弯截面系数分别为

$$I_z=\frac{\pi d^4}{64},\qquad y_{\max}=\frac{d}{2},\qquad W_z=\frac{I_z}{y_{\max}}=\frac{\pi d^3}{32} \tag{7-7}$$

对于空心圆形截面(图 7-5c),惯性矩、离中性轴最远距离,以及抗弯截面系数分别为

$$I_z=\frac{\pi(D^4-d^4)}{64},\qquad y_{\max}=\frac{D}{2},\qquad W_z=\frac{I_z}{y_{\max}}=\frac{\pi D^3}{32}(1-\alpha^4) \tag{7-8}$$

式中,$\alpha=d/D$,为空心圆形截面内、外径之比。

对于各种型钢的惯性矩和抗弯截面系数 W_z 值均可以从型钢规格表中直接查得。

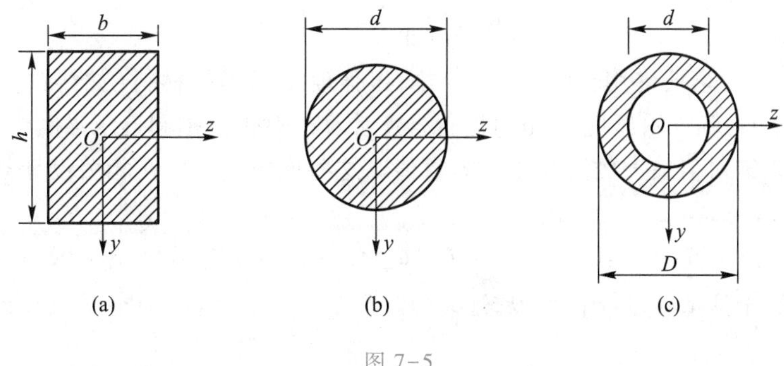

图 7-5

对于矩形、工字形等截面，其中性轴也是对称轴，截面上最大拉应力与最大压应力的绝对值相等。对于不对称于中性轴的截面，如 T 形截面，则必须用中性轴两侧不同的 y_{max} 值计算最大拉应力和最大压应力。

正应力 σ 的正、负号（分别代表拉应力或压应力），可由式（7-3）的代数运算确定，但通常在强度计算中应用式（7-5）时，可根据梁的弯曲变形直接判定。

五、纯弯曲正应力公式在横力弯曲中的推广

横力弯曲变形几何关系

工程中常见的对称弯曲一般不是纯弯曲，而是横力弯曲。梁在发生横力弯曲时，横截面上既有弯矩又有剪力。这时，梁的横截面上同时存在正应力和切应力。由于存在切应力，梁的横截面将发生翘曲而不再保持为平面。梁受横向分布载荷作用时，各纵向纤维互不挤压的假设也不再成立。

但弹性力学的进一步研究表明，当梁的跨长 l 与截面高度 h 之比大于 5 时，应用式（7-2）计算横力弯曲正应力的误差不超过 1%，可以满足工程精度的要求。一般来讲，梁的跨高比越大，其误差越小。

在横力弯曲中，弯矩不再是常数，而是位置 x 的函数 $M(x)$，此时等直梁横截面上的正应力公式可改写为

$$\sigma=\frac{M(x)y}{I_z}$$

$$\sigma_{max}=\frac{M(x)}{W_z}$$

六、正应力强度条件

梁在发生平面弯曲时，最大正应力发生在距中性轴最远的点处，而这些点上的弯曲切应力一般为零，这种状态类似于轴向拉（压）杆横截面上任一点的应力情形，属于单向受力状态。因此，可以仿照轴向拉（压）杆的强度条件形式，建立梁的弯曲正应力强度条件，即

$$\sigma_{max}=\left(\frac{M}{W_z}\right)_{max}\leqslant[\sigma] \tag{7-9a}$$

对于等直梁，最大工作应力位于危险截面（最大弯矩 M_{max} 所在横截面），上式变为

$$\sigma_{max}=\frac{M_{max}}{W_z}\leqslant[\sigma] \tag{7-9b}$$

以上二式中,$[\sigma]$为弯曲许用正应力,对于拉、压强度不相等的材料(如铸铁),需要分别用其许用拉应力$[\sigma_t]$和许用压应力$[\sigma_c]$进行强度计算。对于抗拉和抗压强度相等的材料(如碳钢),σ_{max}代表绝对值最大的弯曲正应力数值。这些许用应力可在相关设计规范或设计手册中查到。

例 7-1 T 形截面外伸梁受力如图 7-6a 所示,已知横截面的 $y_C=92$ mm,$I_z=8.293\times10^{-6}$ m^4,材料的许用拉应力$[\sigma_t]=30$ MPa,许用压应力$[\sigma_c]=60$ MPa。试校核此梁的正应力强度。

解: (1) 内力计算

作梁的弯矩图(图 7-6b),B、D 截面上的弯矩分别为 $M_B=-4$ kN · m,$M_D=2.5$ kN · m。

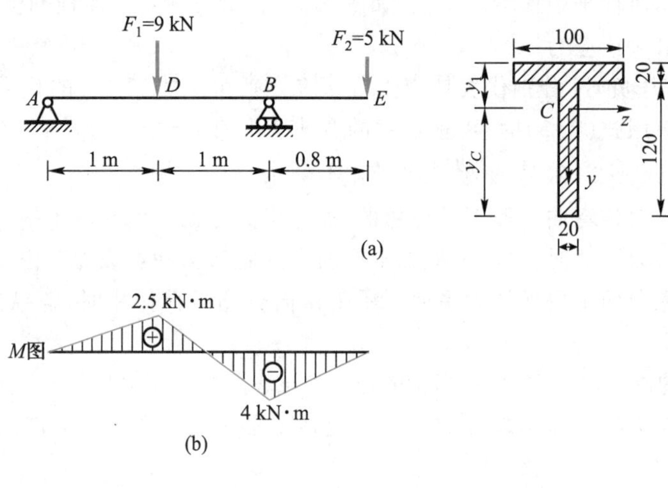

图 7-6

(2) 强度校核

由于横截面对中性轴 z 不对称,而且材料的$[\sigma_t]$和$[\sigma_c]$不相等,因此,需要分别计算最大拉应力和最大压应力,再进行强度校核。

$|M|_{max}=|M_B|$,B 为危险截面,应计算 B 截面的正应力;M_D 虽然较小,但是该截面的下边缘 y_C 较大,也有可能产生较大的拉应力,D 也是危险截面,也应该计算该截面的最大拉应力。

B 截面:

$$\sigma_{t,max}=\frac{|M_B|y_1}{I_z}=\frac{4\times10^3\times(140-92)\times10^{-3}}{8.293\times10^{-6}}\text{ Pa}=23\times10^6\text{ Pa}=23\text{ MPa}<[\sigma_t]$$

$$\sigma_{c,max}=\frac{|M_B|y_C}{I_z}=\frac{4\times10^3\times92\times10^{-3}}{8.293\times10^{-6}}\text{ Pa}=44.4\times10^6\text{ Pa}=44.4\text{ MPa}<[\sigma_c]$$

D 截面：

$$\sigma_{t,\max}=\frac{M_D y_C}{I_z}=\frac{2.5\times10^3\times92\times10^{-3}}{8.293\times10^{-6}}\ \text{Pa}=27.7\times10^6\ \text{Pa}=27.7\ \text{MPa}<[\sigma_t]$$

根据计算结果可知，此梁的危险点位于 D 截面的下边缘和 B 截面的下边缘，这两处分别产生最大拉应力和最大压应力，但均未达到许用应力，故满足梁的正应力强度条件。

7.3 弯曲切应力

梁发生横力弯曲时，横截面上除了存在弯曲正应力外，还存在弯曲切应力 τ。本节重点讨论矩形截面的弯曲切应力，并以矩形截面为基础，讨论工程中其他几种常见截面梁的弯曲切应力。

弯曲切应力引起截面翘曲

一、矩形截面梁的弯曲切应力

图 7-7a 所示的矩形截面梁，截面高度和宽度分别为 h 与 b。沿横截面 $m-m$ 和 $n-n$ 截取长为 $\mathrm{d}x$ 的微段，两横截面上的内力和正应力分布如图 7-7b 所示，由于剪力不为零，横截面 $n-n$ 相对于 $m-m$ 存在弯矩增量。再沿水平纵向截面 $pqq'p'$ 截取隔离体如图 7-7c 所示，其左右两局部横截面上弯曲正应力相应的法向微内力合成的轴向内力 F_{NI}^* 与 F_{NII}^* 分别为

$$F_{\mathrm{N\,I}}^*=\int_{A_1}\sigma_{\mathrm{I}}\mathrm{d}A=\int_{A_1}\frac{My}{I_z}\mathrm{d}A=\frac{M}{I_z}\int_{A_1}y\mathrm{d}A=\frac{M}{I_z}S_z^* \tag{a}$$

$$F_{\mathrm{N\,II}}^*=\int_{A_1}\sigma_{\mathrm{II}}\mathrm{d}A=\int_{A_1}\frac{(M+\mathrm{d}M)y}{I_z}\mathrm{d}A=\frac{M+\mathrm{d}M}{I_z}S_z^* \tag{b}$$

式中，A_1 为截面 $pmm'p'$ 和 $qnn'q'$（图 7-7c 中阴影部分）的面积，是这两个轴向内力的作用面积，$S_z^*=\int_{A_1}y\mathrm{d}A$ 为面积 A_1 对中性轴 z 的静矩。

在工程实际中的梁多采用窄而高的截面，在沿截面的宽度方向上，切应力的大小与方向均不可能有显著变化。由此对弯曲切应力的分布规律可作如下假设：

（1）横截面上的切应力 τ 与剪力 F_{S} 的方向平行；

（2）τ 沿梁宽度方向均匀分布（图 7-7e）。

根据切应力互等定理，纵向截面 $pqq'p'$ 上的切应力 τ' 也是均匀分布的，且数值等于 τ（图 7-7d）。所以该截面上的剪切内力 $\mathrm{d}F_{\mathrm{S}}'$ 为

$$\mathrm{d}F_{\mathrm{S}}'=\tau' b\mathrm{d}x \tag{c}$$

研究图 7-7c 所示隔离体的平衡，有

$$\sum F_x=0,\qquad F_{\mathrm{N\,II}}^*-F_{\mathrm{N\,I}}^*-\mathrm{d}F_{\mathrm{S}}'=0$$

将式（a）～式（c）代入上式，并化简得

$$\tau'=\frac{\mathrm{d}M}{\mathrm{d}x}\cdot\frac{S_z^*}{bI_z}$$

依据 $\tau'=\tau$，以及弯矩与剪力的微分关系 $\frac{\mathrm{d}M}{\mathrm{d}x}=F_{\mathrm{S}}$，上式进一步写作

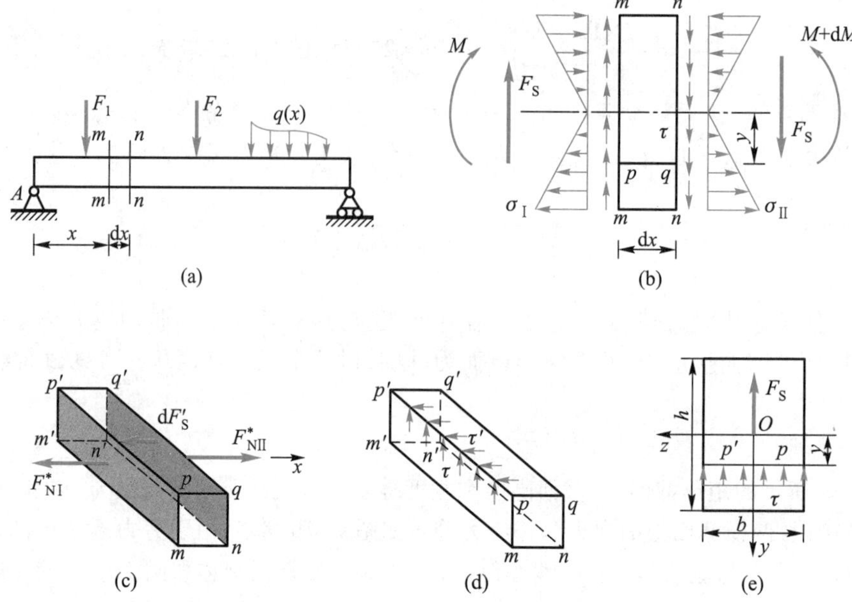

图 7-7

$$\tau(y)=\frac{F_S S_z^*}{bI_z} \tag{7-10}$$

此即矩形截面梁的弯曲切应力公式，式中 F_S 为横截面上的剪力，b 为矩形截面宽度，I_z 为整个横截面对中性轴 z 的惯性矩，S_z^* 为横截面上距中性轴为 y 的横线以外部分的面积 A_1 对中性轴 z 的静矩（图 7-8）。静矩 S_z^* 可表达为

$$S_z^*=A_1\cdot y_C=b\left(\frac{h}{2}-y\right)\times\frac{1}{2}\left(\frac{h}{2}+y\right)=\frac{b}{2}\left(\frac{h^2}{4}-y^2\right)$$

将上式代入式（7-10），得到矩形截面梁的弯曲切应力为

$$\tau(y)=\frac{F_S}{2I_z}\left(\frac{h^2}{4}-y^2\right) \tag{d}$$

将该矩形截面对中性轴 z 的惯性矩 $I_z=\frac{bh^3}{12}$ 代入式（d），则有

$$\tau(y)=\frac{3F_S}{2bh}\left(1-\frac{4y^2}{h^2}\right) \tag{e}$$

由此可见矩形截面梁弯曲切应力 τ 沿截面高度按抛物线规律分布（图 7-8）。

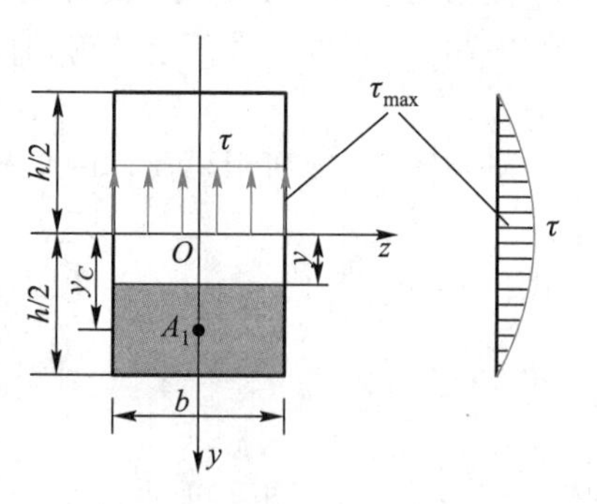

图 7-8

当 $y=\pm\frac{h}{2}$ 时（上、下边缘），切应力 $\tau=0$；当 $y=0$ 时

(在中性轴上),切应力达到最大值,即

$$\tau_{\max}=\frac{3}{2}\frac{F_S}{bh}=\frac{3}{2}\frac{F_S}{A} \tag{7-11}$$

式中,$A=bh$ 为矩形截面的面积。式(7-11)说明矩形截面梁横截面上的最大切应力值比平均切应力值大 50%。

鉴于分析采用的计算假定,式(7-10)和式(7-11)更符合截面高宽比较大的狭长矩形截面梁的情况。当 $h\geqslant 2b$ 时,用上述公式计算所得结果与精确解非常接近;当 $h=b$ 时,误差约为 10%。对于其他形状的闭合横截面梁,只要 τ 的分布符合上述两点假设,式(7-10)也是适用的。

二、工字形截面梁的弯曲切应力

工字形截面(图 7-9a)可分成上、下翼缘和中间腹板三个矩形部分。由于腹板为狭长形矩形,因此可以假设:腹板上各点处的弯曲切应力平行于腹板侧边,并沿腹板厚度均匀分布,即与前述矩形截面梁采用的计算假定相同。这样,腹板上距中性轴为 y 处的切应力,可直接按式(7-10)计算,即

$$\tau(y)=\frac{F_S S_z^*}{I_z d}$$

式中,d 为腹板宽度,S_z^* 为横截面上距中性轴为 y 的横线一侧图形面积(图中阴影面积)对中性轴 z 的静矩,即

$$S_z^*=bt\frac{h'}{2}+d\left(\frac{h_1}{2}-y\right)\cdot\frac{1}{2}\left(\frac{h_1}{2}+y\right)=\frac{bth'}{2}+\frac{d}{2}\left(\frac{h_1^2}{4}-y^2\right)$$

于是有

$$\tau=\frac{F_S}{dI_z}\left[\frac{bth'}{2}+\frac{d}{2}\left(\frac{h_1^2}{4}-y^2\right)\right] \tag{7-12}$$

可见,腹板上的切应力沿高度亦按抛物线规律分布(图 7-9b)。在中性轴处($y=0$),有最大切应力,即

$$\tau_{\max}=\frac{F_S S_{z,\max}^*}{I_z d}=\frac{F_S}{8I_z d}[4bth'+dh_1^2] \tag{7-13}$$

在腹板与翼缘的交接处($y=\pm h_1/2$),切应力最小,其值为

$$\tau_{\min}=\frac{F_S bth'}{2dI_z} \tag{7-14}$$

从图 7-9b 可见,最大与最小切应力数值比较接近。因此,工程分析中有时可将腹板上的切应力近似看成是均匀分布的,从而简化计算。

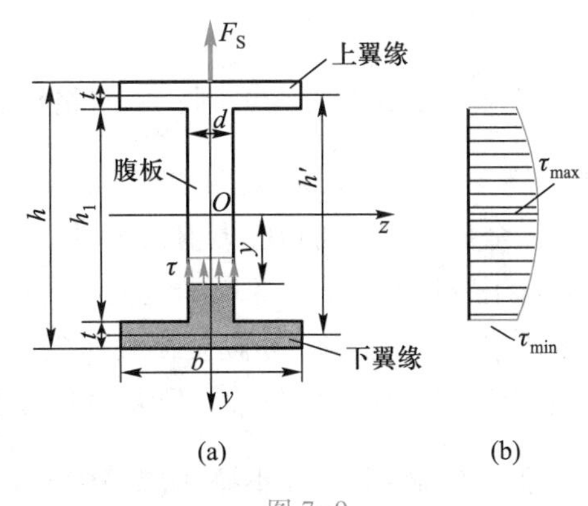

图 7-9

此外,翼缘部分的切应力数值很小且情况较

为复杂，在强度计算时一般不予考虑。

三、圆形及圆环形截面梁的弯曲切应力

对于圆形截面梁(图 7-10a)，由切应力互等定理可知，横截面边缘各点处的切应力应与周边相切。因此，即使在平行于中性轴的同一横线上(如图中横线 mn 上)，各点的切应力方向也不相同。但研究表明，横截面上的最大切应力 $\tau_{\max}$ 仍在中性轴上。由于中性轴两端处的切应力方向与 y 轴平行，故不妨假设中性轴上各点的切应力方向均平行于 y 轴，且沿 z 轴均匀分布(图 7-10b)，于是可采用公式(7-10)计算圆形截面梁的 $\tau_{\max}$ 值，即

$$\tau_{\max}=\frac{F_{S}S_{z,\max}^{*}}{I_{z}d} \tag{f}$$

式中，d 为横截面直径，I_z 为圆形截面对中性轴的惯性矩，$S_{z,\max}^{*}$ 为半圆形截面对中性轴的静矩，其值为

$$S_{z,\max}^{*}=\frac{\pi d^{2}}{8}\cdot\frac{2d}{3\pi}=\frac{d^{3}}{12}$$

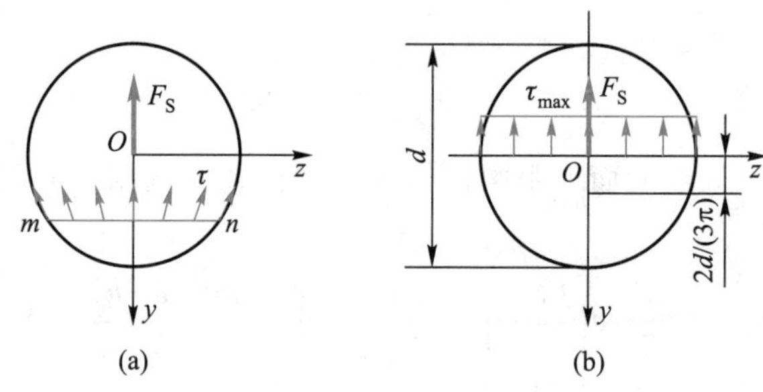

图 7-10

将上式以及 $I_z=\frac{\pi d^4}{64}$ 代入式(f)，得圆形截面梁上的最大弯曲切应力为

$$\tau_{\max}=\frac{4}{3}\frac{F_{S}}{A} \tag{7-15}$$

式中，$A=\frac{\pi d^2}{4}$ 为圆形截面的面积。与精确解相比，上式的误差约为 4%。上式表明圆形截面梁横截面上的最大切应力的近似值比全截面的平均切应力值大 33%。

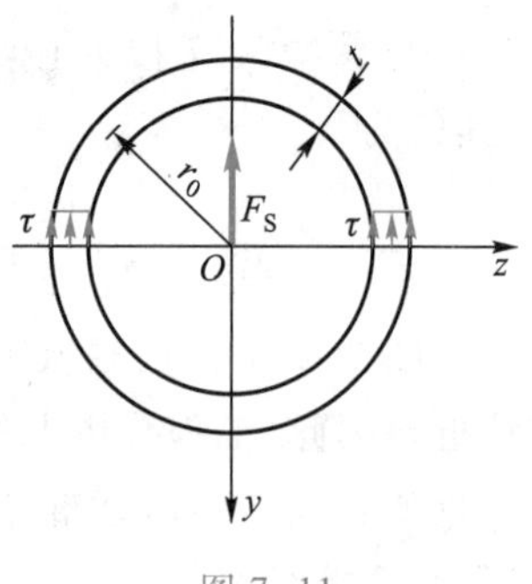

图 7-11

对于壁厚 t 远小于平均半径 r_0 的薄壁圆环梁(图 7-11)，根据切应力互等定理，可假设横截面上各点切应力与周边相切，且沿壁厚方向均匀分布。最大切应力也位于中性轴上，方向与剪力 F_S 相同，其大小按式(7-10)计算，其中 $b=2t$，$I_z=\frac{\pi}{4}$

$\left[\left(r_0+\frac{t}{2}\right)^4-\left(r_0-\frac{t}{2}\right)^4\right]\approx\pi r_0^3 t$，$S_{z,\max}^*=\pi r_0 t\frac{2r_0}{\pi}=2r_0^2 t$，得

$$\tau_{\max}=\frac{F_S}{\pi r_0 t}=2\frac{F_S}{A} \tag{7-16}$$

由此可见，圆环形截面梁的最大切应力是平均切应力的 2 倍。

四、弯曲正应力与弯曲切应力的数值比较

在横力弯曲下，梁的内力既有弯矩又有剪力，因而横截面上既有正应力又有切应力。现将二者的大小作一比较。

考虑图 7-12 所示矩形截面悬臂梁承受均布载荷 q 作用。梁的最大弯矩与最大剪力分别为

$$|M|_{\max}=ql^2/2$$
$$F_{S,\max}=ql$$

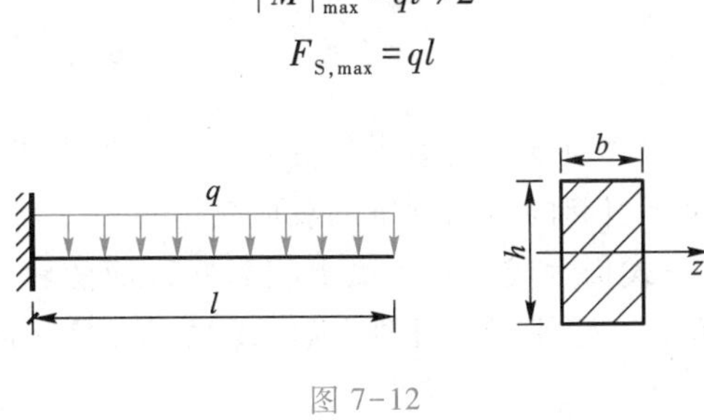

图 7-12

由式(7-5)与式(7-11)可知，梁的最大弯曲正应力与最大弯曲切应力分别为

$$\sigma_{\max}=\frac{|M|_{\max}}{W_z}=\frac{ql^2}{2}\cdot\frac{6}{bh^2}=\frac{3ql^2}{bh^2}$$

$$\tau_{\max}=\frac{3}{2}\frac{F_{S,\max}}{bh}=\frac{3ql}{2bh}$$

二者的比值为

$$\frac{\sigma_{\max}}{\tau_{\max}}=\frac{3ql^2}{bh^2}\cdot\frac{2bh}{3ql}=2\frac{l}{h}$$

可见，对于细长梁（跨高比 $l/h\geqslant5$），梁的最大弯曲正应力远大于最大弯曲切应力。

更多的计算表明，在一般非薄壁截面（包括实心与厚壁截面）细长梁中，最大弯曲正应力与最大弯曲切应力之比值的数量级，约等于梁的跨高比。这说明弯曲正应力是影响细长梁弯曲强度的主要因素。

五、横力弯曲时切应力对弯曲正应力的影响

横力弯曲时，由于切应力的存在，梁的横截面将产生翘曲而不再保持为平面。此外，当有横向分布载荷作用时，梁的纵向纤维之间将引起挤压应力。由此可见，纯弯曲正应力分析时所作的变形的平面假设与纵向纤维互不挤压假设，此时均不成立。

以矩形截面梁为例，横截面上的内力如图 7-13a 所示，弯曲切应力沿横截面高度呈抛

物线分布(图 7-13b)。由剪切胡克定律 $\tau=G\gamma$ 可知,切应变 γ 沿横截面高度也呈同样的分布规律:在中性轴处 γ 最大;离中性轴越远 γ 越小;在横截面的上、下边缘有 $\gamma=0$。横截面的翘曲规律如图 7-13c 所示。

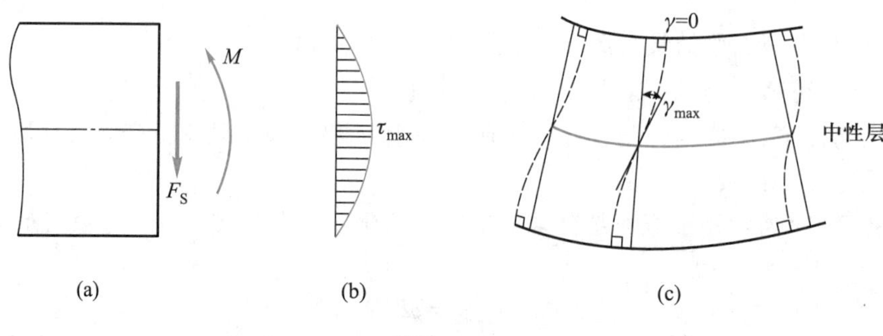

图 7-13

在梁的轴向方向上,梁的翘曲规律与剪力的分布相关。如果相邻横截面的剪力相同,则其翘曲变形也相同,由弯曲所引起的纵向纤维的线应变 ε 将不受剪力的影响,所以根据平面假设所建立的弯曲正应力公式仍然成立。若梁上相邻横截面的剪力不同,则翘曲程度也不同,此时纵向线应变 ε 将受到一定影响。此外,纵向纤维存在挤压时,也会偏离单向受力的计算假定。

例 7-2 如图 7-14 所示,No. 18 工字钢制成的梁承受剪力 $F_S=40$ kN 作用。试求横截面腹板上的最大切应力 τ_{max} 和最小切应力 τ_{min}。

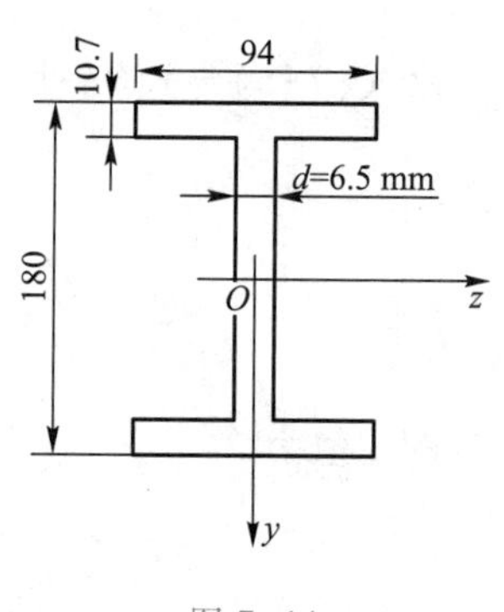

图 7-14

解:(1) 求腹板中最大切应力 τ_{max}

最大切应力发生在中性轴上各点处。对于标准型钢截面,计算所需的几何参数可由型钢规格表(附录)查到,$\dfrac{I_z}{S_{z,max}^*}=15.4$ cm,截面尺寸查型钢规格表后表示在简图上。

$$\tau_{max}=\frac{F_{S,max}S_{z,max}^*}{I_z d}=\frac{40\times10^3}{15.4\times10^{-2}\times6.5\times10^{-3}}\ \text{Pa}=40.0\ \text{MPa}$$

(2) 求腹板中最小切应力 τ_{min}

最小切应力位于腹板与翼缘的交界处。根据翼缘尺寸计算静矩 S_z^* 为

$$S_z^*=94\times10.7\times\left(\frac{180}{2}-\frac{10.7}{2}\right)\times10^{-9}\ \text{m}^3=85.1\times10^{-6}\ \text{m}^3$$

查型钢规格表可得 $I_z=1\ 660\times10^{-8}\ \text{m}^4$。

$$\tau_{min}=\frac{F_{S,max}S_z^*}{I_z d}=\frac{40\times10^3\times85.1\times10^{-6}}{1\ 660\times10^{-8}\times6.5\times10^{-3}}\ \text{Pa}=31.6\ \text{MPa}$$

(3) 工字钢梁最大弯曲切应力的近似计算

假设腹板上的切应力均匀分布,则可略去翼缘部分的作用,记 A_1 为腹板的面积,则腹板上的平均切应力为

$$\tau=\frac{F_S}{A_1}=\frac{40\times10^3}{6.5\times(180-10.7\times2)\times10^{-6}}\ \mathrm{Pa}=38.8\ \mathrm{MPa}$$

此值仅比 τ_{max} 小 3%,所以可以用腹板上的平均切应力估算最大切应力。

六、弯曲切应力强度条件

梁的最大弯曲切应力通常发生在横截面的中性轴上。由于中性轴上的弯曲正应力为零,因此这些点处于纯剪切应力状态,从而可按纯剪切应力状态建立弯曲切应力强度条件,即

$$\tau_{max}=\left(\frac{F_S S_{z,max}^*}{bI_z}\right)_{max}\leqslant[\tau] \tag{7-17a}$$

对于等直梁,上式可写作

$$\tau_{max}=\frac{F_{S,max}S_{z,max}^*}{bI_z}\leqslant[\tau] \tag{7-17b}$$

上述二式中 $[\tau]$ 为材料在纯剪切应力状态下的许用切应力。

一般来讲,梁的设计应进行弯曲正应力强度和弯曲切应力强度的计算。但是上节已经指出:对于细长梁,弯曲切应力的数值比弯曲正应力小得多,满足了弯曲正应力强度条件,一般也就能满足弯曲切应力强度条件,因此强度校核、截面设计和许用载荷的计算只须应用弯曲正应力强度条件式(7-9)即可。但是在下述情况下,还有必要进行弯曲切应力强度校核。

(1) 跨度小而截面较高的梁或支座附近有较大的集中力作用,此时弯曲正应力较小而弯曲切应力 τ 的数值可能相对较大;

(2) 焊接或铆接而成的组合截面梁(如工字形)腹板较薄时,应对腹板、焊缝等部位进行切应力强度校核;

(3) 木梁的顺纹方向的抗剪强度很低,数值不高的切应力就可能引起木梁破坏。

一般梁的 σ_{max} 和 τ_{max} 不在同一个位置,所以可分别建立上述正应力强度条件和切应力强度条件。如果梁横截面上某些点同时存在较大的 σ 和 τ,它们也有可能成为危险点,这种考虑正应力和切应力共同作用下的强度计算问题将在第 9 章讨论。

例 7-3　由两个相同槽钢组成的组合截面简支梁如图 7-15a 所示。已知 $F_1=120$ kN, $F_2=30$ kN, $F_3=40$ kN, $F_4=12$ kN,钢的许用弯曲正应力 $[\sigma]=170$ MPa,许用弯曲切应力 $[\tau]=100$ MPa。试选取槽钢型号。

解:(1) 作梁的剪力图和弯矩图,分别如图 7-15b,c 所示,由图可知最大弯矩为

$$M_{max}=60.48\ \mathrm{kN\cdot m}$$

(2) 根据正应力强度条件试选取槽钢型号

由式(7-9)计算梁所需的抗弯截面系数为

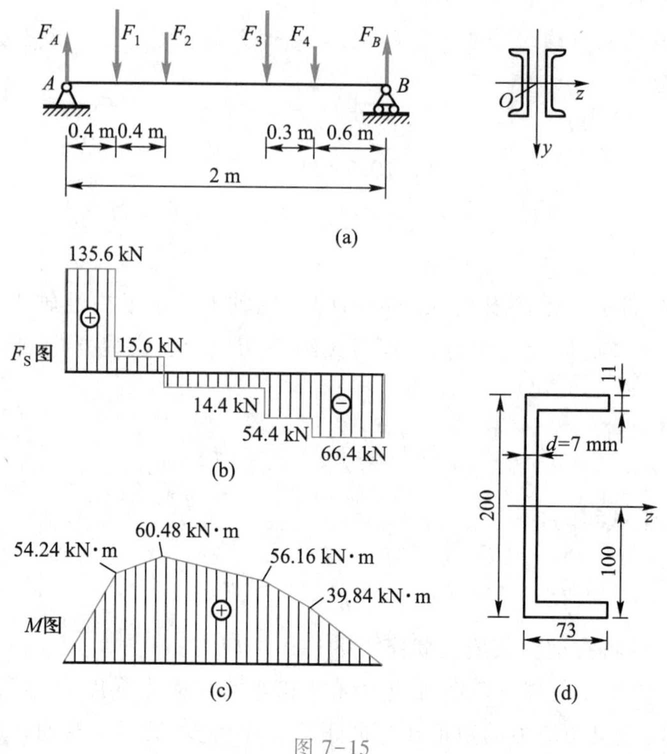

图 7-15

$$W_z \geqslant \frac{M_{\max}}{[\sigma]} = \frac{60.48 \times 10^3}{170 \times 10^6}\ \mathrm{m}^3 = 355.8 \times 10^{-6}\ \mathrm{m}^3$$

每一根槽钢所需的抗弯截面系数为$\frac{1}{2} \times 355.8 \times 10^{-6}\ \mathrm{m}^3 = 177.9 \times 10^{-6}\ \mathrm{m}^3$。从型钢规格表中选取 No. 20a 槽钢，其抗弯截面系数为

$$W_z = 178\ \mathrm{cm}^3 = 178 \times 10^{-6}\ \mathrm{m}^3$$

(3) 切应力强度计算

此梁由于跨长较短且最大载荷 F_1 又作用在靠近支座 A 处，故应校核切应力强度。由剪力图可知，最大剪力值为

$$F_{\mathrm{S,max}} = 135.6\ \mathrm{kN}$$

每一根槽钢分担的最大剪力为 $F_{\mathrm{S,max}}/2 = 67.8\ \mathrm{kN}$。由型钢规格表查得 No. 20a 槽钢的 $I_z = 1\ 780\ \mathrm{cm}^4$，$d = 7\ \mathrm{mm}$。截面简化后的尺寸如图 7-15d 所示，截面中性轴以上部分的面积对中性轴的静矩 $S_{z,\max}^*$ 为

$$S_{z,\max}^* = 100 \times 7 \times 50\ \mathrm{mm}^3 + (73-7) \times 11 \times \left(100 - \frac{11}{2}\right)\ \mathrm{mm}^3 = 103.6 \times 10^{-6}\ \mathrm{m}^3$$

根据式(7-10)有

$$\tau_{max}=\frac{F_{S,max}S_{z,max}^{*}}{bI_z}=\frac{67.8\times10^3\times103.6\times10^{-6}}{7\times10^{-3}\times1\ 780\times10^{-8}}\ \text{Pa}$$

$$=56.4\times10^6\ \text{Pa}=56.4\ \text{MPa}<[\tau]$$

所选取的 No. 20a 槽钢能同时满足弯曲正应力和弯曲切应力强度条件，因此可采用 No. 20a 槽钢。

此外，由于两根槽钢组成的截面近似于工字钢截面，不妨用例 7-2 所述的最大切应力近似计算方法作校核，即认为切应力在腹板上均匀分布，即

$$\tau_{max}\approx\frac{F_{S,max}}{A_1}=\frac{135.6\times10^3}{2\times7\times(200-2\times11)\times10^{-6}}\ \text{Pa}$$

$$=54.4\times10^6\ \text{Pa}=54.4\ \text{MPa}$$

此值虽比 τ_{max} 略小，但因它远小于[τ]，所以可以认为满足切应力强度条件。

例 7-4 如图 7-16a 所示，在矩形截面木梁上，载荷 F 的作用位置可沿梁轴移动($0<x<l+a$)。已知 $l=5$ m，$a=1$ m，材料的许用正应力[σ]=10 MPa，许用切应力[τ]=3 MPa，截面尺寸为 $b=180$ mm，$h=250$ mm。试确定许用载荷[F]。

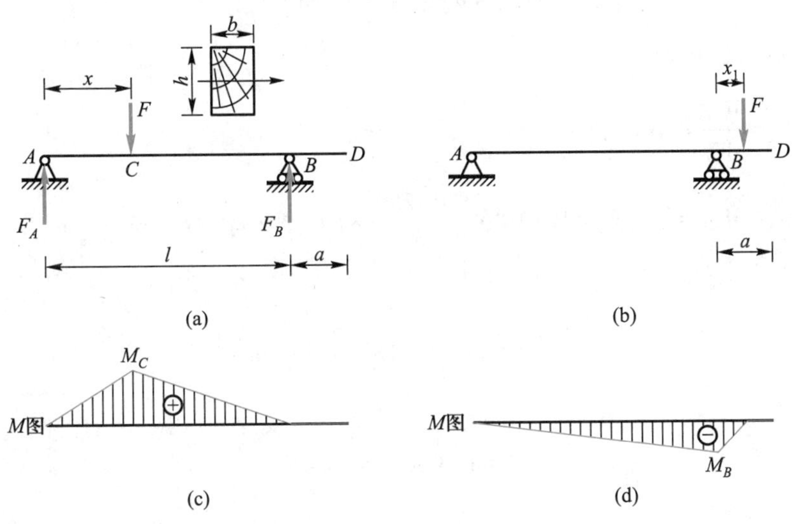

图 7-16

解： (1) 危险截面判断

在集中力作用下，弯矩图是由直线组成的折线，最大弯矩一定位于某个集中力作用处。分别分析力 F 位于梁 AB 之间($0<x<l$)和位于外伸部分两种情况。

当力 F 位于梁 AB 之间时，弯矩图如图 7-16c 所示。由平衡方程得

$$F_A=\frac{l-x}{l}\cdot F$$

$$M_C = F_A x = \frac{l-x}{l} \cdot Fx = F\frac{lx-x^2}{l}$$

M_C 的极值条件为$\frac{\mathrm{d}M_C}{\mathrm{d}x}=0$,即由 $l-2x=0$ 得

$$x=\frac{l}{2}$$

因此力 F 位于梁 AB 跨中时产生最大弯矩,其值为

$$M_{C,\max}=\frac{Fl}{4} \tag{a}$$

当力 F 位于外伸部分时(图 7-16b),弯矩图如图 7-16d 所示。$|M_B|=Fx_1(0<x_1<a)$,当力 F 作用于外伸端 D 处时有

$$|M_B|_{\max}=Fa \tag{b}$$

将 $l=5$ m 和 $a=1$ m 分别代入式(a)和式(b),经比较知,当移动载荷位于 AB 段跨中时,该处截面为危险截面,因此有

$$M_{\max}=M_{C,\max}=\frac{1}{4}\times 5\ \mathrm{m}\cdot F$$

(2) 确定许用载荷

根据 $\sigma_{\max}=\frac{M_{\max}}{W_z}<[\sigma]$,有

$$M_{\max}=[\sigma]W_z=10\times10^6\times\frac{180\times250^2}{6}\times10^{-9}\ \mathrm{N\cdot m}=18\ 750\ \mathrm{N\cdot m}$$

即

$$\frac{1}{4}\times 5\ \mathrm{m}\cdot F=18\ 750\ \mathrm{N\cdot m}$$

所以

$$F=15\ 000\ \mathrm{N}=15\ \mathrm{kN}$$

得

$$[F]=15\ \mathrm{kN}$$

(3) 校核切应力强度

当力 F 位于支座附近或位于外伸部分时(图 7-16b),梁的剪力最大,$F_{\mathrm{S},\max}=F=15$ kN。此时梁的截面上的最大切应力为

$$\tau_{\max}=\frac{3}{2}\frac{F_{\mathrm{S},\max}}{bh}=\frac{3}{2}\times\frac{15\times10^3}{180\times250\times10^{-6}}\ \mathrm{Pa}=0.5\ \mathrm{MPa}<[\tau]$$

所以许用载荷为 $[F]=15$ kN。

7.4 非对称截面梁的平面弯曲

上述各节研究的是对称弯曲,对称弯曲是平面弯曲的一种常见的特例。如果承受横向外力作用的梁不存在一个纵向对称面,它也可能发生平面弯曲,但需要满足特定的条件。

非对称截面梁发生平面弯曲变形的条件与对称截面梁的有所不同。纯弯曲时,只要外力作用面与梁的形心主惯性平面重合或平行,非对称截面梁就会发生平面弯曲变形。但横力弯曲时,外力只有作用在与梁的形心主惯性平面平行的某一个特定的平面内,梁才只发生平面弯曲变形。

以图 7-17 所示槽形截面为例,设横向外力与形心主惯性平面 xy 平行,方向向上。此时,横截面上各点弯曲切应力仍可按式(7-10)计算,切应力方向如图 7-17a 所示。腹板和翼缘上的切向内力可分别合成为 F_y 和 F_z(图 7-17b),它们的合力就是横截面上的剪力 F_S,其大小和方向与 F_y 相同,作用线与 F_y 距离为 e,通过 A 点(图 7-17c)。同样地,若设外力与另一个形心主惯性平面 xz 平行,横截面上的剪力作用线亦通过 A 点。这两个弯曲剪力作用线的交点,称为横截面的弯曲中心(或剪切中心)。弯曲中心是剪力作用线必然通过的点,其位置与载荷及材料性质均无关,是截面图形的几何性质之一。

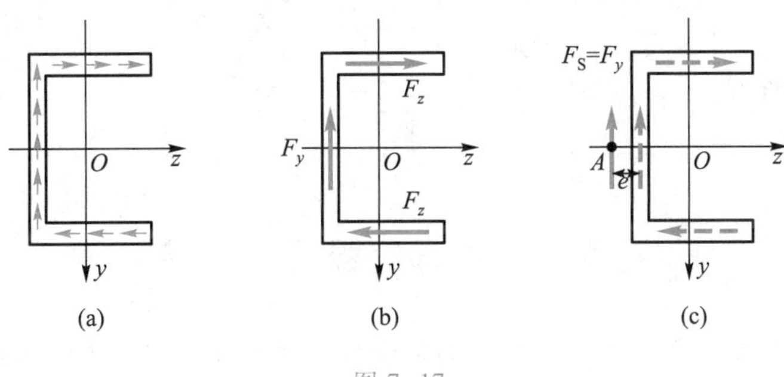

图 7-17

横向力不通过弯曲中心引起扭转变形

梁发生平面弯曲变形的条件是外力作用面通过弯曲中心且与梁的形心主惯性平面相平行。如果外力作用线不通过弯曲中心,把它向弯曲中心简化后,得到的力引起弯曲变形,而得到的附加力偶则引起扭转变形。对于扭转刚度很小的薄壁杆件,上述附加力偶引起的扭转变形对梁非常不利,因此,确定这类截面的弯曲中心位置具有重要的实际意义。

弯曲中心的位置可以这样确定:分别求出两个主惯性平面内弯曲时的剪力,这两个剪力作用线的交点即为弯曲中心。有对称轴的截面,弯曲中心必位于截面对称轴上。

以下几条简单规则可用来确定各种常见薄壁截面梁的弯曲中心位置:

(1) 具有两个对称轴或反对称轴的截面,弯曲中心与截面形心重合;

(2) 有一个对称轴的截面,其弯曲中心必在此对称轴上;

(3) 若薄壁截面的中心线是由若干相交于一点的直线段所组成,则此交点就是截面的弯曲中心。

表 7-1 给出了几种开口薄壁截面的弯曲中心位置。

表 7-1 几种开口薄壁截面的弯曲中心位置

截面形状	弯曲中心 A 的位置	截面形状	弯曲中心 A 的位置
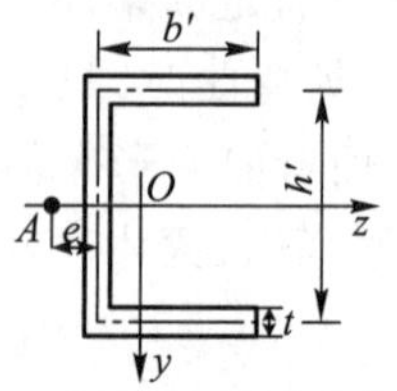	$e=\dfrac{b'^2h'^2t}{4I_z}$	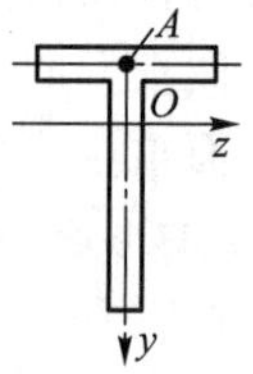	在两个狭长矩形中线的交点
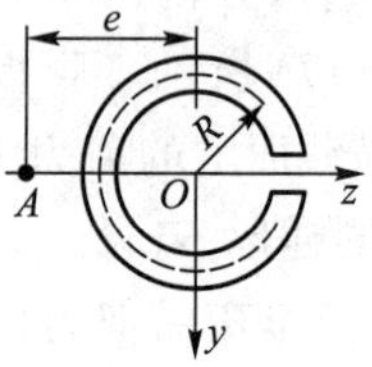	$e=2R$	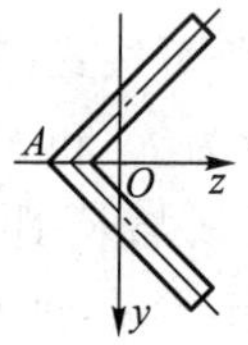	在两个狭长矩形中线的交点
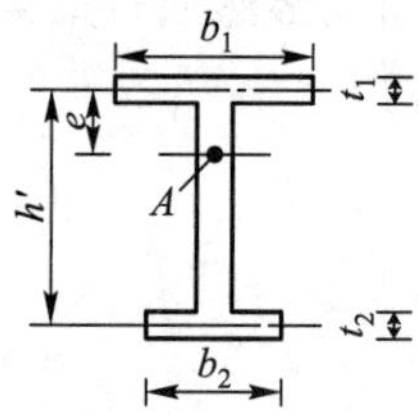	$e=\dfrac{t_2b_2^3h'}{t_1b_1^3+t_2b_2^3}$	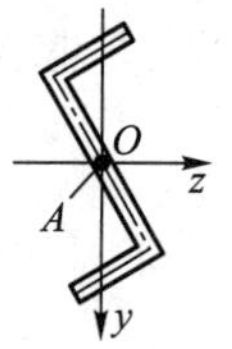	与截面形心重合

7.5 提高弯曲强度的措施

一般情况下，弯曲正应力是控制梁弯曲强度的主要方面。根据正应力强度条件，要提高梁的弯曲强度，可以从以下几方面考虑。

一、选择合理的截面形状

由正应力强度条件 $M_{max}\leqslant[\sigma]W_z$ 可知，对于确定的材料，梁所能承受的最大弯矩 M_{max} 与抗弯截面系数 W_z 成正比，W_z 值越大越有利。因此，梁的合理截面应能用较小的截面面积 A 获取较大的抗弯截面系数 W_z，即要求比值 W_z/A 尽量大。表 7-2 所示为几种常用截面的 W_z/A 值比较，d 代表圆形直径，h 代表各种截面图形的高。可见，工字形或槽形截面比矩形截面更合理，而圆形截面最差。

表 7-2 几种常用截面的 $\dfrac{W_z}{A}$ 值比较

截面形状	圆形	矩形	槽形	工字形
W_z/A	$0.125d$	$0.167h$	$(0.27\sim0.31)h$	$(0.27\sim0.31)h$

由于弯曲正应力沿截面高度呈线性分布，当离中性轴最远的点处正应力达到许用应力值时，靠近中性轴处正应力仍然很小，那里的材料未能充分发挥作用，因此，应尽可能将材料布置在离中性轴较远处。工字形截面或槽形截面就是合理的截面。

此外，还应考虑材料的特性，应该使截面上的最大拉应力和最大压应力同时达到材料的许用应力。根据上述要求，对于用抗拉与抗压强度相同的塑性材料制成的梁，宜采用对称于中性轴的截面，例如，工字形、矩形、箱形等。对于用抗拉强度低于抗压强度的脆性材料制成的梁，最好采用中性轴偏于受拉一侧的截面，例如 T 字形和 Π 字形截面（图 7-18）。而且最理想的设计是使最不利截面上的最大拉应力与最大压应力之比等于材料许用拉应力与许用压应力之比，即

$$\frac{\sigma_{\mathrm{t,max}}}{\sigma_{\mathrm{c,max}}}=\frac{[\sigma_{\mathrm{t}}]}{[\sigma_{\mathrm{c}}]}$$

由此可得

$$\frac{y_1}{y_2}=\frac{[\sigma_{\mathrm{t}}]}{[\sigma_{\mathrm{c}}]} \tag{7-18}$$

式中，y_1 和 y_2 分别代表最大拉应力与最大压应力所在点到中性轴的距离；$[\sigma_{\mathrm{t}}]$ 和 $[\sigma_{\mathrm{c}}]$ 分别为材料的许用拉应力与许用压应力。

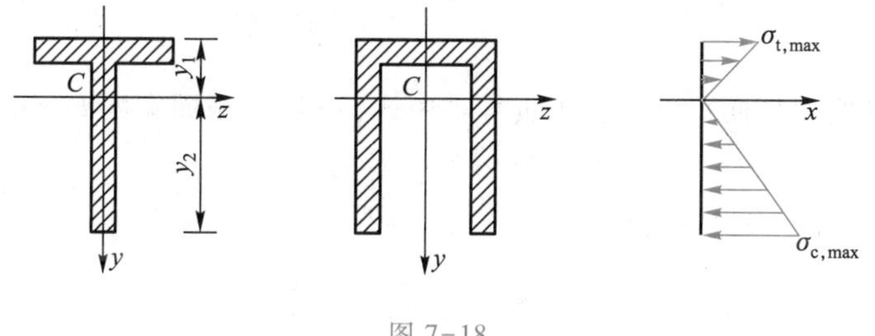

图 7-18

二、采用变截面梁与等强度梁

根据正应力强度条件设计的等截面梁，抗弯截面系数 W_z 为一常量，这样，全梁中除最大弯矩所在截面外，其余截面的最大正应力都低于材料的许用应力，因而材料的强度得不到充分利用。为了节省材料，可按弯矩沿梁轴线的变化情况把梁设计成变截面的。横截面沿梁轴变化的梁，称为变截面梁。变截面梁的正应力计算仍可近似地用等截面梁的公式。

对于抗拉与抗压强度相同的材料，最理想的设计是使变截面梁各截面上的最大正应力都等于许用应力。这种各个截面具有相同强度的梁称为等强度梁。设梁的任一截面上的弯矩为 $M(x)$，抗弯截面系数为 $W(x)$，按等强度梁的要求应有

$$\frac{M(x)}{W(x)}=[\sigma]$$

由此可得

$$W(x)=\frac{M(x)}{[\sigma]} \tag{7-19}$$

这就是等强度梁的 $W(x)$ 沿轴线变化的规律。

如图 7-19a 所示,在自由端受一集中力 F 作用的悬臂梁,截面为矩形,现将它设计为等高度、变宽度的等强度梁。梁的弯矩方程为

$$M(x)=Fx$$

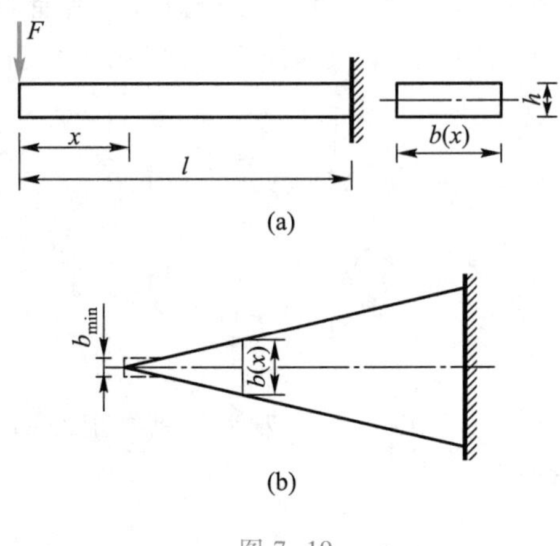

图 7-19

这里,只取弯矩的绝对值而不考虑其正负号。由式(7-19),截面宽度 $b(x)$ 应满足的条件是

$$\frac{b(x)h^2}{6}=\frac{Fx}{[\sigma]}$$

解得

$$b(x)=\frac{6F}{h^2[\sigma]}x$$

可见,宽度 $b(x)$ 应按直线规律变化,如图 7-19b 所示。当 $x=0$ 时,自由端的截面宽度 b 等于零,这显然不满足剪切强度要求,因而应当修改。设梁所需的最小宽度为 $b_{\min}$,由弯曲切应力强度条件及式(7-11),有

$$\tau_{\max}=\frac{3F_{\mathrm{S,max}}}{2A}=\frac{3F}{2b_{\min}h}=[\tau]$$

可求得

$$b_{\min}=\frac{3F}{2h[\tau]}$$

自由端附近的宽度修改后如图 7-19b 的虚线所示。

若设想将此等强度梁沿梁宽度方向分割成若干狭条,然后叠放起来,并使其略为翘起,这就成为车辆中广泛应用的叠板弹簧,如图 7-20 所示。

此外,也可采用等宽度变高度的矩形截面等强度梁。例如,图 7-21a 所示的简支梁,按

照同样的方法可以求得

$$h(x)=\sqrt{\frac{3Fx}{b[\sigma]}},\qquad h_{\min}=\frac{3F}{4b[\tau]}$$

由此确定的等强度梁形状如图 7-21b 所示。厂房建筑中广泛使用的“鱼腹梁”就是这种等强度梁。

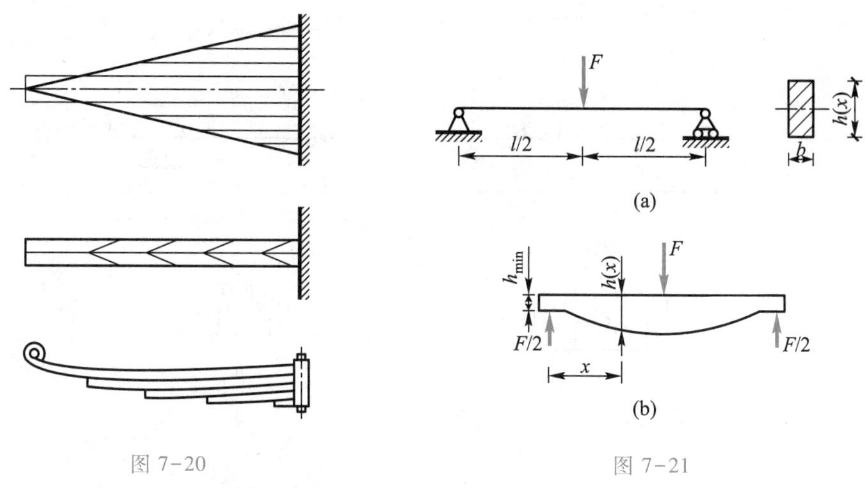

图 7-20　　图 7-21

三、合理安排梁的受力

合理安排梁的受力,可通过降低梁内最大弯矩而提高梁的承载能力。

首先可采取适当地分散载荷的措施。例如,图 7-22a 所示简支梁 AB,在跨中受集中力 F 作用,截面上的最大弯矩为

$$M_{\max}=\frac{Fl}{4}$$

如在该梁中部设置一根长为 $l/2$ 的辅助梁 CD,如图 7-22b 所示,可使梁内的最大弯矩降低一半。

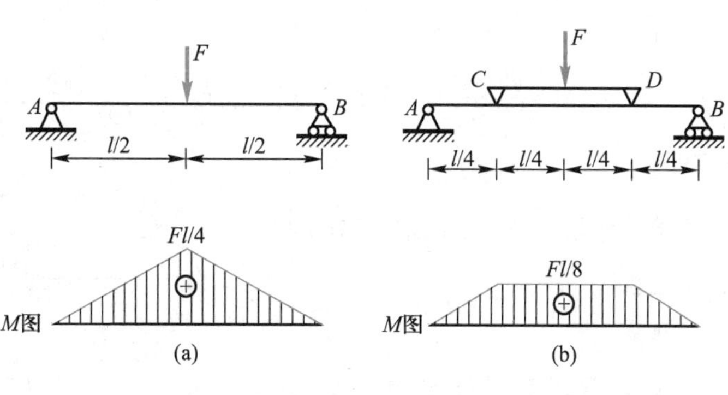

图 7-22

其次,可采用合理布置梁的支座的措施。例如,图 7-23a 所示受均布载荷作用的简支梁,梁内最大弯矩为$\dfrac{ql^2}{8}$。如果将两端的铰支座各向内移动 0.2l(图 7-23b),则梁内最大弯矩为

$$M_{\max}=\frac{ql^2}{40}$$

此值仅为前者的 1/5。

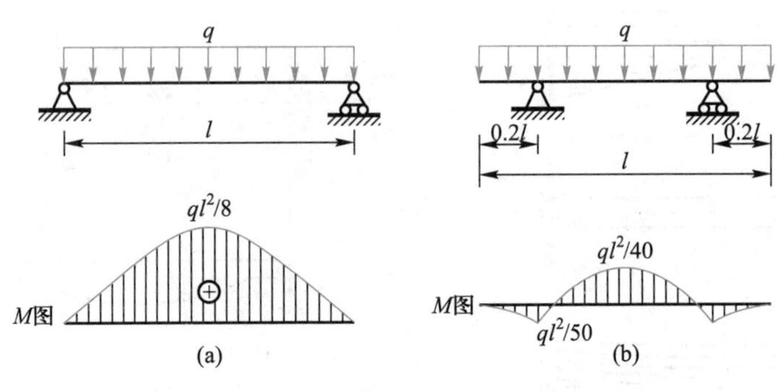

图 7-23

上述实例说明,合理安排加载方式和支座情况,可显著减小梁内的最大弯矩。

此外,增加梁的支座,构成静不定梁,也能相应地提高梁的弯曲强度。关于静不定梁的分析,将在第 8 章讨论。

例 7-5 图 7-24a 所示外伸梁 AC,在全长范围内承受均布载荷 q 作用,若已知梁的抗弯截面系数 W_z 和材料的许用应力$[\sigma]$。试求:(1) 外伸段长 a 与梁长 l 之比为何值时可使梁的最大弯矩值降为最小?(2) 确定梁的许用载荷$[q]$。

解: (1) 求支座约束力

由梁的平衡方程得

$$F_B=\frac{q}{2}\cdot\frac{l^2}{l-a}(\uparrow),\qquad F_C=\frac{ql}{2}\cdot\frac{l-2a}{l-a}(\uparrow)\qquad (a)$$

(2) 作 F_S 图、M 图

由于$\dfrac{a}{l}$的比值未定,所作的 F_S 图(图7-24b)和 M 图(图 7-24c)均为大致形状。

(3) 确定梁的极值弯矩

设极值弯矩所在截面 D 距离梁的 C 端为 x_0,由 $F_{SD}=qx_0-F_C=0$ 得

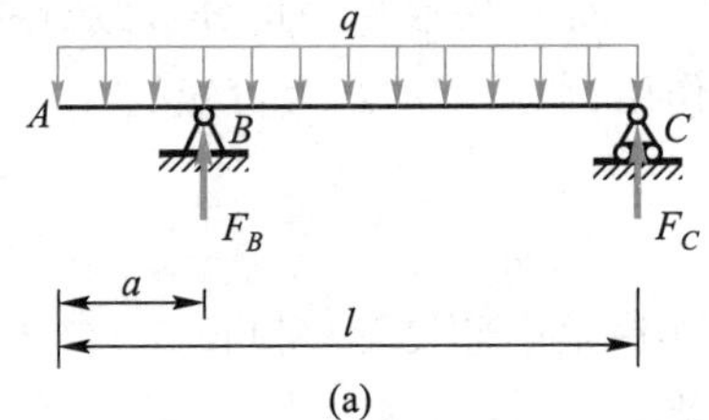

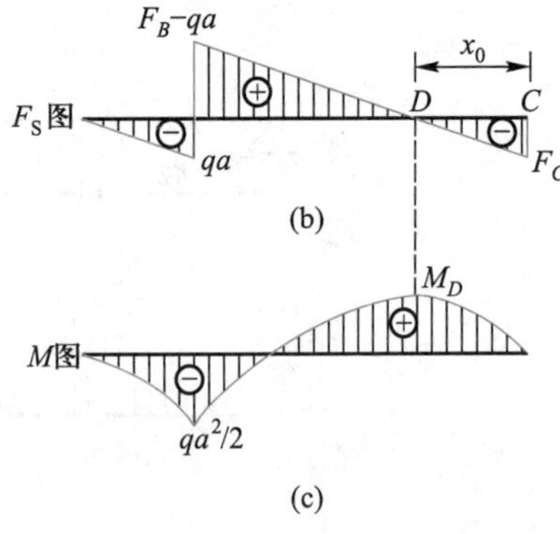

图 7-24

$$x_0=\frac{F_C}{q}$$

根据 F_S 和 M 的微分关系，有

$$M_C-M_D=A_{CD}(F_S)$$

$$M_D=M_C-A_{CD}(F_S)=0+\frac{1}{2}F_Cx_0=\frac{F_C^2}{2q} \tag{b}$$

将式(a)代入式(b)，得

$$M_D=\frac{ql^2}{8}\left(\frac{l-2a}{l-a}\right)^2$$

(4) 求最佳$\frac{a}{l}$

此梁的最大弯矩有两个，分别为

$$|M_B|=\frac{qa^2}{2}\text{和 }M_D=\frac{ql^2}{8}\left(\frac{l-2a}{l-a}\right)^2$$

最合理的支座位置应使

$$|M_B|=M_D,\qquad \text{即}\frac{qa^2}{2}=\frac{ql^2}{8}\left(\frac{l-2a}{l-a}\right)^2 \tag{c}$$

式(c)化简为

$$2a^2-4al+l^2=0$$

由此可得到

$$a=\left(1-\frac{\sqrt{2}}{2}\right)l=0.293\ l$$

即

$$\frac{a}{l}=0.293$$

(5) 确定许用载荷

由 $|M_B|\leqslant[\sigma]W_z$ 得

$$\frac{qa^2}{2}\leqslant[\sigma]W_z$$

由此得到

$$[q]=\frac{2}{a^2}[\sigma]W_z=23.3\ \frac{[\sigma]W_z}{l^2}$$

课程设计及学习思路

第 7 章
工程案例

掌握弯曲正应力和切应力的计算，熟练进行弯曲强度计算；了解提高梁弯曲强度的措施；理解梁非对称纯弯曲的概念，掌握非对称纯弯曲梁的正应力计算方法；掌握开口薄壁截面梁的

切应力计算方法。了解开口薄壁截面弯曲中心的概念和一些工程中常用截面弯曲中心位置。

第 7 章力学史人物故事

课程难点分析及学习体会

(1) 纯弯曲、横力弯曲的区别。横截面上的内力只有弯矩没有剪力的情况,称为纯弯曲。横截面上只有正应力没有切应力,纯弯曲变形比较简单,正应力公式是在纯弯曲条件下推导出来的。横力弯曲时,横截面上既有弯矩又有剪力,既有正应力又有切应力。如果是细长梁,可用在纯弯曲条件下推导出来的公式计算横力弯曲正应力,误差很小,可忽略。

(2) 纯弯曲时的弯曲正应力公式推导过程应用了平面假设,因为这是静不定问题,所以分析变形几何关系是关键。根据横截面上各点变形的规律可得到应力的分布规律。横截面上的正应力沿高度呈线性分布,中性轴处的正应力为零,上下边缘的正应力有最大值。正应力的拉、压与弯矩正、负一致。中性轴过形心,如果中性轴是对称轴,正应力的最大值等于弯矩除以抗弯截面系数。抗弯截面系数是截面的几何性质之一,等于惯性矩除以上、下边缘到中性轴的距离。如果中性轴不是对称轴,需分别计算上、下边缘正应力的极值。最大正应力与许用正应力比较,建立梁的正应力强度条件。

(3) 细长梁弯曲强度失效的主要因素是正应力,切应力的影响很小,一般不用进行切应力强度校核,除非是不抗剪的短粗梁、薄壁梁或各向异性材料。矩形截面等直梁的弯曲切应力公式是通过平衡条件推导出来的,是计算工字形、圆形、圆环形截面梁的弯曲切应力的基础。矩形截面切应力的大小呈抛物线分布,中性轴上的切应力有最大值,上下边缘的切应力为零。切应力的最大值是平均切应力的 1.5 倍。细长梁切应力对弯曲正应力的影响很小,可忽略。常利用切应力互等定理计算纵向截面的切应力。最大切应力与许用切应力比较,建立梁的切应力强度条件。

(4) 非对称截面梁的平面弯曲,弯曲中心的概念可用来判断杆件的变形形式。当横向力的作用线不过弯曲中心时,除了弯曲变形同时还伴随着扭转变形,这对于薄壁梁有不利影响。弯曲中心的位置是截面图形的几何性质之一,需要记住几种常见的薄壁截面图形弯曲中心的大致位置。

(5) 提高弯曲强度的措施主要是为了降低正应力,主要方法有选择合理的截面形状,合理安排受力和约束位置,选择复合材料等。

习　题

7-1　厚度为 $h=1.5$ mm 的钢带,卷成直径为 $D=3$ m 的圆环。试求钢带横截面上的最大正应力。已知钢的弹性模量为 $E=210$ GPa。

7-2　试求图中各梁 $m-m$ 截面上 a 点的正应力及最大正应力。

7-3　简支梁在跨中受一大小为 4 kN 的集中载荷作用。此梁若分别采用横截面面积相等的实心和空心圆形截面,且 $D_1=40$ mm,$\frac{d_2}{D_2}=0.6$,如图所示。试分别计算它们的最大正应力。空心圆形截面的最大正应力比实心截面的减小了百分之几?

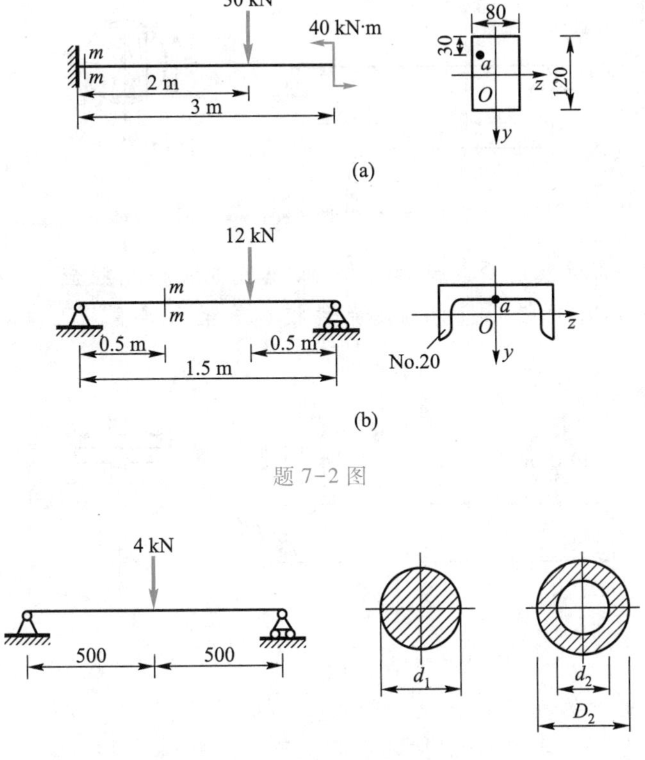

题 7-2 图

题 7-3 图

7-4　一矩形截面的悬臂木梁，其尺寸和所受载荷如图所示。木材的许用应力$[\sigma]=10$ MPa，$\frac{h}{b}=\frac{3}{2}$。(1) 根据强度条件确定截面的尺寸；(2) 若在 C 截面的中性轴处钻一直径为 d 的圆孔，试求保证该梁强度的条件下圆孔的最大直径 d。

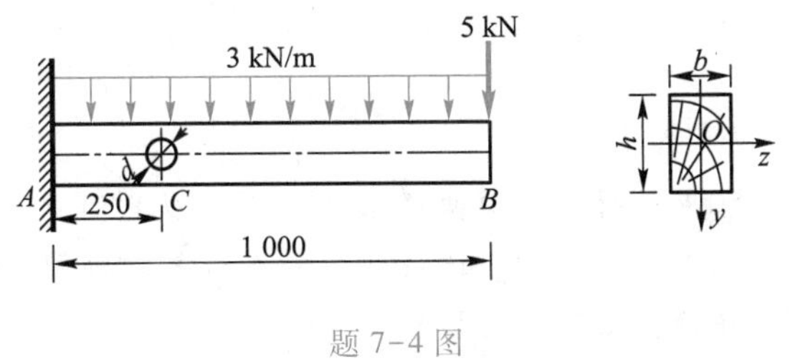

题 7-4 图

7-5　一矩形截面简支梁由圆柱形木材锯成，受力如图所示。木材的许用应力$[\sigma]=10$ MPa。(1)试确定抗弯截面系数为最大时矩形截面的高宽比$\frac{h}{b}$；(2)求制作此梁所需原木的最小直径 d。

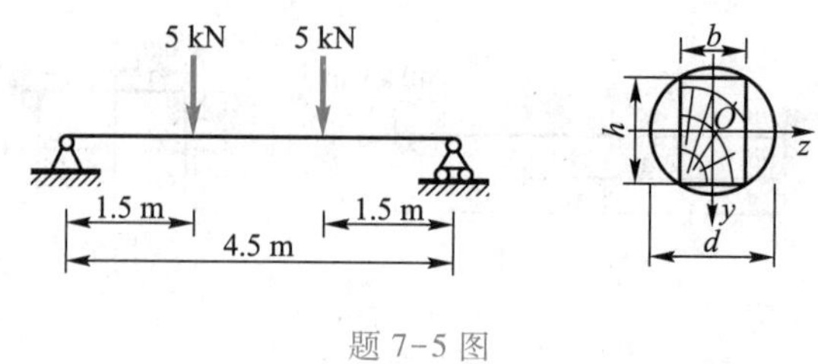

题 7-5 图

7-6　铸铁梁的尺寸及所受载荷如图所示。若材料的许用拉应力$[\sigma_t]=40$ MPa，许用压应力$[\sigma_c]=100$ MPa，试按正应力强度条件校核该梁的强度。已知 $y_C=157.5$ mm，$I_z=6.01\times10^{-5}\text{m}^4$。

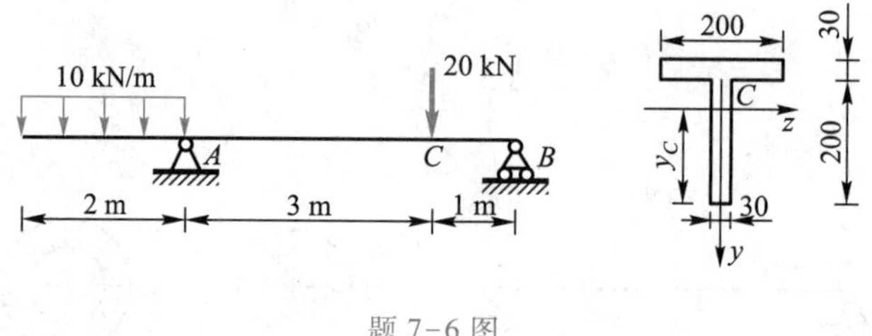

题 7-6 图

7-7　铸铁简支梁的截面形状及所受载荷如图所示，已知材料的许用拉应力$[\sigma_t]=30$ MPa，许用压应力$[\sigma_c]=90$ MPa，试确定截面尺寸 δ 值。

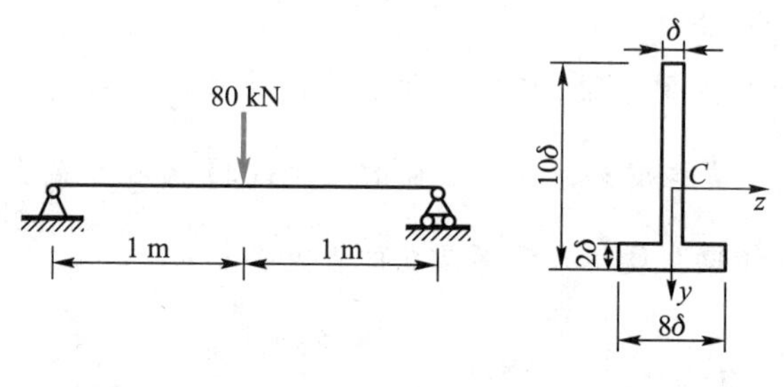

题 7-7 图

7-8　起重机重 $W=50$ kN，行走于由两根工字钢所组成的简支梁上。起重机的起重量 $F=10$ kN，梁材料的许用应力$[\sigma]=160$ MPa，设全部载荷平均分配在两根梁上。试确定起重机对梁的最不利位置，并选择工字钢的型号。

7-9　当集中载荷直接作用在跨长 $l=6$ m 的简支梁 AB 的中点时，梁内最大正应力超过许用值 30%。为了消除此过载现象，配置了如图所示的辅助梁 CD，试求此辅助梁的最小跨长 a。

7-10　钢油管的外径 $D=762$ mm，壁厚 $\delta=9$ mm，油的容重 $\gamma_1=8.3\ \text{kN/m}^3$，钢的容重 $\gamma_2=76\ \text{kN/m}^3$，钢管的许用应力$[\sigma]=160$ MPa。若将油管简支在支墩上，试求允许的最大跨长 l。

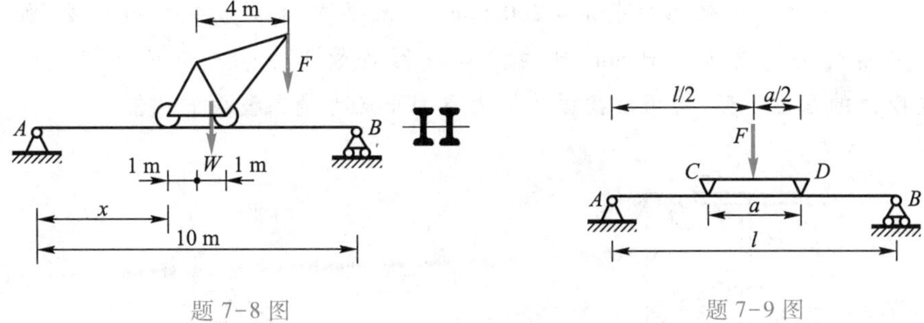

题 7-8 图　　　　题 7-9 图

7-11　铸铁外伸梁的截面形状、尺寸及所受载荷如图所示。已知材料的抗拉强度极限 $(\sigma_b)_t=150\ \text{MPa}$，抗压强度极限 $(\sigma_b)_c=630\ \text{MPa}$。试求梁的安全因数。

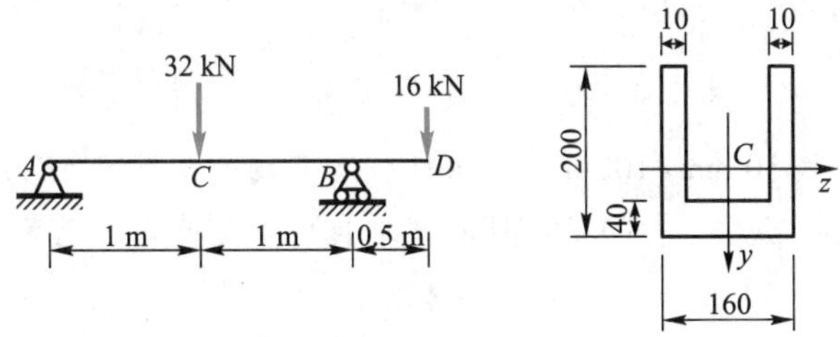

题 7-11 图

7-12　图示外伸梁由 No. 25a 工字钢制成，其跨长 $l=6\ \text{m}$，全梁上受均布载荷 q 作用。当支座处截面 A、B 上及跨中截面 C 上的最大正应力均为 140 MPa 时，试求外伸段的长度 a 及载荷集度 q。

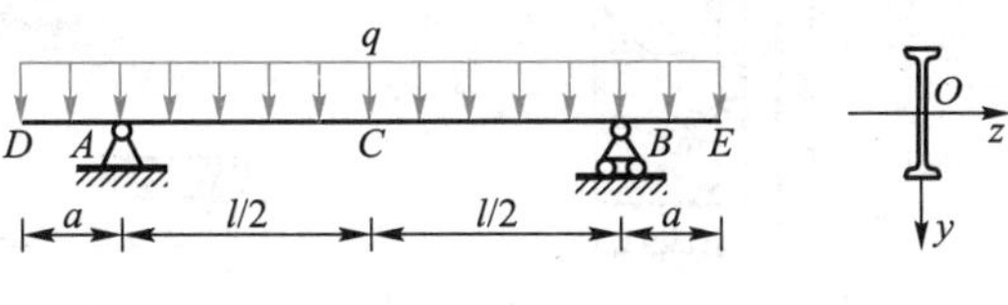

题 7-12 图

7-13　矩形截面简支梁的尺寸及受载荷情况如图所示。若已知材料的弹性模量 E 以及 q、l、b、h，试求梁底面纤维 AB 的总伸长。

7-14　一工字形截面梁由钢板焊接而成，横截面如图所示。当此梁在纵对称面内弯曲时，试求两翼所承担的那部分弯矩与全部弯矩之比。

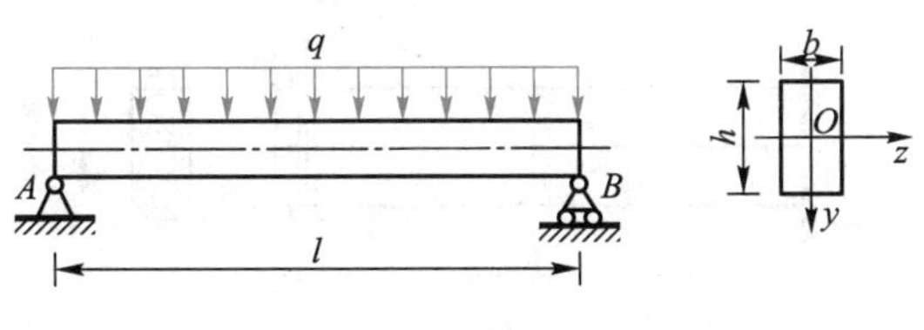

题 7-13 图

7-15　正方形截面梁的边长 $a=200$ mm，以水平对角线为中性轴放置，如图所示。(1) 上下尖角切去高度 $u=10$ mm 时的抗弯截面系数 W_z，与未切角时相比有何变化？(2) 若横截面的弯矩不变，切角后截面的最大弯曲正应力是原截面的几倍？

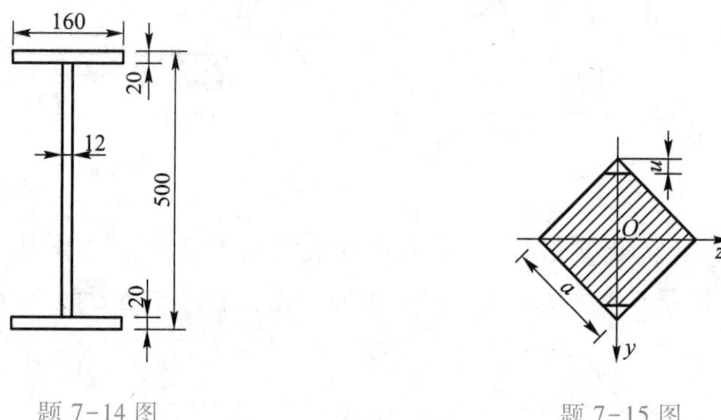

题 7-14 图　　题 7-15 图

7-16　一根由三块 50 mm×100 mm 的木板胶合而成的悬臂梁 AB，尺寸及所受载荷如图所示。胶合面的许用切应力 $[\tau]=0.35$ MPa，试求自由端处的许用载荷 $[F]$ 以及相应的梁内最大正应力。

7-17　矩形截面木梁 AB 如图所示，其高宽比 $\dfrac{h}{b}=\dfrac{3}{2}$，受一可移动载荷 $F=40$ kN 作用，已知 $[\sigma]=10$ MPa，$[\tau]=3$ MPa，试确定其截面尺寸。梁的 B 端由圆形截面钢杆支承，钢的许用应力 $[\sigma]_1=140$ MPa，试求 BC 杆的直径 d。

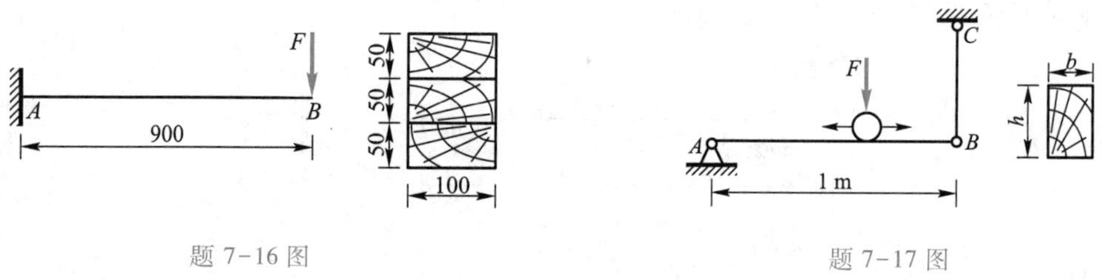

题 7-16 图　　题 7-17 图

7-18　木制悬臂梁 AB 由两根正方形截面木梁叠合而成，正方形边长 $h=120$ mm，如图所示。(1) 试求两根梁牢固地连接成一整体时连接缝上的切应力 τ' 及剪切内力 F'_S；(2) 若两根梁采用螺栓连接，螺栓的许用切应力 $[\tau]=90$ MPa，则螺栓的直径 d 应为多少？

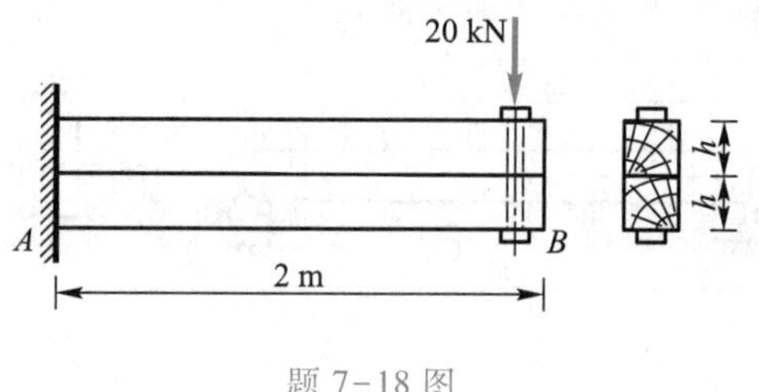

题 7-18 图

7-19　最大载重量分别为 150 kN 和 200 kN 的两台吊车，通过由工字钢制成的辅助梁 AB 起吊重量为 $P=300$ kN 的设备，如图所示。两台吊车均未超载，辅助梁自重可忽略不计，梁处于水平位置。试求图中距离 x 的范围。若钢的许用应力 $[\sigma]=160$ MPa，试选择工字钢的型号。

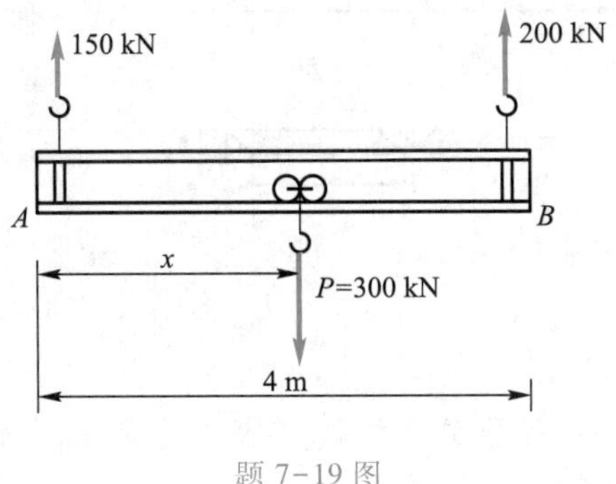

题 7-19 图

7-20　搁置在支座上的木板书架 CD 如图所示。书的重量可认为均匀分布，其载荷集度 $q=250$ N/m，木板的许用应力 $[\sigma]=6.4$ MPa。试在书布满全长度 CD 和仅布满跨长 AB 时，木板强度均能充分利用的条件下，求 a 与 l 之比，以及 l 的最大值。

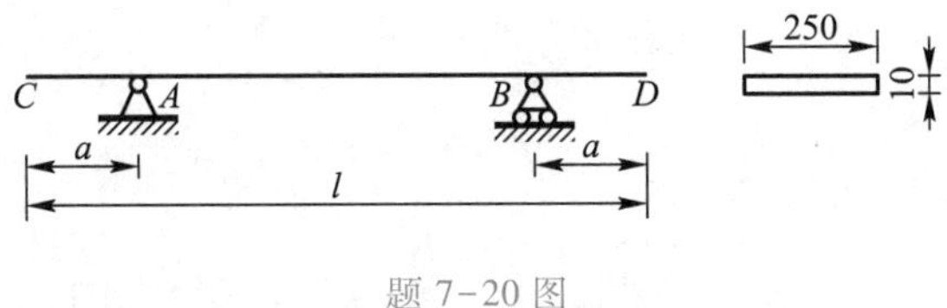

题 7-20 图

7-21　一矩形截面等宽度（宽度为 b）阶梯状直梁如图所示。横截面 D、C 和 E 上的最大正应力均等于 $[\sigma]$。试求梁在力 F 的作用下体积为最小时，其尺寸 a 与 l 之比，以及横截面高度 h_1 与 h_2 之比。

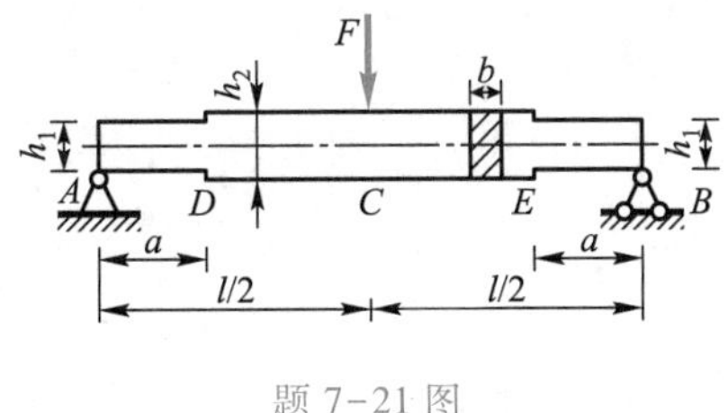

题 7-21 图

7-22　矩形截面悬臂梁 AB 受力如图 a 所示。试求梁中性层上切应力沿梁长度分布的规律，以及距自由端为 x 的横截面 $m-m$ 以左的一段梁在中性层上的剪切内力。若截取此段梁在中性层以下部分，如图 b 所示，试问此部分梁中性层上的剪切内力由什么力来平衡？试加以验证。

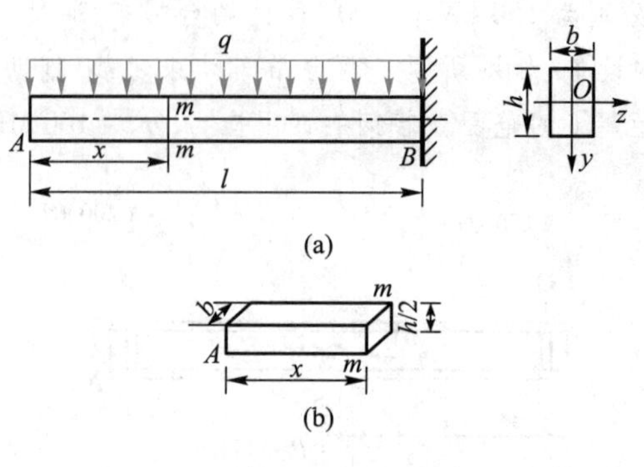

题 7-22 图

7-23　均布载荷作用下的等强度悬臂梁，其截面为矩形，若保持宽度 b 不变，试求截面高度 h 沿梁轴线的变化规律。

7-24　均布载荷作用下等强度简支梁，其截面为矩形，若保持高度 h 不变，试求截面宽度 b 沿梁轴线的变化规律。

第8章 弯曲变形

8.1 挠曲线近似微分方程

弯曲变形工程实例

梁的挠曲线

工程中的许多梁，除了要满足强度条件之外，还对弯曲变形有一定的限制。例如，桥式起重机的大梁，如果弯曲变形过大，将使梁上小车行走困难，并会引起梁的振动；机床主轴变形过大，将影响零件的加工精度；齿轮传动轴如果变形过大，不仅会影响齿轮的正常啮合，而且会加剧轴承的磨损。因此，需要研究梁的变形，解决梁的刚度设计问题。此外，分析求解静不定梁，以及压杆稳定等问题，也需要研究梁的变形。

在外载荷作用下，梁的轴线由直线变为曲线，变弯后的梁轴线称为**挠曲线**，它是一条连续且光滑的曲线。对称弯曲时，外力均位于梁的纵向对称面内，则挠曲线为一平面曲线，并位于该对称面内。

取变形前梁的轴线为 x 轴，与其垂直的轴为 w 轴（图 8-1），xw 平面是梁的纵对称平面或形心主惯性平面。梁轴线上的点在垂直于 x 轴方向的线位移 w 称为**截面的挠度**；横截面绕其中性轴转动的角位移 θ 称为**截面的转角**。对于工程上常见的细长梁，剪力对其变形的影响很小，梁的弯曲变形可视为完全由弯矩引起并符合平面假定。弯曲时，轴线上各点沿 x 轴方向的线位移都很小，可以忽略不计。这样，梁的变形就可归结为梁轴线的变形并用挠度和转角表示。

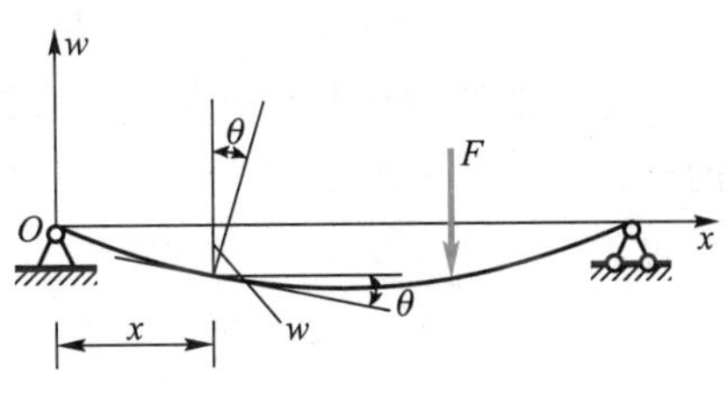

图 8-1

一般情况下，挠度 w 随截面位置而变化，梁的挠曲线可用如下函数表达：

$$w=f(x)$$

此式称为梁的**挠曲线方程**或**挠度函数**。

对于细长梁，因为忽略了剪力对弯曲变形的影响，梁的横截面保持与挠曲线正交，所以横截面的转角等于该截面处挠曲线的切线与 x 轴的夹角，也是该截面处挠曲线的斜率，故有

$$\tan\theta=\frac{\mathrm{d}w}{\mathrm{d}x},\qquad \theta=\arctan\frac{\mathrm{d}w}{\mathrm{d}x}$$

工程中梁的挠度一般远小于跨度，挠曲线是一条非常平坦的曲线，转角 θ 也是一个非常小的角度，于是可以写作

$$\theta\approx\tan\theta=\frac{\mathrm{d}w}{\mathrm{d}x}=f'(x)$$

在图 8-1 所示坐标系中，向上的挠度规定为正，逆时针转动的转角规定为正，反之为负。

为求解梁的挠曲线方程，可应用中性层曲率表示梁的弯曲变形公式，即式(7-1)：

$$\frac{1}{\rho}=\frac{M}{EI} \tag{a}$$

式中，I 为横截面对中性轴 z 的惯性矩(这里省略下标 z)。

式(a)是梁在纯弯曲时建立的，对于横力弯曲的细长梁，忽略剪力后，式(a)仍可应用，但这时 M 和 ρ 都是 x 的函数，式(a)应写为

$$\frac{1}{\rho(x)}=\frac{M(x)}{EI} \tag{b}$$

式中，$\frac{1}{\rho(x)}$和 $M(x)$ 分别代表挠曲线在 x 处的曲率和该截面的弯矩。

将图 8-1 中的微分弧段 ds 放大，如图 8-2 所示，ds 两端法线的交点即为曲率中心，这就确定了曲率半径 $\rho(x)$。由高等数学可知，平面曲线的曲率可写成

$$\pm\frac{w''}{(1+w'^2)^{3/2}}=\frac{1}{\rho(x)} \tag{c}$$

将式(c)代入式(b)，得

$$\frac{w''}{(1+w'^2)^{3/2}}=\pm\frac{M(x)}{EI} \tag{d}$$

由于梁的挠曲线是平坦的曲线，转角 w'是一个很小的量，w'^2 与 1 相比更加微小，可略去不计。上式近似写为

$$w''=\pm\frac{M(x)}{EI} \tag{e}$$

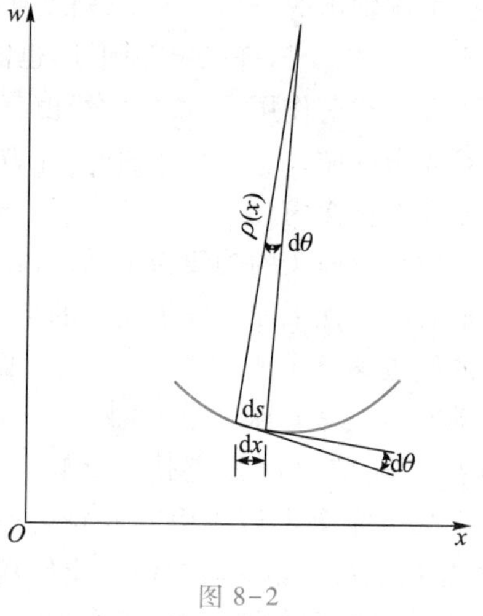

图 8-2

在图 8-2 所示的坐标系下，w''的正负号与弯矩 M 的相同，所以上式右端应取正号，即

$$w''=\frac{M(x)}{EI} \tag{8-1}$$

此式称为梁的挠曲线近似微分方程。

8.2 积分法求梁的变形

对于等直梁，EI 为常量，可直接将式(8-1)进行积分求挠曲线方程，对 x 积分一次，得

$$EIw' = \int M(x)\,dx + C \tag{8-2}$$

再积分一次，得

$$EIw = \int\left[\int M(x)\,dx\right]dx + Cx + D \tag{8-3}$$

式中,积分常数 C、D 可利用梁支座处已知的位移条件,即边界条件来确定。例如,在固定端处,梁的挠度和转角均为零,即

$$w=0, \qquad \theta=w'=0$$

在铰支座处,梁的挠度为零,即

$$w=0$$

当梁上的弯矩方程分段写出时,挠曲线近似微分方程也应分段建立,积分时每一段都会出现两个积分常数。为确定这些积分常数,除利用边界条件外,还需利用分段处挠曲线的连续条件,即在相邻两段的交接处,左右两段梁的挠度和转角均应相等。

由上述分析可知,梁的位移不仅与梁的弯矩 M 及弯曲刚度 EI 有关,而且与梁的支座约束条件有关。

例 8-1 悬臂梁 AB 的自由端受集中载荷 F 作用,如图 8-3 所示。已知梁的弯曲刚度 EI 为常量,试求此梁的挠曲线方程和转角方程,并求最大挠度 w_{max} 和最大转角 θ_{max}。

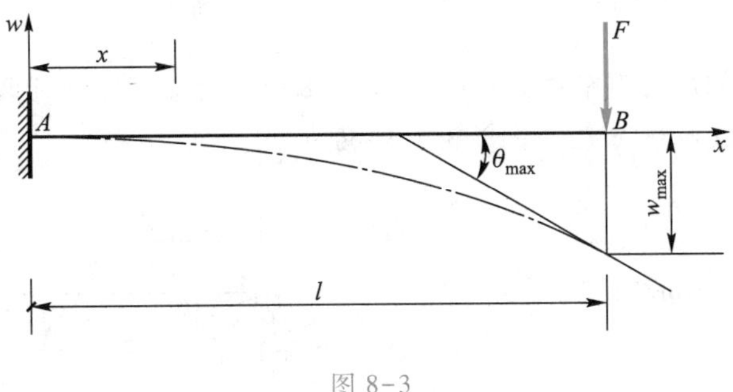

图 8-3

解:(1) 选取坐标系如图所示,列弯矩方程

$$M(x)=-F(l-x) \quad (0\leqslant x\leqslant l)$$

(2) 列挠曲线近似微分方程

$$EIw''=M(x)=-Fl+Fx \tag{a}$$

将上式进行积分,得到

$$EIw'=-Flx+\frac{1}{2}Fx^2+C \tag{b}$$

$$EIw=-\frac{1}{2}Flx^2+\frac{1}{6}Fx^3+Cx+D \tag{c}$$

(3) 确定积分常数

边界条件为

$$x=0\ 处, \quad w=0, \quad w'=0$$

将这两个边界条件代入式(b)、式(c)得

$$C=0, \qquad D=0$$

将 C、D 代入式(b)、式(c),得到梁的转角方程和挠曲线方程分别为

$$\theta = w' = -\frac{F}{EI}\left(lx - \frac{1}{2}x^2\right) \tag{d}$$

$$w = -\frac{F}{6EI}(3lx^2 - x^3) \tag{e}$$

(4) 最大挠度和最大转角

根据梁的受力情况和边界条件,画出梁的挠曲线大致形状(图 8-3 中的虚线)。梁的最大转角和最大挠度(指绝对值最大)均在自由端 B 处,将 $x=l$ 分别代入式(d)、式(e),即得

$$\theta_{\max} = \theta_B = \theta\big|_{x=l} = -\frac{Fl^2}{2EI}(\curvearrowright)$$

$$w_{\max} = w_B = w\big|_{x=l} = -\frac{Fl^3}{3EI}(\downarrow)$$

所得结果均为负,说明截面 B 的转角是顺时针方向,挠度向下,括号里的符号表示位移的实际方向。

例 8-2 简支梁 AB 受均布载荷 q 作用,如图 8-4 所示。已知弯曲刚度 EI 为常量,试求此梁的转角方程和挠曲线方程,并求最大转角 $\theta_{\max}$ 和最大挠度 $w_{\max}$。

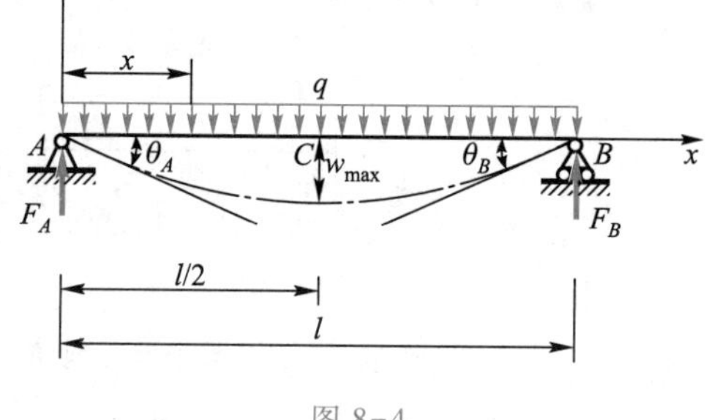

图 8-4

解: (1) 求支座约束力

$$F_A = F_B = ql/2(\uparrow)$$

(2) 列弯矩方程

$$M(x) = \frac{ql}{2}x - \frac{qx^2}{2} = \frac{q}{2}(lx - x^2) \quad (0 \leqslant x \leqslant l) \tag{a}$$

(3) 列挠曲线近似微分方程

$$EIw'' = \frac{q}{2}(lx - x^2)$$

经两次积分,分别得

$$EIw' = \frac{q}{2}\left(\frac{lx^2}{2} - \frac{x^3}{3}\right) + C \tag{b}$$

$$EIw = \frac{q}{2}\left(\frac{lx^3}{6} - \frac{x^4}{12}\right) + Cx + D \tag{c}$$

(4) 确定积分常数

边界条件

$$x = 0 \text{ 处}, w = 0$$
$$x = l \text{ 处}, w = 0$$

将这两个边界条件代入式(c),可得

$$D = 0$$

以及

$$EIw\big|_{x=l}=\frac{q}{2}\left(\frac{l^4}{6}-\frac{l^4}{12}\right)+Cl=0$$

解出

$$C=\frac{-ql^3}{24}$$

(5) 转角方程和挠曲线方程

将 C、D 值代入式(b)、式(c),得到梁的转角方程和挠曲线方程分别为

$$\theta=w'=\frac{-q}{24EI}(l^3-6lx^2+4x^3) \tag{d}$$

$$w=\frac{-qx}{24EI}(l^3-2lx^2+x^3) \tag{e}$$

(6) 最大转角和最大挠度

由梁的支座及载荷的对称性可知,其弯曲变形也是对称的,梁的挠曲线大致形状如图 8-4 中的虚线所示。左、右两支座处的转角绝对值相等,均为最大值。分别以 $x=0$ 及 $x=l$ 代入式(d),可得

$$\theta_{\max}=\theta_A=-\theta_B=\frac{-ql^3}{24EI}(\curvearrowright)$$

最大挠度在梁跨中点即 $x=l/2$ 处,其值为

$$w_{\max}=w\big|_{x=l/2}=\frac{-ql/2}{24EI}\left(l^3-2l\frac{l^2}{4}+\frac{l^3}{8}\right)=\frac{-5ql^4}{384EI}(\downarrow)$$

积分常数 C 和 D 是有物理意义的。从上面两个例题可以验证,C 和 D 除以 EI 以后,分别代表坐标原点处梁的转角 θ_0 和挠度 w_0。

例 8-3 简支梁 AB 如图 8-5 所示。已知梁的弯曲刚度 EI 为常量。试求梁的转角方程和挠曲线方程,并确定其最大转角和最大挠度(设 $a>b$)。

解: (1) 求支座约束力并列弯矩方程

$$F_A=\frac{Fb}{l}(\uparrow),\qquad F_B=\frac{Fa}{l}(\uparrow)$$

由于 D 截面有集中力作用,因此应分段建立弯矩方程,即

$$M_1(x)=\frac{Fb}{l}x \qquad (0\leqslant x\leqslant a)$$

$$M_2(x)=\frac{Fb}{l}x-F(x-a) \qquad (a\leqslant x\leqslant l)$$

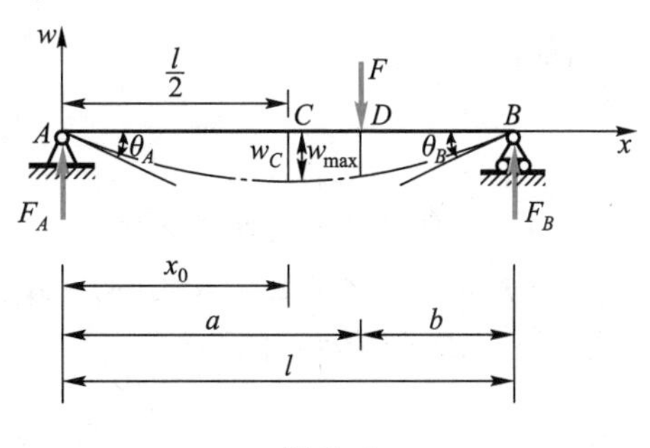

图 8-5

(2) 分别列出挠曲线近似微分方程并积分

对于 AD 段$(0\leqslant x\leqslant a)$:

$$EIw''_1=\frac{Fb}{l}x$$

$$EIw'_1=\frac{Fb}{l}\frac{x^2}{2}+C_1 \tag{a}$$

$$EIw_1=\frac{Fb}{l}\frac{x^3}{6}+C_1x+D_1 \tag{b}$$

对于 DB 段($a\leqslant x\leqslant l$):

$$EIw''_2=\frac{Fb}{l}x-F(x-a)$$

$$EIw'_2=\frac{Fb}{l}\frac{x^2}{2}-\frac{F(x-a)^2}{2}+C_2 \tag{c}$$

$$EIw_2=\frac{Fb}{l}\frac{x^3}{6}-\frac{F(x-a)^3}{6}+C_2x+D_2 \tag{d}$$

对 DB 段进行积分时,对含有$(x-a)$的项是以$(x-a)$作为自变量的,这样在利用分段点 D 处的位移连续条件时可使确定积分常数的工作得到简化。

(3) 确定积分常数

梁的位移边界条件为

$$在\ x=0\ 处, w_1=0 \tag{e}$$

$$在\ x=l\ 处, w_2=0 \tag{f}$$

AD 和 DB 两段交界处 D 点的位移连续条件为

$$在\ x=a\ 处, w'_1=w'_2, w_1=w_2 \tag{g}$$

由以上四个条件,可确定四个积分常数 C_1、C_2、D_1 与 D_2。

将连续条件分别代入式(a)、式(b),式(c)与式(d),可得

$$C_1=C_2, \qquad D_1=D_2 \tag{h}$$

将式(h)代入式(b)和式(d),并利用边界条件式(e)和式(f)得

$$D_1=D_2=0$$

$$EIw_2\big|_{x=l}=\frac{Fb}{l}\frac{l^3}{6}-\frac{F(l-a)^3}{6}+C_2l=0$$

由此解出

$$C_1=C_2=-\frac{Fb}{6l}(l^2-b^2)$$

(4) 转角方程和挠曲线方程

将求解的积分常数代入式(a)~式(d),即得两段梁的转角方程和挠曲线方程。

对于 AD 段($0\leqslant x\leqslant a$):

$$\theta_1=w'_1=\frac{-Fb}{6lEI}(l^2-b^2-3x^2) \tag{i}$$

$$w_1=\frac{-Fbx}{6lEI}(l^2-b^2-x^2) \tag{j}$$

对于 DB 段($a\leqslant x\leqslant l$):

$$\theta_2=w'_2=\frac{-Fb}{6lEI}\left[(l^2-b^2-3x^2)+\frac{3l}{b}(x-a)^2\right] \tag{k}$$

$$w_2=\frac{-Fb}{6lEI}\left[\frac{l}{6}(x-a)^3+(l^2-b^2-x^2)x\right] \tag{l}$$

(5) 求最大转角和最大挠度

由于 $a>b$,梁的最大转角发生在梁的 B 支座处。将 $x=l$ 代入式(k),得

$$\theta_{\max}=\theta_B=\theta_2\big|_{x=l}=\frac{Fab(l+a)}{6lEI}(\circlearrowright)$$

为了判断挠曲线的极值发生在哪一段,将 $x=a$ 代入式(i),得

$$\theta_D=\frac{-Fb}{6lEI}(l^2-b^2-3a^2)=\frac{Fab}{3lEI}(a-b)$$

因为 $a>b$,所以 $\theta_D>0$,即挠曲线在 D 点处切线斜率为正,由变形连续性可判断出挠曲线在 AD 段有极值。令 $w'_1=0$,由式(i)可解得挠度为极值的截面坐标 x_0 为

$$x_0=\sqrt{\frac{l^2-b^2}{3}} \tag{m}$$

将式(m)代入式(j),求出最大挠度为

$$w_{\max}=w_1\big|_{x=x_0}=\frac{-Fb\ (l^2-b^2)^{3/2}}{9\sqrt{3}\,lEI}(\downarrow) \tag{n}$$

为了方便工程应用,下面讨论简支梁最大挠度的简化计算问题。先求梁跨中点 C 的挠度 w_C,将 $x=\dfrac{l}{2}$ 代入式(j),得

$$w_C=\frac{-Fb}{48EI}(3l^2-4b^2) \tag{o}$$

当集中载荷 F 无限接近右端支座,即 b 值趋近于零时,从式(m)、式(n)与式(o)可得

$$x_0=\frac{l}{\sqrt{3}}=0.577l$$

$$w_{\max}\approx\frac{-Fbl^2}{9\sqrt{3}EI}=-0.064\ 2\frac{Fbl^2}{EI}$$

$$w_C\approx\frac{-Fbl^2}{16EI}=-0.062\ 5\frac{Fbl^2}{EI}$$

可见,即使在这种极端的情况下,最大挠度仍然靠近跨度中点,用 w_C 代替 $w_{\max}$ 所引起的误差仅为 2.65%。进一步分析可以推断,只要简支梁的挠曲线无拐点,就可以用梁跨度中点的挠度代替最大挠度,其精度足以满足工程要求。

例 8-4 弯曲刚度 EI 相同的两梁受力分别如图 8-6a,b 所示,前者为悬臂梁,后者为简支梁。试分别画出两梁的挠曲线大致形状,并作比较。

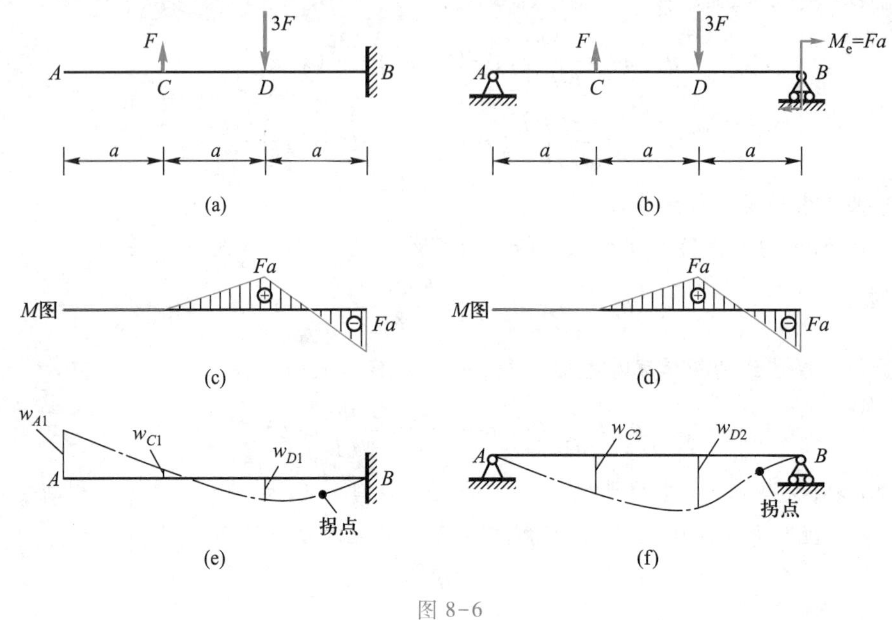

图 8-6

解:分别做出两梁的弯矩图,如图 8-6c,d 所示,这两个弯矩图完全相同。

根据挠曲线近似微分方程 $w''=\dfrac{M(x)}{EI}$ 可知,挠曲线的曲率与相应截面的弯矩有关,其凸凹性可依据 M 图作判断,即在 $M>0$ 的梁段,挠曲线曲率为正,形状为凹;在 $M<0$ 的梁段,挠曲线曲率为负,形状为凸;在 $M=0$ 的梁段(AC 段),挠曲线曲率为零,形状为直线;在 M 图上弯矩正负号发生改变的点,对应着挠曲线的拐点。因为弯矩相同,所以此二梁的挠曲线形状的凸凹性相同。

梁的挠曲线形状还与约束有关。悬臂梁在固定端 B 处转角和挠度都为零,其挠曲线大致形状如图 8-6e 中虚线所示。简支梁在支座 A、B 处的挠度为零,其挠曲线大致形状如图 8-6f 中虚线所示。比较可见,由于位移约束不同,因此二梁在对应位置上的位移不相同。

8.3 叠加法求梁的位移

一、叠加法求梁的位移

在微小变形和材料服从胡克定律的条件下,弯矩与载荷呈线性关系,且梁的挠曲线近似微分方程式(8-1)也是线性的,即挠曲线的曲率与弯矩成正比。因此,梁的挠度和转角与梁上载荷成正比。在这种情况下,梁在多个载荷(如集中力、集中力偶或分布力)同时作用下,某一横截面的挠度或转角，分别等于每个载荷单独作用下该截面的挠度或转角的代数和，这就是求解梁位移的**叠加法**。

为了便于应用叠加法，将梁在一些简单载荷作用下的转角和挠度公式列入表 8-1，以备查用。

例 8-5 外伸梁受力如图 8-7a 所示，试用叠加法求支座截面 B 的转角 θ_B、自由端 A 的挠度 w_A 以及跨中点 D 的挠度 w_D。

解：(1) 分析简化

表 8-1 中没有外伸梁的位移公式。为了应用表 8-1，可将梁沿 B 截面分为两段，将外伸段看作悬臂梁，BC 段看作简支梁，如图 8-7b,c 所示。图中两段梁截面 B 上作用的力和力偶，即为原截面 B 的剪力和弯矩。

(2) 求截面 B 的转角 θ_B 及 D 截面的挠度 w_D

简支梁 BC 的 θ_B 和 w_D，也就是原梁的 θ_B 和 w_D。在 BC 段的三个载荷中，集中力 qa 作用在支座处，不会使梁产生弯曲变形。从表 8-1 中分别查出支座力偶 M_B 与跨中集中力 F 所引起简支梁的 θ_B 和 w_D（图 8-7d,e），分别为

$$\theta_{BM}=\frac{M_B l}{3EI}=\frac{\frac{1}{2}qa^2(2a)}{3EI}=\frac{qa^3}{3EI},\qquad \theta_{BF}=\frac{-Fl^2}{16EI}=\frac{-qa\,(2a)^2}{16EI}=\frac{-qa^3}{4EI}$$

$$w_{DM}=\frac{M_B l^2}{16EI}=\frac{\frac{1}{2}qa^2\,(2a)^2}{16EI}=\frac{qa^4}{8EI},\qquad w_{DF}=\frac{-Fl^3}{48EI}=\frac{-qa\,(2a)^3}{48EI}=\frac{-qa^4}{6EI}$$

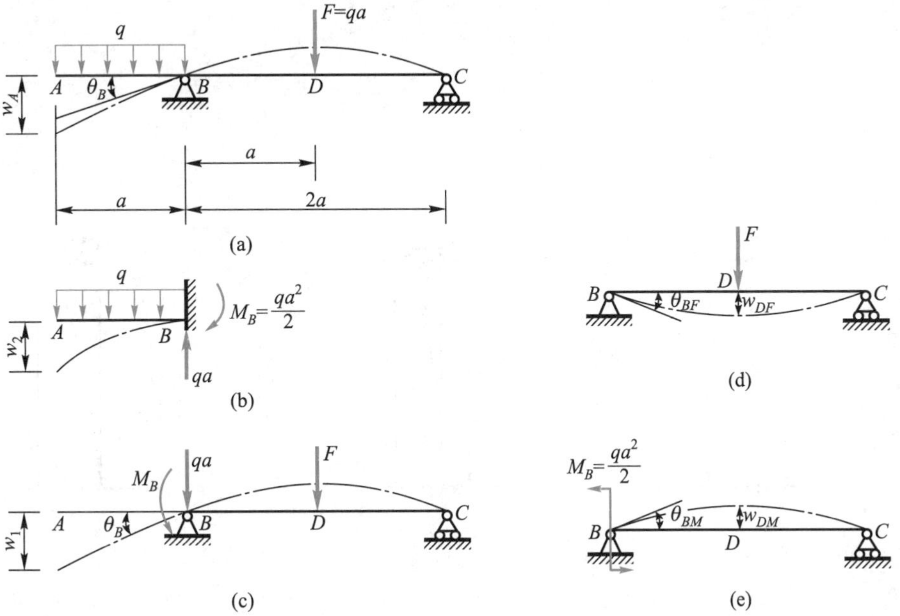

图 8-7

表 8-1　简单载荷作用下梁的转角和挠度

序号	支承和载荷情况	挠曲线方程	梁端截面转角	最大挠度
1	w, F, x, θ, w_{max}, l	$w=\frac{-Fx^2}{6EI}(3l-x)$	$\theta=\frac{-Fl^2}{2EI}$	$w_{max}=\frac{-Fl^3}{3EI}$
2	w, a, F, x, θ, w_{max}, l	$w=\frac{-Fx^2}{6EI}(3a-x)$ $(0\leqslant x\leqslant a)$ $w=\frac{-Fa^2}{6EI}(3x-a)$ $(a\leqslant x\leqslant l)$	$\theta=\frac{-Fa^2}{2EI}$	$w_{max}=\frac{-Fa^2}{6EI}(3l-a)$
3	w, M_e, x, θ, w_{max}, l	$w=\frac{-M_e x^2}{2EI}$	$\theta=\frac{-M_e l}{EI}$	$w_{max}=\frac{-M_e l^2}{2EI}$

续表

序号	支承和载荷情况	挠曲线方程	梁端截面转角	最大挠度
4	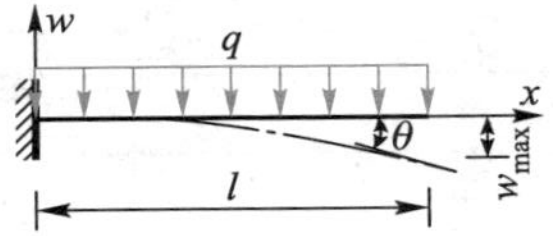	$w=\dfrac{-qx^2}{24EI}(x^2+6l^2-4lx)$	$\theta=\dfrac{-ql^3}{6EI}$	$w_{\max}=\dfrac{-ql^4}{8EI}$
5	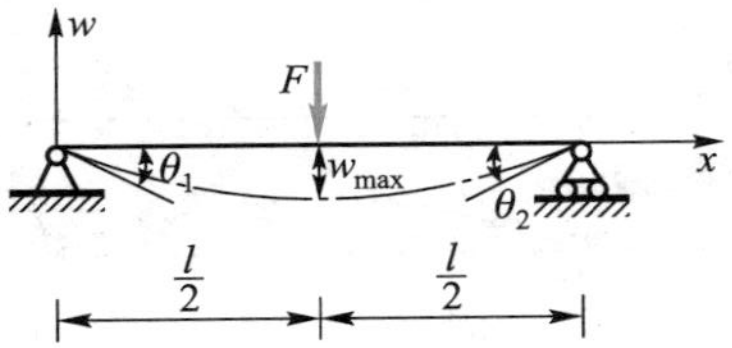	$w=\dfrac{-Fx}{48EI}(3l^2-4x^2)$ $(0\leqslant x\leqslant\dfrac{l}{2})$	$\theta_1=-\theta_2=$ $\dfrac{-Fl^2}{16EI}$	$w_{\max}=\dfrac{-Fl^3}{48EI}$
6	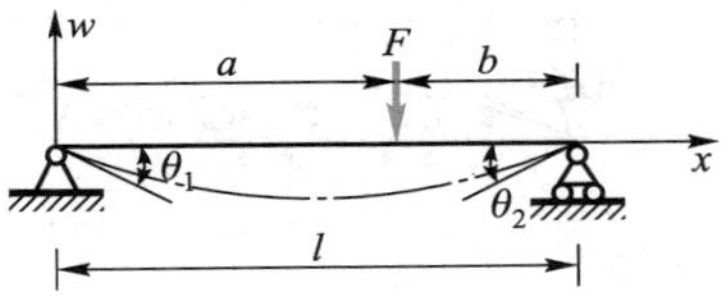	$w=\dfrac{-Fbx}{6lEI}(l^2-b^2-x^2)$ $(0\leqslant x\leqslant a)$ $w=\dfrac{-Fb}{6lEI}\left[\dfrac{l}{b}(x-a)^3+(l^2-b^2-x^2)x\right]$ $(a\leqslant x\leqslant l)$	$\theta_1=\dfrac{-Fab(l+b)}{6lEI}$ $\theta_2=\dfrac{Fab(l+a)}{6lEI}$	若 $a>b$，在 $x=\sqrt{\dfrac{l^2-b^2}{3}}$ 处， $w_{\max}=\dfrac{-Fb(l^2-b^2)^{3/2}}{9\sqrt{3}\,lEI}$ 在 $x=l/2$ 处， $w_{l/2}=\dfrac{-Fb(3l^2-4b^2)}{48EI}$

续表

序号	支承和载荷情况	挠曲线方程	梁端截面转角	最大挠度
7	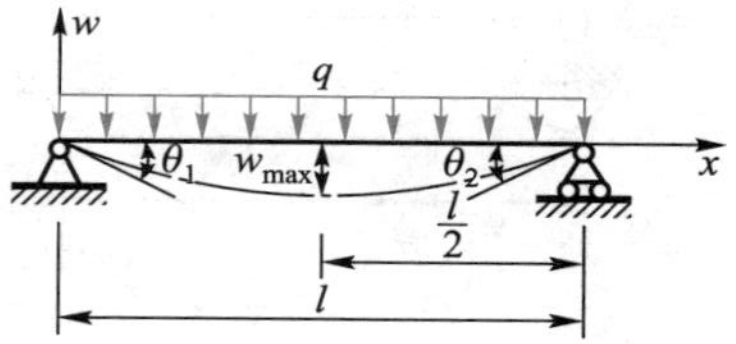	$w=\dfrac{-qx}{24EI}(l^3-2lx^2+x^3)$	$\theta_1=-\theta_2=\dfrac{-ql^3}{24EI}$	$w_{\max}=\dfrac{-5ql^4}{384EI}$
8	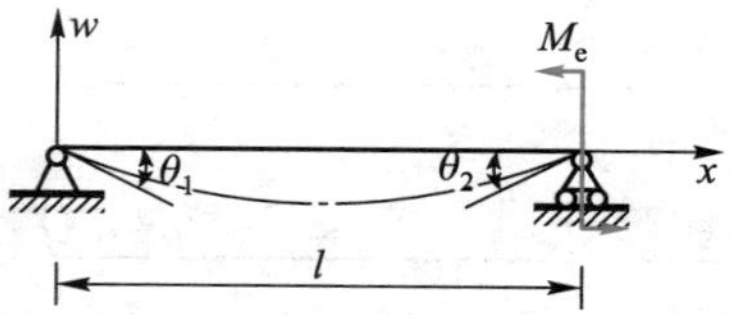	$w=\dfrac{-M_e x}{6lEI}(l^2-x^2)$	$\theta_1=\dfrac{-M_e l}{6EI}$ $\theta_2=\dfrac{M_e l}{3EI}$	在 $x=\dfrac{l}{\sqrt{3}}$ 处，$w_{\max}=\dfrac{-M_e l^2}{9\sqrt{3}EI}$ 在 $x=l/2$ 处，$w_{l/2}=\dfrac{-M_e l^2}{16EI}$
9	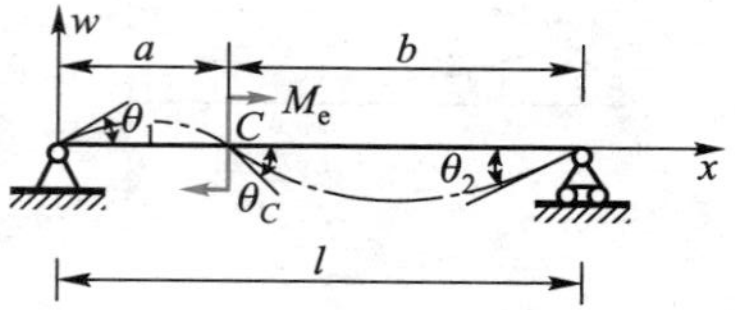	$w=\dfrac{M_e x}{6lEI}(l^2-3b^2-x^2)$ $(0\leqslant x\leqslant a)$ $w=\dfrac{-M_e(l-x)}{6lEI}[l^2-3a^2-(l-x)^2]$ $(a\leqslant x\leqslant l)$	$\theta_1=\dfrac{M_e}{6lEI}(l^2-3b^2)$ $\theta_2=\dfrac{M_e}{6lEI}(l^2-3a^2)$ $\theta_C=\dfrac{-M_e}{6lEI}(3a^2+3b^2-l^2)$	在 $x=\left(\dfrac{l^2-3b^2}{3}\right)^{1/2}$ 处， $w_{1\max}=\dfrac{(l^2-3b^2)^{3/2}}{9\sqrt{3}lEI}M_e$ 在 $x=\left(\dfrac{l^2-3a^2}{3}\right)^{3/2}$ 处， $w_{2\max}=\dfrac{-(l^2-3a^2)^{3/2}}{9\sqrt{3}lEI}M_e$

叠加后可得

$$\theta_B=\theta_{BM}+\theta_{BF}=\frac{qa^3}{3EI}-\frac{qa^3}{4EI}=\frac{qa^3}{12EI}(\circlearrowleft)$$

$$w_D=w_{DM}+w_{DF}=\frac{qa^4}{8EI}-\frac{qa^4}{6EI}=-\frac{qa^4}{24EI}(\downarrow)$$

（3）求 A 端截面的挠度

由图 8-7a 可见，挠度 w_A 由两部分组成：由 B 截面转动引起的挠度 w_1 和作为悬臂梁 AB 本身由均布载荷引起的挠度 w_2，即

$$w_A=w_1+w_2=-\theta_B a+w_2$$

式中，$\theta_B a$ 这一项为负，是因为 θ_B 为正值时将产生负值的 w_1，查表 8-1 可得 $w_2=-\frac{qa^4}{8EI}$，代入上式得

$$w_A=-\left(\frac{qa^3}{12EI}\right)a-\frac{qa^4}{8EI}=-\frac{5qa^4}{24EI}(\downarrow)$$

例 8-6 变截面悬臂梁 AC 受力如图 8-8a 所示，已知 AB 段的弯曲刚度为 EI，BC 段的弯曲刚度为 $2EI$，试用叠加法求 A 截面的转角和挠度。

解：在本题中，因为两段梁的弯曲刚度不同，所以在应用叠加法求 A 截面位移时，应分别求出两段梁的位移，然后再叠加。

沿截面突变处 B 将梁截开，B 截面的内力转化为外力，如图 8-8b，c 所示。利用表 8-1 中的公式，可分别求得两段梁的变形，在 AB 段（图 8-8b）有

$$\theta_{A1}=\frac{Fa^2}{2EI}(\circlearrowleft),\qquad w_{A1}=-\frac{Fa^3}{3EI}(\downarrow)$$

BC 段（图 8-8c）有

$$\theta_B=\frac{Fa^2}{2(2EI)}+\frac{(Fa)a}{2EI}=\frac{3Fa^2}{4EI}(\circlearrowleft)$$

$$w_B=-\frac{Fa^3}{3(2EI)}-\frac{(Fa)a^2}{2(2EI)}=-\frac{5Fa^3}{12EI}(\downarrow)$$

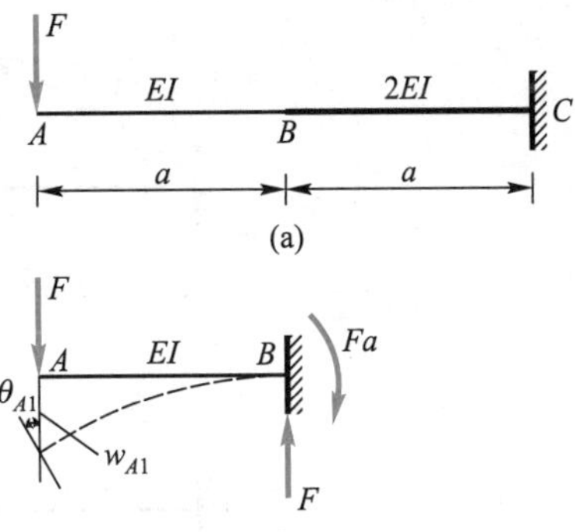

由图 8-8c 可见，因 AB 为直线，故 A 截面转角 $\theta_{A2}=\theta_B$，从而有

$$w_{A2}=w_B+\theta_B a=-\frac{5Fa^3}{12EI}-\frac{3Fa^2}{4EI}a=-\frac{7Fa^3}{6EI}(\downarrow)$$

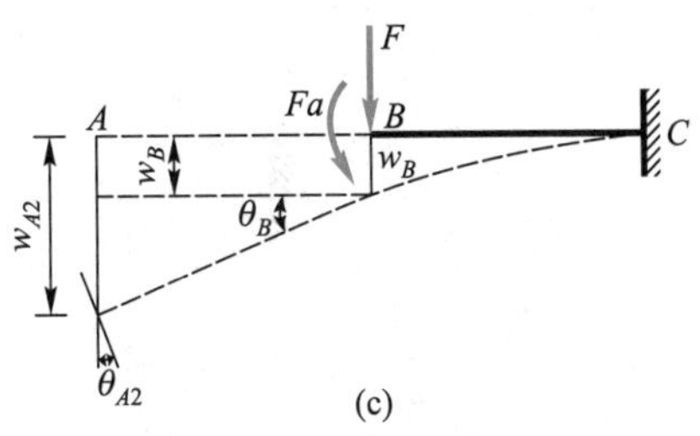

图 8-8

叠加可得

$$\theta_A=\theta_{A1}+\theta_{A2}=\frac{Fa^2}{2EI}+\frac{3Fa^2}{4EI}=\frac{5Fa^2}{4EI}(\circlearrowleft)$$

$$w_A = w_{A1}+w_{A2} = -\frac{Fa^3}{3EI}-\frac{7Fa^3}{6EI} = -\frac{3Fa^3}{2EI}(\downarrow)$$

例 8-7 等截面简支梁 AB 受力如图 8-9a 所示，$b<\frac{l}{2}$，已知 EI 为常数，试求梁跨中点 C 的挠度。

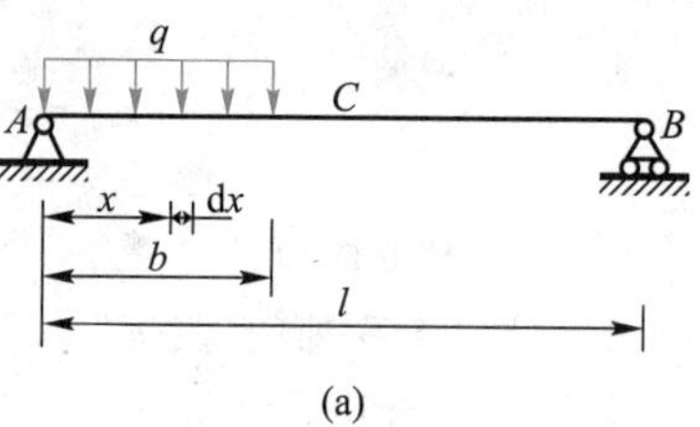

(a)

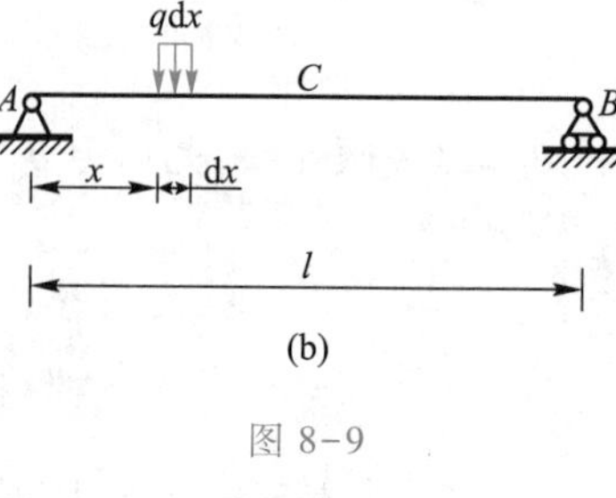

(b)

图 8-9

解：分布载荷可看作是由无数微小集中载荷组成。利用表 8-1 中的公式，可求得距 A 端为 x 处的微载荷 $q\mathrm{d}x$ 作用下（图 8-9b）梁跨中 C 的挠度为

$$\mathrm{d}w_C = -\frac{(q\mathrm{d}x)x}{48EI}(3l^2-4x^2)$$

根据叠加原理，图（8-9a）梁中点挠度可通过以下定积分求得：

$$w_C = \int \mathrm{d}w_C = -\frac{q}{48EI}\int_0^b x(3l^2-4x^2)\mathrm{d}x$$

$$= -\frac{qb^2}{48EI}\left(\frac{3}{2}l^2-b^2\right)\ (\downarrow)$$

例 8-8 图 8-10a 所示组合梁 AC，由梁 AB 与梁 BC 用铰链连接而成。两梁的弯曲刚度 EI 相同且为常数。支座 C 为弹性支承，其刚度系数 $k=\frac{EI}{a^3}$。试求 BC 梁跨中 D 截面的挠度 w_D 和 C 截面的转角 θ_C。

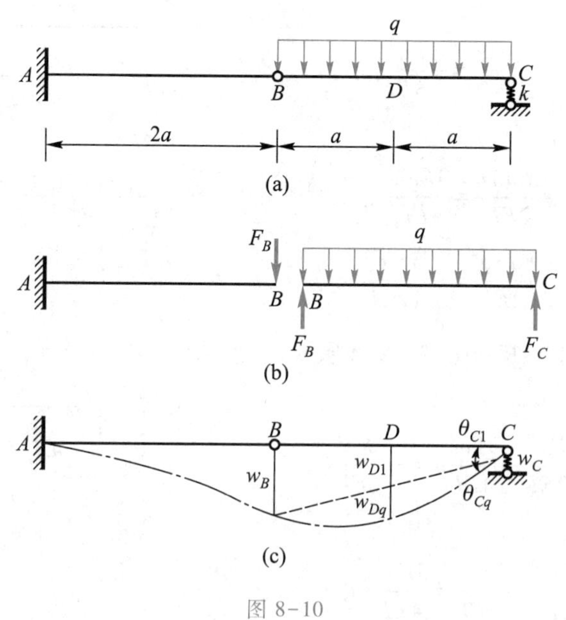

图 8-10

解：(1) 问题分析

梁 AB 与梁 BC 受力如图 8-10b 所示，由 BC 梁受力的对称性可知 $F_C=F_B=qa$。两梁的变形和位移如图 8-10c 所示，由图可见，梁 BC 的待求位移由 B、C 处的梁端位移和梁自身的弯曲变形两部分组成，可先分别求得，再进行叠加。

(2) B、C 处的梁端位移

悬臂梁 AB 的自由端挠度为

$$w_B=-\frac{F_B(2a)^3}{3EI}=-\frac{qa\times 8a^3}{3EI}=-\frac{8qa^4}{3EI}(\downarrow)$$

由图 8-10c 可知，简支梁 BC 两端的位移分别为

$$w_B=-\frac{8qa^4}{3EI}(\downarrow),\qquad w_C=-\frac{F_C}{k}=-qa\cdot\frac{a^3}{EI}=-\frac{qa^4}{EI}(\downarrow)$$

由梁端位移引起的跨中点 D 的位移和端截面 C 的转角分别为

$$w_{D1}=\frac{w_B+w_C}{2}=-\frac{1}{2}\frac{8qa^4}{3EI}-\frac{1}{2}\frac{qa^4}{EI}=-\frac{11qa^4}{6EI}(\downarrow) \tag{a}$$

$$\theta_{C1}=\frac{|w_B|-|w_C|}{2a}=\frac{5qa^3}{6EI}(\varsigma) \tag{b}$$

(3) 梁 BC 在均布载荷下的变形

利用表 8-1 中受均布载荷作用的简支梁的公式可得

$$w_{Dq}=-\frac{5q(2a)^4}{384EI}=-\frac{5qa^4}{24EI}(\downarrow) \tag{c}$$

$$\theta_{Cq}=\frac{q(2a)^3}{24EI}=\frac{qa^3}{3EI}(\varsigma) \tag{d}$$

(4) 位移叠加

利用叠加法，对上述两组位移进行叠加，得到 D 截面的总挠度和 C 截面的总转角分别为

$$w_D=w_{D1}+w_{Dq}=-\frac{11qa^4}{6EI}-\frac{5qa^4}{24EI}=-\frac{49qa^4}{24EI}(\downarrow)$$

$$\theta_C=\theta_{C1}+\theta_{Cq}=\frac{5qa^3}{6EI}+\frac{qa^3}{3EI}=\frac{7qa^3}{6EI}(\varsigma)$$

二、梁的刚度条件

在梁的设计中，通常是先根据强度条件选择梁的截面，然后再对梁进行刚度校核，限制梁的最大挠度和最大转角不能超过规定的允许值。

梁的刚度条件包括对挠度和转角的限制，可表达为

$$\frac{w_{\max}}{l}\leqslant\left[\frac{w_{\max}}{l}\right] \tag{8-4}$$

$$\theta_{\max}\leqslant[\theta] \tag{8-5}$$

式中，$\left[\frac{w_{\max}}{l}\right]$为挠度与梁跨长之比的允许值，$[\theta]$为允许转角。这些值可在相关手册或规范中查到。例如，对于精密机床的主轴，$\left[\frac{w_{\max}}{l}\right]$值在 1/10 000~1/5 000 范围内，一般传动轴在支座处及齿轮所在截面的允许转角$[\theta]$在 0.001~0.005 rad 范围内等。

例 8-9　简支梁 AB 如图 8-11 所示。已知 $F=30$ kN，$l=3$ m，$a=2$ m，$b=1$ m，$E=200$ GPa，$[\sigma]=160$ MPa，$\left[\frac{w_{\max}}{l}\right]=1/400$。若梁采用工字钢，试选择工字钢型号。

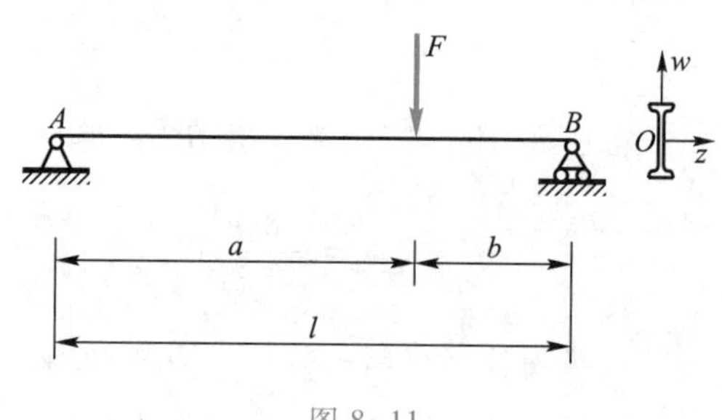

图 8-11

解：(1) 根据强度条件选择工字钢型号

梁的最大弯矩为

$$M_{\max}=\frac{Fab}{l}=\frac{30\times10^3\times2\times1}{3}\ \text{N}\cdot\text{m}=2\times10^4\ \text{N}\cdot\text{m}$$

按照弯曲正应力强度条件，梁所需的抗弯截面系数为

$$W_z=\frac{M_{\max}}{[\sigma]}=\frac{2\times10^4}{160\times10^6}\ \text{m}^3=125\times10^{-6}\ \text{m}^3=125\ \text{cm}^3$$

由型钢规格表初选 No. 16 工字钢，$W_z=142\ \text{cm}^3$，$I_z=1\ 130\ \text{cm}^4$。

(2) 刚度校核

此梁挠曲线无拐点，即梁的曲率不存在正负变化，因此，刚度计算中可用跨度中点的挠度近似代替最大挠度，按照表 8-1 中的公式计算可得

$$w_{\max}=\frac{-Fb}{48EI}(3l^2-4b^2)=\frac{-30\times10^3\times1\times(3\times3^2-4\times1^2)}{48\times2\times10^{11}\times1\ 130\times10^{-8}}\ \text{m}=-0.006\ 36\ \text{m}(\downarrow)$$

$$\frac{w_{\max}}{l}=\frac{0.006\ 36}{3}=0.002\ 12<\left[\frac{w_{\max}}{l}\right]=\frac{1}{400}=0.002\ 5$$

所以选择 No. 16 工字钢可同时满足强度和刚度条件。

三、提高弯曲刚度的措施

根据前面分析可知，梁的弯曲变形一方面取决于弯曲内力的分布，另一方面又与跨长和截面的几何性质有关，这些同时也是影响弯曲强度的主要因素。因此，提高弯曲强度的某些措施，例如，合理安排梁的受力情况，合理调整支座，合理选择截面形状等，对于提高梁的弯曲刚度也是很有效的。但要注意这两种问题的性质有所不同，所以解决问题的办法也不尽相同。

1. 合理布置载荷及调整梁的支座

弯矩是引起弯曲变形的主要因素。提高弯曲刚度应使梁的弯矩分布合理，尽可能降低弯矩值。弯矩的改变，一方面可以通过合理布置载荷来实现，如将集中力分散；另一方面可以采取调整支座位置的方法。如受均布载荷作用的简支梁，通过把支座向内移动变为外伸

梁(图 8-12a),使弯矩分布得到改善,由于梁的跨度减小,且外伸部分的载荷产生反向变形(图 8-12b),从而减小了梁的跨中最大挠度。有时还可以采取增加支座的措施降低梁的挠度,使梁变为静不定梁。

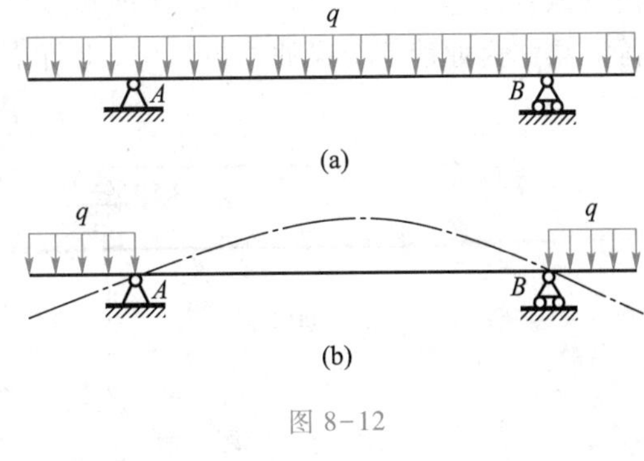

图 8-12

2. 选择合理的截面形状

弯曲变形与梁的截面惯性矩 I 成反比,故按照刚度要求,合理的截面形状是不增加截面面积而获得较大惯性矩的截面。如工字形和箱形截面远比矩形截面更为合理。但应注意,弯曲刚度与弯曲强度对于截面的要求有所不同。梁的最大弯曲正应力取决于危险截面的弯矩与抗弯截面系数 W_z,对危险区采取局部增大 W_z 的措施就能提高梁的强度。梁的位移则与梁整体的弯曲变形有关,故在梁的全跨范围内增大惯性矩 I 才有效。

3. 合理选择材料

弯曲变形与材料的弹性模量 E 有关,选择 E 较大的材料能够提高梁的刚度。但应注意,虽然各种强度级别的钢材极限应力差别很大,但是其弹性模量却十分接近。例如,Q235 钢的 σ_s 为 235 MPa,40Cr 合金钢的 σ_s 为 785 MPa,但它们的 E 却都约为 200 GPa。若用后者替换前者,可以大大提高梁的强度,但却不能提高梁的刚度。

8.4 简单静不定梁

在工程实际中,有时为了提高梁的强度或刚度,或由于构造或功能上的需要,往往给梁增加多余约束,这时梁的支座约束力只用静力平衡方程不能全部确定,这类梁称为**静不定梁**。在静不定梁中,凡是多于维持平衡所必需的约束,称为**多余约束**,与其相应的支座约束力或支座约束力偶,统称为**多余支座约束力**。

如前所述,静不定次数等于全部支座约束力数目与全部独立平衡方程数目之差,亦即多余支座约束力的数目。图 8-13a,b 所示的梁分别为一次和二次静不定梁。

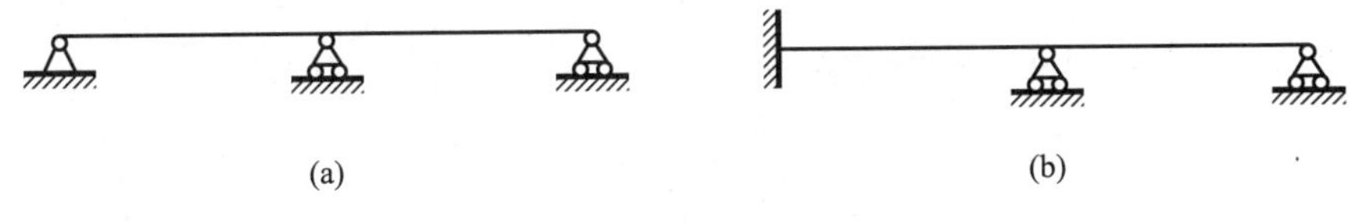

图 8-13

与求解拉压和扭转静不定问题类似,求解静不定梁也需要综合考虑变形几何、物理和静力学三个方面的关系。下面以图 8-14a 所示等直梁为例,说明简单静不定梁的解法。

此梁有四个未知支座约束力,三个独立平衡方程,故为一次静不定梁。它可以视为在悬臂梁上增加一个多余支座 B 构成。解除支座 B,代之以多余支座约束力 F_B,转化为一个静定的悬臂梁,如图 8-14b 所示。这种解除多余约束后,受原载荷和多余支座约束力作用的静定梁称为原静不定梁的**相当系统**。以下计算都在相当系统(图 8-14b)上进行。

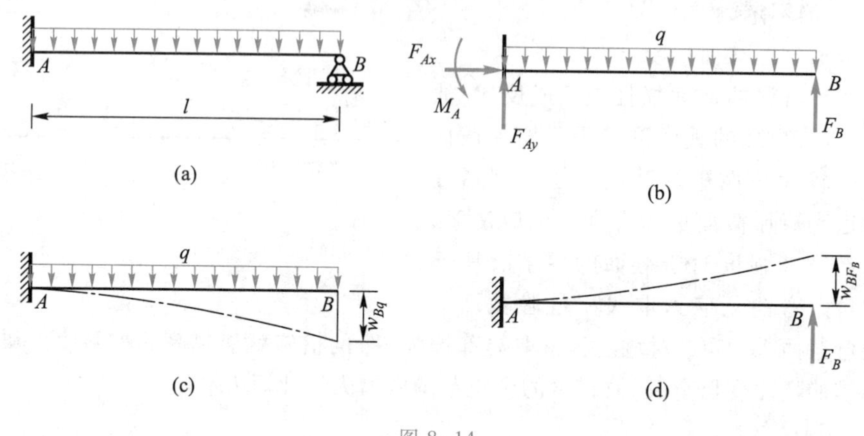

图 8-14

(1) 变形几何方面

要想用相当系统代替原静不定梁,须使二者的变形完全相同。原静不定梁的支座 B 处实际挠度为零,因此,相当系统在多余支座约束力 F_B 作用处的挠度亦应为零,即

$$w_B = 0 \tag{a}$$

w_B 可用叠加法计算,即 $w_B = w_{Bq} + w_{BF_B}$,代入式(a)得变形几何方程为

$$w_{Bq} + w_{BF_B} = 0 \tag{b}$$

(2) 物理方面

w_{Bq}、w_{BF_B} 分别为悬臂梁在均布载荷 q 与多余支座约束力 F_B 单独作用时引起 B 点的挠度(图 8-14c,d),由表 8-1 查得

$$w_{Bq} = -\frac{ql^4}{8EI}(\downarrow) \tag{c}$$

$$w_{BF_B} = \frac{F_B l^3}{3EI}(\uparrow) \tag{d}$$

将式(c)和式(d)代入式(b),即得补充方程为

$$-\frac{ql^4}{8EI} + \frac{F_B l^3}{3EI} = 0 \tag{e}$$

解补充方程,得到多余支座约束力为

$$F_B = \frac{3ql}{8}(\uparrow)$$

(3) 静力学方面

由静力学平衡方程

$$F_{Ax}=0,\qquad F_{Ay}+F_B-ql=0,\qquad M_A+F_Bl-\frac{ql^2}{2}=0 \tag{f}$$

求解其余支座约束力,得

$$F_{Ax}=0,\qquad F_{Ay}=\frac{5ql}{8}(\uparrow),\qquad M_A=\frac{ql^2}{8}(\text{ς})$$

上述解便是原静不定梁的解。因为相当系统的受力和变形与原静不定梁的完全相同,所以利用相当系统可以方便地对原静不定梁的内力、应力、强度和位移进行进一步的分析。这种由变形比较建立几何方程以求解静不定问题的方法称为**变形比较法**。它也可以用来求解多次静不定梁。

应当注意,多余约束的选取存在多种方案。如上例中也可以选取支座 A 处的转动约束为多余约束,相应的多余支座约束力就是 M_A,其相当系统如图 8-15 所示,变形几何方程为 $\theta_A=\theta_{Aq}+\theta_{AM_A}=0$,由此也可获得前述结果。选取相当系统的一般原则为:既要保证结构是静定的,又要便于变形计算。

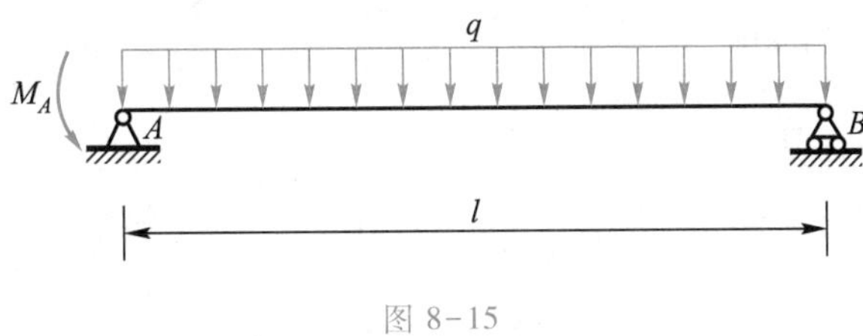

图 8-15

上述分析表明,求解静不定梁的关键是确定多余支座约束力。一般求解步骤如下:

(1) 判断静不定次数;

(2) 解除多余约束,代之以相应的多余支座约束力,得到原静不定梁的相当系统;

(3) 用叠加法表达相当系统在多余约束处的位移,令其等于原静不定梁在多余约束处的实际位移,由此建立变形几何方程;

(4) 将物理关系代入变形几何方程,得到由载荷与多余未知力表达的补充方程,从而求出多余支座约束力;

(5) 再通过静力平衡方程求出全部支座约束力;

(6) 在相当系统上进行原梁的内力、应力、位移等计算。

例 8-10 梁 AB 受均布载荷 q 作用,左端 A 为固定端,右端 B 由拉杆 BC 支撑,如图 8-16a 所示。梁的弯曲刚度 EI 和拉杆的拉压刚度 EA 均为已知常量,且 $I=Al^2/3$。试求梁的最大弯矩和拉杆的轴力。

解: (1) 判断静不定次数

梁 AB 与悬臂梁相比较,多了一根拉杆 BC,即多一个约束,为一次静不定梁。

(2) 建立相当系统

解除拉杆对梁端 B 的约束,代之以多余未知力,即二者间的相互作用力 F_N。得相当系

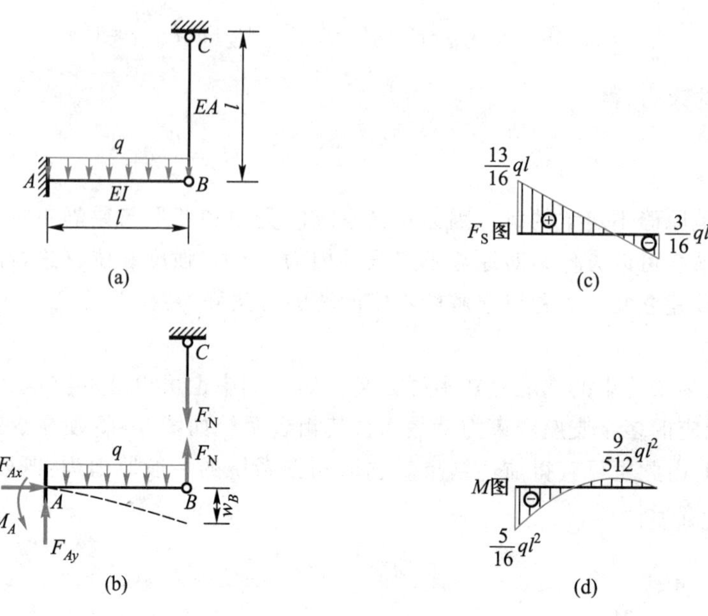

图 8-16

统如图 8-16b 所示。

（3）变形几何方面

悬臂梁 B 端向下的挠度 w_B 应与拉杆 B 端的向下位移相等，而 B 端向下位移等于拉杆 BC 的伸长量 Δl，所以有

$$w_B = w_{BF_N} + w_{Bq} = \Delta l = \frac{F_N l}{EA} \tag{a}$$

（4）物理方面

$$w_{BF_N} = -\frac{F_N l^3}{3EI} \tag{b}$$

$$w_{Bq} = \frac{ql^4}{8EI} \tag{c}$$

将式(b)、式(c)二式代入式(a)，得补充方程

$$-\frac{F_N l^3}{3EI} + \frac{ql^4}{8EI} = \frac{F_N l}{EA} \tag{d}$$

解补充方程，得

$$F_N = \frac{ql^3}{8\left(\frac{I}{A} + \frac{l^2}{3}\right)} \tag{e}$$

将 $I = \frac{Al^2}{3}$ 代入式(e)，得多余未知力，亦即拉杆的轴力为

$$F_N = \frac{3ql}{16}$$

(5) 静力学方面

由梁的平衡方程可求出其他支座约束力为

$$F_{Ay} = \frac{13ql}{16}(\uparrow), \qquad M_A = \frac{5ql^2}{16}(\circlearrowleft)$$

(6) 作梁的 F_S 图、M 图,求最大弯矩

梁的 F_S 图、M 图分别如图 8-16c、d 所示。由图可知固定端 A 截面处有最大弯矩,其大小为

$$|M|_{\max} = \frac{5ql^2}{16}$$

例 8-11 图 8-17a 所示等直梁 AB 两端固定,承受均布载荷 q 作用。弯曲刚度 EI 为常量。试求梁跨中截面的挠度 w_C。

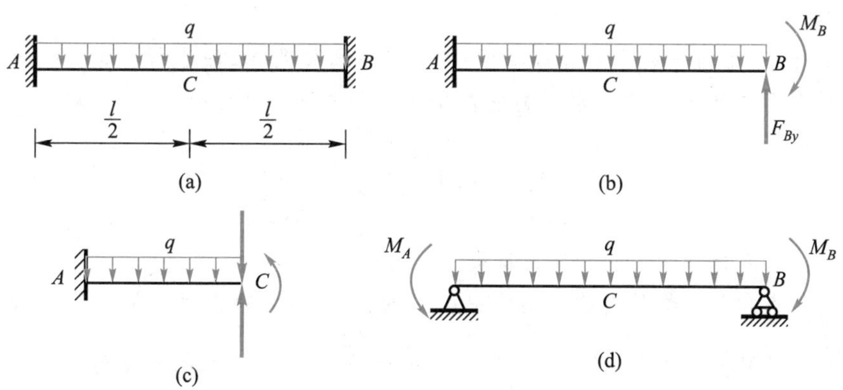

图 8-17

解:(1) 判断静不定次数

此梁有两个固定端,共有 6 个约束,独立的平衡方程为 3 个(平面一般力系),所以是 3 次静不定梁。但在小变形条件下,梁的轴向位移可以忽略不计,故轴向支座约束力 F_{Ax} 和 F_{Bx} 都为零,问题简化为 4 个未知支座约束力,2 个平衡方程(平面平行力系),有 2 个多余未知力。

(2) 建立相当系统

解除 B 端约束,代之以多余支座约束力 F_{By} 和 M_B,建立相当系统如图 8-17b 所示。

(3) 变形几何方面

B 端的挠度和转角都应与原固定端的相同,即

$$\left.\begin{aligned} w_B &= w_{Bq} + w_{BF_{By}} + w_{BM_B} = 0 \\ \theta_B &= \theta_{Bq} + \theta_{BF_{By}} + \theta_{BM_B} = 0 \end{aligned}\right\} \tag{a}$$

（4）物理方面

$$w_{Bq}=-\frac{ql^4}{8EI},\qquad w_{BF_{By}}=\frac{F_{By}l^3}{3EI},\qquad w_{BM_B}=-\frac{M_Bl^2}{2EI} \tag{b}$$

$$\theta_{Bq}=-\frac{ql^3}{6EI},\qquad \theta_{BF_{By}}=\frac{F_{By}l^2}{2EI},\qquad \theta_{BM_B}=-\frac{M_Bl}{EI} \tag{c}$$

将式(b)、式(c)二式代入式(a)，得补充方程为

$$\frac{F_{By}l}{3}-\frac{M_B}{2}=\frac{ql^2}{8} \tag{d}$$

$$\frac{F_{By}l}{2}-M_B=\frac{ql^2}{6} \tag{e}$$

解补充方程，得未知支座约束力为

$$F_{By}=\frac{ql}{2}(\uparrow),\qquad M_B=\frac{ql^2}{12}(\circlearrowright)$$

（5）求 w_C

为简便计算，在相当系统中沿 C 截面截开，选取悬臂梁 AC 段进行研究，将 CB 段的外力向 C 截面简化后如图 8-17c 所示。利用表 8-1 的公式和叠加法得

$$w_C=-\frac{q\left(\frac{l}{2}\right)^4}{8EI}+\frac{\left(\frac{ql^2}{24}\right)\left(\frac{l}{2}\right)^2}{2EI}=-\frac{ql^4}{384EI}(\downarrow)$$

（6）讨论利用对称性简化静不定问题

此梁的约束和载荷都是对称于结构中点 C 的，故支座约束力也应是对称的，即 $F_{Ay}=F_{By}$ 和 $M_A=M_B$，由平衡方程 $\sum F_y=0$，可求出 $F_{Ay}=F_{By}=\frac{ql}{2}$，于是，原问题简化为只有一个多余支座约束力的问题。

采用图 8-18 所示的半跨梁为相当系统，由于对称性，跨中截面 C 处剪力为零，转角为零，即变形几何方程是 $\theta_C=0$，利用表 8-1 和叠加法，可列出补充方程

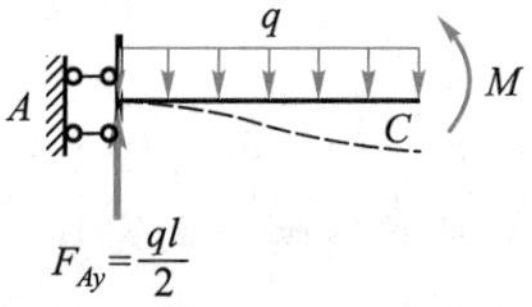

图 8-18

$$\theta_C=\theta_{CM}+\theta_{Cq}=\frac{M\left(\frac{l}{2}\right)}{EI}-\frac{q\left(\frac{l}{2}\right)^3}{6EI}=0$$

解得

$$M=\frac{1}{24}ql^2(\circlearrowleft)$$

再用叠加法求得挠度 w_C 为

$$w_C=w_{CM}+w_{Cq}=\frac{\left(\frac{1}{24}ql^2\right)\left(\frac{l}{2}\right)^2}{2EI}-\frac{q\left(\frac{l}{2}\right)^4}{8EI}=\frac{ql^4}{384EI}(\downarrow)$$

此例也表明，求解静不定问题时选取不同的相当系统，中间的计算过程不同，但最后的结果是一致的。利用对称性通常可使计算得到简化。例如，可取图 8-17d 所示相当系统，则多余未知力为 $M_A=M_B$，相应的变形几何方程为 $\theta_A=\theta_{AM_A}+\theta_{AM_B}+\theta_{Aq}=0$，即可解出 $M_A=M_B=\dfrac{ql^2}{12}$。

（7）讨论静不定梁对提高强度和刚度的作用

以图 8-17a 所示承受均布载荷作用的两端固定的静不定梁与受同样载荷作用的简支梁作比较。静不定梁的最大弯矩位于支座截面，$|M|_{\max}=\dfrac{ql^2}{12}$，最大挠度在跨中 C 处，$w_{\max}=|w_C|=\dfrac{ql^4}{384EI}$；而简支梁的最大弯矩位于跨中，$|M|_{\max}=\dfrac{ql^2}{8}$，跨中最大挠度为 $w_C=\dfrac{5ql^4}{384EI}$，最大弯矩与最大挠度分别是静不定梁的 1.5 倍和 5 倍。可见，静不定梁由于多余约束的作用，其强度和刚度都比相应的静定梁有显著的提高。

课程设计及学习思路

掌握梁的挠曲线近似微分方程，掌握用积分法、叠加法求梁的挠度和转角；熟练进行刚度计算；了解提高梁弯曲刚度的措施；掌握一次静不定梁的求解方法。

第 8 章
工程案例

课程难点分析及学习体会

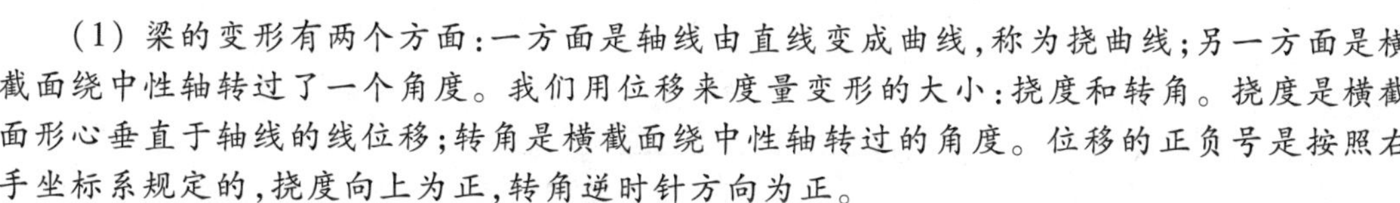

第 8 章力学
史人物故事

（1）梁的变形有两个方面：一方面是轴线由直线变成曲线，称为挠曲线；另一方面是横截面绕中性轴转过了一个角度。我们用位移来度量变形的大小：挠度和转角。挠度是横截面形心垂直于轴线的线位移；转角是横截面绕中性轴转过的角度。位移的正负号是按照右手坐标系规定的，挠度向上为正，转角逆时针方向为正。

（2）挠曲线近似微分方程应用非常广泛，可以用它判断挠曲线的大致形状，知道挠曲线方程推断梁上受力情况和约束情况。在右手坐标系下，弯矩的正负号与挠曲线的曲率正负号是一致的，弯矩为正，挠曲线为开口向上的曲线；弯矩为负，挠曲线为开口向下的曲线。一段梁上的弯矩为零，挠曲线是直线，一个截面弯矩为零，此处是挠曲线的拐点。

对挠曲线方程求一次导数，得到转角方程；求两次导数乘以弯曲刚度，可得到弯矩方程；对弯矩方程求一次导数，得到剪力方程；对剪力方程求一次导数，得到作用在梁上分布载荷的集度。利用这些微分关系可以根据挠曲线方程判断梁的受力情况。

（3）用积分法求梁的挠度和转角，应先求弯矩方程，把弯矩方程代入挠曲线近似微分方程后进行一次积分得到转角方程，再次积分得到挠度方程，最后用位移边界条件和连续条件确定积分常数。积分常数除以弯曲刚度就是坐标原点的位移，可以利用这一点简化计算。梁上有外力作用时，应分段写弯矩方程并积分。如果各段坐标原点取同一点，积分时括号不展开，那么各段积分常数 C 相等。积分常数 C 除以弯曲刚度等于坐标原点的转角。各段积分常数 D 也相等，积分常数 D 除以弯曲刚度后等于坐标原点的挠度。如果简支梁挠曲线中间无拐点，可用梁跨中挠度代替最大挠度。

（4）用叠加法求梁的挠度和转角需要查表，利用表中简单模型的位移叠加求得梁在多个载荷作用下的位移。当遇到表中查不到的情况,需要一些计算技巧。如果需将梁截断,注意截断后的各段梁受力和边界条件要与原问题一致。

(5) 梁的刚度条件,需要计算最大挠度除以跨长、最大转角,分别与许用值比较。

(6) 提高弯曲刚度的措施与提高强度的措施类似。因弯曲变形是整体相关量,故对局部加强效果不大。

(7) 用变形比较法求解简单静不定梁,建立相当系统。相当系统是静定的,有多余未知力作用,受力和变形与原问题一致。利用相当系统求梁的内力和位移,变形几何关系是求解问题的关键。

习　题

8-1　试写出图示各梁在用积分法求梁的位移时的边界条件和连续条件。

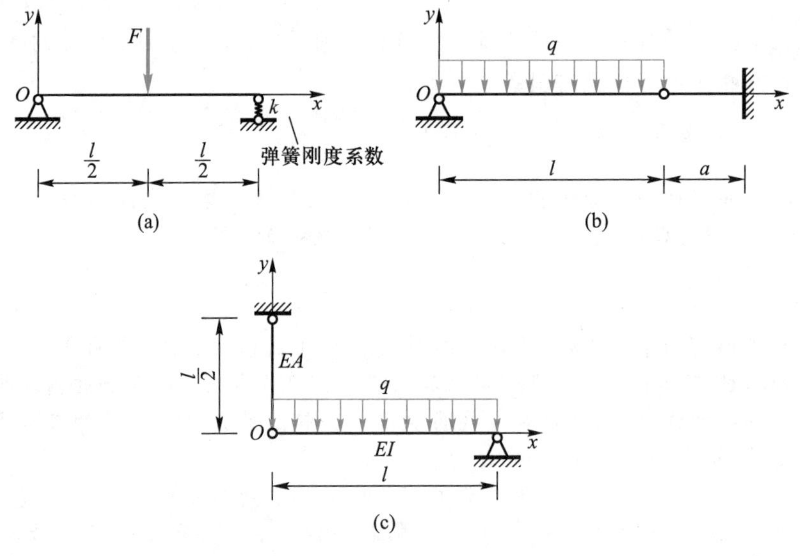

题 8-1 图

8-2　试根据载荷及支座情况,画出图示各梁挠曲线的大致形状。并讨论图 d 与图 e 所示两梁的挠曲线有何异同。

8-3　图示两根等直梁的截面和材料相同,在自由端受力后弯曲成同心圆弧,梁 AB 和 CD 弯成的同心圆弧的曲率半径分别为 R_{AB} 和 R_{CD},二梁的最大正应力分别为 σ_{AB} 和 σ_{CD},试求二梁的最大正应力之比。

8-4　矩形截面梁的跨中截面 C 处开有一圆孔,如图所示。原截面与开孔截面对中性轴的惯性矩分别为 $I_1=\dfrac{bh^3}{12}, I_2=\dfrac{b(h^3-d^3)}{12}$。试判断以下计算式是否正确,为什么?

(1) $\sigma_{max}=\dfrac{M_{max}}{I_2}\cdot\dfrac{h}{2}=\dfrac{Fl}{4I_2}\cdot\dfrac{h}{2}=\dfrac{Flh}{8I_2}$;　　(2) $w_{max}=\dfrac{Fl^3}{48EI_2}$

8-5　试用积分法求图示各梁的挠曲线方程及指定截面的位移。设 EI = 常量。(提示:列弯矩方程时,注意选用最便于求解积分常数的形式。)

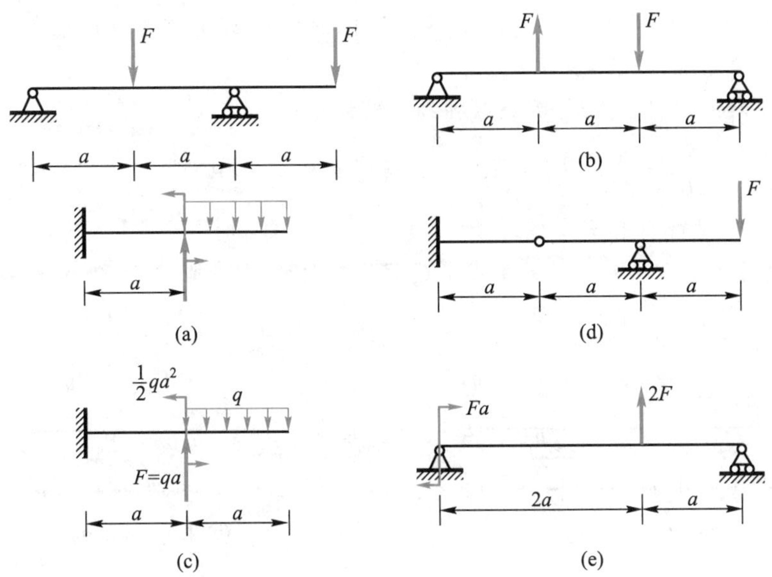

(a) (b) (c) (d) (e)

题 8-2 图

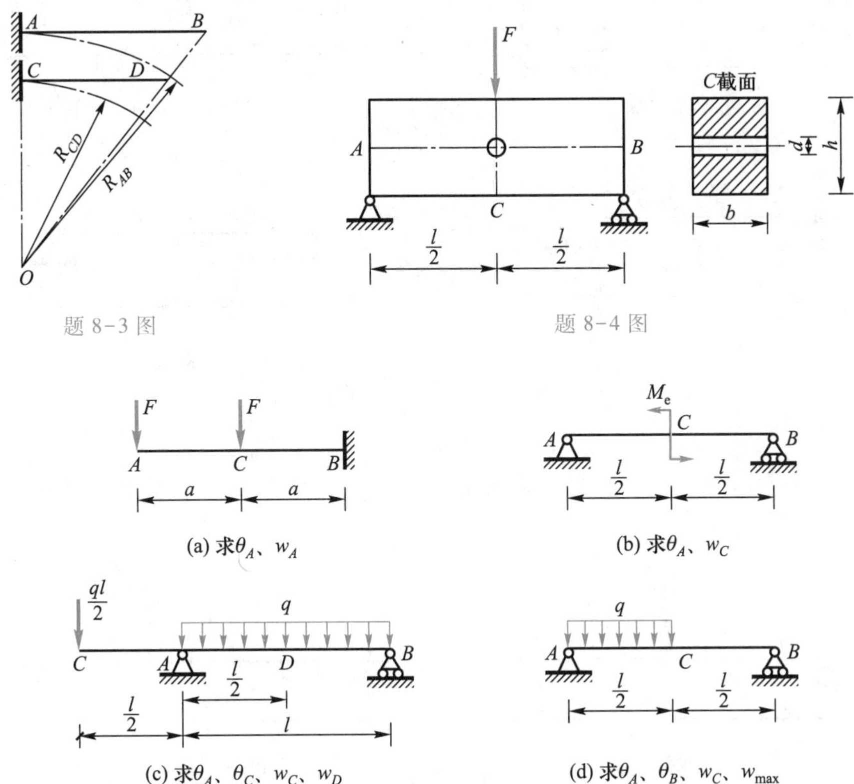

题 8-3 图

题 8-4 图

(a) 求θ_A、w_A

(b) 求θ_A、w_C

(c) 求θ_A、θ_C、w_C、w_D

(d) 求θ_A、θ_B、w_C、w_{max}

题 8-5 图

8-6　图示变截面梁 AB，其中 AC 段视为刚体，CB 段 EI 为常量。试用积分法求梁的挠曲线方程和转角方程，并求 w_C 和 w_{max}。

8-7　已知长为 l 的静定梁 AB 的挠曲线方程为 $EIw=\frac{ql^4}{16}-\frac{7ql^3}{48}x+\frac{ql^2}{16}x^2+\frac{ql}{16}x^3-\frac{q}{24}x^4$，(1) 试画出此梁所受载荷及梁的支座；(2) 求梁的最大弯矩。

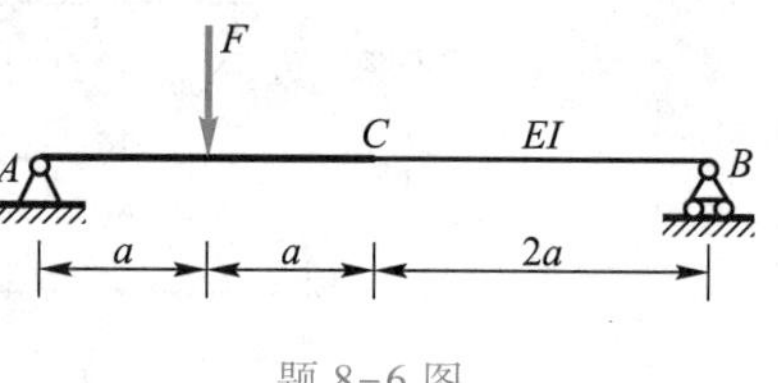

题 8-6 图

8-8　试用叠加法求图示各梁在指定截面的转角和挠度。设 EI 为常量。

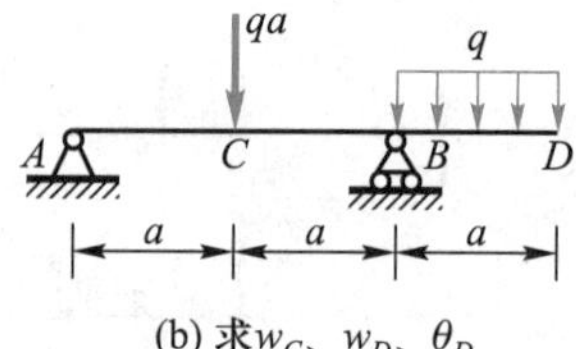

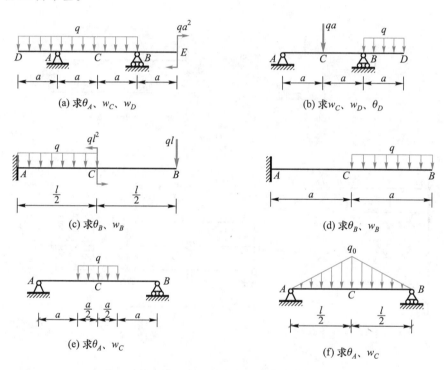

(a) 求 θ_A、w_C、w_D

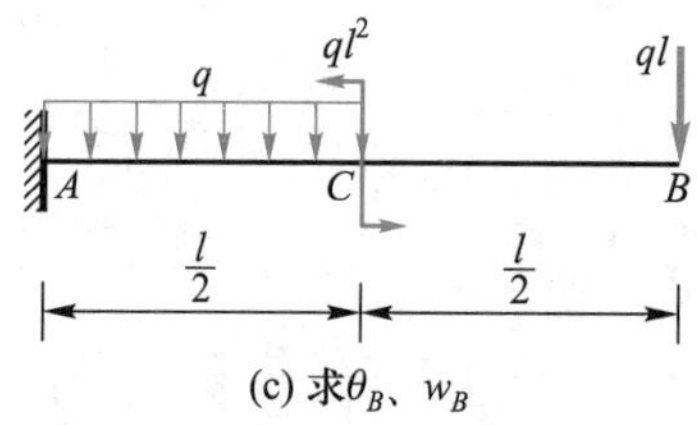

(b) 求 w_C、w_D、θ_D

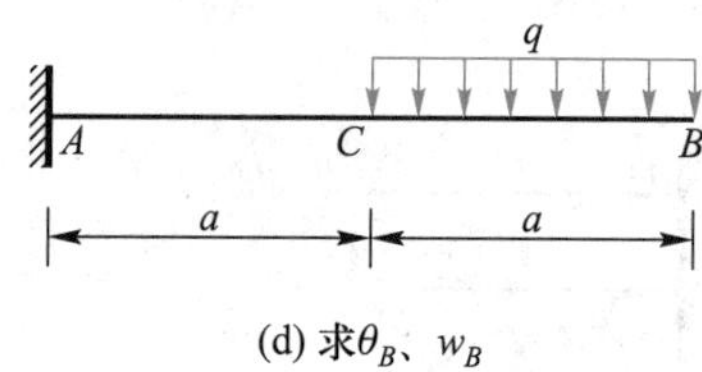

(c) 求 θ_B、w_B

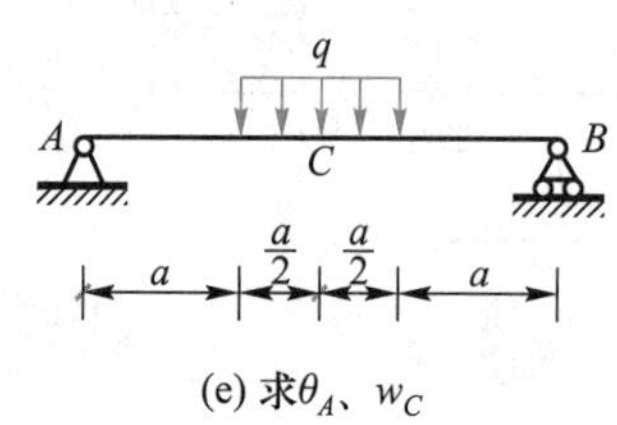

(d) 求 θ_B、w_B

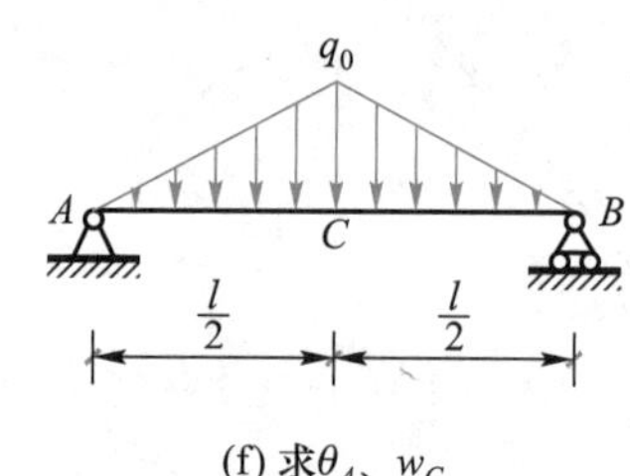

(e) 求 θ_A、w_C

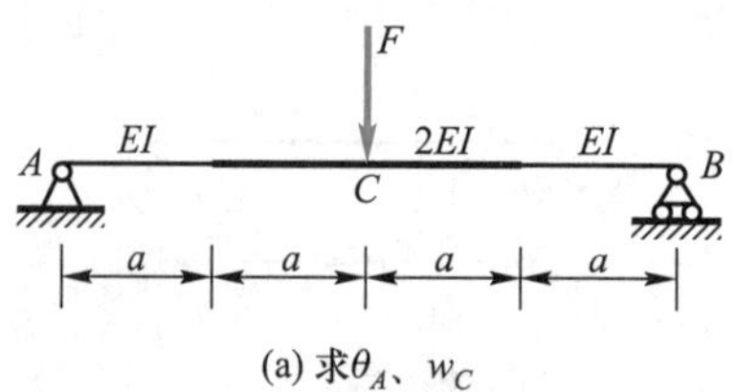

(f) 求 θ_A、w_C

题 8-8 图

8-9　试用叠加法求图示变截面梁在指定截面的位移。（提示：利用变形的对称性，可转化为悬臂梁求解。）

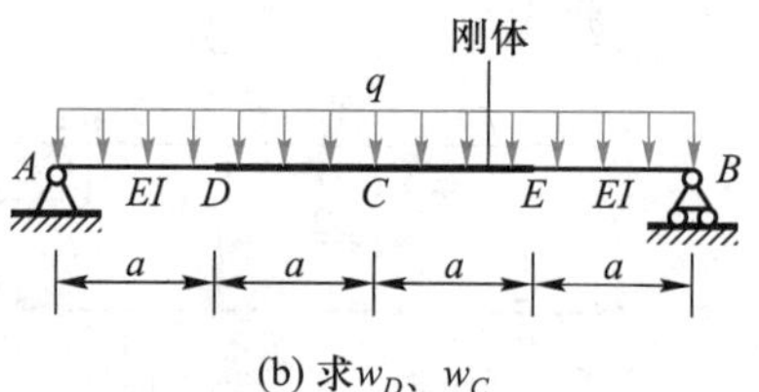

(a) 求 θ_A、w_C

(b) 求 w_D、w_C

题 8-9 图

8-10 试用叠加法求图示各梁在指定截面的位移，并画出挠曲线的大致形状，各段 EI 相同。

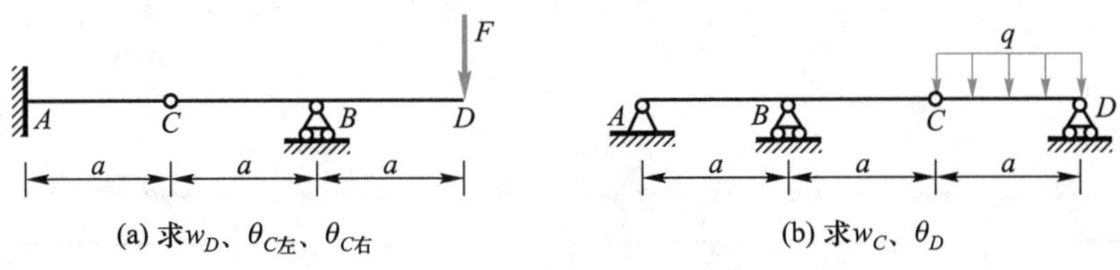

题 8-10 图

8-11 试用叠加法求图示折杆在指定截面的位移。设各杆的截面相同，EI 和 GI_p 均为已知。

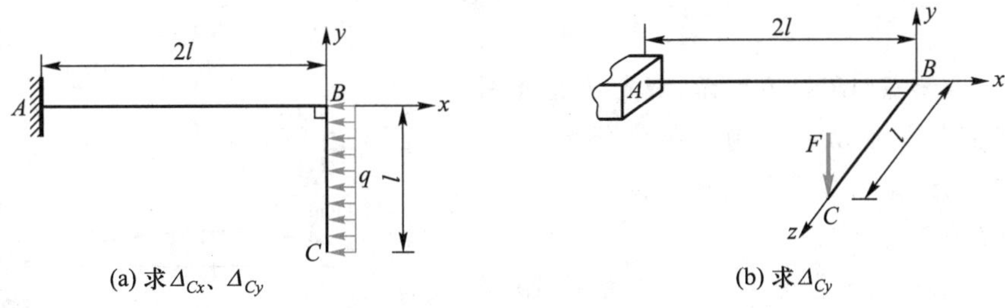

题 8-11 图

8-12 木梁 AE 由钢拉杆 BD 支撑，受均布载荷作用，如图所示。已知木梁的横截面为正方形，边长 $a=0.2\ \text{m}$，钢拉杆的横截面面积 $A=250\ \text{mm}^2$，$E_{木}=10\ \text{GPa}$，$E_{钢}=210\ \text{GPa}$。试求钢拉杆 BD 的伸长 Δl 及木梁横截面 C 的挠度 w_C。

8-13 水平悬臂梁 AB 的固定端 A 下面由一半径为 R 的刚性圆柱面支撑，自由端 B 处作用集中载荷 F，如图所示。梁的跨长为 l，EI 为常量，求自由端 B 的挠度。

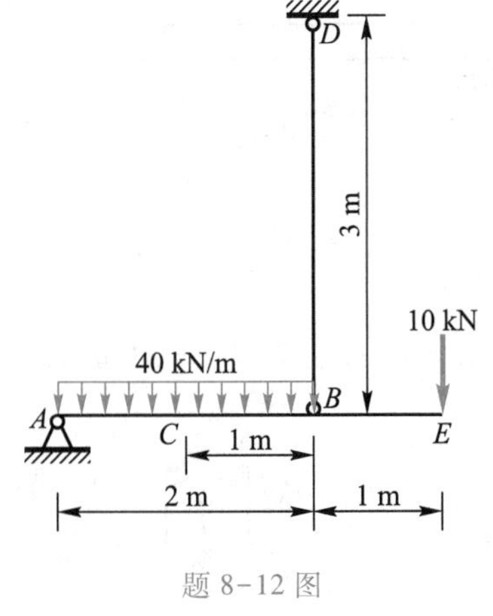

题 8-12 图

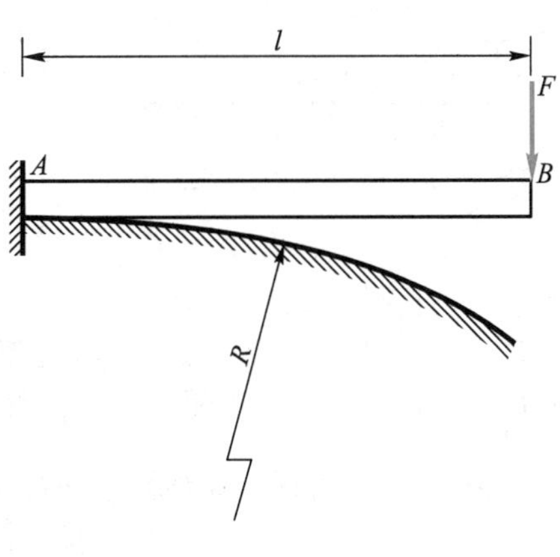

题 8-13 图

8-14　长为 l 的简支梁在全跨度内承受均布载荷 q 作用时跨中挠度为$\dfrac{5ql^4}{384EI}$,梁右端铰支座处的转角为$\dfrac{ql^3}{24EI}$。试根据上述已知量求解图示梁在指定截面的位移。EI 为常量。

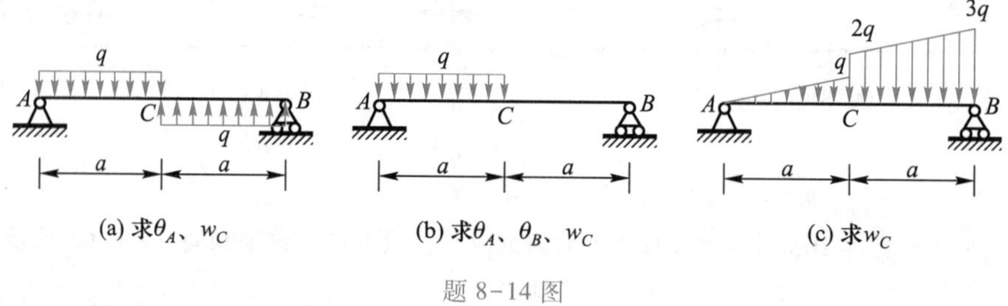

(a) 求θ_A、w_C　(b) 求θ_A、θ_B、w_C　(c) 求w_C

题 8-14 图

8-15　简支梁 AB 如图所示,载荷 F 沿梁轴线移动,若使载荷移动时梁轴线始终保持水平,试问梁的轴线预先应弯成什么样的曲线(写出方程)?设 EI 为常量。

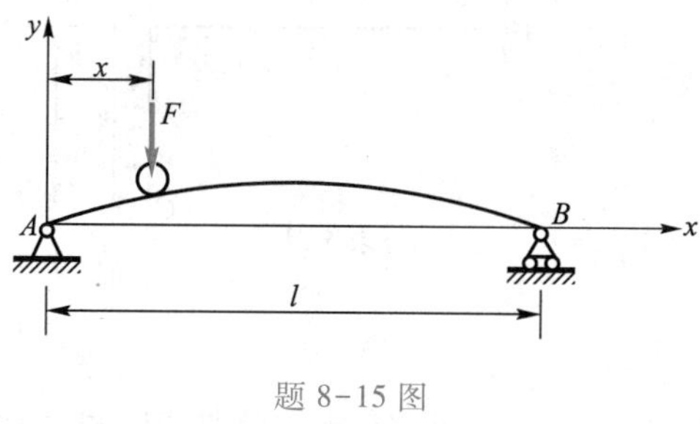

题 8-15 图

8-16　长为 l、重量为 Q 的均质直杆 AB 放在水平的刚性平面上,在 A 端作用一个大小为 $F=Q/3$ 的力向上把杆提起,如图所示。试求杆从平面上被提起部分的长度 a,以及 A 端被提起的高度 w_A。杆的 EI 已知。

8-17　图示水平悬臂梁 EI 为常量,在固定端下面有一曲面 $y=Ax^3$(A 为常数),欲使梁变形后恰好与该曲面密合而曲面不受压力,试问梁上应加什么载荷?并确定载荷的数值和方向。

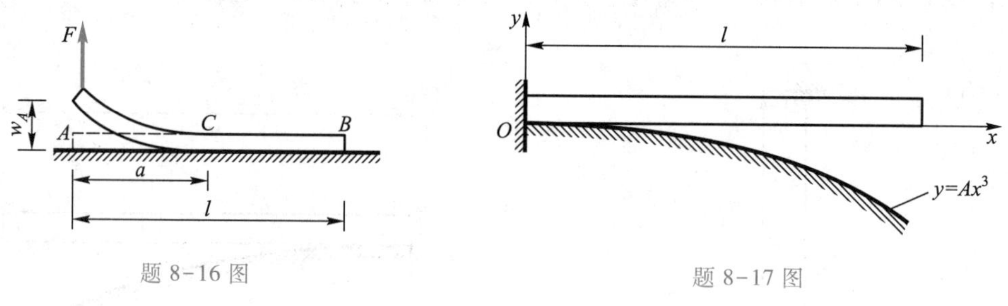

题 8-16 图　　题 8-17 图

8-18　空心圆形截面梁的受力简图如图所示。若外径 $D=85$ mm,内径 $d=51$ mm,$E=200$ GPa,$[w_{\max}/l]=1/10\,000$,试校核此梁的刚度。

8-19　悬臂梁受均布载荷作用如图所示,已知梁的$[\sigma]=120$ MPa,$\left[\dfrac{w_{\max}}{l}\right]=\dfrac{1}{500}$,$E=200$ GPa,$h=2b$,试确定矩形截面的尺寸。

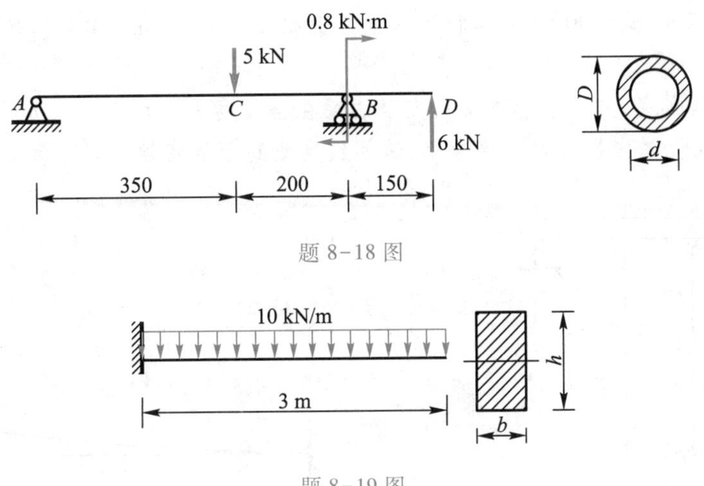

题 8-18 图

题 8-19 图

8-20 试求图示各静不定梁的支座约束力，并画出剪力图和弯矩图。设 EI 为常量。

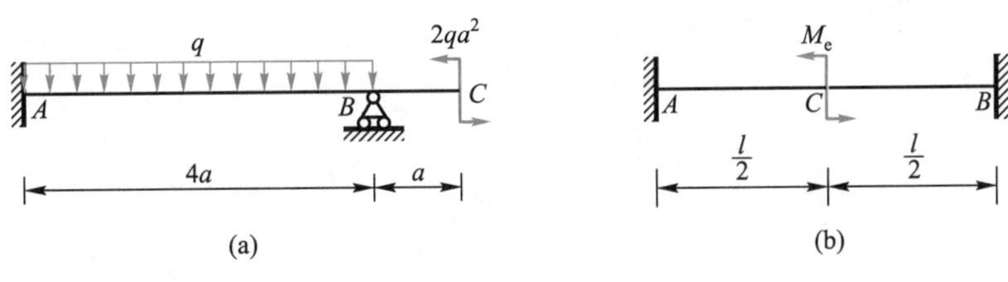

题 8-20 图

8-21 悬臂梁 AB 受力如图所示。在其下面用一相同材料和相同截面的辅助梁 CD 来加强，试求：(1) 二梁接触处的压力 F_D；(2) 加强后 AB 梁的最大挠度和最大弯矩比原来减少百分之几？

8-22 图示矩形截面木梁 ACB 两端为铰支座，中点 C 处为弹簧支撑，弹簧刚度系数 $k=500\ \mathrm{kN/m}$，全梁受均布载荷作用。已知木梁的 $E=10\ \mathrm{GPa}$，$b=60\ \mathrm{mm}$，$h=80\ \mathrm{mm}$，试求各支座的支座约束力。

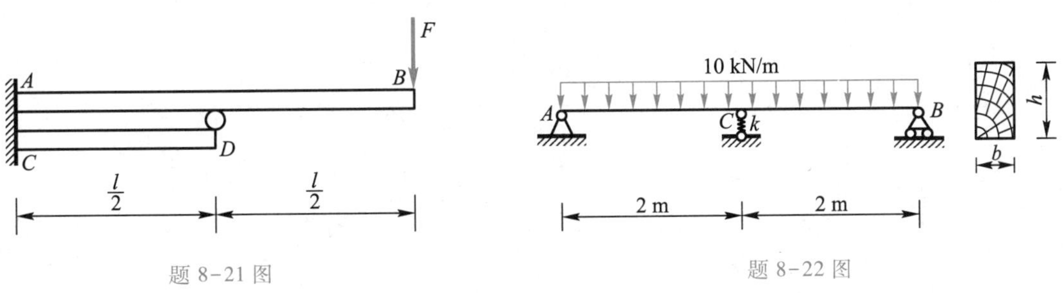

题 8-21 图　　题 8-22 图

8-23　图示悬臂钢梁 AB 与简支钢梁 DE 的弯曲刚度均为 EI，由钢杆 BC 连接。已知 $q=20\ \mathrm{kN/m}$，$l=2\ \mathrm{m}$，$E=200\ \mathrm{GPa}$，钢杆的横截面面积 $A=3\times10^{-4}\ \mathrm{m}^2$，梁的惯性矩 $I=Al^2$。试求 B 点的铅垂位移 w_B。

8-24　一端固定，另一端为可动铰支座的梁在全长度上受均布载荷 q 作用，EI 为常量，如图所示。如欲使梁内最大弯矩值最小，试问铰支座高于固定端的 δ 应为多少？

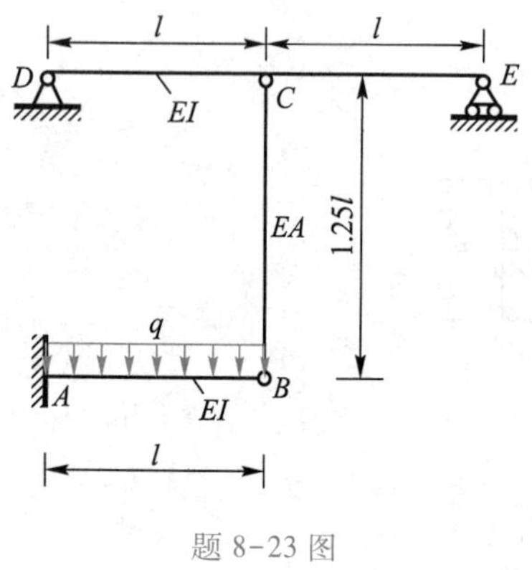

题 8-23 图

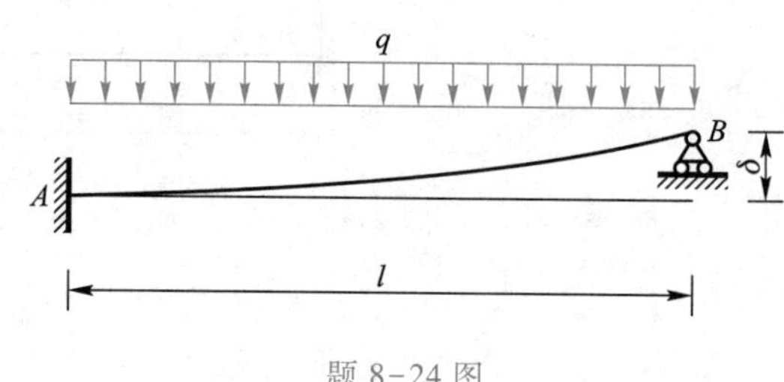

题 8-24 图

第9章 应力状态分析与强度理论

9.1 应力状态

一、应力状态的概念

研究强度问题时需要首先研究危险点的应力，包括正应力 σ 和切应力 τ。对于同一个点，如果选取不同的截面方位，截面上的应力值也会随之变化。例如，轴向拉伸杆，一点在横截面上的正应力为 σ，切应力为零，而在与横截面夹角为 α 的斜截面上的正应力为 $\sigma_\alpha=\dfrac{\sigma}{2}+\dfrac{\sigma}{2}\cos 2\alpha$，切应力则为 $\tau_\alpha=\dfrac{\sigma}{2}\sin 2\alpha$。显然正应力和切应力值随着 α 角的变化存在无数个值。通过一点处的所有各个不同微截面上应力的集合，称为该点的应力状态。研究一点处应力与微截面方位之间关系的规律，称为对该点的应力状态分析。

铸铁扭转破坏

研究一点的应力状态有重要的意义。首先，可以得到一点处的应力随截面方位的变化规律，掌握正应力、切应力的极值及其所在的截面方位；其次，将破坏面的方位与相应的应力分布相联系，有助于加深对构件破坏规律的认识。例如，低碳钢试样拉伸屈服时总是在与轴线成45°角方向出现滑移线，相应的截面出现切应力极值；铸铁圆轴扭转断裂，断口总是与轴线成45°角，断口位于最大拉应力所在的截面。通过应力状态分析还可以揭示更复杂情况下材料破坏的一般规律，从而建立复杂受力状态下构件的强度条件。

低碳钢扭转破坏

二、应力状态的表示方法

表示一点应力状态的基本方法是应力单元体。图 9-1 所示为一点处应力状态的一般情况，它是一个包含了要研究的那个点的直六面体，各边长均为无穷小，因此，各面上的应力 σ 和 τ 都可视为均匀分布。在单元体上，两个相对平行面上对应的应力等值反向，两个相互垂直的面上垂直于截面交线的切应力满足切应力互等定理。

为叙述方便，将外法线与 x、y、z 轴平行的面分别称为 x、y、z 面。σ_x、σ_y、σ_z 分别是 x、y、z 面上的正应力。切应力的第一个下标表示该切应力的作用面，第二个下标表示它的指向，如 τ_{xy} 表示 x 面上平行于 y 轴方向的切应力。根据切应力互等定理有 $\tau_{xy}=\tau_{yx}$，$\tau_{yz}=\tau_{zy}$，$\tau_{zx}=\tau_{xz}$。这样，用应力单元体表示一点应力状态只需要六个应力分量。

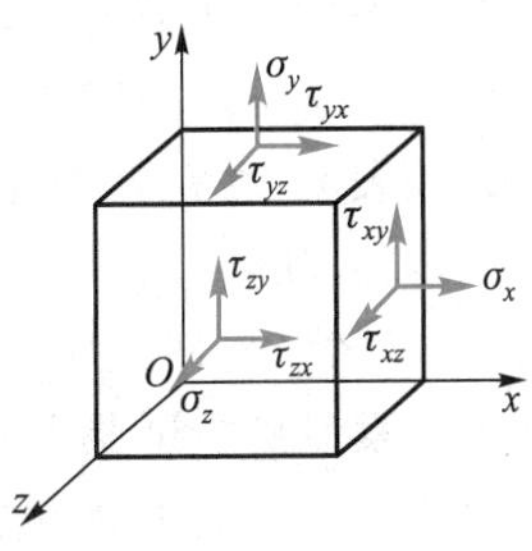

图 9-1

可以证明，只要应力单元体上互相垂直的三个面上的应力已知，过该单元体上任意斜面(图 9-2)上的应力都可以根据平衡条件计算出来。用应力单元体表示一点处应力状态应适当选取应力单元体,原则是单元体各面上应力是已知的,或是可求的,通常可选自由表面(应力为零)和杆件的横截面(应力可求),然后再用这些应力确定其他截面上的应力。

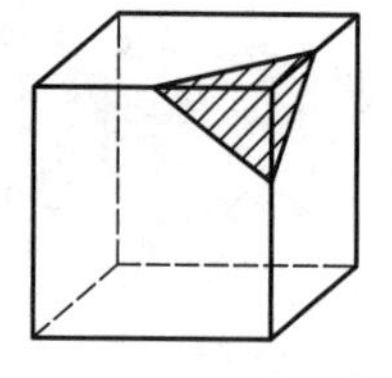

图 9-2

一点处切应力等于零的截面称为主平面,主平面上的正应力称为主应力。一般情况下,构件中一点处存在三个互相垂直的主平面(可用切应力互等定理证明),相应地存在三个主应力,这三个主应力按代数值从大到小依次称为第一、第二、第三主应力,分别记为 σ_1、σ_2、σ_3($\sigma_1 \geqslant \sigma_2 \geqslant \sigma_3$)。计算一点处的主应力是一点处应力状态分析的重要内容。

一点处应力状态根据主应力情况可分成三类:只有一个主应力不为零的应力状态称为单向应力状态(图 9-3a);两个主应力不为零的应力状态称为二向应力状态(图 9-3b);三个主应力都不为零的应力状态称为三向应力状态(图 9-3c)。通常将单向应力状态和二向应力状态统称为平面应力状态。一般只要构件外表面上某点处不受外力作用,该点处的应力状态就是平面应力状态。

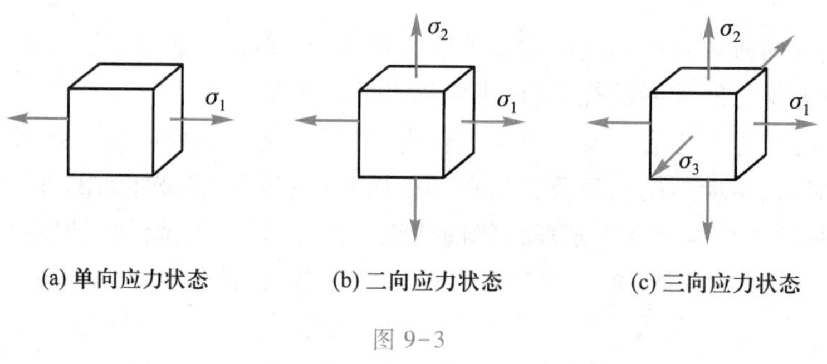

图 9-3

应该注意,一点处应力状态的类型一般需要根据主应力情况才能确定。全部由主平面组成的单元体称为主应力单元体。

三、强度理论

建立强度条件最直接的方法是按照构件的实际工作状态进行模拟破坏试验。然而,除了单向受力和纯剪切等简单情况外,采用这种方法往往会遇到许多技术困难。此外,由于应力组合的方式和比值的可能性过多,用试验方式难以对破坏条件一一进行确认。因此,建立复杂应力状态下的强度条件,需要寻求理论上的解决途径。

试验表明,材料因强度不足而引起的失效方式主要可分成两类:一类是脆性断裂,如铸铁构件拉伸、扭转时,或低碳钢构件三向受拉时等;另一类是塑性屈服,如低碳钢构件拉伸、扭转时,或铸铁构件三向受压时等。对于引起破坏的直接原因,存在应力、应变、应变能密度等多种因素。破坏试验表明,在相同的强度失效方式下总是存在某种共同的规律。这样就有理由认为同一类失效方式是由某种相同的破坏因素引起的,至于这种破坏因素是什么,可以根据实际观察作出推测,从而提出各种假说。关于材料强度失效原因的假说,称为强度理论。利用强度理论，可由简单应力状态下的实验结果，建立复杂应力状态下的强度条件。

本章主要研究平面应力状态，然后给出三向应力状态的主要结论，由此建立复杂应力状态强度分析的基础，最后对四种常用的强度理论及实验研究进行简单介绍。

9.2 平面应力状态分析

平面应力状态的应力单元体一般情况如图 9-4a 所示，或简单表达为图 9-4b 所示的形式，其全部应力分量都平行于 xy 平面。

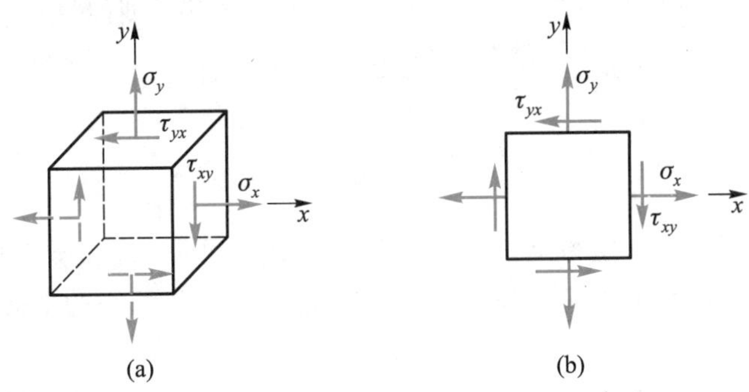

图 9-4

下面研究在 σ_x、σ_y 和 τ_{xy} 已知的情况下如何计算任意斜截面上的应力、主平面、主应力和最大切应力。应力的正负号规定如前所述，即正应力 σ 以拉伸为正，压缩为负；切应力以对单元体内任一点呈顺时针力矩者为正，反之为负。

一、任意斜截面上的应力

这里的任意斜截面是指所有平行于 z 轴的截面（图 9-5a 中阴影部分），可用其外法线 n 与 x 轴正向的夹角 α 表示其方位（图 9-5b），简称 α 面。α 角自 x 轴正向逆时针转到 n 为正，顺时针转过的角度为负。设 α 面的面积为 $\mathrm{d}A$，则沿斜截面截取的分离体受力图如图 9-5c 所示。

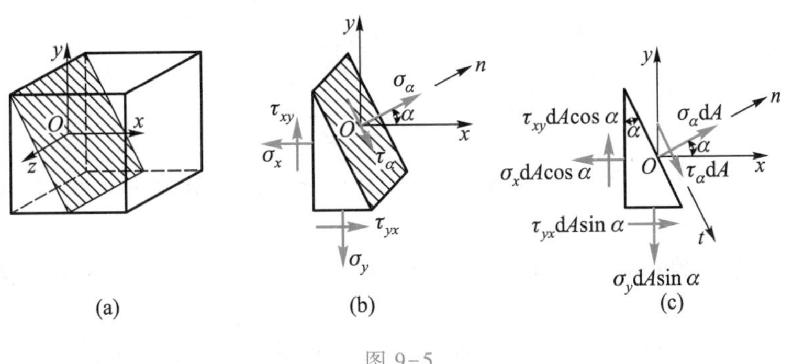

图 9-5

沿 α 面的法线方向 n 建立平衡方程,得

$$\sum F_n=0$$

$$\sigma_\alpha dA+(\tau_{xy}dA\cos\alpha)\sin\alpha-(\sigma_x dA\cos\alpha)\cos\alpha+(\tau_{yx}dA\sin\alpha)\cos\alpha-(\sigma_y dA\sin\alpha)\sin\alpha=0 \tag{a}$$

沿 α 面的切线方向 t 建立平衡方程,得

$$\sum F_t=0$$

$$\tau_\alpha dA-(\tau_{xy}dA\cos\alpha)\cos\alpha-(\sigma_x dA\cos\alpha)\sin\alpha+(\tau_{yx}dA\sin\alpha)\sin\alpha+(\sigma_y dA\sin\alpha)\cos\alpha=0 \tag{b}$$

根据切应力互等定理有 $\tau_{yx}=\tau_{xy}$,并经过三角函数代换和化简后得:

$$\sigma_\alpha=\frac{\sigma_x+\sigma_y}{2}+\frac{\sigma_x-\sigma_y}{2}\cos 2\alpha-\tau_{xy}\sin 2\alpha \tag{9-1}$$

$$\tau_\alpha=\frac{\sigma_x-\sigma_y}{2}\sin 2\alpha+\tau_{xy}\cos 2\alpha \tag{9-2}$$

这就是平面应力状态下任意斜截面上的应力计算公式。可见,σ_α 和 τ_α 都是有界周期函数。利用以上公式可进一步确定正应力和切应力的极值,以及它们所在的平面位置。

二、主平面

平面应力状态中有一个主平面是已知的,即正应力和切应力都为零的那个平面(z 面)。另两个主平面都与已知主平面垂直,设它们与 x 轴正向的夹角为 α_0,根据主平面的定义,该平面上的切应力 τ_{α_0} 应为零,由式(9-2)得

$$\tau_{\alpha_0}=\frac{\sigma_x-\sigma_y}{2}\sin 2\alpha_0+\tau_{xy}\cos 2\alpha_0=0$$

得

$$\tan 2\alpha_0=-\frac{2\tau_{xy}}{\sigma_x-\sigma_y} \tag{9-3}$$

此方程有两个解:α_0 和 α_0+90°,这说明这两个主平面互相垂直。

三、主应力

平面应力状态中两个非零主应力的值可将式(9-3)的解代入式(9-1)得到,在其代数值中较大的主应力记为 $\sigma_{\max}$,较小的主应力记为 $\sigma_{\min}$,则

$$\left.\begin{matrix}\sigma_{\max}\\ \sigma_{\min}\end{matrix}\right\}=\frac{\sigma_x+\sigma_y}{2}\pm\sqrt{\left(\frac{\sigma_x-\sigma_y}{2}\right)^2+\tau_{xy}^2} \tag{9-4}$$

考虑平面应力状态中有一个主应力已知为零,比较 $\sigma_{\max}$,$\sigma_{\min}$ 和 0 的大小,便可确定 σ_1,σ_2 和 σ_3。

主应力与主平面的对应关系可以这样确定:$\sigma_{\max}$ 的方向总是在 τ_{xy} 指向的那一象限(见例 9-2)。

现在来分析主应力与极值正应力之间的关系。为求 σ_α 的极值,对式(9-1)求导并令其

为零，即

$$\frac{d\sigma_\alpha}{d\alpha}=\frac{\sigma_x-\sigma_y}{2}(-2\sin 2\alpha)-\tau_{xy}(2\cos 2\alpha)=0$$

化简为

$$\frac{\sigma_x-\sigma_y}{2}\sin 2\alpha+\tau_{xy}\cos 2\alpha=0$$

比较上式和式(9-2)，说明极值正应力所在的面恰为切应力等于零的面，即主平面。因此，式(9-4)中两个主应力实际上就是所有平行于 z 轴的斜截面上正应力中的两个极值，σ_{max} 是最大正应力，σ_{min} 则是最小正应力。

以上应力公式是根据平衡条件建立的，它们既可用于线弹性问题，也可以用于非线性与非弹性问题；既可以用于各向同性的材料，也可以用于各向异性材料，即与材料的力学性能无关。

四、极值切应力

设极值切应力的方位角为 α_1，令式(9-2)的一阶导数为零，即

$$\frac{d\tau_\alpha}{d\alpha}=(\sigma_x-\sigma_y)\cos 2\alpha_1-2\tau_{xy}\sin 2\alpha_1=0$$

解出

$$\tan 2\alpha_1=\frac{\sigma_x-\sigma_y}{2\tau_{xy}} \tag{9-5}$$

此式有两个解：α_1，$\alpha_1+90°$，这说明两个极值切应力的作用平面互相垂直。从上式中解出 α_1 代入式(9-2)，得极值切应力为

$$\left.\begin{matrix}\tau_{max}\\ \tau_{min}\end{matrix}\right\}=\pm\sqrt{\left(\frac{\sigma_x-\sigma_y}{2}\right)^2+\tau_{xy}^2} \tag{9-6}$$

上式表明两个极值切应力等值反号（从切应力互等定理也可直接得到这个结论），因此可只关注 τ_{max}。

将式(9-6)和式(9-4)对比，可得下列关系：

$$\tau_{max}=\frac{\sigma_{max}-\sigma_{min}}{2} \tag{9-7}$$

这里求得的最大切应力是所有平行于 z 轴的斜截面上切应力的最大值。

再将式(9-5)和式(9-3)比较可得

$$\tan 2\alpha_1=-\cot 2\alpha_0=\tan(2\alpha_0+90°)=\tan 2(\alpha_0+45°)$$

这说明极值切应力作用面与主平面成 45°角。

低碳钢拉伸出现滑移线

例 9-1 试分析图 9-6a 所示低碳钢试样在拉伸实验时出现滑移线的原因。

解： 从轴向拉伸试样(图 9-6a)上任一点 K 处沿横截面和纵截面取应力单元体，如图 9-6b 所示，分析各面上的应力后可知它是主应力单元体，各面均为主平面。

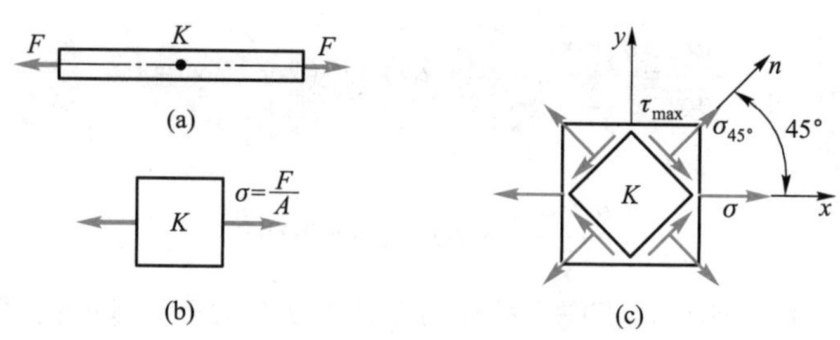

图 9-6

滑移线出现在与横截面成45°角的斜截面上，该面恰好为极值切应力所在的截面(图 9-6c)，因此，可以认为滑移线是由最大切应力引起的。

分析 K 点的应力状态可知，其最大正应力为 $\sigma_{max}=\sigma$，最大切应力可由式(9-7)算出为 $\tau_{max}=\sigma/2$。τ_{max} 的数值仅为 σ_{max} 的一半却引起了屈服破坏，这表明低碳钢一类塑性材料抗剪能力低于抗拉能力。

例 9-2　某点应力单元体如图 9-7a 所示，试求：(1) 指定截面的应力；(2) 主平面；(3) 主应力；(4) xy 面内的最大切应力；(5) 画出其主应力单元体。

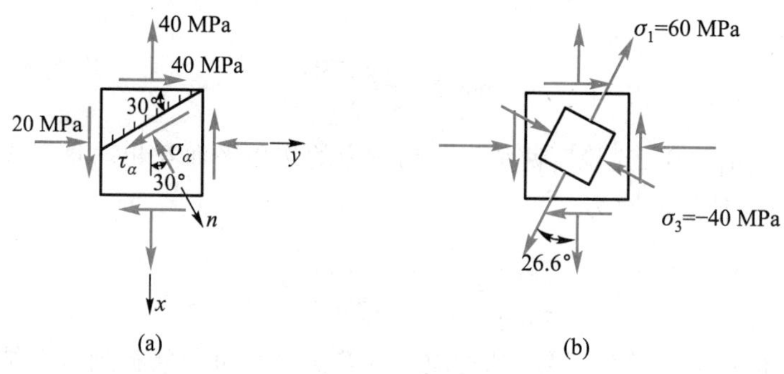

图 9-7

解：(1) 选取坐标系如图 9-7a 所示，由此确定各应力分量为

$$\sigma_x=40\ \text{MPa},\qquad \sigma_y=-20\ \text{MPa},\qquad \tau_{xy}=40\ \text{MPa},\qquad \alpha=30°$$

(2) 计算指定截面应力

将各应力分量代入式(9-1)和式(9-2)可得图示斜面上的应力分别为

$$\begin{aligned}\sigma_\alpha&=\frac{\sigma_x+\sigma_y}{2}+\frac{\sigma_x-\sigma_y}{2}\cos 2\alpha-\tau_{xy}\sin 2\alpha\\&=\frac{40\ \text{MPa}-20\ \text{MPa}}{2}+\frac{40\ \text{MPa}+20\ \text{MPa}}{2}\cos 60°-40\ \text{MPa}\sin 60°\\&=-9.6\ \text{MPa}\end{aligned}$$

$$\begin{aligned}\tau_\alpha &= \frac{\sigma_x-\sigma_y}{2}\sin 2\alpha+\tau_{xy}\cos 2\alpha \\ &= \frac{40\ \text{MPa}+20\ \text{MPa}}{2}\sin 60^\circ+40\ \text{MPa}\cos 60^\circ \\ &= 46.0\ \text{MPa}\end{aligned}$$

把 σ_α、τ_α 按照实际指向画在图 9-7a 中。

(3) 求主应力

将各应力分量代入式(9-4)可得

$$\left.\begin{matrix}\sigma_{\max}\\ \sigma_{\min}\end{matrix}\right\} = \frac{\sigma_x+\sigma_y}{2}\pm\sqrt{\left(\frac{\sigma_x-\sigma_y}{2}\right)^2+\tau_{xy}^2}$$

$$= \frac{40\ \text{MPa}-20\ \text{MPa}}{2}\pm\sqrt{\left(\frac{40\ \text{MPa}+20\ \text{MPa}}{2}\right)^2+(40\ \text{MPa})^2}$$

$$= \begin{cases}60\ \text{MPa}\\ -40\ \text{MPa}\end{cases}$$

另一个主应力为零,故三个主应力分别为

$$\sigma_1 = 60\ \text{MPa},\qquad \sigma_2 = 0,\qquad \sigma_3 = -40\ \text{MPa}$$

(4) 求主平面

将各应力分量代入式(9-3)可得

$$\tan 2\alpha_0 = \frac{-2\tau_{xy}}{\sigma_x-\sigma_y} = \frac{-2\times 40\ \text{MPa}}{40\ \text{MPa}+20\ \text{MPa}} = -\frac{4}{3}$$

$$2\alpha_0 = -53.13^\circ$$

$$\alpha_0 = -26.6^\circ,\qquad \alpha_0+90^\circ = 63.4^\circ$$

根据图 9-7a 中 τ_{xy} 的指向判定,$\alpha_0=-26.6^\circ$ 为 σ_1 的方向;而 $\alpha_0+90^\circ=63.4^\circ$ 则为 σ_3 的方向。主应力单元体如图 9-7b 所示。

(5) 求 xy 平面内的 $\tau_{\max}$

将最大和最小主应力代入式(9-7)得

$$\tau_{\max} = \frac{\sigma_{\max}-\sigma_{\min}}{2} = \frac{60\ \text{MPa}-(-40\ \text{MPa})}{2} = 50\ \text{MPa}$$

$\tau_{\max}$ 所在平面可由 $\sigma_{\max}$ 所在平面逆时针转 45°确定。

9.3 平面应力状态的莫尔圆

一点处应力状态也可以用应力圆表示。将平面应力状态任意斜截面上的应力计算公式(9-1)、式(9-2)等号两边平方相加,得到

$$\left(\sigma_{\alpha}-\frac{\sigma_x+\sigma_y}{2}\right)^2+\tau_{\alpha}^2=\left(\frac{\sigma_x-\sigma_y}{2}\right)^2+\tau_{xy}^2 \tag{9-8}$$

若以 σ 为横坐标，τ 为纵坐标，上式即为一个圆的方程，圆心坐标为 $\left(\frac{\sigma_x+\sigma_y}{2},0\right)$，半径为 $\sqrt{\left(\frac{\sigma_x-\sigma_y}{2}\right)^2+\tau_{xy}^2}$，其图形如图 9-8 所示，称为应力圆或莫尔圆。

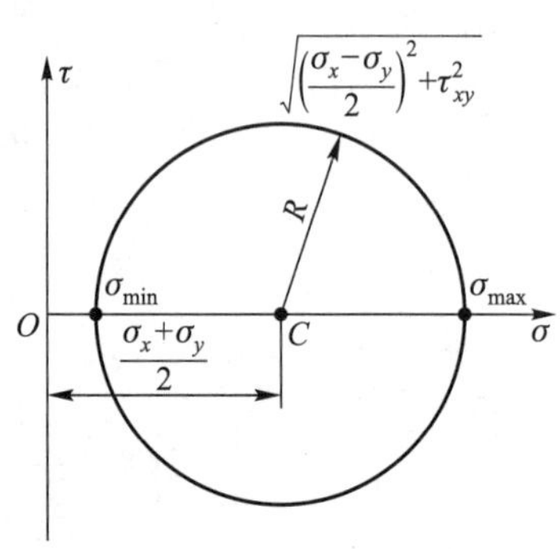

图 9-8

除了利用圆心和半径表达式来确定应力圆以外，也可以根据单元体上 x、y 面的已知应力分量确定应力圆上对应的 D_1、D_2 点，以 D_1D_2 为直径作圆（图 9-9）。单元体上 x 面的方位在应力圆上由半径 CD_1 表示，y 面的方位在应力圆上由半径 CD_2 表示。

一个单元体的应力状态一定可以用一个应力圆来表示；反之，一个应力圆则一定与一个单元体相对应。单元体和应力圆之间有点面对应、转向对应和二倍角对应关系，即应力圆上某一点的坐标值对应着单元体某一斜截面上的正应力和切应力；该点所在半径的旋转方向与对应斜截面法线的旋转方向一致；该点所在半径转过的角度是对应斜截面旋转角度的 2 倍。于是，单元体上的任意斜截面 α 的应力可以由应力圆确定，在应力圆上由半径 CD_1 逆时针旋转 2α 角，交应力圆于 E 点，该点的坐标即为 α 面的两个应力分量。

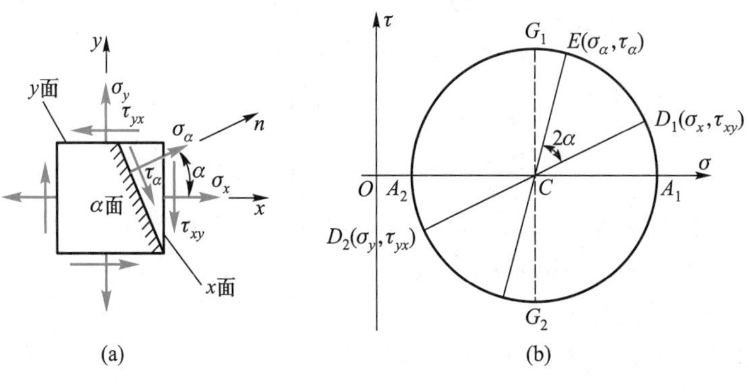

图 9-9

应力圆可以直观地表示一点处应力状态（图 9-9b）。应力圆与横轴的两个交点对应单元体的主平面，A_1、A_2 两点的横坐标分别代表两个正应力极值 σ_{max} 和 σ_{min}；应力圆上最高点 G_1 的纵坐标代表 xy 面内各截面上的最大切应力 τ_{max}，点 G_2 的纵坐标代表 xy 面内各截面上的最小切应力 τ_{min}，切应力的最大、最小值位于互相垂直的截面上，与主平面成 45°角，数值都等于应力圆半径。

利用应力圆的几何关系（图 9-9b），也能容易证明 9.2 节的各应力分析表达式。

9.4 三向应力状态的最大应力

考虑图 9-10a 所示的主应力单元体,已知其三个非零主应力 σ_1、σ_2、σ_3,可以利用平面应力状态的分析方法对平行于任一主应力方向的斜截面进行应力分析。如任取平行于 σ_3 的斜截面,如图 9-10b 所示,因主应力 σ_3 对 σ_1 和 σ_2 所在平面的应力分析没有影响,其平面应力状态表达为图 9-10c 所示的以 σ_1 和 σ_2 为直径的应力圆。同理,对于平行于 σ_1 的各截面的应力,可由 σ_2 和 σ_3 为直径的应力圆表达;对于平行于 σ_2 的各截面的应力,可由 σ_1 和 σ_3 为直径的应力圆表达,由此得到三向应力状态的应力圆。

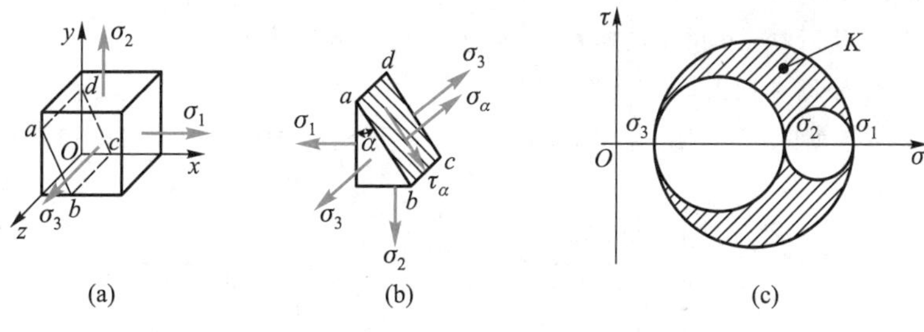

图 9-10

对于那些与三个主应力都不平行的任意斜截面 ABC(图 9-11a),由四面体 $OABC$ 的平衡,得到该截面的正应力与切应力分别为

$$\sigma_n=\sigma_1\cos^2\alpha+\sigma_2\cos^2\beta+\sigma_3\cos^2\gamma \tag{9-9}$$

$$\tau_n=\sqrt{\sigma_1^2\cos^2\alpha+\sigma_2^2\cos^2\beta+\sigma_3^2\cos^2\gamma-\sigma_n^2} \tag{9-10}$$

式中,α、β、γ 代表斜截面 ABC 的外法线 n 在坐标系 $Oxyz$ 内的方向角(图 9-11b)。利用以上关系,可以证明,在 $\sigma-\tau$ 平面内,与上述截面对应的点 $K(\sigma_n,\tau_n)$,必位于图 9-10c 所示三个圆所构成的阴影区域内。

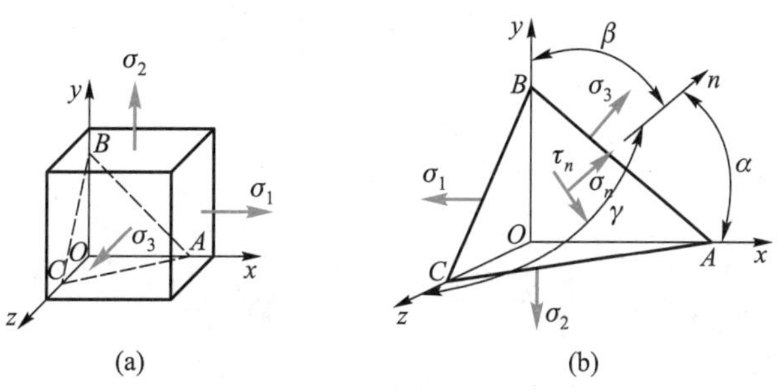

图 9-11

综上所述，在 $\sigma-\tau$ 平面内，单元体内各截面的应力若不在三个应力圆上，就在三个圆间的阴影区内。由此可以得到关于极值应力的如下结论：σ_1 和 σ_3 分别是过一点所有截面上正应力的最大值和最小值，即

$$\sigma_{\max}=\sigma_1,\qquad \sigma_{\min}=\sigma_3 \tag{9-11}$$

三个圆的半径值分别对应三个面内最大切应力，即

$$\tau_{12}=\frac{\sigma_1-\sigma_2}{2},\qquad \tau_{23}=\frac{\sigma_2-\sigma_3}{2},\qquad \tau_{13}=\frac{\sigma_1-\sigma_3}{2} \tag{9-12}$$

而过一点所有截面上最大切应力的数值为大圆的半径，即

$$\tau_{\max}=\frac{\sigma_1-\sigma_3}{2} \tag{9-13}$$

其作用面与 σ_2 平行，与 σ_1、σ_3 都成 45°。

例 9-3 求图 9-12a 所示单元体的主应力和最大切应力。

解： 选坐标系如图 9-12a 所示，有

$$\sigma_x=-60\ \text{MPa},\qquad \sigma_y=100\ \text{MPa},\qquad \sigma_z=110\ \text{MPa},\qquad \tau_{xy}=60\ \text{MPa}$$

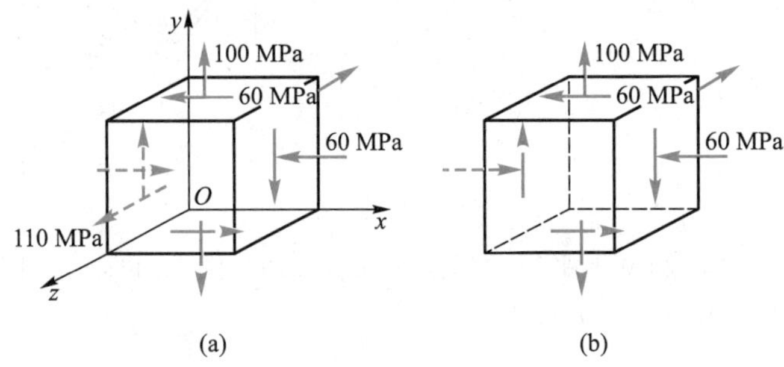

图 9-12

这是一个三向应力状态，z 面为主平面，σ_z 为主应力，它对所有平行于 z 轴的斜截面上的应力没有影响，所以另两个主应力可按图 9-12b 所示平面应力状态求得。由式(9-4)得

$$\left.\begin{matrix}\sigma_{\max}\\ \sigma_{\min}\end{matrix}\right\}=\frac{\sigma_x+\sigma_y}{2}\pm\sqrt{\left(\frac{\sigma_x-\sigma_y}{2}\right)^2+\tau_{xy}^2}$$

$$=\frac{-60+100}{2}\ \text{MPa}\pm\sqrt{\left(\frac{-60-100}{2}\right)^2+60^2}\ \text{MPa}$$

$$=\begin{matrix}120\ \text{MPa}\\ -80\ \text{MPa}\end{matrix}$$

因此，三个主应力为

$$\sigma_1=120\ \text{MPa},\qquad \sigma_2=110\ \text{MPa},\qquad \sigma_3=-80\ \text{MPa}$$

最大切应力可按式(9-13)求得

$$\tau_{\max}=\frac{\sigma_1-\sigma_3}{2}=\frac{120+80}{2}\ \text{MPa}=100\ \text{MPa}$$

9.5 广义胡克定律

一、广义胡克定律

单向应力状态如图 9-13 所示，当应力 σ 不超过材料的比例极限时，σ 方向，即纵向的线应变 ε 可由胡克定律求得

$$\varepsilon=\frac{\sigma}{E} \tag{a}$$

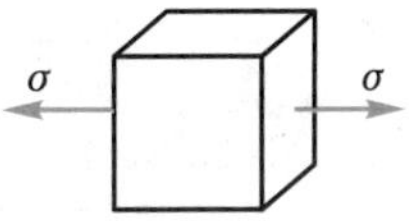

垂直于 σ 方向，即横向的线应变则为

$$\varepsilon'=-\nu\varepsilon=-\nu\frac{\sigma}{E} \tag{b}$$

图 9-13

式中，E 和 ν 分别为材料的弹性模量和泊松比。

对三向应力状态，只要最大正应力不超过材料的比例极限，并且材料是各向同性的，那么任一方向的线应变都可利用胡克定律叠加而得。以主应力单元体为例，对应于主应力 σ_1、σ_2、σ_3 方向的线应变分别记为 ε_1、ε_2、ε_3，称为主应变。从图 9-14 中可以看出，当各主应力单独作用时，由 σ_1 引起的 σ_1 方向的线应变为$\frac{\sigma_1}{E}$；由 σ_2、σ_3 引起的 σ_1 方向的线应变分别为$-\nu\frac{\sigma_2}{E}$、$-\nu\frac{\sigma_3}{E}$；当 σ_1、σ_2、σ_3 共同作用时，σ_1 方向的线应变 ε_1 为

$$\varepsilon_1=\frac{\sigma_1}{E}-\nu\frac{\sigma_2}{E}-\nu\frac{\sigma_3}{E}=\frac{1}{E}[\sigma_1-\nu(\sigma_2+\sigma_3)]$$

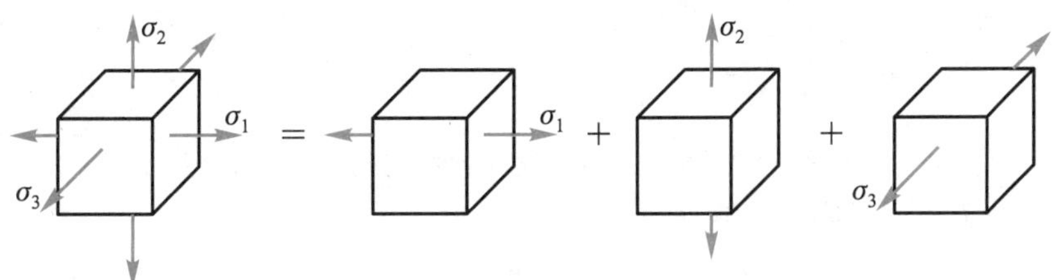

图 9-14

另外两个主应变 ε_2、ε_3 可用同样方法求得。归纳起来可得

$$\left.\begin{aligned}\varepsilon_1&=\frac{1}{E}[\sigma_1-\nu(\sigma_2+\sigma_3)]\\ \varepsilon_2&=\frac{1}{E}[\sigma_2-\nu(\sigma_3+\sigma_1)]\\ \varepsilon_3&=\frac{1}{E}[\sigma_3-\nu(\sigma_1+\sigma_2)]\end{aligned}\right\} \tag{9-14}$$

这就是用主应力表示的广义胡克定律。式中 σ 应取代数值，ε 也是代数值，正值表示伸长，负值表示缩短，且有 $\varepsilon_1 \geqslant \varepsilon_2 \geqslant \varepsilon_3$。

实际上，对各向同性材料，在线弹性、小变形条件下，沿坐标轴 x、y、z 方向，正应力只引起线应变，而切应力只引起同一平面内的切应变。这样对一般空间应力状态便有如下形式的广义胡克定律：

$$\left.\begin{aligned}
\varepsilon_x &= \frac{1}{E}\left[\sigma_x-\nu(\sigma_y+\sigma_z)\right] \\
\varepsilon_y &= \frac{1}{E}\left[\sigma_y-\nu(\sigma_z+\sigma_x)\right] \\
\varepsilon_z &= \frac{1}{E}\left[\sigma_z-\nu(\sigma_x+\sigma_y)\right] \\
\gamma_{xy} &= \frac{\tau_{xy}}{G}, \qquad \gamma_{yz}=\frac{\tau_{yz}}{G}, \qquad \gamma_{zx}=\frac{\tau_{zx}}{G}
\end{aligned}\right\} \tag{9-15}$$

二、体积应变

构件发生弹性变形时一般地体积会发生改变，单位体积的体积改变称为体积应变，记为 θ。图 9-15 所示主应力单元体各边边长分别设为 $\mathrm{d}x$、$\mathrm{d}y$、$\mathrm{d}z$，变形前体积为

$$\mathrm{d}V=\mathrm{d}x\mathrm{d}y\mathrm{d}z$$

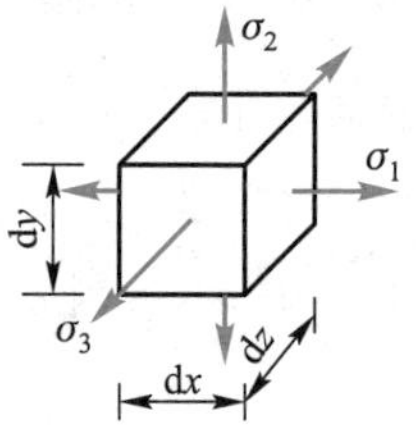

变形后各边边长分别为 $(1+\varepsilon_1)\mathrm{d}x$，$(1+\varepsilon_2)\mathrm{d}y$，$(1+\varepsilon_3)\mathrm{d}z$，则变形后的体积为

$$\mathrm{d}V_1=(1+\varepsilon_1)\mathrm{d}x(1+\varepsilon_2)\mathrm{d}y(1+\varepsilon_3)\mathrm{d}z$$

图 9-15

体积应变

$$\begin{aligned}
\theta &= \frac{\mathrm{d}V_1-\mathrm{d}V}{\mathrm{d}V}=\frac{(1+\varepsilon_1)\mathrm{d}x(1+\varepsilon_2)\mathrm{d}y(1+\varepsilon_3)\mathrm{d}z-\mathrm{d}x\mathrm{d}y\mathrm{d}z}{\mathrm{d}x\mathrm{d}y\mathrm{d}z} \\
&= \varepsilon_1+\varepsilon_2+\varepsilon_3+\varepsilon_1\varepsilon_2+\varepsilon_2\varepsilon_3+\varepsilon_3\varepsilon_1+\varepsilon_1\varepsilon_2\varepsilon_3
\end{aligned}$$

略去高阶小量，于是可得体积应变 θ 为

$$\theta=\varepsilon_1+\varepsilon_2+\varepsilon_3$$

将广义胡克定律式(9-14)代入上式，则有

$$\theta=\frac{1-2\nu}{E}(\sigma_1+\sigma_2+\sigma_3)=\frac{\sigma_{\mathrm{m}}}{K} \tag{9-16}$$

式中

$$K=\frac{E}{3(1-2\nu)}, \qquad \sigma_{\mathrm{m}}=\frac{\sigma_1+\sigma_2+\sigma_3}{3}$$

这里 K 为体积弹性模量，σ_{m} 为三个主应力的平均值，即平均应力。上式表明，体积应变取决于三个主应力之和，而与三个主应力之间的比例无关。此外，体积应变与平均应力成正比，此即体积胡克定律。

例 9-4 图 9-16a 所示扭转圆轴的直径 $d=50$ mm,材料的弹性模量 $E=210$ GPa,泊松比 $\nu=0.28$。今测得表面 K 点与母线成 45°方向的线应变 $\varepsilon_{45^\circ}=-300\times10^{-6}$,试求作用在圆轴两端的外力偶矩 M_e。

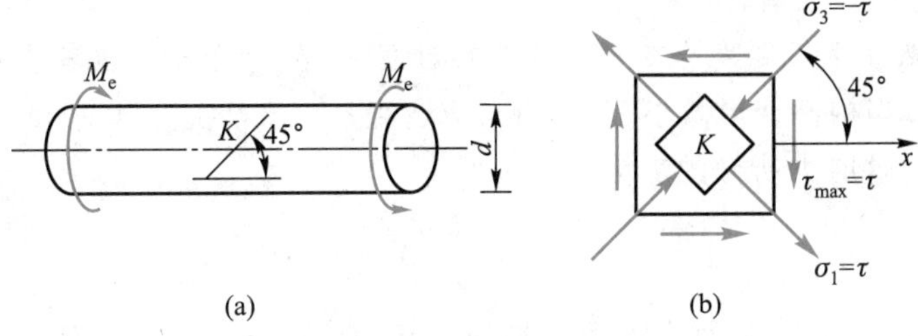

图 9-16

解: (1) K 点处的应力状态分析

K 点处应力状态为纯剪切应力状态,如图 9-16b 所示。与母线成 45°的方向为主应力 σ_3 的方向,与 σ_3 垂直的则是 σ_1、σ_2 的方向,这里

$$\sigma_1=\tau,\qquad \sigma_2=0,\qquad \sigma_3=-\tau$$

(2) 建立应力应变关系

由式(9-14)有

$$\varepsilon_{45^\circ}=\varepsilon_3=\frac{1}{E}[\sigma_3-\nu(\sigma_1+\sigma_2)]=\frac{1}{E}[-\tau-\nu\tau]=-\frac{1+\nu}{E}\tau$$

所以有

$$\tau=-\frac{E\varepsilon_{45^\circ}}{1+\nu} \tag{a}$$

(3) 计算扭转力偶矩 M_e

圆轴扭转变形时,有

$$\tau=\frac{T}{W_t} \tag{b}$$

式(b)与式(a)是相等的,所以有

$$\frac{T}{W_t}=-\frac{E\varepsilon_{45^\circ}}{1+\nu}$$

从而可得

$$\begin{aligned}M_e=T&=-\frac{E\varepsilon_{45^\circ}W_t}{1+\nu}=-\frac{E\varepsilon_{45^\circ}\pi d^3}{(1+\nu)16}\\&=-\frac{210\times10^9\times(-300\times10^{-6})\times\pi\times50^3\times10^{-9}}{(1+0.28)\times16}\ \text{N}\cdot\text{m}=1.21\ \text{kN}\cdot\text{m}\end{aligned}$$

9.6 四个古典强度理论

一、应变能及应变能密度

弹性体在载荷作用下要发生变形。在变形过程中,外力在相应位移上所做的功称为外力功,用 W 表示。当构件变形微小,且应力与应变服从广义胡克定律时,力 F 和相应的位移 Δ 也呈线性关系。这时力所做的功为

$$W=\frac{1}{2}F\Delta \tag{9-17}$$

如果弹性体受 n 个外力作用,每个外力 F_i 同时在相应位移 Δ_i 上做功,则总功为

$$W=\frac{1}{2}\sum_{i=1}^{n}F_i\Delta_i \tag{9-18}$$

这时,弹性体因变形而积蓄的能量,称为应变能,用 V_ε 表示。我们将弹性体内一点处单位体积的应变能称为应变能密度,用 v_ε 表示。

根据能量守恒原理,在常温(绝热过程)、静平衡状态(静载荷作用)情况下,可认为弹性变形过程中的外力功全部转化为弹性体的应变能,即 $V_\varepsilon=W$。此为弹性体的应变能原理,或功能原理。

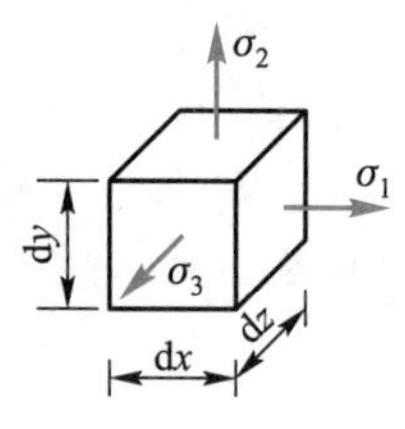

图 9-17

在弹性体内一点处取主单元体,沿主应力方向取坐标轴,如图 9-17 所示。设单元体边长分别为 dx、dy、dz。单元体上 x、y、z 面上的作用力分别为 $\sigma_1\mathrm{d}y\mathrm{d}z$、$\sigma_2\mathrm{d}z\mathrm{d}x$ 和 $\sigma_3\mathrm{d}x\mathrm{d}y$,每对外力的相对位移分别为 $\varepsilon_1\mathrm{d}x$、$\varepsilon_2\mathrm{d}y$、$\varepsilon_3\mathrm{d}z$,则单元体上的外力功或应变能为

$$\begin{aligned}\mathrm{d}W=\mathrm{d}V_\varepsilon&=\frac{1}{2}\sigma_1\varepsilon_1\mathrm{d}x\mathrm{d}y\mathrm{d}z+\frac{1}{2}\sigma_2\varepsilon_2\mathrm{d}x\mathrm{d}y\mathrm{d}z+\frac{1}{2}\sigma_3\varepsilon_3\mathrm{d}x\mathrm{d}y\mathrm{d}z\\&=\frac{1}{2}(\sigma_1\varepsilon_1+\sigma_2\varepsilon_2+\sigma_3\varepsilon_3)\mathrm{d}x\mathrm{d}y\mathrm{d}z\end{aligned}$$

由此得到单位体积内的应变能,即应变能密度为

$$v_\varepsilon=\frac{1}{2}(\sigma_1\varepsilon_1+\sigma_2\varepsilon_2+\sigma_3\varepsilon_3) \tag{9-19}$$

再应用广义胡克定律,得到

$$v_\varepsilon=\frac{1}{2E}[\sigma_1^2+\sigma_2^2+\sigma_3^2-2\nu(\sigma_1\sigma_2+\sigma_2\sigma_3+\sigma_3\sigma_1)] \tag{9-20}$$

二、体积改变能密度和畸变能密度

在外力作用下,微元体的体积和形状一般均会发生变化,现在研究相应的应变能即体积改变能与形状改变能的变化。

如图 9-18a 所示,任意三向应力状态的主应力分别为 σ_1、σ_2、σ_3,它们均可分解为两部分,一是三个方向的平均应力 $\sigma_m=(\sigma_1+\sigma_2+\sigma_3)/3$,另一个是应力偏量 $\sigma_1-\sigma_m$、$\sigma_2-\sigma_m$、$\sigma_3-\sigma_m$。

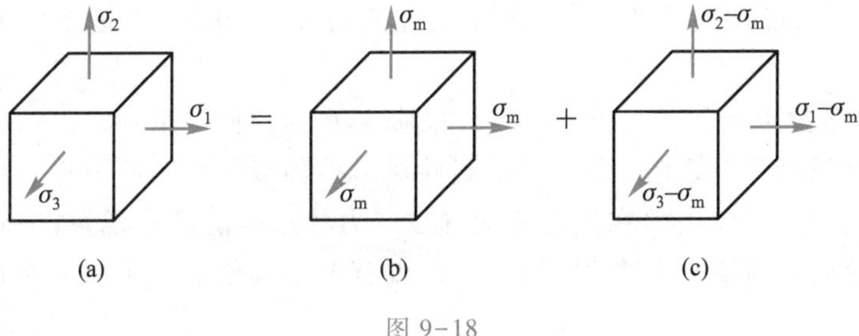

图 9-18

图 9-18b 所示主单元体各截面上的应力相同，该单元体的形状不变，只发生体积改变。这种情况下的应变能密度均为体积改变能密度，用 v_V 表示，由式(9-20)可求得

$$v_V=\frac{3(1-2\nu)}{2E}\sigma_m^2=\frac{1-2\nu}{6E}(\sigma_1+\sigma_2+\sigma_3)^2 \tag{9-21}$$

图 9-18c 所示单元体的三个主应力之和为零，则其体积应变为零，即体积没有变化。这种情况下的应变能密度称为畸变能密度，或称形状改变能密度，用 v_d 表示，由式(9-20)可求得

$$v_d=\frac{1+\nu}{6E}[(\sigma_1-\sigma_2)^2+(\sigma_2-\sigma_3)^2+(\sigma_3-\sigma_1)^2] \tag{9-22}$$

可以证明，应变能密度等于体积改变能密度与畸变能密度之和，即

$$v_\varepsilon=v_V+v_d$$

三、常用的四个古典强度理论

针对强度失效的两种主要形式，即断裂和屈服，强度理论也大体分为两类：一类是解释脆性材料的断裂失效，包括最大拉应力理论和最大伸长线应变理论；另一类是解释塑性材料的屈服失效，包括最大切应力理论和畸变能密度理论。当然，强度理论不止这些，现有的各种强度理论其正确性都必须经受试验和实践的检验，在此基础上，强度理论一直在发展完善之中。

1. 脆性断裂强度理论

在 17 世纪，当时的建筑材料主要是砖、石、铸铁等脆性材料，所以人们观察到的破坏现象多以脆断为主。于是提出了脆性断裂强度理论，主要包括最大拉应力理论和最大伸长线应变理论。在最初提出这类理论时，认为破坏的原因是最大正应力（包括拉应力和压应力）或最大线应变（包括伸长和缩短），后来又逐渐对脆断发生的条件有了明确的认识。

最大拉应力理论

最大拉应力理论又称为第一强度理论。这一理论假设材料脆性断裂的主要因素是最大拉应力。无论材料处于什么应力状态，只要一点处其最大拉应力 σ_1 达到材料单向拉伸断裂时的最大拉应力值 σ_u，材料就会断裂破坏。至于材料的最大拉应力 σ_u，则可通过单向拉伸试样发生脆性断裂的试验来确定。于是，依据这一强度理论，材料脆性断裂破坏的条件为

$$\sigma_1=\sigma_u$$

在强度计算中，将 σ_u 除以安全因数得到许用应力 $[\sigma]$，相应的强度条件为

$$\sigma_1 \leqslant [\sigma] \tag{9-23}$$

式中，σ_1 为构件危险点处的最大拉应力；$[\sigma]$ 为材料单向拉伸许用应力。

最大拉应力理论可很好地解释铸铁等脆性材料拉伸或扭转时的破坏现象，也可较好地解释各种材料（包括塑性材料）在接近三向等拉应力状态时的破坏现象，但对单向压缩、三向压缩等没有拉应力的情况不适用。这一理论没有考虑其他两个主应力对强度的影响，也是它的不足之处。

最大伸长线应变理论

最大伸长线应变理论又称为第二强度理论。这一理论假设引起材料脆性断裂的主要因素是最大伸长线应变 ε_1。无论材料处于什么应力状态，只要一点处最大伸长线应变 ε_1 达到材料单向拉伸断裂时的最大伸长应变 ε_u，材料就会因断裂而破坏。同理，材料的极限值同样可通过单向拉伸试样发生脆性断裂的试验来确定。于是，材料脆性断裂破坏的条件为

$$\varepsilon_1 = \varepsilon_u$$

假设材料的变形直到断裂之前都处于线弹性范围内，则 ε_1 可由广义胡克定律确定，即

$$\varepsilon_1 = \frac{1}{E}[\sigma_1 - \nu(\sigma_2 + \sigma_3)]$$

ε_u 可由单向拉伸试验确定为

$$\varepsilon_1 = \varepsilon_u = \frac{\sigma_b}{E}$$

于是，用主应力表达的断裂破坏条件为

$$\sigma_1 - \nu(\sigma_2 + \sigma_3) = \sigma_b$$

考虑了安全因数后，相应的强度条件为

$$\sigma_1 - \nu(\sigma_2 + \sigma_3) \leqslant [\sigma] \tag{9-24}$$

式中，σ_1、σ_2、σ_3 代表构件危险点处的主应力；$[\sigma]$ 为材料单向拉伸许用应力。

式(9-24)表明，当根据强度理论建立复杂应力状态下构件的强度条件时，形式上是将主应力的某一综合值与材料单向拉伸许用应力相比较，即将复杂应力状态的强度问题表示为单向应力状态的强度问题。

最大伸长线应变理论能够很好地适用于石料、混凝土等脆性材料在压缩时纵向开裂的现象，也符合铸铁在拉压二向应力状态且压应力数值较大时的破坏试验结果。它考虑了其他两个主应力 σ_2 和 σ_3 对材料强度的影响，在形式上较最大拉应力理论更为完善。但其在解释材料在二向或三向受拉断裂失效时存在很大的误差。一般地说，最大拉应力理论适用于脆性材料以拉应力为主的情况，而最大伸长线应变理论适用于以压应力为主的情况。由于这一理论在应用上不如最大拉应力理论简便，因此在工程上很少应用，但在某些工业部门（如在炮筒设计中）应用较为广泛。

2. 塑性屈服强度理论

19 世纪末，工程中开始大量使用钢材等塑性材料，人们对塑性变形的机理有了较深刻

的认识，于是相继提出了以屈服或显著塑性变形为失效标志的强度理论，主要包括最大切应力理论与畸变能理论。

最大切应力理论

最大切应力理论又称为第三强度理论。这一理论假设：引起材料屈服的主要因素是最大切应力。无论材料处于什么应力状态，只要一点处最大切应力 τ_{max} 达到材料单向拉伸发生屈服时的最大切应力，材料就会发生屈服破坏。

对于像低碳钢一类的塑性材料，在单向拉伸试验中，材料沿最大切应力所在的 45°斜截面发生滑移而出现明显的屈服现象。这时试样在横截面上的正应力就是材料的屈服极限 σ_s，由此可得材料屈服时切应力的极限值 τ_u 为

$$\tau_u=\frac{\sigma_s}{2}$$

所以按这一强度理论，屈服条件为

$$\tau_{max}=\tau_u=\frac{\sigma_s}{2}$$

在复杂应力状态下，一点处的最大切应力为

$$\tau_{max}=\frac{\sigma_1-\sigma_3}{2}$$

将它代入上式，可得到用主应力表达的屈服条件为

$$\sigma_1-\sigma_3=\sigma_s$$

引入安全因数后，相应的强度条件为

$$\sigma_1-\sigma_3\leqslant[\sigma] \tag{9-25}$$

最大切应力理论能较好地解释塑性材料的屈服现象。例如，低碳钢拉伸试验屈服时沿与轴线成 45°方向出现的滑移线，就是最大切应力所在面的方向。这一理论没有考虑第二主应力 σ_2 的影响，计算结果一般偏于安全。

畸变能理论（第四强度理论）

畸变能理论又称为第四强度理论。该理论假设引起材料屈服的主要因素是畸变能密度。无论材料处于什么应力状态，只要畸变能密度 v_d 达到单向拉伸屈服时的畸变能密度 v_{du}，材料就会发生屈服破坏。

由式(9-22)材料的畸变能密度为

$$v_d=\frac{1+\nu}{6E}[(\sigma_1-\sigma_2)^2+(\sigma_2-\sigma_3)^2+(\sigma_3-\sigma_1)^2]$$

对于单向拉伸情况，将 $\sigma_1=\sigma_s$，$\sigma_2=\sigma_3=0$ 代入上式，从而得到材料屈服时相应的畸变能密度为

$$v_{du}=\frac{1+\nu}{6E}(2\sigma_s^2)$$

依据这一强度理论的观点，屈服条件为 $v_d=v_{du}$，于是得

$$\sqrt{\frac{1}{2}[(\sigma_1-\sigma_2)^2+(\sigma_2-\sigma_3)^2+(\sigma_3-\sigma_1)^2}=\sigma_s$$

引入安全因数后，相应的强度条件为

$$\sqrt{\frac{1}{2}[(\sigma_1-\sigma_2)^2+(\sigma_2-\sigma_3)^2+(\sigma_3-\sigma_1)^2]}\leqslant[\sigma] \tag{9-26}$$

试验结果表明，对于钢、铜、铝等塑性材料，畸变能理论比最大切应力理论更接近试验结果。这两个强度理论在工程上均得到广泛应用。

在通常条件下，脆性材料抵抗断裂破坏的能力低于抵抗屈服破坏的能力，因此，常用最大拉应力理论和最大伸长线应变理论；塑性材料抵抗屈服破坏的能力低于抵抗断裂的能力，因此，常用最大切应力理论或畸变能理论。但是，实践表明，在某些特殊的工作条件下，材料的失效形式也会发生改变。比如，即使是典型的脆性材料，在接近三向等压的应力状态下，也可产生塑性变形，此时应采用最大切应力理论或畸变能理论；即使是典型的塑性材料，在接近三向等拉的应力状态下很难屈服，常会发生断裂破坏，此时应采用最大拉应力理论。对于常见的工程应用，可通过设计手册或规范查阅强度理论选用的具体规定和建议。

综合式(9-23)、式(9-24)、式(9-25)和式(9-26)，可将四个强度理论的强度条件写成以下统一的形式：

$$\sigma_r\leqslant[\sigma]$$

式中，σ_r是根据不同强度理论所得到的构件危险点处三个主应力的某些组合，通常称为相当应力。

根据四个强度理论的表达式，相应的相当应力列于表 9-1 中。

表 9-1　四个强度理论的相当应力表达式

强度理论的分类及名称		相当应力表达式
脆性断裂理论	最大拉应力理论	$\sigma_{r1}=\sigma_1$
	最大伸长线应变理论	$\sigma_{r2}=\sigma_1-\nu(\sigma_2+\sigma_3)$
塑性屈服理论	最大切应力理论	$\sigma_{r3}=\sigma_1-\sigma_3$
	畸变能理论	$\sigma_{r4}=\sqrt{\frac{1}{2}[(\sigma_1-\sigma_2)^2+(\sigma_2-\sigma_3)^2+(\sigma_3-\sigma_1)^2]}$

对于图 9-19 所示的常见平面应力状态，可使塑性材料产生屈服破坏，其第三、第四强度理论的相当应力表达式可进一步简化。将 $\sigma_x=\sigma$，$\sigma_y=0$，$\tau_{xy}=\tau$ 代入式(9-4)，整理后可得

$$\left.\begin{matrix}\sigma_1\\ \sigma_3\end{matrix}\right\}=\frac{\sigma}{2}\pm\sqrt{\left(\frac{\sigma}{2}\right)^2+\tau^2}$$

$$\sigma_2=0$$

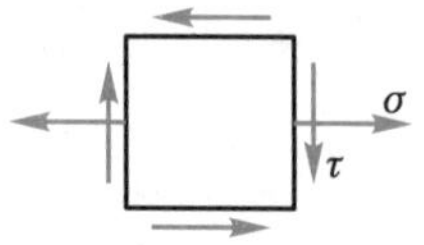

图 9-19

代入表 9-1 的后两式，便得

$$\sigma_{r3}=\sqrt{\sigma^2+4\tau^2} \tag{9-27}$$

$$\sigma_{r4}=\sqrt{\sigma^2+3\tau^2} \tag{9-28}$$

例 9-5 No.18 工字钢制成的外伸梁如图 9-20a 所示，已知$[\sigma]=170\ \text{MPa}$，$[\tau]=100\ \text{MPa}$，$F=20.5\ \text{kN}$，试全面校核该梁的强度。

解：(1) 内力分析

作梁的剪力图(图 9-20c)和弯矩图(图 9-20d)，确定梁的危险截面为 C 右邻截面，其内力为

$$F_{S,\max}=82\ \text{kN},\qquad M_{\max}=30.75\ \text{kN}\cdot\text{m}$$

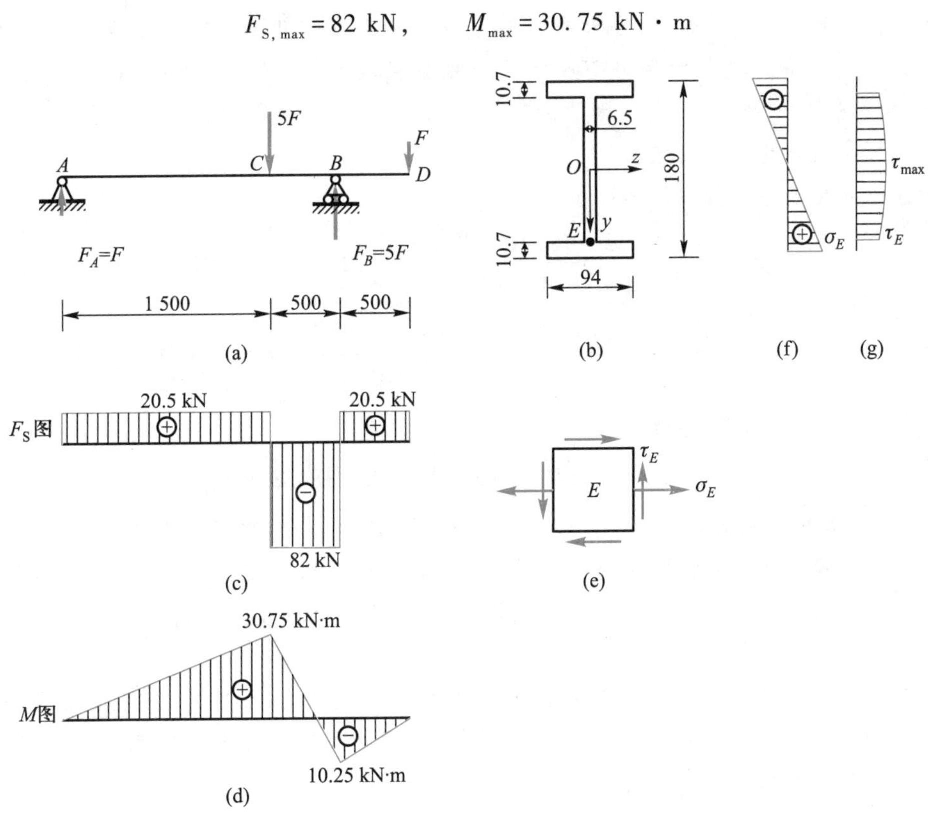

图 9-20

(2) 正应力强度校核

梁内最大弯曲正应力位于 C 截面上、下边缘处。查 No. 18 工字钢有

$$W_z=185\ \text{cm}^3$$

$$\sigma_{\max}=\frac{M_{\max}}{W_z}=\frac{30.75\times10^3}{185\times10^{-6}}\ \text{Pa}=166.2\ \text{MPa}<[\sigma]$$

此梁满足正应力强度条件。

(3) 切应力强度校核

梁内最大弯曲切应力发生在C右邻截面中性轴上。查No. 18工字钢有

$$d=6.5\ \text{mm},\qquad I_z/S^*_{z,\max}=15.4\ \text{cm}$$

因而有

$$\tau_{\max}=\frac{F_{S,\max}S^*_{z,\max}}{I_z d}=\frac{82\times10^3}{15.4\times10^{-2}\times6.5\times10^{-3}}\ \text{Pa}=81.9\ \text{MPa}<[\tau]$$

此梁也满足切应力强度条件。

(4) 主应力校核

为方便计算，将No. 18工字钢横截面形状画成如图9-20b所示计算简图，腹板和翼缘交界处E点处的应力状态如图9-20e所示，从该截面应力分布情况(图9-20f,g)看，E点正应力σ_E和切应力τ_E数值均较大，因此，有必要对E点进行强度校核。习惯上称这种复杂应力状态的强度校核为主应力校核。

由型钢规格表查得：$I_z=1\ 660\ \text{cm}^4$，故

$$\sigma_E=\frac{M_{\max}y_E}{I_z}=\frac{30.75\times10^3\times79.3\times10^{-3}}{1\ 660\times10^{-8}}\ \text{Pa}=146.9\ \text{MPa}$$

$$\tau_E=\frac{F_{S,\max}S^*_z}{I_z b}=\frac{82\times10^3\times94\times10.7\times84.65\times10^{-9}}{1\ 660\times10^{-8}\times6.5\times10^{-3}}\ \text{Pa}=64.7\ \text{MPa}$$

如选用第四强度理论，将σ_E、τ_E数值代入式(9-28)有

$$\sigma_{r4}=\sqrt{\sigma_E^2+3\tau_E^2}=\sqrt{146.9^2+3\times64.7^2}\ \text{Pa}=184.8\ \text{MPa}>[\sigma]$$

由此可见，此梁真正的危险点为腹板和翼缘交界处的那些点，它们不满足强度条件。

例9-6 圆筒式薄壁容器如图9-21a所示，容器内径为D，壁厚为t，$t\ll D$，材料的许用应力为$[\sigma]$，容器承受内压强为p。试分别用第三、第四强度理论建立筒壁的强度条件。

解：(1) 应力状态分析

筒壁上任一点A的应力状态如图9-21a所示，由对称性，A点在纵、横截面上只有正应力，没有切应力，忽略半径方向的内压p，该应力状态可简化为平面应力状态。

沿任一横截面截取一段容器为研究对象(图9-21b)有

$$\sum F_x=0,\quad \sigma_x\cdot\pi Dt=p\cdot\frac{\pi D^2}{4}$$

$$\sigma_x=\frac{pD}{4t}\tag{a}$$

沿轴向取单位长度筒体，再沿任一直径取其一半研究(图9-21c)有

$$\sum F_y=0,\qquad \sigma_\theta\cdot(2t\times1)=p\cdot(D\times1)$$

$$\sigma_\theta=\frac{pD}{2t}\tag{b}$$

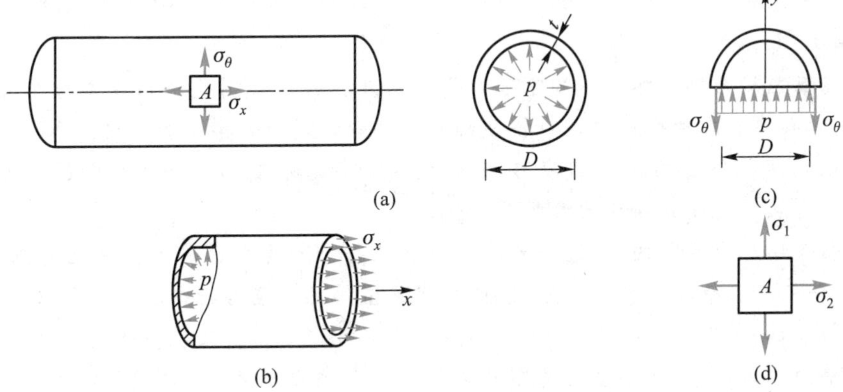

图 9-21

(2) 确定主应力

比较式(a)、式(b)两式,得

$$\left.\begin{aligned}\sigma_1=\sigma_\theta=\frac{pD}{2t}\\ \sigma_2=\sigma_x=\frac{pD}{4t}\\ \sigma_3=0\end{aligned}\right\}\tag{c}$$

(3) 建立强度条件

将式(c)分别代入表 9-1 的后两式,整理后得

$$\sigma_{r3}=\sigma_1-\sigma_3=\frac{pD}{2t}\leqslant[\sigma]\tag{d}$$

$$\sigma_{r4}=\sqrt{\frac{1}{2}[(\sigma_1-\sigma_2)^2+(\sigma_2-\sigma_3)^2+(\sigma_3-\sigma_1)^2}=\frac{\sqrt{3}pD}{4t}\leqslant[\sigma]\tag{e}$$

比较可知,σ_{r3}比σ_{r4}大 15%。

课程设计及学习思路

第 9 章
工程案例

理解应力状态的概念,掌握平面应力状态下应力分析的解析法及图解法;了解三向应力状态的概念;掌握主应力、主平面和最大切应力的计算;掌握广义胡克定律;了解体积应变、三向应力状态下的应变能密度、体积改变能密度和畸变能密度的概念;理解强度理论的概念;掌握四种常用强度理论及其应用。

课程难点分析及学习体会

第 9 章历史
人物故事

(1) 一点应力状态是过一点所有方向面上应力的集合。构件上每点的应力大小、方向不同,而过一点每个方向面的应力也不同。表示一点处的应力状态可以用应力单元体,一般

是边长为无穷小的直六面体。各面应力均匀分布,满足平衡条件,相互平行面上应力大小相等、方向相反。

画一点应力状态单元体是必须掌握的基本功。在杆件上围绕所求点画一个直六面体,不要倾斜,六面体左右两个侧面是杆横截面的一部分。因为杆横截面上内力和应力已知,这样就可以画出单元体左右面上的应力,杆件发生四种基本变形时一般纵向面上无正应力。再根据切应力互等定理判断其他面的应力值。

主平面是切应力为零的面,过一点有三个相互垂直的主平面。主平面上的正应力称为主应力,过一点有三个相互垂直的主应力,按代数值排序。应力状态的分类是以主应力有几个不为零为依据,必须先求出三个主应力,然后才能进行分类。只有一个主应力不为零的应力状态为单向应力状态;两个主应力不为零的应力状态称为平面(二向)应力状态;三个主应力都不为零的应力状态称为空间(三向)应力状态。平面应力状态比较简单,先分析平面应力状态,其原理和方法可以推广到空间应力状态。

(2) 平面应力状态分析解析法。如果知道单元体六个面上的应力值,利用静力学平衡关系可以求出任一斜截面上的应力值。任一斜截面上的正应力和切应力都是截面方位角的有界周期函数。令切应力为零,可以确定主平面方位角,将其带入正应力函数表达式就可以求主应力。可以证明,主应力是过一点所有方向面上正应力的极值,可以用主应力来建立强度条件。

(3) 平面应力状态分析几何法。用应力圆描述一点的应力状态。画应力圆有两种方法:用公式求出圆心和半径画圆;利用与单元体的对应关系画圆,常用的是第二种方法。

单元体和应力圆的对应关系有:面点对应,单元体一个面上的应力值对应圆上一点的坐标;转向对应,单元体截面法线转动方向与圆半径的转动方向一致;二倍角对应,单元体截面法线转过 α 角,圆的半径就转过 2α 角。

利用这些对应关系画圆,单元体两个垂直面的应力值,以此为坐标,在图上画出两点,连线为直径,与横坐标的交点为圆心,画出应力圆。在应力圆上直观判断主应力、主平面方位和极值切应力。

注意区分面内最大切应力和一点处最大切应力。面内最大切应力是在研究的这个平面内的极值,不一定是一点的最大切应力,通过三向应力圆就能明白。

单向拉伸(压缩)和纯剪切应力状态分析结果以后会经常用到,需记住。单向应力状态的应力圆过坐标原点,三个主应力有两个为零。最大切应力所在的面与主平面成45°角,此面上的正应力和最大切应力均为横截面上正应力的一半。纯剪切应力状态的应力圆,圆心为坐标原点,主应力的绝对值与最大切应力相等,$\sigma_1=\tau,\sigma_2=0,\sigma_3=-\tau$。最大切应力所在的面与主平面成45°角,切应力的箭头指向最大主应力。

(4) 画三向应力状态的应力圆,用到了一个非常重要的原理:与某个主应力平行面上的应力不受这个主应力的影响,研究时可将这个主应力去掉,当成平面应力状态来分析。这些面上的应力值是圆上的坐标。与三个主应力都不平行面上的应力值是三个应力圆所围面积上一点坐标。在三向应力圆上可以非常直观地判断最大正应力、最大切应力的大小和方位。

(5) 复杂应力状态研究力和变形的关系要应用广义胡克定律,一个方向的线应变,与三个垂直方向的正应力有关。广义胡克定律在工程中有广泛应用,如通过电测法贴应变片,测出某个方向的线应变,应用广义胡克定律,可计算出该点的应力,进一步求内力、外力。

体积应变等于三个垂直方向线应变之和,也等于三个垂直方向正应力之和乘以一个系数,这个系数一般大于零,因为一般材料的泊松比小于0.5。通过体积应变公式就能解释扭转变形的杆件只有形状的改变,没有体积变化,轴向拉伸变形的杆件体积会变大,轴向压缩变形的杆件体积会变小。

(6) 复杂应力状态建立强度条件要用到四个古典强度理论。首先将工程中的强度破坏的形式分类,如果是脆性断裂破坏,应用第一或第二强度理论;如果是塑性流动(屈服)破坏,应用第三或第四强度理论。相当应力可以用主应力计算。如果是平面应力状态且只有一个方向有正应力,相当应力可以用正应力和切应力计算,不用计算主应力,比较简便。

(7) 脆性断裂理论包括最大拉应力理论和最大伸长线应变理论。最大伸长线应变理论考虑了三个主应力,更加符合工程实际。最大拉应力理论形式比较简单,在工程中应用也比较广泛。

塑性屈服理论包括最大切应力理论和畸变能理论。畸变能理论考虑了三个主应力,更加符合工程实际。最大切应力理论形式比较简单,在工程中应用也比较广泛。

习 题

9-1 对图示的构件,(1) 试指出危险点位置;(2) 用应力单元体表示危险点处的应力状态。

9-2 一吊车梁如图所示,试画出 $C-C$ 截面上1、2、3、4、5点处应力单元体。若 $F=10$ kN, $l=2$ m, $h=300$ mm, $b=126$ mm, $t_1=14.4$ mm, $t=9$ mm,试求 $C-C$ 截面上1、2、3、4、5点的主应力大小及方向。

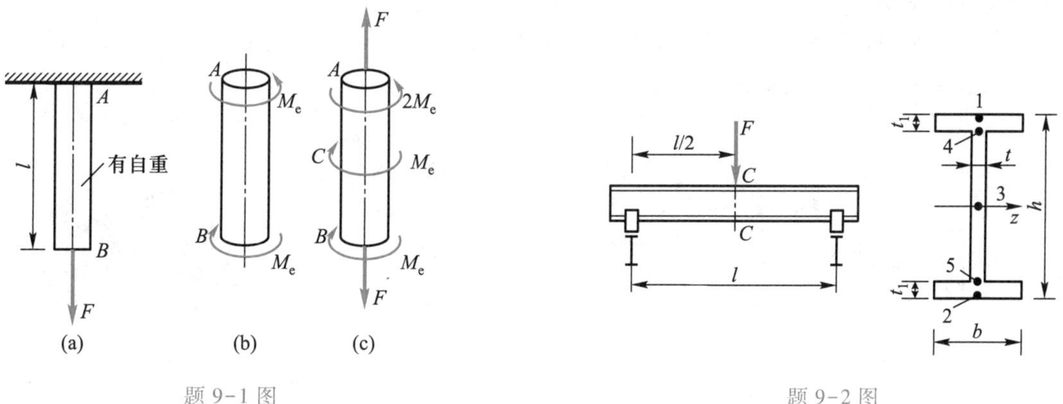

题 9-1 图　　题 9-2 图

9-3 已知表示应力状态的单元体如图所示,试求:(1) 指定斜截面上的应力;(2) 主应力及主平面位置;(3) 在单元体上画出主平面位置及主应力方向;(4) 面内最大切应力及其作用面方位。

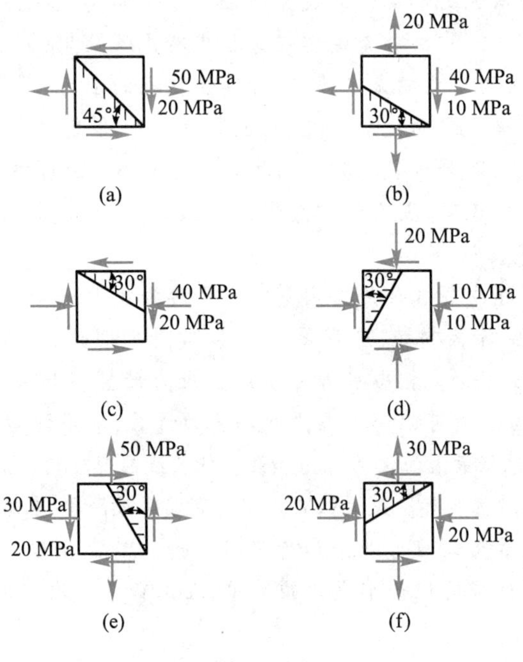

题 9-3 图

9-4　平面应力状态如图所示，已知 $\sigma_x=-40$ MPa，$\sigma_y=0$，该点处的最大主应力 $\sigma_1=8.28$ MPa。试求该点处的 τ_{xy}，以及另外两个主应力 σ_2，σ_3 和最大切应力 τ_{max}。

9-5　在受力构件内某点处的应力状态为如图所示的两应力状态之和，试求该点处的主应力大小及主平面方位。

9-6　已知平面应力状态下一点处互成 45° 的面上作用着如图所示的应力，试求 AB 面上的正应力 σ，并求该点处的主应力。

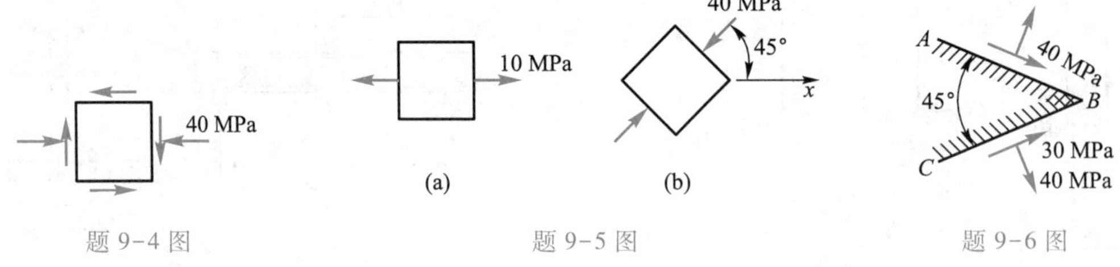

题 9-4 图　　题 9-5 图　　题 9-6 图

9-7　一薄壁圆筒受扭转外力偶 M 及轴向拉力 F 的作用，如图所示。已知圆筒平均直径 $d=50$ mm，壁厚 $t=2$ mm，$M=600$ N · m，$F=20$ kN，试求 A 点处指定斜截面上的应力。注：薄壁圆筒横截面上扭转切应力为 $\tau=\dfrac{2T}{\pi d^2 t}$，$T$ 为扭矩。

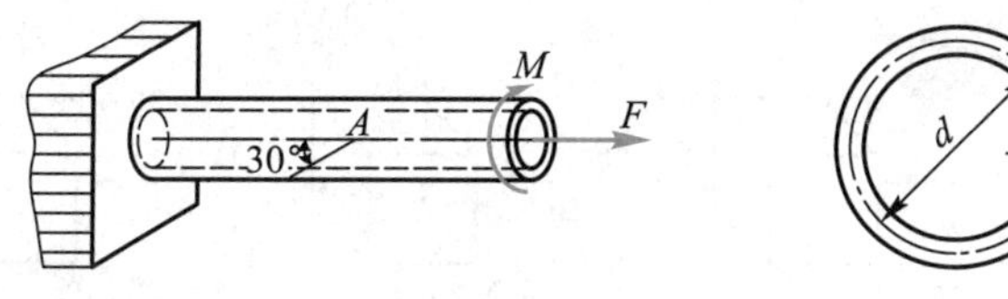

题 9-7 图

9-8　处于平面应力状态下的单元体在 $\alpha=30°$ 的截面上的应力如图所示。τ 的数值为 σ 的 5/4 倍。它在 $\alpha'=120°$ 的截面上的正应力也是压应力，试求 σ_x、σ_y、τ_{xy}。

9-9　两个平面应力状态单元体如图所示。(1) 试证明图 a 中 σ_x 无论是拉应力还是压应力，该点处的两个主应力总是反号的。(2) 图 b 中若 σ_x、σ_y 均为拉应力，试求使两个主应力同号的条件。

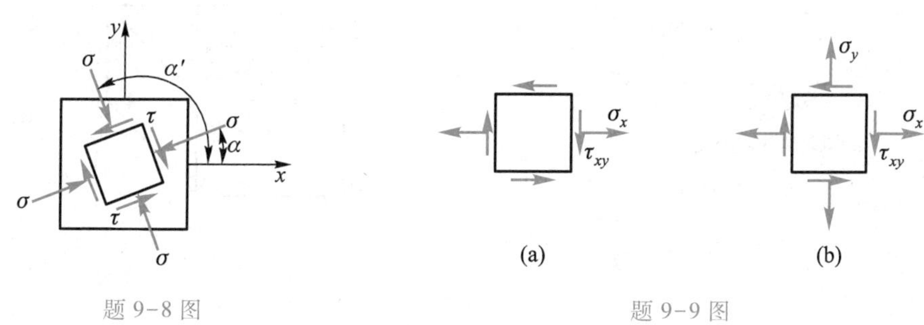

题 9-8 图　　题 9-9 图

9-10　图中所示应力单元体上 σ_x 和 σ_y 都是拉应力，试证明 σ_x、σ_y、τ_{xy} 之间必须满足什么样的关系，该单元体所代表的点才处于单向应力状态。指明关系时只需写出解析表达式。

9-11　已知 $\sigma=\tau$，试求图示应力状态的主应力和最大切应力。

9-12　图中所示单元体中，已知 $\sigma=10$ MPa，试求 τ 的大小及主应力大小及方向。

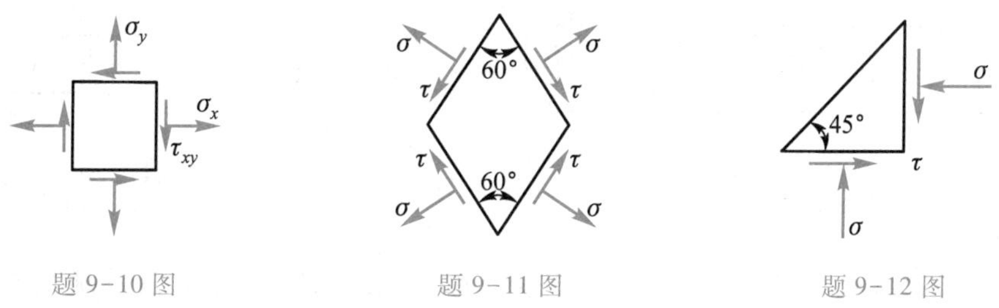

题 9-10 图　　题 9-11 图　　题 9-12 图

9-13　求图示单元体的主应力 σ_1、σ_2、σ_3 和最大切应力 τ_{max}。

9-14　平面应力状态如图所示。其中 σ_x 和 α 角均为未知，试求该点处的主应力大小及主平面方位。

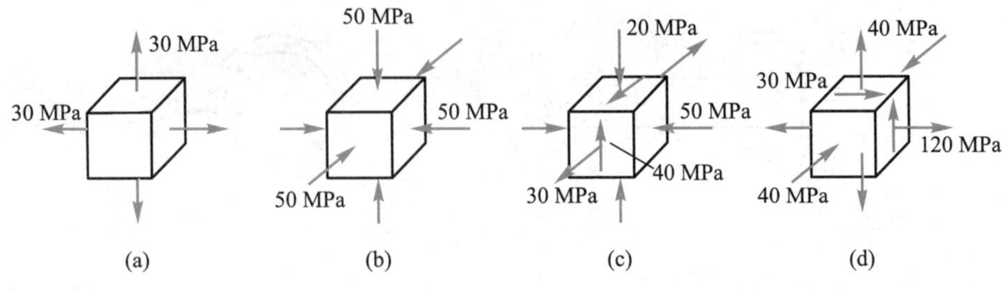

题 9-13 图

9-15　在一块刚性厚板上挖一个 10 mm×10 mm×10 mm 的孔，如图所示。在孔内恰好放一钢质立方块而不留间隙。此立方块受合力为 F =7 kN 的均布压力作用，求立方块三个主应力。（设材料弹性常数 E、ν 为已知。）

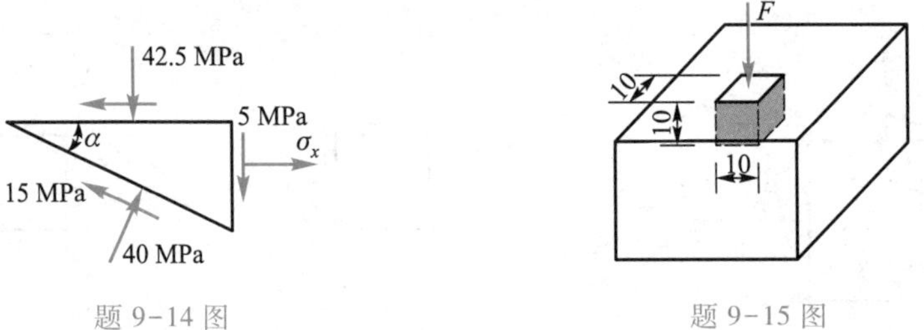

题 9-14 图　　题 9-15 图

9-16　直径为 d 的圆轴承受扭转外力偶矩作用，如图所示。今测得轴上一点处任意两个互成 45°角方向的应变值为 $\varepsilon'=3.9\times10^{-4}$，$\varepsilon''=6.76\times10^{-4}$。已知 $E=200$ GPa，$\nu=0.3$，$d=100$ mm，试求作用于轴两端的扭转力偶矩 M_e 的值。

9-17　用直径为 $d=20$ mm 的铸铁试样做扭转试验，已知当最大拉应力达到 200 MPa 时材料发生断裂，试求试样断裂时所受的扭矩 T。

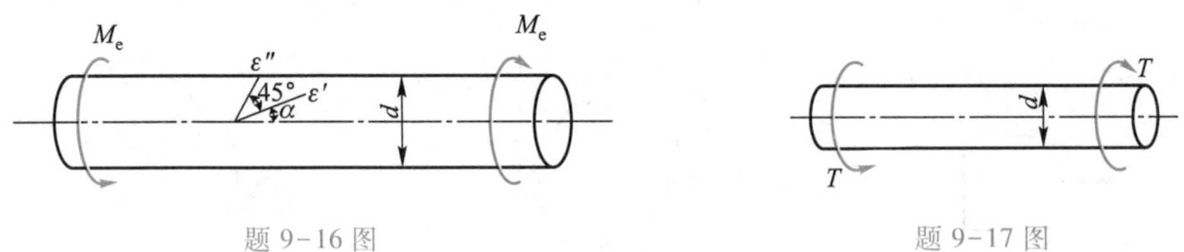

题 9-16 图　　题 9-17 图

9-18　由试验测得图示简支梁（材料为 No. 28 工字钢）A 点处沿与轴线成 45°方向的线应变 $\varepsilon=-2.8\times10^{-5}$，已知材料的弹性模量 E =210 GPa，泊松比 ν =0.3。试求梁上的载荷 F。

9-19　如图所示，在刚性模槽内无间隙地放两块边长为 a 的立方体，其材料相同，弹性模量和泊松比均为 E、ν，若在立方体 1 上施加力 F，在不计摩擦时，求立方体 1 的三个主应力。

9-20　构件中某点处的单元体如图所示，试分别按第三、第四强度理论计算单元体的相当应力。已知：(1) $\sigma_x=60$ MPa，$\tau_{xy}=-40$ MPa，$\sigma_y=-80$ MPa；(2) $\sigma_x=50$ MPa，$\tau_{xy}=80$ MPa，$\sigma_y=0$；(3) $\sigma_x=0$，$\tau_{xy}=45$ MPa，$\sigma_y=0$。

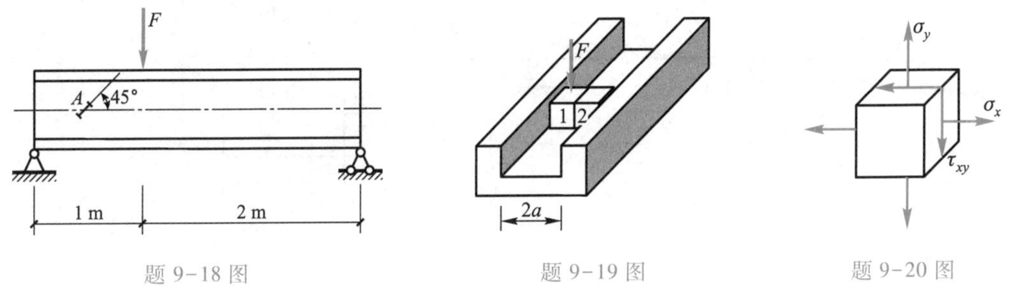

题 9-18 图　　题 9-19 图　　题 9-20 图

9-21　车轮与钢轨接触点的三个主应力已知分别为 -800 MPa、-900 MPa 及 -1 100 MPa，试对此点作强度校核，设材料的许用应力为[σ]=300 MPa。

9-22　图示薄壁容器受内压 p 作用，现用电阻片测得周向应变 $\varepsilon_A=3.5\times10^{-4}$，轴向应变 $\varepsilon_B=1.0\times10^{-4}$，若 $E=200$ GPa，$\nu=0.25$，求：(1) 筒壁轴向与周向应力及内压力 p；(2) 设材料的许用应力[σ]=80 MPa，试用第四强度理论校核筒壁的强度。

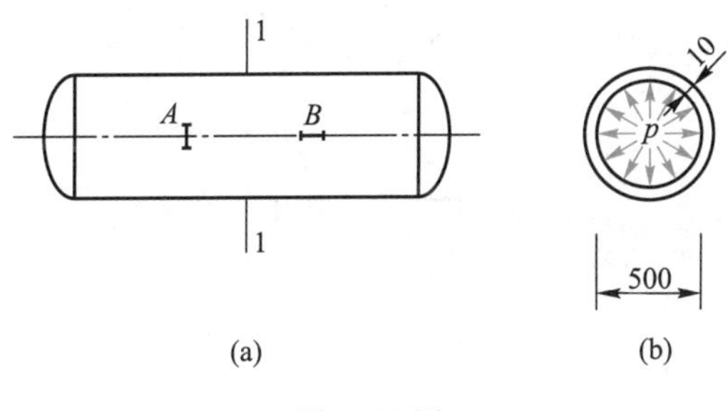

题 9-22 图

9-23　已知炮筒内膛压力 $p=250$ MPa，筒壁内 C 点处于三向应力状态，已知其周向应力 $\sigma_t=350$ MPa，轴向应力 $\sigma=200$ MPa，径向应力 $\sigma_r=p$，若材料许用应力为[σ]=600 MPa，试按第三、第四强度理论校核该点强度。

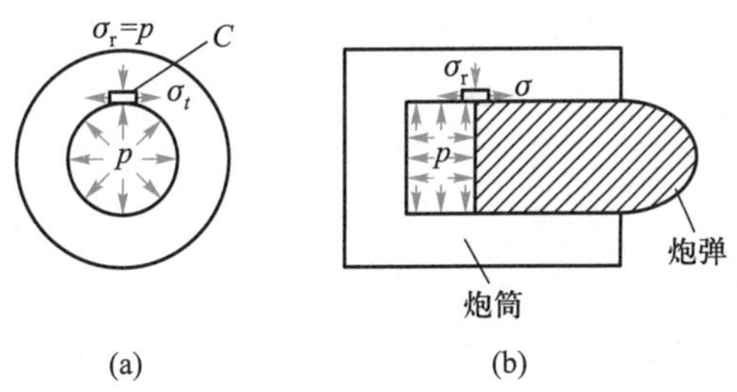

题 9-23 图

9-24　对图示的钢梁作主应力强度校核，设$[\sigma]=130$ MPa，$a=0.6$ m，$F=50$ kN。

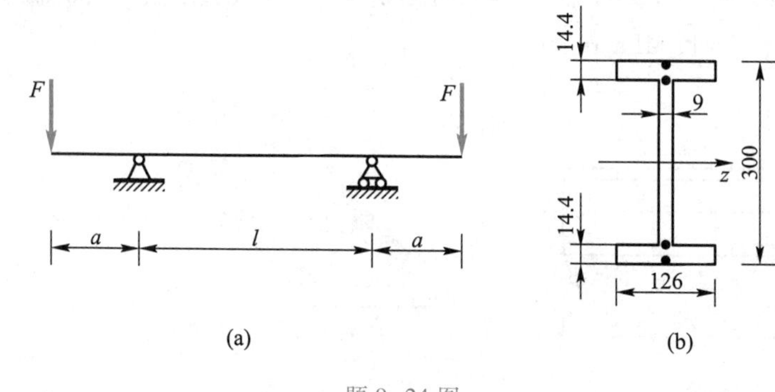

题 9-24 图

9-25　图示的圆球形压力容器内径$D=200$ mm，承受内压力$p=15$ MPa作用，已知材料的许用应力$[\sigma]=160$ MPa，试用第三强度理论求出容器所需的壁厚t。

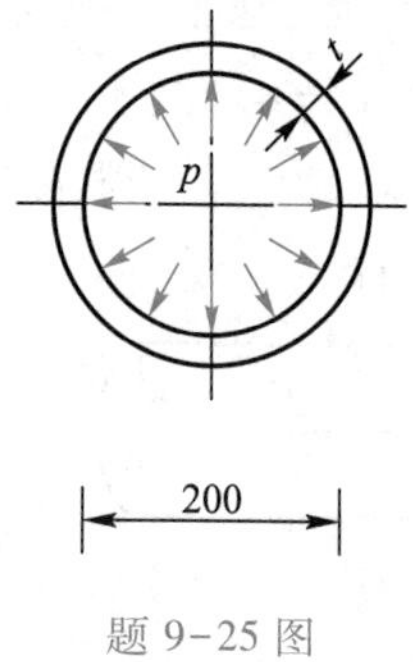

题 9-25 图

第10章 组合变形

10.1 组合变形概述

工程中许多杆件往往同时发生两种或两种以上的基本变形。如果其中一种变形是主要的，其他变形所引起的应力(或变形)很小，可以忽略，则构件可以按基本变形进行计算。如果几种变形所对应的应力(或变形)属于同一数量级，则杆件的变形称为组合变形。例如，传动轴(图 10-1a)由于传递扭转力偶而发生扭转变形，同时在横向力作用下还发生弯曲变形，因此，它是扭转与弯曲的组合变形。压力机的立柱在外力作用下，发生轴向拉伸与弯曲的组合变形(图 10-1b)。本章研究杆件发生组合变形时的强度计算问题。

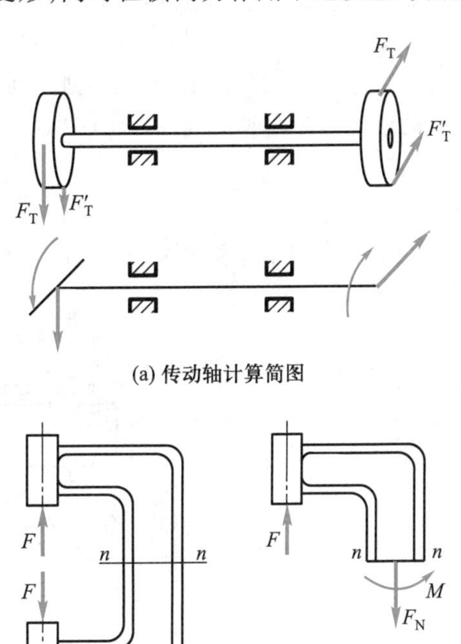

图 10-1

杆件究竟发生什么样的组合变形，可以直接根据外力判断(图 10-1a)，或根据内力判断(图 10-1b)。

在材料服从胡克定律和小变形条件下，可认为每一种基本变形都是各自独立、互不影响的，因而可应用叠加原理将组合变形分解为几种基本变形，分别计算它们的内力、应力，然后进行叠加。最后根据危险点处的应力状态，选用适当的强度理论建立强度条件。这就是组合变形强度计算常用的叠加法。叠加法成立的条件是内力、应力、应变和位移均与外力呈线性关系。当不能保证上述条件成立时，就不能应用叠加法。

本章研究的组合变形主要包括斜弯曲、轴向拉伸(压缩)与弯曲的组合、偏心拉伸(压缩)、弯曲与扭转的组合等。

10.2 斜 弯 曲

在对称弯曲情况下，梁的挠曲线与外力作用平面重合，二者都位于梁的纵向对称面内。对于截面具有对称轴的梁，当外力作用线通过截面形心但不与截面对称轴(形心主惯性轴)

重合时（图 10-2），梁的挠度方向一般不再与外力所在的纵向面重合，这种弯曲变形称为斜弯曲。

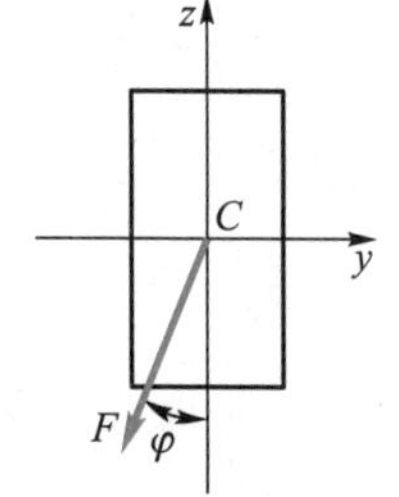

图 10-2

下面以图 10-3a 所示的矩形截面悬臂梁为例，说明斜弯曲强度的计算方法。分别取截面的两个对称轴为 y、z 轴，设自由端的外力 F 通过截面的形心且与 z 轴负向的夹角为 φ。将力 F 沿 y 轴和 z 轴分解为 F_y 和 F_z。在 F_y 和 F_z 单独作用下，分别使梁在 xy 平面和 xz 平面内发生平面弯曲，因此，斜弯曲是两个平面弯曲的组合。

通过内力分析可知，该梁的危险截面位于固定端处，M_y 和 M_z 的数值在该截面上达到最大，为

$$\left.\begin{aligned}M_{y,\max}=F_z l=Fl\cos\varphi\\M_{z,\max}=F_y l=Fl\sin\varphi\end{aligned}\right\}\tag{a}$$

在 $M_{y,\max}$ 和 $M_{z,\max}$ 单独作用下，相应的正应力在横截面上的分布分别如图 10-3b，c 所示。由图可见，在两向平面弯曲下，D_1 点是同时达到最大拉应力的点，D_2 点则是同时达到最大压应力的点。将截面上的两组正应力叠加后可判定固定端截面的 D_1 点和 D_2 点（图 10-3d）分别有全梁的最大拉应力和最大压应力，其数值均为

$$\sigma_{\max}=\frac{M_{y,\max}}{W_y}+\frac{M_{z,\max}}{W_z}\tag{10-1}$$

式中，W_y、W_z 分别表示截面对中性轴 y、z 的抗弯截面系数。

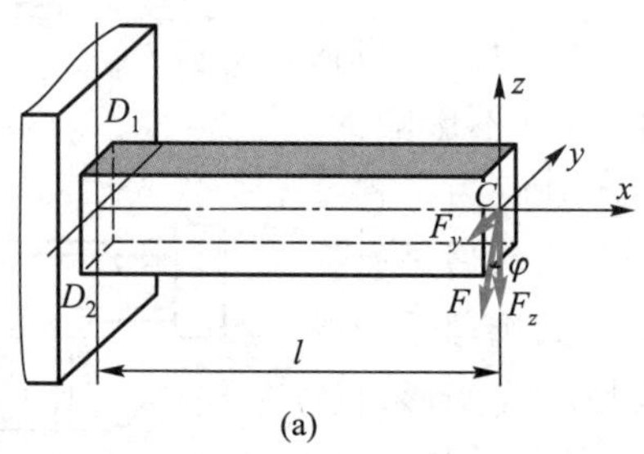

(a)

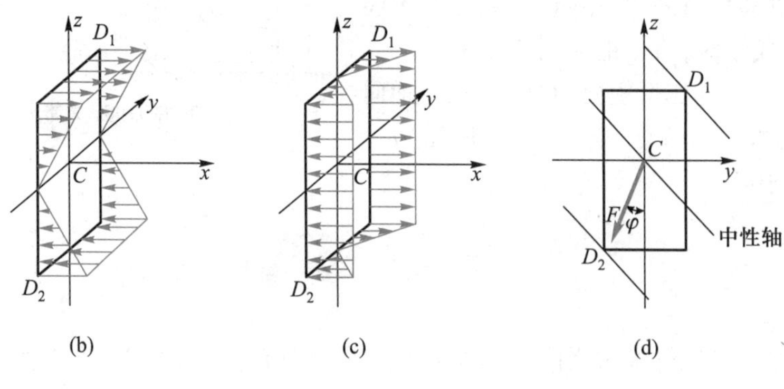

(b) (c) (d)

图 10-3

因为危险点 D_1 和 D_2 处均为单向应力状态，故可建立弯曲正应力强度条件，即

$$\sigma_{\max}=\frac{M_{y,\max}}{W_y}+\frac{M_{z,\max}}{W_z}\leqslant[\sigma] \tag{10-2}$$

应用式(10-2)进行梁的截面尺寸设计时，可先假设比值 W_y/W_z，求出所需的 W_y 和 W_z 后，再决定截面的尺寸。对于强度校核问题，应视材料而定。如果是拉、压强度不同的材料，应对最大拉应力和最大压应力的点分别进行计算和作强度校核。

对于截面有棱角且为双轴对称的梁，如工字形截面梁，其强度均可用上述方法计算。

若梁的截面为无棱角的一般形状，此时，两个弯矩分量 M_y 和 M_z 产生的最大正应力并不在截面的同一点上，式(10-1)不再适用。

对于像椭圆这样的截面(图 10-4)，能够用连续函数表达截面的边界，则可用解析法求解。设截面边界任一点的坐标为 y_1、z_1，叠加两个弯矩分量引起的正应力，得

$$\sigma=\frac{M_y z_1}{I_y}+\frac{M_z y_1}{I_z}=M\left(\frac{\cos\varphi}{I_y}\cdot z_1+\frac{\sin\varphi}{I_z}\cdot y_1\right) \tag{b}$$

利用截面边界方程，将上式表达为坐标的单变量函数并求极值，就能得到截面上的最大正应力及其位置坐标。

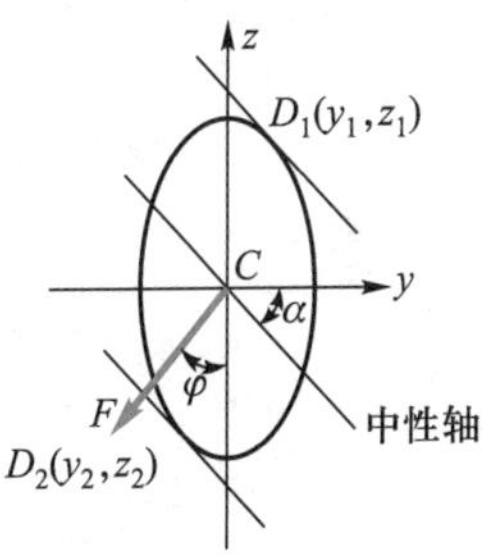

图 10-4

截面无角点的梁承受斜弯曲作用，在更一般的情形下，可以通过图解法求解。此时，须先确定中性轴的位置，再找到距中性轴最远的危险点，然后求得最大正应力，再进行强度计算。

中性轴上各点的正应力均为零，令中性轴上任一点的坐标为 y_0、z_0，代入式(b)可得中性轴方程为

$$\frac{\cos\varphi}{I_y}z_0+\frac{\sin\varphi}{I_z}y_0=0 \tag{10-3}$$

因坐标原点满足上式，中性轴是一条通过形心的直线。令中性轴与 y 轴的夹角为 α(图 10-4)，则中性轴位置也可用其斜率来表达：

$$\tan\alpha=\frac{z_0}{y_0}=-\frac{I_y}{I_z}\cdot\frac{M_z}{M_y}=-\frac{I_y}{I_z}\cdot\tan\varphi \tag{10-4}$$

确定中性轴的位置后，在截面周边作平行于中性轴的切线，离中性轴最远的切点(图 10-4 中的 D_1 点和 D_2 点)，其正应力最大，即为危险点。

由式(10-4)可知，α 与 φ 两角不在同一象限内。对 $I_y\neq I_z$ 的截面，必有 $|\alpha|\neq|\varphi|$。说明在斜弯曲情况下，中性轴与力作用线不垂直(图 10-4)。对于 $I_y=I_z$ 的截面，如圆形、正多边形，由式(10-4)可得 $\alpha=-\varphi$，说明中性轴与力作用线垂直，此时梁的变形属于平面弯曲。

例 10-1 如图 10-5a 所示桥式起重机大梁由 No.28b 工字钢制成。已知 $[\sigma]=160$ MPa，$l=4$ m。吊车行进时重物载荷 F 的方向偏离铅垂线的角度为 φ，若 $\varphi=15°$，$F=25$ kN，试校核梁的强度。

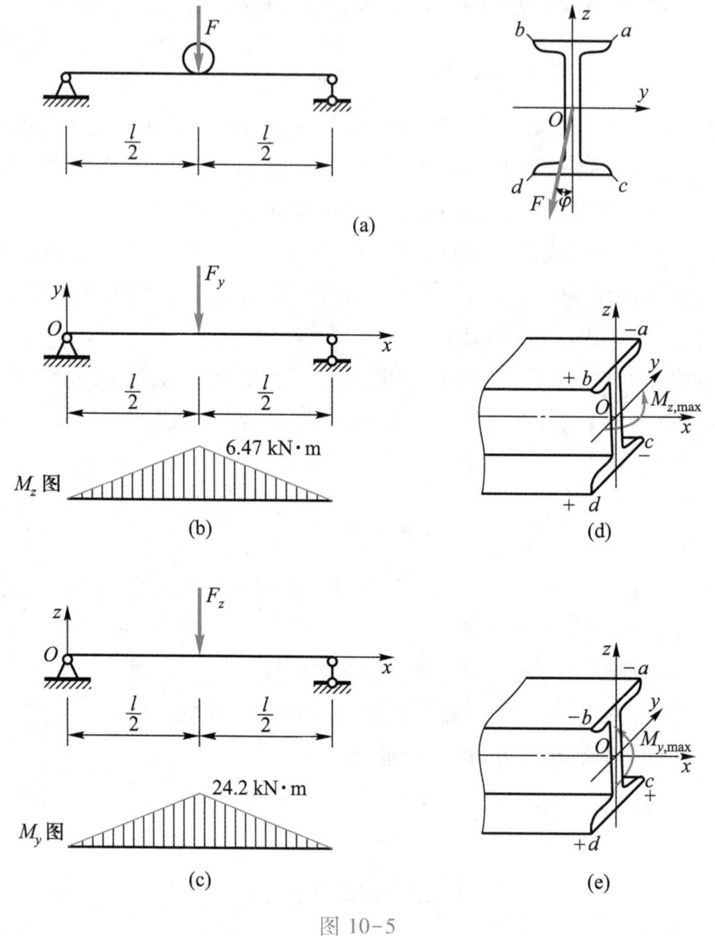

图 10-5

解：当吊钩位于跨中时梁的弯矩最大，危险截面为跨中截面。

(1) 外力分解

将力 F 沿对称轴 y、z 轴分解得

$$F_y = F\sin\varphi = 25\ \text{kN}\times\sin 15° = 6.47\ \text{kN},\qquad F_z = F\cos\varphi = 25\ \text{kN}\times\cos 15° = 24.2\ \text{kN}$$

(2) 求危险截面上的内力和危险点的应力

由 F_y 引起的最大弯矩（图 10-5b）为

$$M_{z,\max} = \frac{F_y l}{4} = \frac{6.47\times 4}{4}\ \text{kN}\cdot\text{m} = 6.47\ \text{kN}\cdot\text{m}$$

相应地截面前、后边缘点的正应力最大（图 10-5d）。

由 F_z 引起的最大弯矩（图 10-5c）为

$$M_{y,\max} = \frac{F_z l}{4} = \frac{24.2\times 4}{4}\ \text{kN}\cdot\text{m} = 24.2\ \text{kN}\cdot\text{m}$$

相应地截面上、下边缘点的正应力最大(图 10-5e)。将各点应力叠加后可判定 d 点和 a 点分别有数值相等的最大拉应力和最大压应力,它们是危险点。由型钢规格表查得 No.28b 工字钢的两个抗弯截面系数为

$$W_y = 534\ \mathrm{cm}^3, \qquad W_z = 61.2\ \mathrm{cm}^3$$

$$\sigma_{\max} = \frac{M_{z,\max}}{W_z} + \frac{M_{y,\max}}{W_y} = \frac{6.47\times10^3}{61.2\times10^{-6}}\ \mathrm{Pa} + \frac{24.2\times10^3}{534\times10^{-6}}\ \mathrm{Pa} = 151\ \mathrm{MPa}$$

(3) 强度校核

由于钢材的抗拉与抗压强度相同,可只校核 d、a 两点中任一点的强度。

$$\sigma_{\max} = 151\ \mathrm{MPa} < [\sigma] = 160\ \mathrm{MPa}$$

若载荷不偏离铅垂线,即 $\varphi = 0$ 时,最大正应力则为

$$\sigma_{\max} = \frac{M_{\max}}{W_y} = \frac{Fl/4}{W_y} = \frac{25\times10^3\times4/4}{534\times10^{-6}}\ \mathrm{Pa} = 46.8\times10^6\ \mathrm{Pa} = 46.8\ \mathrm{MPa}$$

可见,载荷 F 虽只偏离了 15°,最大正应力却提高了 2.23 倍。因此,当截面的 W_y 与 W_z 相差较大时,应控制起重机运行速度,尽量避免产生斜弯曲。

例 10-2 矩形截面梁受力如图 10-6a 所示。已知 $l = 1$ m, $b = 50$ mm, $h = 75$ mm。试求:(1) 梁中最大正应力及其作用点位置;(2) 若截面改为圆形, $d = 65$ mm,试求其最大正应力。

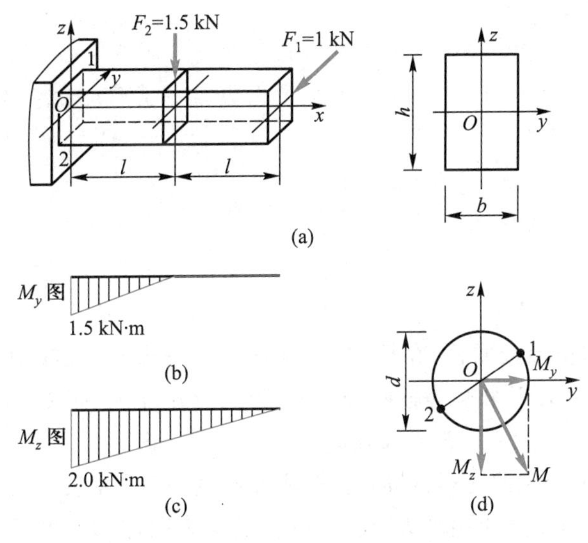

图 10-6

解:(1) 矩形截面梁的最大正应力及作用点的位置

取坐标轴如图 10-6a 所示。梁在力 F_1 单独作用下发生绕 z 轴的平面弯曲,在力 F_2 单独作用下发生绕 y 轴的平面弯曲,相应的弯矩图分别如图 10-6b,c 所示。梁在固定端的弯矩值最大,为

$$M_{y,\max} = 1.5\ \mathrm{kN\cdot m}, \qquad M_{z,\max} = 2.0\ \mathrm{kN\cdot m}$$

矩形截面的抗弯截面系数为

$$W_y=\frac{bh^2}{6}=46\ 875\ \text{mm}^3,\qquad W_z=\frac{hb^2}{6}=31\ 250\ \text{mm}^3$$

最大正应力发生在固定端截面的 1、2 两点(图 10-6a),其值为

$$\sigma_{\max}=\frac{M_{y,\max}}{W_y}+\frac{M_{z,\max}}{W_z}=\frac{1.5\times10^3}{46\ 875\times10^{-9}}\ \text{Pa}+\frac{2.0\times10^3}{31\ 250\times10^{-9}}\ \text{Pa}=96\ \text{MPa}$$

(2) 圆形截面梁的最大正应力

圆形截面的任一直径轴都是对称轴和形心主惯性轴,因此,圆形截面梁的弯曲应按对称弯曲计算。为此,先将危险截面的两个方向的弯矩按矢量合成(图 10-6d),合弯矩为

$$M=\sqrt{M_y^2+M_z^2}=\sqrt{1.5^2+2.0^2}\ \text{kN}\cdot\text{m}=2.5\ \text{kN}\cdot\text{m}$$

合弯矩作用在与力偶矩矢 M 垂直的形心主惯性平面内,可应用对称弯曲的正应力公式计算出危险截面上 1、2 两点(图 10-6d)的最大弯曲正应力,即

$$\sigma_{\max}=\frac{M}{W}=\frac{2.5\times10^3}{\frac{\pi}{32}\times65^3\times10^{-9}}\ \text{Pa}=92.7\ \text{MPa}$$

应当注意,对于本问题中的圆形截面梁,式(10-1)不适用,因为相应的两项最大正应力不位于截面的同一点处。

非对称截面梁发生斜弯曲时,横向力只有通过截面的弯曲中心,才能保证梁除了弯曲外不发生扭转变形。在这种情况下,计算时可把横向力沿截面形心主惯性轴方向分解为两个分量,按上述方法进行计算。

10.3 拉压弯组合与偏心拉压

一、拉压弯组合

图 10-7a 所示的矩形截面杆,在杆的纵对称面(xz 平面)内受集中力 F 作用,F 与杆的轴线 x 轴夹角为 φ。将力 F 分解为轴向分力 F_x 和横向分力 F_z,如图 10-7b 所示,即

$$F_x=F\cos\varphi,\qquad F_z=F\sin\varphi$$

轴向力 F_x 使杆发生轴向拉伸变形,横向力 F_z 使杆产生平面弯曲变形,所以杆发生轴向拉伸与弯曲的组合变形。对于弯曲刚度 EI 较大的杆,横向力引起的挠度远小于杆的横向尺寸,因而轴向力引起的附加弯曲变形可忽略不计,叠加原理仍然适用。

作出梁的轴力图(图 10-7c)和弯矩图(图 10-7d),可确定危险截面为固定端,其内力为

$$F_{\text{N}}=F_x=F\cos\varphi$$

$$M_{\max}=F_xl=Fl\sin\varphi$$

与轴力 F_{N}相应的正应力分布如图 10-7e 所示,与弯矩 $M_{\max}$对应的弯曲正应力分布如图 10-7f 所示。两者叠加后可知固定端截面的上、下边缘各点分别有最大拉应力 $\sigma_{\text{t},\max}$和最

大压应力 $\sigma_{c,\max}$(图 10-7g),其值为

$$\left.\begin{array}{l}\sigma_{t,\max}\\\sigma_{c,\max}\end{array}\right\}=\frac{F_N}{A}\pm\frac{M_{\max}}{W_y}$$

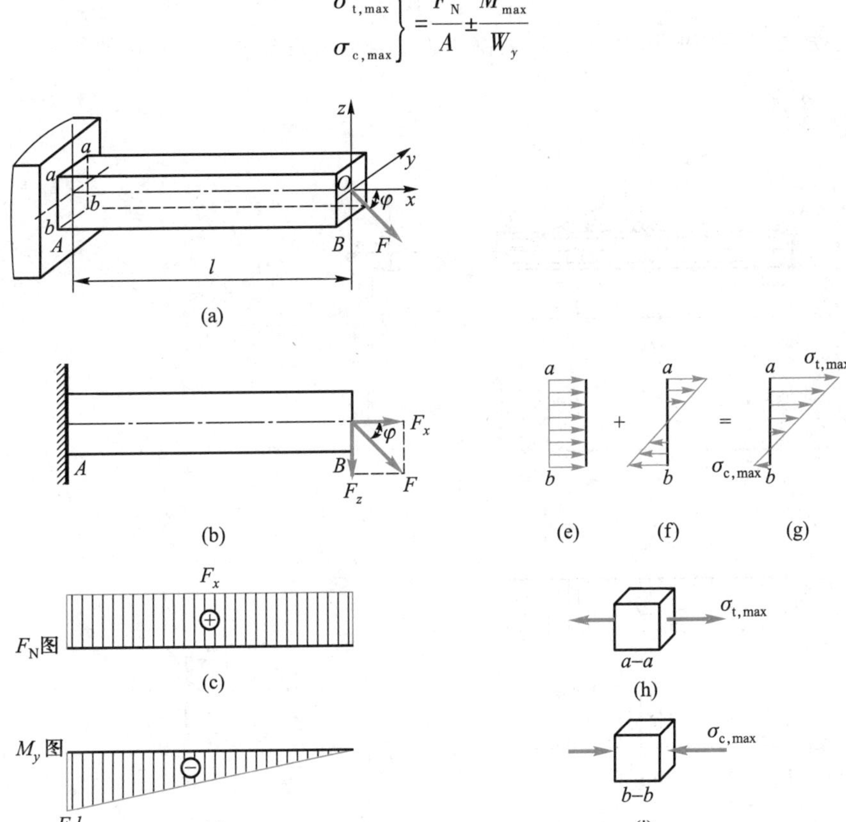

图 10-7

由于危险点处于单向应力状态(图 10-7h,i),故可建立强度条件 $\sigma_{\max}\leqslant[\sigma]$。当材料的抗拉、抗压强度不相同时,需要分别建立最大拉应力和最大压应力强度条件,即

$$\sigma_{t,\max}=\frac{F_N}{A}+\frac{M_{\max}}{W}\leqslant[\sigma_t] \qquad (10\text{-}5a)$$

$$\sigma_{c,\max}=\left|\frac{F_N}{A}-\frac{M_{\max}}{W}\right|\leqslant[\sigma_c] \qquad (10\text{-}5b)$$

例 10-3 简易吊车 AB 梁由 No.20a 工字钢制成,已知$[\sigma]=100$ MPa(图 10-8a)。已知最大吊重 $G=20$ kN,梁长 $l=4$ m,$\alpha=30°$,试校核 AB 梁的强度。

解:(1) 受力分析

起吊载荷 G 简化为集中力时,G 作用的 AB 梁中点 D 为最不利位置,作 AB 梁受力图如图 10-8b 所示。根据梁的平衡方程可求得

$$F_{NCB}=20\ \text{kN}$$

$$F_{Ax}=F_{Bx}=17.3\ \text{kN}$$

$$F_{Az}=F_{Bz}=10\ \text{kN}$$

各力的实际方向如图 10-8b 所示。可见，AB 梁发生轴向压缩与平面弯曲的组合变形。

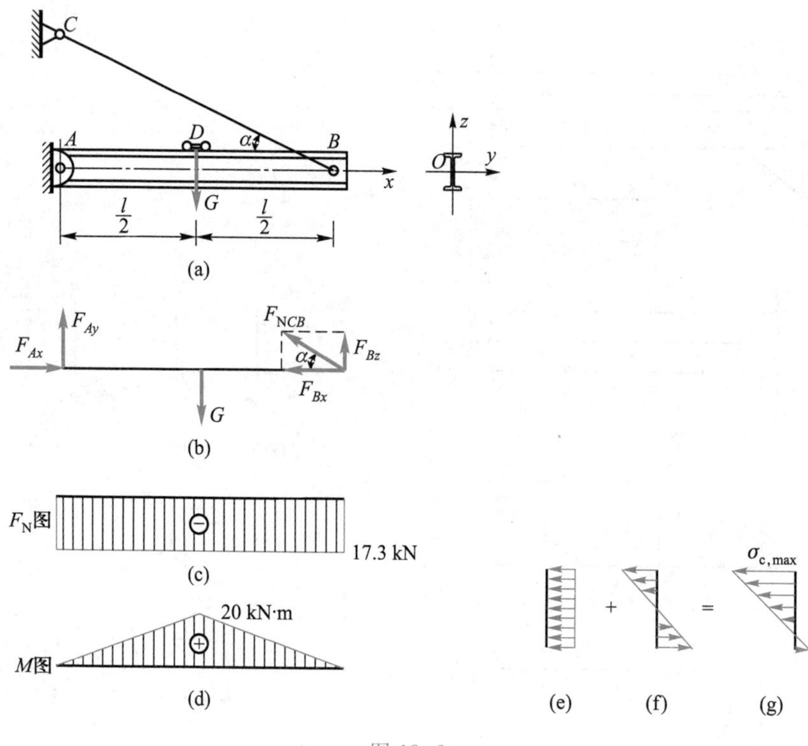

图 10-8

(2) 确定危险截面上的内力

作 AB 梁的轴力图（图 10-8c）和弯矩图（图 10-8d），可知梁中点 D 的弯矩最大，而轴力则在全梁一样大，故 D 截面为危险截面，其轴力和弯矩分别为

$$F_N=-17.3\ \text{kN}$$

$$M_{max}=20\ \text{kN}\cdot\text{m}$$

(3) 计算危险点处的应力

由型钢规格表查得 No.20a 工字钢的横截面面积 $A=35.5\ \text{cm}^2$，抗弯截面系数 $W=237\ \text{cm}^2$，在危险截面的上边缘各点有最大压应力（图 10-8g），其绝对值为

$$\sigma_{c,max}=\left|\frac{F_N}{A}\right|+\frac{M_{max}}{W}=\frac{17.3\times10^3}{35.5\times10^{-4}}\ \text{Pa}+\frac{20\times10^3}{237\times10^{-6}}\ \text{Pa}=89.3\ \text{MPa}$$

(4) 强度校核

$$\sigma_{c,max}=89.3\ \text{MPa}<[\sigma]$$

AB 梁满足强度条件。

二、偏心拉压杆的强度计算

当外力作用线与杆的轴线平行但不重合时,引起杆件的变形形式称为偏心拉伸或偏心压缩。厂房中用于支承吊车梁和屋架的立柱(图 10-9a),压力机的立柱(图 10-9b)等分别是偏心压缩和偏心拉伸的实例。本节只研究大刚度杆的偏心拉伸(压缩)问题。

考虑图 10-10a 所示的矩形截面杆,截面的对称轴分别记为 y、z 轴,外力 F 的偏心距为 e,其作用点 A 的坐标为(y_F,z_F)。将偏心拉力 F 向杆的横截面形心简化,得到一个轴向拉力 F 和力偶矩为 $F \cdot e$ 的附加力偶 M。将附加力偶向截面的两个形心主惯性平面分解,在 xz 平面内,力偶矩 $M_y=F \cdot z_F$,在 xy 平面内,力偶矩 $M_z=F \cdot y_F$(图 10-10b)。它们分别使杆发生轴向拉伸和在两个形心主惯性平面内的纯弯曲。所以,此偏心拉伸杆实际上发生轴向拉伸与两向平面弯曲的组合变形,此时,杆内各点都处于单向应力状态。

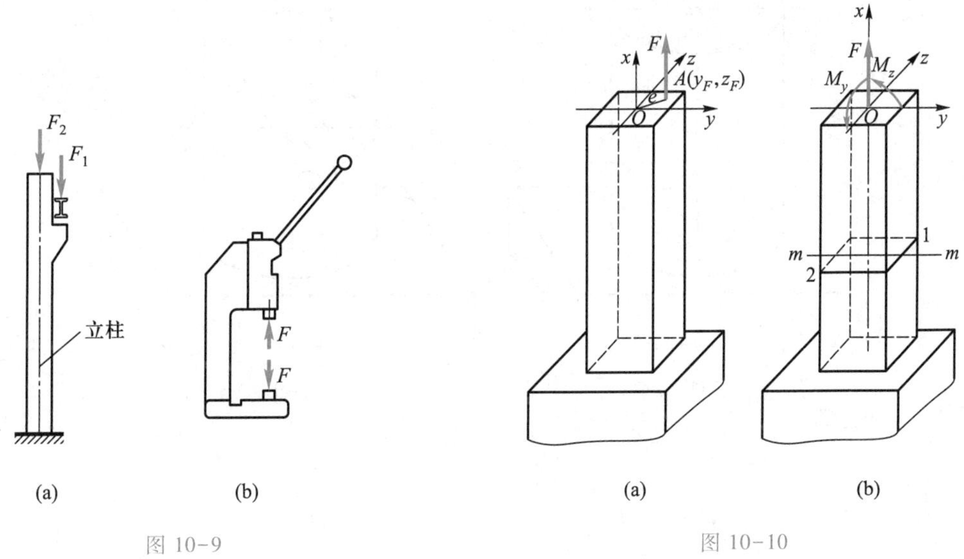

图 10-9　　　　图 10-10

在上述外力作用下,杆任意横截面上的内力分量为

轴力:

$$F_{\mathrm{N}}=F$$

弯矩:

$$M_y=F \cdot z_F$$

$$M_z=F \cdot y_F$$

用叠加法可求出任一横截面 $m-m$(图 10-10b)上的最大拉应力 $\sigma_{\mathrm{t,max}}$(位于角点 1)和最大压应力 $\sigma_{\mathrm{c,max}}$(位于角点 2),由此建立强度条件为

$$\sigma_{\mathrm{t,max}}=\frac{F_{\mathrm{N}}}{A}+\frac{M_y}{W_y}+\frac{M_z}{W_z} \leqslant [\sigma_{\mathrm{t}}] \qquad (10-6a)$$

$$\sigma_{c,max}=\left|\frac{F_N}{A}-\frac{M_y}{W_y}-\frac{M_z}{W_z}\right|\leqslant[\sigma_c] \tag{10-6b}$$

对于截面有棱角且有双对称轴的偏心拉压杆,均可按照式(10-6)进行强度计算。对于截面周边无棱角或无对称轴的情况,应首先写出横截面上任一点的正应力表达式,由此确定危险点,然后计算其强度。

以图 10-11a 所示杆为例,横截面上的 y 轴和 z 轴为形心主惯性轴,偏心拉力 F 平行于轴线 x,作用点为 $A(y_F,z_F)$,向形心简化后外力等效力系如图 10-11b 所示。

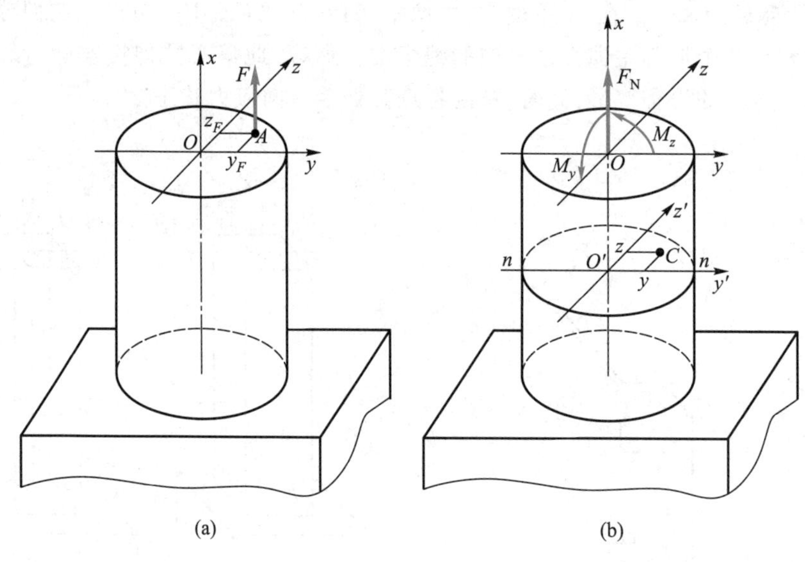

图 10-11

杆任意横截面 $n-n$ 上的内力为

轴力:

$$F_N=F$$

弯矩:

$$M_y=F\cdot z_F$$

$$M_z=F\cdot y_F$$

横截面任意一点 $C(y,z)$ 处的正应力可用叠加法计算,即

$$\sigma=\frac{F_N}{A}+\frac{M_y z}{I_y}+\frac{M_z y}{I_z}$$

引用第 6 章中式(6-13)和式(6-14),将惯性矩用惯性半径表达,上式可改写为

$$\sigma=\frac{F}{A}\left(1+\frac{z_F}{i_y^2}z+\frac{y_F}{i_z^2}y\right) \tag{10-7}$$

式中,i_y和 i_z分别为截面对 y 轴和 z 轴的惯性半径。不难看出,横截面的正应力表达式为

一平面方程，σ 的极值点必位于边界上且距中性轴最远处。为确定危险点，首先需确定中性轴。

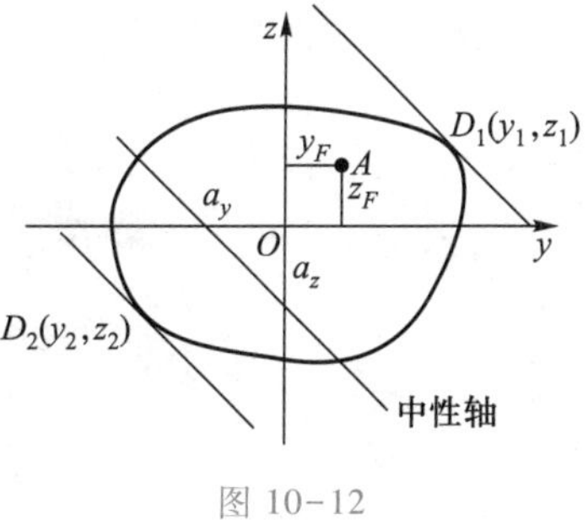

图 10-12

设中性轴上任一点的坐标为(y_0,z_0)，根据正应力为零的条件，由式(10-7)得：

$$1+\frac{z_F}{i_y^2}z_0+\frac{y_F}{i_y^2}y_0=0 \tag{10-8}$$

可见，中性轴是一条不通过形心的直线（图 10-12），中性轴在两坐标轴上的截距 a_y、a_z分别为

$$a_y=-\frac{i_z^2}{y_F},\qquad a_z=-\frac{i_y^2}{z_F} \tag{10-9}$$

作平行于中性轴的切线，将横截面上两个切点 D_1、D_2的坐标代入式(10-7)，即得危险点的正应力。

例 10-4 钻床受力如图 10-13a 所示，已知 $F=15$ kN，材料许用拉应力$[\sigma_t]=35$ MPa，试计算立柱圆形截面所需的直径 d。

解：(1) 内力计算

根据截面法，立柱任一横截面 $m-m$ 上的内力为：轴力 $F_N=15$ kN；弯矩$M=0.4\ \mathrm{m}\times F=6\ \mathrm{kN\cdot m}$，如图 10-13b 所示。

(2) 按弯曲正应力强度条件初选直径 d。

由

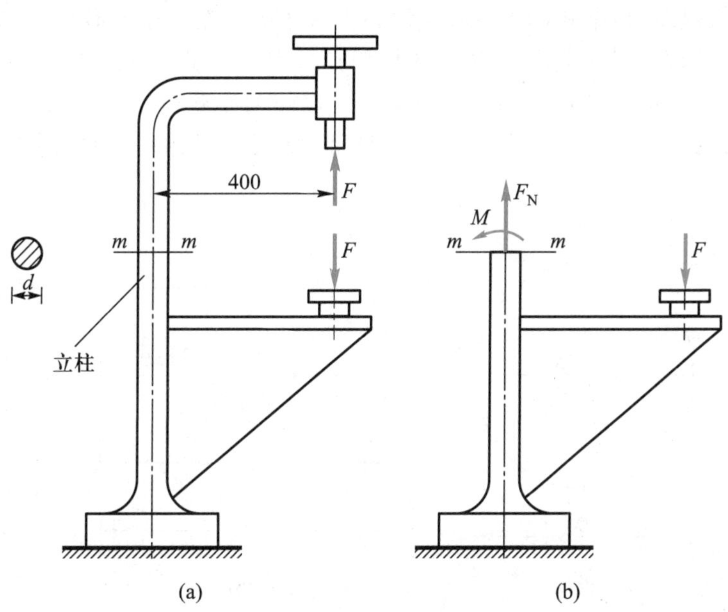

图 10-13

$$\sigma_{\max}=\frac{M}{W}\leqslant[\sigma]$$

$$W=\frac{\pi d^3}{32}\geqslant\frac{M}{[\sigma]}$$

得

$$d\geqslant\sqrt[3]{\frac{32M}{\pi[\sigma]}}=\sqrt[3]{\frac{32\times6\times10^3}{\pi\times35\times10^6}}\ \mathrm{m}=120.4\times10^{-3}\ \mathrm{m}$$

取

$$d=122\ \mathrm{mm}$$

(3) 按偏心拉伸校核强度

$$\sigma_{\mathrm{t,max}}=\frac{F_{\mathrm{N}}}{A}+\frac{M}{W}=\frac{15\times10^3}{\frac{\pi\times122^2}{4}\times10^{-6}}\ \mathrm{Pa}+\frac{6\times10^3}{\frac{\pi\times122^3}{32}\times10^{-9}}\ \mathrm{Pa}=34.98\ \mathrm{MPa}<[\sigma_{\mathrm{t}}]$$

因此,直径 122 mm 可以满足强度条件。

上述计算结果显示,附加的弯曲正应力已达到轴向拉伸正应力的约 26 倍。因此,从强度的观点来看,应尽量减小载荷的偏心。

三、截面核心的概念

一些常见的脆性工程材料,如混凝土,其抗拉强度远低于抗压强度,材料易于产生拉伸断裂。因此,对于偏心受压的混凝土柱,需要控制构件横截面上尽量不出现拉应力。

对于确定的截面,根据式(10-9),当偏心压力作用点充分靠近形心时,就可使中性轴移出截面之外。因此,只要偏心压力 F 的作用点控制在一定区域之内,就能使横截面上处处受压,而没有拉应力。这个能使截面免于受拉的偏心载荷作用点的集合是围绕形心的一个区域,称为截面核心。圆形截面与矩形截面的截面核心分别如图 10-14a,b 中的阴影区所示。

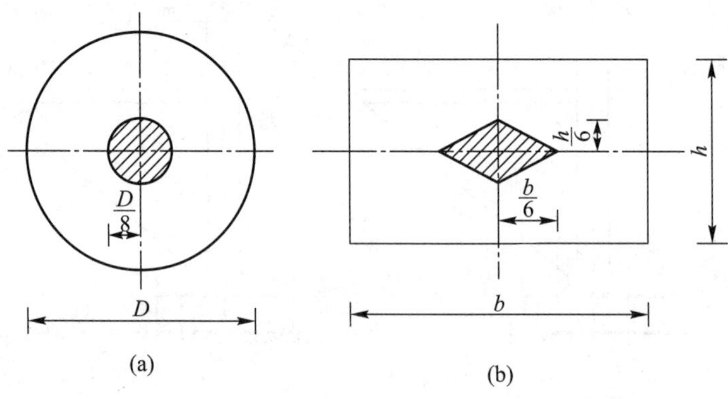

图 10-14

10.4 弯曲与扭转的组合

工程中的轴除发生扭转变形外，还常同时发生弯曲变形。弯曲变形不能忽略时，应看作扭转和弯曲的组合变形。

以图 10-15a 所示的曲拐为例，说明杆件弯扭组合变形时的强度计算方法。曲拐的 A 端固定，AB 段为圆形截面，自由端 C 处受铅垂载荷 F 作用。

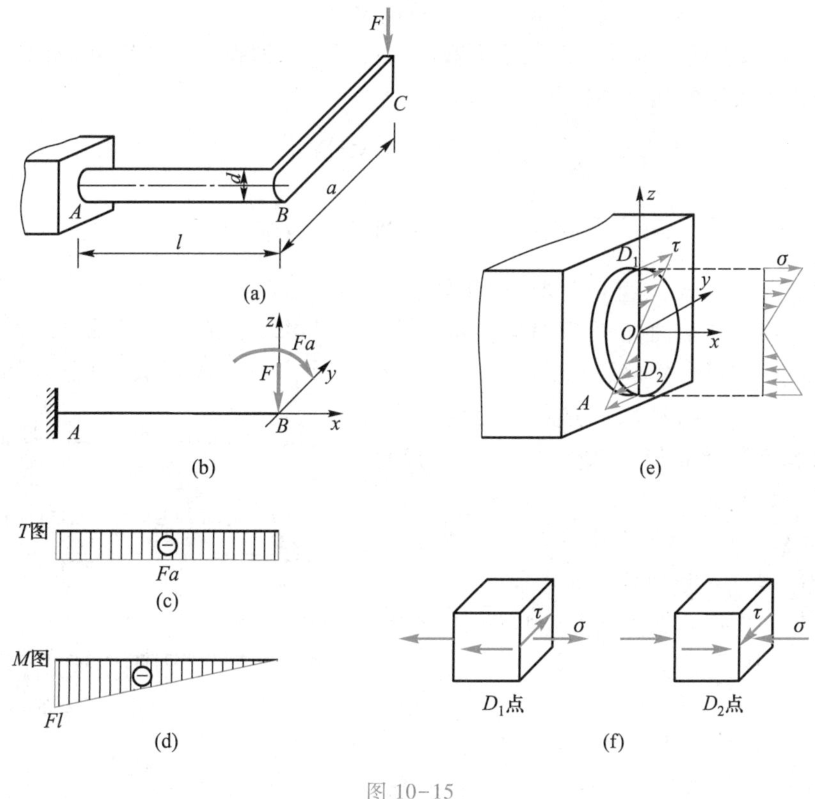

图 10-15

以 AB 段为研究对象，将力 F 向 B 截面形心简化，受力如图 10-15b 所示。横向力 F 使 AB 杆发生平面弯曲变形，附加力偶矩 Fa 使 AB 杆发生扭转变形，所以 AB 杆发生弯扭组合变形。

作 AB 杆的扭矩图和弯矩图，分别如图 10-15c，d 所示，可知 A 截面为危险截面，其内力数值的绝对值为

$$|T| = Fa, \qquad |M| = Fl \tag{a}$$

相应于上述扭矩和弯矩，危险截面 A 上沿截面高度的应力分布如图 10-15e 所示，可见上、下边缘的 D_1 点和 D_2 点的切应力和正应力都达到最大值，这两点处的应力状态如图 10-15f 所示，它们均为平面应力状态，单元体上的应力数值为

$$\tau=\frac{T}{W_t},\qquad \sigma=\frac{M}{W} \tag{b}$$

对于塑性材料制成的杆件,强度条件可选用第三强度理论或第四强度理论来建立。因其抗拉和抗压强度相同,故可任取其中一点进行强度计算。

若取 D_1 点进行强度计算,根据其应力状态,可应用相当应力的简化式(9-27)和式(9-28),即

$$\sigma_{r3}=\sqrt{\sigma^2+4\tau^2}\leqslant[\sigma] \tag{c}$$

$$\sigma_{r4}=\sqrt{\sigma^2+3\tau^2}\leqslant[\sigma] \tag{d}$$

将式(b)代入上面二式并注意到圆形截面的 $W_t=2W$,即得圆形截面杆弯扭组合变形时用危险截面内力表达的强度条件为

$$\sigma_{r3}=\frac{1}{W}\sqrt{M^2+T^2}\leqslant[\sigma] \tag{10-10}$$

$$\sigma_{r4}=\frac{1}{W}\sqrt{M^2+0.75T^2}\leqslant[\sigma] \tag{10-11}$$

对于扭转与轴向拉压组合变形,或扭转、弯曲与轴向拉压组合变形的杆件,其危险点的应力状态与图 10-15f 相同,故仍可用式(9-27)和式(9-28)进行强度计算,只是正应力 σ 相应地为危险点处的轴向拉压正应力或弯曲正应力与轴向拉压正应力之和。

例 10-5 在钢制传动轴上带轮 B、D 受带拉力如图 10-16a 所示。已知材料的许用应力$[\sigma]=80$ MPa,B 轮与 D 轮的直径均为 500 mm。试分别按第三、第四强度理论设计圆轴的直径。

解:(1)受力分析

将 B、D 轮的带张力向轴的截面形心简化,轴的受力如图 10-16b 所示。由此可知,轴的 AB 段发生平面弯曲变形,BD 段发生扭转与弯曲的组合变形。

(2)内力计算,确定危险截面

作传动轴的扭矩图和两个平面内的弯矩图,分别如图 10-16c,d,e 所示,对于圆形截面杆,弯曲正应力可按平面弯曲计算,为此应求出合弯矩。根据弯矩图,B、C 两个截面的合弯矩分别为(图 10-16f)

$$M_B=\sqrt{1.4^2+0.77^2}\ \text{kN}\cdot\text{m}=1.60\ \text{kN}\cdot\text{m}$$

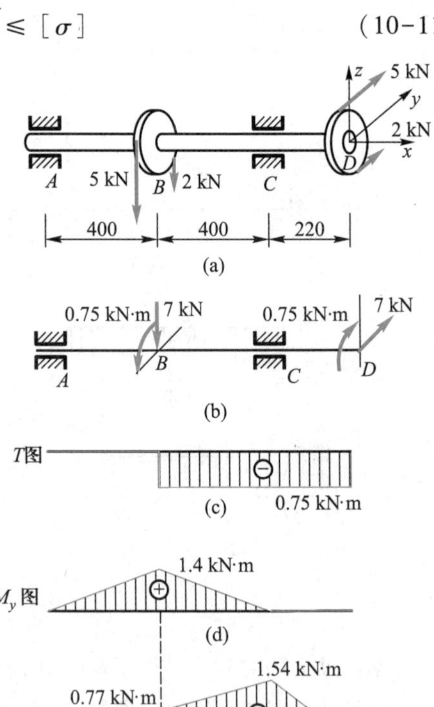

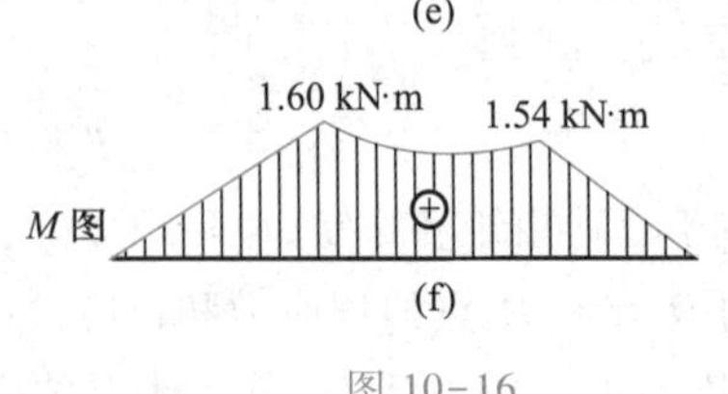

图 10-16

$$M_C=\sqrt{1.54^2+0^2}\ \text{kN}\cdot\text{m}=1.54\ \text{kN}\cdot\text{m}$$

可见 B 右邻截面为危险截面，危险截面的内力为扭矩 $T=0.75\ \text{kN}\cdot\text{m}$，弯矩 $M=1.60\ \text{kN}\cdot\text{m}$。

(3) 计算轴的直径

按第三强度理论计算，应用式(10-10)，可得

$$d\geqslant\sqrt[3]{\frac{32\sqrt{M^2+T^2}}{\pi[\sigma]}}=\sqrt[3]{\frac{32\times\sqrt{1.60^2+0.75^2}\times10^3}{\pi\times80\times10^6}}\ \text{m}=60.8\ \text{mm}$$

若按第四强度理论计算，应用式(10-11)，可得

$$d\geqslant\sqrt[3]{\frac{32\sqrt{M^2+0.75T^2}}{\pi[\sigma]}}=\sqrt[3]{\frac{32\times\sqrt{1.60^2+0.75\times0.75^2}\times10^3}{\pi\times80\times10^6}}\ \text{m}=60.4\ \text{mm}$$

可取

$$d=61\ \text{mm}$$

从以上结果比较，第三、第四强度理论计算结果相差不大，这是因为本例中扭矩值与弯矩值相比相对较小。

例 10-6 一水平折杆 ABC 如图 10-17a 所示。AB 段为圆形截面，直径 $d=40$ mm，材料的许用应力 $[\sigma]=120$ MPa，试按第四强度理论校核 AB 段的强度。

解：(1) 受力分析

将载荷向 B 截面形心简化后，作 AB 段的受力图如图 10-17b 所示。由图可见 AB 段发生轴向拉伸、扭转和弯曲的组合变形。

(2) 内力计算、判断危险截面

作出 AB 杆的轴力图、扭矩图和两个平面内的弯矩图，分别如图 10-17c，d，e 和 f 所示。由内力分析可知 B 截面弯矩最大，为危险截面，其内力值分别为轴力 $F_N=3$ kN，扭矩 $T=0.3$ kN·m，弯矩 $M=M_y=0.9$ kN·m。

(3) 危险点处的应力计算

$$\sigma=\frac{F_N}{A}+\frac{M}{W}=\frac{3\times10^3}{\frac{\pi\times40^2}{4}\times10^{-6}}\ \text{Pa}+\frac{0.9\times10^3}{\frac{\pi\times40^3}{32}\times10^{-9}}\ \text{Pa}$$

$$=145.6\ \text{MPa}$$

$$\tau=\frac{T}{W_t}=\frac{0.3\times10^3}{\frac{\pi\times40^3}{16}\times10^{-9}}\ \text{Pa}=23.9\ \text{MPa}$$

(4) 强度校核

应用式(9-28)有

$$\sigma_{r4}=\sqrt{\sigma^2+3\tau^2}=\sqrt{145.6^2+3\times23.9^2}\ \text{MPa}=151.4\ \text{MPa}>[\sigma]$$

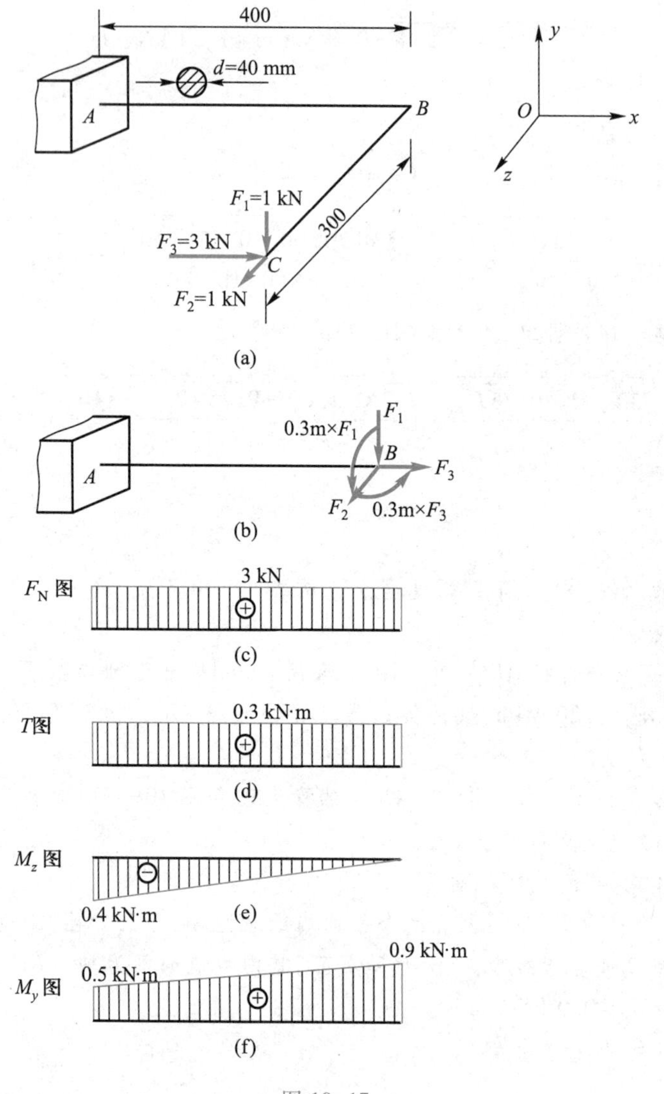

图 10-17

因此,AB 杆的强度不够,应重新设计截面尺寸。

第 10 章工程案例

课程设计及学习思路

理解组合变形的概念,掌握用叠加法求解杆件的斜弯曲,以及拉伸(压缩)和弯曲、扭转与弯曲组合变形的强度计算;掌握截面核心的概念和确定方法。

第 10 章历史人物故事

课程难点分析及学习体会

(1)在线性弹性范围内和小变形条件下,组合变形的求解可用叠加法。首先进行受力分析,将外力向研究对象等效,判断研究对象的变形形式;其次将复杂变形分解成几种简单变形，分别画内力图判断危险截面（内力最大的截面）；然后进行应力分析，判断危险点（应力最大的点），画出危险点应力状态单元体；最后选择合适的强度理论建立强度条件。

（2）当外力的作用线与杆的轴线垂直，却与横截面的形心主惯性轴不重合时，横截面上绕两个形心主惯性轴都有弯矩，在这种情况下杆就会发生斜弯曲变形。有棱角的截面，其危险点在棱角处，求出两个垂直方向发生平面弯曲的最大正应力值，直接叠加，再与许用应力比较，建立强度条件。

对于没有棱角的截面，首先计算当两个垂直方向发生平面弯曲时，横截面上任一点的正应力值，叠加得到正应力函数表达式；然后确定中性轴的位置（正应力为零处），作中性轴的平行线与横截面外边缘相切，切点即为危险点；最后将危险点的坐标代入正应力函数表达式，求出正应力并与许用应力比较，建立强度条件。

注意：圆形或其他正多边形截面，任一根过形心的轴都是形心主惯性轴（参看第 6 章截面图形的几何性质），因此是不会发生斜弯曲的，只能发生平面弯曲。求解时可将绕两个垂直轴的弯矩先合成（勾股定理），再利用平面弯曲公式求最大正应力，建立强度条件。

斜弯曲变形危险点处的应力状态是单向应力状态，求出最大应力可以直接跟许用值比较，建立强度条件。

（3）当外力的作用线与轴线有一夹角，外力分解为一个横向力和一个轴向力时，杆件发生的是拉伸（压缩）与弯曲组合变形。首先分别画内力图确定危险截面；然后进行应力分析确定危险点，因轴向拉伸（压缩）变形横截面上正应力均匀分布，故危险点就是弯曲变形的危险点，危险点处的应力状态是单向应力状态；最后求出最大应力可以直接跟许用值比较，建立强度条件。

（4）当外力的作用线与轴线平行但不重合时，将外力的作用线向形心平移会产生附加力偶，外力引起轴向拉伸或压缩变形，附加力偶会引起弯曲变形，这便是偏心拉伸与偏心压缩。分别计算拉压变形和弯曲变形正应力，危险点处的应力状态为单向应力状态，将正应力的最大值直接叠加与许用值比较，进行强度计算。

截面核心的概念在工程中的应用，主要针对的是脆性材料制成的受压杆件。脆性材料不抗拉，内部不允许出现拉应力。当外力的作用点在截面核心区域之内时，中性轴移出截面以外，横截面上只有压应力，没有拉应力，构件是安全的。

（5）圆形截面直杆在发生弯曲与扭转组合变形时的强度计算需要注意以下几点：

① 确定研究对象，将外力向研究对象等效平移时，附加力偶是力对轴的矩，要标出附加力偶的下标，判断力偶绕的是哪根轴，会引起什么变形。

② 画内力图判断危险截面时，扭矩图上的扭矩值一般是常数，危险截面是弯矩最大的截面。如果在两个垂直面内均画出了弯矩图，需将弯矩进行合成。因为最大弯矩只可能在弯矩图有折角处，所以合成时只要将折角处的弯矩值合成即可。

③ 危险点处单元体的应力状态是平面应力状态，且只有一个方向有正应力。因为危险点是复杂应力状态，如果发生的是塑性屈服破坏，应利用第三或第四强度理论建立强度条件。如果是弯扭组合且为圆形截面，相当应力直接用内力计算更为简便。如果是弯曲、扭转、拉压变形组合，则需先计算正应力和切应力，用应力来计算相当应力值。

习 题

10-1 试求图示各杆指定截面 A、B 上的内力。

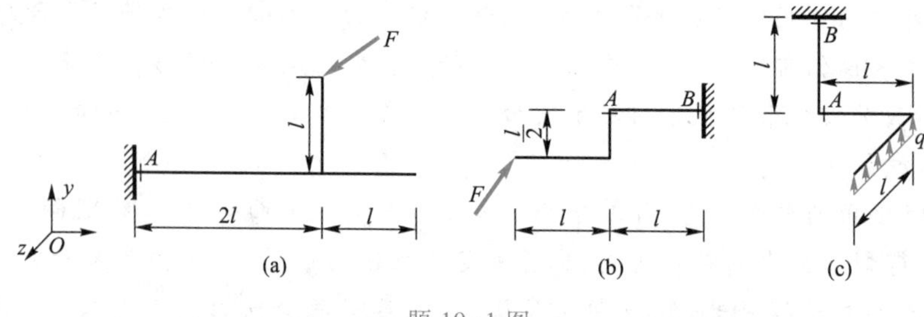

题 10-1 图

10-2 图示简支梁，$F=7$ kN，若 $[\sigma]=160$ MPa，试选择工字钢型号。（提示：标准工字钢的 $W_y/W_z=5\sim15$，计算时可先在此范围内选一比值，待选定型号后再进一步验算梁的强度。）

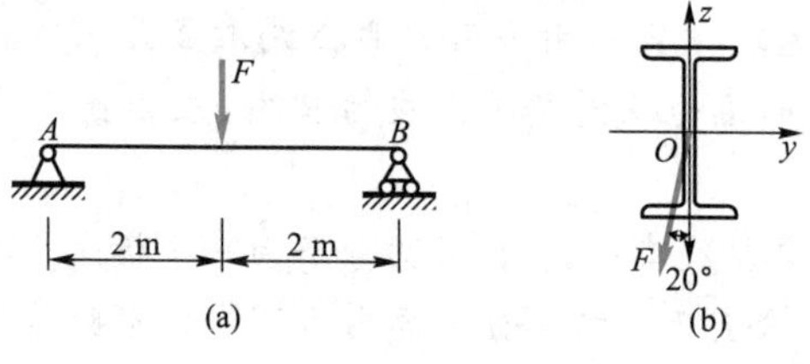

题 10-2 图

10-3 图示杆在自由端受 Oyz 平面内的力 F 作用，由试验测得 $\varepsilon_A=4.2\times10^{-4}$，$\varepsilon_B=6.4\times10^{-4}$，测点 A、B 分别位于测量截面处顶面与侧面中点。已知材料的弹性模量 $E=200$ GPa，试求力 F 和角度 β。

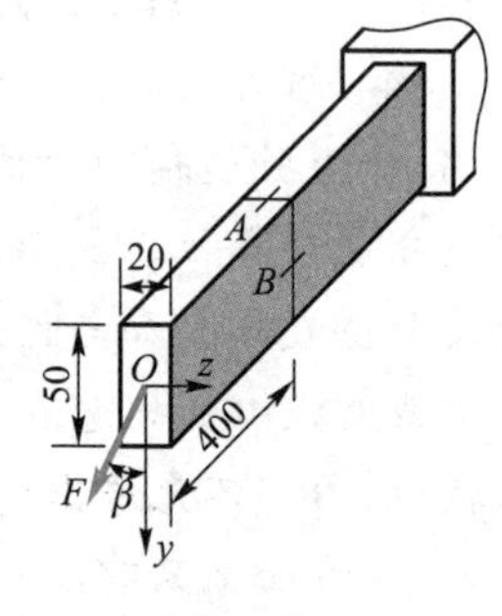

题 10-3 图

10-4 设屋面与水平面成 φ 角，如图所示，试由正应力强度条件证明屋架上矩形截面的纵梁用料量最经济时的高宽比为 $h/b=\cot\varphi$。

10-5 图示斜梁 AB 的横截面为 100 mm×100 mm 的正方形，$F=3$ kN，试作轴力图及弯矩图，并求最大拉应力及最大压应力。

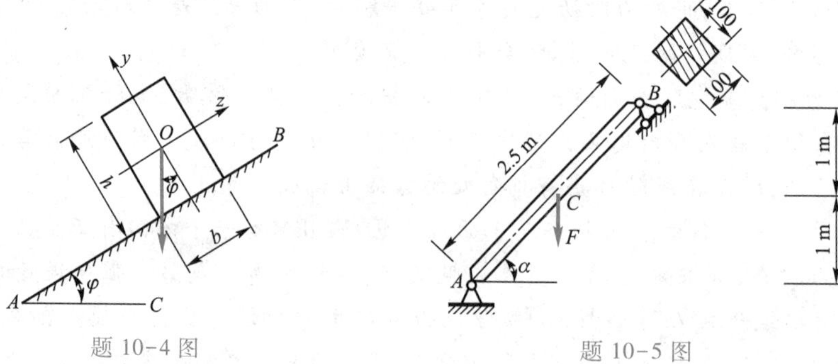

题 10-4 图　　题 10-5 图

10-6　矩形截面杆如图所示，杆的两端作用有按三角形分布的拉力，载荷集度 q 为已知。(1) 截面内最大拉应力发生在何处？试写出此应力表达式；(2) 若在杆的顶部开沟槽（图 b），开槽截面的最大拉应力能否减小？试确定开槽的合理深度 x。

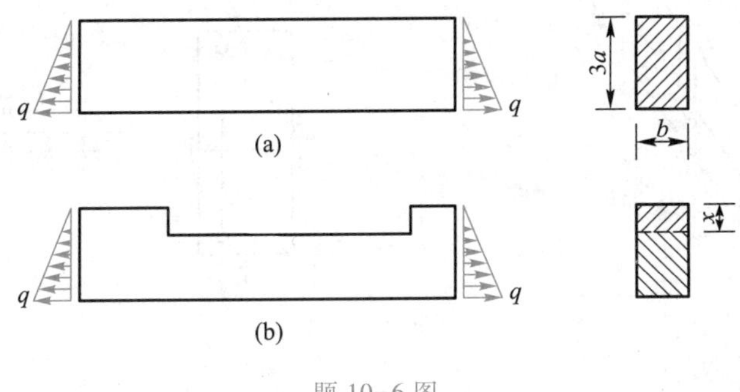

题 10-6 图

10-7　矩形截面杆如图所示，杆的右侧表面受轴向均布载荷作用，载荷集度为 q，材料的弹性模量为 E。试求：(1) 杆的最大拉应力；(2) 杆左侧表面 AB 总长度的改变量。

10-8　图示构架的立柱 AB 用 No.25a 工字钢制成，已知 $F = 20$ kN，$[\sigma] = 160$ MPa，试作立柱的内力图并校核其强度。

10-9　图示压力机框架，$F = 12$ kN，材料的许用拉应力 $[\sigma_t] = 30$ MPa，许用压应力 $[\sigma_c] = 80$ MPa，$z_1 = 59.5$ mm，$z_2 = 40.5$ mm，$I_y = 488\times10^4$ mm^4。试校核框架立柱的强度。

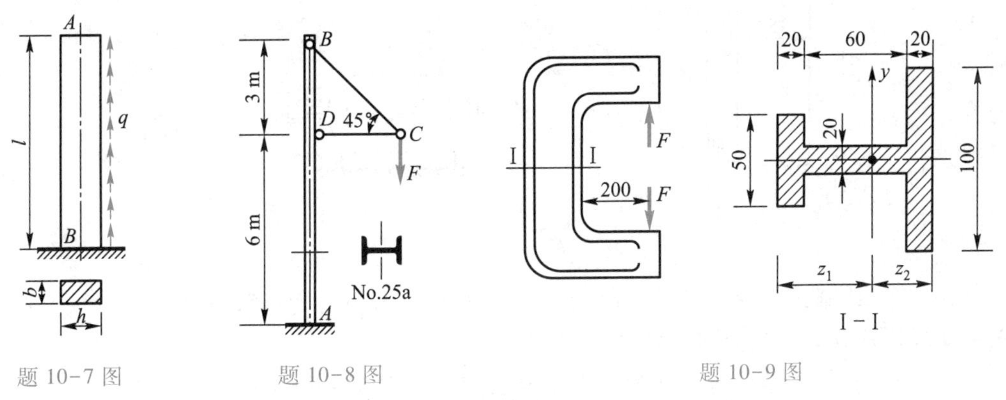

题 10-7 图　　题 10-8 图　　题 10-9 图

10-10　一端固定，具有切槽的杆如图所示，若 $F = 1$ kN，试指出危险点的位置，并求杆的最大正应力。

10-11　图示偏心拉伸试验的杆件为矩形截面，$h = 2b = 100$ mm。在其两侧面各贴一片纵向应变片 a 和 b，现测得其应变值 $\varepsilon_a = 520\times10^{-6}$，$\varepsilon_b = -9.5\times10^{-6}$，已知材料的弹性模量 $E = 200$ GPa。试求：(1) 偏心距 e 和拉力 F；(2) 证明在弹性范围内有 $e = \dfrac{\varepsilon_a - \varepsilon_b}{\varepsilon_a + \varepsilon_b}\cdot\dfrac{h}{6}$。

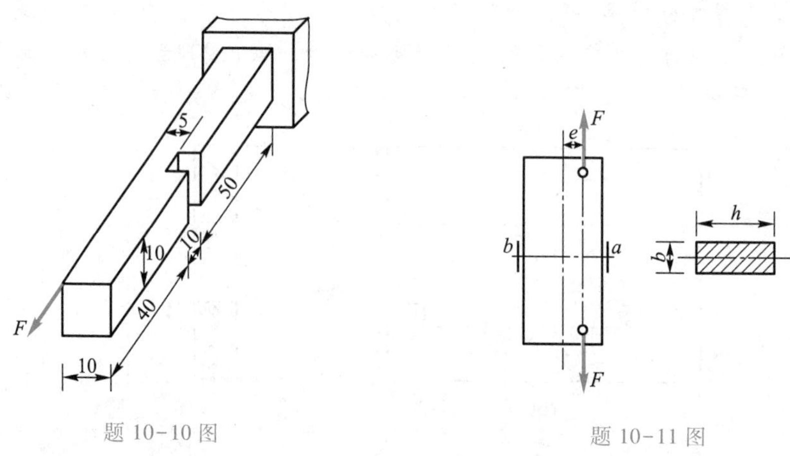

题 10-10 图　　　　题 10-11 图

10-12　一金属构件受力如图所示，已知材料的弹性模量 $E=150$ GPa，已测得 A 点在 x 方向上的线应变为 500×10^{-6}，试求载荷 F 的值。

10-13　图示电动机的功率为 9 kW，转速为 715 r/min，带轮直径 $D=250$ mm，主轴外伸部分长度 $l=120$ mm，直径 $d=40$ mm。若 $[\sigma]=60$ MPa，试用第三强度理论校核轴的强度。

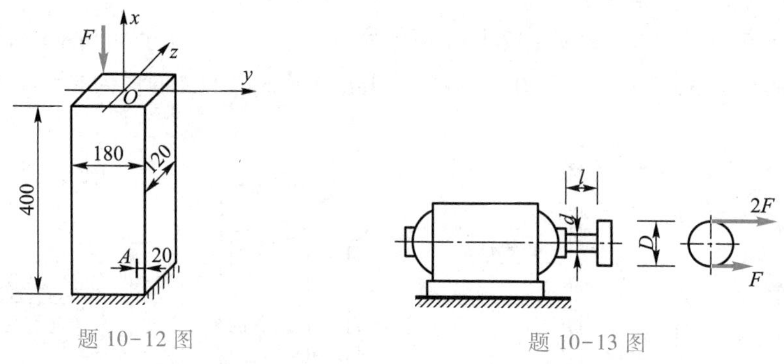

题 10-12 图　　　　题 10-13 图

10-14　手摇绞车如图所示，轴的直径 $d=30$ mm，材料为 Q235，$[\sigma]=80$ MPa。试按第三强度理论求绞车的最大起吊重量 W。

10-15　如图所示铁道路标的圆形信号板装在外径 $D=60$ mm 的空心圆柱上。若信号板上作用的最大风载的压强 $p=2$ kN/m²，圆柱材料的许用应力 $[\sigma]=60$ MPa，试按第三强度理论选择空心圆柱的壁厚 δ。

10-16　图示带轮传动轴传递功率 $P=7$ kW，转速 $n=200$ r/min。带轮重量 $W=1.8$ kN。左端齿轮上啮合力 F_n 与齿轮节圆切线的夹角（压力角）为 20°，轴的材料为低碳钢，其许用应力 $[\sigma]=80$ MPa，试分别在忽略和考虑带轮重量的两种情况下，按第三强度理论计算轴的直径。

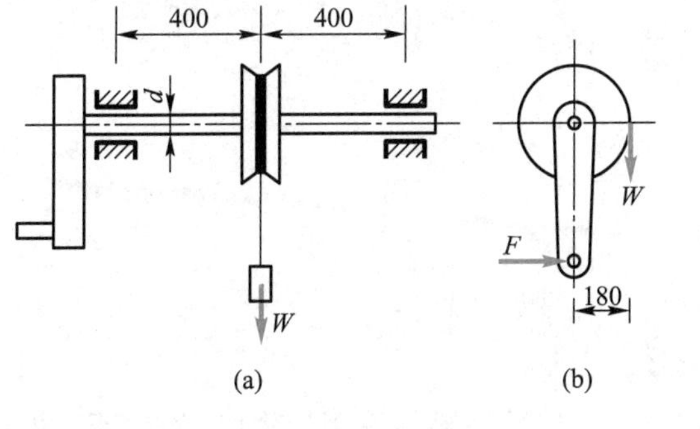

题 10-14 图

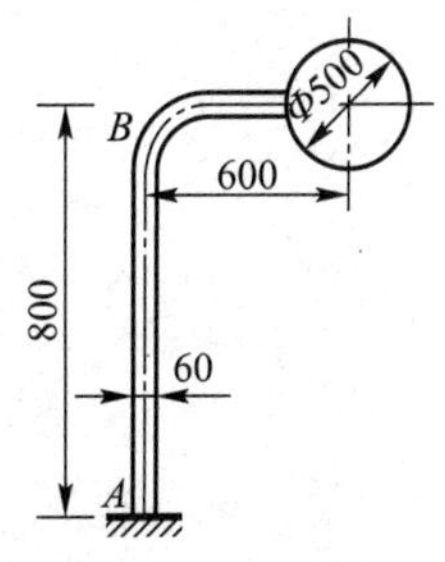

题 10-15 图

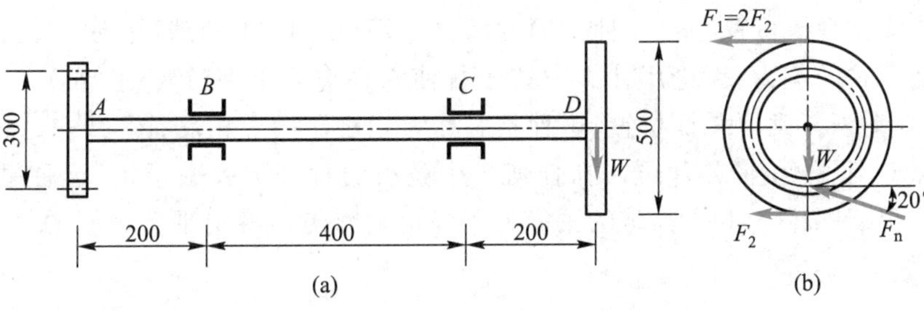

题 10-16 图

10-17　圆形截面等直杆受横向力 F 和绕轴线的外力偶 M_0 作用，如图所示。由实验测得杆表面 A 点处沿轴线方向的线应变 $\varepsilon_0=4\times10^{-4}$，杆表面 B 点处沿与母线成 45°方向的线应变 $\varepsilon_{45^\circ}=3.75\times10^{-4}$。已知材料的弹性模量 $E=200$ GPa，泊松比 $\nu=0.25$，许用应力 $[\sigma]=140$ MPa，试按第三强度理论校核杆的强度。

10-18　图示的圆形截面杆同时受扭矩 T 和轴力 F 作用。已知杆的直径 d 和材料的 E、ν。为了确定这两个内力，由电测方法测得杆表面上沿轴向和与轴线成 45°角方向的平均线应变分别为 ε_{0° 和 ε_{45°。试求 T 和 F 的值。

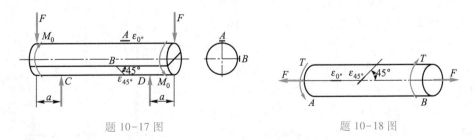

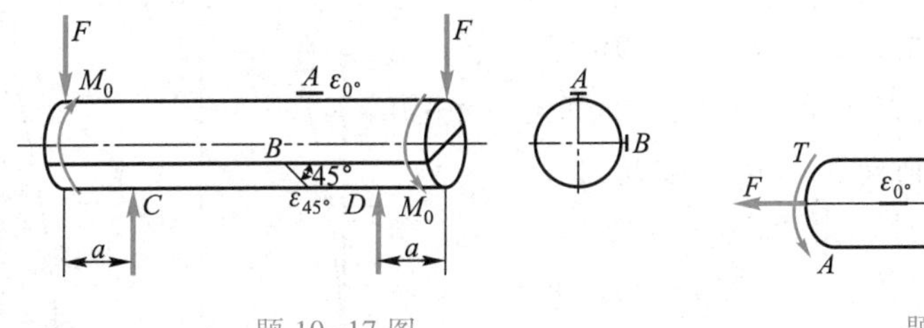

题 10-17 图

题 10-18 图

第11章 压杆稳定

11.1 压杆稳定

按照强度条件，轴向受压杆件在正应力不超过材料的许用应力时，构件不会发生破坏。但是在实际工程中，轴向受压杆件有时也会在低应力条件下失效，这是因为受压杆件承载还存在稳定性问题。

刚性圆球在平衡位置存在三种不同的状态。图 11-1a 中圆球（实线）具有较强的维持原有平衡形式的能力，无论用什么方式干扰使它稍离开平衡位置（虚线），只要干扰消除，圆球便自动恢复到原平衡位置，这种状态称为稳定平衡。相反，图 11-1c 中的圆球尽管能在顶点 O 处平衡，但是却可能在任何一个微小的扰动下失去平衡，这种平衡状态称为不稳定平衡。图 11-1b 中圆球的平衡处于稳定平衡与不稳定平衡之间的过渡状态，称为临界平衡。

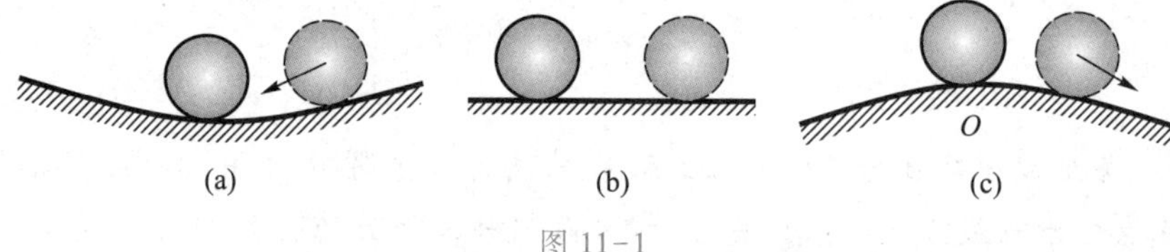

图 11-1

压杆稳定平衡

压杆稳定临界状态

受压的弹性直杆也存在三种类似的平衡状态（图 11-2）。当轴向压力 F 小于某个特定数值 F_{cr}时，干扰使其稍离开原来的直线平衡位置（图 11-2a），呈微弯状态，只要干扰消除，压杆就会自动恢复到原平衡位置，如图 11-2b 所示。这表明压杆在原直线位置的平衡是稳定的。当轴向压力大于 F_{cr}时，微小的干扰使其呈微弯状态，如图 11-2c 所示，此时，即使消除干扰，压杆也不会恢复原来的平衡位置。这表明压杆原有的在直线位置的平衡是不稳定的。当轴向压力 F 等于 F_{cr}时，压杆可以在直线状态下平衡，也可在微弯状态下平衡。所以当轴向压力达到或超过 F_{cr}时，压杆将失稳。F_{cr}称为临界压力，简称临界力。

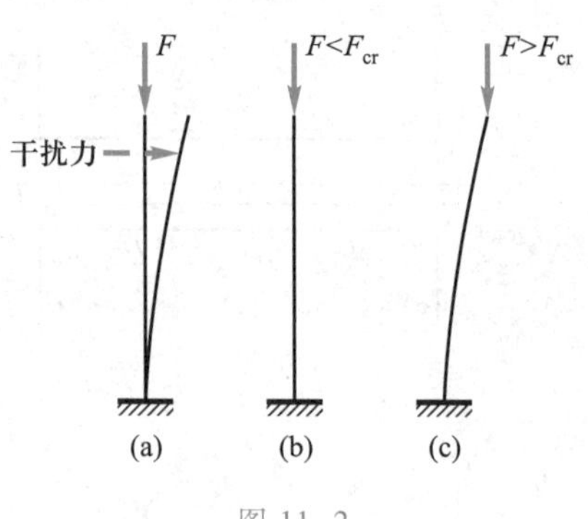

图 11-2

压杆的稳定性是指压杆维持原有平衡形式的能力。如上所述，压杆的平衡状态是否稳定，与轴向压力的数值有关，因而临界力 F_{cr}是判断压杆稳定性的重要指标。压杆失去稳定平衡状态的现象称为失稳，或屈曲。失稳是构件的失效形式之一。除压杆可能失稳外，承受过大压应力作用的薄壁构件(图 11-3)都有可能发生失稳，如窄而高的薄壁截面梁在横向力作用下可能发生侧向弯曲和扭转(图 11-3a)，承受均布外压的薄壁管截面可能突然变为椭圆(图 11-3b)。因此，平衡状态稳定性的研究具有广泛的意义。

狭长截面梁失稳

受压薄壁容器失稳

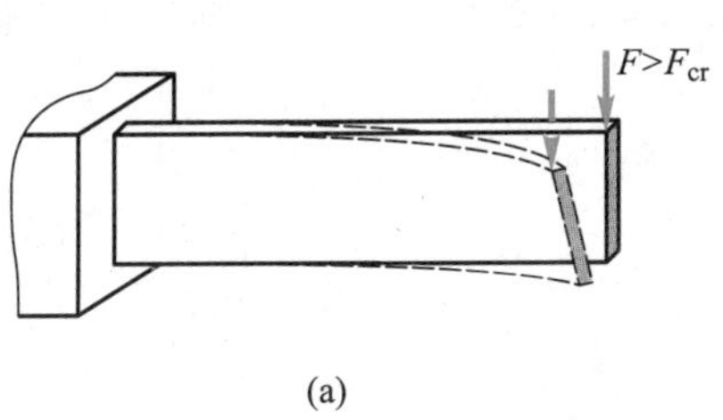

图 11-3

解决压杆稳定性问题的关键在于确定压杆的临界力，将压杆所承受的轴向载荷控制在小于临界力的某一许可的范围内，就可以避免压杆发生失稳。

本章只研究理想压杆的稳定性问题。理想压杆是实际压杆的一个理想化模型，即杆件轴线笔直，材料均匀且为完全弹性，外力作用线与杆件轴线完全重合。本章主要确定各种压杆的临界力，也将讨论压杆的稳定性条件和提高压杆稳定性的措施等问题。

11.2 细长压杆的临界力

设等直细长压杆受到临界力 F_{cr}作用，在稍离开原轴线位置的微弯状态下平衡，应力仍在线弹性范围内，下面按杆端不同约束条件分别计算临界力。

一、两端铰支细长压杆的临界力

如图 11-4 所示，两端铰支的细长压杆在轴向压力 F 作用下处于微弯平衡状态，且杆内应力不超过材料的比例极限。距原点为 x 的任意截面上的挠度为 w，其所对应的弯矩 M 为

$$M=-Fw \tag{a}$$

式中，负号表示弯矩 M 与挠度 w 的正负号相反。

压杆在小变形时，满足挠曲线近似微分方程

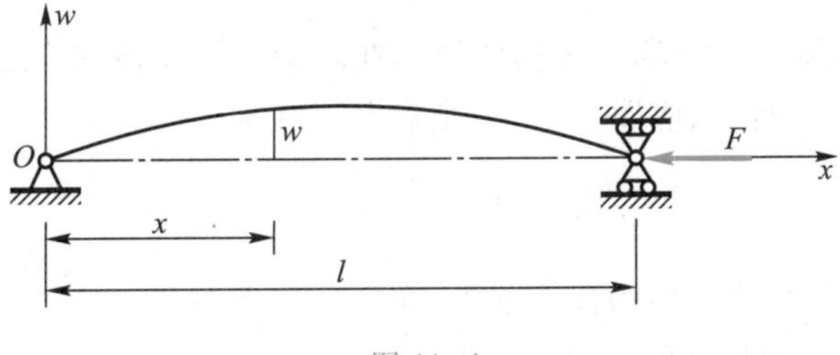

图 11-4

$$\frac{d^2w}{dx^2}=\frac{M}{EI} \tag{b}$$

式中,EI为压杆的弯曲刚度。压杆两端为球形铰支座时,I应取横截面的最小形心主惯性矩。将式(a)代入式(b),得

$$\frac{d^2w}{dx^2}=-\frac{Fw}{EI} \tag{c}$$

引入记号

$$k^2=\frac{F}{EI} \tag{d}$$

则式(c)可写成

$$\frac{d^2w}{dx^2}+k^2w=0 \tag{e}$$

这是一个二阶常系数线性微分方程,其通解为

$$w=A\sin kx+B\cos kx \tag{f}$$

式中,A、B为积分常数。

两端铰支压杆的位移边界条件为

$$在\ x=0\ 处,\quad w=0 \tag{1}$$

$$在\ x=l\ 处,\quad w=0 \tag{2}$$

将条件(1)代入式(f),得$B=0$,于是有

$$w=A\sin kx \tag{g}$$

将条件(2)代入(g),得

$$A\sin kl=0 \tag{h}$$

若$A=0$,则由式(g)得$w=0$,表示压杆仍为直线,这不符合上文所述的前提条件。因此必须是

$$\sin kl=0 \tag{i}$$

其解为

$$kl=n\pi \quad (n=0,\ 1,\ \cdots) \tag{j}$$

将式(j)代入式(d)后得

$$F=\frac{n^2\pi^2EI}{l^2} \quad (n=0,\ 1,\ \cdots) \tag{k}$$

上式表明,使压杆保持在微弯状态下平衡的压力在理论上是多值的。这些压力中的最小非零压力才是临界力F_{cr}。这样,应取$n=1$,于是临界压力为

$$F_{cr}=\frac{\pi^2EI}{l^2} \tag{11-1}$$

这就是两端铰支细长压杆临界力的计算公式,称为欧拉公式。

将式(j)代入式(g)得压杆的挠曲线方程

$$w=A\sin\frac{n\pi x}{l}\quad(n=0,1,\cdots)\tag{1}$$

由函数图像可知，n 实际上表示挠曲线所含半个正弦波的数目（图 11-5）。当 $n=1$ 时，压杆失稳挠曲线形如一个正弦半波，此时临界力最小。

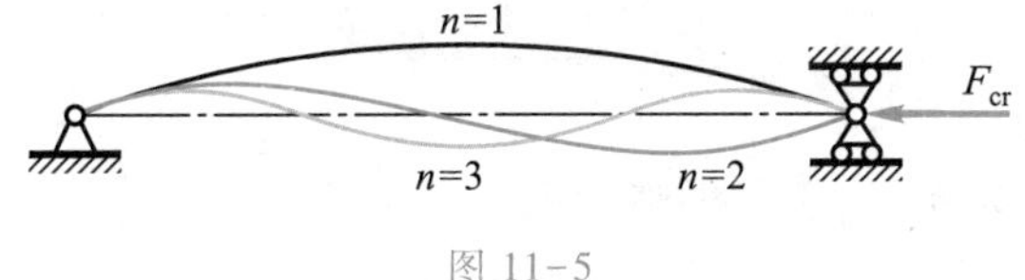

图 11-5

二、其他杆端约束下细长压杆的临界力

杆端在其他约束下细长压杆的临界力，也可以仿照上述两端铰支压杆的推导方法求得。

1. 一端固定、另一端自由的细长压杆

图 11-6a 所示为一端固定、另一端自由的细长压杆，当轴向力 F 达到临界力 F_{cr} 时，压杆处于微弯平衡状态，自由端的挠度为 δ，如图 11-6b 所示。坐标为 x 的截面处的弯矩为

$$M(x)=F(\delta-w)\tag{a}$$

将其代入挠曲线近似微分方程得

$$EI\cdot\frac{d^2w}{dx^2}=M(x)=F(\delta-w)$$

引入记号

$$\frac{F}{EI}=k^2\tag{b}$$

有

$$\frac{d^2w}{dx^2}+k^2w=k^2\delta$$

这是一个二阶常系数微分方程，其通解为

$$w=A\sin kx+B\cos kx+\delta$$

$$w'=Ak\cos kx-Bk\sin kx$$

引入边界条件：$x=0$ 时，$w=0$，$w'=0$，得到

$$A=0,\qquad B=-\delta$$

即

$$w=\delta(1-\cos kx)\tag{c}$$

由另一个边界条件：$x=l$ 时，$w=\delta$ 得

$$\cos kl=0$$

由此有

$$kl=(2n+1)\frac{\pi}{2}\tag{d}$$

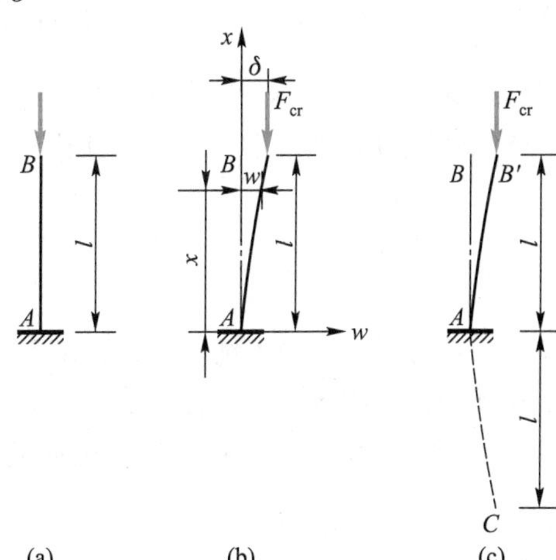

图 11-6

将式(d)代入式(b),得

$$k^2=\frac{F}{EI}=\frac{(2n+1)^2\pi^2}{4l^2}$$

即

$$F=\frac{(2n+1)^2\pi^2EI}{4l^2}$$

满足上式的非零最小解为 $n=0$,于是得临界力

$$F_{cr}=\frac{\pi^2EI}{(2l)^2} \tag{11-2}$$

比较式(11-2)与式(11-1)可知,一端固定、一端自由的压杆的临界力与两端铰支情况的临界力只相差一个杆的长度因数,在式(11-1)中为1,此处为2。

通过比较,可得出一种求解临界力的较为简单的方法——相当长度法。两端铰支压杆失稳时挠曲线形状为半个正弦波($n=1$),两端没有约束力偶作用,即弯矩为零或曲率为零($w''=0$)。如果在其他杆端约束下细长压杆失稳时挠曲线的某一段形状也为正弦半波,两端的弯矩为零或者曲率为零,那么这一段就相当于一根两端铰支压杆,它的临界力就可用欧拉公式(11-1)计算,而这一段的临界力通常是整根压杆的临界力。如图11-6c所示,将一端固定、另一端自由的压杆微弯曲线通过固定端向下对称地延长1倍,所得曲线 $B'AC$ 形如一个完整的正弦半波,两端弯矩为零。因此,长为 l 的一端固定、另一端自由的细长压杆,与长为 $2l$ 两端铰支细长压杆的临界力相同,套用欧拉公式(11-1),将杆长替换为 $2l$,同样可以得到式(11-2)的结果。

2. 一端固定、一端铰支的细长压杆

A 端固定、B 端铰支的细长压杆在临界力作用下失稳,微弯挠曲线存在一个拐点 C,拐点曲率为零。计算表明,BC 间距约为杆长的$\frac{7}{10}$(图11-7),曲线 BC 段形如正弦半波。根据相当长度法,长为 l 的一端固定、另一端铰支细长压杆的临界力,与长为 $0.7l$ 两端铰支细长压杆的临界力数值相等。因此,套用欧拉公式(11-1)得到

$$F_{cr}=\frac{\pi^2EI}{(0.7l)^2} \tag{11-3}$$

3. 两端固定的细长压杆

两端为固定端约束细长压杆在临界力作用下失稳,微弯挠曲线中,距两端分别为 $l/4$ 的 C、D 两点的曲率为零,CD 段长为 $l/2$,形如正弦半波(图11-8)。根据相当长度法,压杆的临界力与长为 $0.5l$ 两端铰支细长压杆的临界力数值相等,其临界力用欧拉公式(11-1)表达为

$$F_{cr}=\frac{\pi^2EI}{(0.5l)^2} \tag{11-4}$$

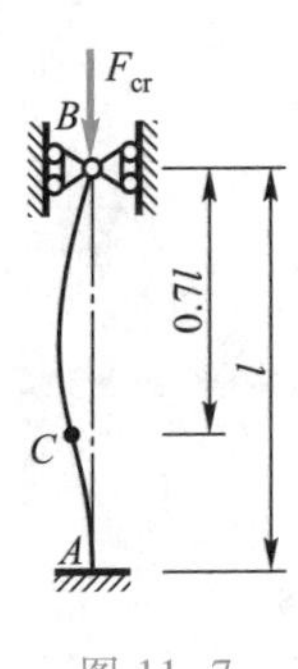

图 11-7

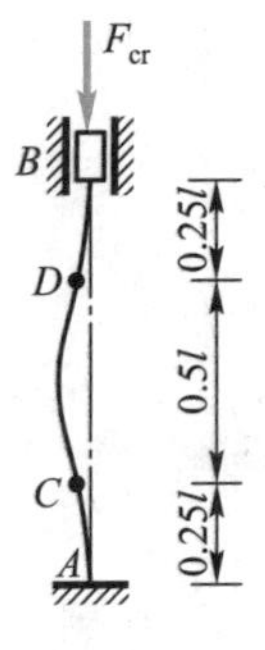

图 11-8

三、欧拉公式的普遍形式

综合以上结果，细长压杆在不同杆端约束下的临界力计算公式可统一写成

$$F_{cr}=\frac{\pi^2 EI}{(\mu l)^2} \tag{11-5}$$

式中，μl 称相当长度，表示与不同约束下压杆临界力相等的两端铰支压杆的长度，μ 称为长度因数，反映杆端约束对临界力的影响。表 11-1 归纳了上述四种杆端约束下的长度因数。表中约束都是理想化的，实际应用时须注意查阅有关设计手册或规范。

表 11-1　压杆的长度因数

约束情况	两端铰支	一端固定 一端自由	一端固定 一端铰支	两端固定
失稳挠曲线形状	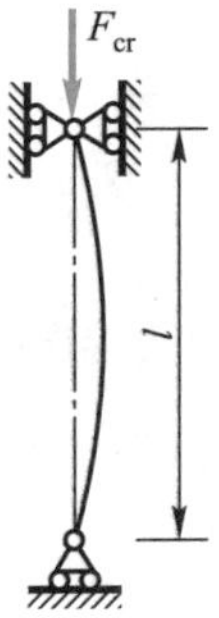	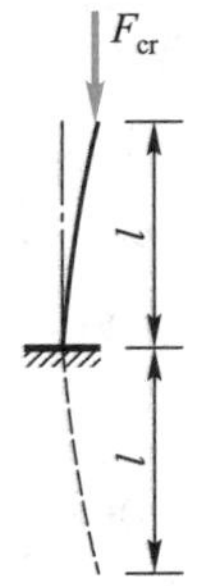	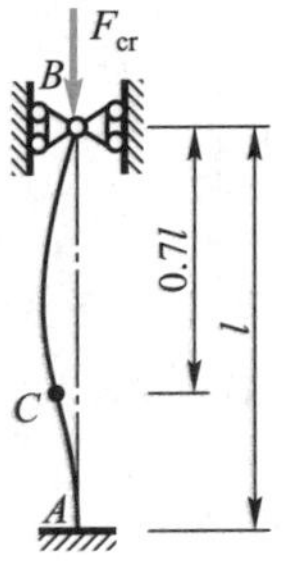	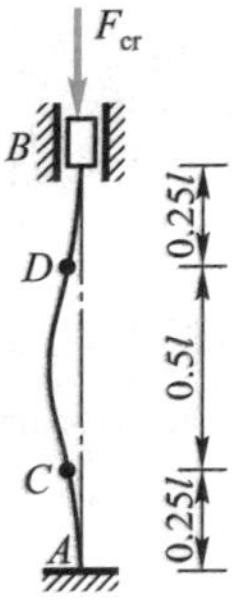
长度因数 μ	1	2	0.7	0.5

四、欧拉公式的适用范围

压杆处于临界状态时横截面上的平均压应力称为临界应力，用 σ_{cr} 表示。临界应力可由欧拉公式用临界力除以压杆横截面面积 A 求得，即

$$\sigma_{cr}=\frac{F_{cr}}{A}=\frac{\pi^2 EI}{(\mu l)^2 A} \tag{a}$$

根据惯性半径的概念

$$i^2=\frac{I}{A}$$

则式(a)可写成

$$\sigma_{cr}=\frac{\pi^2 E}{\left(\frac{\mu l}{i}\right)^2} \tag{b}$$

定义

$$\lambda=\frac{\mu l}{i} \tag{11-6}$$

则式(b)改写为

$$\sigma_{cr}=\frac{\pi^2 E}{\lambda^2} \tag{11-7}$$

这就是欧拉公式(11-5)的另一种表达形式。式中 λ 称为压杆的柔度,是压杆稳定计算中的一个重要参数,是一个量纲一的量,可全面地反映压杆长度、截面形状尺寸和约束条件等因素对临界应力的影响。

欧拉公式是以挠曲线近似微分方程为基础推导出来的,该方程成立的条件之一是材料服从胡克定律。因此,只有当临界应力小于材料的比例极限 σ_p时,欧拉公式才适用,即

$$\sigma_{cr}=\frac{\pi^2 E}{\lambda^2}\leqslant\sigma_p \quad 或 \quad \lambda\geqslant\sqrt{\frac{\pi^2 E}{\sigma_p}} \tag{c}$$

记

$$\lambda_p=\sqrt{\frac{\pi^2 E}{\sigma_p}} \tag{d}$$

欧拉公式的适用条件可表达为

$$\lambda\geqslant\lambda_p \tag{11-8}$$

满足此式的压杆称为细长压杆或大柔度杆。λ_p是一个与材料性能有关的量,对 Q235 钢,$E=206\ \text{GPa}$,$\sigma_p=200\ \text{MPa}$,所以有

$$\lambda_p=\sqrt{\frac{\pi^2\times 206\times 10^9}{200\times 10^6}}\approx 100$$

因此,对于由 Q235 钢制成的细长压杆,只有当其柔度 $\lambda\geqslant 100$ 时,才能应用欧拉公式计算临界力或临界应力。

11.3 中小柔度杆的临界力

$\lambda<\lambda_p$的压杆不属于细长压杆,欧拉公式不再适用。图 11-9 所示为钢材的试验结果与欧拉公式的比较。图中散点为试验测量值,实线代表其拟合曲线,虚线为欧拉公式的理论

解。可见，随着 λ 值减小，在非细长杆的中小柔度范围内两者间的偏差显著增大。此时，临界应力一般多采用根据试验曲线得到的经验公式，比较简单且常用的有直线型经验公式和抛物线型经验公式。

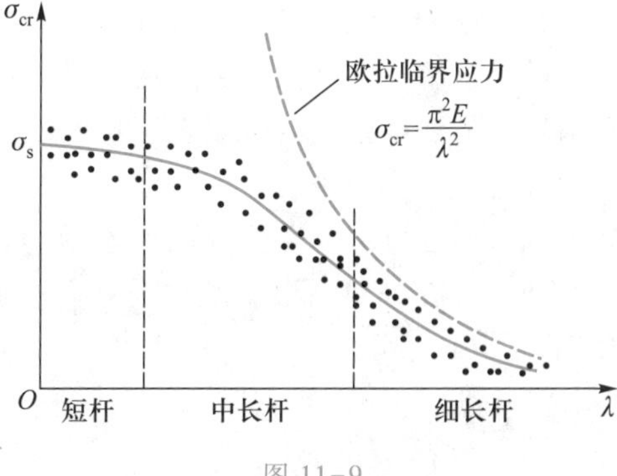

图 11-9

1. 直线型经验公式

对于由合金钢、铝合金、灰口铸铁与松木等材料制作的非细长压杆，可采用直线型经验公式计算临界应力，其一般表达式为

$$\sigma_{cr}=a-b\lambda \tag{11-9}$$

式中，a、b 为具有应力量纲的与材料性能有关的常数。对于塑性材料压杆，此式计算出的临界应力数值不应高于材料的屈服极限 σ_s，即 $\sigma_{cr}\leqslant\sigma_s$，由此得

$$\lambda\geqslant\frac{a-\sigma_s}{b}$$

若记

$$\lambda_0=\frac{a-\sigma_s}{b} \tag{11-10}$$

则直线型经验公式(11-9)的适用范围为 $\lambda_0\leqslant\lambda<\lambda_p$。这类压杆称为中长杆或中等柔度杆。表 11-2 中列出了一些常用材料的 a、b、λ_p、λ_0值。

表 11-2　直线型经验公式的 a、b 及柔度 λ_p、λ_0

材　料	a/MPa	b/MPa	λ_p	λ_0
Q235 钢,10、25 钢	304	1.12	100	61
35 钢	461	2.568	100	60
45、55 钢	578	3.744	100	60
铬钼钢	980.7	5.296	55	
硬铝	392	3.26	50	
铸铁	332.2	1.454		
松木	28.7	0.19	59	

$\lambda<\lambda_0$的压杆失效形式为强度破坏(屈服或断裂)，这类压杆称为粗短杆或小柔度杆。不过习惯上也可将其极限应力称为临界应力，对于塑性材料有

$$\sigma_{cr}=\sigma_s \tag{11-11}$$

把临界应力 σ_{cr}与不同柔度 λ 之间的关系统一画在 $O\sigma_{cr}\lambda$ 直角坐标系内，所得图线称为临界应力总图。对于塑性材料，采用直线型经验公式的临界应力总图如图 11-10 所示。

2. 抛物线型经验公式

对于由结构钢与低合金结构钢等材料制作的非细长压杆，可采用抛物线型经验公式计算临界应力。该公式的一般表达式为

$$\sigma_{cr}=a_1-b_1\lambda^2 \tag{11-12}$$

式中，a_1、b_1是与材料性能有关的常数。该公式的适用条件为 $\lambda \leqslant \lambda_p$，适用此公式的压杆称为中小柔度压杆。根据欧拉公式与上述抛物线型经验公式，得到相应的临界应力总图如图 11-11 所示。

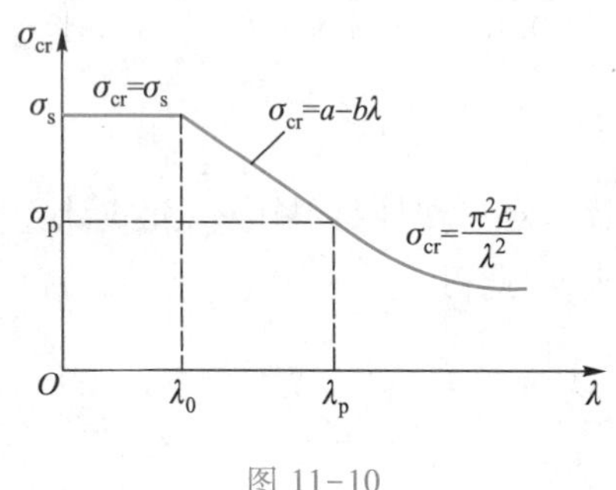

图 11-10

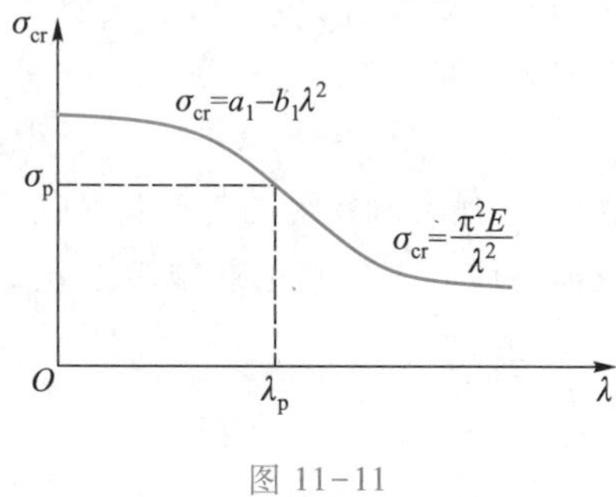

图 11-11

从临界应力总图(图 11-11)中可以看到，压杆的柔度越大，临界应力越低。当压杆的工作应力低于图中曲线时，其平衡状态是稳定的；应力高于图中曲线时则是不稳定的；应力恰好位于曲线上则处于临界状态。由于曲线是分段的，因此计算临界应力应根据压杆的柔度范围选择正确的公式。

须注意，临界应力大小是由压杆失稳时的整体变形决定的，截面的局部削弱（如开孔）对整体变形影响很小，因此用欧拉公式和经验公式计算临界力，可不考虑局部削弱的影响，即采用压杆原始的横截面面积 A 和惯性矩 I。而计算强度时，则应考虑局部削弱后的净截面。

例 11-1 长为 3.6 m 的立柱由一根 No.25a 工字钢制成，如图 11-12 所示，材料弹性模量 $E=200$ GPa。(1) 若柱端约束为一端固定、一端铰支，试计算此柱的临界力。(2) 若约束条件分别改为两端铰支和两端固定，则此柱的临界力有何变化？

解：(1) 柱端约束为一端固定、一端铰支

首先计算柱的柔度 λ。

柱的长度因数 $\mu=0.7$，$l=3.6$ m。由型钢规格表查得 No.25a 工字钢 $i_{min}=i_z=2.4$ cm $=24$ mm，$I_z=280$ cm^4，$A=48.541$ cm^2，因此有

$$\lambda=\frac{\mu l}{i_z}=\frac{0.7\times 3\,600}{24}=105$$

由表 11-2 查得 Q235 钢 $\lambda_p=100$，$\lambda_0=61$，所以 $\lambda>\lambda_p$，立柱属细长杆。

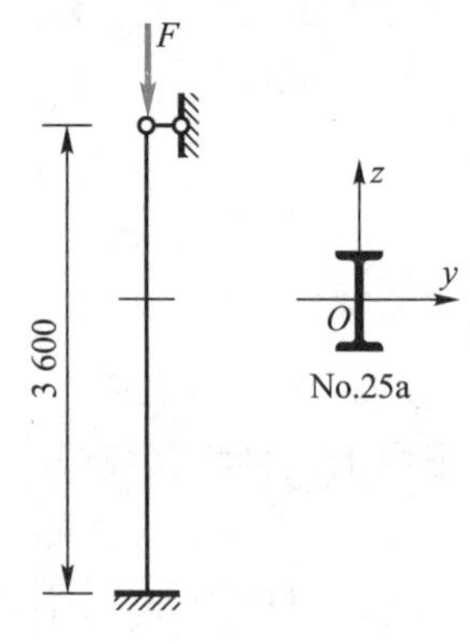

图 11-12

由欧拉公式(11-3)计算临界力为

$$F_{cr}=\frac{\pi^2 EI_z}{(0.7l)^2}=\frac{\pi^2\times200\times10^9\times280\times10^{-8}}{(0.7\times3.6)^2}\ \text{N}=870\times10^3\ \text{N}=870\ \text{kN}$$

(2) 柱端约束改为两端铰支

由表 11-1,长度因数 $\mu=1.0$,柔度变为

$$\lambda=\frac{\mu l}{i_z}=\frac{1.0\times3\ 600}{24}=150>\lambda_p$$

立柱仍为细长杆,由欧拉公式计算有

$$F_{cr}=\frac{\pi^2 EI_z}{l^2}=\frac{\pi^2\times200\times10^9\times280\times10^{-8}}{3.6^2}\ \text{N}=426.3\times10^3\ \text{N}=426.3\ \text{kN}$$

临界力降低了约一半。

(3) 柱端约束改为两端固定

由表 11-1,长度因数 $\mu=0.5$,柔度变为

$$\lambda=\frac{\mu l}{i_z}=\frac{0.5\times3\ 600}{24}=75$$

由于 $\lambda_0\leqslant\lambda<\lambda_p$,此时的柱已属于中柔度杆,欧拉公式已不再适用。若采用直线型经验公式进行分析,查表 11-2,Q235 钢 $a=304$ MPa,$b=1.12$ MPa,所以有

$$F_{cr}=\sigma_{cr}A=(a-b\lambda)A=(304-1.12\times75)\times48.541\times10^2\ \text{N}=1\ 068\ \text{kN}$$

临界力明显高于前两种情况。

11.4 压杆稳定校核

针对理想压杆建立的临界力公式不能直接用于实际压杆,这是因为实际压杆难免存在各种缺陷,如压杆的微小初始弯曲变形,材料不均匀和制造误差、压力的微小偏心等都会显著降低临界力,从而严重影响压杆的稳定性。因此,实际压杆应规定较高的安全因数 n_w,称为稳定安全因数。由此压杆的稳定条件为

$$n=\frac{F_{cr}}{F}>n_w \tag{11-13}$$

表 11-3 列出了几种钢制压杆的 n_w 值。

表 11-3 钢制压杆的 n_w 值

压杆类型	金属结构中的压杆	机床丝杠	低速发动机挺杆	高速发动机挺杆	矿山和冶金设备中的压杆	起重螺旋
n_w	1.8~3.0	2.5~4	4~6	2~5	4~8	3.5~5

例 11-2 如图 11-13a 所示,千斤顶丝杠长度为 $l=375$ mm,有效直径 $d=40$ mm,材料为 45 钢,最大起重量 $F=80$ kN,规定稳定安全因数为 $n_w=4$。试校核该丝杠的稳定性。

解：(1) 计算丝杠柔度

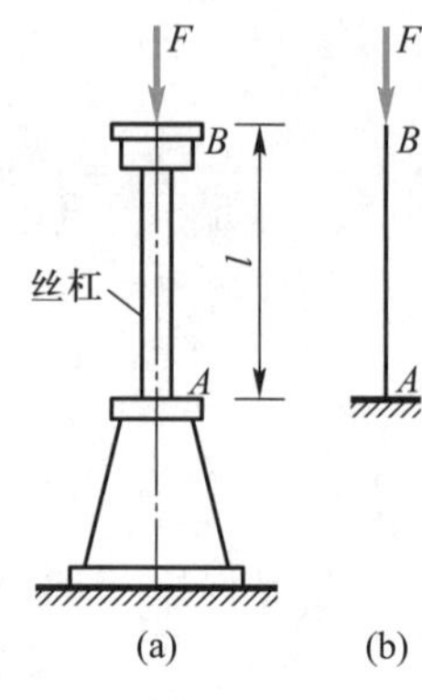

图 11-13

丝杠可简化为一端固定、一端自由的压杆(图 11-13b)，长度因数 $\mu=2$。圆形截面的惯性半径为

$$i=\sqrt{\frac{I}{A}}=\frac{d}{4}=\frac{40}{4}\text{ mm}=10\text{ mm}$$

压杆柔度为

$$\lambda=\frac{\mu l}{i}=\frac{2\times375}{10}=75$$

由表 11-2 查得 45 钢 $\lambda_p=100$，$\lambda_0=60$，所以

$$\lambda_0<\lambda<\lambda_p$$

此杆属于中柔度杆。

(2) 计算临界力

采用直线型经验公式，查表 11-2，45 钢 $a=578$ MPa，$b=3.744$ MPa，所以

$$F_{cr}=\sigma_{cr}A=(a-b\lambda)A=(578-3.744\times75)\times\frac{\pi\times40^2}{4}\text{ N}=373.5\text{ kN}$$

(3) 稳定校核

丝杠的工作稳定安全因数为

$$n=\frac{F_{cr}}{F}=\frac{373.5}{80}=4.67>n_w$$

丝杠满足稳定条件。

例 11-3 如图 11-14 所示结构中杆 AB、CD 均为 No.20a 工字钢，材料的 $\lambda_p=100$，$\lambda_0=60$，$E=206$ GPa，$a=304$ MPa，$b=1.12$ MPa，若规定稳定安全因数 $n_w=4$，试根据结构平面内的稳定条件求结构的许可载荷[q]。

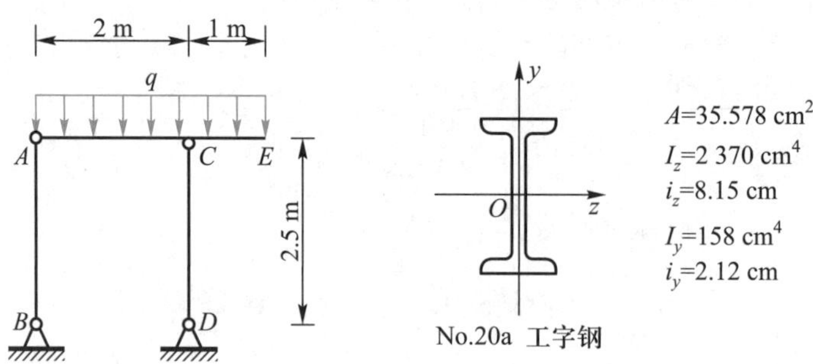

图 11-14

解：判断压杆的柔度，压杆 AB、CD 均为两端铰支

$$\lambda=\frac{\mu l}{i}=\frac{1\times2.5}{2.12\times10^{-2}}=117.9>\lambda_p$$

属于细长杆。

采用欧拉公式计算临界力

$$F_{cr}=\frac{\pi^2 EI_y}{(\mu l)^2}=\frac{3.14^2\times206\times10^9\times158\times10^{-8}}{(1\times2.5)^2}\text{ N}=513\text{ kN}$$

从而得到压杆容许的承载压力为

$$[F_N]=\frac{F_{cr}}{n_w}=\frac{513}{4}\text{ kN}=128.4\text{ kN}$$

根据平衡条件可以判断出 CD 杆最易失稳，由平衡方程，有

$$\sum M_A=0$$

得到

$$F_{NCD}\times2\text{ m}-\frac{1}{2}\times q\times(3\text{ m})^2=0$$

由此可以得到许可载荷$[q]$为

$$[q]=\frac{2\times F_{NCD}\times2\text{ m}}{9\text{ m}^2}=\frac{2\times128.4\text{ kN}\times2\text{ m}}{9\text{ m}^2}=57\text{ kN/m}$$

11.5 提高压杆稳定性的措施

影响压杆临界力大小的因素主要是压杆的柔度和材料的性能，其中柔度又与压杆的长度、约束条件和截面的形状有关，因此，可从下面这几方面考虑提高压杆的稳定性。

一、选择合理的截面形状

柔度与截面的惯性半径成反比，因此，在不增加截面面积的条件下，采用惯性半径尽可能大的空心截面形状有助于提高压杆的临界力。图 11-15 中的两种截面，若内外直径之比$\frac{d}{D}=0.8$，在截面面积相等和其他条件相同的情况下，圆管的临界力是实心圆杆的 4.5 倍，因而稳定性大为提高。

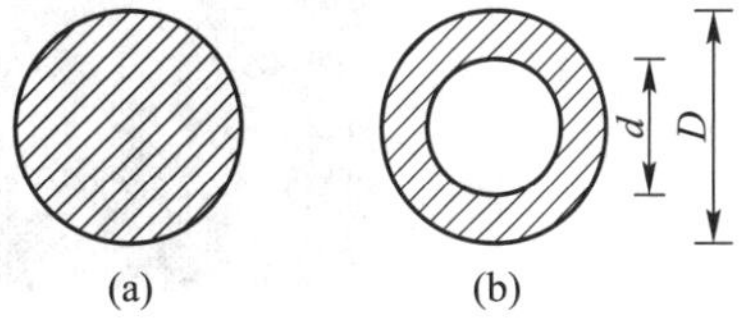

(a) (b)

图 11-15

如果压杆在各方向的约束情况相同，那么采用对各形心轴的惯性半径相等的截面形状是合理的，这可以使压杆在不同纵向平面内有相同的稳定性；如果压杆在截面两个形心主惯性轴方向的约束不同，则理想的设计应使截面对各形心主惯性轴有相等的柔度值。

二、改变压杆的约束条件

增加或加强压杆的约束，降低相当长度，使压杆不易发生弯曲变形，可以提高压杆的临界力。如图 11-16a 所示两端铰支细长压杆，中间加一可动铰支座后，相当长度减半，

如图 11-16b 所示，即使每段仍为细长杆，临界力也增至原来的 4 倍。

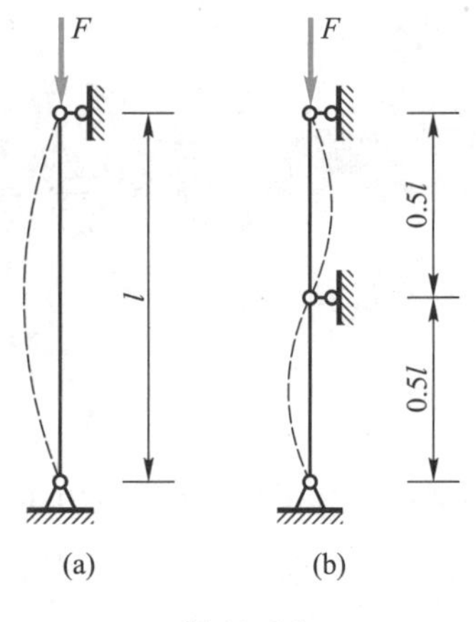

图 11-16

三、合理选择材料

材料的性能对压杆稳定的影响，需要作具体分析。以钢材为例，大柔度杆的临界力与弹性模量 E 有关，与材料的强度指标无关，而各种钢材的 E 值大致相等，因此，使用钢材时选用高强度钢对提高细长压杆的临界力没有实际意义。

但中小柔度压杆则不同。其临界力与材料的强度指标有关，因此，选用高强度材料自然能够提高压杆的稳定性。

11.6 延伸学习——航天运载器结构设计中的稳定性问题

薄壳结构因其具有高比刚度、比强度的优点，常作为航天运载器的典型主承力构件，广泛应用于火箭级间段、燃料贮箱、整流罩等舱段。火箭这类航天运载器服役时，其中的薄壳结构最典型的工况类型为承受轴向压力作用。与受压杆件类似，受压薄壳结构最容易发生的破坏就是失稳，如图 11-17 所示。

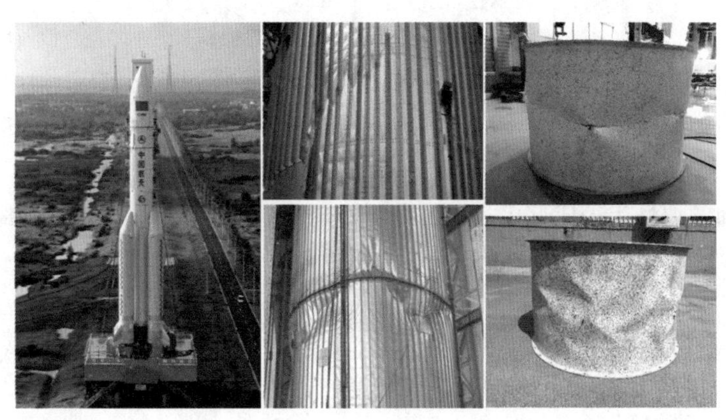
图 11-17

在航天工程中，通过合理的结构设计可以有效提高薄壳结构的抗失稳能力，进而保证装备的承载性能。长征五号系列运载火箭是我国自主研制的新一代大型液体运载火箭，是探月工程、深空探测和载人空间站等重大航天工程的主要依托，更是我国进入航天强国的重要保障和标志。为了保证火箭有足够的运载能力，火箭箭体结构应尽可能轻。同时，火箭箭体结构在发射过程中会受到轴向压力、弯矩、外压等作用，结构需要有足够的抵抗失稳的能力。那么运载火箭如何在做到轻量化的同时保持其强度和稳定性呢？

为了在保持火箭强度和稳定性的前提下减轻自身重量，蒙皮桁条结构被大量应用在运载火箭承力舱段中。蒙皮桁条结构由蒙皮、环向中间框和纵向桁条组成，如图 11-18 所示。一般来讲，蒙皮厚度非常薄，仅为 2 mm 左右，对于拥有几米直径、几十米长度的运载火箭箭体来说，可谓“薄如蝉翼”。对于压杆稳定问题，轴向压力较小时，杆件保持稳定的直线平衡状态，当轴向压力达到临界值后，杆件受到微小扰动便会产生较大弯曲变形从而发生失稳。类似地，蒙皮桁条结构在轴向压力达到临界值时同样会发生失稳，不同的是蒙皮桁条结构更复杂，通常蒙皮首先发生失稳，此时结构还能承载，当轴向压力继续增大导致桁条、中间框也失稳时结构才发生破坏。

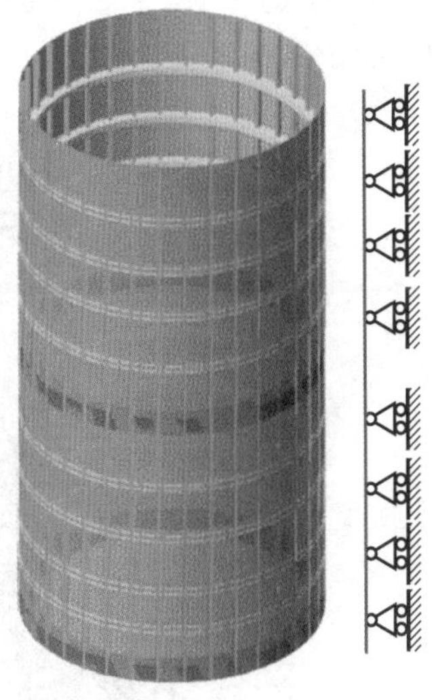

图 11-18

随着航天装备结构的尺寸不断增大、承载需求不断增加，蒙皮桁条结构在达到设计极限后只能通过增加结构重量来提升承载能力，伴随而来的是运载能力的损失，因此，亟需发展具有更高承载性能的薄壳结构形式。通过学习压杆稳定的知识，可将蒙皮桁条结构中的纵向桁条类比为多根压杆，而环向中间框相当于引入了多个支座以减小每根压杆的相当长度，从而提高了受压筒壳结构的临界力。当然，对于火箭舱段来讲，每个区域对临界力的需求是不一样的，因此，间距均布的中间框可能不是一个最优选择。在长征五号火箭级间段设计中，对中间框的间距进行了设计（图 11-19），使得舱段协同工作起来整体的临界力大幅提高，材料承载效率显著提升。

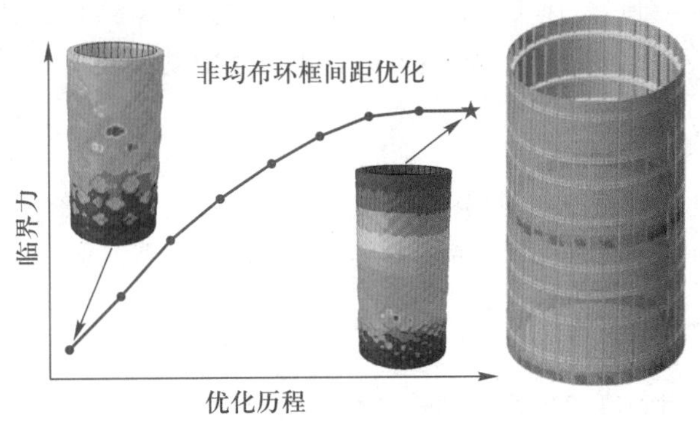

图 11-19

经过强度分析可知，环向中间框不直接传递和承受轴向载荷，因此，中间框上的应力水平很低，这意味着材料承载效率还可进一步提高。在长征五号火箭级间段设计中，在中间框间距设计的基础上，进一步开展了减重孔设计。由于减重孔采用冲压工艺制造，成型后会形成翻边（图 11-20），设计变量包括 D_1、D_2 和 D_H。打孔本身会在减少结构重量的同时降低其承载能力，但引入的翻边可以提高中间框的抗弯刚度，可以很好地限制纵向桁条的自由转动，相当于提高了压杆支座的紧固程度，即减小 μ 值。因此，在中间框上布置减重孔，不仅大幅减少了结构重量，还进一步提高了舱段临界力。

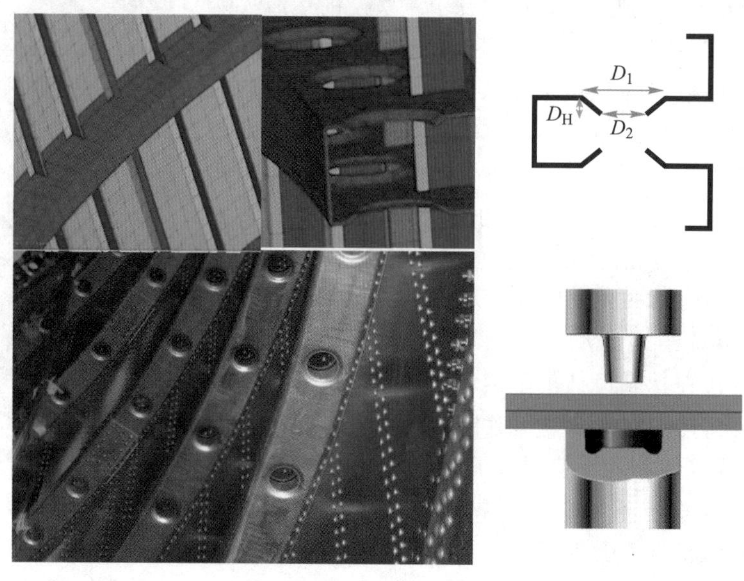

图 11-20

通过综合优化设计，长征五号火箭级间段实现结构减重 218 kg，并于 2011 年顺利通过大型地面试验考核和多次飞行任务考核，材料力学的压杆稳定知识在设计过程中发挥了重要作用。① 实际上，在导弹、高速飞行器、飞机等航空航天装备结构设计中也蕴含了大量的结构稳定性问题，材料力学知识在大国重器的自主研发中发挥着重要作用。

课程设计及学习思路

第 11 章
工程案例

掌握压杆稳定性的概念、细长压杆的欧拉公式及其适用范围；掌握不同柔度压杆的临界应力和安全因数法的稳定性计算；了解提高压杆稳定性的措施。

课程难点分析及学习体会

第 11 章历史
人物故事

(1) 判断稳定平衡和不稳定平衡的基本方法是微小扰动法。在平衡位置给物体一个小干扰，物体会离开平衡位置，干扰解除后，观察物体会不会自动恢复到原来的平衡位置，能恢复的是稳定平衡，不能恢复的是不稳定平衡，中间的过渡状态称为临界状态。临界状态时的轴向力称为临界力。临界力是稳定性计算的重要指标，外力不超过临界力压杆就不会失稳。每根压杆的临界力不同，且与外力无关。

---

① 该工作为大连理工大学和北京宇航系统工程研究所合作获得国家技术发明二等奖提供了有力支撑。

只有受压构件会失稳,受拉构件不会失稳。

(2) 稳定性计算必须先计算压杆的柔度,柔度与杆端约束、杆长和截面的惯性半径有关。按柔度将压杆分类:细长杆(大柔度杆)用欧拉公式计算临界力;中长杆(中柔度杆)用经验公式计算临界力;短粗杆(小柔度杆)不会失稳,只发生强度破坏。

杆端约束越强,长度因数越小,柔度越小,压杆越不容易失稳。

当各方向约束相同时,惯性矩和惯性半径取最小值。

局部面积的削弱不会影响压杆的稳定性。

(3) 欧拉公式的适用范围是线弹性、小变形,应力不超过材料的比例极限,这样的压杆称为细长杆或大柔度杆。超过比例极限时的中长杆或中柔度杆,用经验公式计算临界应力。要熟记并掌握临界应力总图,不同的柔度对应不同的临界应力计算公式。

(4) 临界力公式推导时用的是理想压杆,应用到工程当中应有一定的安全储备。压杆的稳定校核(安全因数法)是用公式计算出的临界力除以所受外力得到的值必须大于规定的安全因数,压杆才不会失稳。

(5) 提高稳定性的措施主要是降低柔度。同样的材料,各方向约束相同时,选择空心的、完全对称的截面比较合理。如果各方向约束条件不同,则应使各方向柔度相等。约束弱的方向选择较大的惯性半径(惯性矩大);约束强的方向选择较小的惯性半径(惯性矩小)。增加约束,压杆中间加约束,减小相当长度也可以提高稳定性。细长压杆没必要为提高稳定性,用高强度优质钢代替普通钢材,因为它们的弹性模量差不多;中小柔度杆可以作这样的替换。

(6) 静不定结构中,只有所有压杆都失稳,整个结构才会失稳,这时每根压杆的内力都等于它们各自的临界力。

习　题

11-1　图示细长压杆的截面形状尺寸及材料都相同,试比较它们的临界力大小。

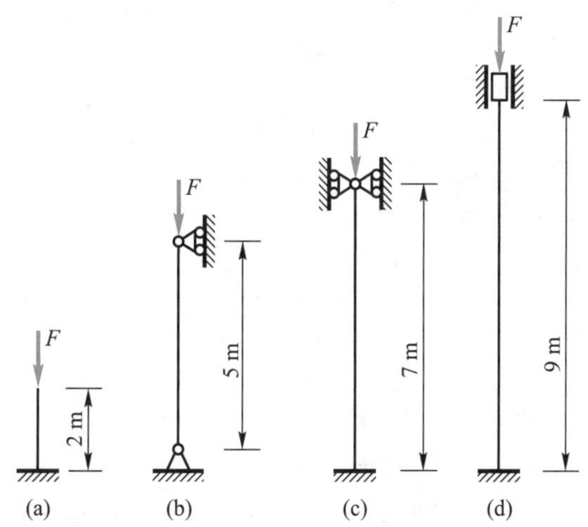

题 11-1 图

11-2　图示结构中 AB、AC 均为细长压杆，两杆材料及横截面都相同，且相互垂直。若此结构中的压杆在 ABC 平面内失稳破坏，试确定当 θ 角为多大时载荷 F 可达最大。

11-3　图示矩形截面压杆，根据杆端实际约束情况，在图 a 所示平面内可视为两端铰支，$\mu=1$；在图 b 所示俯视平面内的长度因数建议采用 $\mu=0.8$。材料为 Q235 钢，弹性模量 $E=200$ GPa，试求压杆的临界力。

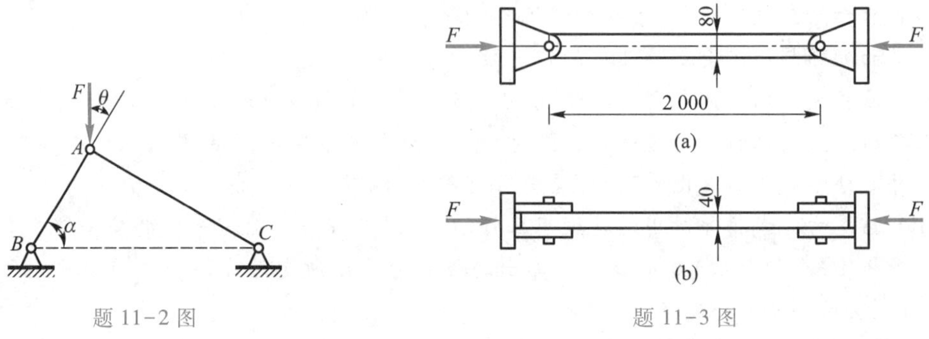

题 11-2 图　　题 11-3 图

11-4　试求图示结构的临界力 F_{cr}，已知两杆的材料为 Q235 钢，$E=200$ GPa。

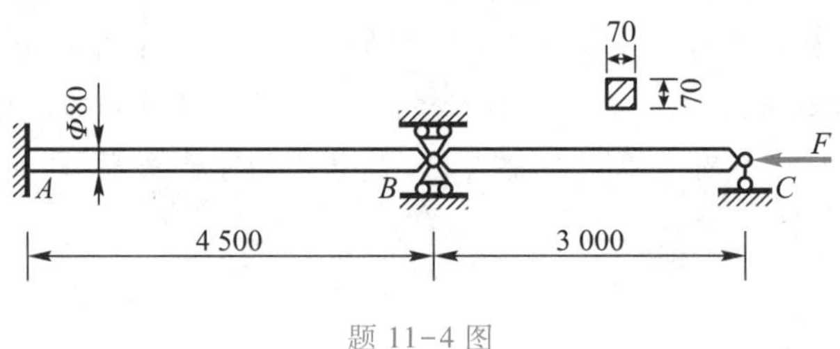

题 11-4 图

11-5　图示钢管穿孔机顶杆由 45 钢制成，弹性模量 $E=210$ GPa，规定的稳定安全因数 $n_w=3.5$，试求顶杆的许可载荷（两端设为铰支）。

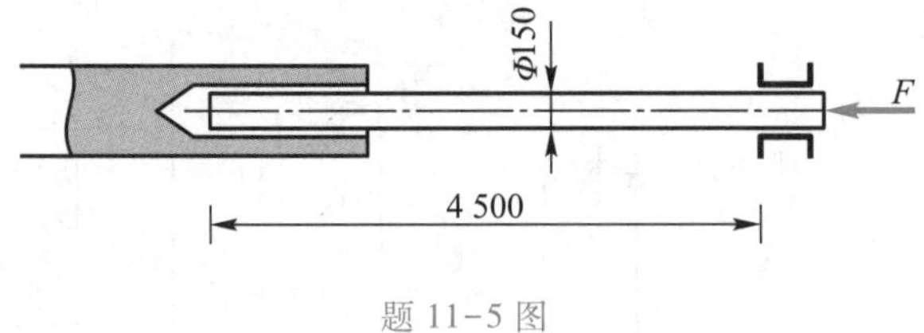

题 11-5 图

11-6　长 $l=3.5$ m 的柱两端铰支，由外径 $D=76$ mm，内径 $d=68$ mm 的 Q235 钢钢管制成，$E=200$ GPa，若柱的轴向压力 $F=50$ kN，规定稳定安全因数 $n_w=2$，试校核其稳定性。

11-7　图示托架中，CD 为圆形截面松木杆，直径 $d=200$ mm，若稳定工作安全因数 $n_w=3$，求均布载荷 q。

11-8　长 $l=5$ m 的压杆由 No.22a 工字钢制成，两端铰支。材料为 Q235 钢，$E=200$ GPa，若规定稳定安全因数 $n_w=1.6$，试求许用轴向压力$[F]$。

11-9　图示立柱横截面由四个 45 mm×45 mm×4 mm 的等边角钢组成，长 $l=8$ m，立柱两端铰支。材料为 Q235 钢，$\sigma_s=235$ MPa，规定稳定安全因数 $n_w=2$，当受轴向压力 $F=20$ kN 作用时，试校核其稳定性。

11-10　图示空心圆形截面压杆的材料为 Q235 钢，规定稳定安全因数 $n_w=2.2$，求许用载荷$[F]$。

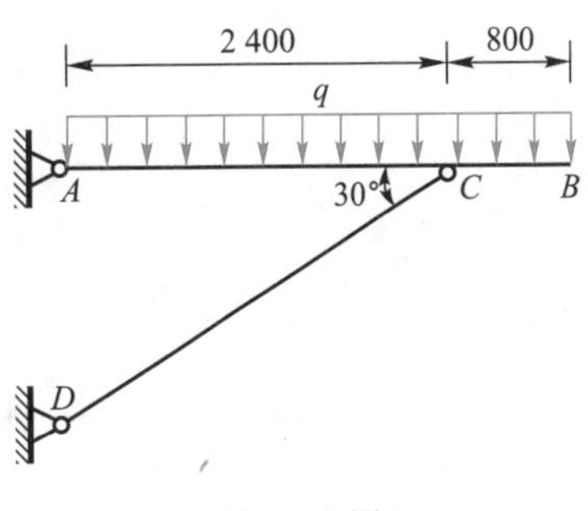

题 11-7 图

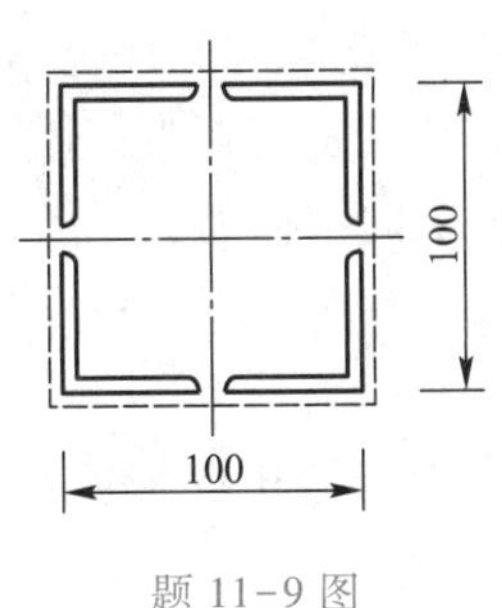

题 11-9 图

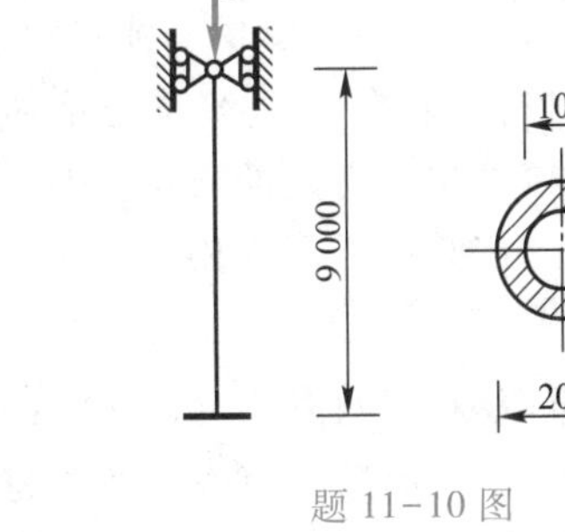

题 11-10 图

11-11　图示结构中，分布载荷 $q=20$ kN/m。梁 AD 的截面为矩形，$b=90$ mm，$h=130$ mm。柱 BC 的截面为圆形，直径 $d=80$ mm。梁和柱的材料均为 Q235 钢，$E=200$ GPa，$\lambda_p=100$，$a=304$ MPa，$b=1.12$ MPa，$[\sigma]=160$ MPa，规定稳定安全因数 $n_w=3$。试校核结构是否安全。

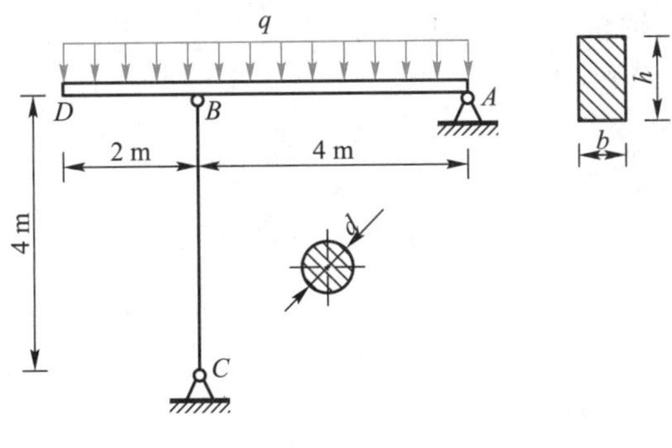

题 11-11 图

第12章 能 量 法

12.1 外力功和应变能

如果忽略弹性体变形过程中的能量损失，那么外力功 W 全部转化为弹性体应变能 V_ε，即

$$W=V_\varepsilon \tag{12-1}$$

这个关系即为功能原理。固体力学中与能量概念有关的一些定理和原理统称能量原理。利用能量原理对结构进行分析的方法统称为能量法。在对结构进行强度、刚度、稳定性分析时，能量法是一种比较简单和有效的方法。对于一些较复杂的结构和变形形式，能量法能简化分析过程，因此得到广泛的工程应用。本章主要介绍用能量法计算线弹性结构的位移。

一、外力功

拉杆在线弹性范围内的拉伸图，如图 12-1b 所示。外力由零开始逐渐增大到 F，杆端位移由零逐渐增大至 Δ，在变形过程中外力做功为

$$W=\int_0^\Delta F\mathrm{d}\delta=\frac{1}{2}F\Delta \tag{12-2}$$

该式积分等于 F-Δ 图下方面积。

对于一般的情况，式(12-2)中的 F 为广义力，即集中力或力偶，Δ 为相应于该广义力的广义位移，即线位移或角位移。这里“相应”的含义有二：一是方向相应，如力作用点处沿着力作用线方向的位移；二是两者性质相应，即集中力只能在线位移上做功，集中力偶只能在角位移上做功。例如，圆轴扭转时(图 12-2)，广义力 F 是扭转力偶矩，广义位移 Δ 是与之相应的扭转角；梁弯曲时(图 12-3)，广义力 F 是产生弯曲的力偶矩，广义位移 Δ 则是两端截面的相对转角。

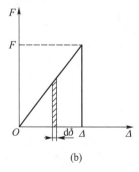

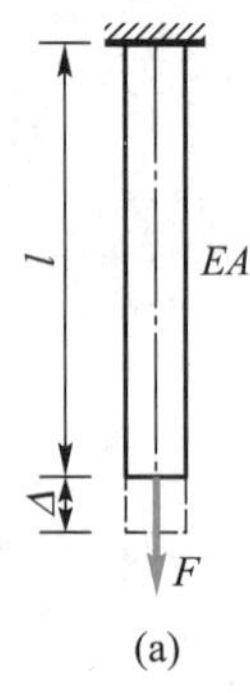

F
F
O
dδ
Δ
Δ
(b)

图 12-1

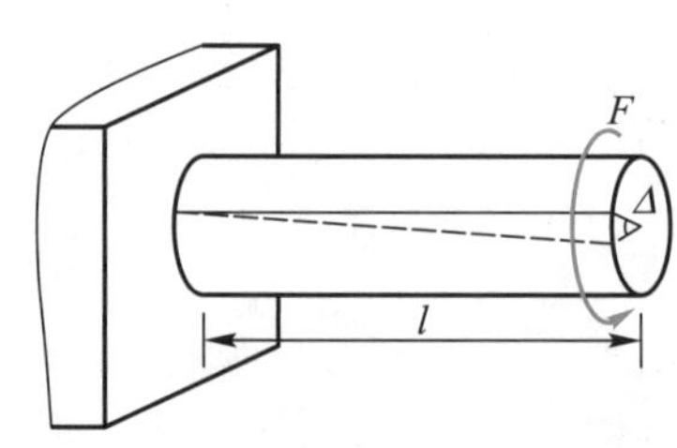

图 12-2

当杆件或结构上作用着一组广义力 $F_i(i=1,2,\cdots,n)$ 时，与 F_i 相应的广义位移为 $\Delta_i(i=1,2,\cdots,n)$，则在线弹性范围内的外力功为

$$W=\sum_{i=1}^{n}\frac{1}{2}F_i\Delta_i \tag{12-3}$$

这个关系称为克拉珀龙原理。

例如，图 12-4 所示的刚架，外力做的功为

$$W=\frac{1}{2}F_1\Delta_1+\frac{1}{2}F_2\Delta_2+\frac{1}{2}F_3\Delta_3$$

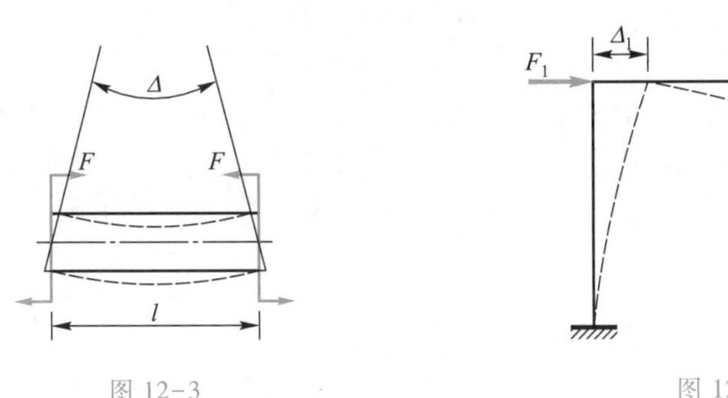

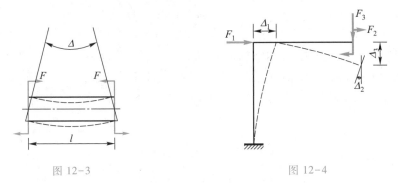

图 12-3　　图 12-4

外力功的数值与加载顺序无关，这是外力功的一个重要特点。当结构受到多个外力作用时，外力功的数值与各外力最终数值和相应位移最终数值有关。外力功是代数量，位移方向与相应外力方向一致时为正，相反则为负。

二、杆件的应变能

杆件的应变能可按功能原理由外力功计算。在基本变形情况下，杆件的应变能为

$$V_\varepsilon=W=\frac{1}{2}F\Delta \tag{12-4}$$

对于轴向拉压杆，如图 12-1a 所示，式(12-4)中的 F 为轴向拉力，它等于杆的轴力 F_N，Δ 等于杆的轴向变形 $\Delta l=\frac{F_N l}{EA}$，所以拉压杆的应变能为

$$V_\varepsilon=\frac{F_N^2 l}{2EA} \tag{12-5}$$

对于扭转变形的圆轴(图 12-2)，式(12-4)中的 F 为扭转力偶矩，它等于横截面上的扭矩 T，Δ 等于轴两端的相对扭转角 $\left(\varphi=\frac{Tl}{GI_p}\right)$，所以圆轴的扭转应变能为

$$V_\varepsilon=\frac{T^2 l}{2GI_p} \tag{12-6}$$

对于图 12-3 所示的纯弯曲梁，式(12-4)中的 F 为弯曲力偶矩，它等于梁横截面上的弯矩 M，Δ 等于发生弯曲变形的梁两端截面的相对转角 $\left(\theta=\frac{l}{\rho}=\frac{Ml}{EI}\right)$，所以梁在纯弯曲时的应

变能为

$$V_\varepsilon=\frac{M^2 l}{2EI} \tag{12-7}$$

横力弯曲时，梁的横截面上除弯矩外，还有剪力。梁内应变能包括两部分：与弯曲变形相应的弯曲应变能和与剪切变形相应的剪切应变能。对细长梁，剪切应变能比弯曲应变能小得多，可忽略不计。如果从梁中取出长为 dx 的微段来研究，则微段梁内的应变能为 $\mathrm{d}V_\varepsilon=\frac{M^2(x)\mathrm{d}x}{2EI}$，所以全梁的弯曲应变能为

$$V_\varepsilon=\int_l \frac{M^2(x)\mathrm{d}x}{2EI} \tag{12-8}$$

在组合变形的情况下，从杆内取出的微段受力如图 12-5a 所示。由于变形微小，各内力分量只对相应位移做功，即轴力 $F_\mathrm{N}(x)$ 只在轴向位移 $\mathrm{d}(\Delta l)$ 上做功，扭矩 $T(x)$ 只对扭转角 $\mathrm{d}\varphi$ 做功，弯矩 $M(x)$ 只对转角 $\mathrm{d}\theta$ 做功，分别如图 12-5b，c，d 所示。应用功能原理，微段的应变能为

$$\begin{aligned}\mathrm{d}V_\varepsilon&=\frac{1}{2}F_\mathrm{N}(x)\mathrm{d}(\Delta l)+\frac{1}{2}T(x)\mathrm{d}\varphi+\frac{1}{2}M(x)\mathrm{d}\theta\\&=\frac{F_\mathrm{N}^2(x)\mathrm{d}x}{2EA}+\frac{T^2(x)\mathrm{d}x}{2GI_\mathrm{p}}+\frac{M^2(x)\mathrm{d}x}{2EI}\end{aligned}$$

而整个杆或杆系的应变能则为

$$V_\varepsilon=\int_l \mathrm{d}V_\varepsilon=\int_l \frac{F_\mathrm{N}^2(x)\mathrm{d}x}{2EA}+\int_l \frac{T^2(x)\mathrm{d}x}{2GI_\mathrm{p}}+\int_l \frac{M^2(x)\mathrm{d}x}{2EI} \tag{12-9}$$

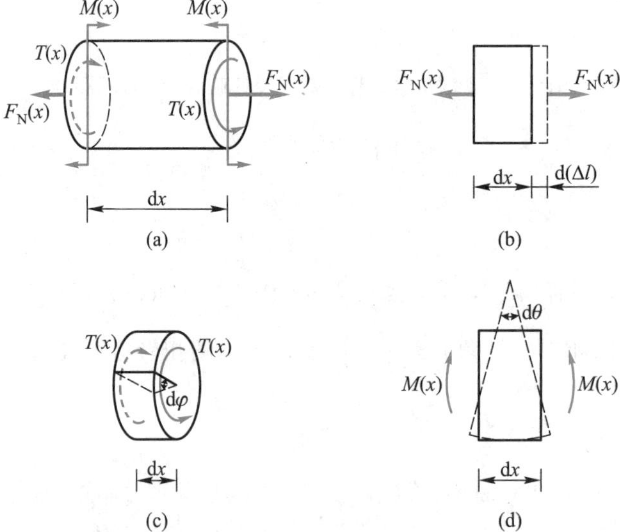

图 12-5

应变能与加载顺序无关，只与外力的最终数值和相应位移的最终数值有关。此外，由式(12-9)可见，应变能是内力的二次函数，因此，不能用叠加法计算应变能。应变能的数值总是正的。

三、应变能密度

弹性体在单位体积内存储的应变能称为应变能密度，用 v_ε 表示，常用单位为 $\mathrm{J/m^3}$。若弹性体内各点的受力和变形是均匀的，则应变能的分布也是均匀的。例如，若轴向拉压杆的应变能 $V_\varepsilon=\dfrac{F_{\mathrm{N}}^2 l}{2EA}$，体积为 $V=Al$，则其应变能密度为

$$v_\varepsilon=\frac{V_\varepsilon}{V}=\frac{1}{2}\sigma\varepsilon \qquad (12-10)$$

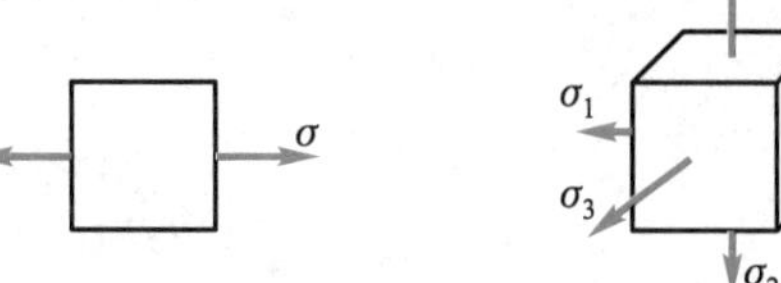

图 12-6

当弹性体内各点受力和变形不均匀时，须分别研究各点应力单元体的应变能密度。例如，图 12-6b 所示的三向应力状态下应变能密度为

$$v_\varepsilon=\frac{1}{2}\sigma_1\varepsilon_1+\frac{1}{2}\sigma_2\varepsilon_2+\frac{1}{2}\sigma_3\varepsilon_3 \qquad (12-11)$$

整个弹性体的应变能可以由应变能密度对体积积分求出，即

$$V_\varepsilon=\int_V v_\varepsilon \mathrm{d}V \qquad (12-12)$$

例 12-1 图 12-7a 中二杆桁架在结点 C 受到铅垂力 F 作用，$F=10$ kN，二杆材料相同，弹性模量 $E=200$ GPa，试计算该结构的应变能以及节点 C 的铅垂位移 w_C。

解：(1) 内力计算

设两杆轴力分别为 F_{N1}、F_{N2}，取结点 C 为研究对象，画受力图如图 12-7b 所示。

$$\sum F_x=0, \qquad -F_{\mathrm{N2}}\cos 30°-F_{\mathrm{N1}}\cos 45°=0$$

$$\sum F_y=0, \qquad F_{\mathrm{N1}}\sin 45°-F_{\mathrm{N2}}\sin 30°-F=0$$

解出

$$F_{\mathrm{N1}}=0.897F=8.97\ \mathrm{kN} \quad (拉)$$

$$F_{\mathrm{N2}}=-0.732F=-7.32\ \mathrm{kN} \quad (压)$$

(2) 应变能计算

$$V_\varepsilon=\frac{F_{\mathrm{N1}}^2 l_1}{2EA_1}+\frac{F_{\mathrm{N2}}^2 l_2}{2EA_2}$$

$$=\frac{8\,970^2\times 2\sqrt{2}\times 4}{2\times 200\times 10^9\times\pi\times 10^2\times 10^{-6}}\ \mathrm{N\cdot m}+\frac{7\,320^2\times 2/\cos 30°\times 4}{2\times 200\times 10^9\times\pi\times 12^2\times 10^{-6}}\ \mathrm{N\cdot m}$$

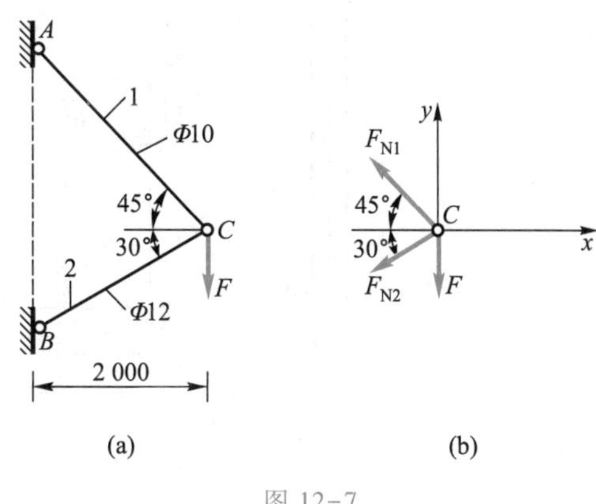

图 12-7

$$=7.24\ \text{N}\cdot\text{m}+2.73\ \text{N}\cdot\text{m}=9.97\ \text{N}\cdot\text{m}=9.97\ \text{J}$$

(3) 节点位移 w_C 计算

应用功能原理，有

$$V_\varepsilon=W=\frac{1}{2}Fw_C$$

所以结点 C 的铅垂位移为

$$w_C=\frac{2V_\varepsilon}{F}=\frac{2\times 9.97\ \text{N}\cdot\text{m}}{10\times 10^3\ \text{N}}=1.99\ \text{mm}(\downarrow)$$

12.2 卡氏定理

一、余功与余能

图 12-8a 所示弹性体，在载荷 F 的作用下，相应位移为 Δ，考虑一般情况，载荷与相应位移间的关系可以是非线性的。由式(12-2)，$W=\int_0^\Delta F\mathrm{d}\delta$，表示外力功 W 等于 F-Δ 曲线与横坐标轴(Δ 轴)之间的面积，而 F-Δ 曲线与纵坐标轴(F 轴)之间的面积

$$W_\text{C}=\int_0^\Delta \delta\mathrm{d}F \tag{12-13}$$

则定义为余功。杆件在线弹性范围内工作时，F-Δ 曲线为直线(图 12-8c)，外力功 W 与余功 W_C数值上相等，即

$$W=W_\text{C}=\frac{1}{2}F\Delta \tag{12-14}$$

余功没有明确的物理意义。从图 12-8b，c 可以看出

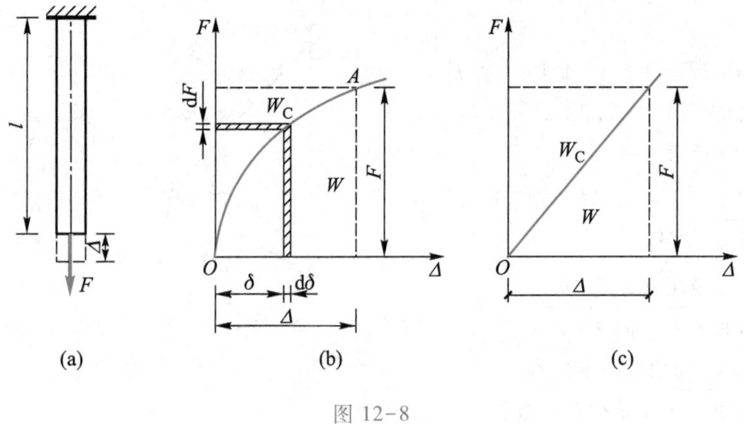

图 12-8

$$W+W_C=F\Delta$$

即余功可以视为功的余数。

弹性体的外力功等于应变能,即 $W=V_\varepsilon$。仿照这种关系,可引入另一个与余功相等的能量参数,称为余能,用 V_C 表示,即

$$V_C=W_C=\int_0^F\delta\mathrm{d}F \tag{12-15}$$

此外,余能还可以通过单元体进行计算。图 12-9a 所示单元体,材料的 $\sigma-\varepsilon$ 曲线如图 12-9b 所示,则单位体积内的余能,即余能密度为

$$v_C=\int\varepsilon\mathrm{d}\sigma \tag{12-16}$$

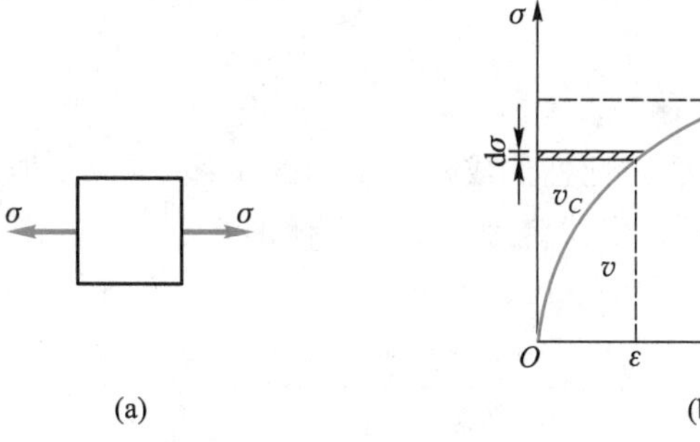

图 12-9

弹性体的余能则为

$$V_C=\int_V v_C\mathrm{d}V \tag{12-17}$$

与余功一样,余能只是引进的能量参数,只不过具有功和能的量纲,并没有具体的物理意义。余能和应变能在概念和计算方法上截然不同。但对于线弹性体,因为功与余功数值相等,所以线弹性体的余能和应变能在数值上也是相等的。

二、卡氏定理

图 12-10 所示的弹性体,承受广义载荷 $F_1,F_2,\cdots,F_i,\cdots,F_n$ 作用,相应位移分别为 Δ_1,$\Delta_2,\cdots,\Delta_i,\cdots,\Delta_n$。现拟求 Δ_i,即计算由载荷 F_i 引起的相应位移。为此,使 F_i 有一个微小的增量 $\mathrm{d}F_i$,其他载荷不变,这时余功的增量为

$$\mathrm{d}W=\Delta_i\mathrm{d}F_i \tag{a}$$

由于弹性体的余能 V_C 是广义力 $F_1,F_2,\cdots,F_i,\cdots,F_n$ 的函数,由 F_i 的增量引起余能的增量 $\mathrm{d}V_C$ 可由函数微分求得

$$\mathrm{d}V_C=\frac{\partial V_C}{\partial F_i}\mathrm{d}F_i \tag{b}$$

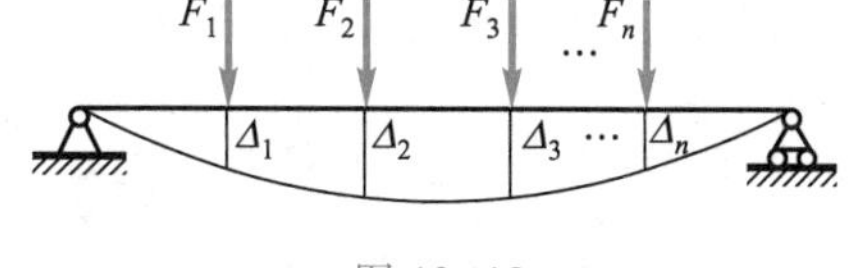

图 12-10

因为余功与弹性体的余能数值相等,所以其增量也应相等,即

$$\mathrm{d}W_{\mathrm{C}}=\mathrm{d}V_{\mathrm{C}} \tag{c}$$

将式(a)、式(b)带入式(c),得

$$\Delta_i=\frac{\partial V_{\mathrm{C}}}{\partial F_i} \tag{12-18}$$

此式表示:弹性体的余能对某一载荷 F_i 的偏导数等于该载荷的相应位移 Δ_i。

对于线弹性体,由于应变能与余能数值相等,所以式(12-18)中的余能 V_{C} 可以用应变能 V_ε 来代替,即

$$\Delta_i=\frac{\partial V_\varepsilon}{\partial F_i} \tag{12-19}$$

这就是卡氏第二定理,简称卡氏定理。它表示线弹性体的应变能对某一载荷 F_i 的偏导数等于该载荷的相应位移 Δ_i。

三、用卡氏定理计算位移

为便于应用卡氏定理计算线弹性杆件或杆系结构的位移,将应变能的计算式(12-5)~式(12-8)带入式(12-19)后,可得卡式定理的下列具体形式。

对拉压杆或桁架结构(杆件数为 n),分别有

$$\Delta_i=\int_l \frac{F_{\mathrm{N}}(x)}{EA}\frac{\partial F_{\mathrm{N}}(x)}{\partial F_i}\mathrm{d}x \tag{12-20}$$

$$\Delta_i=\sum_{k=1}^{n}\frac{F_{\mathrm{N}k}l_k}{E_kA_k}\frac{\partial F_{\mathrm{N}k}}{\partial F_i} \tag{12-21}$$

对梁(忽略剪力的影响)或平面刚架(忽略轴力和剪力的影响)有

$$\Delta_i=\int_l \frac{M(x)}{EI}\frac{\partial M(x)}{\partial F_i}\mathrm{d}x \tag{12-22}$$

对圆轴有

$$\Delta_i=\int_l \frac{T(x)}{GI_{\mathrm{p}}}\frac{\partial T(x)}{\partial F_i}\mathrm{d}x \tag{12-23}$$

对小曲率平面曲杆(忽略轴力和剪力的影响)有

$$\Delta_i=\int_s \frac{M(s)}{EI}\frac{\partial M(s)}{\partial F_i}\mathrm{d}s \tag{12-24}$$

式中 s 为沿曲杆轴线的曲线弧长。

例 12-2 图 12-11a 所示外伸梁,EI 为常量。试用卡氏定理求外伸端 C 的挠度 w_C 和 B 截面的转角 θ_B。

解: (1) 求 w_C

w_C 为外伸端载荷 F 的相应位移,由式(12-22)可得

$$w_C=\int_l \frac{M(x)}{EI}\frac{\partial M(x)}{\partial F}\mathrm{d}x=\frac{1}{EI}\int_l M(x)\frac{\partial M(x)}{\partial F}\mathrm{d}x \tag{a}$$

按图 12-11a 取坐标,梁的弯矩方程及其对 F 的偏导数分别为

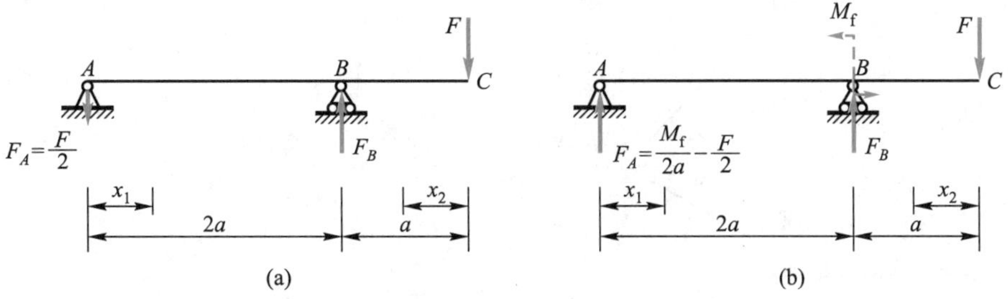

图 12-11

$$M(x_1)=-\frac{F}{2}x_1,\qquad \frac{\partial M(x_1)}{\partial F}=-\frac{1}{2}x_1\quad(0\leqslant x_1\leqslant 2a)$$

$$M(x_2)=-Fx_2,\qquad \frac{\partial M(x_2)}{\partial F}=-x_2\quad(0\leqslant x_2\leqslant a)$$

代入式(a),得

$$w_C=\frac{1}{EI}\int_0^{2a}\left(-\frac{F}{2}x_1\right)\times\left(-\frac{1}{2}x_1\right)\mathrm{d}x_1+\frac{1}{EI}\int_0^{a}(-Fx_2)(-x_2)\,\mathrm{d}x_2=\frac{Fa^3}{EI}\ (\downarrow)$$

所得 w_C 为正,说明位移 w_C 与载荷 F 同向,即向下。

(2) 求 θ_B

由于在截面 B 处并无与 θ_B 相应的外力偶作用,不能直接用卡氏定理求 θ_B。在这种情况下,可先在 B 截面处虚加一个附加力偶,其力偶矩为 M_f,如图 12-11b 所示。求出在 F 与 M_f 共同作用下截面 B 的转角,然后令 $M_f=0$,即得只有 F 作用时截面 B 的转角 θ_B。在 F 与 M_f 共同作用下,梁的弯矩方程及其对 M_f 的偏导数分别为

$$M(x_1)=\left(\frac{M_f}{2a}-\frac{F}{2}\right)x_1,\qquad \frac{\partial M(x_1)}{\partial M_f}=\frac{1}{2a}x_1\quad(0\leqslant x_1\leqslant 2a)$$

$$M(x_2)=-Fx_2,\qquad \frac{\partial M(x_2)}{\partial M_f}=0\quad(0\leqslant x_2\leqslant a)$$

应用式(12-22),得

$$\theta_B=\frac{\partial V_\varepsilon}{\partial M_f}=\frac{1}{EI}\int_0^{2a}\left(\frac{M_f}{2a}-\frac{F}{2}\right)x_1\cdot\frac{x_1}{2a}\mathrm{d}x_1+0=\frac{2a^2}{3EI}\left(\frac{M_f}{a}-F\right)\tag{b}$$

令上式中的 $M_f=0$,得 $\theta_B=-\dfrac{2Fa^2}{3EI}$(↻)。

所得 θ_B 为负,说明截面 B 的转角与所加的附加力偶转向相反,应为顺时针转向。此外,在计算过程中,若积分之前就令 $M_f=0$ 可以简化运算,并不影响最后的结果。

例 12-3 试用卡氏定理计算例 12-1 中桁架节点 C 的水平位移 u_C。

解: 在节点 C 处虚加一个与 u_C 相应的附加力 F_f,如图 12-12a 所示。在力 F 与 F_f 共同作用下,由节点 C 的平衡方程求得各杆轴力为

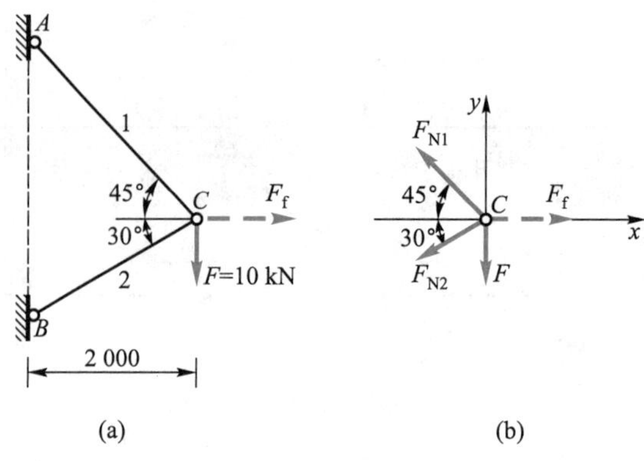

图 12-12

$$\sum F_x=0,\qquad F_f-F_{N1}\cos 45°-F_{N2}\cos 30°=0$$
$$\sum F_y=0,\qquad F_{N1}\sin 45°-F_{N2}\sin 30°-F=0$$

得

$$F_{N1}=0.897F+0.518F_f,\qquad F_{N2}=-0.732F+0.732F_f$$
$$\frac{\partial F_{N1}}{\partial F_f}=0.518,\qquad \frac{\partial F_{N2}}{\partial F_f}=0.732$$

应用式(12-21),有

$$\begin{aligned}u_C&=\sum_{k=1}^{2}\frac{F_{Nk}l_k}{EA_k}\frac{\partial F_{Nk}}{\partial F_f}\\&=\frac{(0.897F+0.518F_f)\times 2\sqrt{2}}{EA_1}\times 0.518+\\&\quad\frac{(-0.732F+0.732F_f)\times\dfrac{4}{\sqrt{3}}}{EA_2}\times 0.732\end{aligned}$$

令 $F_f=0$,得

$$\begin{aligned}u_C&=\frac{0.897\times 10\times 10^3\times 2.828\times 0.518\times 4}{200\times 10^9\times\pi\times 10^2\times 10^{-6}}\ \text{m}-\\&\quad\frac{0.732\times 10\times 10^3\times 2.309\times 0.732\times 4}{200\times 10^9\times\pi\times 12^2\times 10^{-6}}\ \text{m}\\&=0.290\ \text{mm}(\rightarrow)\end{aligned}$$

u_C 为正,说明节点 C 水平位移与力 F_f 同向,即向右。

例 12-4 图 12-13a 所示平面刚架各段 EI 为常量,试用卡氏定理求截面 C 的水平位移 u_C 和铅垂位移 w_C。设轴力和剪力对位移的影响可以忽略不计。

解: 截面 C 的水平位移 u_C 等于刚架应变能对 C 截面处作用的水平载荷的偏导数,而铅垂位移 w_C 等于应变能对截面 C 处作用的铅垂载荷的偏导数。但此刚架上 C 截面处的水平载荷

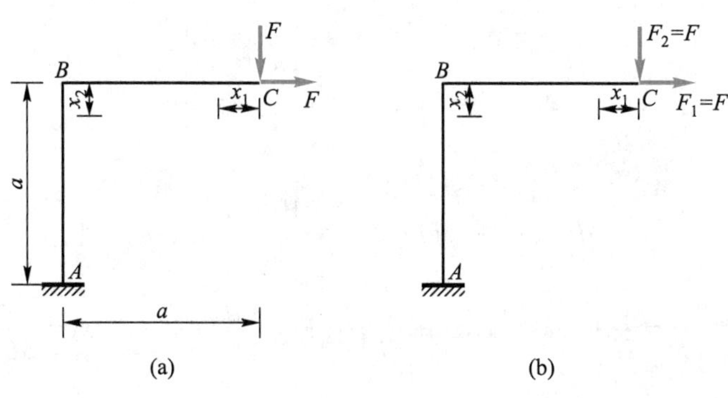

图 12-13

与铅垂载荷数值相等，为便于区分，令水平载荷为 F_1，铅垂载荷为 F_2，如图 12-13b 所示。

按图中所取坐标，刚架的弯矩方程及其对 F_1、F_2 的偏导数分别为

BC 段：

$$M(x_1)=F_2x_1,\frac{\partial M(x_1)}{\partial F_1}=0,\frac{\partial M(x_1)}{\partial F_2}=x_1(0\leqslant x_1\leqslant a)$$

AB 段：

$$M(x_2)=F_1x_2+F_2a,\frac{\partial M(x_2)}{\partial F_1}=x_2,\frac{\partial M(x_2)}{\partial F_2}=a(0\leqslant x_2\leqslant a)$$

应用式(12-22)，可得到截面 C 的水平和铅垂位移分别为

$$\begin{aligned}u_C&=\frac{\partial V_\varepsilon}{\partial F_1}=\int\frac{M}{EI}\frac{\partial M}{\partial F_1}\mathrm{d}x\\&=\left[\frac{1}{EI}\int_0^a F_2x_1\cdot 0\mathrm{d}x_1+\frac{1}{EI}\int_0^a(F_1x_2+F_2a)x_2\mathrm{d}x_2\right]_{F_1=F_2=F}\\&=\frac{5Fa^3}{6EI}(\rightarrow)\end{aligned}$$

$$\begin{aligned}w_C&=\frac{\partial V_\varepsilon}{\partial F_2}=\int\frac{M}{EI}\frac{\partial M}{\partial F_2}\mathrm{d}x\\&=\left[\frac{1}{EI}\int_0^a F_2x_1\cdot x_1\mathrm{d}x_1+\frac{1}{EI}\int_0^a(F_1x_2+F_2a)a\mathrm{d}x_2\right]_{F_1=F_2=F}\\&=\frac{11Fa^3}{6EI}(\downarrow)\end{aligned}$$

讨论：

若不用 F_1、F_2 对水平载荷和铅垂载荷作区分，而直接用 $\Delta=\dfrac{\partial V_\varepsilon}{\partial F}$ 计算，得到的就既不是 u_C 也不是 w_C，而是两个载荷 F 相应位移之代数和。此刚架各段弯矩方程及其对 F 的偏导数分别为

BC 段：

$$M(x_1)=Fx_1,\qquad \frac{\partial M(x_1)}{\partial F}=x_1$$

AB 段：

$$M(x_2)=Fx_2+Fa,\qquad \frac{\partial M(x_2)}{\partial F}=x_2+a$$

$$\Delta=\frac{\partial V_\varepsilon}{\partial F}=\frac{1}{EI}\int_0^a Fx_1\cdot x_1\mathrm{d}x_1+\frac{1}{EI}\int_0^a (Fx_2+Fa)(x_2+a)\mathrm{d}x_2=\frac{8Fa^3}{3EI}$$

显然，$u_C+w_C=\frac{5Fa^3}{6EI}+\frac{11Fa^3}{6EI}=\frac{8Fa^3}{3EI}$。

12.3 变形体虚功原理

由刚体静力学中质点系的虚功原理可知，若一质点系处于平衡状态，则作用于该质点系上的全部力在任意虚位移上所做的虚功之和等于零。本节研究变形体的虚功原理。

将变形体看作质点系，作用于该质点系上的全部力包括全部外力和内力，则变形体的所有外力虚功 W_e 和内力虚功 W_i 之和等于零，即

$$W_e+W_i=0 \tag{12-25}$$

以图 12-14a 所示杆件为例，杆在已知外力作用下处于平衡状态。杆上某一微段上的内力为：轴力 F_N、剪力 F_S、弯矩 M、扭矩 T，如图 12-14b 所示。

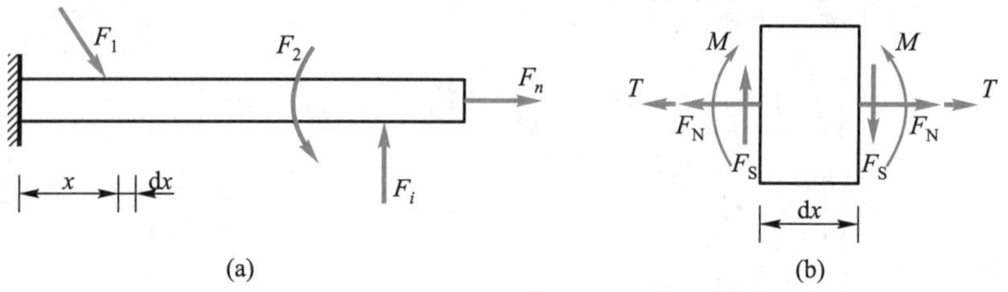

图 12-14

现在给杆件一个虚位移，这时该微段的位置和形状都发生改变，其中位置的改变是刚性位移，形状的改变是微段的虚变形，即轴向变形 $\mathrm{d}(\Delta l)^*$、剪切变形 $\mathrm{d}\lambda^*$、相对转角 $\mathrm{d}\theta^*$、扭转角 $\mathrm{d}\varphi^*$，如图 12-15 所示。

成对出现的力 F_N、F_S、M、T 对刚性位移不做功，只对相应位移，即虚变形 $\mathrm{d}(\Delta l)^*$、$\mathrm{d}\lambda^*$、$\mathrm{d}\theta^*$、$\mathrm{d}\varphi^*$ 做虚功。对该微段应用虚功原理式(12-25)，有

$$\mathrm{d}W_e+\mathrm{d}W_i=0$$

$$\mathrm{d}W_i=-\mathrm{d}W_e=-[F_N\mathrm{d}(\Delta l)^*+F_S\mathrm{d}\lambda^*+M\mathrm{d}\theta^*+T\mathrm{d}\varphi^*] \tag{a}$$

由式(a)积分得到杆件的内力虚功为

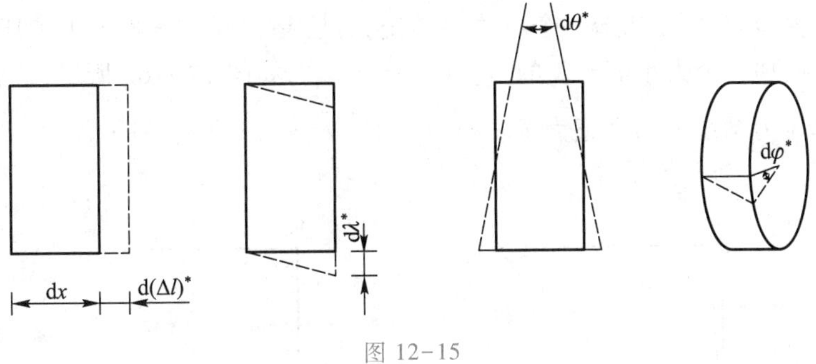

图 12-15

$$W_{i}=-\int_{l}\left[F_{N}d(\Delta l)^{*}+F_{S}d\lambda^{*}+Md\theta^{*}+Td\varphi^{*}\right] \tag{b}$$

杆上全部外力所做的虚功为

$$W_{e}=\sum_{i=1}^{n}F_{i}\Delta_{i}^{*} \tag{c}$$

式中,Δ_i^* 是由于杆的虚位移而引起的与广义外力 F_i 相应的位移。

将式(b)、式(c)代入式(12-25),得到变形体虚功原理表达式,即

$$\sum_{i=1}^{n}F_{i}\Delta_{i}^{*}=\int_{l}\left[F_{N}d(\Delta l)^{*}+F_{S}d\lambda^{*}+Md\theta^{*}+Td\varphi^{*}\right] \tag{12-26}$$

式(12-26)左侧表示所有外力在相应虚位移上做的虚功,右侧表示所有内力在相应虚变形上做的虚功,也等于变形体的虚应变能,由此得到变形体的虚功原理:外力在虚位移上所做虚功恒等于变形体的虚应变能。

在上述虚功原理的推导中,未涉及材料的应力-应变关系,所以无论材料是线性还是非线性甚至是非弹性的,式(12-26)都适用。

应用变形体虚功原理时应满足两个条件:(a) 对于所研究的力系(外力与内力)必须满足平衡条件与静力边界条件;(b) 对于所选择的虚位移则应当是微小的,而且满足变形连续条件与位移边界条件。因此,虽然虚位移的模式有很多种,但是只要满足变形连续条件与位移边界条件,任意的微小位移都可以作为一种虚位移。例如,虚位移可以是与真实位移无关的任意位移,也可以是真实位移的增量(包括全部或某一部分真实位移的增量)。当然还可以将结构在一组载荷作用下产生的真实位移作为该结构在另一组平衡力系作用下的虚位移,这正是应用能量法求结构位移的途径。

12.4 单位载荷法 莫尔积分

应用变形体虚功原理,可以建立一种计算结构位移的一般方法——单位载荷法。

一、单位载荷法

设结构在载荷作用下发生变形,结构上任意一点 A 沿某一方向上的位移为 Δ,如图 12-16a

所示。为了计算位移 Δ,另构造一个单位力系统,方法是在同一结构上去掉所有载荷,只在 A 点处沿 Δ 方向加一个大小等于 1 的力,称为单位力[①],如图 12-16b 所示,这就构成了单位力系统。将单位力系统的内力记为 $\overline{F}_N(x)$、$\overline{F}_S(x)$、$\overline{M}(x)$、$\overline{T}(x)$。

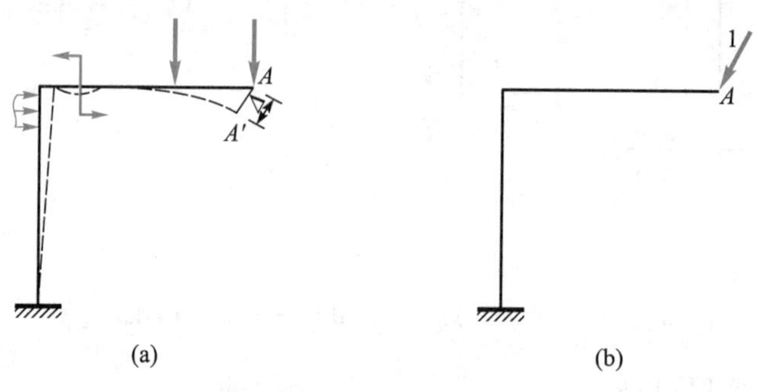

图 12-16

将图 12-16a 所示结构在实际载荷作用下所引起的位移作为单位力系统的虚位移,对单位力系统来讲,根据虚功原理式(12-26),有

$$1\times\Delta=\int_l \overline{F}_N(x)\,d(\Delta l)+\int_l \overline{F}_S(x)\,d\lambda+\int_l \overline{M}(x)\,d\theta+\int_l \overline{T}(x)\,d\varphi \tag{a}$$

上式中 $d(\Delta l)$、$d\lambda$、$d\theta$、$d\varphi$ 为结构微段由实际载荷产生的变形。此外,由于剪切变形的虚应变能通常可以忽略不计,所以结构上 A 点的位移为

$$\Delta=\int_l \overline{F}_N(x)\,d(\Delta l)+\int_l \overline{M}(x)\,d\theta+\int_l \overline{T}(x)\,d\varphi \tag{12-27}$$

同理,若计算结构在载荷作用下某截面的转角 Δ,则在该截面处加一个与转角 Δ 相应的单位力偶,构成单位力系统,同样可得到式(12-27)表示的位移。因此,式(12-27)中的 Δ 应理解成广义位移,而单位力则是与 Δ 相应的广义力。

这种求结构位移的方法称为单位载荷法。它不仅适用于线性弹性结构,而且适用于非线性弹性结构。

二、莫尔积分

对线性弹性结构,微段的变形可以由基本变形公式计算,即

$$d(\Delta l)=\frac{F_N(x)\,dx}{EA},\qquad d\theta=\frac{M(x)\,dx}{EI},\qquad d\varphi=\frac{T(x)\,dx}{GI_p}$$

上列各式中 $F_N(x)$、$M(x)$、$T(x)$ 是结构由实际载荷产生的内力,可称为载荷系统。所以单位载荷法式(12-27)变为

$$\Delta=\int_l \frac{\overline{F}_N(x)F_N(x)\,dx}{EA}+\int_l \frac{\overline{M}(x)M(x)\,dx}{EI}+\int_l \frac{\overline{T}(x)T(x)\,dx}{GI_p} \tag{12-28}$$

① 本章所加单位力,实际上具有力或力矩的量纲。按材料力学的习惯表达,为方便表达与计算,本章涉及与单位力相关的轴力、弯矩、扭矩、面积等物理量中,均只取单位力的数值,而略去其单位。

式(12-28)又称为莫尔积分。

对于平面弯曲的梁(忽略剪力的影响)和平面刚架(忽略轴力和剪力的影响),上式简化为

$$\Delta=\int_{l}\frac{\bar{M}(x)M(x)\,\mathrm{d}x}{EI} \tag{12-29}$$

对于桁架,式(12-28)简化为

$$\Delta=\sum_{i=1}^{n}\frac{\bar{F}_{\mathrm{N}i}F_{\mathrm{N}i}l_{i}}{E_{i}A_{i}} \tag{12-30}$$

对于圆轴,式(12-28)简化为

$$\Delta=\int_{l}\frac{\bar{T}(x)T(x)\,\mathrm{d}x}{GI_{\mathrm{p}}} \tag{12-31}$$

对于小曲率平面曲杆,仍可忽略轴力、剪力对变形的影响,式(12-28)简化为

$$\Delta=\int_{s}\frac{\bar{M}(s)M(s)\,\mathrm{d}s}{EI} \tag{12-32}$$

如果按照上述公式求得的位移为正,表示所求位移与所加单位力同向;反之,则表示所求位移与所加单位力反向。

例 12-5 求图 12-17a 所示梁 A 截面的挠度 w_A 和 B 截面的转角 θ_B。梁弯曲刚度 EI 为常量。

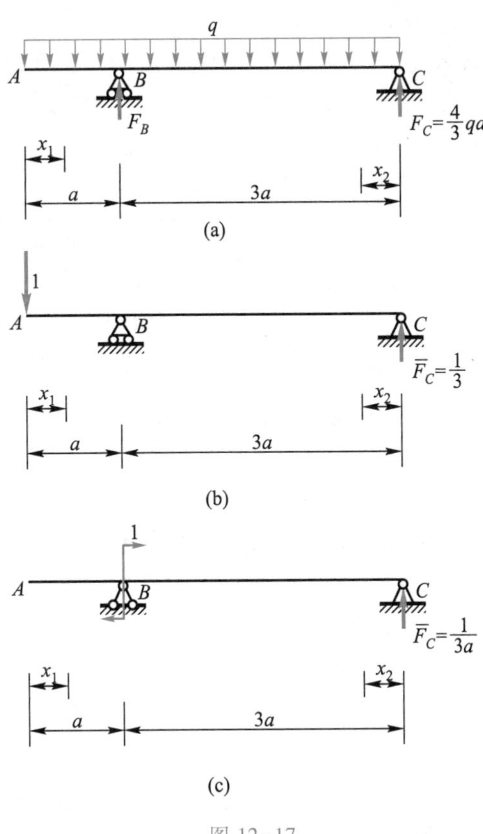

图 12-17

解:(1) 列梁的弯矩方程

在载荷作用下,梁的弯矩方程为

AB 段:

$$M(x_1)=-\frac{q}{2}x_1^2\quad(0\leqslant x_1\leqslant a)$$

BC 段:

$$M(x_2)=\frac{4}{3}qax_2-\frac{q}{2}x_2^2\quad(a\leqslant x_2\leqslant 3a)$$

(2) 计算 A 截面的挠度 w_A

欲求 w_A,需在 A 截面处加相应的铅垂单位力,如图 12-17b 所示。在此单位力单独作用下,梁的弯矩方程为

AB 段:

$$\bar{M}(x_1)=-x_1\quad(0\leqslant x_1\leqslant a)$$

BC 段:

$$\bar{M}(x_2)=-\frac{1}{3}x_2\quad(a\leqslant x_2\leqslant 3a)$$

代入莫尔积分式(12-29),有

$$w_A=\int_0^a\frac{\bar{M}(x_1)M(x_1)\mathrm{d}x_1}{EI}+\int_0^{3a}\frac{\bar{M}(x_2)M(x_2)\mathrm{d}x_2}{EI}$$

$$=\frac{1}{EI}\int_0^a(-x_1)\left(-\frac{q}{2}x_1^2\right)\mathrm{d}x_1+\frac{1}{EI}\int_0^{3a}\left(-\frac{1}{3}x_2\right)\left(\frac{4}{3}qax_2-\frac{q}{2}x_2^2\right)\mathrm{d}x_2$$

$$=-\frac{qa^4}{2EI}(\uparrow)$$

所得结果为负,说明 w_A 方向与所加单位力方向相反,即 w_A 向上。

(3) 计算 B 截面的转角 θ_B

欲求 θ_B,则需在 B 截面处施加单位力偶,如图 12-17c 所示。在单位力偶单独作用下,梁的弯矩方程为

AB 段:

$$\bar{M}(x_1)=0\quad(0\leqslant x_1\leqslant a)$$

BC 段:

$$\bar{M}(x_2)=\frac{x_2}{3a}\quad(a\leqslant x_2\leqslant 3a)$$

代入莫尔积分式(12-29),有

$$\theta_B=\int_0^a\frac{\bar{M}(x_1)M(x_1)\mathrm{d}x_1}{EI}+\int_0^{3a}\frac{\bar{M}(x_2)M(x_2)\mathrm{d}x_2}{EI}$$

$$=\frac{1}{EI}\int_0^{3a}\left(\frac{1}{3a}x_2\right)\left(\frac{4}{3}qax_2-\frac{q}{2}x_2^2\right)\mathrm{d}x_2$$

$$=\frac{5qa^3}{8EI}(\circlearrowright)$$

所得结果为正,说明 θ_B 的转角与所加单位力偶一致,即为顺时针转向。

应当注意的是,在写载荷引起的弯矩方程 M 和单位力系统的弯矩方程 $\bar{M}$ 时,二者应选用同一坐标系。

例 12-6 等截面刚架如图 12-18a 所示,EI 为常量。试计算由于载荷作用而产生的两自由端 A、D 之间的水平相对位移 Δ_{AD}。

解: 由于结构和载荷的对称性,可以只计算半个刚架,在积分时乘以 2。在原载荷作用下,刚架的弯矩方程为

AG 段:

$$M(x_1)=0\quad(0\leqslant x_1\leqslant a)$$

GB 段:

$$M(x_2)=Fx_2\quad(0\leqslant x_2\leqslant 2a)$$

BK 段:

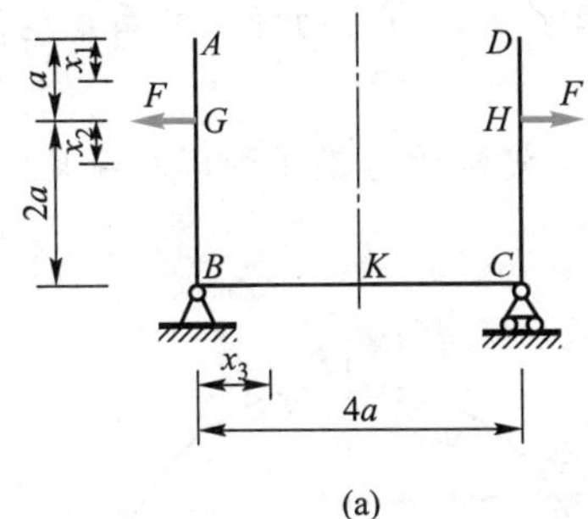

(a)

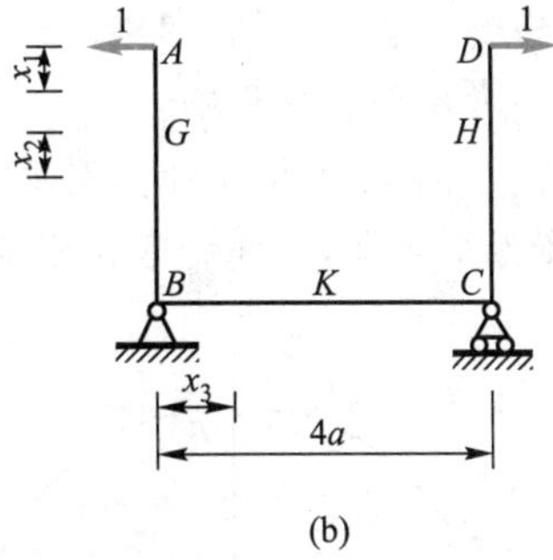

(b)

图 12-18

$$M(x_3)=2Fa \quad (0\leqslant x_3\leqslant 2a)$$

欲求 A、D 的水平相对位移 Δ_{AD}，应在 A、D 处各加一对反向的水平单位力，如图 12-18b 所示。在单位力单独作用下，刚架的弯矩方程为

AG 段：

$$\overline{M}(x_1)=x_1 \quad (0\leqslant x_1\leqslant a)$$

GB 段：

$$\overline{M}(x_2)=a+x_2 \quad (0\leqslant x_2\leqslant 2a)$$

BK 段：

$$\overline{M}(x_3)=3a \quad (0\leqslant x_3\leqslant 2a)$$

代入莫尔积分式(12-29)，有

$$\Delta_{AD}=2\left[\int_0^a \frac{\overline{M}(x_1)M(x_1)\,\mathrm{d}x_1}{EI}+\int_0^{2a}\frac{\overline{M}(x_2)M(x_2)\,\mathrm{d}x_2}{EI}+\int_0^{2a}\frac{\overline{M}(x_3)M(x_3)\,\mathrm{d}x_3}{EI}\right]$$

$$\Delta_{AD}=\frac{2}{EI}\left[\int_0^a x_1\cdot 0\mathrm{d}x_1+\int_0^{2a}(a+x_2)Fx_2\mathrm{d}x_2+\int_0^{2a}3a\cdot 2Fa\mathrm{d}x_3\right]=\frac{100Fa^3}{3EI}$$

计算结果为正，表示自由端 A、D 是相互离开的。

现在分析轴力对该刚架位移的影响。在载荷作用下，BC 段有轴力 $F_{\mathrm{N}}(x_3)=F$；在单位力单独作用下，BC 段的轴力 $\overline{F}_{\mathrm{N}}(x_3)=1$，于是莫尔积分式中需增加一项

$$\Delta'_{AD}=\int_0^{4a}\frac{\overline{F}_{\mathrm{N}}(x_3)F_{\mathrm{N}}(x_3)\,\mathrm{d}x_3}{EA}=\int_0^{4a}\frac{F\mathrm{d}x_3}{EA}=\frac{4Fa}{EA}$$

Δ'_{AD}即为轴力对位移的影响。Δ'_{AD}与 Δ_{AD}之比为

$$\frac{\Delta'_{AD}}{\Delta_{AD}}=\frac{3}{25}\ \frac{I}{Aa^2}=\frac{3}{25}\left(\frac{i}{a}\right)^2$$

通常惯性半径 i 与杆长相比是很小的，例如，对直径为 d 的圆形截面，当 BC 段长 $4a=10d$，则 $(i/a)^2=1/100$，以上比值为

$$\frac{\Delta'_{AD}}{\Delta_{AD}}=\frac{3}{25}\times\frac{1}{100}=0.001\ 2$$

可见，Δ'_{AD}的影响足够小，可以忽略。通常在计算以弯曲变形为主的杆或杆系结构的位移时，一般都可以不考虑轴力的影响。

例 12-7 试用莫尔积分计算图 12-19a 所示的等截面开口圆环开口两端截面的相对转角 θ_{AB}。圆环为小曲率杆，杆的弯曲刚度 EI 为常量。

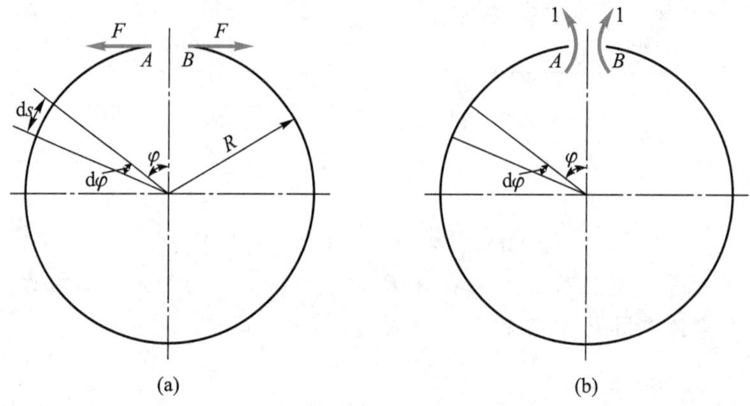

图 12-19

解：利用结构和载荷的对称性，可以只计算半个圆环，然后将结果乘以 2。

在载荷作用下，圆环任一横截面上的弯矩为

$$M(\varphi)=-FR(1-\cos\varphi)\quad(0\leqslant\varphi\leqslant\pi)$$

为了计算开口两端截面 A、B 的相对转角，应在 A、B 端各加一对转向相反的单位力偶，如图 12-19b 所示。在单位力偶作用下，圆环任一横截面上的弯矩为

$$\overline{M}(\varphi)=-1\quad(0<\varphi\leqslant\pi)$$

圆环的 $M(s)=M(\varphi)$，$\overline{M}(s)=\overline{M}(\varphi)$，$ds=Rd\varphi$，应用式(12-32)，求出 A、B 两端截面的相对转角为

$$\theta_{AB}=\int_s\frac{\overline{M}(s)M(s)\,ds}{EI}=2\int_0^{\pi}\frac{\overline{M}(\varphi)M(\varphi)R\,d\varphi}{EI}$$

$$=\frac{2}{EI}\int_0^{\pi}(-1)[-FR(1-\cos\varphi)]R\,d\varphi=\frac{2\pi FR^2}{EI}$$

所得结果为正值，说明相对转角 θ_{AB} 与所加单位力偶的转向一致，为相对张开。

12.5 图 乘 法

莫尔积分的运算有时比较冗繁。对于直杆或由直杆组成的杆系，可以将积分运算简化为几何图形的代数运算，从而便于工程应用。这种方法称为图乘法，下面以受弯杆件为例说明。

在莫尔积分式(12-29)中,对等截面直杆,其 EI 为常量,可以提到积分号外面,于是只需讨论如何简化下列积分:

$$\int_l M(x)\bar{M}(x)\,dx \tag{a}$$

通常,直杆在载荷作用下的弯矩图形与载荷类型有关,可以是各种形状的曲线。而直杆在单位力(包括单位力偶矩)作用下的弯矩图必定是直线或折线。图 12-20 表示了某段直杆在载荷作用下的弯矩图(M 图)和单位力作用下的弯矩图($\bar{M}$ 图)。

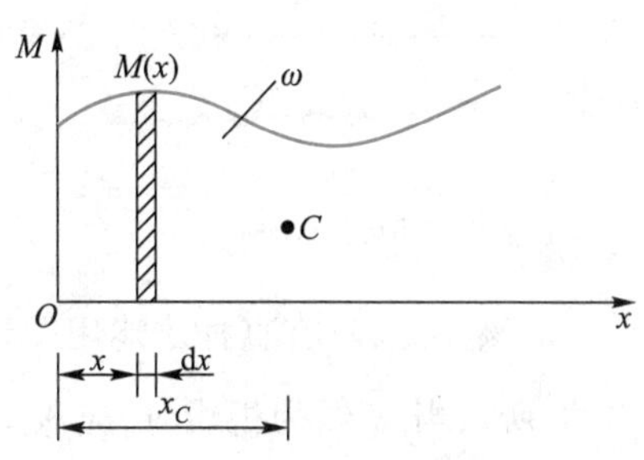

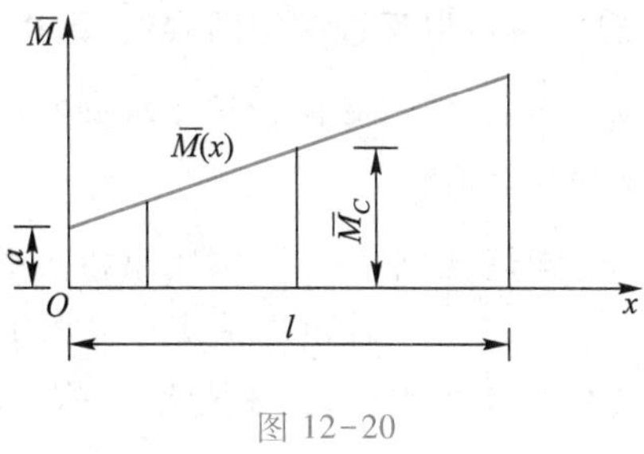

图 12-20

设 $\bar{M}$ 图是一条直线,其方程为

$$\bar{M}(x)=a+bx \tag{b}$$

将式(b)代入式(a),得

$$\begin{aligned}\int_l M(x)\bar{M}(x)\,dx &= \int_l M(x)(a+bx)\,dx \\ &= a\int_l M(x)\,dx+b\int_l M(x)x\,dx \end{aligned} \tag{c}$$

式(c)中第一项积分表示 M 图曲线下的面积,记为 ω;第二项积分表示 M 图曲线下的图形对图示纵坐标轴的静矩,它等于该图形的面积 ω 与其形心到纵坐标轴的距离 x_C 之积,因此式(c)可写成

$$\int_l M(x)\bar{M}(x)\,dx=a\omega+b\omega x_C=\omega(a+bx_C) \tag{d}$$

容易看出式(d)中的因子($a+bx_C$)等于 $\bar{M}$ 图中横坐标为 x_C 处的纵坐标,记为$\bar{M}_C$。所以有

$$\int_l M(x)\bar{M}(x)\,dx=\omega\bar{M}_C \tag{12-33}$$

这样,就把莫尔积分中的积分运算简化为弯矩图中的几何量的乘法运算,故称为图乘法。

应用图乘法时,要计算某些图形的面积和形心位置。为应用方便,表 12-1 中给出了几种常见图形的面积和形心位置的计算公式。

表 12-1 几种常见图形的面积和形心位置的计算公式

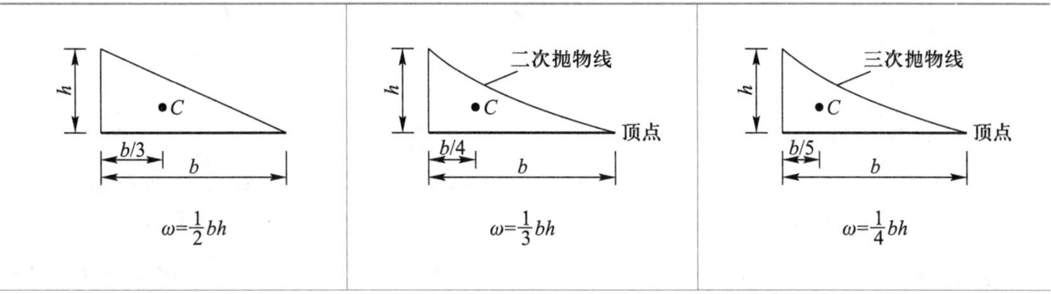

续表

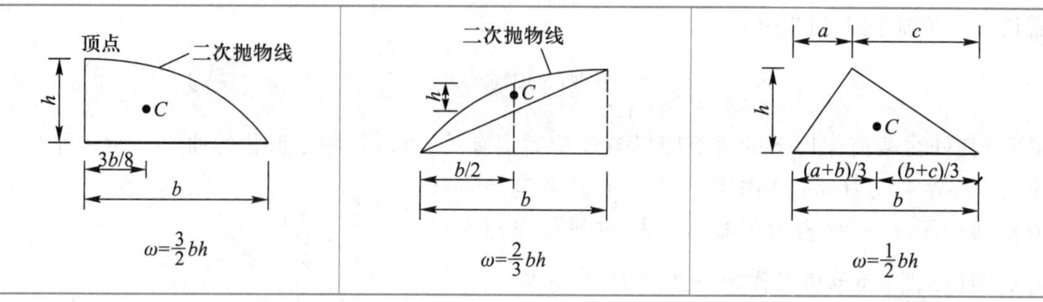

注:表中 C 为各图形的形心。

应该注意,只有直杆才能用图乘法。由于式(12-33)是按 $\overline{M}$ 图为一条直线的情况推导出的,所以当 $\overline{M}$ 图为折线时,应该从各折点分段计算。此外,若 $\overline{M}$ 图是折线,而 M 是一条直线时,也可以反过来用图乘法,即用 $\overline{M}$ 图的面积乘上其形心对应处的 M 图纵坐标,以简化运算。当 M 图与 $\overline{M}$ 图位于 x 轴同侧时,其乘积为正值;当 M 图与 $\overline{M}$ 图位于 x 轴的异侧时,其乘积为负值。

同理,图乘法也可以用于扭矩图 T 与 $\overline{T}$ 互乘或轴力图 F_N 与 $\overline{F}_N$ 互乘。

例 12-8 试用图乘法计算图 12-21a 所示梁的跨中截面 C 的挠度 w_C 和端截面 A 的转角 θ_A。设梁 AC 段弯曲刚度为 EI,CB 段弯曲刚度为 $2EI$。

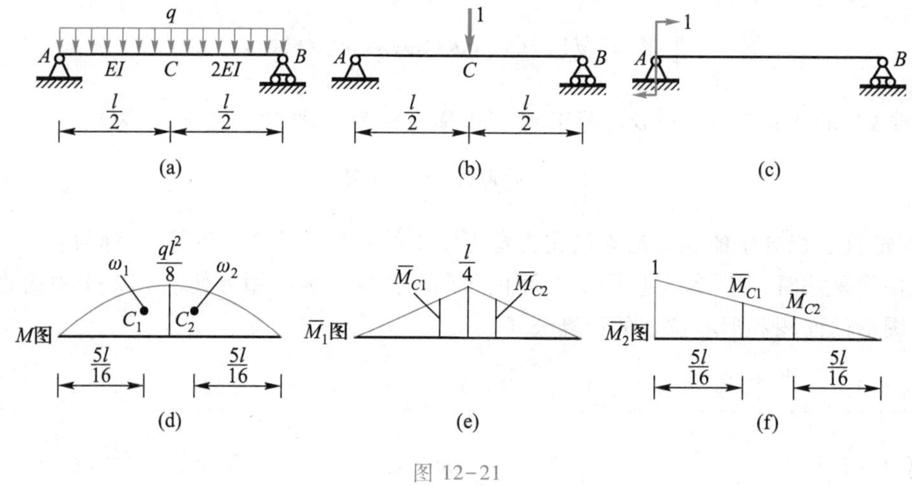

图 12-21

解:(1) 计算 w_C

在截面 C 加一铅垂方向的单位力(图 12-21b);欲求 θ_A,需在 A 截面处加一单位力偶(图 12-21c)。分别作出梁在载荷作用下的弯矩图(图 12-21d)、梁在 C 处有单位力单独作用时的弯矩图 $\overline{M}_1$ 图(图 12-21e)和 A 处有单位力偶单独作用时的弯矩图 $\overline{M}_2$ 图(图 12-21f)。此梁为变截面梁，故应分段计算。

求 w_C，利用表 12-1，有

$$\omega_1=\omega_2=\frac{2}{3}\cdot\frac{ql^2}{8}\cdot\frac{l}{2}=\frac{ql^3}{24},\qquad \overline{M}_{C1}=\overline{M}_{C2}=\frac{5}{8}\cdot\frac{l}{4}=\frac{5l}{32}$$

$$w_C=\frac{1}{EI}\omega_1\overline{M}_{C1}+\frac{1}{2EI}\omega_2\overline{M}_{C2}=\frac{1}{EI}\cdot\frac{ql^3}{24}\cdot\frac{5l}{32}+\frac{1}{2EI}\cdot\frac{ql^3}{24}\cdot\frac{5l}{32}=\frac{5ql^4}{512EI}(\downarrow)$$

(2) 求 θ_A

在图 12-21f 中

$$\overline{M}_{C1}=\frac{11}{16},\qquad \overline{M}_{C2}=\frac{5}{16}$$

$$\theta_A=\frac{1}{EI}\cdot\frac{ql^3}{24}\cdot\frac{11}{16}+\frac{1}{2EI}\cdot\frac{ql^3}{24}\cdot\frac{5}{16}=\frac{9ql^3}{256EI}(\curvearrowright)$$

例 12-9 试求图 12-22a 所示外伸梁的自由端挠度 w_B。已知梁的 EI 为常量。

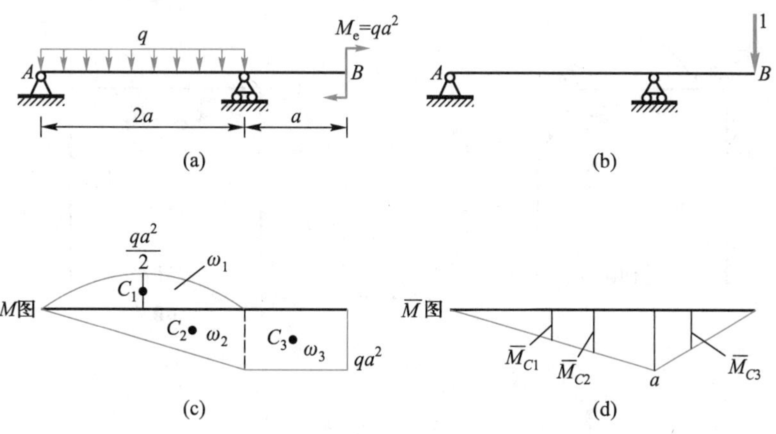

图 12-22

解：在自由端 B 加一铅垂方向的单位力（图 12-22b）。作 M 图和 $\overline{M}$ 图，分别如图 12-22c,d 所示。在作 M 图时，梁上有两组载荷，为便于计算，可分别作出每组载荷单独作用时的弯矩图，但不必叠加成总的弯矩图（图 12-22c）。利用表 12-1，有

$$\omega_1=\frac{2}{3}\cdot\frac{qa^2}{2}\cdot 2a=\frac{2}{3}qa^3,\qquad \overline{M}_{C1}=\frac{a}{2}$$

$$\omega_2=\frac{1}{2}qa^2\cdot 2a=qa^3,\qquad \overline{M}_{C2}=\frac{2}{3}a$$

$$\omega_3=qa^2\cdot a=qa^3,\qquad \overline{M}_{C3}=\frac{a}{2}$$

$$w_B=\frac{1}{EI}\left(-\frac{2}{3}qa^3\cdot\frac{a}{2}+qa^3\cdot\frac{2}{3}a+qa^3\cdot\frac{a}{2}\right)=\frac{5qa^4}{6EI}(\downarrow)$$

由于弯矩图中 ω_1 与 $\overline{M}_{C1}$ 分别处于轴线的异侧，图乘时第一项取负号。

例 12-10 试用图乘法求图 12-23a 所示等截面刚架中间铰 C 左右两相邻截面的相对转角 θ。已知各段 EI 为相同常量。

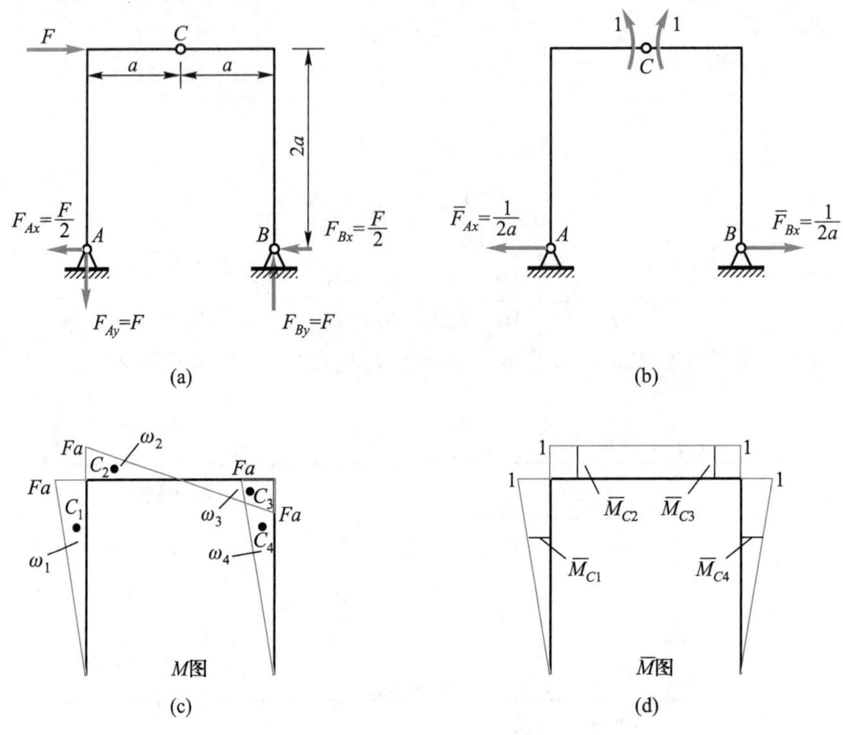

图 12-23

解：在 C 左右两侧分别加上转向相反的单位力偶(图 12-23b)。作出 M 图和 $\overline{M}$ 图，分别如图 12-23c,d 所示。利用表 12-1，有

$$\omega_1=\omega_4=Fa^2,\qquad \overline{M}_{C1}=\overline{M}_{C4}=\frac{2}{3}$$

$$\omega_2=\omega_3=\frac{Fa^2}{2},\qquad \overline{M}_{C2}=\overline{M}_{C3}=1$$

$$\theta=\frac{1}{EI}(\omega_1\overline{M}_{C1}+\omega_2\overline{M}_{C2}-\omega_3\overline{M}_{C3}-\omega_4\overline{M}_{C4})=0$$

例 12-11 如图 12-24a 所示圆形截面直角折杆 ABC 位于水平面内，在 BC 段受铅垂向下的均布载荷 q 作用。已知各段 l、EI 相同，且 $GI_p=0.8EI$。试用图乘法求自由端 C 的铅垂位移 Δ_{Cy}。

解：作此折杆在载荷作用下的弯矩图和扭矩图，分别如图 12-24b,c 所示。

为求 Δ_{Cy}，在 C 处加铅垂向下的单位力，如图 12-24d 所示，并作出 $\overline{M}$ 图和 $\overline{T}$ 图，分别如图 12-24e,f 所示。

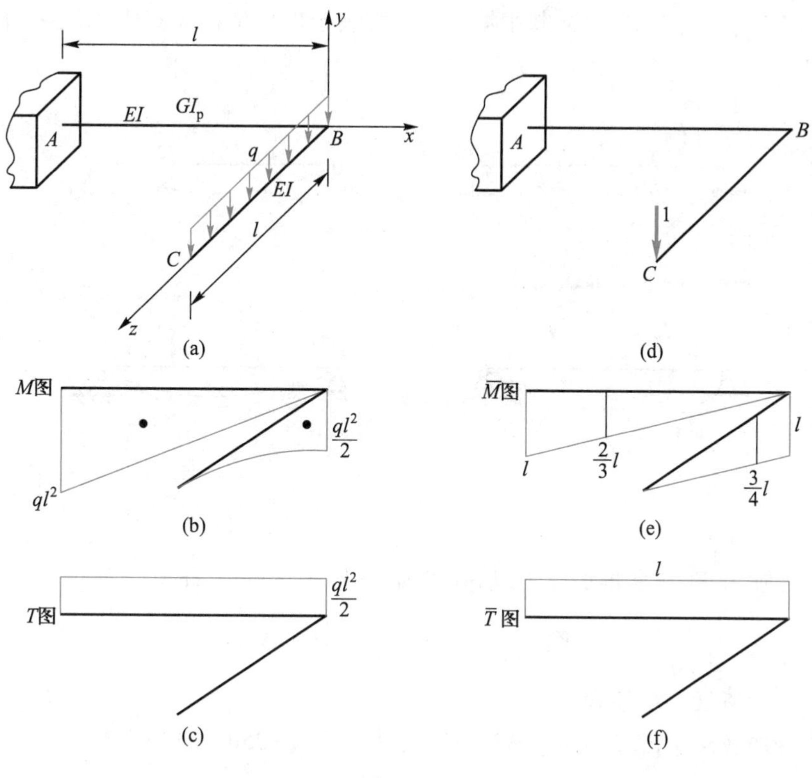

图 12-24

应用图乘法,并利用表 12-1,有

$$\Delta_{Cy}=\frac{1}{EI}\cdot\omega_M\cdot\overline{M}_C+\frac{1}{GI_{\mathrm{p}}}\cdot\omega_T\cdot\overline{T}_C$$

$$=\frac{1}{EI}\left(\frac{1}{3}\cdot\frac{ql^2}{2}l\cdot\frac{3}{4}l+\frac{1}{2}\cdot ql^2 l\cdot\frac{2}{3}l\right)+\frac{1}{GI_{\mathrm{p}}}\cdot\frac{ql^2}{2}l\cdot l$$

$$=\frac{11ql^4}{24EI}+\frac{ql^4}{2GI_{\mathrm{p}}}=\frac{13ql^4}{12EI}(\downarrow)$$

12.6 互 等 定 理

在线性弹性杆系结构的分析中,常常用到两个互等定理,即功的互等定理和位移互等定理。

一、功的互等定理

为了说明简便,以梁为例来推导这个定理。设梁有两种受力状态。力 F_1 在梁上 1 点作用,引起 1 点的相应位移为 Δ_{11},引起 2 点的位移为 Δ_{21},如图 12-25a 所示。力 F_2 在 2 点作用,引起 2 点的相应位移为 Δ_{22},引起 1 点的位移为 Δ_{12},如图 12-25b 所示。这里的 F_1、F_2 均为广义力；位移 Δ_{ij} 均为广义位移，其中第一个下标表示发生位移的部位，第二个下标表示引起该位移的力。

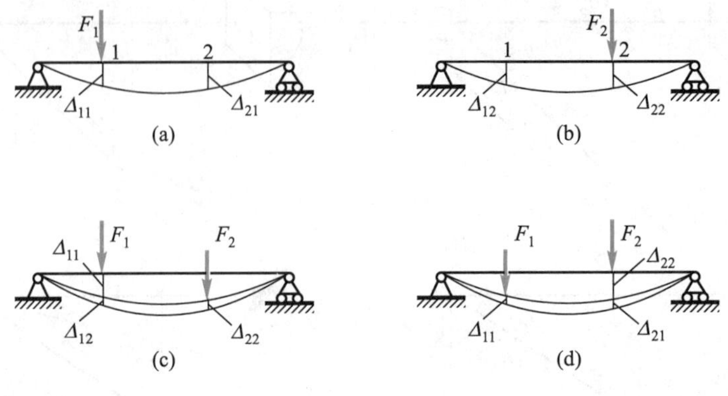

图 12-25

如果按先加力 F_1 然后再加力 F_2 的方式加载（图 12-25c），外力功为

$$W_1=\frac{1}{2}F_1\Delta_{11}+\frac{1}{2}F_2\Delta_{22}+F_1\Delta_{12} \tag{a}$$

这里 F_1 在 Δ_{12} 上所做的功是常力做功。

如果改变加载次序，先加力 F_2 然后再加力 F_1（图 12-25d），则外力功为

$$W_2=\frac{1}{2}F_2\Delta_{22}+\frac{1}{2}F_1\Delta_{11}+F_2\Delta_{21} \tag{b}$$

由于外力功与加载次序无关，所以有

$$W_1=W_2 \tag{c}$$

将式（a）、式（b）代入式（c），得

$$F_1\Delta_{12}=F_2\Delta_{21} \tag{12-34}$$

此式即为功的互等定理。它表明：对于线性弹性体，力 F_1 在由力 F_2 引起的位移 Δ_{12} 上所做的功，在数值上等于力 F_2 在由力 F_1 引起的位移 Δ_{21} 上所做的功。在推导过程中并未涉及梁的结构类型，所以此定理也适用于梁以外的其他任意线性弹性结构。

可以证明（证明从略），功的互等定理不仅存在于 F_1 与 F_2 两个力之间，而且存在于两个力系之间。设广义力系 $F(F_1,F_2,\cdots,F_m)$ 和广义力系 $P(P_1,P_2,\cdots,P_n)$ 分别作用在同一个线性弹性结构上，功的互等定理为

$$\sum_{i=1}^{m}F_i\Delta_{iP}=\sum_{j=1}^{n}P_j\Delta_{jF} \tag{12-35}$$

式（12-35）中，Δ_{iP} 为力系 P 在力 F_i 作用点沿 F_i 方向引起的位移；Δ_{jF} 为力系 F 在力 P_j 作用点沿 P_j 方向引起的位移。

二、位移互等定理

在式（12-34）中，若 F_1 与 F_2 数值相等，就得到

$$\Delta_{12}=\Delta_{21} \tag{12-36}$$

此即位移互等定理。该定理表明：当一个力作用在 2 点时引起 1 点的位移 Δ_{12}，数值上等于同样大小的一个力作用在 1 点时引起的 2 点的位移 Δ_{21}。

例如，悬臂梁上力 F 作用在截面 A 处，引起截面 B 的转角为 Δ_{12}（图 12-26a），而力偶 M 作用在截面 B 处，引起截面 A 处的挠度为 Δ_{21}（图 12-26b），根据功的互等定理，有

$$M\Delta_{12}=F\Delta_{21}$$

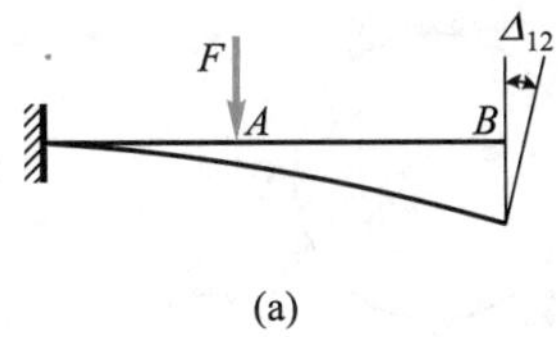

(a)

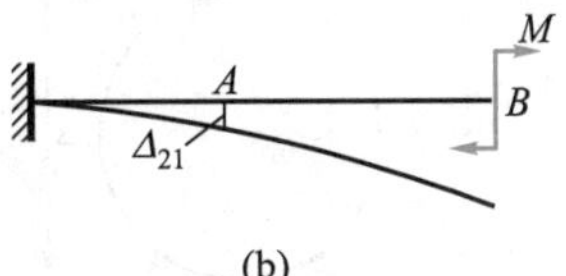

(b)

图 12-26

即力偶 M 对由力 F 引起的截面 B 转角所做的功 $M\Delta_{12}$，等于力 F 对于力偶 M 引起的截面 A 处挠度所做的功 $F\Delta_{21}$。如果力 F 与力偶 M 在数值上相等，则据位移互等定理有

$$\Delta_{12}=\Delta_{21}$$

即角位移 Δ_{12} 与线位移 Δ_{21} 在数值上相等。

例 12-12 图 12-27a 所示悬臂梁受力偶 M_e 作用，图 12-27b 所示为该梁受均布载荷 q 作用。试利用表 8-1 梁的变形公式验证功的互等定理。

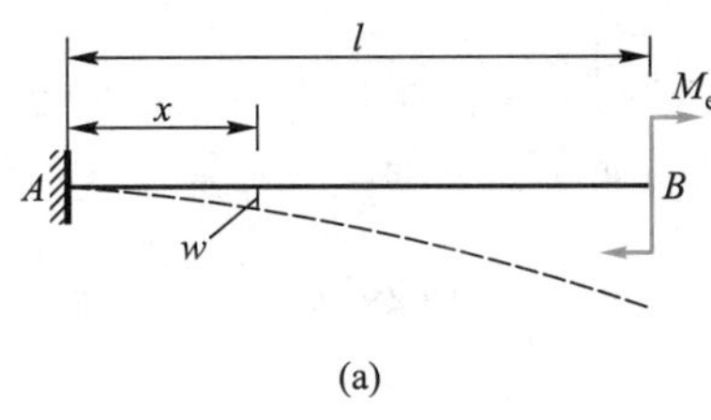

(a)

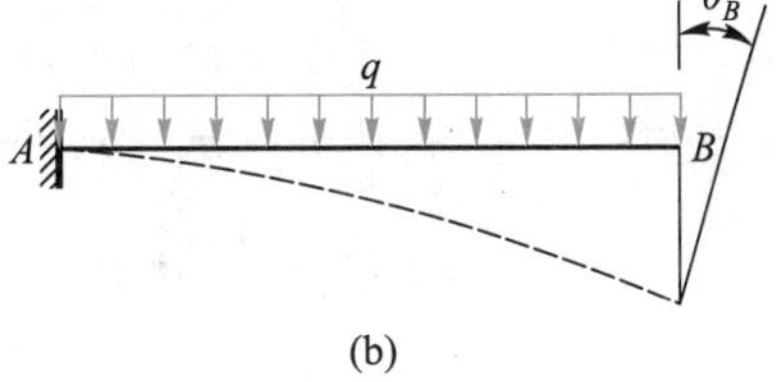

(b)

图 12-27

解：此梁在力偶 M_e（设广义力为 F_1）作用下的挠曲线方程为

$$\Delta_{21}=w=\frac{-M_e x^2}{2EI}(\downarrow)$$

在均布载荷 q（设广义力为 F_2）作用下，B 端转角为

$$\Delta_{12}=\theta_B=\frac{ql^3}{6EI}(\circlearrowright)$$

$$F_1\Delta_{12}=M_e\cdot\frac{ql^3}{6EI}$$

$$F_2\Delta_{21}=\int_0^l q\mathrm{d}x\cdot\frac{M_e x^2}{2EI}=\frac{qM_e l^3}{6EI}$$

根据上述计算结果，显然有 $F_1\Delta_{12}=F_2\Delta_{21}$。上述功的计算式中，广义力 F_1、F_2 分别与广义位移 Δ_{12}、Δ_{21} 同向，所以都取了正号。

例 12-13 轴承中的滚珠，直径为 d，沿直径两端作用一对大小相等、方向相反的集中力 F，如图 12-28 所示。材料的弹性模量 E 和泊松比 ν 已知。试用功的互等定理求滚珠的体积改变量。

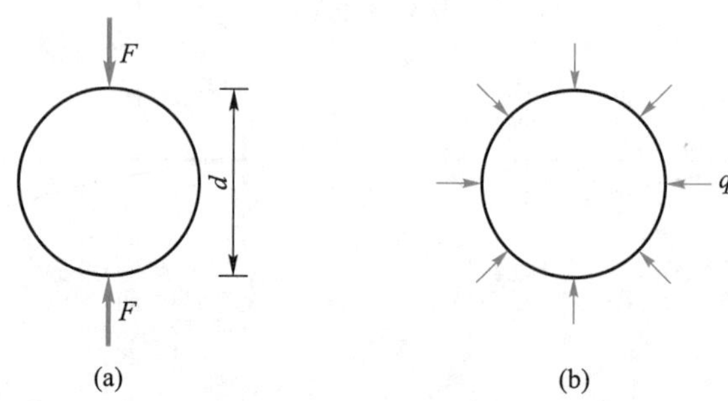

图 12-28

解：设原结构为第一状态，如图 12-28a 所示。为了应用功的互等定理，设滚珠作用均匀法向压力 q 为第二状态，如图 12-28b 所示。由功的互等定理有

$$q\,(\Delta V)_F=F\,(\Delta d)_q$$

式中，$(\Delta V)_F$ 为原系统在第一状态下滚珠的体积改变量；$(\Delta d)_q$ 为辅助系统，即第二状态下滚珠直径改变量。

对于第二状态，滚珠受各个方向的均匀压缩，因此滚珠内部任意一点的应力状态相同，而且均承受三向等值压缩，即 $\sigma_1=\sigma_2=\sigma_3=-q$。所以根据广义胡克定律有

$$(\Delta d)_q=\frac{1}{E}[\sigma_1-\nu(\sigma_2+\sigma_3)d]=-\frac{q}{E}(1-2\nu)d$$

所以

$$(\Delta V)_F=-F\cdot\frac{1-2\nu}{E}\cdot d$$

上式的负号表示体积的改变在压力作用下是减少的。

第 12 章
工程案例

课程设计及学习思路

理解各种变形的应变能计算，掌握莫尔定理或卡氏第二定理的应用；理解虚功原理、互等定理；掌握单位载荷法和图乘法。

第 12 章历史
人物故事

课程难点分析及学习体会

(1) 外力功等于外力在力的作用点、沿力作用线方向位移上做的功。集中力在线位移上做功；力偶在转角位移上做功。力与位移同方向做正功；反方向做负功。

弹性体受力产生变形所储存的机械能称为应变能，单位体积的应变能称为应变能密度。

忽略能量损耗，外力功全部转换成弹性体的应变能，称为功能原理。利用功能原理求位移有局限性，只能求力作用点、沿力作用线方向的相应位移。

本章主要介绍用能量法计算线性弹性结构的位移。

(2) 外力功与应变能的计算。

线性弹性体在静载荷作用下，其外力功等于力和相应位移乘积的一半。多个力作用时，力作用点的位移是所有的力共同作用引起的，叠加原理不适用。

应变能通过外力功求得，先计算微段的应变能。微段截开后内力暴露出来，变成外力，微段的变形用胡克定律求得。外力功等于力和相应位移乘积的一半。应变能等于内力的平方乘以微段长度，再除以 2 倍刚度，最后对整个杆长积分。

外力功和应变能与加载顺序无关，只与力和位移的最终数值有关。

(3) 余功与余能可以看成是外力功和应变能的余数，都是力的函数，没有实际物理意义，只为推导卡式定理。卡氏(第二)定理：线性弹性体的应变能对哪个力求偏导，就等于该力作用点的相应位移。

如果想求位移处没有外力作用时，就假想地加上一个虚力，求导之后再令该虚力为零。卡式定理比较麻烦，只能积分求解。

(4) 虚功原理针对的是平衡体，外力虚功等于虚应变能。

外力做功时，只要力作用点的相应位移不是由它本身引起的，称为虚功。

虚应变能通过外力虚功求得，先计算微段的虚应变能。微段截开后内力暴露出来变为外力，当往杆件上加虚位移时，相应的虚变形也加在了杆件上，暴露出来的内力在虚变形上做的虚功就等于微段的虚应变能，再对整个杆长积分，得到杆件的虚应变能。

(5) 单位载荷法是在虚功原理上推导出来的。结构在力的作用下产生变形，变形引起位移。把外力全去掉，想求哪点位移，就在哪一点加相应的单位力。以只有单位力作用的模型为研究对象，将结构在原载荷作用下的真实位移当作虚位移加在研究对象上，虚变形是原结构的真实变形。对线性弹性体变形可用胡克定律求得，于是得到了莫尔积分公式。

如果是等刚度直杆，莫尔积分运算可转化为代数运算，就是图乘法。图乘法主要针对的是发生弯曲变形的杆件。对于发生扭转变形和拉压变形的杆件，内力为常数，不用积分，直接进行代数运算。本章重点掌握用图乘法求位移。

(6) 图乘法求位移步骤。

画结构在原载荷作用下的弯矩图(M 图)；

将原载荷去掉，想求哪点位移，就在哪点加相应的单位力，画弯矩图($\bar{M}$ 图)；

求 M 图面积 ω 及与形心坐标对应的 $\bar{M}_C$；

所求位移等于$\dfrac{\omega \bar{M}_C}{EI}$。

(1) 图乘法注意事项。

同侧图乘结果为正,异侧为负;

$\overline{M}$ 图有折线,必须分段图乘;

如果 $\overline{M}$ 图有折线,M 图为直线,可以反乘,即求 $\overline{M}$ 图面积和与形心坐标对应的 M 图的弯矩值相乘;

记住简单图形的面积和形心位置,如果抛物线没有顶点(截面弯矩为极值,剪力为零),要把抛物线形分割成三角形叠加上抛物线形;

梯形可分割成两个三角形,再叠加;

画复杂载荷弯矩图时,也可先把载荷分解,分别画弯矩图,再叠加;

平面刚架的弯矩图画在受压侧(参看第 5 章),对应杆相互图乘,水平杆和水平杆图乘,竖直杆和竖直杆图乘;

画复杂刚架的弯矩图时,可先把外力向所求杆端平移等效。

(2) 功的互等定理其实是虚功互等,虚功是指力做功时相应的位移不是由它本身引起的,是由另外一个力引起的。

功的互等定理是指同一结构,两种受力状态(甲和乙),甲力系做虚功,相应位移是由乙力系引起的;乙力系做虚功,相应位移是由甲力系引起的;两个虚功互等。

在功的互等定理基础上得到位移互等定理。两个虚功互等,如果广义力的数值再相等,那么广义位移的数值也相等。具体应用时,先求两个相等的虚功,消掉力就得到数值相等的位移。

习 题

12-1 图示杆系结构,欲用莫尔积分公式求杆 BC 的转角,试问应如何加相应的单位力?

12-2 两根圆形截面直杆材料相同,尺寸如图所示,试比较两根杆件的应变能,并利用功能原理计算各杆的变形。

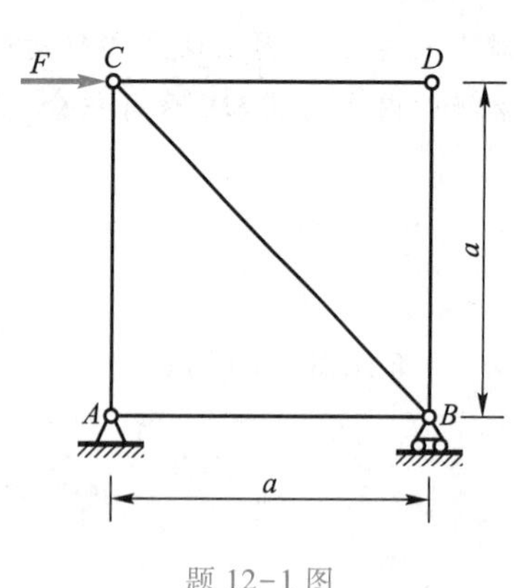

题 12-1 图

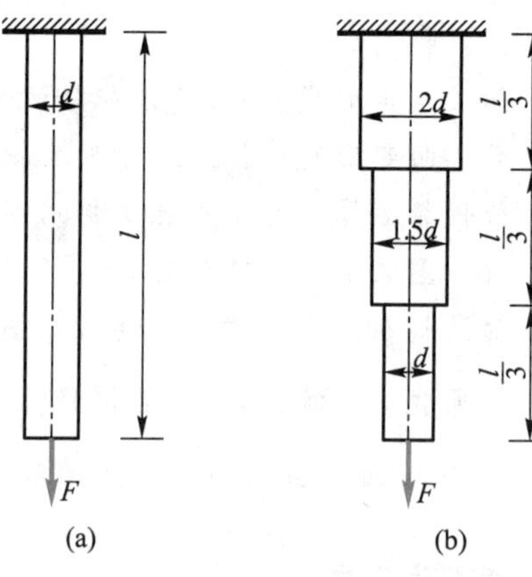

题 12-2 图

12-3　图示桁架各杆的 EA 相同。试计算桁架的应变能，并利用功能原理计算结点 D 的水平位移。

12-4　试计算图示变截面圆轴的扭转应变能。剪切模量 G 为已知。

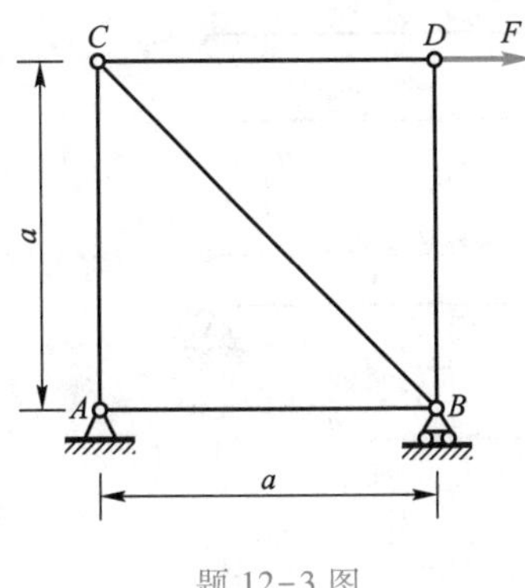

题 12-3 图

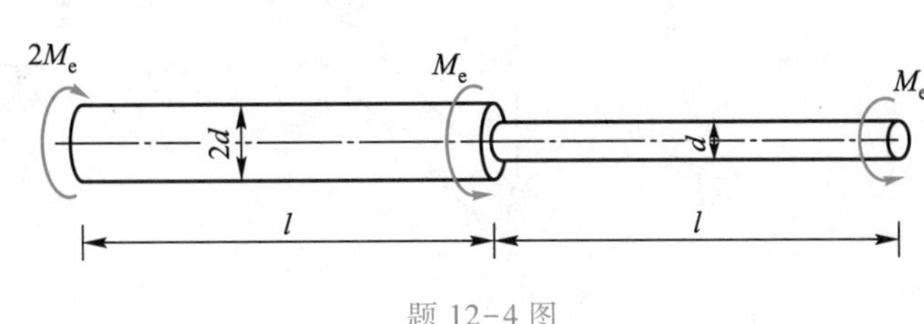

题 12-4 图

12-5　试求图示阶梯状变截面悬臂梁 AB 的弯曲应变能，并利用功能原理计算 B 截面的挠度，EI 为常量。

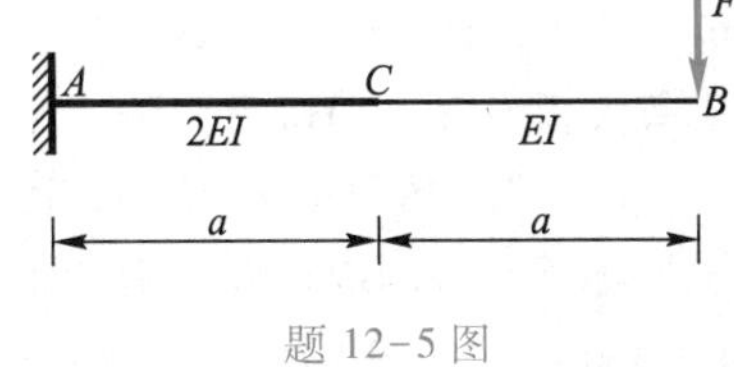

题 12-5 图

12-6　图示梁上于 A、B 两点分别作用大小相等的力 F，图 a 梁上二力同向，图 b 梁上二力反向，EI 为常量。(1) 试解释 $\dfrac{\partial V_\varepsilon}{\partial F}$ 的物理意义；(2) 用卡氏定理求 B 点的挠度。

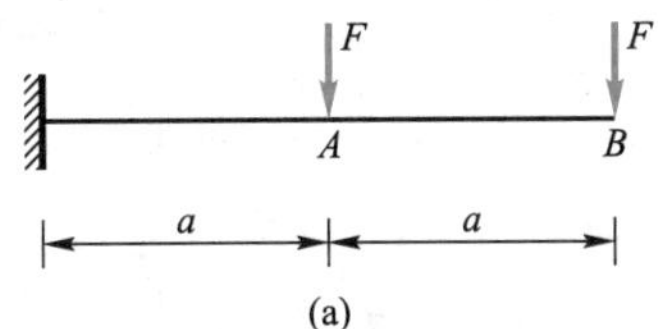

(a)

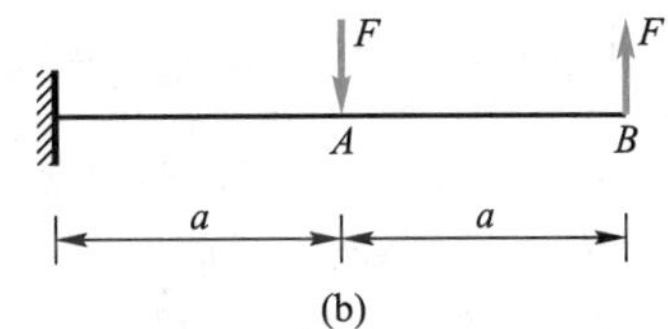

(b)

题 12-6 图

12-7　试用卡氏定理计算图示各梁 A 截面的挠度和 B 截面的转角。已知各杆 EI 为常量。

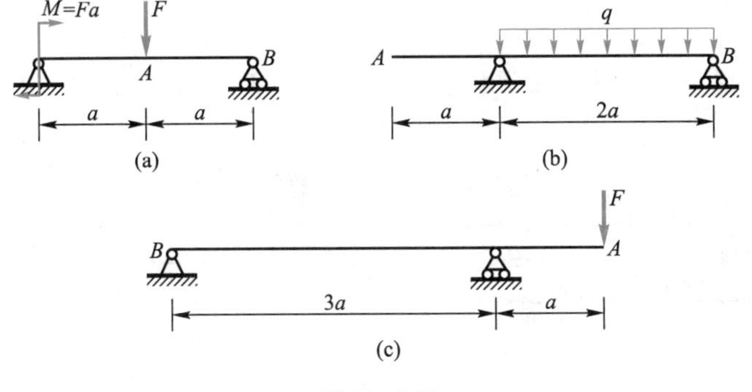

题 12-7 图

12-8　试用卡氏定理求图示桁架 A、C 两结点的相对位移 Δ_{AC}。已知各杆 EA 为相同常量。

12-9　试用莫尔积分求图示各梁 C 截面的挠度。EI 为常量。

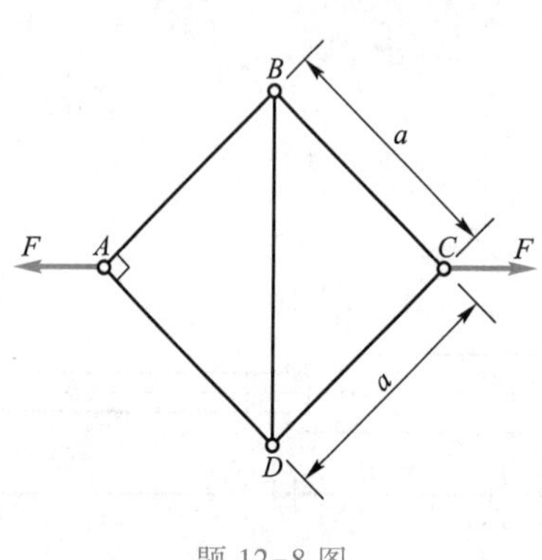

题 12-8 图

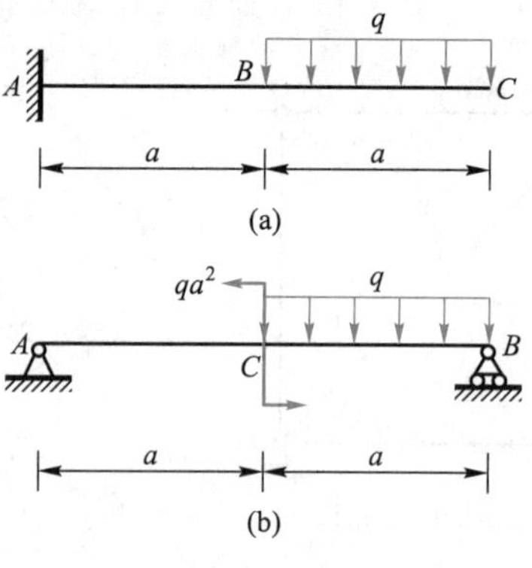

题 12-9 图

12-10　试用莫尔积分求题 12-3 中桁架 A、D 两结点的相对位移 Δ_{AD}。

12-11　图示桁架 AB、AC 两杆材料相同，材料的弹性模量 $E=200$ GPa，横截面面积分别为 $A_1=100\ \text{mm}^2$，$A_2=200\ \text{mm}^2$。试计算结点 A 的水平位移 u_A、铅垂位移 w_A 和总位移 Δ_A。

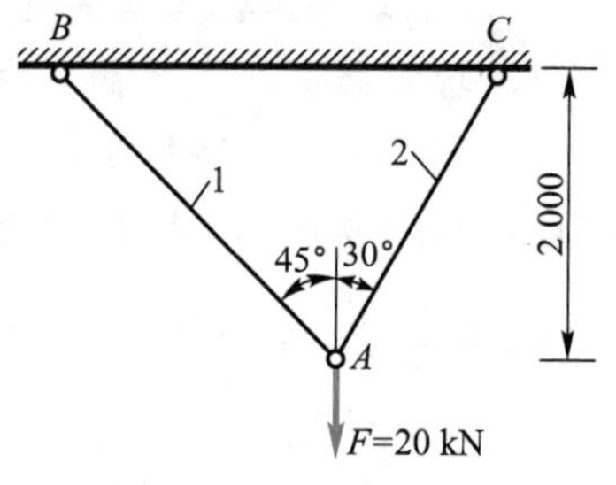

题 12-11 图

12-12　试用图乘法求图示各变截面梁的跨中挠度 w_C。

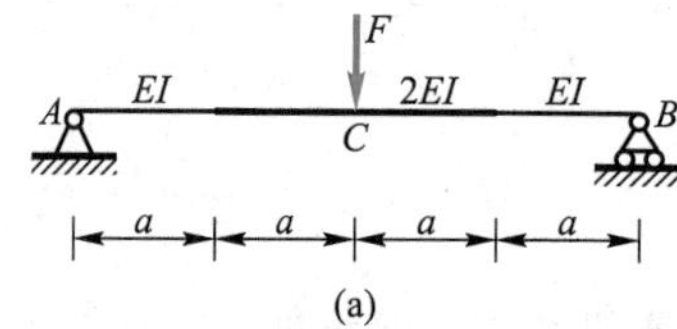

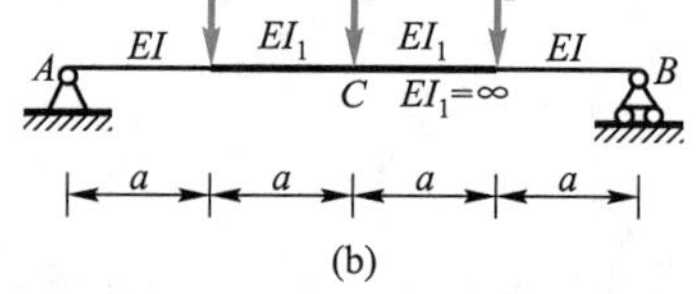

题 12-12 图

12-13　试求图示各钢梁 A 截面的挠度 w_A。已知 $E=200$ GPa，$I=25\times10^{-6}\ \text{m}^4$。

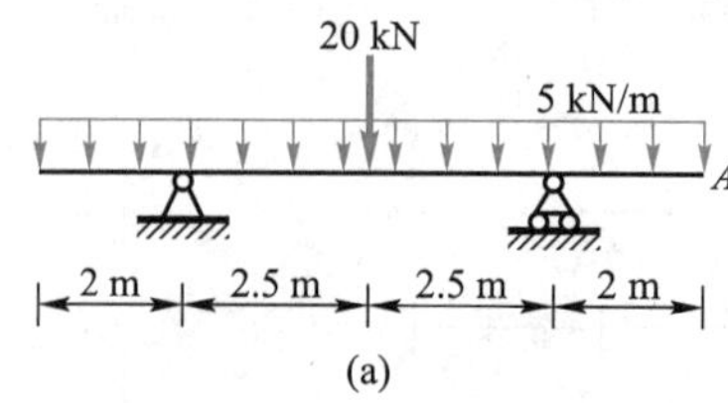

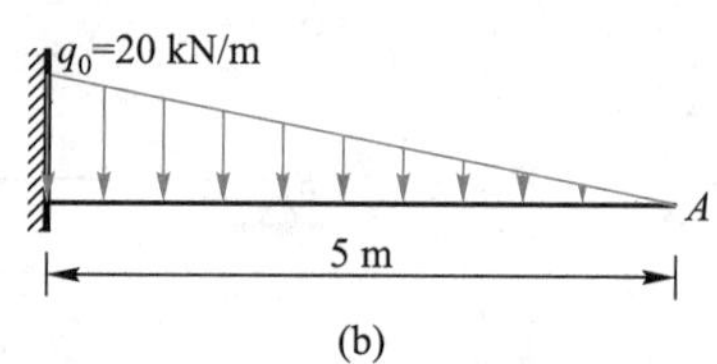

题 12-13 图

12-14　已知图示各梁的弯曲刚度 EI 和支座的弹簧刚度系数 k(产生单位变形所需要的力),试求截面 A 的挠度。

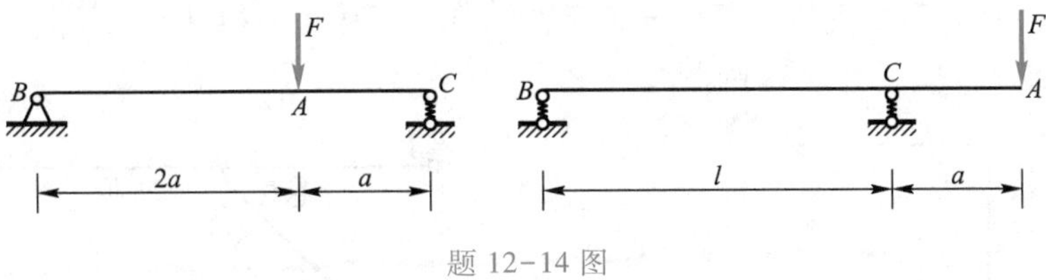

题 12-14 图

12-15　图示多跨静定梁的 EI 为常量,试用图乘法求梁中间铰链 B 左、右两相邻截面的相对转角。

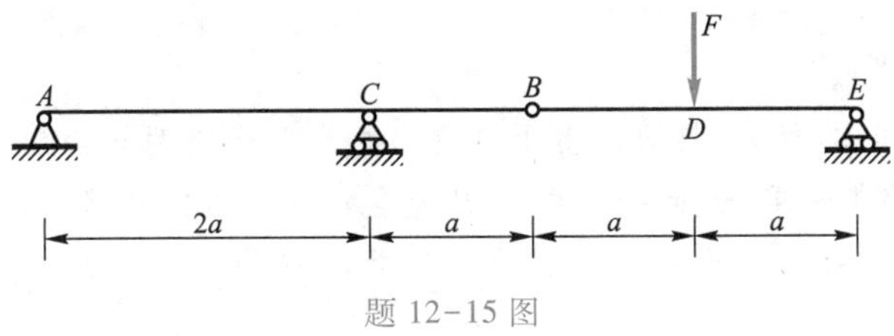

题 12-15 图

12-16　试用图乘法求图示各平面刚架指定截面的线位移和角位移。不计轴力和剪力影响。EI 为常量。

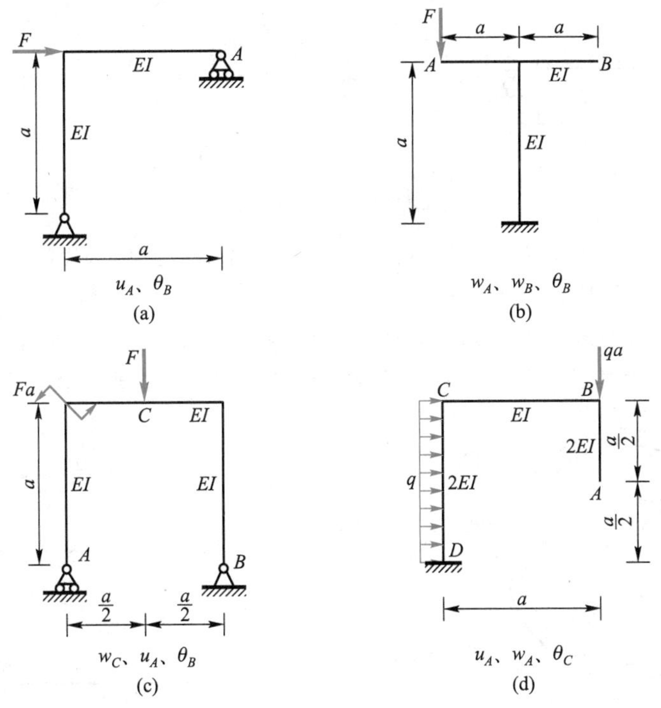

题 12-16 图

12-17　图示平面刚架各段 EI 为相同常量。若自由端 B 的总位移 Δ_B 发生在与 F 相同的方向,试问力 F 作用线的倾角 α 应为多大?(提示:令 B 端与力 F 作用线垂直方向的位移等于零。)

12-18　试用图乘法求图示结构自由端 B 的挠度和转角。EI、EA 为常量。

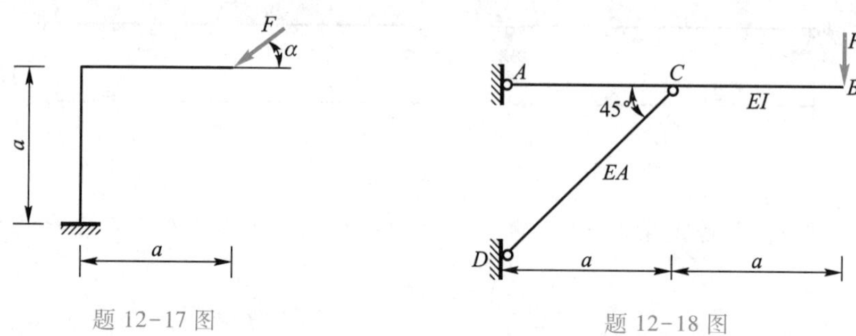

题 12-17 图　　题 12-18 图

12-19　图示刚架各段 EI 相同。由于自重 q 的作用而使两自由端 A、B 产生相对位移。欲使该相对水平位移等于零,试问需要在 A、B 处各加什么力?加多大的力?

12-20　试求图示各小曲率杆在力 F 作用下截面 B 的线位移和角位移。EI 为常量。

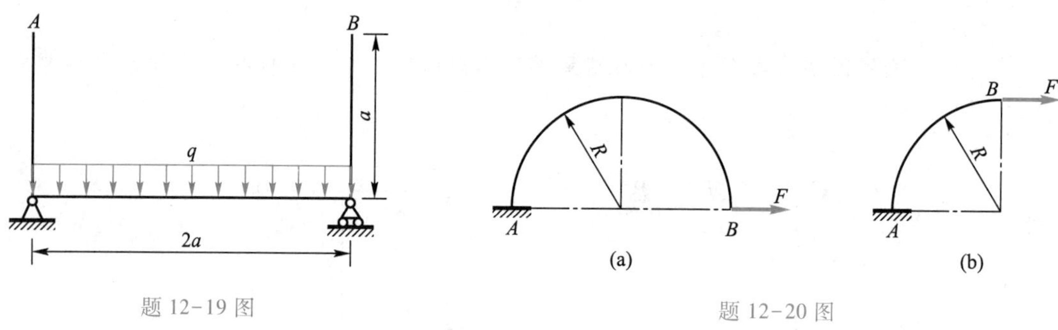

题 12-19 图　　题 12-20 图

12-21　图示圆环开口角度 θ 很小,试问在缺口两截面上加怎样的力才能使 A、B 两截面恰好密合?EI 为常量。

12-22　图示正方形开口框架位于水平面内,在开口端作用一对大小相等,方向相反的铅垂力 F。试求在力作用下开口处的张开量。设各段杆均为圆形截面。EI、GI_p 为常量。

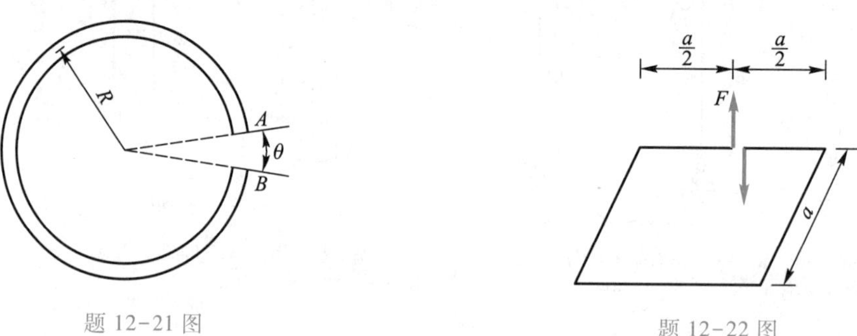

题 12-21 图　　题 12-22 图

12-23　图示圆环位于水平面内，在自由端的刚性臂 AO 的端部 O 处承受一个铅垂方向的力 F 作用。圆环的横截面为圆形，EI、GI_p 为常量。试计算 O 截面的铅垂位移 w_O。

12-24　图示钢质折杆，截面为直径 $d=40$ mm 的圆形。已知 $E=200$ GPa，$G=80$ GPa，$F_z=300$ N。试求自由端 D 的铅垂位移 w_D。

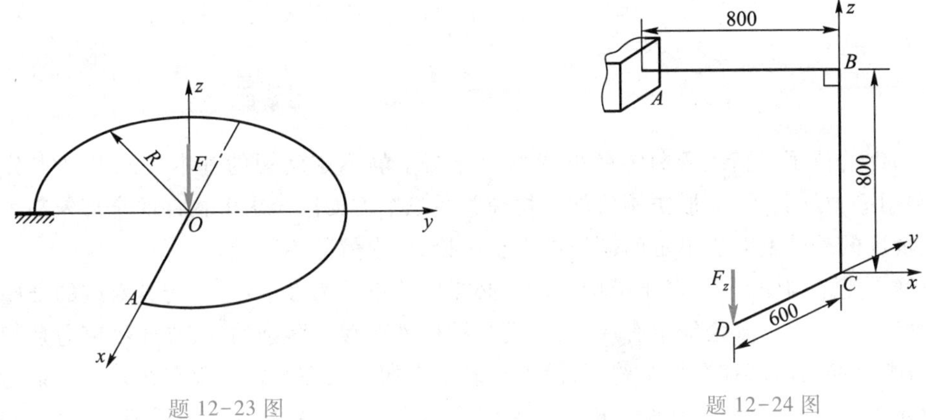

题 12-23 图　　　　题 12-24 图

12-25　一不规则的变截面梁在 A 点承受集中力 F 作用，如图所示。现仅用一个千分表测定该梁在若干个截面处的挠度，从而画出该梁的挠曲线。试在挠度与力 F 成正比的情况下，设计一个最简便的测定过程。（提示：应用位移互等定理。）

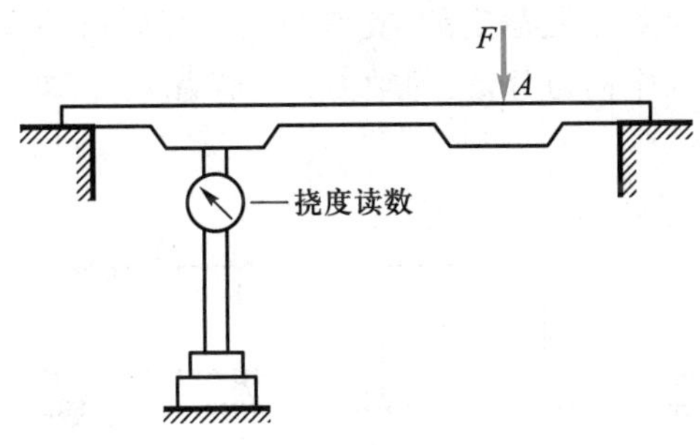

题 12-25 图

第13章 静不定结构

13.1 静不定之力法正则方程

在构件的拉压、扭转、弯曲等简单变形中介绍了静不定问题的基本概念及基本分析方法,即利用静力学关系、变形协调条件和物理关系三个方面综合求解构件的全部未知力。本章在能量法的基础上对静不定问题作进一步讨论,以求解静不定结构。

在静不定结构中,凡是多于维持平衡所必需的约束称为多余约束,与其对应的支座约束力称为多余未知力。多余约束有两类:一类是结构外部存在多余约束,支座约束力是静不定的;另一类是结构内部存在多余约束,内力是静不定的。仅在结构外部存在多余约束力的结构称为外力静不定结构,仅在结构内部存在多余约束力的结构称为内力静不定结构,若结构外部、内部都存在多余约束力,则称为一般静不定结构,或称为混合型静不定结构。

考虑图 13-1 所示的平面结构。图 13-1a、图 13-1b 所示结构分别有 5 个和 6 个外部约束力,而平面力系只有 3 个独立的平衡方程,所以他们分别有 2 个和 3 个外部多余约束,分别是二次和三次外力静不定结构。

图 13-1c 所示结构外部约束是静定的,支座约束力可以由平衡方程确定。但该平面刚架的任一横截面上均存在 3 个内力分量,即轴力 F_N、剪力 F_S 和弯矩 M,如图 13-1d 所示,他

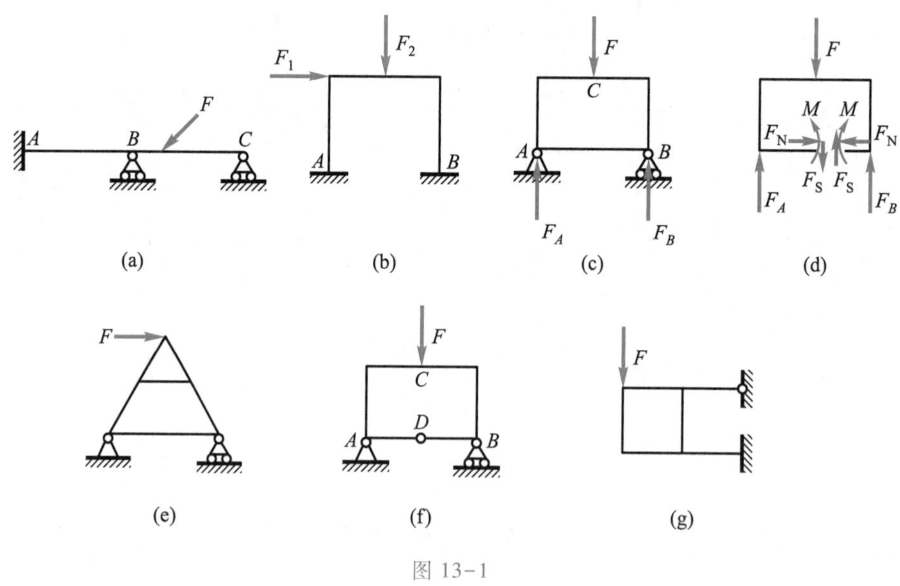

图 13-1

们都不能直接通过平衡方程确定，所以是三次内力静不定结构。事实上有闭合框的平面刚架，每一个闭合框都有 3 个内部多余约束。图 13-1e 所示结构有 2 个闭合框，为六次内力静不定结构。

图 13-1f 所示结构与图 13-1c 所示结构相比较，多了一个中间铰 D，在中间铰 D 所在的截面处，已知弯矩为零，只有轴力 F_N、剪力 F_S 2 个内部多余约束力，所以该结构是二次内力静不定结构。一般地，在结构中加一个中间铰，就解除了一个约束。

图 13-1g 所示结构有 2 个外部多余约束力和 3 个内部多余约束力，为五次静不定结构。

求解静不定问题的方法中，有力法和位移法这两种最基本的方法。力法以多余未知力为基本未知量，位移法则以结构的某些位移为基本未知量。本章只介绍力法。

一、基本未知量、静定基、相当系统

在利用力法求解静不定问题时，首先判断结构静不定次数。将多余约束解除，代以相应的多余未知力，这些多余未知力就是力法的基本未知量，用符号 $X_1, X_2, \cdots, X_n$ 表示。

解除多余约束后的静定结构称为原静不定结构的基本结构，简称静定基。静定基在原静不定结构全部载荷和多余未知力共同作用下，称为原静不定结构的相当系统。

以图 13-2a 所示二次静不定结构为例，取图 13-2b 所示结构为其相当系统，则图 13-2c 所示悬臂梁为其静定基。此结构也可取图 13-2d 所示的相当系统，则图 13-2e 所示外伸梁为其静定基。

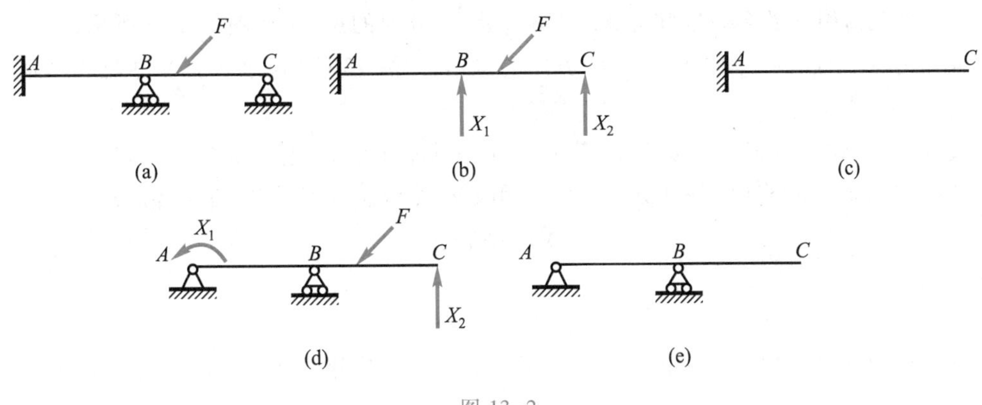

图 13-2

二、力法正则方程

将根据变形协调条件建立的补充方程写成规范化的标准形式，称为力法正则方程。

1. 一次静不定结构的力法正则方程

现以图 13-3a 所示梁为例，说明建立力法正则方程的原理和方法。该梁为一次静不定结构。选择铰支座 B 为多余约束予以解除，代以多余未知力 X_1，相当系统如图 13-3b 所示。此相当系统与原静不定结构变形相同，变形协调条件为 $w_B = 0$，即与多余未知力 X_1 相应的位移 $\Delta_1 = 0$。

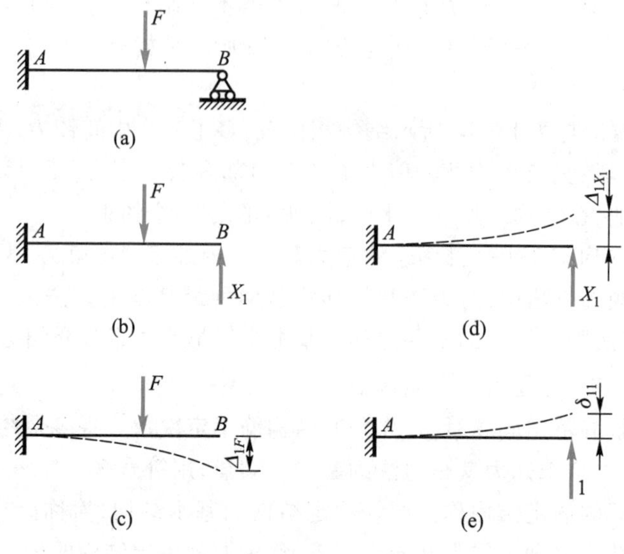

图 13-3

用叠加法计算位移，有

$$\Delta_1=\Delta_{1X_1}+\Delta_{1F} \tag{a}$$

其中，Δ_{1F}是载荷引起的多余未知力 X_1 作用点沿 X_1 方向的位移，如图 13-3c 所示；Δ_{1X_1}是由多余未知力 X_1 引起的 X_1 作用点沿 X_1 方向的位移，如图 13-3d 所示。变形协调条件为

$$\Delta_{1X_1}+\Delta_{1F}=0 \tag{b}$$

对于线性弹性结构，位移与力成正比，若 B 处作用的是单位力，它引起的 X_1 作用点沿 X_1 方向的位移记为 δ_{11}，如图 13-3e 所示，则力 X_1 引起的相应位移就是 δ_{11}的 X_1 倍，即

$$\Delta_{1X_1}=\delta_{11}X_1 \tag{c}$$

将式(c)代入式(b)，得到

$$\delta_{11}X_1+\Delta_{1F}=0 \tag{13-1}$$

这就是一次静不定结构的力法正则方程。系数 δ_{11} 和 Δ_{1F}是静定基上分别作用单位力与载荷时所产生的位移，这些位移与所解除的多余约束相对应。

2. 多次静不定结构的力法正则方程

现在以图 13-4a 中的静不定平面刚架为例，建立多次静不定结构的力法正则方程。该刚架 A、B 处均为固定端，共有 6 个约束力，而平面问题独立的平衡方程只有 3 个，所以是三次静不定结构。解除 B 端对水平位移 Δ_1、铅垂位移 Δ_2、转角 Δ_3 的约束，代之以相应的多余未知力 X_1、X_2 和 X_3，如图 13-4b 所示，即得到原结构的一个相当系统。相应的变形协调条件为 $\Delta_1=0$，$\Delta_2=0$，$\Delta_3=0$，其中水平位移 Δ_1 由原载荷与三个多余未知力共同作用产生，依据叠加法有

$$\Delta_1=\Delta_{1X_1}+\Delta_{1X_2}+\Delta_{1X_3}+\Delta_{1F}$$

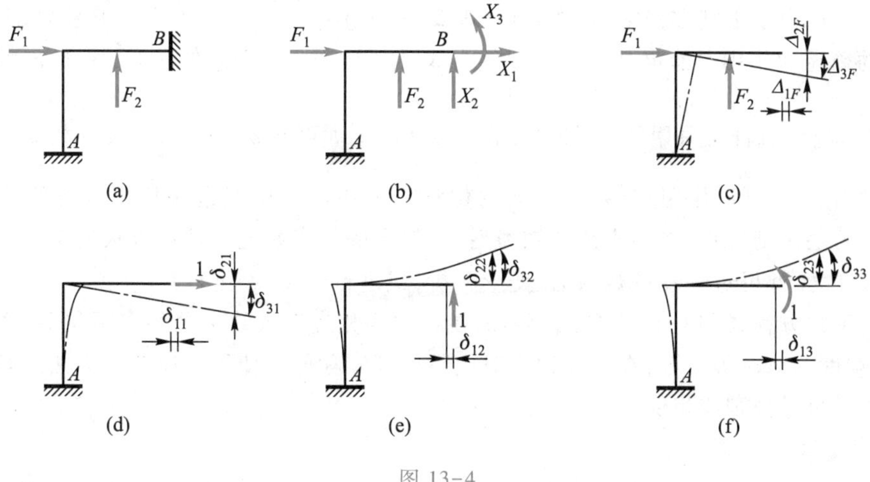

图 13-4

上式右端各项均有两个下标，第一个下标均为 1，代表所有位移与 Δ_1 相对应；第二个下标代表产生位移的原因。Δ_{1F} 由原载荷引起（图 13-4c）；Δ_{1X_1} 由多余未知力 X_1 引起，它等于 $X_1=1$ 时引起的位移 δ_{11}（图 13-4d）与 X_1 的乘积，即 $\Delta_{1X_1}=\delta_{11}X_1$；$\Delta_{1X_2}$ 由多余未知力 X_2 产生，它等于 $X_2=1$ 时引起的位移 δ_{12}（图 13-4e）与 X_2 的乘积，即 $\Delta_{1X_2}=\delta_{12}X_2$；$\Delta_{1X_3}$ 由多余未知力 X_3 引起，它等于 $X_3=1$ 时引起的 B 处水平位移 δ_{13}（图 13-4f）与 X_3 的乘积，即 $\Delta_{13}=\delta_{13}X_3$。这样，$B$ 处水平位移可写成

$$\Delta_1=\Delta_{1X_1}+\Delta_{1X_2}+\Delta_{1X_3}+\Delta_{1F}=\delta_{11}X_1+\delta_{12}X_2+\delta_{13}X_3+\Delta_{1F}$$

同理，位移 Δ_2、Δ_3 也都分别由四部分，即原有载荷与三个多余未知力 X_1、X_2、X_3 对该位移的贡献所组成。于是，三个多余约束处的变形协调条件可以写成

$$\left.\begin{aligned}\delta_{11}X_1+\delta_{12}X_2+\delta_{13}X_3+\Delta_{1F}=0\\ \delta_{21}X_1+\delta_{22}X_2+\delta_{23}X_3+\Delta_{2F}=0\\ \delta_{31}X_1+\delta_{32}X_2+\delta_{33}X_3+\Delta_{3F}=0\end{aligned}\right\} \tag{13-2}$$

这就是三次静不定结构的力法正则方程。

一般情况下，对于 n 次静不定结构，有 n 个多余未知力 $X_1,X_2,\cdots,X_n$，写出 n 个变形协调条件，其力法正则方程式

$$\left.\begin{aligned}\delta_{11}X_1+\delta_{12}X_2+\cdots+\delta_{1n}X_n+\Delta_{1F}=0\\ \delta_{21}X_1+\delta_{22}X_2+\cdots+\delta_{2n}X_n+\Delta_{2F}=0\\ \cdots\cdots\cdots\cdots\\ \delta_{n1}X_1+\delta_{n2}X_2+\cdots+\delta_{nn}X_n+\Delta_{nF}=0\end{aligned}\right\} \tag{13-3}$$

显然，n 次静不定结构的力法正则方程是一个关于广义力 $X_i(i=1,2,\cdots,n)$ 的线性方程组。由于将静不定结构的变形协调条件写成了这种规范化的标准形式，统一并简化了建立方程的过程，为求解多余未知力带来了方便，尤其在利用计算机解高次静不定结构时更能显示出

这一优点。在力法正则方程中，系数 $\delta_{ij}(i=1,2,\cdots,n;j=1,2,\cdots,n)$ 称为影响系数，表示与力 X_j 相应的单位力作用在静定基上时引起的力 X_i 作用点沿 X_i 方向的位移，梁的 δ_{ij} 可由积分 $\int\frac{\overline{M}_i\,\overline{M}_j}{EI}\mathrm{d}x$ 求得，直杆可采用图乘法。根据位移互等定理可知 $\delta_{ij}=\delta_{ji}$。Δ_{iF} 表示载荷作用在静定基上时引起的力 X_i 作用点沿 X_i 方向的位移。这些位移用能量法均可以方便地计算出来。求解力法正则方程，得到多余未知力后，在静定的相当系统上就可以根据平衡方程求解出其他未知力，并可进一步进行内力、变形分析，或进行强度、刚度计算。

力法正则方程式(13-3)中各式等号右端数值为相应多余约束处的实际位移，通常是已知的，在刚性约束时等于零，在弹性约束时应写成其实际值。使用时应注意力法正则方程等号两侧的正负号规则应当保持协调一致。

三、求解外力静不定结构

应用力法正则方程求解外力静不定结构，在确定静不定次数之后，应适当地选取多余约束，使得到的相当系统便于进行内力分析和位移计算。对于方程中的系数，可根据方便的原则选用能量法求解，下面通过几个例题来说明求解过程。

例 13-1　如图 13-5a 所示平面刚架，EI 为常量。试作弯矩图，并计算截面 B 的转角 θ_B（不计轴力和剪力对变形的影响）。

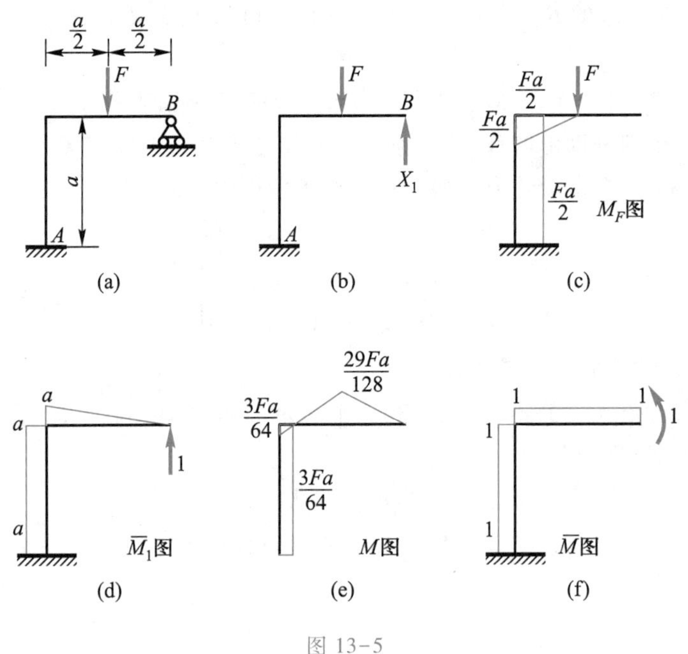

图 13-5

解：(1) 确定静不定次数

此刚架为一次静不定结构。

(2) 建立相当系统

解除铰支座 B,代以多余未知力 X_1,得相当系统如图 13-5b 所示。

(3) 力法正则方程

$$\delta_{11}X_1+\Delta_{1F}=0 \tag{a}$$

它表示相当系统 B 处的铅垂位移与原刚架相同,即 $\Delta_1=0$。

(4) 计算位移 δ_{11} 和 Δ_{1F}

作静定基上由载荷产生的弯矩图(M_F 图)和由与 X_1 相应的单位力产生的弯矩图($\overline{M}_1$ 图),分别如图 13-5c,d 所示。由图乘法得

$$\Delta_{1F}=\frac{-1}{EI}\left[\left(\frac{1}{2}\cdot\frac{Fa}{2}\cdot\frac{a}{2}\right)\frac{5}{6}\cdot a+\left(\frac{Fa}{2}\cdot a\right)a\right]=-\frac{29}{48}\cdot\frac{Fa^3}{EI} \tag{b}$$

$$\delta_{11}=\frac{1}{EI}\left[\left(\frac{a^2}{2}\right)\frac{2}{3}\cdot a+(a^2a)\right]=\frac{4a^3}{3EI} \tag{c}$$

(5) 求解多余未知力

将式(b)、式(c)代入式(a),解出

$$X_1=-\frac{\Delta_{1F}}{\delta_{11}}=\frac{29}{64}F \tag{d}$$

计算结果为正,表示 X_1 的方向与所设的方向一致,方向向上。

(6) 作 M 图

注意到 $\overline{M}_1$ 图是 $X_1=1$ 时的弯矩图,而实际的 X_1 值已经求出,所以将 $\overline{M}_1$ 图的弯矩值乘以 X_1 后再与 M_F 图叠加,就得到原静不定刚架的 M 图(图 13-5e)。

(7) 求 θ_B

相当系统(图 13-5b)的转角 θ_B 与原静不定结构(图 13-5a)的转角 θ_B 相同。而相当系统是静定结构,用它计算位移比较简便。在静定基上加上与 θ_B 相应的单位力偶,并作出弯矩图($\overline{M}$ 图),如图 13-5f 所示,用图乘法可求得 θ_B。为便于计算弯矩图的面积和形心位置,可用叠加前的 M_F 图和 $\overline{M}_1$ 图(要乘上 X_1 的数值)与 $\overline{M}$ 图进行图乘,得

$$\theta_B=\frac{1}{EI}\left[-\left(\frac{Fa^2}{8}\right)\times1-\left(\frac{Fa}{2}\cdot a\right)\times1+\left(\frac{a^2}{2}\cdot\frac{29F}{64}\right)\times1+\left(a^2\cdot\frac{29F}{64}\right)\times1\right]=\frac{7Fa^2}{128EI} \quad (\circlearrowleft)$$

上式中的前两项为 M_F 图与 $\overline{M}$ 图的图乘结果,由于这两个弯矩图分别位于轴线的相异侧,故乘积取负号。

例 13-2 平面刚架如图 13-6a 所示,各段弯曲刚度 EI 为常量。试作弯矩图。

解: (1) 确定静不定次数

此刚架为二次静不定结构。

(2) 建立相当系统

解除支座 A 的水平、铅垂约束,代以相应的多余未知力 X_1、X_2,相当系统如图 13-6b 所示。

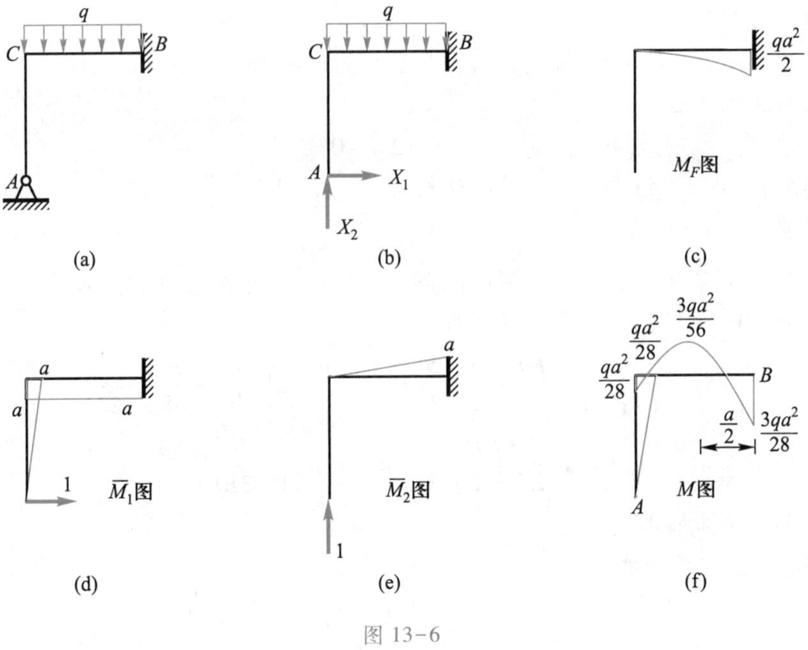

图 13-6

(3) 力法正则方程

$$\left.\begin{aligned}\delta_{11}X_1+\delta_{12}X_2+\Delta_{1F}=0\\ \delta_{21}X_1+\delta_{22}X_2+\Delta_{2F}=0\end{aligned}\right\}\tag{a}$$

(4) 计算位移 δ_{ij} 和 $\Delta_{iF}(i=1,2;j=1,2)$

分别在静定基上施加载荷和单位力 $X_1=1$、$X_2=1$，作出相应的弯矩图 M_F 图、$\bar{M}_1$ 图、$\bar{M}_2$ 图，分别如图 13-6c，d 和 e 所示。由图乘法得

$$\Delta_{1F}=\frac{1}{EI}\left(\frac{1}{3}\cdot\frac{qa^2}{2}\cdot a\right)a=\frac{qa^4}{6EI},\qquad \Delta_{2F}=\frac{-1}{EI}\left(\frac{1}{3}\cdot\frac{qa^2}{2}\cdot a\right)\frac{3}{4}a=-\frac{qa^4}{8EI}$$

$$\delta_{11}=\frac{1}{EI}\left(a^2a+\frac{a^2}{2}\cdot\frac{2}{3}a\right)=\frac{4a^3}{3EI},\qquad \delta_{22}=\frac{1}{EI}\left(\frac{a^2}{2}\cdot\frac{2a}{3}\right)=\frac{a^3}{3EI}$$

$$\delta_{12}=\delta_{21}=\frac{-1}{EI}\left(a^2\cdot\frac{a}{2}\right)=-\frac{a^3}{2EI}$$

(5) 计算 X_1、X_2

将上述位移值代入式(a)，有

$$\left.\begin{aligned}\frac{4a^3}{3EI}X_1-\frac{a^3}{2EI}X_2+\frac{qa^4}{6EI}=0\\ -\frac{a^3}{2EI}X_1+\frac{a^3}{3EI}X_2-\frac{qa^4}{8EI}=0\end{aligned}\right\}\tag{b}$$

解得

$$X_1=\frac{qa}{28}(\rightarrow),\qquad X_2=\frac{3qa}{7}(\uparrow)$$

(6) 作 M 图

将$\overline{M}_1$图的弯矩值乘以$\frac{qa}{28}$，将$\overline{M}_2$图的弯矩值乘以$\frac{3qa}{7}$，再与 M_F 图的弯矩值叠加后作出 M 图，如图 13-6f 所示。其中 $M_B=\frac{qa^2}{28}-\frac{3qa^2}{7}+\frac{qa^2}{2}=\frac{3qa^2}{28}$（下侧受压），$CB$ 段中点弯矩（注：不是极值弯矩）为 $M_{中}=\frac{qa^2}{28}-\frac{3qa^2}{14}+\frac{qa^2}{8}=-\frac{3qa^2}{56}$（上侧受压）。

例 13-3 图 13-7a 所示刚架各段 EI 相同，B 端为弹性支座，弹簧刚度系数 $k=\frac{3EI}{l^3}$。试作刚架的弯矩图。

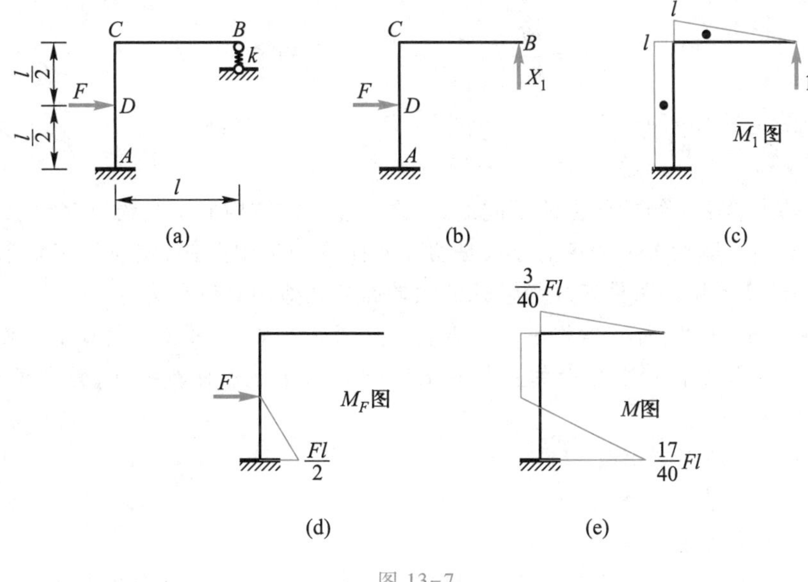

图 13-7

解：(1) 确定静不定次数

此刚架为一次静不定结构。

(2) 建立相当系统

解除 B 端约束，代以相应的多余未知力 X_1，相当系统如图 13-7b 所示。

(3) 力法正则方程

$$\delta_{11}X_1+\Delta_{1F}=-\frac{X_1}{k} \tag{a}$$

此式左端表示相当系统在力 F 和力 X_1 作用下产生的 B 端位移 Δ_1，右端表示支座弹簧受压

力 X_1 时产生的位移 Δ，$\Delta=-\frac{X_1}{k}$表示 B 端实际位移方向向下，与所设 X_1 方向相反。

(4) 求 δ_{11}和 Δ_{1F}

作$\overline{M}_1$图和 M_F 图，分别如图 13-7c，d 所示。由图乘法得

$$\delta_{11}=\frac{1}{EI}\left(\frac{l^2}{2}\cdot\frac{2l}{3}+l^2\cdot l\right)=\frac{4l^3}{3EI}$$

$$\Delta_{1F}=\frac{-1}{EI}\left(\frac{1}{2}\cdot\frac{l}{2}\cdot\frac{Fl}{2}\cdot l\right)=\frac{-Fl^3}{8EI}$$

(5) 求 X_1 值

将上述位移值代入式(a)得

$$\frac{4l^3}{3EI}\cdot X_1-\frac{Fl^3}{8EI}=-\frac{X_1}{k}$$

$$X_1=\frac{Fl^3}{8EI}\Big/\left(\frac{4l^3}{3EI}+\frac{l^3}{3EI}\right)=\frac{3}{40}F(\uparrow)$$

(6) M 图如图 13-7e 所示。

四、求解内力静不定结构

与分析外力静不定结构的方法不同的是，内力静不定结构的多余约束存在于结构内部，而不是外部支座。解除多余约束的方法是切开截面或增加中间铰，相应的多余未知力为该截面的内力，而变形协调条件表现为切开处两端面的某些相对位移为零。

例 13-4 图 13-8a 所示结构中，梁 AB 由 1、2 两杆悬吊，已知两杆的横截面面积分别为 $A_1=A$，$A_2=2A$，梁横截面对中性轴的惯性矩 $I=0.4Aa^2$，杆与梁材料相同，弹性模量均为 E。试求两杆的轴力。

解： (1) 确定静不定次数

此结构为一次静不定结构。

(2) 建立相当系统

选杆 1 为多余约束，将杆 1 切开，在切口两端代以相应的多余未知力 X_1，即杆 1 的轴力。相当系统如图 13-8b 所示。

(3) 力法正则方程

$$\delta_{11}X_1+\Delta_{1F}=0 \tag{a}$$

此式表明 1 杆切口两端沿 X_1 方向的相对线位移等于零。

(4) 求 δ_{11}和 Δ_{1F}

在静定基上加载荷 F，如图 13-8c 所示。此时两杆轴力 $F_{N1F}=0$，$F_{N2F}=F$，梁的弯矩 $M_F=0$。在静定基上加上与多余未知力 X_1 相应的单位力，由平衡方程求出两杆轴力分别为$\overline{F}_{N11}=1$，$\overline{F}_{N21}=\frac{-\sqrt{2}}{4}$，并作出此时梁的弯矩图$\overline{M}_1$图，如图 13-8d 所示。

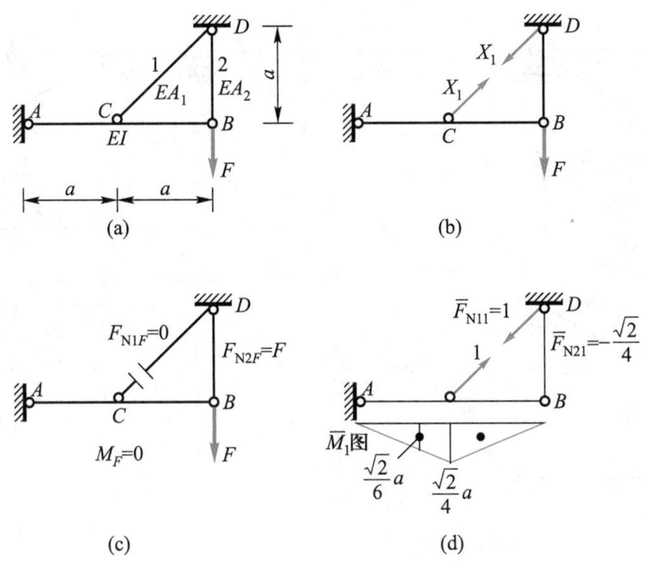

图 13-8

$$\delta_{11}=\frac{1}{EI}\omega_1\bar{M}_{1C}+\sum\frac{\bar{F}_{Ni1}\bar{F}_{Ni1}l_i}{EA_i}=\frac{1}{EI}\left(\frac{a}{2}\cdot\frac{\sqrt{2}a}{4}\cdot\frac{\sqrt{2}a}{6}\times 2\right)+\frac{\sqrt{2}a}{EA_1}+\frac{a/8}{EA_2}$$

$$=\frac{a^3}{12E(0.4Aa^2)}+\frac{\sqrt{2}a}{EA}+\frac{a}{8E(2A)}=\frac{1.685a}{EA}$$

$$\Delta_{1F}=0+\frac{F(-\sqrt{2}/4)a}{EA_2}+0=-\frac{\sqrt{2}Fa}{8EA}=-\frac{0.177}{EA}Fa$$

(5) 求 X_1

将以上数据代入式(a),解得

$$X_1=-\Delta_{1F}/\delta_{11}=0.105F$$

(6) 求各杆的轴力

$$F_{N1}=X_1=0.105F(+)$$

$$F_{N2}=\bar{F}_{N21}X_1+F_{N2F}=(-\sqrt{2}/4)\times 0.105F+F=0.963F(+)$$

例 13-5 图 13-9a 所示结构由横梁 AB 和杆 1、2、3 组成,横梁承受均布载荷 q 作用。试计算各杆轴力及结点 D 的铅垂位移 w_D。各杆 EA 相同,梁的弯曲刚度 EI 为常量,且 $I=\frac{\sqrt{3}Aa^2}{10}$。

解:(1) 判断静不定次数

由平衡方程求得支座约束力 $F_A=F_B=qa(\uparrow)$。结点 D 的独立平衡方程只有 2 个,但有 F_{N1}、F_{N2}、F_{N3} 共 3 个未知力(图 13-9a),故此结构为一次内力静不定结构。

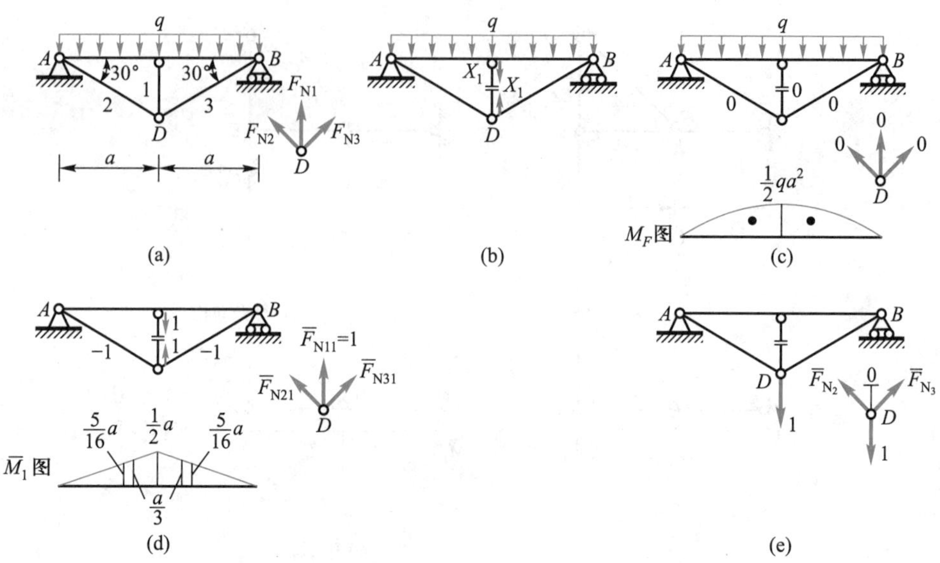

图 13-9

(2) 建立相当系统

将杆 1 切开,在切口两端代以相应的多余未知力 X_1,即杆 1 的轴力。相当系统如图 13-9b 所示。

(3) 力法正则方程

$$\delta_{11}X_1+\Delta_{1F}=0 \tag{a}$$

此式代表切口两端沿 X_1 方向的相对线位移为零。

(4) 求 δ_{11} 和 Δ_{1F}

在静定基上加均布载荷 q。由结点 D 的平衡方程可知 $F_{NiF}=0(i=1,2,3)$,即载荷引起三杆轴力均为零。作梁的弯矩图 M_F 图,如图 13-9c 所示。

在静定基上加与 X_1 相应的一对单位力。由结点 D 的平衡方程可知 $\overline{F}_{N11}=1,\overline{F}_{N21}=\overline{F}_{N31}=-1$,作梁的弯矩图 $\overline{M}_1$ 图,如图 13-9d 所示。各杆长为 $l_1=\dfrac{a}{\sqrt{3}},l_2=l_3=\dfrac{2a}{\sqrt{3}},\dfrac{1}{A}=\dfrac{\sqrt{3}}{10}\cdot\dfrac{a^2}{I}$。

$$\Delta_{1F}=\frac{1}{EI}\omega_F\overline{M}_{1C}+\sum\frac{F_{NiF}\overline{F}_{Ni1}l_i}{EA_i}=\frac{2}{EI}\left(\frac{2}{3}\cdot\frac{qa^2}{2}\cdot a\right)\cdot\frac{5}{16}a+0=\frac{5qa^4}{24EI}$$

$$\begin{aligned}\delta_{11}&=\frac{1}{EI}\overline{\omega}_1\overline{M}_{1C}+\sum\frac{\overline{F}_{Ni1}\overline{F}_{Ni1}l_i}{EA_i}\\&=\frac{2}{EI}\left(\frac{a^2}{4}\right)\frac{a}{3}+\frac{1}{EA}\left[1^2\cdot\frac{a}{\sqrt{3}}+(-1)^2\cdot\frac{2a}{\sqrt{3}}\times 2\right]\end{aligned}$$

$$=\frac{a^3}{6EI}+\frac{5a}{\sqrt{3}EA}=\frac{a^3}{6EI}+\frac{5a}{\sqrt{3}E}\cdot\frac{\sqrt{3}}{10}\cdot\frac{a^2}{I}=\frac{2a^3}{3EI}$$

（5）求 X_1

将 δ_{11} 和 Δ_{1F} 代入式(a)，得

$$\frac{2a^3}{3EI}X_1+\frac{5qa^4}{24EI}=0 \tag{b}$$

解出

$$X_1=-\frac{5qa}{16}$$

（6）求各杆轴力

$$F_{N1}=X_1=-\frac{5qa}{16}(\text{压})$$

$$F_{N2}=F_{N3}=\frac{5qa}{16}(\text{拉})$$

（7）求位移 w_D

在静定基的结点 D 处加铅垂单位力，如图 13-9e 所示。此单位力系统中，$\overline{M}=0,\overline{F}_{N1}=0,\overline{F}_{N2}=\overline{F}_{N3}=1$。由莫尔积分得

$$w_D=\frac{1}{EI}\int M\overline{M}\mathrm{d}x+\frac{1}{EA}\sum F_{Ni}\overline{F}_{Ni}l_i=0+\frac{1}{EA}\left(0+2\times\frac{5qa}{16}\times1\times\frac{2a}{\sqrt{3}}\right)=\frac{5qa^2}{4\sqrt{3}EA}(\downarrow)$$

13.2 对称性的利用

工程中的很多静不定结构是对称的，利用结构的对称性可使计算工作大为简化。

对称结构具有对称的几何形状和约束条件，而且构件对称位置的刚度也是相同的。例如，图 13-10a，b 和 c 所示结构都是对称结构。

若作用在结构对称位置的载荷数值相等、方位与指向都对称，称为对称载荷；若作用在对称位置的载荷数值相等、方位对称、但指向相反，则称为反对称载荷。图 13-11a 所示载荷为对称载荷，图 13-12a 所示载荷为反对称载荷。

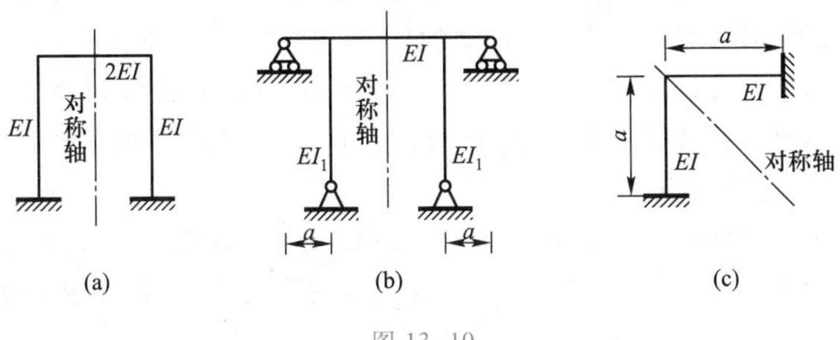

图 13-10

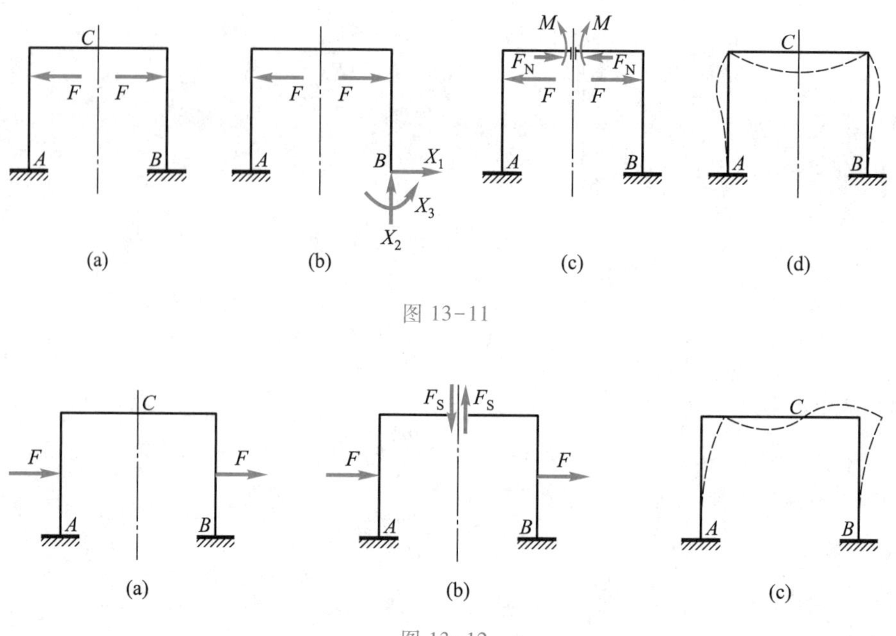

图 13-11

图 13-12

平面对称结构在对称载荷作用下,其约束力、变形和内力分布都对称于结构的对称轴;而在反对称载荷作用下,其约束力、变形和内力分布都反对称于结构的对称轴。

分析静不定结构时,利用上述特征,可以直接得到某些未知力和位移数值,从而减少多余未知力数目。例如,图 13-11a 所示刚架为三次静不定结构。若解除支座 B 约束,作为外力静不定问题求解,则有 3 个多余未知约束力,相当系统如图 13-11b 所示。若利用对称性,在对称轴截面 C 切开作为内力静不定问题求解,由于对称结构受到对称载荷作用,截面 C 的内力应对称于对称轴,其截面内的 3 个内力中,反对称的剪力 F_S 必等于零,待求的多余未知力只剩下轴力 F_N 和弯矩 M 两个,如图 13-11c 所示。由变形的对称性可知:截面 C 不可能有向右或向左的水平位移,也不可能有转角,如图 13-11d 所示,所以可以取半个刚架作为静定基,变形协调条件为 $\Delta_{Cx}=0$ 和 $\theta_C=0$。

图 13-12a 所示刚架,若作为外力静不定结构求解,也是三次静不定结构。若利用对称性,在对称轴处截面 C 截开,作为内力静不定问题分析,由于载荷是反对称的,内力分布是反对称于对称轴的,截面 C 的内力中,对称的轴力 F_N 和弯矩 M 都必等于零,只有反对称的剪力 F_S 一个多余未知力,如图 13-12b 所示。由变形的反对称性可知,截面 C 可产生水平位移和转角,但竖直位移必等于零,如图 13-12c 所示,所以取半个刚架作为静定基,相当系统的变形协调条件是 $\Delta_{Cy}=0$。

图 13-13a 所示对称结构所受载荷既不是对称的,也不是反对称的,但能够转化为对称载荷(图 13-13b)和反对称载荷(图 13-13c)这两种情况的叠加,对称性的应用仍然能使静不定问题得到简化。

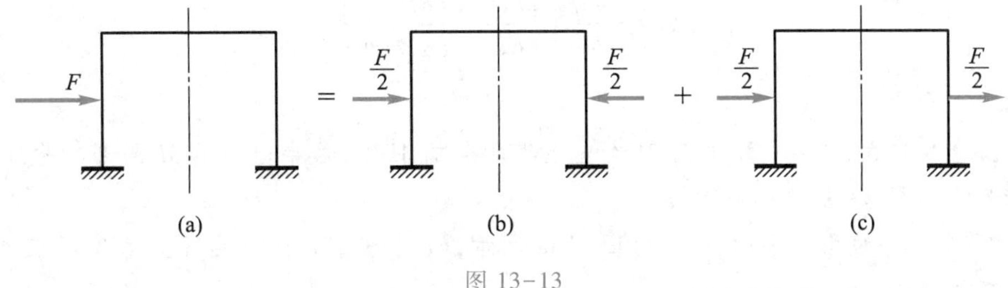

图 13-13

例 13-6 试作图 13-14a 所示刚架的弯矩图。刚架各段弯曲刚度 EI 为相同常量。

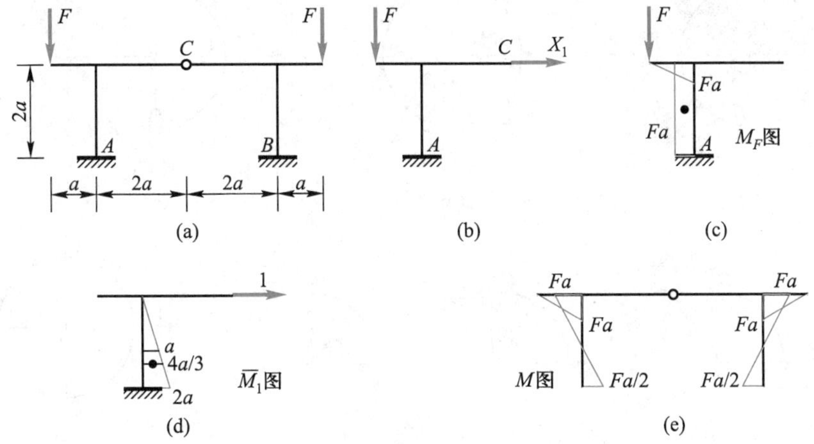

图 13-14

解: (1) 问题分析

此刚架为二次静不定结构,该问题属于对称结构受对称载荷作用问题。利用对称性,解除对称轴处截面 C 的中间铰约束后,截面 C 的剪力 $F_S=0$,只有轴力 X_1 一个多余未知力,取左半刚架分析,相当系统如图 13-14b 所示。

(2) 力法正则方程

$$\delta_{11}X_1+\Delta_{1F}=0 \tag{a}$$

此式代表相当系统截面 C 处沿水平方向的位移等于零。

(3) 求 δ_{11} 和 Δ_{1F}

在静定基上分别加原载荷和单位力 $\overline{X}_1=1$,并作出 M_F 图和 $\overline{M}_1$ 图,如图 13-14c,d 所示。

$$\Delta_{1F}=\frac{-1}{EI}Fa\cdot 2a\cdot a=\frac{-2Fa^3}{EI},\qquad \delta_{11}=\frac{1}{EI}\cdot\frac{2a\cdot 2a}{2}\cdot\frac{4}{3}a=\frac{8a^3}{3EI}$$

(4) 求 X_1

将 δ_{11} 和 Δ_{1F} 值代入式(a),得

$$X_1=-\frac{\Delta_{1F}}{\delta_{11}}=\frac{2Fa^3}{EI}\cdot\frac{3EI}{8a^3}=\frac{3}{4}F$$

（5）作 M 图

根据叠加法，由 $M=X_1\bar{M}_1+M_F$ 可作出左半刚架的 M 图，右半刚架的 M 图可对称地作出，整个刚架的 M 图如图 13-14e 所示。

例 13-7 等截面圆环受力如图 13-15a 所示，EI 为常量。试求圆环上力作用点 A、B 的相对位移 Δ_{AB}。

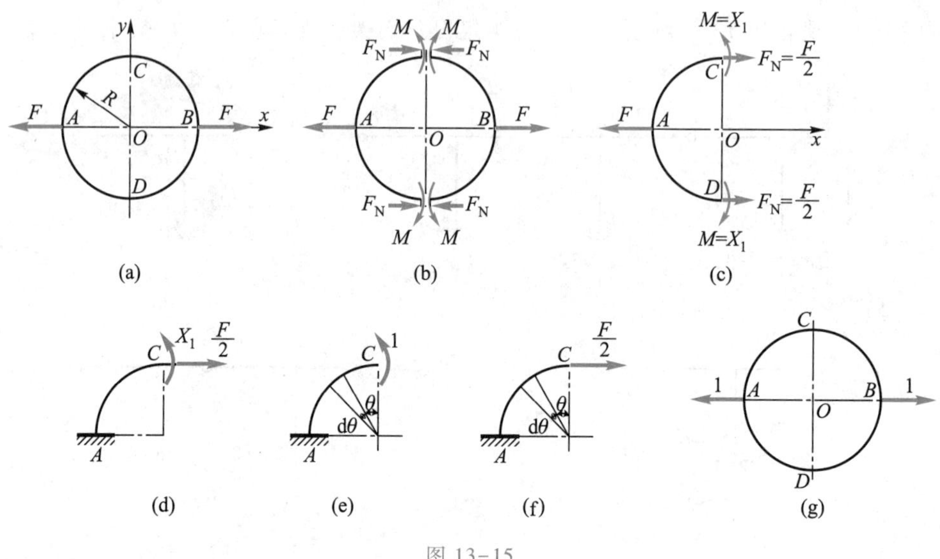

图 13-15

解：（1）问题分析

此封闭圆环为三次内力静不定结构，为对称结构受对称载荷作用。位于对称轴 y 上的截面 C 或 D 上的剪力 $F_S=0$，非零内力只有对称的轴力 F_N 和弯矩 M，如图 13-15b 所示。取左半圆环分析，如图 13-15c 所示。它对称于 x 轴，而且受力也对称。由平衡方程 $\sum F_x=0$ 可求出 $F_N=F/2$，于是只有一个多余未知力 $M=X_1$。由于变形对称，位于对称轴上的 A 截面必有转角和铅垂位移都等于零，相当于固定端，故取其上半部分作为静定基，相当系统如图 13-15d 所示。

（2）力法正则方程

$$\delta_{11}X_1+\Delta_{1F}=0 \tag{a}$$

此式表示位于对称轴上的截面 C 的转角等于零。

（3）求 δ_{11} 和 Δ_{1F}

静定基上由单位力（图 13-15e）和载荷（图 13-15f）引起的弯矩方程分别为

$$\bar{M}_1(\theta)=-1 \quad (0<\theta<\pi/2)$$

$$M_F(\theta)=\frac{F}{2}R(1-\cos\theta)\quad(0\leqslant\theta\leqslant\pi/2)$$

由莫尔积分可求得

$$\delta_{11}=\frac{1}{EI}\int_s\bar{M}_1(\theta)\bar{M}_1(\theta)\mathrm{d}s=\frac{1}{EI}\int_0^{\frac{\pi}{2}}(-1)(-1)R\mathrm{d}\theta=\frac{\pi R}{2EI}\tag{b}$$

$$\Delta_{1F}=\frac{1}{EI}\int_s\bar{M}_1(\theta)M_F(\theta)\mathrm{d}s=\frac{1}{EI}\int_0^{\frac{\pi}{2}}(-1)\frac{F}{2}R(1-\cos\theta)R\mathrm{d}\theta=\frac{-FR^2}{2EI}\left(\frac{\pi}{2}-1\right)\tag{c}$$

(4) 计算 X_1

将式(b)和式(c)代入式(a),有

$$\frac{\pi R}{2EI}X_1-\frac{FR^2}{2EI}\left(\frac{\pi}{2}-1\right)=0$$

解得

$$X_1=\frac{FR}{2}\left(1-\frac{2}{\pi}\right)\tag{d}$$

(5) 求 Δ_{AB}

圆环任一截面的弯矩方程为

$$\begin{aligned}M(\theta)&=M_F(\theta)+\bar{M}_1(\theta)X_1\\&=\frac{F}{2}R(1-\cos\theta)-\frac{FR}{2}\left(1-\frac{2}{\pi}\right)=\frac{FR}{2}\left(\frac{2}{\pi}-\cos\theta\right)\end{aligned}\tag{e}$$

在 A、B 两点各加一共线反向单位力时,如图 13-15g 所示,则弯矩方程可利用式(e)写为

$$\bar{M}(\theta)=\frac{R}{2}\left(\frac{2}{\pi}-\cos\theta\right)$$

由莫尔积分求得

$$\begin{aligned}\Delta_{AB}&=4\int_0^{\frac{\pi}{2}}\frac{\bar{M}(\theta)M(\theta)R\mathrm{d}\theta}{EI}=\frac{4}{EI}\int_0^{\frac{\pi}{2}}\frac{R}{2}\left(\frac{2}{\pi}-\cos\theta\right)\frac{FR}{2}\left(\frac{2}{\pi}-\cos\theta\right)R\mathrm{d}\theta\\&=\frac{FR^3}{EI}\left(\frac{\pi}{4}-\frac{2}{\pi}\right)=0.149\times\frac{FR^3}{EI}\end{aligned}$$

例 13-8 平面刚架如图 13-16a 所示,各段 EI 为常量,试作此刚架弯矩图,并计算中点 C 的铅垂位移 w_C。

解: (1) 确定静不定次数

此刚架有一个多余约束,为一次静不定结构。

(2) 建立相当系统

在刚架中点 C 处加中间铰,相应的多余未知力 X_1 为截面 C 处的弯矩,静定基为三铰刚架,相当系统如图 13-16b 所示。

(3) 力法正则方程

$$\delta_{11}X_1+\Delta_{1F}=0\tag{a}$$

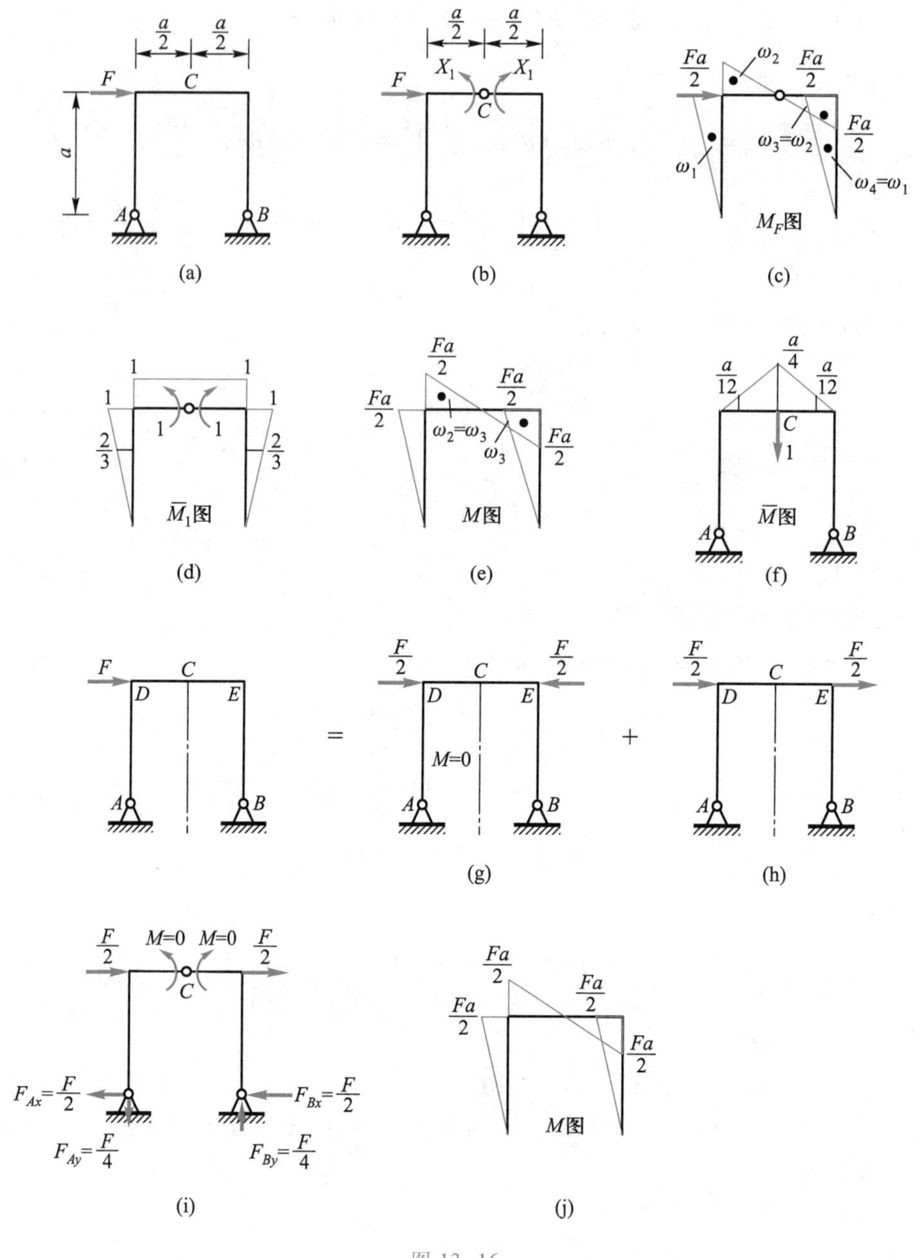

图 13-16

此变形协调条件表示中间铰 C 两侧截面的相对转角等于零。

（4）求 δ_{11} 和 Δ_{1F}

在静定基上加原载荷，作 M_F 图，如图 13-16c 所示；在静定基上加与 X_1 相应的一对单位力偶，作 $\overline{M}_1$ 图，如图 13-16d 所示。通过图乘法得

$$\delta_{11}=\frac{5a}{3EI},\qquad \Delta_{1F}=\frac{1}{EI}\left(\omega_1\times\frac{2}{3}+\omega_2\times1-\omega_3\times1-\omega_4\times\frac{2}{3}\right)=0$$

(5) 将以上数据代入式(a)求 X_1，解得

$$X_1=-\Delta_{1F}/\delta_{11}=0$$

(6) 作 M 图

由于 $X_1=0$，所以原刚架的 M 图与 M_F 图相同，如图 13-16e 所示。

(7) 求 w_C

另取静定基，并在 C 处加上与 w_C 相应的单位力，作 $\overline{M}$ 图，如图 13-16f 所示。通过图乘法，由上述 M 图和 $\overline{M}$ 图可得

$$w_C=\frac{1}{EI}\left(\frac{\omega_2 a}{12}-\frac{\omega_3 a}{12}\right)=0$$

讨论：

(1) 静定基的选择不是唯一的

本题按照加中间铰解除约束的方法，取三铰刚架作为静定基，处理成内力静不定问题求解，也可以解除 B 支座水平约束，取简支静定刚架作为静定基，处理成为外力静不定问题求解。中间过程不同，但最后结果却是相同的，因为无论何种相当系统，都与原静不定结构受力和变形相同。因此，用单位载荷法求静不定结构的位移时，单位力可以加在原结构的任意一种静定基上，本题就选择了一种便于作 $\overline{M}$ 图的简支刚架作为静定基进行位移计算。

(2) 利用结构对称性，重解此刚架

此刚架结构对称，将所受载荷分组，转化为对称载荷(图 13-16g)和反对称载荷(图 13-16h)叠加。图 13-16g 所示对称荷载作用在横梁 DE 两端，在不计梁的轴向变形情况下，D、E 都不产生位移，故刚架各部分都不产生弯曲变形，各杆弯矩都等于零。图 13-16h 所示反对称载荷作用于对称结构上。在对称轴上 C 截面处加中间铰解除多余约束，相应的多余未知力是截面 C 上的弯矩，由于内力的反对称性，该处 $M=0$，所以利用平衡方程就能求出此相当系统的全部支座约束力，如图 13-16i 所示，它的 M 图即为原刚架的 M 图，如图 13-16j 所示。

课程设计及学习思路

第 13 章
工程案例

掌握运用变形协调关系、物理关系和静力学关系三方面求解静不定问题的基本分析方法；理解对称和反对称性的概念；掌握用力法及其正则方程求解一次静不定问题。

课程难点分析及学习体会

(1) 静不定问题中有多余未知力，分析时，可先取研究对象进行受力分析，看有多少个未知力。静不定次数等于全部未知力的个数减去独立平衡方程的个数。静不定问题分为外力静不定与内力静不定问题，解题技巧不同。

(2) 用力法正则方程求解静不定问题步骤。

首先建立相当系统，解除多余约束，取而代之的是多余未知力，根据其个数编号为 X_1，X_2，X_3，…。

然后根据静不定次数写力法正则方程，求方程中的系数(位移)，可用图乘法。

以二次静不定结构为例，需画三个弯矩图：静定基在原载荷作用下的弯矩图 M_F，静定基在未知力 $X_1=1$ 作用下的弯矩图$\overline{M}_1$，静定基在未知力 $X_2=1$ 作用下的弯矩图$\overline{M}_2$。

正则方程中的系数的下标与弯矩图的下标是一致的。比如，求 δ_{11}是$\overline{M}_1$图自乘；求 δ_{12}是$\overline{M}_1$图和$\overline{M}_2$图互乘；求 Δ_{F1}是 M_F 图和$\overline{M}_1$图互乘；求 Δ_{F2}是 M_F 图和$\overline{M}_2$图互乘。

最后把系数代入正则方程，联立求解，就可求出未知力 X_1、X_2。

如果想作原静不定结构的弯矩图，可利用已有的弯矩图叠加，即 M_F 图加上$\overline{M}_1$图乘以 X_1，再加上$\overline{M}_2$图乘以 X_2。

如果想求原静不定结构某点位移，应以相当系统为研究对象，而不是以原静不定结构为研究对象。在静定基上加相应的单位力，静定基的选取方法不唯一。为方便求解位移，可另外选取不同的静定基。

在内力静不定结构内部有多余构件。求解内力静不定问题的技巧：将多余杆件从任一截面截断，内力暴露出来成为多余未知力，根据其个数编号为 X_1，X_2，X_3，…。

(3) 多次静不定问题可利用对称性和反对称性简化运算。

对称问题，将结构从中间对称面处截开，取一半为研究对象建立相当系统，内力暴露出来变成外力，其中反对称内力为零(例如，剪力 F_S)，只剩轴力和弯矩，编号为 X_1、X_2。

反对称问题，将结构从中间对称面处截开，取一半为研究对象建立相当系统，内力暴露出来变成外力，其中对称内力为零(例如，轴力 F_N 和弯矩 M)，只剩剪力，编号为 X_1。

习　题

13-1　判断图示各结构是否为静不定结构。若为静不定结构，试判断其静不定次数，选择静定基，画出相应的相当系统，并列出相应的变形协调条件。

13-2　试求图示平面桁架中杆 BC 的轴力。已知各杆材料相同，杆 AB、CD 的横截面面积为 A_1，其余各杆的横截面面积为 $A=A_1/2$，$F=100$ kN。

13-3　图示悬臂梁 AB 和 CD 的弯曲刚度均同为 $EI=25\times10^6$ N·m²，由钢杆 BE 相连接，BE 杆的拉压刚度 $EA=60\times10^6$ N，$l=3$ m，$q=10$ kN/m，试求 CD 梁自由端的挠度 w_D。

13-4　图示直梁 ABC 的 EI 为已知常量，在承受载荷前搁置在支座 A、C 上，梁与支座 B 间有一间隙 Δ。当载荷 F 作用后，梁发生变形而在中点处与支座 B 接触，如图中虚线所示。试求如要使三个支座处的约束力相等，间隙 Δ 应为多大？

13-5　简支梁 AB 的 EI 为已知常量，在跨度中点 C 由一根两端铰接的短柱 CD 支撑，梁未承受均布载荷作用之前，柱顶 C 与梁 A、B 位于同一水平线上，结构尺寸如图所示。当均布载荷 q 作用之后，若要使梁内最大弯矩值达到最小，试问柱的拉压刚度 E_0A_0 应为多大？(不考虑柱的稳定性。)

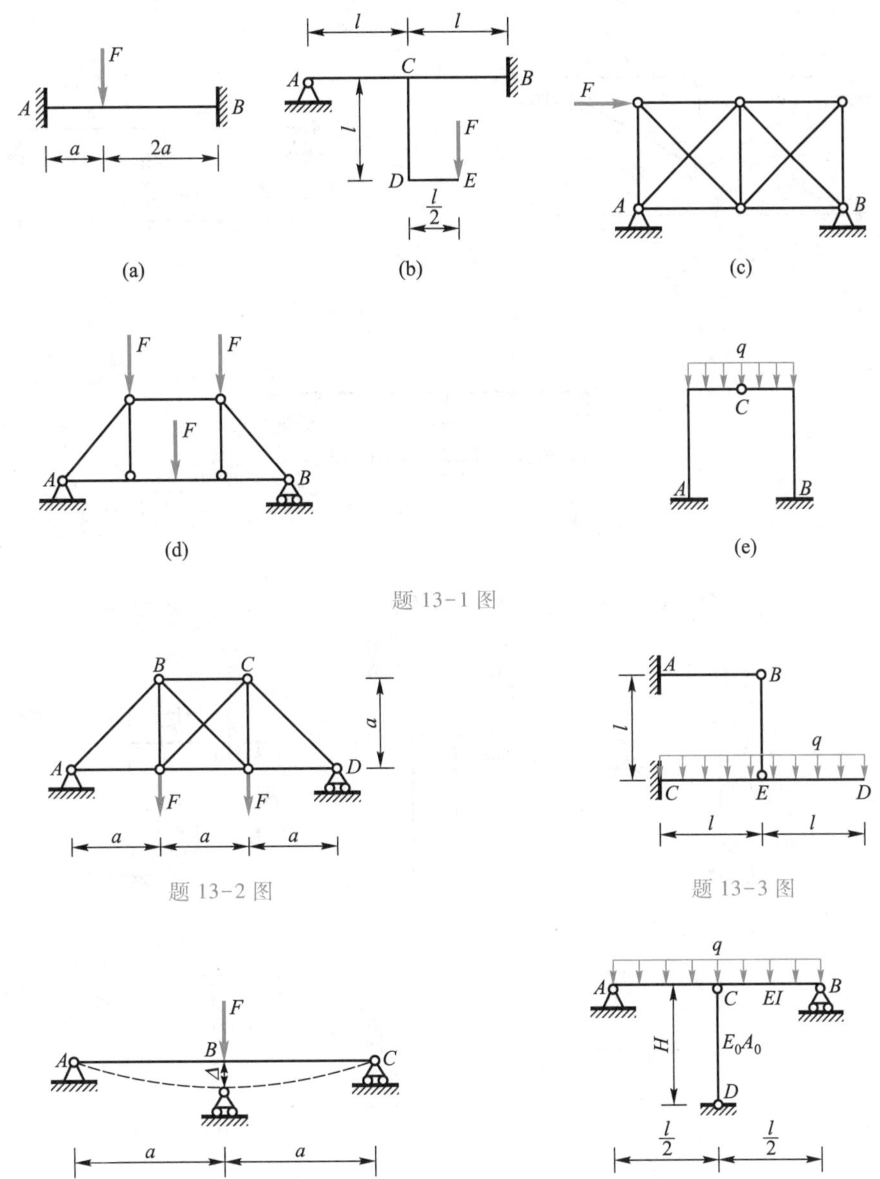

题 13-1 图

题 13-2 图

题 13-3 图

题 13-4 图

题 13-5 图

13-6　由三根杆加固的简支梁 AB 如图所示。各杆 EA 相同，梁的 EI 为常量。不计梁内轴力对变形的影响，试求杆 CD 的轴力，并比较梁在加固前后的最大弯矩。

13-7　图示梁 ABC 的 EI 为常量，C 处有一弹簧支撑，弹簧刚度系数 $k=3EI/a^3$，试求：(1) C 处支座约束力；(2) 梁端转角 θ_A。

13-8　图示梁 ABC 中间支座 B 的高度可以改变，若使梁内 $M_{\max}$ 减小，中间支座 B 的高度升高还是降低？支座 B 的高度如何改变可使 $M_{\max}$ 减至最小？EI 为已知常量。

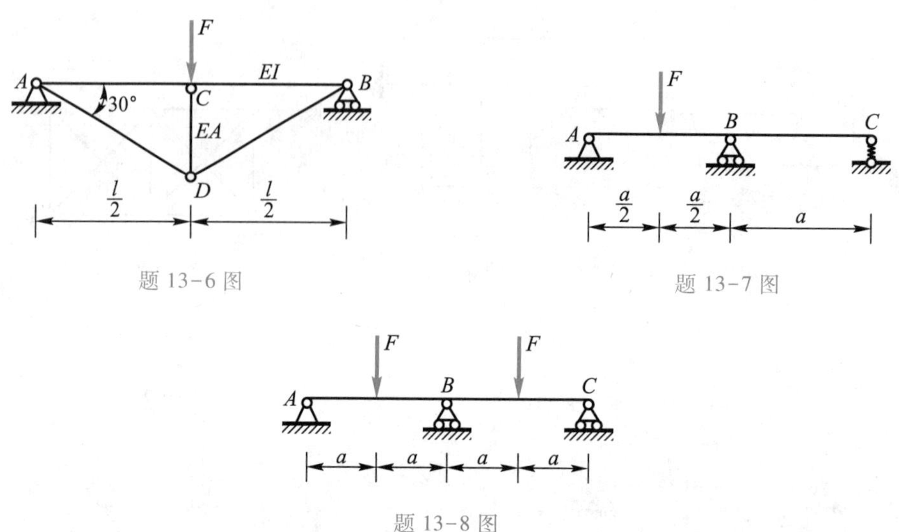

题 13-6 图

题 13-7 图

题 13-8 图

13-9　试作图示各等截面平面刚架的弯矩图。不计轴力和剪力对位移的影响。

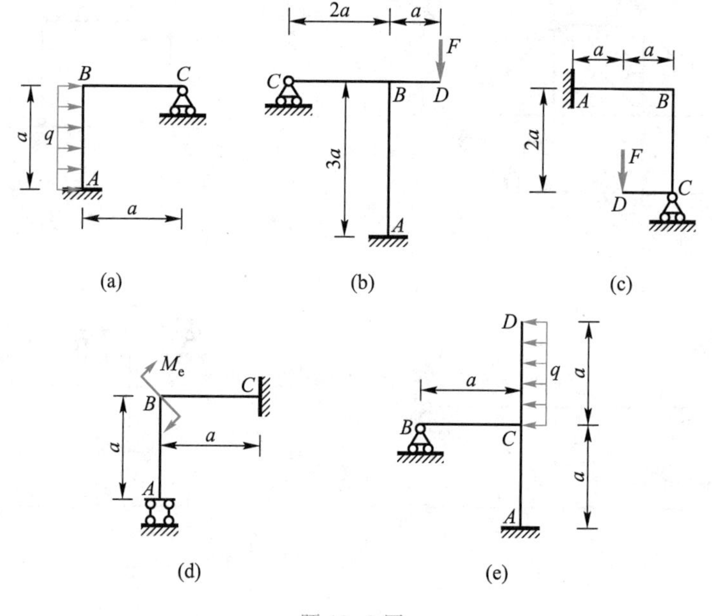

题 13-9 图

13-10　试利用对称性作图示各等截面刚架的弯矩图。

13-11　图示为一静不定梁的 M 图。已知梁的 $EI=100\ \mathrm{kN\cdot m^2}$，$A$ 端的挠度和转角均为零。试画出此梁的挠曲线大致形状和可能具有的支座情况图，以及相应的载荷图，并求梁中点挠度 w_C。

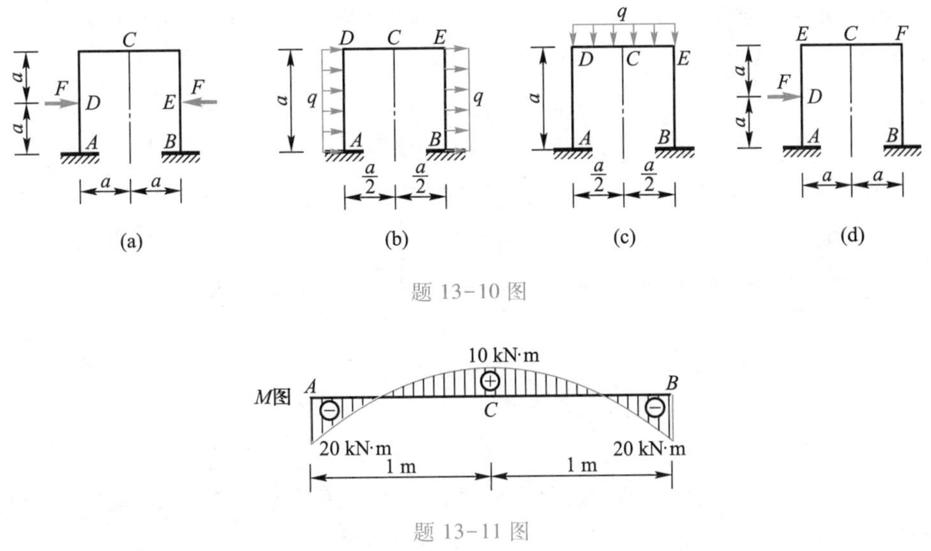

题 13-10 图

题 13-11 图

13-12　试用最简便的方法求图示多跨连续梁的各支座约束力及梁在各支座处截面的弯矩。EI 为常量。

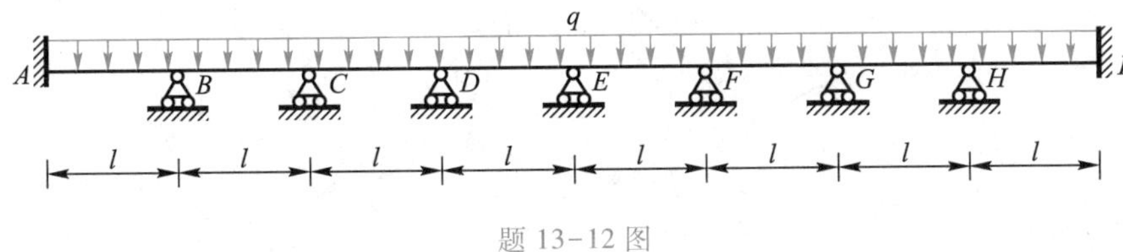

题 13-12 图

13-13　图示闭合框架各段 EI 相同，试作其弯矩图，并求力作用点 A、B 两点的相对线位移 Δ_{AB}，以及 C、D 两点的相对线位移 Δ_{CD}。

13-14　图示为钢链条的一个环节。已知链的圆形横截面直径 $d=4$ mm，$a=15$ mm，材料 $E=200$ GPa，载荷 $F=100$ N。试计算每节链条的伸长（不计轴力引起的变形）及链条横截面的最大正应力。

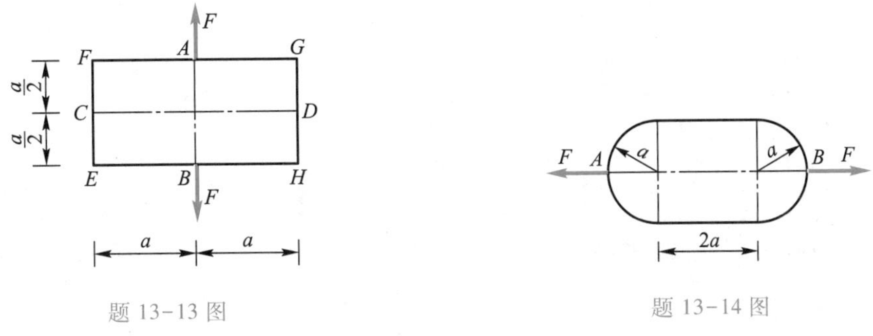

题 13-13 图　　题 13-14 图

13-15　求解图示各结构（EI 为常量）时，利用结构的对称性都可以化简成只有一个多余未知力的问题，这一结论对吗？为什么？

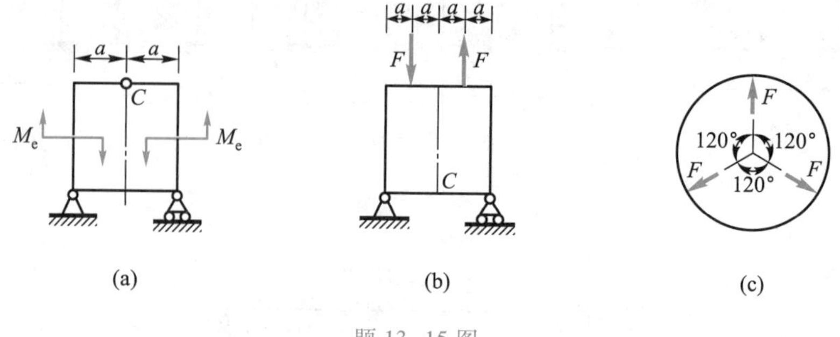

题 13-15 图

13-16　图示刚架位于水平面内，承受铅垂载荷 F 作用。已知各杆的 EI、GI_p 均为常量，且 $GI_p=0.8EI$，试利用结构的对称性求中间截面 C 的内力（忽略水平平面内的变形）。

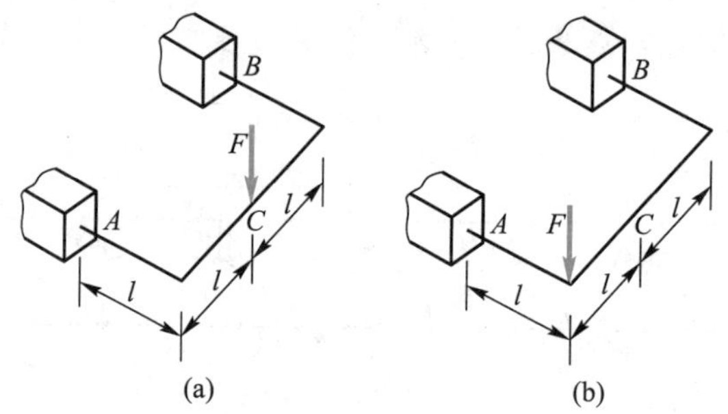

题 13-16 图

13-17　工程中蒸汽管道常常采用图示装置以降低管子工作时的温度应力。若管子外径 $D=70$ mm，内径 $d=60$ mm，$a=1$ m，$E=200$ GPa，线胀系数 $\alpha_l=11.5\times10^{-6}$℃$^{-1}$。工作时的温度比安装管道时的温度高 200℃。试计算采用此种装置比不采用（即用一条直管）时温度应力降低的百分数。

13-18　图示梁 AB 的两端固定在刚性基础上，已知梁的截面高度为 h，弯曲刚度为 EI，材料的线胀系数为 α_l。梁安装后其顶部温度为 T_1，而底部温度为 T_2，且 $T_1>T_2$，温度沿高度线性变化。求由温度引起的最大弯矩。

题 13-17 图　　　　题 13-18 图

第14章 动载荷

14.1 概述

当载荷保持不变或随时间的变化极为缓慢，在整个加载过程中构件的加速度为零或很小而可以忽略不计时，此类载荷称为**静载荷**；当加载时构件有明显的加速度，或者载荷随时间显著变化时，这类载荷称为**动载荷**。如加速升降的起重吊索、高速旋转的飞轮、工作中气锤的锤杆、紧急制动的转动轴、受到运动物体撞击的结构等，这些载荷都属于动载荷。

构件中由动载荷引起的应力和应变，称为**动应力**和**动应变**。动载荷作用下结构的强度、变形等问题称为**动载荷问题**。

动载荷问题中，构件的动应力和动应变甚至材料本身的力学性能等都与静载荷问题有所不同。但实验表明，在动载荷下，当动应力不超过材料的比例极限时，胡克定律仍然成立。因此，在线性弹性范围内，可以应用材料在静载荷下测得的弹性常数。

14.2 等加速运动构件的应力和应变

构件作等加速直线运动或等速转动时，构件内各质点的加速度为常量。根据达朗贝尔原理，对作加速度运动的质点系，若在各质点处加上与该点加速度方向相反的惯性力，则它与质点系原主动力和约束力一起构成一个假想的平衡力系，使动载荷问题从形式上转化为静力平衡问题，从而可以采用求解静载荷问题的方法进行动应力和动应变的计算，这种方法称为**动静法**。下面应用动静法，分别研究构件在等加速直线运动和等速转动时的动载荷问题。

一、构件作等加速直线运动时的应力

以加速度 a 起吊重物的钢索，如图 14-1a 所示，现分析钢索中的动应力。取重物为研究对象，重物上作用的力有钢索的轴力 F_{Nd}，重力 P 和与加速度方向相反的惯性力$\frac{a}{g}P$。上述三力构成一个假想的平衡力系，如图 14-1b 所示。由此可建立平衡方程

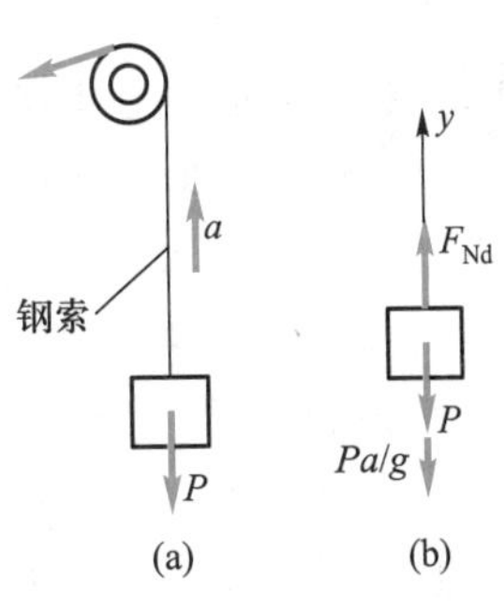

图 14-1

$$\sum F_y=0,\quad F_{Nd}-P-\frac{P}{g}a=0 \tag{a}$$

动载荷作用下钢索的轴力为

$$F_{\mathrm{Nd}}=\left(1+\frac{a}{g}\right)P \tag{b}$$

相应的动应力为

$$\sigma_{\mathrm{d}}=\frac{F_{\mathrm{Nd}}}{A}=\left(1+\frac{a}{g}\right)\frac{P}{A} \tag{c}$$

当加速度 $a=0$,即钢索受静载荷作用,轴力为

$$F_{\mathrm{Nst}}=P \tag{d}$$

相应的静应力为

$$\sigma_{\mathrm{st}}=\frac{F_{\mathrm{Nst}}}{A}=\frac{P}{A} \tag{e}$$

上述各式中下标 d 和下标 st 分别表示动载荷作用和静载荷作用。比较式(b)和式(d),式(c)和式(e),可以看到动载荷作用时轴力和应力与静载荷作用时相比被放大了 $\left(1+\frac{a}{g}\right)$ 倍,将之记为 K_{d},称为**动荷因数**。

对作等加速直线运动的构件,有

$$K_{\mathrm{d}}=\frac{F_{\mathrm{Nd}}}{F_{\mathrm{Nst}}}=1+\frac{a}{g} \tag{14-1}$$

当材料服从胡克定律时,动应力 σ_{d}、动位移 Δ_{d} 均可由相应的静应力 σ_{st}、静位移 Δ_{st} 与动荷因数的乘积求出,即有

$$\sigma_{\mathrm{d}}=K_{\mathrm{d}}\sigma_{\mathrm{st}} \tag{14-2}$$

$$\Delta_{\mathrm{d}}=K_{\mathrm{d}}\Delta_{\mathrm{st}} \tag{14-3}$$

若材料在静载荷下的许用应力为 $[\sigma]$,则动载荷下的强度条件可以偏于安全地表达为

$$\sigma_{\mathrm{d}}=K_{\mathrm{d}}\sigma_{\mathrm{st}}\leqslant[\sigma] \tag{14-4}$$

通过上述推导我们不难看出,动载荷问题可以理解为是载荷被放大到 K_{d} 倍的静载荷问题,因此,求解动载荷问题的关键是正确求出动荷因数。

例 14-1 如图 14-2a 所示矩形截面梁,自重 $P=30$ kN,长 $l=6$ m,截面宽度 $b=0.35$ m,高度 $h=0.6$ m。用横截面面积 $A=120\ \mathrm{mm}^2$ 的两根吊索以加速度 $a=9.8\ \mathrm{m/s}^2$ 起吊,试求吊索横截面上和梁内的最大动应力。

解: (1) 计算动荷因数 K_{d}

将梁视为均质材料,受力如图 14-2b 所示。构件在相应的静载荷作用下的受力如图 14-2c 所示。由梁自重引起的均布载荷集度为 $q=P/l=30\ \mathrm{kN}/6\ \mathrm{m}=5\ \mathrm{kN/m}$,相应梁的弯矩图如图 14-2d 所示。

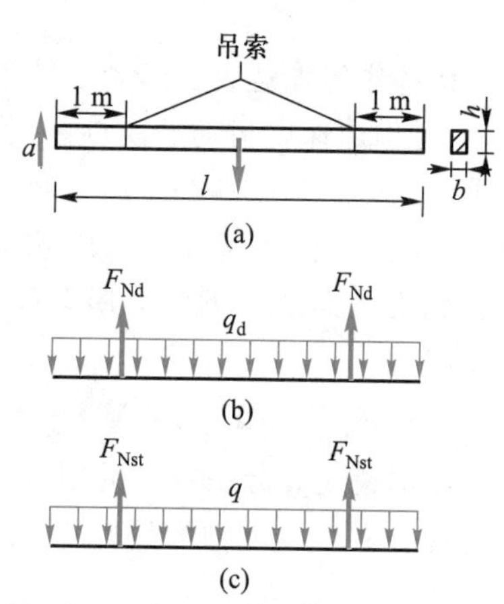

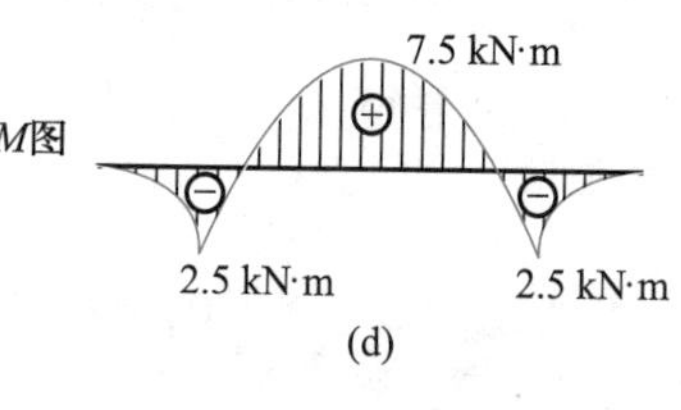

图 14-2

当以加速度 a 起吊时，梁的均布载荷集度为

$$q_{\mathrm{d}}=q+\frac{q}{g}a=\left(1+\frac{a}{g}\right)q$$

本问题属等加速直线运动，因此动荷因数为

$$K_{\mathrm{d}}=1+\frac{a}{g}=1+9.8/9.8=2$$

(2) 计算静应力

由图 14-2c 求得吊索静拉力作用下的应力为

$$\sigma_{\mathrm{st}}=\frac{F_{\mathrm{Nst}}}{A}=\frac{ql}{2A}=\frac{5\times6\times10^{3}}{2\times120}\ \mathrm{MPa}=125\ \mathrm{MPa}$$

由图 14-2d 知，梁的最大静弯矩为 7.5 kN · m，则最大弯曲静应力为

$$\sigma_{\mathrm{st,max}}=\frac{M_{\max}}{W}=\frac{7.5\times10^{3}}{(0.35\times0.6^{2})/6}\ \mathrm{Pa}=0.357\ \mathrm{MPa}$$

(3) 计算动应力

吊索：

$$\sigma_{\mathrm{d}}=K_{\mathrm{d}}\sigma_{\mathrm{st}}=2\times125\ \mathrm{MPa}=250\ \mathrm{MPa}$$

梁：

$$\sigma_{\mathrm{d,max}}=K_{\mathrm{d}}\sigma_{\mathrm{st,max}}=2\times0.357\ \mathrm{MPa}=0.714\ \mathrm{MPa}$$

二、构件等速转动时的应力和变形

如图 14-3 所示的飞轮可简化为薄壁均质圆环。静止时，圆环无应力作用。当圆环以等角速度 ω 在水平面内转动时，环上各点产生向心加速度。根据动静法，在静止圆环上加上离心惯性力，使之转化为平衡问题。设圆环的平均直径为 D，横截面面积为 A，单位体积的重量为 γ，壁厚为 t。

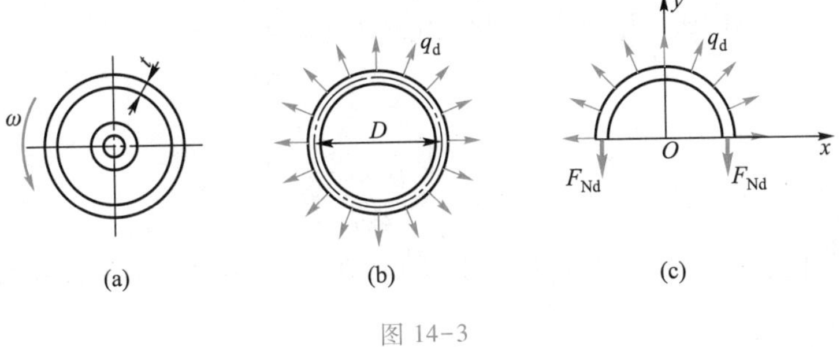

图 14-3

当环壁很薄时，环内各点的向心加速度可近似用圆环截面中线处的值代替，其值为 $a_{\mathrm{n}}=\dfrac{D\omega^{2}}{2}$，因此沿圆环中线均匀分布的惯性力集度为

$$q_{\mathrm{d}}=ma_{\mathrm{n}}=\frac{\gamma A}{g}\cdot\frac{D\omega^{2}}{2}=\frac{\gamma DA}{2g}\omega^{2}\tag{a}$$

由于 q_d 的作用,圆环内产生环向拉力 F_{Nd},取半圆环为分离体(图 14-3c),由平衡方程 $\sum F_y = 0$,有

$$2F_{Nd} = \int_0^{\pi} q_d \sin\varphi \cdot \frac{D}{2} d\varphi = q_d D \tag{b}$$

$$F_{Nd} = \frac{q_d D}{2} = \frac{\gamma D^2 A}{4g}\omega^2 \tag{c}$$

在 t 远小于 D 的条件下,可认为正应力在轮缘横截面上是均匀分布的,其值为

$$\sigma_d = \frac{F_{Nd}}{A} = \frac{D^2\gamma}{4g}\omega^2 = \frac{\gamma v^2}{g} \tag{d}$$

式(d)中,v 为飞轮轮缘上各点的线速度,其值为 $v=\omega D/2$。飞轮的强度条件为

$$\sigma_d = \frac{\gamma D^2}{4g}\omega^2 \leqslant [\sigma] \tag{e}$$

或

$$\sigma_d = \frac{\gamma v^2}{g} \leqslant [\sigma] \tag{f}$$

由式(e)和式(f)可知,飞轮中的动应力 σ_d 与轮缘横截面面积 A 无关,因此增加截面面积无助于降低动应力。为满足强度条件,若 D 已确定,则应控制角速度 ω。

下面研究圆环的动应变。在离心力作用下,圆环平均直径 D 将增大至 D_d,此时环向线应变 ε_d 为

$$\varepsilon_d = \frac{\pi D_d - \pi D}{\pi D} = \frac{D_d - D}{D}$$

于是有

$$D_d = D(1+\varepsilon_d)$$

当动应力 σ_d 小于材料的比例极限时,由胡克定律有

$$\varepsilon_d = \frac{\sigma_d}{E} = \frac{\gamma D^2\omega^2}{4gE}$$

$$D_d = D\left(1+\frac{D^2\gamma\omega^2}{4gE}\right) \tag{g}$$

式(g)表明,如果圆环是轮箍,当角速度 ω 过大时,D_d 的增大将使连接松动,轮箍就可能从轴上脱落。

应该指出,并非所有的动载荷问题都能够由动荷因数来表达。例如,上述等速转动的构件,由于不存在与动载荷相应的静荷载,所以不存在类如式(14-1)那样的动荷因数。

例 14-2 横截面面积为 A、长度为 $2l$ 的等直杆以角速度 ω 绕通过其形心的铅垂轴在水平面内等速旋转(图 14-4a)。若材料单位体积的重量为 γ,许用应力为 $[\sigma]$,弹性模量为 E,试作杆的轴力图,并根据杆的强度条件确定其许可转速及在此转速下杆的相应伸长。

解:(1) 计算轴力,并作轴力图

在杆距离轴心 O 点 x_1 处取微段 $\mathrm{d}x_1$。此微段的向心加速度为 $a_n = x_1\omega^2$，则作用于此处的离心惯性力集度为 $q_d(x_1) = (\gamma A/g)\omega^2 x_1$。该微段所受离心力为 $q_d(x_1)\mathrm{d}x_1$。

利用截面法可知，杆的位置坐标为 x 处(图 14-4b)横截面上的轴力为

$$F_{Nd}(x) = \int_x^l q_d(x_1)\mathrm{d}x_1 = \int_x^l \frac{\gamma A}{g} \cdot \omega^2 x_1 \mathrm{d}x_1 = \frac{\gamma A}{2g} \cdot \omega^2(l^2 - x^2) \tag{a}$$

轴力图为二次抛物线，如图(14-4c)所示。

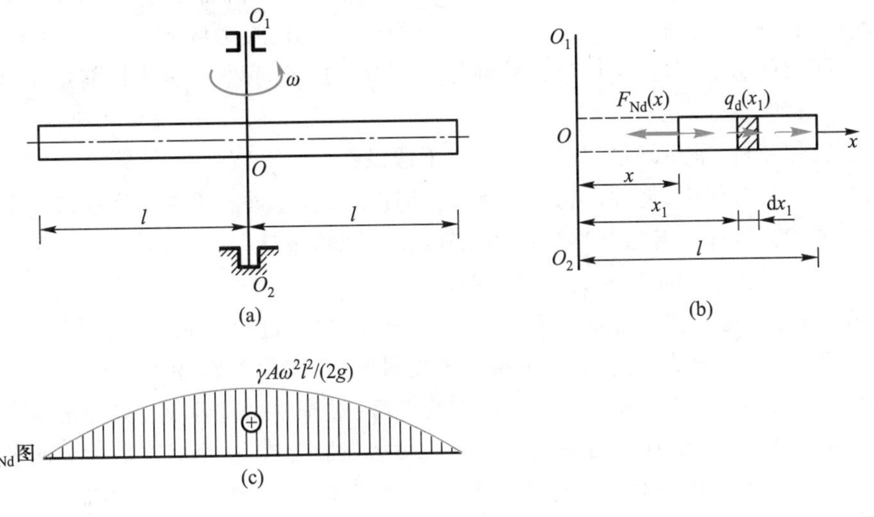

图 14-4

(2) 计算许可转速

由轴力图可知，杆的危险截面位于杆中心截面 O 处，将 $x=0$ 代入式(a)，得

$$F_{Nd,max} = \gamma A\omega^2 l^2/(2g)$$

强度条件为

$$\sigma_{d,max} = F_{Nd,max}/A = \gamma\omega^2 l^2/(2g) \leqslant [\sigma] \tag{b}$$

由此得杆的许可转速为

$$[\omega] = \sqrt{\frac{2g[\sigma]}{\gamma l^2}} \tag{c}$$

(3) 计算许可转速下杆的伸长 Δl_d

$$\Delta l_d = 2\int_0^l \frac{F_{Nd}(x)\mathrm{d}x}{EA} = 2\int_0^l \frac{\gamma A\omega^2(l^2 - x^2)}{2gEA}\mathrm{d}x = \frac{2\gamma\omega^2 l^3}{3gE} \tag{d}$$

将式(c)代入式(d)，得杆的相应伸长量为

$$\Delta l_d = \frac{2\gamma l^3}{3gE} \cdot \frac{2g[\sigma]}{\gamma l^2} = \frac{4l[\sigma]}{3E} \tag{e}$$

14.3 冲击应力和变形

以一定速度运动着的物体与构件发生碰撞并导致速度急剧降低，这种现象称为冲击。如锻压过程中锻锤锻压工件就是一个典型的冲击问题。某些高速运动中的构件被紧急制动，也可视为冲击问题。冲击物与构件之间的相互作用力，称为冲击载荷。

由于冲击过程是在极短时间内发生的，冲击加速度难以精确确定，因而无法准确计算惯性力，动静法也就不再适用。此外，在冲击物与被冲击物的接触区域内，应力状态非常复杂，而且应力随时间急剧变化，难以进行精确计算。对于这类问题，通常采用能量守恒原理求得近似解。

为了简化分析，采用能量法求解时作如下假设：

（1）在冲击过程中，将冲击物视为刚体，即冲击过程中冲击物的应变能忽略不计；

（2）被冲击构件的自重与冲击物相比较小，可忽略不计；

（3）冲击过程中的能量损失可忽略不计。

这样，将冲击物与被冲击构件看做一个系统，在冲击过程中系统的机械能始终保持守恒。冲击开始时刻（简称冲击前），设系统的能量为：冲击物的动能 E_k、势能 E_p 和被冲击构件的初始应变能 $V_{\varepsilon 0}$。冲击物接触到被冲击构件后，附着在一起运动。当冲击物的速度变为零时，被冲击构件受到的冲击载荷和相应位移均达到最大值，这个时刻简称为冲击后。将此最大冲击载荷和相应的位移分别记为 F_d 和 Δ_d，并将冲击后的位置取作势能零点，这时冲击物原有的动能 E_k 和势能 E_p 全部转化为被冲击构件的弹性应变能 $V_{\varepsilon d}$。

根据能量守恒原理，有

$$E_k+E_p+V_{\varepsilon 0}=V_{\varepsilon d} \tag{14-5}$$

若初始时刻被冲击构件无初始变形，则上式变为

$$E_k+E_p=V_{\varepsilon d} \tag{14-6}$$

式（14-6）中线性弹性构件的弹性应变能可由外力功按下式计算：

$$V_{\varepsilon d}=\frac{1}{2}F_d\Delta_d \tag{14-7}$$

现将冲击物的重量 P 作为与冲击载荷 F_d 相应的静载荷，Δ_{st} 代表将大小为 P 的静载荷沿冲击方向加在被冲击构件上时在冲击点上产生的相应静位移。在线性弹性范围内，载荷与变形和应力成正比，因此有 $F_d=K_dP$，$\Delta_d=K_d\Delta_{st}$ 和 $\sigma_d=K_d\sigma_{st}$，其中，K_d 为动荷因数。把前两式代入式（14-7）后，就可将式（14-5）或式（14-6）转化成关于动荷因数 K_d 的方程。求解出 K_d 后，冲击载荷 F_d、冲击应力 σ_d 以及冲击位移 Δ_d 亦随之确定。

例 14-3 以图 14-5a 所示悬臂梁 AB 为例，推导自由落体冲击动荷因数公式，并计算该梁的最大冲击应力 $\sigma_{d,\max}$ 和最大冲击挠度 Δ_d。设冲击物的重量 P、高度 H 和梁的长度 l、弯曲刚度 EI、抗弯截面系数 W 均为已知量。

解：（1）推导自由落体冲击的动荷因数

这是一个自由落体冲击问题。如图 14-5a 所示，冲击前系统总能量为

$$E_k=0,\qquad E_p=P(H+\Delta_d),\qquad V_{\varepsilon 0}=0$$

冲击后系统的总能量为

$$V_{\varepsilon d}=\frac{1}{2}P_d\Delta_d$$

代入式(14-6)得

$$P(H+\Delta_d)=\frac{1}{2}F_d\Delta_d \tag{a}$$

将 $F_d=K_dP$，$\Delta_d=K_d\Delta_{st}$ 代入式(a)，化简后得

$$K_d^2-2K_d-\frac{2H}{\Delta_{st}}=0 \tag{b}$$

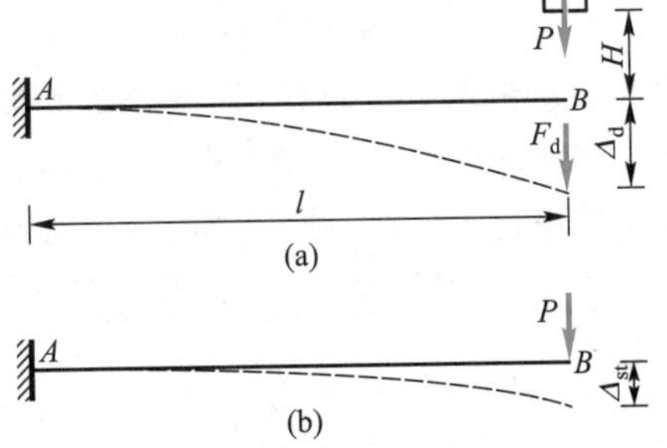

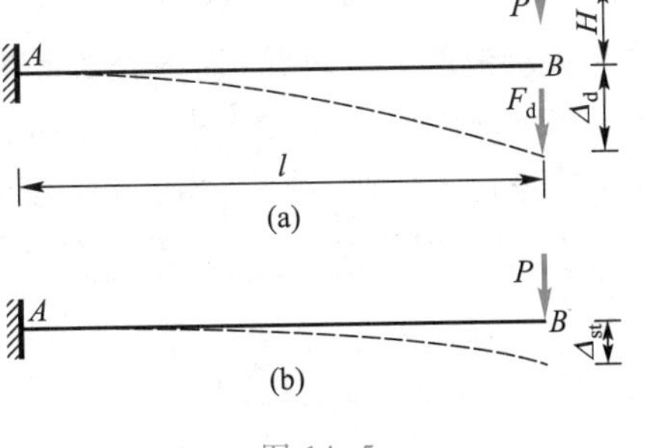

图 14-5

自由落体冲击

将冲击物的重量作为相应静载荷加在冲击点上

此方程的正根为

$$K_d=1+\sqrt{1+\frac{2H}{\Delta_{st}}} \tag{14-8}$$

此为自由落体冲击的动荷因数公式。式中，H 为冲击高度，静位移 Δ_{st} 为将冲击物的重量 P 作为静载荷沿冲击方向加到被冲击构件的冲击点上时引起的相应位移。在推导此公式时并未涉及构件的类型，因此，用此公式可计算任何线性弹性体受自由落体冲击时的动荷因数。

(2) 计算 Δ_{st} 和 σ_{st}

此悬臂梁在静载荷作用下(图 14-5b)的静位移可根据表 8-1 得到，为

$$\Delta_{st}=\frac{Pl^3}{3EI} \tag{c}$$

将式(c)代入式(14-8)，得此梁的动荷因数为

$$K_d=1+\sqrt{1+\frac{6EIH}{Pl^3}} \tag{d}$$

静载荷作用时最大弯曲正应力 σ_{st} 发生在固定端，其值为

$$\sigma_{st,\max}=\frac{Pl}{W} \tag{e}$$

(3) 计算 $\sigma_{d,\max}$ 和 Δ_d

$$\sigma_{d,\max}=K_d\sigma_{st,\max}=\left(1+\sqrt{1+\frac{6EIH}{Pl^3}}\right)\frac{Pl}{W}$$

$$\Delta_d=K_d\Delta_{st}=\left(1+\sqrt{1+\frac{6EIH}{Pl^3}}\right)\frac{Pl^3}{3EI}(\downarrow)$$

若此梁由 No. 18 工字钢制成，$E=200$ GPa，$I=1\ 660\times10^{-8}$ m^4，$W=185\times10^{-6}$ m^3，$l=2$ m，$P=1$ kN，冲击高度 $H=0.1$ m，则可求得动荷因数 $K_d=11.2$，$\sigma_{st}=10.8$ MPa，$\sigma_{d,\max}=121$ MPa。

(4) 讨论突加载荷问题

作为自由落体冲击的特殊情况，如果冲击高度 $H=0$，即将重物突然施加于构件上，则由

式(14-8),令 $H=0$,得到突加载荷的动荷因数等于 2,这说明自由落体的冲击载荷引起的冲击应力和变形至少为静载荷作用时的 2 倍。

例 14-4 重量为 P 的物体以速度 v 沿水平方向冲击图示梁上的 A 点,如图 14-6a 所示。已知梁的弯曲刚度 EI,求冲击时的动荷因数。

水平冲击

将冲击物的重量作为相应静载荷加在冲击点上

解:在水平冲击过程中,冲击物在冲击过程中的势能无变化,冲击后达到最大变形位置(图 14-6b)时速度降为零,因此系统冲击前的能量为

$$E_k+E_p=\frac{Pv^2}{2g} \tag{a}$$

冲击后的能量为梁增加的应变能

$$V_{\varepsilon d}=\frac{1}{2}F_d\Delta_d=\frac{1}{2}K_d^2P\Delta_{st} \tag{b}$$

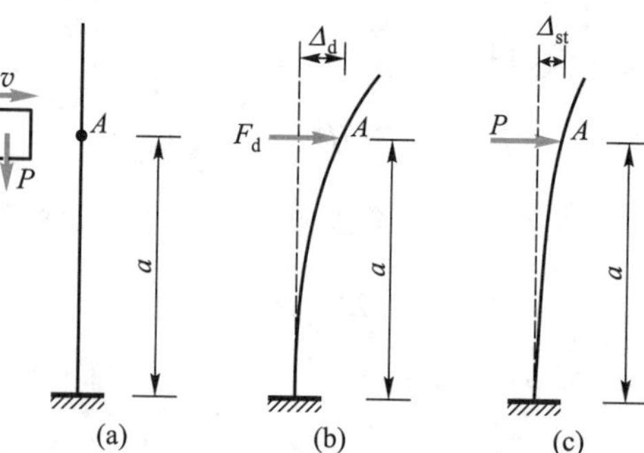

图 14-6

其中,Δ_d 为冲击载荷 F_d 的作用点 A 的最大水平位移,Δ_{st}为与 Δ_d 相应的静位移,它等于将冲击物的重量 P 作为静载荷沿冲击方向加到 A 点后引起该点的水平位移,如图 14-6(c)所示。根据能量守恒 $E_k+E_p=V_{\varepsilon d}$,有

$$\frac{Pv^2}{2g}=\frac{1}{2}K_d^2P\Delta_{st} \tag{c}$$

解得

$$K_d=\sqrt{\frac{v^2}{g\Delta_{st}}} \tag{14-9}$$

这就是水平运动冲击的动荷因数公式。由于推导中未涉及被冲击结构的特性,此公式可以用于任何线性弹性结构。对于图 14-6c 所示梁,$\Delta_{st}=\dfrac{Pa^3}{3EI}$,所以得

$$K_d=\sqrt{\frac{3EIv^2}{gPa^3}}$$

例 14-5 图 14-7a 所示长为 l,弯曲刚度为 EI 的杆 AC,A 端由固定铰支座约束,C 端固接一个重量为 P 的重物,在图示位置时以角速度 ω 绕铰 A 在铅垂面内下落,遇到障碍 B 后突然停止。试求此杆受到的最大冲击载荷 F_d。(设杆的重量远小于重物重量,可忽略不计。)

解:(1) 计算动荷因数

冲击前此系统中重物具有的动能为

$$E_k=\frac{P}{2g}v^2$$

重物相对于最低位置具有的势能为

$$E_p = P(h+\Delta_d)$$

冲击后当重物落到图 14-7a 所示的最低位置时，杆受到最大冲击载荷 F_d 作用，产生了最大变形，此时重物原有的动能与势能完全转化为杆件的应变能，应用式(14-6)，有

$$E_k + E_p = V_{\varepsilon d}$$

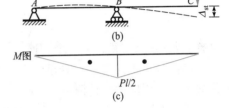

其中 $V_{\varepsilon d} = \dfrac{1}{2}F_d\Delta_d$，故上式为

$$\frac{P}{2g}v^2 + P(h+\Delta_d) = \frac{1}{2}F_d\Delta_d \tag{a}$$

将重量 P 作为静载荷沿冲击方向加于杆的相应位置，如图 14-7b 所示，产生静位移 Δ_{st}，将关系式

$$F_d = K_d P,\quad \Delta_d = K_d\Delta_{st}$$

代入式(a)，简化后得

$$K_d^2 - 2K_d - \frac{2h+v^2/g}{\Delta_{st}} = 0 \tag{b}$$

此方程的正根为

$$K_d = 1+\sqrt{1+\frac{2h+v^2/g}{\Delta_{st}}} \tag{c}$$

这就是此问题的动荷因数。

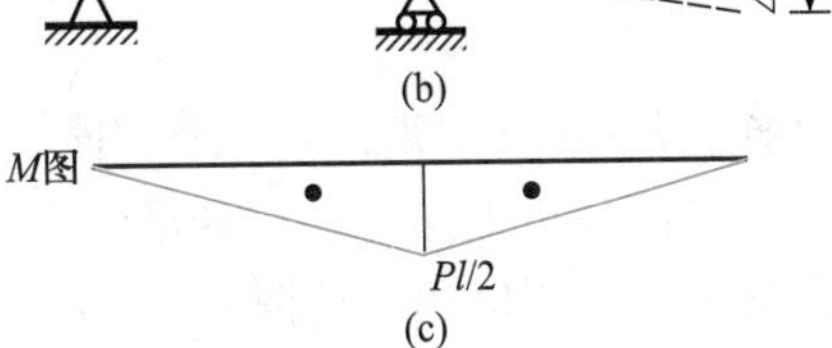

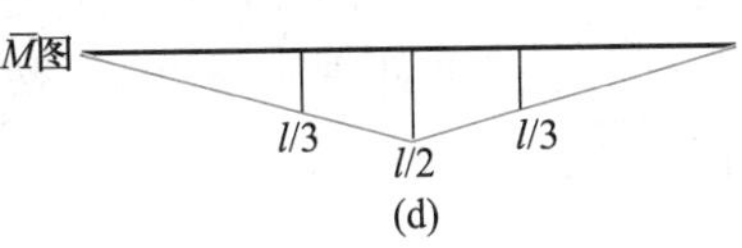

图 14-7

(2) 求 Δ_{st}

用图乘法求 Δ_{st}，先作载荷 P 作用下梁的 M 图，如图 14-7c 所示。令图 14-7b 中 $P=1$，即为 C 点加上与 Δ_{st} 相应的单位力，则 $\bar{M}$ 图如图 14-7d 所示。图乘后得

$$\Delta_{st} = \frac{1}{EI}\left(\frac{Pl^2}{8}\right)\frac{l}{3}\times 2 = \frac{Pl^3}{12EI} \tag{d}$$

(3) 求 F_d

由题意知

$$v = l\omega,\quad h = l\sin 30° = \frac{l}{2} \tag{e}$$

将式(d)、式(e)代入式(c)，得

$$K_d = 1+\sqrt{1+\frac{12EI(1+l\omega^2/g)}{Pl^2}} \tag{f}$$

由此得最大冲击载荷为

$$F_d = PK_d = P\left(1+\sqrt{1+\frac{12EI(1+l\omega^2/g)}{Pl^2}}\right) \tag{g}$$

讨论：

（1）利用自由落体动荷因数公式（14-8）求解。

当杆受冲击时，冲击载荷沿铅垂方向作用，与自由落体冲击情况类似。可将初始位置时重物具有的动能按机械能守恒原理折算成相当高度 h_0，即根据 $Pv^2/(2g)=Ph_0$，得

$$h_0=v^2/(2g)$$

此问题相当于重物 P 从高度 $H=h+h_0=h+v^2/(2g)$ 处自由下落，于是利用式（14-8），得

$$K_d=1+\sqrt{1+\frac{2H}{\Delta_{st}}}=1+\sqrt{1+\frac{2h+v^2/g}{\Delta_{st}}} \tag{h}$$

这样，所得结果与式（c）完全相同。

（2）分析上述杆件在悬吊时在如图 14-8 所示的铅垂位置突遇障碍时的动荷因数。

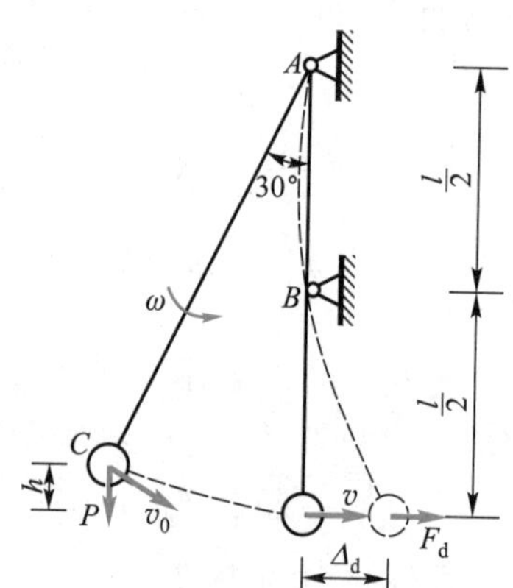

图 14-8

由于构件受冲击的瞬间，载荷是沿水平方向作用在构件上，与水平运动冲击情况相同，故可以利用水平冲击动荷因数公式（14-9），即

$$K_d=\sqrt{\frac{v^2}{g\Delta_{st}}} \tag{i}$$

其中，v 为冲击瞬间重物的水平速度，可根据机械能守恒原理由重物初始状态的动能与势能换算出来，即根据

$$\frac{P}{2g}v^2=Ph+\frac{P}{2g}v_0^2 \tag{j}$$

得

$$v^2=2gh+v_0^2 \tag{k}$$

将式（k）代入式（i），得

$$K_d=\sqrt{\frac{2gh+v_0^2}{g\Delta_{st}}}=\sqrt{\frac{2h+v_0^2/g}{\Delta_{st}}} \tag{l}$$

本问题中 $v=l\omega$，$h=l-l\cos 30°$，Δ_{st} 仍为将重物重量 P 作为 F_d 的相应静载荷作用引起的 C 点水平位移，其值如式（d）所示。

（3）当杆件运动的障碍为弹性支座时对 K_d 的影响。

以图 14-9a 所示杆件为例，若碰到的障碍 B 为弹簧（弹簧刚度系数为 k），其他条件与例 14-5 中图 14-7a 相同。由于重物的动能和势能被弹簧吸收了一部分，杆件的应变能比无弹簧的情况小，所

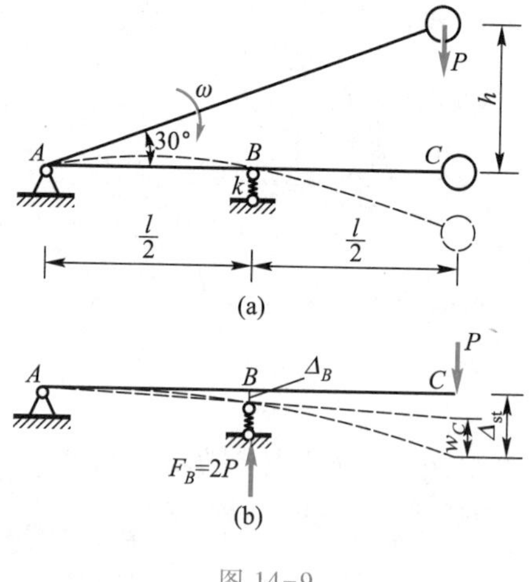

图 14-9

以弹簧起到缓冲的作用。这种情况的动荷因数仍然可利用式(14-8)计算，即

$$K_d = 1+\sqrt{1+\frac{2H}{\Delta_{st}}}$$

式中，Δ_{st}为将静载荷 P 加到有弹簧的杆件的冲击点时引起的相应的位移，如图 14-9b 所示，由叠加法可求出

$$\Delta_{st} = 2\Delta_B + w_C$$

其中，$\Delta_B = F_B/k = 2P/k$，$w_C = \dfrac{Pl^3}{12EI}$，如式(d)所示。显然，由于弹簧的变形使 Δ_{st}增大，而 K_d 相应地减小，实际工程中常常利用这一途径来提高构件的抗冲击能力。

例 14-6 悬吊在吊索上的重物 P 以速度 v 匀速下降，如图 14-10 所示，当吊索悬吊长度为 l 时滑轮突然被卡住，求此时吊索的冲击动荷因数。

解：滑轮被卡住时，重物速度由 v 骤然降为零，吊索受到重物的冲击作用，这是另一类冲击问题。求解时设吊索重量远小于重物，可以略去。

设滑轮被卡住时，即冲击之前的瞬间，重物的实际位置在 C，吊索已有静伸长 Δ_{st}，即有相应的初始弹性应变能，故冲击前系统的总能量为

$$E_k + E_p + V_{\varepsilon 0} = \frac{Pv^2}{2g} + P(\Delta_d - \Delta_{st}) + \frac{1}{2}P\Delta_{st} \tag{a}$$

冲击后重物位置在 B，吊索在最大冲击载荷 F_d 作用下相应伸长为 Δ_d，系统总能量为

$$V_{\varepsilon d} = \frac{1}{2}F_d\Delta_d \tag{b}$$

按照能量守恒原理式(14-5)，有

$$E_k + E_p + V_{\varepsilon 0} = V_{\varepsilon d} \tag{c}$$

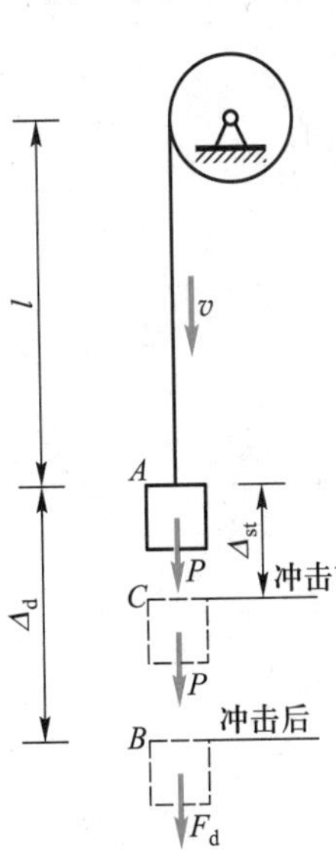

图 14-10

即

$$\frac{Pv^2}{2g} + P(\Delta_d - \Delta_{st}) + \frac{1}{2}P\Delta_{st} = \frac{1}{2}F_d\Delta_d \tag{d}$$

将 $F_d = K_dP$，$\Delta_d = K_d\Delta_{st}$ 代入式(d)，简化得

$$K_d^2 - 2K_d + \left(1-\frac{v^2}{g\Delta_{st}}\right) = 0 \tag{e}$$

解出动荷因数为

$$K_d = 1+\sqrt{\frac{v^2}{g\Delta_{st}}} \tag{14-10}$$

本问题中，若吊索的拉压刚度为 EA，则 $\Delta_{st} = \dfrac{Pl}{EA}$，代入上式后，得动荷因数为

$$K_d=1+\sqrt{\frac{v^2EA}{gPl}}$$

例 14-7 自由落体冲击问题中,设冲击物在冲击过程中所减少的能量只有一部分转化为被冲击构件的应变能,后者与前者之比为 $\eta(\eta<1)$。试以图14-11a 所示弹性柱受自由落体沿轴向冲击为例,试按此情况对动荷因数公式 $K_d=1+\sqrt{1+\frac{2H}{\Delta_{st}}}$ 加以修正。

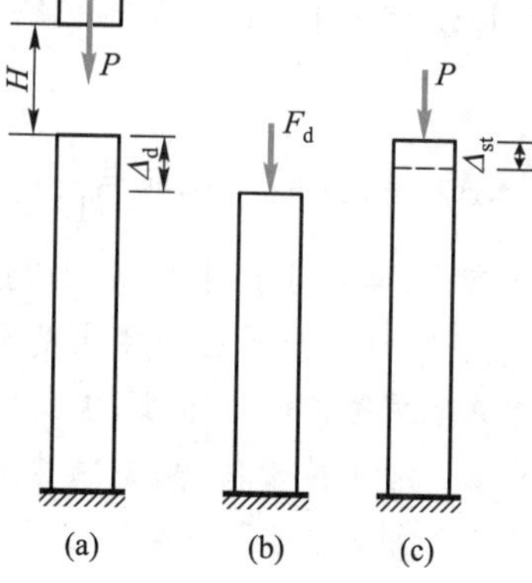

图 14-11

解:冲击前系统的总能量为冲击物的机械能

$$E_k+E_p=P(H+\Delta_d) \tag{a}$$

冲击后系统的总能量为弹性柱的应变能

$$V_{\varepsilon d}=\frac{1}{2}F_d\Delta_d \tag{b}$$

根据题意,有

$$\eta(E_k+E_p)=V_{\varepsilon d} \tag{c}$$

即

$$\eta P(H+\Delta_{st})=\frac{1}{2}F_d\Delta_d \tag{d}$$

将 $F_d=K_dP,\Delta_d=K_d\Delta_{st}$ 代入式(d),并简化得

$$K_d^2-2\eta K_d-\frac{2\eta H}{\Delta_{st}}=0 \tag{e}$$

由式(e) 解得

$$K_d=\eta\left(1+\sqrt{1+\frac{2H}{\eta\Delta_{st}}}\right) \tag{14-11}$$

这就是公式 $K_d=1+\sqrt{1+\frac{2H}{\Delta_{st}}}$ 经过修正的结果。修正前后的动荷因数并不成正比。公式中 Δ_{st} 的意义与式(14-8) 中相同,如图 14-11c 所示。

讨论:

之所以按能量守恒原理求得的冲击动荷因数、冲击载荷等数值偏高,这是因为应用这一原理时所作的假设多是偏于安全的考虑,例如,不计被冲击构件的自重,不计热量等能量消耗等。此外,被冲击构件的支座也因不是绝对刚性而会吸收一部分冲击物所减少的能量。所以,认为冲击物所减少的能量只是一部分转化为被冲击构件的应变能是比较合理的。

14.4 提高构件抗冲击能力的措施

由下面冲击强度条件

$$\sigma_d=K_d\sigma_{st}\leqslant[\sigma]$$

可知，提高构件的抗冲击能力应尽量降低动荷因数 K_d。从式(14-8) ~式(14-11) 可见，当静载荷确定时，Δ_{st}越大，动荷因数 K_d 越小。所以降低动荷因数的主要途径是增加载荷作用点的静位移 Δ_{st}。为使 Δ_{st}增加，须使结构和杆件的刚度降低，通常可采用设置缓冲器来实现。例如，在车辆底架与轮轴之间装设叠板弹簧，在某些机器零件的受冲击部位加弹性垫圈等，都可起到降低动应力的缓冲作用。

在某些情况下改变构件的尺寸，也能降低动应力。如图 14-12 所示，重物以速度 v 沿轴向冲击杆件，动荷因数由式(14-9) 表示为

图 14-12

$$K_d=\sqrt{\frac{v^2}{g\Delta_{st}}}$$

其中 $\Delta_{st}=Pl/(EA)$。动应力为 $\sigma_d=\sqrt{\frac{EPv^2}{gAl}}$，可见动应力与杆件的体积 Al 有关，Al 越大，Δ_d 就越小。图 14-13b 所示的改进方案就是用长的汽缸盖螺栓代替图 14-13a 所示的原方案的短螺栓，从而提高了螺栓的抗冲击能力。

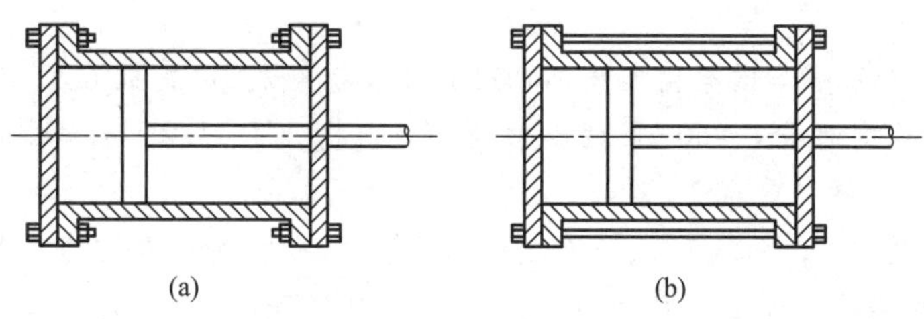

图 14-13

课程设计及学习思路

第 14 章
工程案例

掌握构件作等加速直线运动或匀速转动时的动应力、动变形计算方法；掌握受冲击载荷作用时动应力、动变形计算方法。

课程难点分析及学习体会

(1) 动载荷作用时，构件内部出现了明显的加速度。动荷因数 K_d 等于动载荷和相应静载荷之比。在线性弹性范围内，力和变形仍满足线性比例关系，动载荷可以看作是静载荷放大 K_d 倍，那么动应力和动位移就分别等于静应力和静位移放大 K_d 倍。这种方法称为相当静载荷法。我们先求静载荷作用下结构的应力和位移，分别乘以 K_d，就是动应力和动位移。

(2) 构件作等加速直线运动或匀速转动时，加速度是常数，用达朗贝尔原理(动静法)求解。惯性力等于质量乘以加速度，方向跟加速度方向相反。假想地加上惯性力，形式上构成平衡力系，用静力学平衡方程求未知量。

(3) 冲击问题先判断是自由落体冲击还是水平冲击。冲击那一瞬时，冲击物的速度如

果是竖直方向的,属于自由落体冲击;冲击物的速度如果是水平方向的,属于水平冲击。记住这两种冲击的动荷因数公式,可直接应用。

如果自由落体冲击初始时刻冲击物还有速度,需利用机械能守恒,把速度转化为冲击高度;如果水平冲击初始时刻冲击物还有高度,需利用机械能守恒,把高度转化为冲击速度。

将冲击物的重量作为静载荷加在冲击点上求出静应力和静变形,再分别乘以动荷因数后,就是动应力和动变形。

其他类型的冲击问题,用能量守恒原理求解。初始时刻和终止时刻,动能、势能、应变能之和相等,列方程求动荷因数。

(4) 提高构件抗冲击能力的措施主要是降低动荷因数。常用的方法是增大静变形,比如加弹簧或其他缓冲器,还有就是减小构件刚度。

习 题

14-1 钢索单位体积重量 $\gamma=70\ \mathrm{kN/m^3}$,许用应力 $[\sigma]=60\ \mathrm{MPa}$,现以长为 $l=60\ \mathrm{m}$ 的钢索从地面提升 $P=50\ \mathrm{kN}$ 的重物,3 s 内提升了 9 m,若提升是等加速的,试求钢索的横截面面积至少应为多少。

14-2 如图所示吊车横梁由两根 No. 32 b 工字钢组成,起重机 C 的重量 G 为 20 kN。今用钢索以等加速度起吊 $P=60\ \mathrm{kN}$ 的重物,在 3 s 时提升了 11.25 m,试求吊索的轴力和梁内最大正应力(不计梁自重)。

14-3 图示重为 P_1 的等直杆,长 l、横截面面积 A、弹性模量 E 均为已知。一端固定在竖直轴上,另一端连接一重量为 P 的重物。当此杆绕竖直轴在水平面内以匀角速度 ω 转动时,试求杆的伸长量。

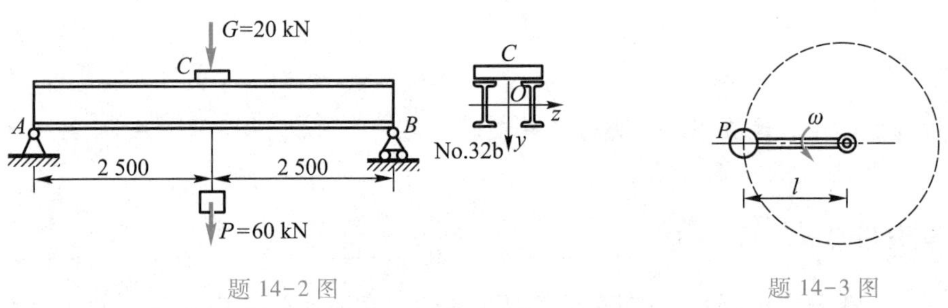

题 14-2 图　　　　题 14-3 图

14-4 图示等截面直角折杆 ACB 以等角速度绕铅垂轴 CD 转动。若横截面面积 A、长 l、单位体积重量 γ 为已知量,试计算 C 左侧横截面上的内力。

14-5 图示桥式吊车由 2 根 No. 16 工字钢组成,现吊重物 $P=50\ \mathrm{kN}$ 作水平移动,速度为 $v=1\ \mathrm{m/s}$。已知吊索横截面面积 $A=500\ \mathrm{mm^2}$,重量不计。若吊车运动忽然停止,试求停止瞬间梁内最大正应力,并问吊索内应力将增加多少。(提示:停止瞬间重物以切向速度 v 绕 C 点作圆周运动,具有向心加速度。)

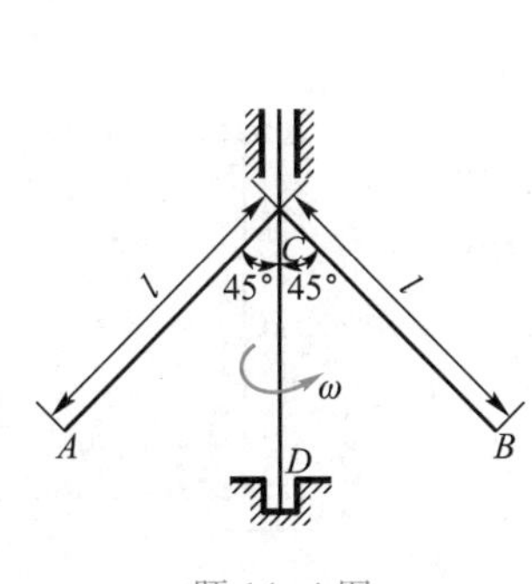

题 14-4 图

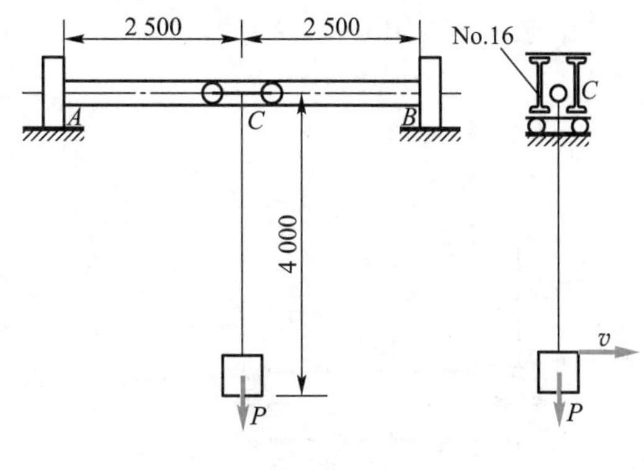

题 14-5 图

14-6 当 $F=20$ kN 的铅垂静载荷作用于梁的某一点处时，梁该点的挠度为 13 mm，梁内最大弯曲正应力为 75 MPa。若梁的许用应力 $[\sigma]=150$ MPa，则重量 $P=5$ kN 的重物从高 H 处自由下落到该梁上同一点处，允许的最大高度 H 为多少？

14-7 图示梁上端铰接长为 $l/2$ 的刚性杆 AC，自重不计。C 端固接重量为 P 的重物，自水平位置绕 A 端旋转下落，冲击到梁的中点。梁的 EI、W、l 均为已知，试求受冲击时梁内最大正应力和最大挠度。

14-8 重量为 P 的物体自图示位置绕铰支座 A 旋转下落，冲击到梁 AB 的中点 C，设梁的 EI、W 及 l 均为已知，试求梁内最大冲击正应力。

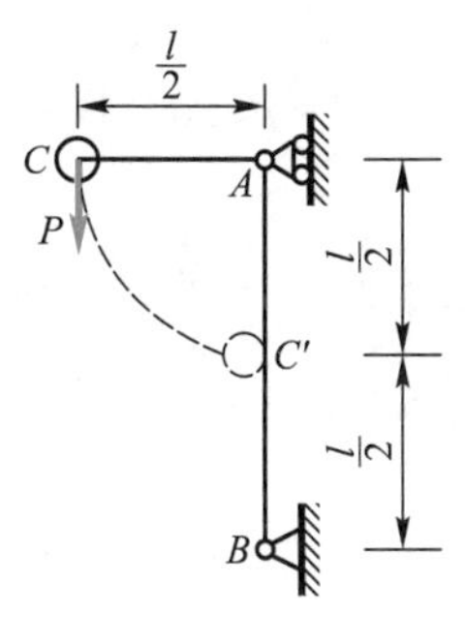

题 14-7 图

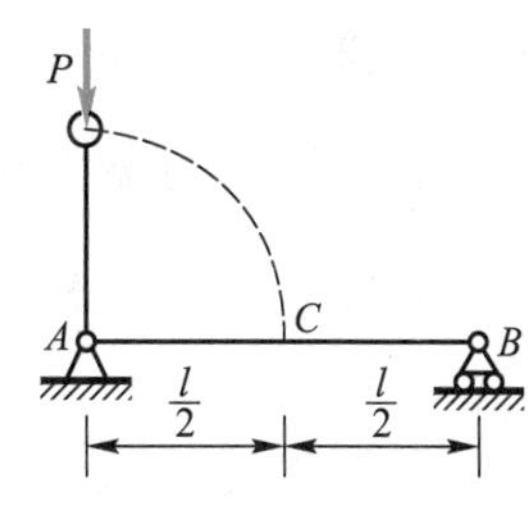

题 14-8 图

14-9 上题中若重物在初始位置时有向右的水平速度 v，如图所示，其他条件不变。试求受冲击时梁的动荷因数。

14-10 重量 $P=5$ kN 的重物从图示高度自由下落，冲击直杆的下端，若杆的弹性模量 $E=200$ GPa，横截面面积 $A=900\ \text{mm}^2$，试求冲击时杆内的最大正应力。

14-11 上题中若杆的下端设置一缓冲弹簧，如图所示，弹簧刚度系数为 $k=1.6$ kN/mm，试求杆的最大冲击正应力。

14-12 重量 $P=1$ kN 的物体自由下落到悬臂梁 AB 的自由端，梁的截面为矩形，尺寸如图所示。已知 $E=10$ GPa，试分别求在截面竖放与横放两种设计方案（图 b）下梁内的最大正应力。

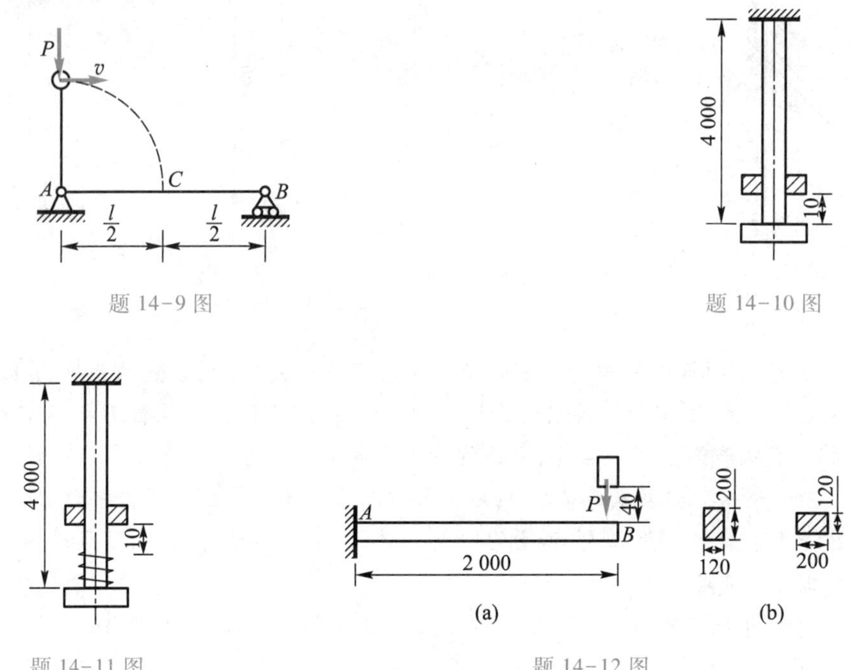

题 14-9 图

题 14-10 图

题 14-11 图

题 14-12 图

14-13　重量为 P 的物体自由下落到刚架的 C 端，如图所示。若刚架各段的弯曲刚度 EI 和抗弯截面系数 W 均为已知常量，试求刚架内的最大正应力。

14-14　图示两个悬臂梁 AB 和 CD 的 EI、l 都相同，间距 $\delta=\dfrac{Pl^3}{3EI}$。将重量为 P 的物体突然放到 AB 梁的 B 端，试分别求梁 AB 和 CD 受到的冲击载荷 F_{d1} 和 F_{d2}。

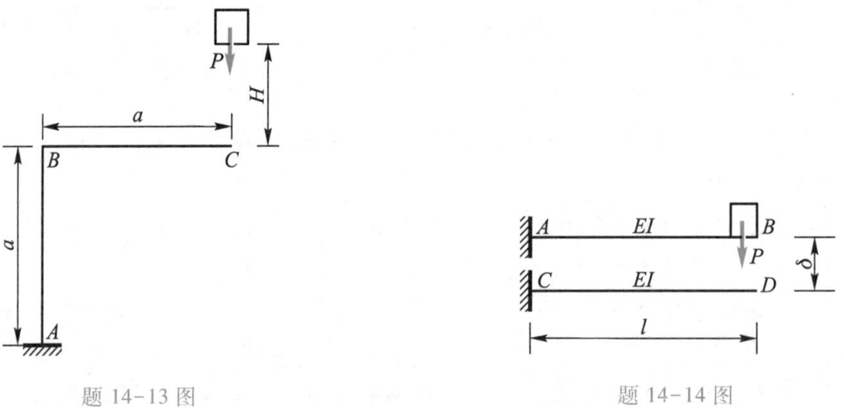

题 14-13 图

题 14-14 图

14-15　重物 P 从梁 AB 中点上方高度为 H 处自由落下，冲击到图示结构上，试求其冲击动荷因数。梁 AB 的抗弯刚度 EI、柱 BC 的拉压刚度 EA，以及长度 a 均为已知。

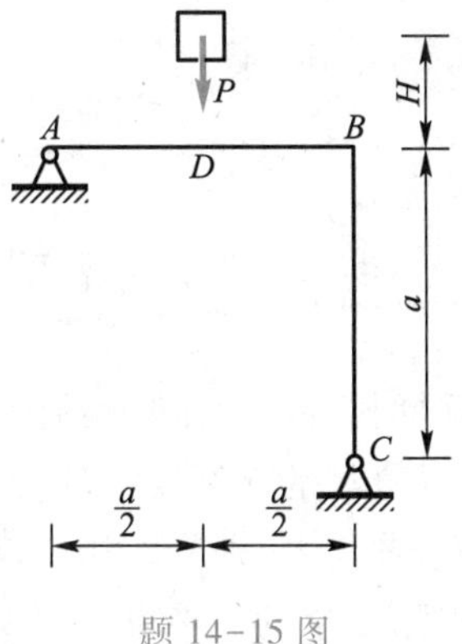

题 14-15 图

第15章 疲 劳

15.1 疲劳的危害

构件经过长期随时间变化的重复载荷作用而断裂的现象称为疲劳。疲劳破坏所带来的危害是非常严重的。首先,疲劳断裂通常是突然发生的,几乎没有什么明显的先兆,这给人们及时采取预防措施带来很大的困难;其次,疲劳破坏广泛地发生在车船、航空器以及其他各种工程机械中;据统计,工程中实际发生的疲劳断裂破坏占全部力学破坏的 50%~90%,是机械、结构失效的最常见形式;最后,疲劳断裂往往引发灾难性事故。然而,这些事故并非都是不可避免的。20 世纪 80 年代对断裂所造成的损失进行了调查,结果表明,向工程技术人员普及关于断裂和疲劳的基本概念和知识可减少损失 29%;如果利用现有研究成果可进一步减少损失 24%。由此可见,掌握有关疲劳的基本概念和知识是非常必要的。

一、交变应力

工程中某些构件工作时产生的应力随时间作周期性的变化,这种应力称为交变应力。如齿轮(图 15-1a)、火车轮轴以及内燃机连杆等都承受交变应力作用。图 15-1b 所示是某齿轮根部弯曲正应力随时间变化的典型曲线。火车在运行过程中,轮轴受力简图如图 15-2a 所示,载荷 F 的数值和方向基本不变,若轴以等角速度 ω 转动,轴的横截面外边缘上某点初始位置设在 A 点,如图 15-2b 所示,此时 $\sigma=0$,经过时间 t 后达到位置 K,这时此点的弯曲正应力为

$$\sigma=\frac{My}{I_z}=\frac{Md}{2I_z}\sin\omega t \tag{15-1}$$

由此我们可以得出 σ 随时间 t 的变化曲线如图 15-2c 所示。

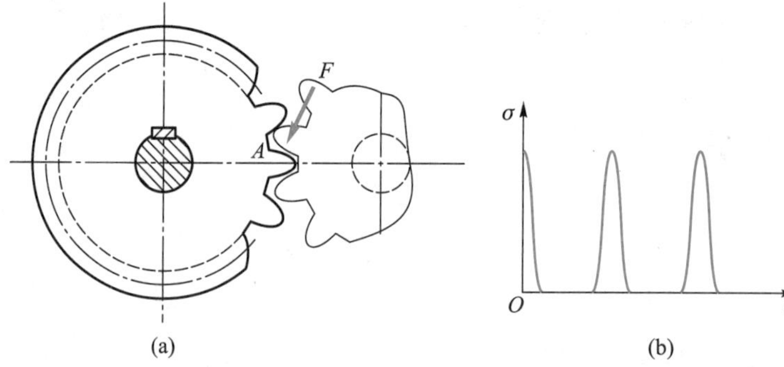

图 15-1

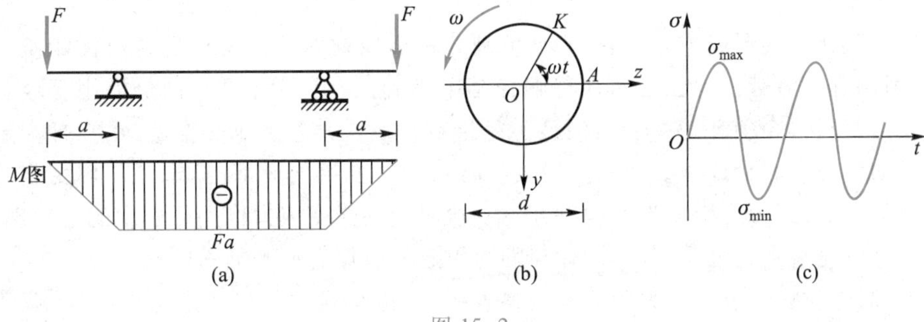

图 15-2

典型的交变应力-时间变化曲线如图 15-3 所示。应力周而复始地重现一次称为一个应力循环,完成一个应力循环所用的时间 T 称为循环周期。用 σ_{max} 和 σ_{min} 分别表示一个应力循环中应力达到的最大值和最小值(均指代数值),其平均值记为 σ_m,称为平均应力,有

$$\sigma_m=\frac{\sigma_{max}+\sigma_{min}}{2} \tag{15-2}$$

定义 σ_{max} 与 σ_{min} 代数差的一半为应力幅,记为 σ_a,即

$$\sigma_a=\frac{\sigma_{max}-\sigma_{min}}{2} \tag{15-3}$$

将 σ_{min} 和 σ_{max} 的比值称为交变应力的应力比或循环特征,记为 r,有

$$r=\frac{\sigma_{min}}{\sigma_{max}} \tag{15-4}$$

若 $r=-1$,称为对称循环;若 $r=0$ 或 $r\to\infty$,称为脉动循环;静应力可以看作是交变应力的特例,其循环特征 $r=1$;$r\neq-1$ 时称为非对称循环,非对称循环可以看作是平均应力 σ_m 上叠加一个应力幅为 σ_a 的对称循环(图 15-3)。

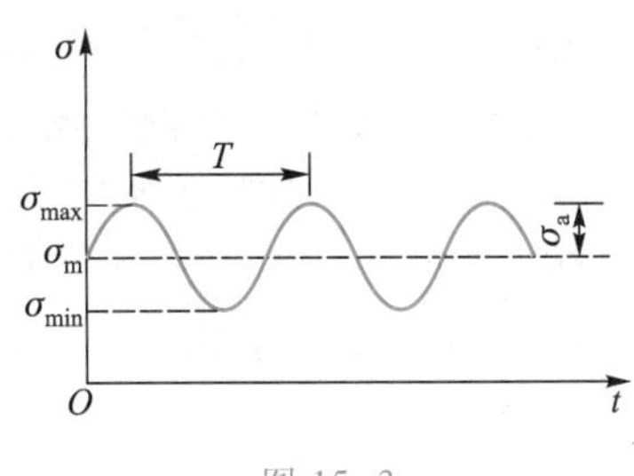

图 15-3

由上述分析中可见,σ_{max} 和 σ_{min} 是描述循环应力的两个最基本变量,用于定义其余各变量。上述各变量中,只有两个是独立的,使用时可按简便原则选用。设计时,常用 σ_{max} 和 σ_{min},因为这二者比较直观,便于设计控制;实验时,一般用 σ_m 和 σ_a,便于施加载荷;分析时,常用 σ_a 和应力比 r,以便按循环特征进行分类研究。

上述概念对交变切应力也同样适用,只需把 σ 相应地改为 τ 即可。更一般地,可以将交变应力扩展为广义的交变载荷,可以是交变的力、力偶、应力、应变、位移等。描述载荷-时间变化关系的图或表,统称为载荷谱。由应力给出的载荷谱称为应力谱,相应的还有应变谱、位移谱等。不管载荷种类如何变化,均可以利用上述定义的各变量对交变载荷的特征进行描述。

二、疲劳

在疲劳问题早期研究中,人们认为疲劳破坏是金属材料长期工作后材料性能发生改变造成的,因而称为疲劳。现已证明这种解释是不正确的,但“疲劳”一词仍沿用至今。根据美国试验与材料协会(ASTM)的定义:疲劳是指在某点或某些点承受交变应力,且在足够多的循环扰动作用之后形成裂纹或完全断裂的材料中所发生的局部的、永久结构变化的发展过程。通俗地讲,疲劳是指零件或构件经过一段时间的交变应力作用后发生的断裂现象。

从疲劳的完整定义可见,疲劳破坏与静力引起的破坏有显著的不同。

首先,通过对疲劳破坏现象的大量观察表明,无论是脆性材料还是塑性材料,疲劳破坏都呈现为较低应力下的脆性断裂,断裂前无明显的塑性变形。引起疲劳断裂的最大应力 σ_{max} 不但都低于材料的强度极限,甚至还低于屈服极限。如 Q275 钢,强度极限 $\sigma_b=520$ MPa,屈服极限 $\sigma_s=275$ MPa,对称循环时最大应力超过 220 MPa 时经过有限次应力循环就会发生破坏。不同材料、不同构件发生疲劳破坏时的最大应力 σ_{max} 各不相同,经历过的应力循环数也不相同。相对于静载强度,疲劳破坏与更多因素相关,这使得考虑疲劳的强度设计变得更加复杂。

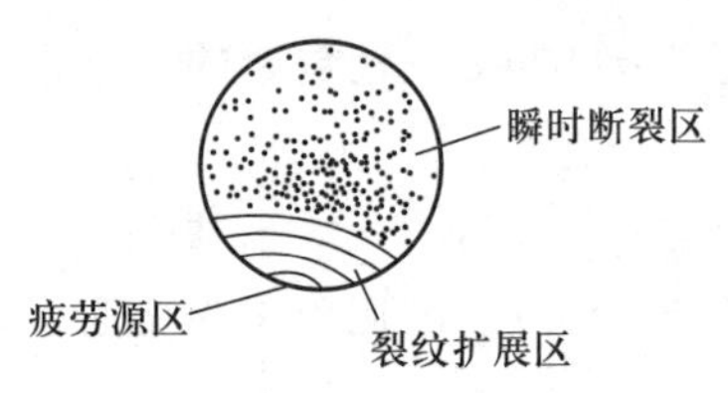

图 15-4

其次,经过长期深入的研究,人们逐渐了解了疲劳破坏的过程与机理。疲劳破坏是一个长期发展过程,这个过程一般分为三个阶段,可通过断口特征识别(图 15-4)。第一阶段为微裂纹形成阶段,在交变应力作用下,最高应力区(往往在构件几何突变处的应力集中区或材料缺陷处)金属晶体滑移带开裂成微观裂纹,形成断口处的疲劳源区。疲劳源区的尺寸很小,需放大 500 倍才能看到明显的疲劳裂纹,它可以用于分析裂纹产生的原因。第二阶段为裂纹扩展阶段,在应力循环作用下,裂纹尖端因应力集中而逐渐扩展,裂纹的两个表面在漫长的扩展中不断地张开、闭合,相互摩擦,使得这部分区域较为平整、光滑,称为断口的裂纹扩展区(光滑区)。第三阶段为瞬时断裂,随着裂纹的不断扩展,截面削弱至强度不足而突然脆性断裂,标志着疲劳过程的终结。在微观上此阶段形成了断口的粗糙区,塑性材料表现为纤维状,脆性材料表现为结晶状。

15.2　疲劳的基本概念

一、材料的持久极限

疲劳破坏是低应力脆断,因此在静载下测定的屈服极限或强度极限此时已不再适用,材料的疲劳强度指标应通过专门试验重新测定。

疲劳试验是在疲劳试验机上进行的。被试材料要制成光滑小试样,试样的尺寸、表面质量应符合相应的国家标准。用一组标准试样,在给定应力比 r 的情况下,施加不同的应力幅进行疲劳试验,最常见的试验是对称循环纯弯曲疲劳试验(图 15-5a)。记录疲劳断裂时试样经历过的应力循环数 N,N 称为应力为 σ_{max} 时的疲劳寿命。试验最终得到图 15-6 所示的

$S-N$ 曲线（S 代表应力 σ 或 τ，也可代表应变 ε 等）。以对称循环纯弯曲疲劳试验为例，图 15-5b为试样受力示意图，试样绕轴线旋转，试样内各点受对称循环交变应力作用（图 15-2c）。控制最大交变应力从某个较高值 σ_{max}时开始进行试验，记录下疲劳断裂时试样经历过的应力循环数 N，就得到第一个数据点。依次适当降低 σ_{max} 的数值，重复进行试验，可以得到代表同一材料的一组数据，经拟合处理后即得到材料的 $S-N$ 曲线。

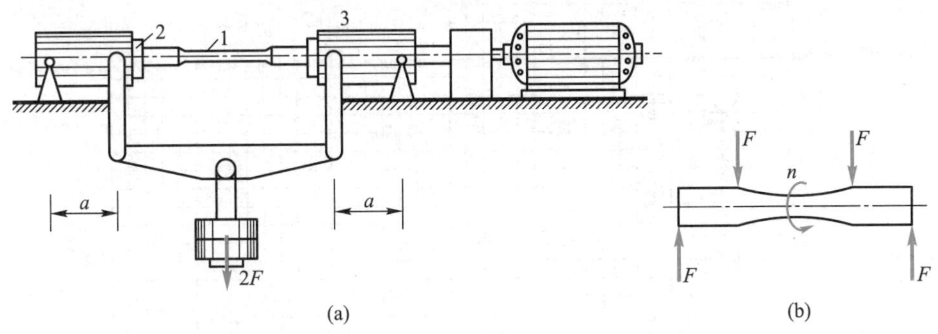

图 15-5

不同材料的 $S-N$ 曲线特征各不相同。钢试样的 $S-N$ 曲线趋近一条水平渐近线（图 15-6），它代表持久寿命 N 为无穷多次时最大交变应力 σ_{max}的上限值，称为材料的**持久极限**，记为 σ_r，这里 r 为应力比，在对称循环下材料的持久极限记为 σ_{-1}。

常温下钢的疲劳试验结果表明，若试样经历10^7 次应力循环后尚未疲劳，则再增加循环次数也不会疲劳。因此，可把循环次数为10^7 时仍未疲劳的最大应力规定为持久极限，$N_0=10^7$称为**循环基数**。铝合金等有色金属的 $S-N$ 曲线无明显的渐近线，一般可规定一个循环基数 $N_0=10^7\sim10^8$，对应的持久极限称为**条件持久极限**。

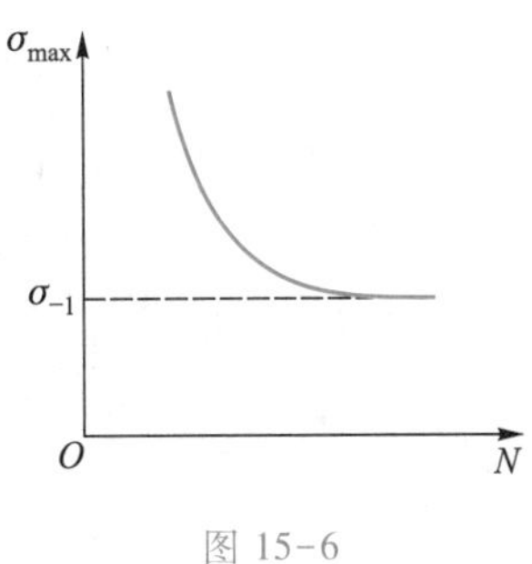

图 15-6

二、构件的持久极限

实际构件在外形、尺寸、表面质量等多方面与试验用的光滑小试样存在差别，构件的持久极限与材料的持久极限自然也不相同。下面以对称循环为例介绍影响构件的持久极限的主要因素。

1. 构件外形

构件上的槽、孔、轴肩等尺寸突变处都存在应力集中，因而易形成疲劳裂纹源，会降低构件的持久极限。构件外形对持久极限的这种影响可用**有效应力集中因数** k_σ 表示，在对称循环下，k_σ 定义为在尺寸相同的条件下测得的材料的持久极限 σ_{-1}与包含应力集中因素构件的持久极限$(\sigma_{-1})_k$ 之比，即

$$k_\sigma=\frac{\sigma_{-1}}{(\sigma_{-1})_k} \tag{15-5}$$

交变应力若为切应力,只须将上式中的 σ 改为 τ,即为表达式 k_τ。k_σ 或 k_τ 数值大于 1,可在相关工程设计手册中查到,图 15-7 和图 15-8 所示分别为两例 k_σ 和 k_τ 曲线图。

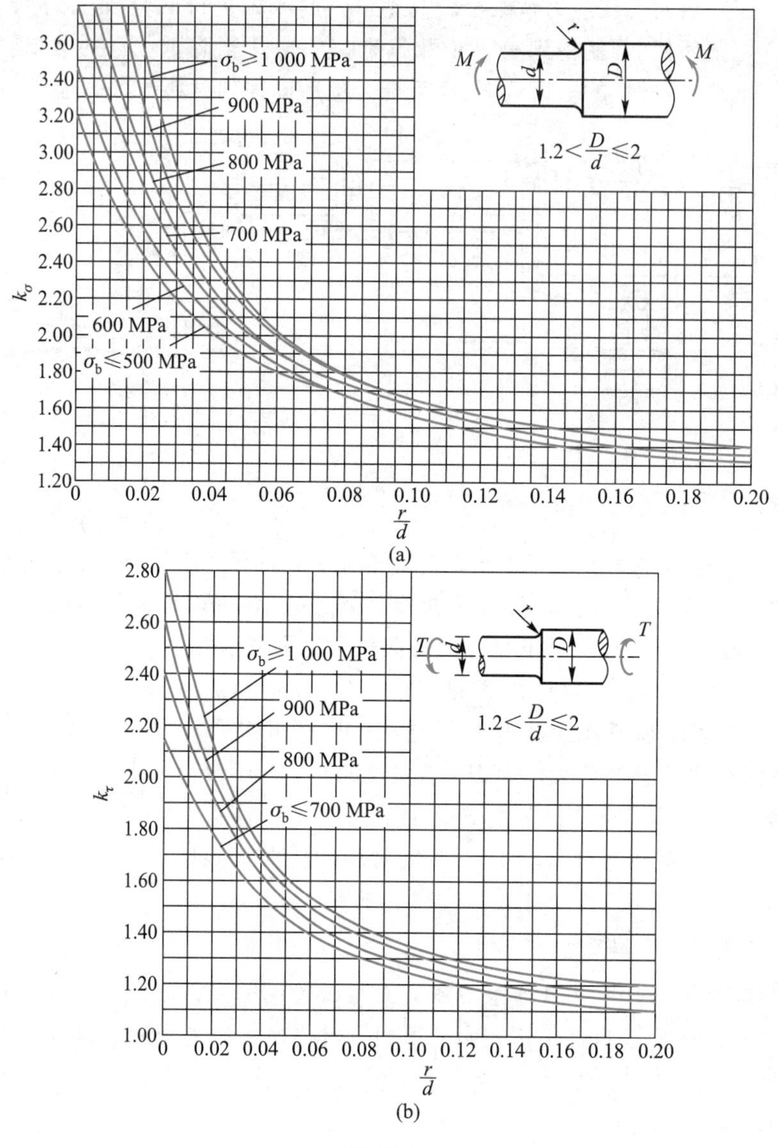

图 15-7

2. 构件尺寸

材料的持久极限通常采用直径小于 10 mm 的小试样测定。弯曲与扭转疲劳试验表明,随着试样横截面尺寸的增大,持久极限相应地降低,对于高强度材料,这种尺寸效应更为显著。以图 15-9 所示的受扭转圆轴为例来说明,设扭转切应力大于某一界限值的区域为高应力区(图 15-9),那么在相同的应力下,大尺寸构件内高应力区范围(图 15-9b)明显大于

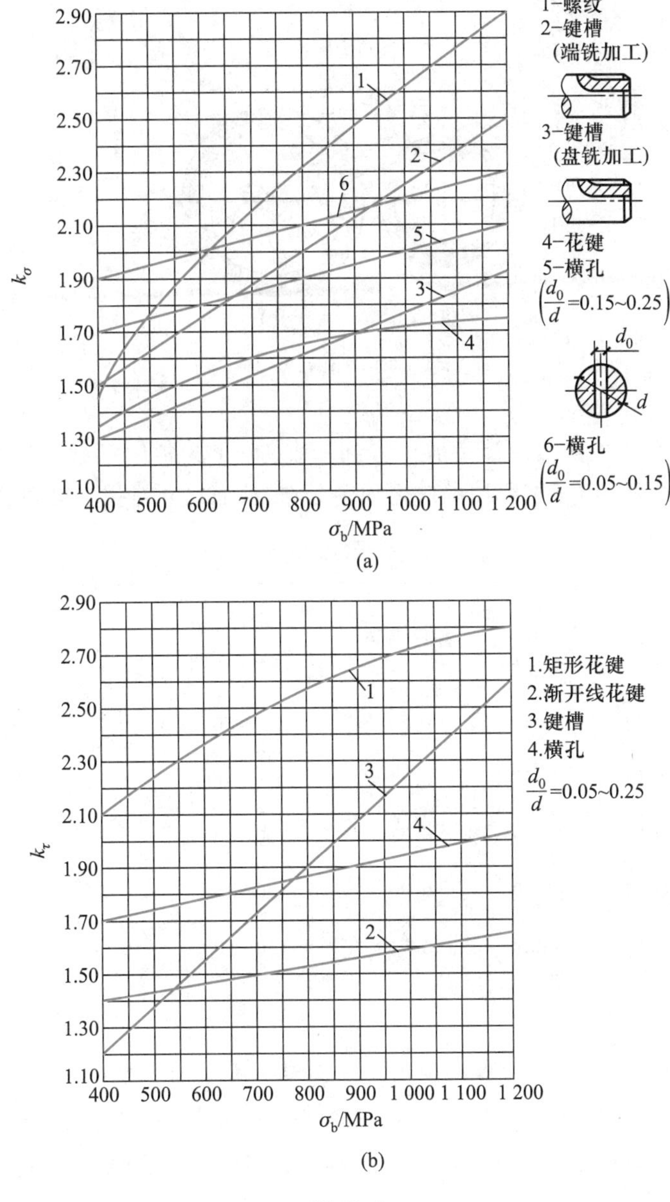

(a)

(b)

图 15-8

小尺寸试样(图 15-9a),这样,形成疲劳裂纹的机会将随之增加。这种尺寸效应的影响可用尺寸因数 ε_σ 表示。在对称循环条件下,ε_σ 是光滑大尺寸试样与光滑小尺寸试样的持久极限之比,即

$$\varepsilon_\sigma=\frac{(\sigma_{-1})_d}{\sigma_{-1}} \tag{15-6}$$

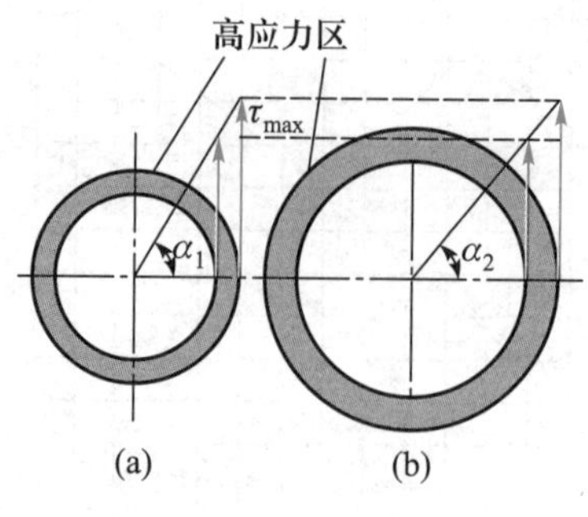

图 15-9

ε_σ 数值小于 1,可在相关工程设计手册中查到。表 15-1 为常用钢材的尺寸因数。试验表明,在轴向拉伸条件下,由于试样内的应力均匀分布,截面尺寸对持久极限的影响不大。

表 15-1　常用钢材的尺寸因数

直径 d/mm	ε_σ		各种钢 ε_τ	直径 d/mm	ε_σ		各种钢 ε_τ
	碳钢	合金钢			碳钢	合金钢	
>20~30	0.91	0.83	0.89	>70~80	0.75	0.66	0.73
>30~40	0.88	0.77	0.81	>80~100	0.73	0.64	0.72
>40~50	0.84	0.73	0.78	>100~120	0.70	0.62	0.70
>50~60	0.81	0.70	0.76	>120~150	0.68	0.60	0.68
>60~70	0.78	0.68	0.74	>150~500	0.60	0.54	0.60

3. 构件表面质量

弯曲、扭转变形时,最大应力发生于构件的表层。由于加工条件所限,构件表层常常存在各种缺陷,如粗糙不平、擦伤、划痕等,使疲劳裂纹易于在表层形成,因而降低持久极限。相反,若构件表面质量优于光滑小试样,持久极限则会增高。表面质量对持久极限的影响可用表面质量因数 β 表示,它是某种加工条件下构件的持久极限与光滑小试样的持久极限之比,在对称循环时,即

$$\beta=\frac{(\sigma_{-1})_\beta}{\sigma_{-1}} \tag{15-7}$$

试验表明,表面加工质量愈差,持久极限降低愈多;对于高强度材料,这一效应愈加显著。表 15-2 列出了不同表面粗糙度的表面质量因数。还有一些其他因素也对构件的持久极限有影响,应用时须注意查询相关资料。

表 15-2　表面质量因数 β(按表面粗糙度)

加工方法	轴表面粗糙度 $Ra/\ \mu m$	$\sigma_b/$ MPa		
		400	800	1 200
磨削	0.2~0.4	1	1	1
车削	0.8~3.2	0.95	0.90	0.80
粗车	6.3~25	0.85	0.80	0.65
未加工的表面	—	0.75	0.65	0.45

例 15-1　阶梯轴如图 15-10 所示,材料为铬镍合金钢,$\sigma_b = 920$ MPa,$\sigma_{-1} = 420$ MPa,$\tau_{-1} = 250$ MPa,试分别求弯曲和扭转时的有效应力集中因数和尺寸因数。

解:由题知

$$\frac{D}{d}=\frac{50}{40}=1.25,\qquad \frac{r}{d}=\frac{5}{40}=0.125$$

由图 15-7a 查得 $k_\sigma = 1.55$;由图 15-7b 查得 $k_\tau = 1.28$;查表 15-1 得 $\varepsilon_\sigma = 0.77$,$\varepsilon_\tau = 0.81$。

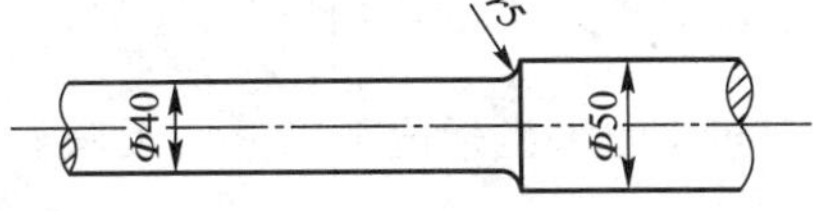

图 15-10

15.3　对称循环构件的疲劳强度校核

综合考虑式(15-5)、式(15-6)和式(15-7),对称循环构件的持久极限 σ_{-1}^0 可表达为

$$\sigma_{-1}^0=\frac{\varepsilon_\sigma\beta}{k_\sigma}\sigma_{-1} \tag{15-8}$$

式中 σ_{-1} 为材料的持久极限。对于对称循环的切应力,则改写为

$$\tau_{-1}^0=\frac{\varepsilon_\tau\beta}{k_\tau}\tau_{-1} \tag{15-9}$$

各符号的意义与正应力的相似。

若定义疲劳的工作安全因数 n_σ 为

$$n_\sigma=\frac{\sigma_{-1}^0}{\sigma_{max}} \tag{15-10}$$

式中,σ_{max} 为构件危险点的最大工作应力,则对称循环条件下的疲劳强度条件为

$$n_\sigma=\frac{\sigma_{-1}^0}{\sigma_{max}}=\frac{\sigma_{-1}}{\dfrac{k_\sigma}{\varepsilon_\sigma\beta}\sigma_{max}}\geqslant n \tag{15-11}$$

n 为规定的安全因数,对于交变切应力,上式改写为

$$n_\tau=\frac{\tau_{-1}^0}{\tau_{\max}}=\frac{\tau_{-1}}{\frac{k_\tau}{\varepsilon_\tau\beta}\tau_{\max}}\geqslant n \tag{15-12}$$

15.4 非对称循环构件的疲劳强度校核

非对称循环构件的持久极限,可以仿照对称循环的方法通过试验测定。对同一材料先进行光滑小试样试验,测出循环特征为各种不同数值时的持久极限,可得到持久极限的曲线,如图 15-11 所示。该图横坐标 σ_m 为平均应力,纵坐标为应力幅 σ_a。A 点($\sigma_m=0$)的纵坐标为对称循环时的持久极限,B 点($\sigma_a=0$)的横坐标为静应力的持久极限,C 点($\sigma_a=\sigma_m$)为脉动循环的持久极限。位于持久极限曲线下方的点(如 P 点)不会发生疲劳。上述持久极限曲线的确定需要很多试验资料,通常可用简化折线 ACB 代替它。

实际构件的持久极限受到应力集中、构件尺寸和表面质量的影响,但试验表明这些因素只影响应力幅,不影响平均应力,所以反映到持久极限曲线上就是横坐标不变,纵坐标降低,即相应的纵坐标值乘以$\frac{\varepsilon_\sigma\beta}{k_\sigma}$,反映到简化折线上则为折线 EFB(图 15-12)。

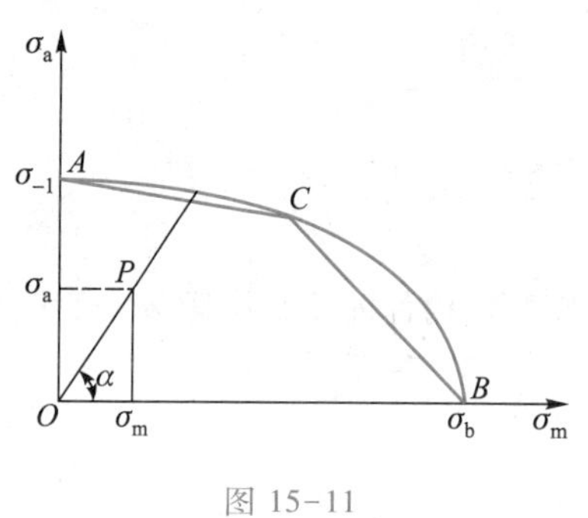

图 15-11

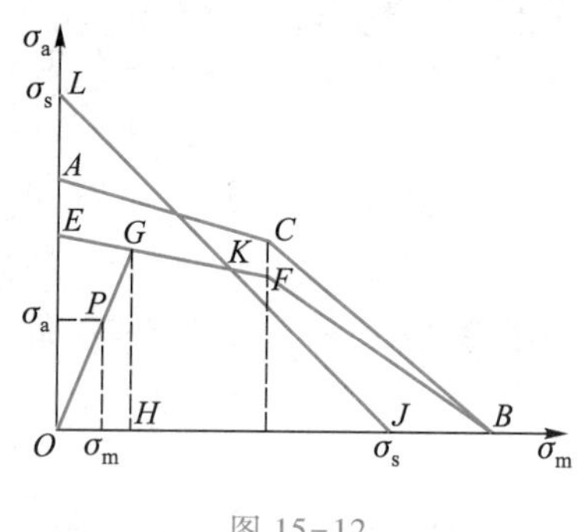

图 15-12

考虑到屈服极限 σ_s(直线 LJ)的限制,真正同时满足疲劳强度和屈服条件的点应是折线 EKJ 下方的点。

从图 15-12 可以推导出非对称循环的疲劳强度条件为

$$n_\sigma=\frac{\sigma_{-1}}{\frac{k_\sigma}{\varepsilon_\sigma\beta}\sigma_a+\psi_\sigma\sigma_m}\geqslant n \tag{15-13}$$

式中,n_σ 为非对称循环下的工作安全因数,n 为规定的安全因数。

对于循环切应力,疲劳强度条件则为

$$n_\tau=\frac{\tau_{-1}}{\frac{k_\tau}{\varepsilon_\tau\beta}\tau_a+\psi_\tau\tau_m}\geqslant n \tag{15-14}$$

上述二式中，ψ_σ、ψ_τ 称为材料对应力循环不对称性的敏感因数，可查表 15-3。

表 15-3　ψ_σ、ψ_τ 表

敏感因数	强度极限 σ_b/MPa				
	350～520	>520～700	>700～1 000	>1 000～1 200	>1 200～1 400
ψ_σ	0	0.05	0.1	0.2	0.25
ψ_τ	0	0	0.05	0.1	0.15

15.5　提高构件疲劳强度的措施

疲劳裂纹多易于在应力集中部位和构件的高应力部位形成，因此应从这些方面考虑提高构件疲劳强度的措施。

构件外形设计应尽量避免或减缓应力集中，如应避免使用带有尖角的孔和槽。对于常见的阶梯轴（图 15-13a），在截面突变处宜采用曲率半径足够大的过渡圆角（图 15-13b），或在直径较大的轴端开减荷槽（图 15-14），这些措施均可有效降低应力集中。

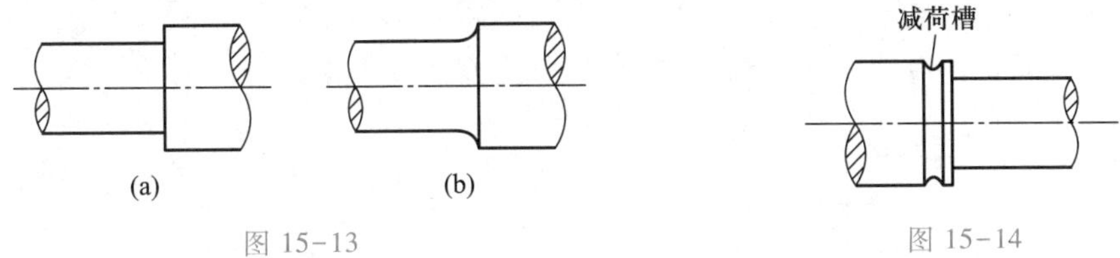

图 15-13　　图 15-14

应尽量降低构件表面加工粗糙度，注意避免各种机械损伤（如划伤印痕）和其他损伤（如锈蚀等）。高强度钢这类对应力集中比较敏感的材料，更需要有较高的表面质量。

对构件表层进行强化处理，如高频淬火、氮化、渗碳、滚压、喷丸等，可减少形成疲劳裂纹的机会，在这些处理条件下表面质量因数一般都大于 1，因而有助于有效提高构件的疲劳强度。

课程设计及学习思路

了解交变应力下材料疲劳破坏的概念和疲劳极限的确定方法；了解影响构件疲劳极限的主要因素、疲劳强度的计算和提高构件疲劳强度的措施。

第 15 章
工程案例

课程难点分析及学习体会

（1）交变应力是随时间发生周期变化的应力。应力比（循环特征）是一个应力循环中最小应力和最大应力之比。金属疲劳破坏是指在交变应力作用下，经过一定次数的应力循环，构件突然发生断裂破坏。破坏前无明显塑性变形，应力远低于静载荷作用下断裂破坏的

强度极限。工程中80%金属发生的断裂破坏是由疲劳引起的。

(2) 疲劳破坏的机理是在构件的高应力区,晶格滑动或初始缺陷产生微裂纹,在交变应力作用下,裂纹两个侧面不断研磨形成光滑区,微裂纹逐渐扩展,形成宏观裂纹,有效承载面积越来越小,导致突然断裂破坏,形成粗糙区。疲劳破坏断口特征是有明显的光滑区和粗糙区。

(3) 防止疲劳破坏,建立疲劳强度条件,进行疲劳强度校核,需要测定材料与构件的持久极限。用实验的方法,在弯曲疲劳实验机上测定光滑小试样的条件持久极限。画出 $S-N$ 实验曲线,S 代表应力,N 代表循环次数。对于实验曲线有水平渐近线的材料,当循环基数等于 10^7 仍不发生疲劳破坏所对应的应力值称为条件持久极限;对于实验曲线没有水平渐近线的材料,当循环基数等于 $2\times10^7\sim10^8$ 仍不发生疲劳破坏所对应的应力值称为条件持久极限。

(4) 用光滑小试样测出来的持久极限不能直接应用到工程中。影响构件持久极限的因素有:应力集中、构件尺寸、表面质量。考虑到这三种因素的影响,构件持久极限除以工作应力,得到的安全因数与规定值相比,必须大于规定值,用来进行构件的疲劳强度校核。

(5) 提高构件疲劳强度的措施也是从上述三个方面入手:减小应力集中、减小构件尺寸和提高表面质量。

习 题

15-1 计算图示各交变应力的平均应力、应力幅和应力比。

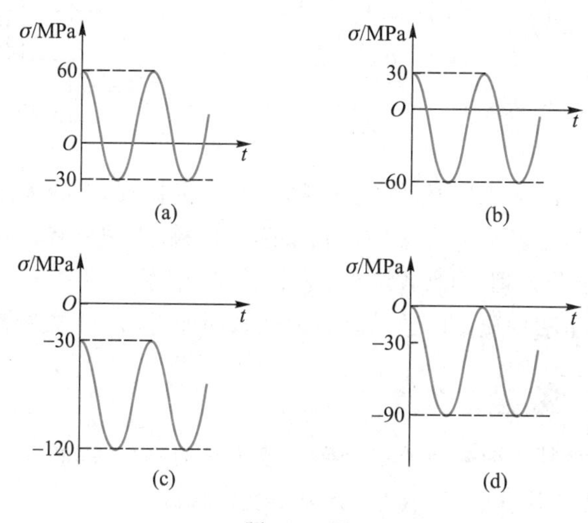

题 15-1 图

15-2 如图所示,旋转圆轴受横向力和轴向力同时作用,圆轴的角速度为 ω。已知 $F=10$ kN,$l=2$ m,$F_1=20$ kN,圆轴的直径 $d=80$ mm。(1) 写出跨中截面 $C-C$ 上点 A 处的正应力随时间变化的表达式;(2) 求圆轴的 σ_{max}、σ_{min}、σ_a、σ_m 和应力比 r,并作应力随时间的变化曲线。

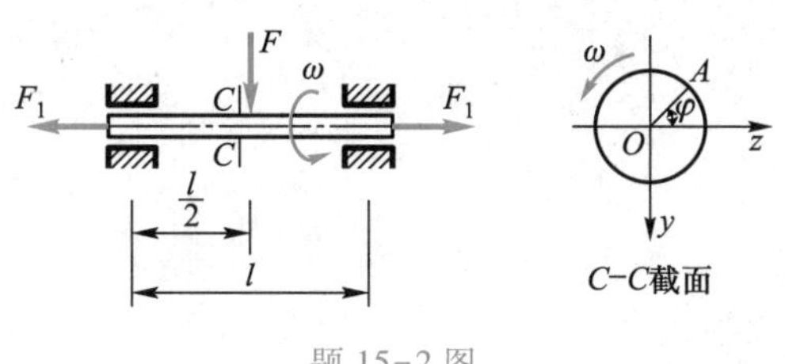

题 15-2 图

15-3　插床刀杆转动如图所示，偏心轮 D 带动连杆 AB 摆动，使刀杆做直线往复运动，已知刀杆自重 $G=400\ \mathrm{N}$，刀杆向下运动时，切削力 $F=1\ \mathrm{kN}$，连杆长 $l=500\ \mathrm{mm}$，截面面积为 $10\ \mathrm{mm}^2$，偏心距 $e=50\ \mathrm{mm}$，试求连杆的 $\sigma_{\max}$、$\sigma_{\min}$、σ_a、σ_m 和应力比 r。

15-4　图示碳钢轴受对称循环弯曲应力作用，已知碳钢的 $\sigma_b=700\ \mathrm{MPa}$，$\sigma_{-1}=280\ \mathrm{MPa}$，表面为粗车加工，试求此轴的持久极限。若 $M_{\max}=460\ \mathrm{N\cdot m}$，规定安全因数 $n=2$，试判断此轴能否满足疲劳强度条件。

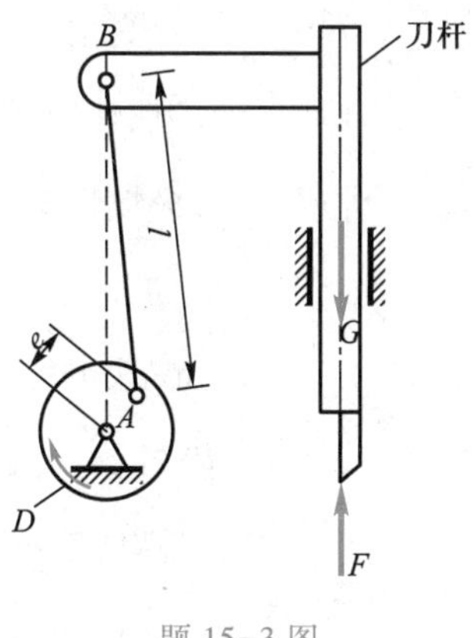

题 15-3 图

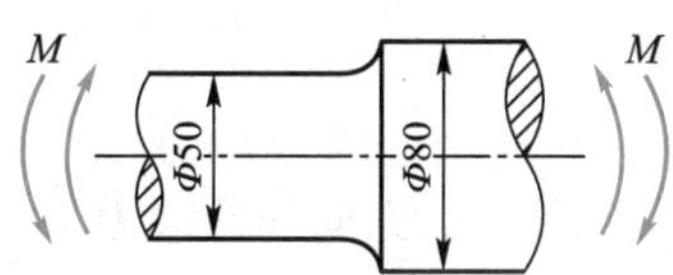

题 15-4 图

A1 主要符号表

符号	名称
A	面积
A_s	剪切面面积
A_{bs}	挤压面面积
a	间距
b	宽度
D、d	直径
E	弹性模量
E_k	动能
E_p	势能
F	力
F_{Ax}、F_{Ay}	A 点 x、y 方向的约束力
F_N	轴力
$\bar{F}_N$	单位载荷引起的轴力
F	集中载荷
F_{cr}	临界载荷
F_d	动载荷
F_S	剪力
$\bar{F}_S$	单位载荷引起的剪力
F_R	合力、主矢的大小
F_T	拉力
F_u	极限载荷
$[F_u]$	许用载荷
F_x、F_y、F_z	x、y、z 方向力的分量
G	切变模量
H	高度
I	惯性矩
I_p	极惯性矩
I_{xy}	惯性积
i	惯性半径
S	静矩、一次矩
s	路程、弧长
k	弹簧刚度系数，应变计灵敏因数
l、L	长度、跨度
M、M_y、M_z	弯矩
$\bar{M}$	单位载荷引起的弯矩
M_e	外力偶矩
M_O	对 O 点的矩
T	扭矩、周期、温度
$\bar{T}$	单位载荷引起的扭矩

符号	名称	符号	名称
n	转速、螺栓个数	ε_e	弹性应变
n_s	对应于塑性材料 σ_s	ε_p	塑性应变
	的安全因数	λ	柔度
n_b	对应于脆性材料	μ	长度因数
	σ_b的安全因数	ν	泊松比
n_w	稳定安全因数	ρ	曲率半径、材料密度
N	循环次数、疲劳寿命	ρ_g	单位体积质量
p	压强	σ	正应力
P	功率	σ_a	应力幅
q	分布载荷集度	σ_t	拉应力
R、r	半径	σ_c	压应力
υ_d	畸变能密度	σ_m	平均应力
υ_V	体积改变能密度	σ_b	强度极限
υ_ε	应变能密度	σ_{bs}	挤压应力
V_ε	应变能	$[\sigma]$	许用应力
W	功、重量	σ_{cr}	临界应力
W_i	内力功	σ_d	动应力
W_e	外力功	σ_p	比例极限
W_z	抗弯截面系数	$\sigma_{0.2}$	名义屈服极限
W_t	抗扭截面系数	σ_s	屈服极限
α_l	线胀系数	σ_r	持久极限
β	角度、表面质量因数		相当应力、残余应力
θ	梁截面转角、单位长度	σ_μ	名义应力
	相对扭转角、体积应变	τ	切应力
φ	相对扭转角	τ_u	极限切应力
γ	切应变、单位体积重量	$[\tau]$	许用切应力
Δ	增量符号	w	挠度
Δ	位移	A、B、C 等	表示位置的英文字母
δ	厚度、变形、位移	a、b、c 等	
ε	正应变		

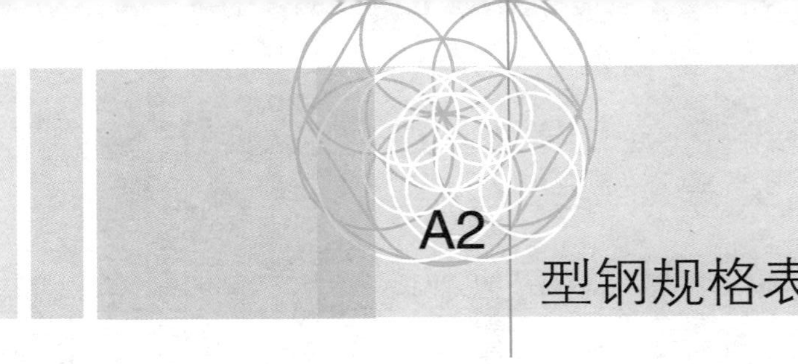

A2 型钢规格表

型钢截面尺寸、截面面积、理论重量及截面特性（GB/T 706—2016）

表 1 工字钢截面尺寸、截面面积、理论重量及截面特性

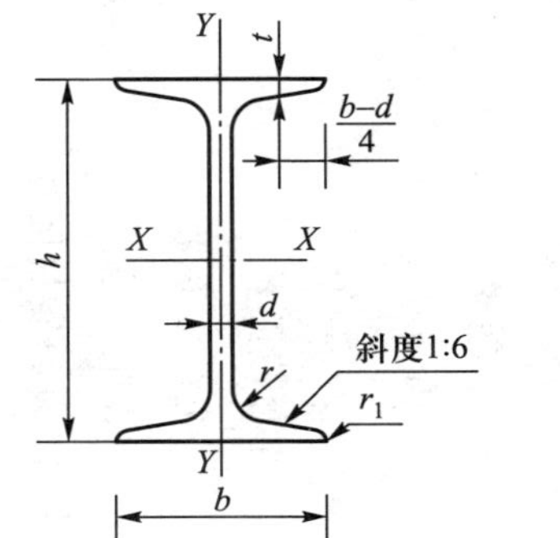

说明：

h——高度；

b——腿宽度；

d——腰厚度；

t——腿中间厚度；

r——内圆弧半径；

r_1——腿端圆弧半径。

续表

型号	截面尺寸/mm						截面面积/cm²	理论重量/(kg/m)	外表面积/(m²/m)	惯性矩/cm⁴		惯性半径/cm		截面模数[①]/cm³	
	h	b	d	t	r	r_1				I_x	I_y	i_x	i_y	W_x	W_y
10	100	68	4.5	7.6	6.5	3.3	14.33	11.3	0.432	245	33.0	4.14	1.52	49.0	9.72
12	120	74	5.0	8.4	7.0	3.5	17.80	14.0	0.493	436	46.9	4.95	1.62	72.7	12.7
12.6	126	74	5.0	8.4	7.0	3.5	18.10	14.2	0.505	488	46.9	5.20	1.61	77.5	12.7
14	140	80	5.5	9.1	7.5	3.8	21.50	16.9	0.553	712	64.4	5.76	1.73	102	16.1
16	160	88	6.0	9.9	8.0	4.0	26.11	20.5	0.621	1 130	93.1	6.58	1.89	141	21.2
18	180	94	6.5	10.7	8.5	4.3	30.74	24.1	0.681	1 660	122	7.36	2.00	185	26.0
20a	200	100	7.0	11.4	9.0	4.5	35.55	27.9	0.742	2 370	158	8.15	2.12	237	31.5
20b		102	9.0				39.55	31.1	0.746	2 500	169	7.96	2.06	250	33.1
22a	220	110	7.5	12.3	9.5	4.8	42.10	33.1	0.817	3 400	225	8.99	2.31	309	40.9
22b		112	9.5				46.50	36.5	0.821	3 570	239	8.78	2.27	325	42.7
24a	240	116	8.0	13.0	10.0	5.0	47.71	37.5	0.878	4 570	280	9.77	2.42	381	48.4
24b		118	10.0				52.51	41.2	0.882	4 800	297	9.57	2.38	400	50.4
25a	250	116	8.0				48.51	38.1	0.898	5 020	280	10.2	2.40	402	48.3
25b		118	10.0				53.51	42.0	0.902	5 280	309	9.94	2.40	423	52.4

① 本书亦称抗弯截面系数。

续表

型号	截面尺寸/mm						截面面积/cm^2	理论重量/(kg/m)	外表面积/(m^2/m)	惯性矩/cm^4		惯性半径/cm		截面模数/cm^3	
	h	b	d	t	r	r_1				I_x	I_y	i_x	i_y	W_x	W_y
27a	270	122	8.5	13.7	10.5	5.3	54.52	42.8	0.958	6 550	345	10.9	2.51	485	56.6
27b		124	10.5				59.92	47.0	0.962	6 870	366	10.7	2.47	509	58.9
28a	280	122	8.5				55.37	43.5	0.978	7 110	345	11.3	2.50	508	56.6
28b		124	10.5				60.97	47.9	0.982	7 480	379	11.1	2.49	534	61.2
30a	300	126	9.0	14.4	11.0	5.5	61.22	48.1	1.031	8 950	400	12.1	2.55	597	63.5
30b		128	11.0				67.22	52.8	1.035	9 400	422	11.8	2.50	627	65.9
30c		130	13.0				73.22	57.5	1.039	9 850	445	11.6	2.46	657	68.5
32a	320	130	9.5	15.0	11.5	5.8	67.12	52.7	1.084	11 100	460	12.8	2.62	692	70.8
32b		132	11.5				73.52	57.7	1.088	11 600	502	12.6	2.61	726	76.0
32c		134	13.5				79.92	62.7	1.092	12 200	544	12.3	2.61	760	81.2
36a	360	136	10.0	15.8	12.0	6.0	76.44	60.0	1.185	15 800	552	14.4	2.69	875	81.2
36b		138	12.0				83.64	65.7	1.189	16 500	582	14.1	2.64	919	84.3
36c		140	14.0				90.84	71.3	1.193	17 300	612	13.8	2.60	962	87.4
40a	400	142	10.5	16.5	12.5	6.3	86.07	67.6	1.285	21 700	660	15.9	2.77	1 090	93.2
40b		144	12.5				94.07	73.8	1.289	22 800	692	15.6	2.71	1 140	96.2
40c		146	14.5				102.1	80.1	1.293	23 900	727	15.2	2.65	1 190	99.6

续表

型号	截面尺寸/mm						截面面积/cm^2	理论重量/(kg/m)	外表面积/(m^2/m)	惯性矩/cm^4		惯性半径/cm		截面模数/cm^3	
	h	b	d	t	r	r_1				I_x	I_y	i_x	i_y	W_x	W_y
45a		150	11.5				102.4	80.4	1.411	32 200	855	17.7	2.89	1 430	114
45b	450	152	13.5	18.0	13.5	6.8	111.4	87.4	1.415	33 800	894	17.4	2.84	1 500	118
45c		154	15.5				120.4	94.5	1.419	35 300	938	17.1	2.79	1 570	122
50a		158	12.0				119.2	93.6	1.539	46 500	1 120	19.7	3.07	1 860	142
50b	500	160	14.0	20.0	14.0	7.0	129.2	101	1.543	48 600	1 170	19.4	3.01	1 940	146
50c		162	16.0				139.2	109	1.547	50 600	1 220	19.0	2.96	2 080	151
55a		166	12.5				134.1	105	1.667	62 900	1 370	21.6	3.19	2 290	164
55b	550	168	14.5				145.1	114	1.671	65 600	1 420	21.2	3.14	2 390	170
55c		170	16.5	21.0	14.5	7.3	156.1	123	1.675	68 400	1 480	20.9	3.08	2 490	175
56a		166	12.5				135.4	106	1.687	65 600	1 370	22.0	3.18	2 340	165
56b	560	168	14.5				146.6	115	1.691	68 500	1 490	21.6	3.16	2 450	174
56c		170	16.5				157.8	124	1.695	71 400	1 560	21.3	3.16	2 550	183
63a		176	13.0				154.6	121	1.862	93 900	1 700	24.5	3.31	2 980	193
63b	630	178	15.0	22.0	15.0	7.5	167.2	131	1.866	98 100	1 810	24.2	3.29	3 160	204
63c		180	17.0				179.8	141	1.870	102 000	1 920	23.8	3.27	3 300	214

注：表中 r、r_1 的数据用于孔型设计，不做交货条件。

表 2　槽钢截面尺寸、截面面积、理论重量及截面特性

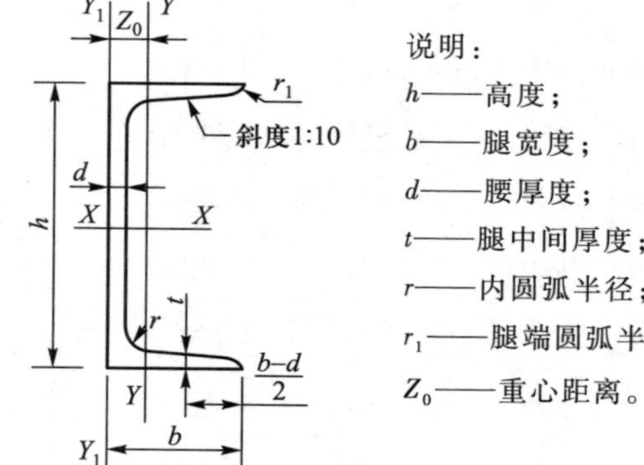

说明：

h——高度；

b——腿宽度；

d——腰厚度；

t——腿中间厚度；

r——内圆弧半径；

r_1——腿端圆弧半径；

Z_0——重心距离。

型号	截面尺寸/mm						截面面积/cm^2	理论重量/(kg/m)	外表面积/(m^2/m)	惯性矩/cm^4			惯性半径/cm		截面模数/cm^3		重心距离/cm
	h	b	d	t	r	r_1				I_x	I_y	I_{y1}	i_x	i_y	W_x	W_y	Z_0
5	50	37	4.5	7.0	7.0	3.5	6.925	5.44	0.226	26.0	8.30	20.9	1.94	1.10	10.4	3.55	1.35
6.3	63	40	4.8	7.5	7.5	3.8	8.446	6.63	0.262	50.8	11.9	28.4	2.45	1.19	16.1	4.50	1.36
6.5	65	40	4.3	7.5	7.5	3.8	8.292	6.51	0.267	55.2	12.0	28.3	2.54	1.19	17.0	4.59	1.38

续表

型号	截面尺寸/mm						截面面积/cm^2	理论重量/(kg/m)	外表面积/(m^2/m)	惯性矩/cm^4			惯性半径/cm		截面模数/cm^3		重心距离/cm
	h	b	d	t	r	r_1				I_x	I_y	I_{y1}	i_x	i_y	W_x	W_y	Z_0
8	80	43	5.0	8.0	8.0	4.0	10.24	8.04	0.307	101	16.6	37.4	3.15	1.27	25.3	5.79	1.43
10	100	48	5.3	8.5	8.5	4.2	12.74	10.0	0.365	198	25.6	54.9	3.95	1.41	39.7	7.80	1.52
12	120	53	5.5	9.0	9.0	4.5	15.36	12.1	0.423	346	37.4	77.7	4.75	1.56	57.7	10.2	1.62
12.6	126	53	5.5	9.0	9.0	4.5	15.69	12.3	0.435	391	38.0	77.1	4.95	1.57	62.1	10.2	1.59
14a	140	58	6.0	9.5	9.5	4.8	18.51	14.5	0.480	564	53.2	107	5.52	1.70	80.5	13.0	1.71
14b		60	8.0				21.31	16.7	0.484	609	61.1	121	5.35	1.69	87.1	14.1	1.67
16a	160	63	6.5	10.0	10.0	5.0	21.95	17.2	0.538	866	73.3	144	6.28	1.83	108	16.3	1.80
16b		65	8.5				25.15	19.8	0.542	935	83.4	161	6.10	1.82	117	17.6	1.75
18a	180	68	7.0	10.5	10.5	5.2	25.69	20.2	0.596	1 270	98.6	190	7.04	1.96	141	20.0	1.88
18b		70	9.0				29.29	23.0	0.600	1 370	111	210	6.84	1.95	152	21.5	1.84
20a	200	73	7.0	11.0	11.0	5.5	28.83	22.6	0.654	1 780	128	244	7.86	2.11	178	24.2	2.01
20b		75	9.0				32.83	25.8	0.658	1 910	144	268	7.64	2.09	191	25.9	1.95

续表

型号	截面尺寸/mm						截面面积/cm^2	理论重量/(kg/m)	外表面积/(m^2/m)	惯性矩/cm^4			惯性半径/cm		截面模数/cm^3		重心距离/cm
	h	b	d	t	r	r_1				I_x	I_y	I_{y1}	i_x	i_y	W_x	W_y	Z_0
22a	220	77	7.0	11.5	11.5	5.8	31.83	25.0	0.709	2 390	158	298	8.67	2.23	218	28.2	2.10
22b		79	9.0				36.23	28.5	0.713	2 570	176	326	8.42	2.21	234	30.1	2.03
24a	240	78	7.0	12.0	12.0	6.0	34.21	26.9	0.752	3 050	174	325	9.45	2.25	254	30.5	2.10
24b		80	9.0				39.01	30.6	0.756	3 280	194	355	9.17	2.23	274	32.5	2.03
24c		82	11.0				43.81	34.4	0.760	3 510	213	388	8.96	2.21	293	34.4	2.00
25a	250	78	7.0				34.91	27.4	0.722	3 370	176	322	9.82	2.24	270	30.6	2.07
25b		80	9.0				39.91	31.3	0.776	3 530	196	353	9.41	2.22	282	32.7	1.98
25c		82	11.0				44.91	35.3	0.780	3 690	218	384	9.07	2.21	295	35.9	1.92
27a	270	82	7.5	12.5	12.5	6.2	39.27	30.8	0.826	4 360	216	393	10.5	2.34	323	35.5	2.13
27b		84	9.5				44.67	35.1	0.830	4 690	239	428	10.3	2.31	347	37.7	2.06
27c		86	11.5				50.07	39.3	0.834	5 020	261	467	10.1	2.28	372	39.8	2.03
28a	280	82	7.5				40.02	31.4	0.846	4 760	218	388	10.9	2.33	340	35.7	2.10
28b		84	9.5				45.62	35.8	0.850	5 130	242	428	10.6	2.30	366	37.9	2.02
28c		86	11.5				51.22	40.2	0.854	5 500	268	463	10.4	2.29	393	40.3	1.95

续表

型号	截面尺寸/mm						截面面积/cm^2	理论重量/(kg/m)	外表面积/(m^2/m)	惯性矩/cm^4			惯性半径/cm		截面模数/cm^3		重心距离/cm
	h	b	d	t	r	r_1				I_x	I_y	I_{y1}	i_x	i_y	W_x	W_y	Z_0
30a		85	7.5				43.89	34.5	0.897	6 050	260	467	11.7	2.43	403	41.1	2.17
30b	300	87	9.5	13.5	13.5	6.8	49.89	39.2	0.901	6 500	289	515	11.4	2.41	433	44.0	2.13
30c		89	11.5				55.89	43.9	0.905	6 950	316	560	11.2	2.38	463	46.4	2.09
32a		88	8.0				48.50	38.1	0.947	7 600	305	552	12.5	2.50	475	46.5	2.24
32b	320	90	10.0	14.0	14.0	7.0	54.90	43.1	0.951	8 140	336	593	12.2	2.47	509	49.2	2.16
32c		92	12.0				61.30	48.1	0.955	8 690	374	643	11.9	2.47	543	52.6	2.09
36a		96	9.0				60.89	47.8	1.053	11 900	455	818	14.0	2.73	660	63.5	2.44
36b	360	98	11.0	16.0	16.0	8.0	68.09	53.5	1.057	12 700	497	880	13.6	2.70	703	66.9	2.37
36c		100	13.0				75.29	59.1	1.061	13 400	536	948	13.4	2.67	746	70.0	2.34
40a		100	10.5				75.04	58.9	1.144	17 600	592	1 070	15.3	2.81	879	78.8	2.49
40b	400	102	12.5	18.0	18.0	9.0	83.04	65.2	1.148	18 600	640	1 140	15.0	2.78	932	82.5	2.44
40c		104	14.5				91.04	71.5	1.152	19 700	688	1 220	14.7	2.75	986	86.2	2.42

注:表中 r、r_1 的数据用于孔型设计,不做交货条件。

表 3 等边角钢截面尺寸、截面面积、理论重量及截面特性

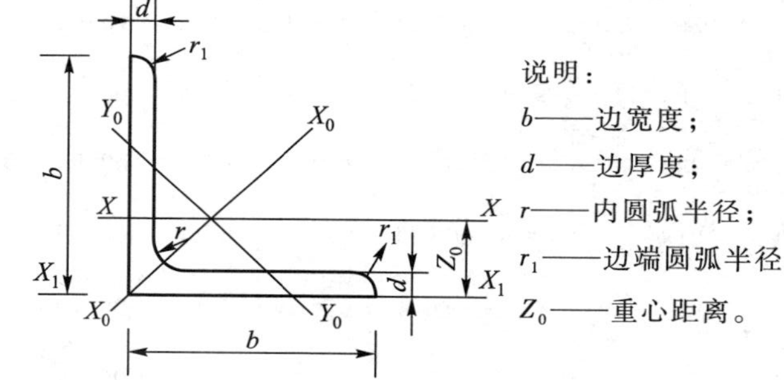

说明：

b——边宽度；

d——边厚度；

r——内圆弧半径；

r_1——边端圆弧半径；

Z_0——重心距离。

型号	截面尺寸/mm			截面面积/cm²	理论重量/(kg/m)	外表面积/(m²/m)	惯性矩/cm⁴				惯性半径/cm			截面模数/cm³			重心距离/cm
	b	d	r				I_x	I_{x1}	I_{x0}	I_{y0}	i_x	i_{x0}	i_{y0}	W_x	W_{x0}	W_{y0}	Z_0
2	20	3	3.5	1.132	0.89	0.078	0.40	0.81	0.63	0.17	0.59	0.75	0.39	0.29	0.45	0.20	0.60
		4		1.459	1.15	0.077	0.50	1.09	0.78	0.22	0.58	0.73	0.38	0.36	0.55	0.24	0.64
2.5	25	3		1.432	1.12	0.098	0.82	1.57	1.29	0.34	0.76	0.95	0.49	0.46	0.73	0.33	0.73
		4		1.859	1.46	0.097	1.03	2.11	1.62	0.43	0.74	0.93	0.48	0.59	0.92	0.40	0.76

续表

型号	截面尺寸/mm			截面面积/cm^2	理论重量/(kg/m)	外表面积/(m^2/m)	惯性矩/cm^4				惯性半径/cm			截面模数/cm^3			重心距离/cm
	b	d	r				I_x	I_{x1}	I_{x0}	I_{y0}	i_x	i_{x0}	i_{y0}	W_x	W_{x0}	W_{y0}	Z_0
3.0	30	3	4.5	1.749	1.37	0.117	1.46	2.71	2.31	0.61	0.91	1.15	0.59	0.68	1.09	0.51	0.85
		4		2.276	1.79	0.117	1.84	3.63	2.92	0.77	0.90	1.13	0.58	0.87	1.37	0.62	0.89
3.6	36	3		2.109	1.66	0.141	2.58	4.68	4.09	1.07	1.11	1.39	0.71	0.99	1.61	0.76	1.00
		4		2.756	2.16	0.141	3.29	6.25	5.22	1.37	1.09	1.38	0.70	1.28	2.05	0.93	1.04
		5		3.382	2.65	0.141	3.95	7.84	6.24	1.65	1.08	1.36	0.70	1.56	2.45	1.00	1.07
4	40	3	5	2.359	1.85	0.157	3.59	6.41	5.69	1.49	1.23	1.55	0.79	1.23	2.01	0.96	1.09
		4		3.086	2.42	0.157	4.60	8.56	7.29	1.91	1.22	1.54	0.79	1.60	2.58	1.19	1.13
		5		3.792	2.98	0.156	5.53	10.7	8.76	2.30	1.21	1.52	0.78	1.96	3.10	1.39	1.17
4.5	45	3		2.659	2.09	0.177	5.17	9.12	8.20	2.14	1.40	1.76	0.89	1.58	2.58	1.24	1.22
		4		3.486	2.74	0.177	6.65	12.2	10.6	2.75	1.38	1.74	0.89	2.05	3.32	1.54	1.26
		5		4.292	3.37	0.176	8.04	15.2	12.7	3.33	1.37	1.72	0.88	2.51	4.00	1.81	1.30
		6		5.077	3.99	0.176	9.33	18.4	14.8	3.89	1.36	1.70	0.80	2.95	4.64	2.06	1.33

续表

型号	截面尺寸/mm			截面面积/cm^2	理论重量/(kg/m)	外表面积/(m^2/m)	惯性矩/cm^4				惯性半径/cm			截面模数/cm^3			重心距离/cm
	b	d	r				I_x	I_{x1}	I_{x0}	I_{y0}	i_x	i_{x0}	i_{y0}	W_x	W_{x0}	W_{y0}	Z_0
5	50	3	5.5	2.971	2.33	0.197	7.18	12.5	11.4	2.98	1.55	1.96	1.00	1.96	3.22	1.57	1.34
		4		3.897	3.06	0.197	9.26	16.7	14.7	3.82	1.54	1.94	0.99	2.56	4.16	1.96	1.38
		5		4.803	3.77	0.196	11.2	20.9	17.8	4.64	1.53	1.92	0.98	3.13	5.03	2.31	1.42
		6		5.688	4.46	0.196	13.1	25.1	20.7	5.42	1.52	1.91	0.98	3.68	5.85	2.63	1.46
5.6	56	3	6	3.343	2.62	0.221	10.2	17.6	16.1	4.24	1.75	2.20	1.13	2.48	4.08	2.02	1.48
		4		4.39	3.45	0.220	13.2	23.4	20.9	5.46	1.73	2.18	1.11	3.24	5.28	2.52	1.53
		5		5.415	4.25	0.220	16.0	29.3	25.4	6.61	1.72	2.17	1.10	3.97	6.42	2.98	1.57
		6		6.42	5.04	0.220	18.7	35.3	29.7	7.73	1.71	2.15	1.10	4.68	7.49	3.40	1.61
		7		7.404	5.81	0.219	21.2	41.2	33.6	8.82	1.69	2.13	1.09	5.36	8.49	3.80	1.64
		8		8.367	6.57	0.219	23.6	47.2	37.4	9.89	1.68	2.11	1.09	6.03	9.44	4.16	1.68
6	60	5	6.5	5.829	4.58	0.236	19.9	36.1	31.6	8.21	1.85	2.33	1.19	4.59	7.44	3.48	1.67
		6		6.914	5.43	0.235	23.4	43.3	36.9	9.60	1.83	2.31	1.18	5.41	8.70	3.98	1.70
		7		7.977	6.26	0.235	26.4	50.7	41.9	11.0	1.82	2.29	1.17	6.21	9.88	4.45	1.74
		8		9.02	7.08	0.235	29.5	58.0	46.7	12.3	1.81	2.27	1.17	6.98	11.0	4.88	1.78

续表

型号	截面尺寸/mm			截面面积/cm^2	理论重量/(kg/m)	外表面积/(m^2/m)	惯性矩/cm^4				惯性半径/cm			截面模数/cm^3			重心距离/cm
	b	d	r				I_x	I_{x1}	I_{x0}	I_{y0}	i_x	i_{x0}	i_{y0}	W_x	W_{x0}	W_{y0}	Z_0
6.3	63	4	7	4.978	3.91	0.248	19.0	33.4	30.2	7.89	1.96	2.46	1.26	4.13	6.78	3.29	1.70
		5		6.143	4.82	0.248	23.2	41.7	36.8	9.57	1.94	2.45	1.25	5.08	8.25	3.90	1.74
		6		7.288	5.72	0.247	27.1	50.1	43.0	11.2	1.93	2.43	1.24	6.00	9.66	4.46	1.78
		7		8.412	6.60	0.247	30.9	58.6	49.0	12.8	1.92	2.41	1.23	6.88	11.0	4.98	1.82
		8		9.515	7.47	0.247	34.5	67.1	54.6	14.3	1.90	2.40	1.23	7.75	12.3	5.47	1.85
		10		11.66	9.15	0.246	41.1	84.3	64.9	17.3	1.88	2.36	1.22	9.39	14.6	6.36	1.93
7	70	4	8	5.570	4.37	0.275	26.4	45.7	41.8	11.0	2.18	2.74	1.40	5.14	8.44	4.17	1.86
		5		6.876	5.40	0.275	32.2	57.2	51.1	13.3	2.16	2.73	1.39	6.32	10.3	4.95	1.91
		6		8.160	6.41	0.275	37.8	68.7	59.9	15.6	2.15	2.71	1.38	7.48	12.1	5.67	1.95
		7		9.424	7.40	0.275	43.1	80.3	68.4	17.8	2.14	2.69	1.38	8.59	13.8	6.34	1.99
		8		10.67	8.37	0.274	48.2	91.9	76.4	20.0	2.12	2.68	1.37	9.68	15.4	6.98	2.03
7.5	75	5	9	7.412	5.82	0.295	40.0	70.6	63.3	16.6	2.33	2.92	1.50	7.32	11.9	5.77	2.04
		6		8.797	6.91	0.294	47.0	84.6	74.4	19.5	2.31	2.90	1.49	8.64	14.0	6.67	2.07
		7		10.16	7.98	0.294	53.6	98.7	85.0	22.2	2.30	2.89	1.48	9.93	16.0	7.44	2.11

续表

型号	截面尺寸/mm			截面面积/cm^2	理论重量/(kg/m)	外表面积/(m^2/m)	惯性矩/cm^4				惯性半径/cm			截面模数/cm^3			重心距离/cm
	b	d	r				I_x	I_{x1}	I_{x0}	I_{y0}	i_x	i_{x0}	i_{y0}	W_x	W_{x0}	W_{y0}	Z_0
7.5	75	8	9	11.50	9.03	0.294	60.0	113	95.1	24.9	2.28	2.88	1.47	11.2	17.9	8.19	2.15
		9		12.83	10.1	0.294	66.1	127	105	27.5	2.27	2.86	1.46	12.4	19.8	8.89	2.18
		10		14.13	11.1	0.293	72.0	142	114	30.1	2.26	2.84	1.46	13.6	21.5	9.56	2.22
8	80	5		7.912	6.21	0.315	48.8	85.4	77.3	20.3	2.48	3.13	1.60	8.34	13.7	6.66	2.15
		6		9.397	7.38	0.314	57.4	103	91.0	23.7	2.47	3.11	1.59	9.87	16.1	7.65	2.19
		7		10.86	8.53	0.314	65.6	120	104	27.1	2.46	3.10	1.58	11.4	18.4	8.58	2.23
		8		12.30	9.66	0.314	73.5	137	117	30.4	2.44	3.08	1.57	12.8	20.6	9.46	2.27
		9		13.73	10.8	0.314	81.1	154	129	33.6	2.43	3.06	1.56	14.3	22.7	10.3	2.31
		10		15.13	11.9	0.313	88.4	172	140	36.8	2.42	3.04	1.56	15.6	24.8	11.1	2.35
9	90	6	10	10.64	8.35	0.354	82.8	146	131	34.3	2.79	3.51	1.80	12.6	20.6	9.95	2.44
		7		12.30	9.66	0.354	94.8	170	150	39.2	2.78	3.50	1.78	14.5	23.6	11.2	2.48
		8		13.94	10.9	0.353	106	195	169	44.0	2.76	3.48	1.78	16.4	26.6	12.4	2.52
		9		15.57	12.2	0.353	118	219	187	48.7	2.75	3.46	1.77	18.3	29.4	13.5	2.56
		10		17.17	13.5	0.353	129	244	204	53.3	2.74	3.45	1.76	20.1	32.0	14.5	2.59
		12		20.31	15.9	0.352	149	294	236	62.2	2.71	3.41	1.75	23.6	37.1	16.5	2.67

续表

型号	截面尺寸/mm			截面面积/cm^2	理论重量/(kg/m)	外表面积/(m^2/m)	惯性矩/cm^4				惯性半径/cm			截面模数/cm^3			重心距离/cm
	b	d	r				I_x	I_{x1}	I_{x0}	I_{y0}	i_x	i_{x0}	i_{y0}	W_x	W_{x0}	W_{y0}	Z_0
10	100	6	12	11.93	9.37	0.393	115	200	182	47.9	3.10	3.90	2.00	15.7	25.7	12.7	2.67
		7		13.80	10.8	0.393	132	234	209	54.7	3.09	3.89	1.99	18.1	29.6	14.3	2.71
		8		15.64	12.3	0.393	148	267	235	61.4	3.08	3.88	1.98	20.5	33.2	15.8	2.76
		9		17.46	13.7	0.392	164	300	260	68.0	3.07	3.86	1.97	22.8	36.8	17.2	2.80
		10		19.26	15.1	0.392	180	334	285	74.4	3.05	3.84	1.96	25.1	40.3	18.5	2.84
		12		22.80	17.9	0.391	209	402	331	86.8	3.03	3.81	1.95	29.5	46.8	21.1	2.91
		14		26.26	20.6	0.391	237	471	374	99.0	3.00	3.77	1.94	33.7	52.9	23.4	2.99
		16		29.63	23.3	0.390	263	540	414	111	2.98	3.74	1.94	37.8	58.6	25.6	3.06
11	110	7	12	15.20	11.9	0.433	177	311	281	73.4	3.41	4.30	2.20	22.1	36.1	17.5	2.96
		8		17.24	13.5	0.433	199	355	316	82.4	3.40	4.28	2.19	25.0	40.7	19.4	3.01
		10		21.26	16.7	0.432	242	445	384	100	3.38	4.25	2.17	30.6	49.4	22.9	3.09
		12		25.20	19.8	0.431	283	535	448	117	3.35	4.22	2.15	36.1	57.6	26.2	3.16
		14		29.06	22.8	0.431	321	625	508	133	3.32	4.18	2.14	41.3	65.3	29.1	3.24

续表

型号	截面尺寸/mm			截面面积/cm^2	理论重量/(kg/m)	外表面积/(m^2/m)	惯性矩/cm^4				惯性半径/cm			截面模数/cm^3			重心距离/cm
	b	d	r				I_x	I_{x1}	I_{x0}	I_{y0}	i_x	i_{x0}	i_{y0}	W_x	W_{x0}	W_{y0}	Z_0
12. 5	125	8	14	19. 75	15. 5	0. 492	297	521	471	123	3. 88	4. 88	2. 50	32. 5	53. 3	25. 9	3. 37
		10		24. 37	19. 1	0. 491	362	652	574	149	3. 85	4. 85	2. 48	40. 0	64. 9	30. 6	3. 45
		12		28. 91	22. 7	0. 491	423	783	671	175	3. 83	4. 82	2. 46	41. 2	76. 0	35. 0	3. 53
		14		33. 37	26. 2	0. 490	482	916	764	200	3. 80	4. 78	2. 45	54. 2	86. 4	39. 1	3. 61
		16		37. 74	29. 6	0. 489	537	1 050	851	224	3. 77	4. 75	2. 43	60. 9	96. 3	43. 0	3. 68
14	140	10		27. 37	21. 5	0. 551	515	915	817	212	4. 34	5. 46	2. 78	50. 6	82. 6	39. 2	3. 82
		12		32. 51	25. 5	0. 551	604	1 100	959	249	4. 31	5. 43	2. 76	59. 8	96. 9	45. 0	3. 90
		14		37. 57	29. 5	0. 550	689	1 280	1 090	284	4. 28	5. 40	2. 75	68. 8	110	50. 5	3. 98
		16		42. 54	33. 4	0. 549	770	1 470	1 220	319	4. 26	5. 36	2. 74	77. 5	123	55. 6	4. 06
15	150	8		23. 75	18. 6	0. 592	521	900	827	215	4. 69	5. 90	3. 01	47. 4	78. 0	38. 1	3. 99
		10		29. 37	23. 1	0. 591	638	1 130	1 010	262	4. 66	5. 87	2. 99	58. 4	95. 5	45. 5	4. 08
		12		34. 91	27. 4	0. 591	749	1 350	1 190	308	4. 63	5. 84	2. 97	69. 0	112	52. 4	4. 15
		14		40. 37	31. 7	0. 590	856	1 580	1 360	352	4. 60	5. 80	2. 95	79. 5	128	58. 8	4. 23
		15		43. 06	33. 8	0. 590	907	1 690	1 440	374	4. 59	5. 78	2. 95	84. 6	136	61. 9	4. 27
		16		45. 74	35. 9	0 589	958	1 810	1 520	395	4. 58	5. 77	2. 94	89. 6	143	64. 9	4. 31

续表

型号	截面尺寸/mm			截面面积/ cm^2	理论重量/ (kg/m)	外表面积/ (m^2/m)	惯性矩/cm^4				惯性半径/cm			截面模数/cm^3			重心距离/cm
	b	d	r				I_x	I_{x1}	I_{x0}	I_{y0}	i_x	i_{x0}	i_{y0}	W_x	W_{x0}	W_{y0}	Z_0
16	160	10	16	31.50	24.7	0.630	780	1 370	1 240	322	4.98	6.27	3.20	66.7	109	52.8	4.31
		12		37.44	29.4	0.630	917	1 640	1 460	377	4.95	6.24	3.18	79.0	129	60.7	4.39
		14		43.30	34.0	0.629	1 050	1 910	1 670	432	4.92	6.20	3.16	91.0	147	68.2	4.47
		16		49.07	38.5	0.629	1 180	2 190	1 870	485	4.89	6.17	3.14	103	165	75.3	4.55
18	180	12		42.24	33.2	0.710	1 320	2 330	2 100	543	5.59	7.05	3.58	101	165	78.4	4.89
		14		48.90	38.4	0.709	1 510	2 720	2 410	622	5.56	7.02	3.56	116	189	88.4	4.97
		16		55.47	43.5	0.709	1 700	3 120	2 700	699	5.54	6.98	3.55	131	212	97.8	5.05
		18		61.96	48.6	0.708	1 880	3 500	2 990	762	5.50	6.94	3.51	146	235	105	5.13
20	200	14	18	54.64	42.9	0.788	2 100	3 730	3 340	864	6.20	7.82	3.98	145	236	112	5.46
		16		62.01	48.7	0.788	2 370	4 270	3 760	971	6.18	7.79	3.96	164	266	124	5.54
		18		69.30	54.4	0.787	2 620	4 810	4 160	1 080	6.15	7.75	3.94	182	294	136	5.62
		20		76.51	60.1	0.787	2 870	5 350	4 550	1 180	6.12	7.72	3.93	200	322	147	5.69
		24		90.66	71.2	0.785	3 340	6 460	5 290	1 380	6.07	7.64	3.90	236	374	167	5.87

续表

型号	截面尺寸/mm			截面面积/cm^2	理论重量/(kg/m)	外表面积/(m^2/m)	惯性矩/cm^4				惯性半径/cm			截面模数/cm^3			重心距离/cm
	b	d	r				I_x	I_{x1}	I_{x0}	I_{y0}	i_x	i_{x0}	i_{y0}	W_x	W_{x0}	W_{y0}	Z_0
22	220	16	21	68.67	53.9	0.866	3 190	5 680	5 060	1 310	6.81	8.59	4.37	200	326	154	6.03
		18		76.75	60.3	0.866	3 540	6 400	5 620	1 450	6.79	8.55	4.35	223	361	168	6.11
		20		84.76	66.5	0.865	3 870	7 110	6 150	1 590	6.76	8.52	4.34	245	395	182	6.18
		22		92.68	72.8	0.865	4 200	7 830	6 670	1 730	6.73	8.48	4.32	267	429	195	6.26
		24		100.5	78.9	0.864	4 520	8 550	7 170	1 870	6.71	8.45	4.31	289	461	208	6.33
		26		108.3	85.0	0.864	4 830	9 280	7 690	2 000	6.68	8.41	4.30	310	492	221	6.41
25	250	18	24	87.84	69.0	0.985	5 270	9 380	8 370	2 170	7.75	9.76	4.97	290	473	224	6.84
		20		97.05	76.2	0.984	5 780	10 400	9 180	2 380	7.72	9.73	4.95	320	519	243	6.92
		22		106.2	83.3	0.983	6 280	11 500	9 970	2 580	7.69	9.69	4.93	349	564	261	7.00
		24		115.2	90.4	0.983	6 770	12 500	10 700	2 790	7.67	9.66	4.92	378	608	278	7.07
		26		124.2	97.5	0.982	7 240	13 600	11 500	2 980	7.64	9.62	4.90	406	650	295	7.15
		28		133.0	104	0.982	7 700	14 600	12 200	3 180	7.61	9.58	4.89	433	691	311	7.22
		30		141.8	111	0.981	8 160	15 700	12 900	3 380	7.58	9.55	4.88	461	731	327	7.30
		32		150.5	118	0.981	8 600	16 800	13 600	3 570	7.56	9.51	4.87	488	770	342	7.37
		35		163.4	128	0.980	9 240	18 400	14 600	3 850	7.52	9.46	4.86	527	827	364	7.48

注：截面图中的 $r_1 = 1/3d$ 及表中 r 的数据用于孔型设计，不做交货条件。

表 4 不等边角钢截面尺寸、截面面积、理论重量及截面特性

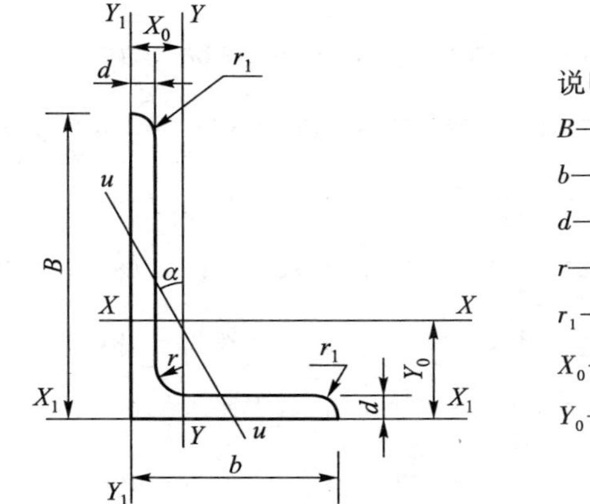

说明：

B——长边宽度；

b——短边宽度；

d——边厚度；

r——内圆弧半径；

r_1——边端圆弧半径；

X_0——重心距离；

Y_0——重心距离。

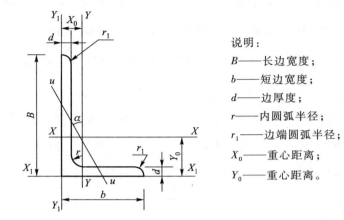

型号	截面尺寸/mm				截面面积/cm^2	理论重量/(kg/m)	外表面积/(m^2/m)	惯性矩/cm^4					惯性半径/cm			截面模数/cm^3			tan α	重心距离/cm	
	B	b	d	r				I_x	I_{x1}	I_y	I_{y1}	I_u	i_x	i_y	i_u	W_x	W_y	W_u		X_0	Y_0
2.5/1.6	25	16	3	3.5	1.162	0.91	0.080	0.70	1.56	0.22	0.43	0.14	0.78	0.44	0.34	0.43	0.19	0.16	0.392	0.42	0.86
			4		1.499	1.18	0.079	0.88	2.09	0.27	0.59	0.17	0.77	0.43	0.34	0.55	0.24	0.20	0.381	0.46	0.90
3.2/2	32	20	3		1.492	1.17	0.102	1.53	3.27	0.46	0.82	0.28	1.01	0.55	0.43	0.72	0.30	0.25	0.382	0.49	1.08
			4		1.939	1.52	0.101	1.93	4.37	0.57	1.12	0.35	1.00	0.54	0.42	0.93	0.39	0.32	0.374	0.53	1.12

续表

型号	截面尺寸/mm				截面面积/cm²	理论重量/(kg/m)	外表面积/(m²/m)	惯性矩/cm⁴					惯性半径/cm			截面模数/cm³			tan α	重心距离/cm	
	B	b	d	r				I_x	I_{x1}	I_y	I_{y1}	I_u	i_x	i_y	i_u	W_x	W_y	W_u		X_0	Y_0
4/2. 5	40	25	3	4	1. 890	1. 48	0. 127	3. 08	5. 39	0. 93	1. 59	0. 56	1. 28	0. 70	0. 54	1. 15	0. 49	0. 40	0. 385	0. 59	1. 32
			4		2. 467	1. 94	0. 127	3. 93	8. 53	1. 18	2. 14	0. 71	1. 36	0. 69	0. 54	1. 49	0. 63	0. 52	0. 381	0. 63	1. 37
4. 5/2. 8	45	28	3	5	2. 149	1. 69	0. 143	4. 45	9. 10	1. 34	2. 23	0. 80	1. 44	0. 79	0. 61	1. 47	0. 62	0. 51	0. 383	0. 64	1. 47
			4		2. 806	2. 20	0. 143	5. 69	12. 1	1. 70	3. 00	1. 02	1. 42	0. 78	0. 60	1. 91	0. 80	0. 66	0. 380	0. 68	1. 51
5/3. 2	50	32	3	5. 5	2. 431	1. 91	0. 161	6. 24	12. 5	2. 02	3. 31	1. 20	1. 60	0. 91	0. 70	1. 84	0. 82	0. 68	0. 404	0. 73	1. 60
			4		3. 177	2. 49	0. 160	8. 02	16. 7	2. 58	4. 45	1. 53	1. 59	0. 90	0. 69	2. 39	1. 06	0. 87	0. 402	0. 77	1. 65
5. 6/3. 6	56	36	3	6	2. 743	2. 15	0. 181	8. 88	17. 5	2. 92	4. 7	1. 73	1. 80	1. 03	0. 79	2. 32	1. 05	0. 87	0. 408	0. 80	1. 78
			4		3. 590	2. 82	0. 180	11. 5	23. 4	3. 76	6. 33	2. 23	1. 79	1. 02	0. 79	3. 03	1. 37	1. 13	0. 408	0. 85	1. 82
			5		4. 415	3. 47	0. 180	13. 9	29. 3	4. 49	7. 94	2. 67	1. 77	1. 01	0. 78	3. 71	1. 65	1. 36	0. 404	0. 88	1. 87
6. 3/4	63	40	4	7	4. 058	3. 19	0. 202	16. 5	33. 3	5. 23	8. 63	3. 12	2. 02	1. 14	0. 88	3. 87	1. 70	1. 40	0. 398	0. 92	2. 04
			5		4. 993	3. 92	0. 202	20. 0	41. 6	6. 31	10. 9	3. 76	2. 00	1. 12	0. 87	4. 74	2. 07	1. 71	0. 396	0. 95	2. 08
			6		5. 908	4. 64	0. 201	23. 4	50. 0	7. 29	13. 1	4. 34	1. 96	1. 11	0. 86	5. 59	2. 43	1. 99	0. 393	0. 99	2. 12
			7		6. 802	5. 34	0. 201	26. 5	58. 1	8. 24	15. 5	4. 97	1. 98	1. 10	0. 86	6. 40	2. 78	2. 29	0. 389	1. 03	2. 15

续表

型号	截面尺寸/mm				截面面积/cm²	理论重量/(kg/m)	外表面积/(m²/m)	惯性矩/cm⁴					惯性半径/cm			截面模数/cm³			tan α	重心距离/cm	
	B	b	d	r				I_x	I_{x1}	I_y	I_{y1}	I_u	i_x	i_y	i_u	W_x	W_y	W_u		X_0	Y_0
7/4.5	70	45	4	7.5	4.553	3.57	0.226	23.2	45.9	7.55	12.3	4.40	2.26	1.29	0.98	4.86	2.17	1.77	0.410	1.02	2.24
			5		5.609	4.40	0.225	28.0	57.1	9.13	15.4	5.40	2.23	1.28	0.98	5.92	2.65	2.19	0.407	1.06	2.28
			6		6.644	5.22	0.225	32.5	68.4	10.6	18.6	6.35	2.21	1.26	0.98	6.95	3.12	2.59	0.404	1.09	2.32
			7		7.658	6.01	0.225	37.2	80.0	12.0	21.8	7.16	2.20	1.25	0.97	8.03	3.57	2.94	0.402	1.13	2.36
7.5/5	75	50	5	8	6.126	4.81	0.245	34.9	70.0	12.6	21.0	7.41	2.39	1.44	1.10	6.83	3.3	2.74	0.435	1.17	2.40
			6		7.260	5.70	0.245	41.1	84.3	14.7	25.4	8.54	2.38	1.42	1.08	8.12	3.88	3.19	0.435	1.21	2.44
			8		9.467	7.43	0.244	52.4	113	18.5	34.2	10.9	2.35	1.40	1.07	10.5	4.99	4.10	0.429	1.29	2.52
			10		11.59	9.10	0.244	62.7	141	22.0	43.4	13.1	2.33	1.38	1.06	12.8	6.04	4.99	0.423	1.36	2.60
8/5	80	50	5		6.376	5.00	0.255	42.0	85.2	12.8	21.1	7.66	2.56	1.42	1.10	7.78	3.32	2.74	0.388	1.14	2.60
			6		7.560	5.93	0.255	49.5	103	15.0	25.4	8.85	2.56	1.41	1.08	9.25	3.91	3.20	0.387	1.18	2.65
			7		8.724	6.85	0.255	56.2	119	17.0	29.8	10.2	2.54	1.39	1.08	10.6	4.48	3.70	0.384	1.21	2.69
			8		9.867	7.75	0.254	62.8	136	18.9	34.3	11.4	2.52	1.38	1.07	11.9	5.03	4.16	0.381	1.25	2.73
9/5.6	90	56	5	9	7.212	5.66	0.287	60.5	121	18.3	29.5	11.0	2.90	1.59	1.23	9.92	4.21	3.49	0.385	1.25	2.91
			6		8.557	6.72	0.286	71.0	146	21.4	35.6	12.9	2.88	1.58	1.23	11.7	4.96	4.13	0.384	1.29	2.95
			7		9.881	7.76	0.286	81.0	170	24.4	41.7	14.7	2.86	1.57	1.22	13.5	5.70	4.72	0.382	1.33	3.00
			8		11.18	8.78	0.286	91.0	194	27.2	47.9	16.3	2.85	1.56	1.21	15.3	6.41	5.29	0.380	1.36	3.04

续表

型号	截面尺寸/mm				截面面积/cm^2	理论重量/(kg/m)	外表面积/(m^2/m)	惯性矩/cm^4					惯性半径/cm			截面模数/cm^3			tan α	重心距离/cm	
	B	b	d	r				I_x	I_{x1}	I_y	I_{y1}	I_u	i_x	i_y	i_u	W_x	W_y	W_u		X_0	Y_0
10/6.3	100	63	6	10	9.618	7.55	0.320	99.1	200	30.9	50.5	18.4	3.21	1.79	1.38	14.6	6.35	5.25	0.394	1.43	3.24
			7		11.11	8.72	0.320	113	233	35.3	59.1	21.0	3.20	1.78	1.38	16.9	7.29	6.02	0.394	1.47	3.28
			8		12.58	9.88	0.319	127	266	39.4	67.9	23.5	3.18	1.77	1.37	19.1	8.21	6.78	0.391	1.50	3.32
			10		15.47	12.1	0.319	154	333	47.1	85.7	28.3	3.15	1.74	1.35	23.3	9.98	8.24	0.387	1.58	3.40
10/8	100	80	6	10	10.64	8.35	0.354	107	200	61.2	103	31.7	3.17	2.40	1.72	15.2	10.2	8.37	0.627	1.97	2.95
			7		12.30	9.66	0.354	123	233	70.1	120	36.2	3.16	2.39	1.72	17.5	11.7	9.60	0.626	2.01	3.00
			8		13.94	10.9	0.353	138	267	78.6	137	40.6	3.14	2.37	1.71	19.8	13.2	10.8	0.625	2.05	3.04
			10		17.17	13.5	0.353	167	334	94.7	172	49.1	3.12	2.35	1.69	24.2	16.1	13.1	0.622	2.13	3.12
11/7	110	70	6	10	10.64	8.35	0.354	133	266	42.9	69.1	25.4	3.54	2.01	1.54	17.9	7.90	6.53	0.403	1.57	3.53
			7		12.30	9.66	0.354	153	310	49.0	80.8	29.0	3.53	2.00	1.53	20.6	9.09	7.50	0.402	1.61	3.57
			8		13.94	10.9	0.353	172	354	54.9	92.7	32.5	3.51	1.98	1.53	23.3	10.3	8.45	0.401	1.65	3.62
			10		17.17	13.5	0.353	208	443	65.9	117	39.2	3.48	1.96	1.51	28.5	12.5	10.3	0.397	1.72	3.70
12.5/8	125	80	7	11	14.10	11.1	0.403	228	455	74.4	120	43.8	4.02	2.30	1.76	26.9	12.0	9.92	0.408	1.80	4.01
			8		15.99	12.6	0.403	257	520	83.5	138	49.2	4.01	2.28	1.75	30.4	13.6	11.2	0.407	1.84	4.06
			10		19.71	15.5	0.402	312	650	101	173	59.5	3.98	2.26	1.74	37.3	16.6	13.6	0.404	1.92	4.14
			12		23.35	18.3	0.402	364	780	117	210	69.4	3.95	2.24	1.72	44.0	19.4	16.0	0.400	2.00	4.22

续表

型号	截面尺寸/mm				截面面积/cm²	理论重量/(kg/m)	外表面积/(m²/m)	惯性矩/cm⁴					惯性半径/cm			截面模数/cm³			tan α	重心距离/cm	
	B	b	d	r				I_x	I_{x1}	I_y	I_{y1}	I_u	i_x	i_y	i_u	W_x	W_y	W_u		X_0	Y_0
14/9	140	90	8	12	18.04	14.2	0.453	366	731	121	196	70.8	4.50	2.59	1.98	38.5	17.3	14.3	0.411	2.04	4.50
			10		22.26	17.5	0.452	446	913	140	246	85.8	4.47	2.56	1.96	47.3	21.2	17.5	0.409	2.12	4.58
			12		26.40	20.7	0.451	522	1 100	170	297	100	4.44	2.54	1.95	55.9	25.0	20.5	0.406	2.19	4.66
			14		30.46	23.9	0.451	594	1 280	192	349	114	4.42	2.51	1.94	64.2	28.5	23.5	0.403	2.27	4.74
15/9	150	90	8		18.84	14.8	0.473	442	898	123	196	74.1	4.84	2.55	1.98	43.9	17.5	14.5	0.364	1.97	4.92
			10		23.26	18.3	0.472	539	1 120	149	246	89.9	4.81	2.53	1.97	54.0	21.4	17.7	0.362	2.05	5.01
			12		27.60	21.7	0.471	632	1 350	173	297	105	4.79	2.50	1.95	63.8	25.1	20.8	0.359	2.12	5.09
			14		31.86	25.0	0.471	721	1 570	196	350	120	4.76	2.48	1.94	73.3	28.8	23.8	0.356	2.20	5.17
			15		33.95	26.7	0.471	764	1 680	207	376	127	4.74	2.47	1.93	78.0	30.5	25.3	0.354	2.24	5.21
			16		36.03	28.3	0.470	806	1 800	217	403	134	4.73	2.45	1.93	82.6	32.3	26.8	0.352	2.27	5.25
16/10	160	100	10	13	25.32	19.9	0.512	669	1 360	205	337	122	5.14	2.85	2.19	62.1	26.6	21.9	0.390	2.28	5.24
			12		30.05	23.6	0.511	785	1 640	239	406	142	5.11	2.82	2.17	73.5	31.3	25.8	0.388	2.36	5.32
			14		34.71	27.2	0.510	896	1 910	271	476	162	5.08	2.80	2.16	84.6	35.8	29.6	0.385	2.43	5.40
			16		39.28	30.8	0.510	1 000	2 180	302	548	183	5.05	2.77	2.16	95.3	40.2	33.4	0.382	2.51	5.48

续表

型号	截面尺寸/mm				截面面积/cm²	理论重量/(kg/m)	外表面积/(m²/m)	惯性矩/cm^4					惯性半径/cm			截面模数/cm^3			tan α	重心距离/cm	
	B	b	d	r				I_x	I_{x1}	I_y	I_{y1}	I_u	i_x	i_y	i_u	W_x	W_y	W_u		X_0	Y_0
18/11	180	110	10	14	28. 37	22. 3	0. 571	956	1 940	278	447	167	5. 80	3. 13	2. 42	79. 0	32. 5	26. 9	0. 376	2. 44	5. 89
			12		33. 71	26. 5	0. 571	1 120	2 330	325	539	195	5. 78	3. 10	2. 40	93. 5	38. 3	31. 7	0. 374	2. 52	5. 98
			14		38. 97	30. 6	0. 570	1 290	2 720	370	632	222	5. 75	3. 08	2. 39	108	44. 0	36. 3	0. 372	2. 59	6. 06
			16		44. 14	34. 6	0. 569	1 440	3 110	412	726	249	5. 72	3. 06	2. 38	122	49. 4	40. 9	0. 369	2. 67	6. 14
20/12. 5	200	215	12		37. 91	29. 8	0. 641	1 570	3 190	483	788	286	6. 44	3. 57	2. 74	117	50. 0	41. 2	0. 392	2. 83	6. 54
			14		43. 87	34. 4	0. 640	1 800	3 730	551	922	327	6. 41	3. 54	2. 73	135	57. 4	47. 3	0. 390	2. 91	6. 62
			16		49. 74	39. 0	0. 639	2 020	4 260	615	1 060	366	6. 38	3. 52	2. 71	152	64. 9	53. 3	0. 388	2. 99	6. 70
			18		55. 53	43. 6	0. 639	2 240	4 790	677	1 200	405	6. 35	3. 49	2. 70	169	71. 7	59. 2	0. 385	3. 06	6. 78

注：截面图中的 $r_1 = 1/3d$ 及表中 r 的数据用于孔型设计，不做交货条件。

A3 常用材料的力学性能

材料名称	牌号	σ_s/MPa	σ_b/MPa	δ_5/%①	备注
普通碳素钢	Q215	215	335~450	26~31	对应旧牌号 A2
	Q235	235	375~500	21~26	对应旧牌号 A3
	Q255	255	410~550	19~24	对应旧牌号 A4
	Q275	275	490~630	15~20	对应旧牌号 A5
优质碳素钢	25	275	450	23	25 号钢
	35	315	530	20	35 号钢
	45	355	600	16	45 号钢
	55	380	645	13	55 号钢
低合金钢	15MnV	390	530	18	15 锰钒
	16Mn	345	510	21	16 锰
合金钢	20Cr	540	835	10	20 铬
	40Cr	785	980	9	40 铬
	30CrMnSi	885	1 080	10	30 铬锰硅
铸钢	ZG200-400	200	400	25	
	ZG270-500	270	500	18	
灰铸铁	HT150		150②		
	HT250		250②		
铝合金	LY12	274	412	19	硬铝

① δ_5表示标距 $l=5d$ 标准试样的伸长率。

② σ_b为拉伸强度极限。

A4 常用截面图形的几何性质

截面形状和形心轴的位置	面积 A	惯性矩		惯性半径	
		I_x	I_y	i_x	i_y
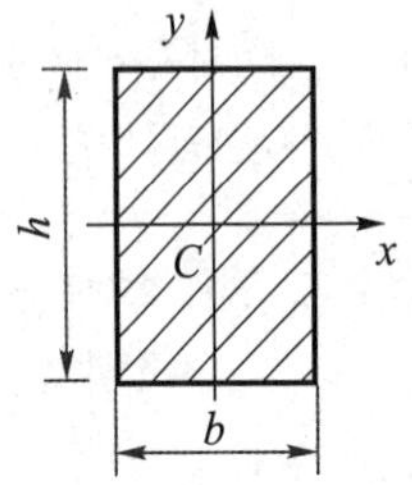 矩形（b、h，形心 C）	bh	$\frac{bh^3}{12}$	$\frac{b^3h}{12}$	$\frac{h}{2\sqrt{3}}$	$\frac{b}{2\sqrt{3}}$
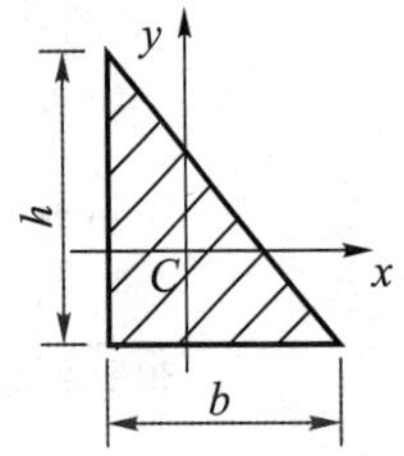 直角三角形（b、h，形心 C）	$\frac{bh}{2}$	$\frac{bh^3}{36}$	$\frac{b^3h}{36}$	$\frac{h}{3\sqrt{2}}$	$\frac{b}{3\sqrt{2}}$
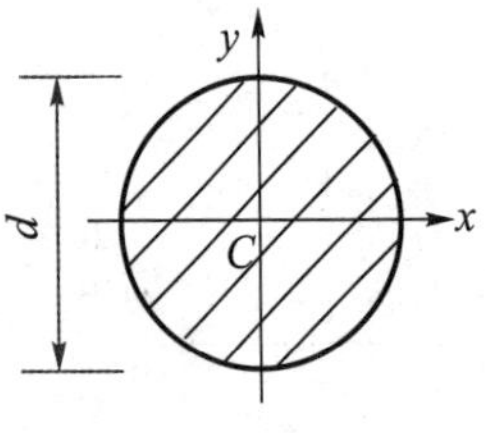 圆形（d，形心 C）	$\frac{\pi d^2}{4}$	$\frac{\pi d^4}{64}$	$\frac{\pi d^4}{64}$	$\frac{d}{4}$	$\frac{d}{4}$
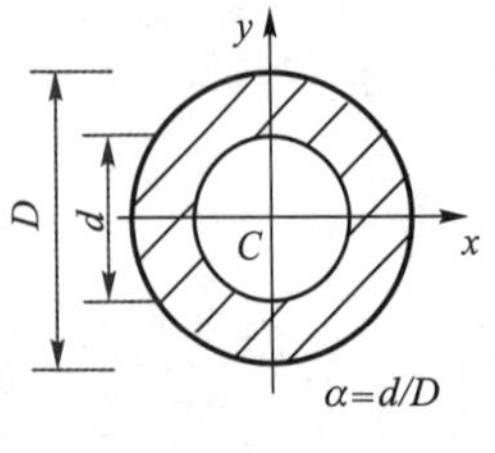 圆环（D、d，形心 C）$\alpha=d/D$	$\frac{\pi D^2}{4}(1-\alpha^2)$	$\frac{\pi D^4}{64}\times(1-\alpha^4)$	$\frac{\pi D^4}{64}\times(1-\alpha^4)$	$\frac{D}{4}\sqrt{1+\alpha^2}$	$\frac{D}{4}\sqrt{1+\alpha^2}$

续表

截面形状和形心轴的位置	面积 A	惯性矩		惯性半径	
		I_x	I_y	i_x	i_y
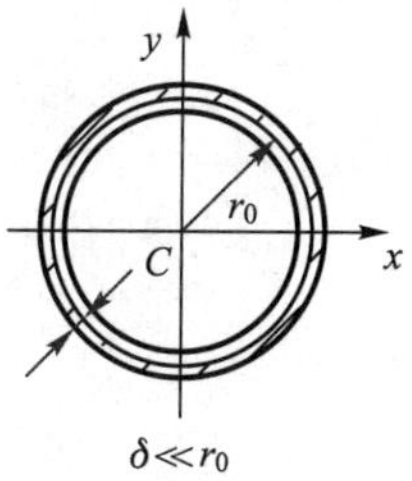 $\delta \ll r_0$	$2\pi r_0\delta$	$\pi r_0^3\delta$	$\pi r_0^3\delta$	$\frac{r_0}{\sqrt{2}}$	$\frac{r_0}{\sqrt{2}}$
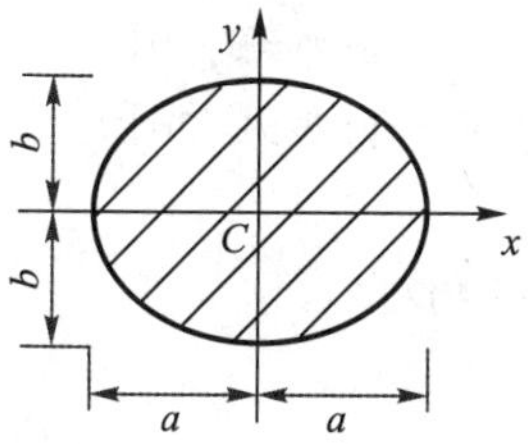	πab	$\frac{\pi}{4}ab^3$	$\frac{\pi}{4}a^3b$	$\frac{b}{2}$	$\frac{a}{2}$
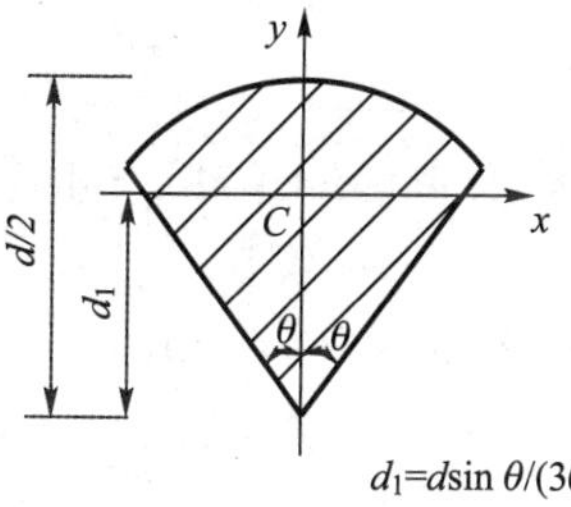 $d_1=d\sin\theta/(3\theta)$	$\frac{\theta d^2}{4}$	$\frac{d^4}{64}\left(\theta+\sin\theta\cos\theta-\frac{16\sin^2\theta}{9\theta}\right)$	$\frac{d^4}{64}\times(\theta-\sin\theta\cdot\cos\theta)$		
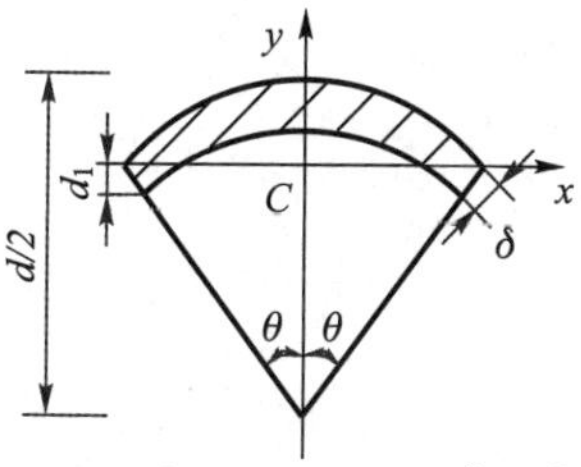 $d_1=\frac{d-\delta}{2}\left(\frac{\sin\theta}{\theta}-\cos\theta\right)+\frac{\delta\cos\theta}{2}$	$\theta\left[\left(\frac{d}{2}\right)^2-\left(\frac{d}{2}-\delta\right)^2\right]\approx\theta\delta d$	$\frac{\delta(d-\delta)^3}{8}\times\left(\theta+\sin\theta\cdot\cos\theta-\frac{2\sin^2\theta}{\theta}\right)$	$\frac{\delta(d-\delta)^3}{8}\times(\theta-\sin\theta\cdot\cos\theta)$		

参考文献

[1] 季顺迎. 材料力学[M]. 2 版. 北京:科学出版社,2018.

[2] 马红艳. 材料力学解题指导[M]. 北京:科学出版社,2014.

[3] 邱棣华. 材料力学[M]. 北京:高等教育出版社,2004.

[4] 刘鸿文. 材料力学(Ⅰ)[M]. 6 版. 北京:高等教育出版社,2017.

[5] 刘鸿文. 材料力学(Ⅱ)[M]. 6 版. 北京:高等教育出版社,2017.

[6] 单辉祖. 材料力学(Ⅰ)[M]. 4 版. 北京:高等教育出版社,2015.

[7] 单辉祖. 材料力学(Ⅱ)[M]. 4 版. 北京:高等教育出版社,2015.

[8] 孙训芳,方孝淑,关来泰. 材料力学(Ⅰ)[M]. 6 版. 北京:高等教育出版社,2019.

[9] 孙训芳,方孝淑,关来泰. 材料力学(Ⅱ)[M]. 6 版. 北京:高等教育出版社,2019.

[10] 李锋. 材料力学案例[M]. 北京:科学出版社,2011.

[11] 王世斌,亢一澜. 材料力学[M]. 2 版. 北京:高等教育出版社,2022.

[12] 白象忠. 材料力学[M]. 北京:科学出版社,2007.

[13] 吴永端,邓宗白,周克印. 材料力学[M]. 北京:高等教育出版社,2011.

[14] 范钦珊,蔡新. 材料力学[M]. 北京:清华大学出版社,2006.

[15] 范钦珊. 材料力学[M]. 3 版. 北京:高等教育出版社,2019.

[16] 苟文选. 材料力学教与学[M]. 北京:高等教育出版社,2007.

[17] Beer F P, Johnston E R, DeWolf J T, Mazurek D F. Mechanics of Materials[M]. 6th ed. New York: McGraw-Hill Inc, 2012.

[18] Hibbeler R C. Mechanics of Materials[M]. 8th ed. New Jersey: Prentice Hall, 2010.

[19] Gere J M, Timoshenko S P. Mechanics of Materials[M]. 2nd SI ed. New York: Van Nostrand Reinhold Company Ltd, 1984.

部分习题参考答案

第 1 章　材料力学基本概念

1-1　$\Delta l=-0.48\ \text{mm}$

1-2　$F_N=-qa$，　$F_S=qa$，　$M=0$

1-3　$\gamma=0.002\ \text{rad}$

1-4　$\gamma_A=0$，　$\gamma_B=\alpha$，　$\gamma_C=2\alpha$

1-5　0.01 mm

1-6　（1）$\varepsilon=250\times10^{-6}$；（2）$\varepsilon=125\times10^{-6}$；（3）$\gamma=250\times10^{-6}\ \text{rad}$

第 2 章　轴向拉伸和压缩

2-1　（a）$F_{N1}=F$，　$F_{N2}=-2F$，　$F_{N3}=5F$；

（b）$F_{N1}=25\ \text{kN}$，　$F_{N2}=-15\ \text{kN}$，　$F_{N3}=15\ \text{kN}$；

（c）$F_{N1}=-F$，　$F_{N2}=3F$，　$F_{N3}=0$

2-2　$F_{N1}=-3.84\ \text{kN}$，　$F_{N2}=-35.36\ \text{kN}$

2-3　$F_{N,\max}=F_{N1}=35\ \text{kN}$，　$\sigma_{\max}=100\ \text{MPa}$

2-4　$\sigma_{\max}=200\ \text{MPa}$

2-5　$\sigma=-0.267\ \text{MPa}$

2-6　左柱 $\sigma_{上}=-0.6\ \text{MPa}$，　$\sigma_{中}=-1.0\ \text{MPa}$，　$\sigma_{下}=-0.85\ \text{MPa}$

右柱 $\sigma_{上}=-0.3\ \text{MPa}$，　$\sigma_{中}=-0.2\ \text{MPa}$，　$\sigma_{下}=-0.65\ \text{MPa}$

2-7　$\sigma=32.7\ \text{MPa}<[\sigma]$

2-8　$d=21.9\ \text{mm}$，　$b=146.0\ \text{mm}$

2-9　$[F]=420\ \text{kN}$

2-10　$u_A=0.13\ \text{mm}(\leftarrow)$

2-11　$\sigma_{\max}=127\ \text{MPa}$，　$\Delta l=0.57\ \text{mm}$

2-12　$E=203.5\ \text{GPa}$

2-13　$E=200\ \text{GPa}$，　$\upsilon=0.25$

2-14　$F=25.1\ \text{kN}$，　$\sigma_{\max}=120\ \text{MPa}$

2-15　$F=20\ \text{kN}$

2-16　$F=21.2\ \text{kN}$，　$\theta=10.9°$

2-17　$\theta=60°$

2-18　$\dfrac{(2+\sqrt{2})}{EA}Fl$（离开）

2-19　（1）$\sigma_1=135.9\ \text{MPa}$　$\sigma_2=131.1\ \text{MPa}$；（2）1.6 mm

2-20　（1）$x=1.08\ \text{m}$；（2）$\sigma_1=44\ \text{MPa}$，　$\sigma_2=33\ \text{MPa}$

2-21　（1）$n=8.82$；（2）$N=8$

2-22 $F_{N1}=-\frac{F}{6}$, $F_{N2}=\frac{F}{3}$, $F_{N3}=\frac{5F}{6}$

2-23 $\sigma_1=\sigma_2=-35$ MPa, $\sigma_3=70$ MPa；2、3 杆互换后 $\sigma_1=\sigma_3=17.5$ MPa, $\sigma_2=-35$ MPa

2-24 $F_{Nt,max}=85$ kN, $F_{Nc,max}=-15$ kN

2-25 $\sigma=-100.7$ MPa

2-26 $\sigma=-45$ MPa

第 3 章 剪　　切

3-1 $\tau=59.7$ MPa, $\sigma_{bs}=94$ MPa

3-2 $\delta=83$ mm

3-3 $[F]=1\ 100$ kN

3-4 (1) $\tau=94.3$ MPa；(2) $\sigma_{bs}=222$ MPa；(3) $\sigma_{max}=118$ MPa

3-5 $F=226$ kN

3-6 $M_e=1.4$ kN·m

3-7 $d=22$ mm

3-8 $\sigma_{bs}=240$ MPa $>[\sigma_{bs}]$，不满足挤压强度

第 4 章 扭　　转

4-1 (a) $T_1=-2$ kN·m, $T_2=4$ kN·m; (b) $T_1=8$ kN·m, $T_2=2$ kN·m, $T_3=-3$ kN·m

4-2 (a) $T_{max}=15$ kN·m; (b) $T_{max}=3$ kN·m; (c) $T_{max}=16$ kN·m; (d) $T_{max}=ml$

4-3 $T_{max}=1.82$ kN·m

4-4 $m=13.3$ N·m/m

4-5 $T^*=78.5$ kN·m

4-6 $\tau_{BC}=70.77$ MPa

4-7 $\tau_{max}=49.4$ MPa$<[\tau]$

4-8 $D=180$ mm, $d=150$ mm

4-9 $P=18.5$ kW

4-10 $\varphi_{AC}=4.33°$

4-11 $\tau_{max}=39.8$ MPa$<[\tau]$, $w_C=12.4$ mm (↓)

4-12 $\varphi=1.047$ rad, $\tau_{max}=0.188$ MPa, $M_e=-2.367$ N·m

4-13 $d=19.2$ mm

4-14 略

4-15 $[M_e]=1.14$ kN·m, $a=297.5$ mm, $b=212.5$ mm

4-16 $d=45.2$ mm

4-17 $M_A=M_B=\frac{M_e}{17}$

4-18 $T_1=\dfrac{M_e}{1+\dfrac{G_2}{G_1}\cdot\dfrac{D^4\left[1-\left(\dfrac{d}{D}\right)^4\right]}{d_1^4}}$ $T_2=\dfrac{M_e}{1+\dfrac{G_1}{G_2}\cdot\dfrac{d_1^4}{D^4\left[1-\left(\dfrac{d}{D}\right)^4\right]}}$

4-19 4 kN·m

第 5 章 弯曲内力

5-1 (a) $F_{S1}=0$, $M_1=2\ \mathrm{kN\cdot m}$; $F_{S2}=-3\ \mathrm{kN}$, $M_2=-1\ \mathrm{kN\cdot m}$; $F_{S3}=-3\ \mathrm{kN}$, $M_3=-4\ \mathrm{kN\cdot m}$;

(b) $F_{S1}=2qa$, $M_1=-3qa^2/2$; $F_{S2}=2qa$, $M_2=-qa^2/2$; $F_{S3}=3qa$, $M_3=-3qa^2$;

(c) $F_{S1}=-2F/3$, $M_1=Fa/3$; $F_{S2}=-2F/3$, $M_2=-Fa/3$; $F_{S3}=-2F/3$, $M_3=2Fa/3$

5-2 (a) $|F_S|_{\max}=ql$, $|M|_{\max}=\dfrac{ql^2}{2}$; (b) $|F_S|_{\max}=qa$, $|M|_{\max}=\dfrac{qa^2}{2}$;

(c) $|F_S|_{\max}=3\ \mathrm{kN}$, $|M|_{\max}=6\ \mathrm{kN\cdot m}$; (d) $|F_S|_{\max}=\dfrac{9}{8}ql$, $|M|_{\max}=\dfrac{9ql^2}{16}$;

(e) $|F_S|_{\max}=\dfrac{ql}{4}$, $|M|_{\max}=\dfrac{ql^2}{32}$; (f) $|F_S|_{\max}=\dfrac{q_0l}{3}$, $|M|_{\max}=\dfrac{q_0l^2}{9\sqrt{3}}$

5-3 (a) $|F_S|_{\max}=2qa$, $|M|_{\max}=qa^2$; (b) $|F_S|_{\max}=\dfrac{5}{8}ql$, $|M|_{\max}=\dfrac{ql^2}{8}$;

(c) $|F_S|_{\max}=0$, $|M|_{\max}=10\ \mathrm{kN\cdot m}$; (d) $|F_S|_{\max}=qa$, $|M|_{\max}=qa^2$;

(e) $|F_S|_{\max}=\dfrac{2F}{3}$, $|M|_{\max}=\dfrac{Fa}{3}$; (f) $|F_S|_{\max}=\dfrac{3qa}{2}$, $|M|_{\max}=\dfrac{13qa^2}{8}$;

(g) $|F_S|_{\max}=11\ \mathrm{kN}$, $|M|_{\max}=4\ \mathrm{kN\cdot m}$; (h) $|F_S|_{\max}=\dfrac{3}{4}F$, $|M|_{\max}=\dfrac{Fa}{2}$;

(i) $|F_S|_{\max}=1.5\ \mathrm{kN}$, $|M|_{\max}=0.563\ \mathrm{kN\cdot m}$

5-4 (a) $F_{SA}=F_{SD左}=\dfrac{5qa}{2}$, $F_{SD右}=F_{SB}=\dfrac{qa}{2}$, $F_{SC左}=-\dfrac{qa}{2}$, $M_A=-3qa^2$, $M_D=-\dfrac{qa^2}{2}$,

$M_B=0$, BC 段极值弯矩 $M_{\max}=\dfrac{qa^2}{8}$;

(b) $F_{SA}=F_{SE左}=\dfrac{qa}{2}$, $F_{SE右}=F_{SB左}=-\dfrac{3qa}{2}$, $F_{SB右}=F_{SC}=qa$, $F_{SD}=-qa$, $M_A=0$,

$M_E=\dfrac{qa^2}{2}$, $M_B=-qa^2$, $M_C=0$, CD 段极值弯矩 $M_{\max}=\dfrac{qa^2}{2}$;

(c) $F_{SA}=F_{SB}=F_{SC左}=-4\ \mathrm{kN}$, $F_{SC右}=2\ \mathrm{kN}$, $F_{SD左}=-2\ \mathrm{kN}$, $F_{SD右}=F_{SE}=0$, $M_A=4\ \mathrm{kN\cdot m}$, $M_B=0$, $M_C=-4\ \mathrm{kN\cdot m}$, $M_D=M_E=-4\ \mathrm{kN\cdot m}$, CD 段极值弯矩 $M_{\max}=-3\ \mathrm{kN\cdot m}$;

(d) $F_{SA}=\dfrac{F}{4}$, $F_{SB左}=-\dfrac{3F}{4}$, $F_{SB右}=\dfrac{F}{2}$, $F_{SD}=-\dfrac{F}{2}$, $M_A=0$, $M_B=-\dfrac{Fa}{2}$, $M_C=0$, $M_D=0$

5-5 (a) C 处 M 应有突变;(b) B 处 F_S 应有突变,AC 段 M 图应为上面凸;(c) CD 段 M 图应为直线,D 处 M 图应向上突变

5-6 略

5-7 略

5-8 AC 段 q 方向向下,C 处集中力 $F_C=ql(\uparrow)$,BC 段 q 方向向上,B 处支座约束力 $F_B=ql(\downarrow)$,支座约束力偶 $M_B=ql^2/4$(↻)

5-9 $x=0.207\ l$

5-10 $a/l=0.293$

5-11 (1) 左轮压力 F_1距离 A 端 $x_0=\dfrac{l}{2}-\dfrac{F_2 a}{2(F_1+F_2)}$时,梁内的弯矩(即力 F_1作用处横截面弯矩)最大,

$M_{\max}=\dfrac{F_1+F_2}{l}\left[\dfrac{l}{2}-\dfrac{F_2 a}{2(F_1+F_2)}\right]^2$;

(2) 左轮压力 F_1无限靠近 A 端时,A 支座约束力最大,此时的最大支座约束力 F_A与最大剪力 $F_{SA右}$都等于 $F_1+F_2\left(1-\dfrac{a}{l}\right)$

5-12 (a) $M_A=0$, $M_C=Fa$, $M_B=0$;

(b) $M_A=0$, $M_C=10\ \text{kN}\cdot\text{m}$, $M_B=-10\ \text{kN}\cdot\text{m}$,$M_D=0$;

(c) $M_A=0$, $M_C=\dfrac{Fa}{4}$, $M_B=M_D=-\dfrac{Fa}{2}$;

(d) $M_A=M_B=-20\ \text{kN}\cdot\text{m}$, $M_{中}=-15\ \text{kN}\cdot\text{m}$

(e) $M_A=-qa^2$, $M_B=-0.5qa^2$, $M_C=0$;

(f) $M_A=M_B=-0.02ql^2$, $M_{中}=0.025ql^2$

5-13 (a) $F_{SAB}=-20\ \text{kN}$, $F_{SBC}=10\ \text{kN}$, $F_{NAB}=-10\ \text{kN}$, $F_{NBC}=0$, $M_A=40\ \text{kN}\cdot\text{m}$(左侧),

$M_B=20\ \text{kN}\cdot\text{m}$(右、下侧);

(b) $F_{SAB}=-\dfrac{qa}{2}$, $F_{SB}=qa$, $F_{NAB}=-qa$, $F_{NBC}=-\dfrac{qa}{2}$, $M_B=\dfrac{qa^2}{2}$(右、下侧);

(c) $F_{SA}=15\ \text{kN}$, $F_{SC下}=0$, $F_{SCE}=2.5\ \text{kN}$, $F_{SED}=-17.5\ \text{kN}$, $F_{SDB}=0$,$M_A=0$,

$M_C=22.5\ \text{kN}\cdot\text{m}$(左、上侧), $M_E=26.25\ \text{kN}\cdot\text{m}$(上侧), $M_D=0$, $M_{DB}=0$

5-14 (a) $M_C=0$, $M_D=0$, $M_{B左}=\dfrac{qa^2}{2}$(下侧), $M_{B右}=\dfrac{qa^2}{4}$(下侧), $M_{B下}=M_A=\dfrac{qa^2}{4}$(左侧);

(b) $M_A=0$, $M_{C下}=7.5\ \text{kN}\cdot\text{m}$(右侧), $M_{C右}=2.5\ \text{kN}\cdot\text{m}$(上侧), $M_D=0$, $M_B=0$;

(c) $M_A=0$, $M_{D左}=\dfrac{Fa}{2}$(上侧), $M_{D上}=M_{F下}=\dfrac{Fa}{2}$(左侧), $M_{F右}=\dfrac{Fa}{2}$(上侧), $M_C=-3Fa/4$(上侧), 右半部分 M 图与左半部分对称

5-15 (a) $F_N(\varphi)=-F\cos\varphi$, $F_S(\varphi)=-F\sin\varphi$, $M(\varphi)=-FR(1-\cos\varphi)$;

(b) $F_N(\varphi)=-2qR\sin^2(\varphi/2)$, $F_S(\varphi)=-qR\sin\varphi$, $M(\varphi)=-2qR^2\sin^2(\varphi/2)$

5-16 $F_1=114\ \text{kN}$, $x_0=1.6\ \text{m}$

5-17 $x_0=l/5$

第 6 章 截面图形的几何性质

6-1 (a) $2\ 560\ \text{mm}^3$; (b) $1.8\times10^5\ \text{mm}^3$

6-2 $\bar{y}=\bar{z}=\dfrac{4R}{3\pi}$

6-3 $s_y=\dfrac{-bh^2}{4}$, $s_z=\dfrac{hb^2}{4}$, $I_y=\dfrac{7bh^3}{48}$, $I_z=\dfrac{7hb^3}{48}$, $I_{yz}=\dfrac{-b^2h^2}{16}$

6-4 $I_y=9\ 520\times10^4\ \text{mm}^4$, $I_z=10\ 301\times10^4\ \text{mm}^4$, $a=171.4\ \text{mm}$

6-5 $h/b=2$

6-6 略

6-7 略

6-8 略

第7章 弯曲应力

7-1 105 MPa

7-2 (a) $\sigma_a = 52$ MPa, $\sigma_{max} = 104$ MPa; (b) $\sigma_a = -14.6$ MPa, $\sigma_{max} = 77.3$ MPa

7-3 $\sigma_{max1} = 159$ MPa(实心), $\sigma_{max2} = 94$ MPa(空心),减小 41%

7-4 (1) $h = 180$ mm, $b = 120$ mm; (2) $d = 119$ mm

7-5 (1) $\dfrac{h}{b} = \sqrt{2}$; (2) $d_{min} = 227$ mm

7-6 $\sigma_{t,max} = 26.2$ MPa<$[\sigma_t]$, $\sigma_{c,max} = 53$ MPa<$[\sigma_c]$, 安全

7-7 $\delta \geqslant 27$ mm

7-8 右轮距右支座 4.83 m,No.28a 工字钢

7-9 $a = 1.385$ m

7-10 $l = 31.4$ m

7-11 $n = 3.71$

7-12 $a = 2.12$ m, $q = 25$ kN/m

7-13 $\Delta l_{AB} = \dfrac{ql^3}{2bh^2E}$

7-14 0.792

7-15 (1) 增大; (2) 0.955

7-16 $[F] = 3.94$ kN, $\sigma_{max} = 9.47$ MPa

7-17 木梁 $b = 139$ mm,$h = 208$ mm;钢杆 $d = 19.1$ mm

7-18 (1) $\tau' = 1.04$ MPa,$F_S' = 250$ kN; (2) $d = 59$ mm

7-19 2 m $\leqslant x \leqslant$ 2.67 m, No. 50 a 工字钢

7-20 $\dfrac{a}{l} = 0.207$, $l_{max} = 1.57$ m

7-21 $\dfrac{a}{l} = \dfrac{2}{9}$, $\dfrac{h_1}{h_2} = \dfrac{2}{3}$

7-22 由 $m-m$ 截面下半部分上的法向内力 $\int_{A^*} \sigma \mathrm{d}A$ 平衡,A^* 是此下半部分截面的面积

7-23 $h(x) = \sqrt{\dfrac{3q}{b[\sigma]}}x$

7-24 $b(x) = \dfrac{3qx}{h^2[\sigma]}(l-x)$

第8章 弯曲变形

8-1 (a) $x = 0$, $w_1 = 0$; $x = \dfrac{l}{2}$, $w_1' = w_2'$且 $w_1 = w_2$; $x = l$, $w_2 = -\dfrac{F}{2k}$;

(b) $x = 0$, $w_1 = 0$; $x = l$, $w_1 = w_2$; $x = l+a$, $w_2' = 0$ 且 $w_2 = 0$;

(c) $x=0$, $w=-\frac{ql^2}{4EA}$; $x=l$, $w=0$

8-2 d 梁与 e 梁弯矩图相同，所以在坐标 x 相同处挠曲线的曲率相同；但支座约束不同，故挠曲线形状不同。此外，在 $x=a$ 处，d 梁的转角不连续，而 e 梁在此处转角、挠度都连续

8-3 $\sigma_{AB}/\sigma_{CD}=R_{CD}/R_{AB}$

8-4 (1) 正确；(2) 不对，计算挠度应该用 I_1

8-5 (a) $\theta_A=\frac{5Fa^2}{2EI}$(↶)，$w_A=-\frac{7Fa^3}{2EI}$(↓)；

(b) $\theta_A=\frac{-M_e l}{24EI}$(↷)，$w_C=0$；

(c) $\theta_A=\frac{ql^3}{24EI}$(↶)，$\theta_C=\frac{5ql^3}{24EI}$(↶)，$w_C=-\frac{ql^4}{24EI}$(↓)，$w_D=\frac{ql^4}{384EI}$(↑)；

(d) $\theta_A=-\frac{3ql^3}{128EI}$(↷)，$\theta_B=\frac{7ql^3}{384EI}$(↶)，$w_C=-\frac{5ql^4}{768EI}$(↓)，$w_{\max}=-\frac{5.04ql^4}{768EI}$(↓)

为方便利用 C 处的连续条件简化求积分常数的运算，将向下的 q 延伸至全跨，并在 CB 段加上方向向上的 q

8-6 AC 段 $\theta_1=\theta_A=-\frac{Fa^2}{6EI}$，$w_1=-\frac{Fa^2}{6EI}x_1$ $(0\leqslant x_1\leqslant 2a)$；

CB 段（取 C 为坐标 x 原点 $0\leqslant x\leqslant 2a$）$\theta_2=\frac{F}{24EI}(12ax-3x^2-4a^2)$，$w_2=-\frac{F}{24EI}(x^3-6ax^2+4a^2x+8a^3)$；

$w_C=-\frac{Fa^3}{3EI}$(↓)，$w_{\max}=-0.363\frac{Fa^3}{EI}$(↓)

8-7 (1) 右端为固定端，左端受集中力偶 $M_e=\frac{ql^2}{8}$(↷)和集中力 $F=\frac{3ql}{8}$(↑)，全梁有均布载荷 q(↓)；

(2) $M_{\max}=\frac{25}{128}ql^2$

8-8 (a) $\theta_A=\frac{qa^3}{3EI}$(↶)，$w_C=\frac{qa^4}{6EI}$(↑)，$w_D=-\frac{11qa^4}{24EI}$(↓)；

(b) $w_C=-\frac{qa^4}{24EI}$(↓)，$w_D=-\frac{5qa^4}{24EI}$(↓)，$\theta_D=-\frac{qa^3}{4EI}$(↷)；

(c) $\theta_B=\frac{ql^3}{48EI}$(↷)，$w_B=\frac{3ql^4}{128EI}$(↑)；

(d) $\theta_B=-\frac{7qa^3}{6EI}$(↷)，$w_B=-\frac{41qa^4}{24EI}$(↓)；

(e) $\theta_A=-\frac{13qa^3}{24EI}$(↷)，$w_C=-\frac{205qa^4}{384EI}$(↓)；

(f) $\theta_A=-\frac{5ql^3}{192EI}$(↷)，$w_C=-\frac{ql^4}{120EI}$(↓)

8-9 (a) $\theta_A=-\frac{5Fa^2}{8EI}$(↷)，$w_C=-\frac{3Fa^3}{4EI}$(↓)；

(b) $w_D=w_C=-\frac{13qa^4}{24EI}$(↓)

8-10 (a) $w_D=-\frac{Fa^3}{EI}(\downarrow)$, $\theta_{C左}=\frac{Fa^2}{2EI}(\circlearrowleft)$, $\theta_{C右}=-\frac{Fa^2}{6EI}(\circlearrowright)$;

(b) $w_C=-\frac{qa^4}{3EI}(\downarrow)$, $\theta_D=\frac{3qa^3}{8EI}(\circlearrowleft)$

8-11 (a) $\Delta_{Cx}=-\frac{9ql^4}{8EI}(\leftarrow)$, $\Delta_{Cy}=-\frac{ql^4}{EI}(\downarrow)$;

(b) $\Delta_{Cy}=\frac{3Fl^3}{EI}+\frac{2Fl^3}{GI_p}(\downarrow)$

8-12 $\Delta l=3.14$ mm, $w_C=5.95$ mm$(\downarrow)$

8-13 $w_B=-\frac{l^2}{2R}+\frac{(EI)^2}{6F^2R^3}(\downarrow)$

8-14 (a) $\theta_A=-\frac{ql^3}{24EI}(\circlearrowright)$, $w_A=0$; (b) $\theta_A=-\frac{9qa^3}{48EI}(\circlearrowleft)$, $\theta_B=\frac{7qa^3}{48EI}(\circlearrowleft)$, $w_C=-\frac{5qa^4}{48EI}(\downarrow)$;

(c) $w_C=\frac{5qa^4}{16EI}(\downarrow)$

8-15 $y=\frac{Fx^2}{3lEI}(l-x)^2$

8-16 $a=\frac{2l}{3}$, $w_A=\frac{2Ql^3}{243EI}(\uparrow)$

8-17 在右端加力偶 $M_e=6AlEI(\circlearrowright)$和力 $F=6AEI(\uparrow)$

8-18 $w_{max}=w_D=0.527\times10^{-4}$ m $\leqslant[w_{max}]$

8-19 $b=106$ mm, $h=212$ mm

8-20 (a) $F_B=\frac{3}{4}qa(\uparrow)$, $F_A=\frac{13}{4}qa(\uparrow)$, $M_A=3qa^2(\circlearrowleft)$

(b) $F_{Ay}=\frac{3M_e}{2l}(\uparrow)$, $M_A=\frac{M_e}{4}(\circlearrowleft)$, $F_{By}=\frac{3M_e}{2l}(\downarrow)$, $M_B=\frac{M_e}{4}(\circlearrowleft)$

8-21 (1) $F_D=\frac{5}{4}F$; (2) w_{max}减小 39%, M_{max}减小 50%

8-22 $F_A=F_B=8$ kN$(\uparrow)$, $F_C=24$ kN$(\uparrow)$

8-23 BC 杆轴力 $F_N=2.857$ kN, $\Delta=0.135$ mm$(\downarrow)$

8-24 $\delta=0.013\frac{ql^4}{EI}$

第 9 章 应力状态分析与强度理论

9-1 略

9-2 1 点:$\sigma_1=\sigma_2=0$, $\sigma_3=-8.43$ MPa, $\alpha_0=90°$

2 点:$\sigma_1=8.43$ MPa, $\sigma_2=\sigma_3=0$, $\alpha_0=0°$

3 点:$\sigma_1=2.43$ MPa, $\sigma_2=0$, $\sigma_3=-2.43$ MPa, $\alpha_0=45°$

4 点:$\sigma_1=0.33$ MPa, $\sigma_2=0$, $\sigma_3=-7.95$ MPa, $\alpha_0=78.5°$

5 点:$\sigma_1=7.95$ MPa, $\sigma_2=0$, $\sigma_3=-0.33$ MPa, $\alpha_0=11.5°$

9-3 (a) $\sigma_\alpha=5.0$ MPa, $\tau_\alpha=25.0$ MPa, $\sigma_1=57.0$ MPa, $\sigma_2=0$, $\sigma_3=-7.0$ MPa, $\tau_{max}=32.0$,

$\alpha_0=-19.3°$

(b) $\sigma_\alpha=16.3$ MPa, $\tau_\alpha=3.66$ MPa, $\sigma_1=44.1$ MPa, $\sigma_2=15.9$ MPa, $\sigma_3=0$, $\tau_{max}=14.1$ MPa, $\alpha_0=-22.5°$

(c) $\sigma_\alpha=-27.3$ MPa, $\tau_\alpha=-27.3$ MPa, $\sigma_1=8.28$ MPa, $\sigma_2=0$, $\sigma_3=-48.28$ MPa, $\tau_{max}=28.28$ MPa, $\alpha_0=-67.5°$

(d) $\sigma_\alpha=-3.84$ MPa, $\tau_\alpha=0.67$ MPa, $\sigma_1=0$, $\sigma_2=-3.82$ MPa, $\sigma_3=-26.2$ MPa, $\tau_{max}=11.2$ MPa, $\alpha_0=-31.7°$

(e) $\sigma_\alpha=52.3$ MPa, $\tau_\alpha=-18.7$ MPa, $\sigma_1=62.4$ MPa, $\sigma_2=17.6$ MPa, $\sigma_3=0$, $\tau_{max}=22.4$ MPa, $\alpha_0=58.3°$

(f) $\sigma_\alpha=34.8$ MPa, $\tau_\alpha=11.7$ MPa, $\sigma_1=37.0$ MPa, $\sigma_2=0$, $\sigma_3=-27.0$ MPa, $\tau_{max}=32.0$ MPa, $\alpha_0=-70.7°$

9-4 $\tau_{xy}=20$ MPa, $\sigma_2=0$, $\sigma_3=-48.28$ MPa, $\tau_{max}=28.28$ MPa

9-5 $\sigma_1=5.6$ MPa, $\sigma_2=0$, $\sigma_3=-35.6$ MPa, $\alpha_0=-37.98°$, $\tau_{max}=20.6$ MPa

9-6 $\sigma=50$ MPa, $\sigma_1=130$ MPa, $\sigma_2=30$ MPa, $\sigma_3=0$

9-7 $\sigma_\alpha=-50$ MPa, $\tau_\alpha=10.6$ MPa

9-8 $\sigma_x=0.08\sigma$, $\sigma_y=-2.08\sigma$, $\tau_{xy}=0.625\sigma$

9-9 略

9-10 略

9-11 $\sigma_1=\left(1+\dfrac{\sqrt{3}}{3}\right)\sigma$, $\sigma_2=0$, $\sigma_3=(1-\sqrt{3})\sigma$, $\tau_{max}=\dfrac{2\sqrt{3}}{3}\sigma$

9-12 $\tau=10$ MPa, $\sigma_1=\sigma_2=0$, $\sigma_3=-20$ MPa, $\alpha_0=-45°$

9-13 (a) $\sigma_1=30$ MPa, $\sigma_2=30$ MPa, $\sigma_3=0$, $\tau_{max}=15$ MPa;

(b) $\sigma_1=-50$ MPa, $\sigma_2=-50$ MPa, $\sigma_3=-50$ MPa, $\tau_{max}=0$;

(c) $\sigma_1=52.2$ MPa, $\sigma_2=-42.2$ MPa, $\sigma_3=-50$ MPa, $\tau_{max}=51.1$ MPa;

(d) $\sigma_1=130$ MPa, $\sigma_2=30$ MPa, $\sigma_3=-40$ MPa, $\tau_{max}=85$ MPa

9-14 $\sigma_x=40$ MPa, $\sigma_1=40.3$ MPa, $\sigma_2=-42.8$ MPa, $\sigma_3=0$, $\alpha_0=-3.45°$

9-15 $\sigma_1=\sigma_2=-\dfrac{70\nu}{1-\nu}$MPa, $\sigma_3=-70$ MPa

9-16 $M_e=23.6$ kN·m

9-17 $T=314.2$ N·m

9-18 $F=14.2$ kN

9-19 $\sigma_1=0$, $\sigma_2=-\dfrac{F\nu}{2a^2}$, $\sigma_3=-\dfrac{F}{a^2}$

9-20 (1) $\sigma_{r3}=161.2$ MPa, $\sigma_{r4}=141.0$ MPa; (2) $\sigma_{r3}=167.6$ MPa, $\sigma_{r4}=147.3$ MPa;

(3) $\sigma_{r3}=90$ MPa, $\sigma_{r4}=77.9$ MPa

9-21 安全

9-22 $\sigma_x=40$ MPa, $\sigma_\theta=80$ MPa, $p=3.2$ MPa, $\sigma_{r4}=69.3$ MPa $<[\sigma]$

9-23 $\sigma_{r3}=600$ MPa, $\sigma_{r4}=540.8$ MPa$<[\sigma]$,安全

9-24 安全

9-25 $t=4.7$ mm

第 10 章 组合变形

10-1 (a) A 截面 $F_{Sz}=F$, $M_y=2Fl$, $T=Fl$;

(b) A 截面 $F_{Sz}=-F$, $M_x=\frac{1}{2}Fl$, $T=Fl$;B 截面 $F_{Sz}=F$, $M_y=2Fl$, $T=2Fl$;

(c) A 截面 $F_{Sy}=-ql$, $M_z=ql^2$, $T=-1/2\ ql^2$;B 截面 $F_N=-ql$, $M_x=\frac{1}{2}ql^2$, $M_y=ql^2$

10-2 No. 16 工字钢

10-3 $F=2.05$ kN, $\beta=31°21'$

10-4 提示:证明时需用到 $A=bh=$常数这一条件

10-5 $\sigma_{t,\max}=6.75$ MPa, $\sigma_{c,\max}=6.99$ MPa

10-6 (1) 最大拉应力位于底侧边,$\sigma_{\max}=q$;

(2) 开槽截面的最大拉应力可以减小,$x=a$,$\sigma=0.75\ q$

10-7 (1) $\sigma_{\max}=\frac{4ql}{bh}$; (2) $\Delta_{ab}=\frac{ql^2}{bhE}$

10-8 $\sigma_{c,\max}=153.4$ MPa

10-9 $\sigma_{t,\max}=26.9\ \text{MPa}<[\sigma_t]$, $\sigma_{c,\max}=32.4\ \text{MPa}<[\sigma_c]$

10-10 $\sigma_{\max}=140$ MPa

10-11 $F=255$ kN, $e=17$ mm

10-12 $F=374$ kN

10-13 $\sigma_{r3}=58.3\ \text{MPa}<[\sigma]$,该轴安全

10-14 $P=788$ kN

10-15 $\delta=2.7$ mm

10-16 忽略带轮重量时,$d\geqslant 48$ mm;考虑带轮重量时,$d\geqslant 49.3$ mm

10-17 $\sigma_{r3}=144\ \text{MPa}>[\sigma]$但不超过 5%,安全

10-18 $T=\frac{E\pi d^2}{16(1+\nu)}\left[\varepsilon_{45°}-\frac{\varepsilon_{0°}}{2}(1-\nu)\right]$, $F_N=\frac{E\varepsilon_{0°}\pi d^2}{4}$

第 11 章 压杆稳定

11-1 $F_{cr}^b<F_{cr}^c<F_{cr}^d<F_{cr}^a$

11-2 $\theta=\arctan(\cot^2\alpha)$

11-3 $F_{cr}=329$ kN

11-4 $F_{cr}=400$ kN

11-5 $[F]=726$ kN

11-6 $n=1.9<n_w$

11-7 $q=44.5$ kN/m

11-8 $[F]=111$ kN

11-9 $n=3.4>n_w$

11-10 $[F]=1\ 661$ kN

11-11 对 AD 杆按梁进行校核,$\sigma_{\max}=158\ \text{MPa}<[\sigma]$,该部分安全;对 BC 杆进行稳定性校核,其为细长杆,

$n=2.75<n_w$，该部分不安全

第 12 章　能　量　法

12-1　在结点 B，C 分别加方向相反、大小等于 $\frac{1}{\sqrt{2}a}$，作用线垂直于 BC 杆的力

12-2　(a) $V_{\varepsilon a}=\frac{2F^2l}{E\pi d^2}$，　$\Delta l_a=\frac{4Fl}{E\pi d^2}$；　(b) $V_{\varepsilon b}=\frac{61F^2l}{54E\pi d^2}$，　$\Delta l_b=\frac{61Fl}{27E\pi d^2}$

12-3　$V_\varepsilon=\frac{(3+2\sqrt{2})F^2a}{2EA}$，　$u_D=\frac{(3+2\sqrt{2})Fa}{EA}(\rightarrow)$

12-4　$V_\varepsilon=\frac{20M_e^2l}{G\pi d^4}$

12-5　$V_\varepsilon=\frac{3F^2a^3}{4EI}$，　$w_B=\frac{3Fa^3}{2EI}$ (↓)

12-6　(a) (1) $\frac{\partial V_\varepsilon}{\partial F}=w_A+w_B$；　(2) $w_B=\frac{7Fa^3}{2EI}$(↓)

(b) (1) $\frac{\partial V_\varepsilon}{\partial F}=|w_A|+|w_B|$；　(2) $w_B=\frac{11Fa^3}{6EI}$(↑)

12-7　(a) $w_A=\frac{5Fa^3}{12EI}$(↓)，　$\theta_B=\frac{7Fa^2}{12EI}$(↻)；

(b) $w_A=\frac{qa^4}{3EI}$(↑)，　$\theta_B=\frac{qa^3}{3EI}$(↻)；

(c) $w_A=\frac{4Fa^3}{3EI}$(↓)，　$\theta_B=\frac{Fa^2}{2EI}$(↻)

12-8　$\Delta_{AC}=(2+\sqrt{2})\frac{Fa}{EA}$ (分开)

12-9　(a) $w=\frac{41qa^4}{24EI}$(↓)；　(b) $w=\frac{5qa^4}{48EI}$ (↓)

12-10　$\Delta_{AD}=\left(2+\frac{3\sqrt{2}}{2}\right)\frac{Fa}{EA}$

12-11　$u_A=0.696$ mm；　$w_A=1.38$ mm；　$\Delta_A=1.545$ mm

12-12　(a) $w_C=\frac{3Fa^3}{4EI}$(↓)；　(b) $w_C=\frac{Fa^3}{2EI}$(↓)

12-13　(a) $w_A=10.9$ mm(↑)；　(b) $w_A=83.3$ mm(↓)

12-14　(a) $w_A=\frac{4Fa^3}{9EI}+\frac{4F}{9k}$；　(b) $w_A=\frac{Fa^2}{3EI}(l+a)+\frac{F}{kl^2}[a^2+(l+a)^2]$

12-15　$\Delta\theta_B=\frac{7Fa^2}{12EI}$ (↺↻)

12-16　(a) $u_A=\frac{2Fa^3}{3EI}(\rightarrow)$，　$\theta_B=\frac{5Fa^2}{6EI}$(↺)

(b) $w_A=\frac{7Fa^3}{3EI}$(↓)，　$w_B=\frac{2Fa^3}{EI}$(↑)，　$\theta_B=\frac{2Fa^2}{EI}$(↻)

(c) $w_C=\dfrac{Fa^3}{24EI}(\uparrow)$， $u_A=\dfrac{3Fa^3}{8EI}(\rightarrow)$， $\theta_B=\dfrac{5Fa^2}{48EI}(\circlearrowright)$

(d) $u_A=\dfrac{11qa^4}{48EI}(\leftarrow)$， $w_A=\dfrac{11qa^4}{12EI}(\downarrow)$， $\theta_C=\dfrac{7qa^3}{12EI}(\circlearrowright)$

12-17 $\alpha=\dfrac{\pi}{8}$， $\dfrac{5\pi}{8}$， $\dfrac{9\pi}{8}$， $\dfrac{13\pi}{8}$

12-18 $w_B=\dfrac{2Fa^3}{3EI}+\dfrac{8\sqrt{2}Fa}{EA}(\downarrow)$， $\theta_B=\dfrac{5Fa^2}{6EI}+\dfrac{4\sqrt{2}F}{EA}(\circlearrowright)$

12-19 沿 AB 连线加一对大小相等方向相反的力：F_A 向左，F_B 向右，大小等于 $\dfrac{qa}{4}$

12-20 (a) $u_B=\dfrac{FR^3\pi}{2EI}(\rightarrow)$， $w_B=\dfrac{2FR^3}{EI}(\uparrow)$， $\theta_B=\dfrac{2FR^2}{EI}(\circlearrowleft)$

(b) $u_B=\dfrac{FR^3}{EI}\left(\dfrac{3}{4}\pi-2\right)(\rightarrow)$， $w_B=\dfrac{FR^3}{2EI}(\downarrow)$， $\theta_B=\dfrac{FR^2}{EI}\left(\dfrac{\pi}{2}-1\right)(\circlearrowright)$

12-21 在开口两端加一对转向相反的力偶，力偶矩 $M_e=\dfrac{EI\theta}{2\pi R}$

12-22 $\Delta=\dfrac{5Fa^3}{6EI}+\dfrac{3Fa^3}{2GI_p}$

12-23 $w_0=\dfrac{3FR^3\pi}{2GI_p}(\downarrow)$

12-24 $\Delta_z=10.6\ \text{mm}$

12-25 将千分表安装在 A 处，使力 F 作为移动荷载从梁的左端逐渐移动到右端，力 F 位于坐标 A 处时由千分表读到的挠度数，即为力 F 作用于 A 处时的挠度

第 13 章　静不定结构

13-1 (a) 三次； (b) 二次； (c) 三次； (d) 一次； (e) 二次

13-2 $F_N=127.3\ \text{kN}$

13-3 $w_D=38\ \text{mm}$

13-4 $\Delta=\dfrac{Fa^3}{9EI}$

13-5 $E_0A_0=717\dfrac{EIH}{l^3}$

13-6 $F_{NCD}=\dfrac{F}{1+\dfrac{40\sqrt{3}}{l^2}\cdot\dfrac{I}{A}}$（压力）， M_{max} 减小 $\dfrac{F_{NCD}l}{4}$

13-7 (1) $F_C=\dfrac{F}{16}$； (2) $\theta_A=\dfrac{Fa^2}{96EI}$（逆时针）

13-8 降低，$\Delta=\dfrac{Fa^3}{18EI}$

13-9 (a) $M_A=\dfrac{3qa^2}{8}$（右侧受压）， $M_B=\dfrac{qa^2}{8}$（外侧受压）；

(b) $M_A=M_{BA}=\dfrac{2Fa}{11}$(右侧受压)，$M_{BC}=\dfrac{9Fa}{11}$(下侧受压)，$M_{BD}=Fa$(下侧受压)；

(c) $M_A=\dfrac{Fa}{2}$(下侧受压)，$M_{BA}=Fa$(上侧受压)，$M_{BC}=Fa$(右侧受压)，$M_{CD}=Fa$(下侧受压)；

(d) $M_A=M_{BA}=0.2M_e$(右侧受压)，$M_{BC}=0.8M_e$(上侧受压)，$M_C=0.4M_e$(下侧受压)；

(e) $M_A=\dfrac{3qa^2}{4}$(左侧受压)，$M_{CA}=\dfrac{qa^2}{4}$(右侧受压)，$M_{CB}=\dfrac{3qa^2}{4}$(上侧受压)，$M_{CD}=\dfrac{qa^2}{2}$(左侧受压)

13-10 (a) $M_C=\dfrac{Fa}{12}$(下侧受压)，$M_A=M_B=\dfrac{Fa}{3}$(内侧受压)，$M_D=M_E=\dfrac{7Fa}{24}$(外侧受压)；

(b) $M_A=M_B=\dfrac{1}{9}qa^2$(内侧受压)，$M_D=M_E=qa^2/36$(内侧受压)，弯矩图对称；

(c) $M_A=\dfrac{qa^2}{36}$(左侧受压)，$M_D=\dfrac{qa^2}{18}$(内侧受压)，$M_C=\dfrac{5qa^2}{72}$(上侧受压)，右半刚架 M 图对称；

(d) $M_A=\dfrac{47Fa}{84}$(右侧受压)，$M_D=\dfrac{85Fa}{336}$(左侧受压)，$M_E=\dfrac{11Fa}{168}$(外侧受压)，$M_F=\dfrac{25Fa}{168}$(内侧受压)，$M_B=\dfrac{19Fa}{84}$(右侧受压)

13-11 A、B 均为固定端，全梁受均布载荷 $q=60$ kN/m 作用，$w_C=25$ mm(↓)

13-12 利用对称性，E 处转角为零，又因为挠度也为零，相当于固定端。可逐次简化，最后简化为单跨两端固定梁。$M_A=\dfrac{ql^2}{12}$(↺)，$F_A=\dfrac{ql}{2}$(↑)，$M_I=\dfrac{ql^2}{12}$(↻)，$F_I=\dfrac{ql}{2}$(↑)，各中间铰支座处弯矩相同，都为 $-\dfrac{ql^2}{12}$，支座约束力为 ql，方向向上

13-13 $M_A=M_B=\dfrac{Fa}{3}$(内侧受压)，$M_E=M_F=\dfrac{Fa}{6}$(外侧受压)，$\Delta_{AB}=\dfrac{Fa^3}{6EI}$(分开)，$\Delta_{CD}=\dfrac{Fa^3}{24EI}$(靠近)

13-14 $\Delta=3.08\times10^{-2}$ mm，$\sigma_{\max}=92.9$ MPa

13-15 (a) 轴力 F_N；(b) 剪力 F_S；(c) 弯矩 M

13-16 (a) $M_C=0.389Fl$(上侧受压)，$F_N=0$，$F_S=0$，$T=0$；

(b) $F_S=0.0615F$，$T=0.0974\,Fl$，$F_N=0$，$M=0$

13-17 $\sigma_{\max}=40.1$ MPa，不加弯管时 $\sigma_{\max1}=460$ MPa，应力降低了 91%

13-18 $M_{\max}=\dfrac{\alpha(T_1-T_2)EI}{h}$

第 14 章 动 载 荷

14-1 $A=1\,092\ \text{mm}^2$

14-2 $F_N=75.3$ kN，$\sigma_{\max}=82$ MPa

14-3 $\Delta l=\dfrac{\omega^2 l^2}{gEA}\left(P+\dfrac{P_1}{3}\right)$

14-4 $F_{NC}=\dfrac{\sqrt{2}}{2}\gamma Al\left(1+\dfrac{\sqrt{2}}{4g}\omega^2 l\right)$，$F_{SC}=\dfrac{\sqrt{2}}{2}\gamma Al\left(1-\dfrac{\sqrt{2}}{4g}\omega^2 l\right)$，$M_C=\dfrac{\sqrt{2}}{2}\gamma Al^2\left(1-\dfrac{\sqrt{2}}{3g}\omega^2 l\right)$

14-5 $\Delta\sigma_{\max}=5.65$ MPa(梁)，$\Delta\sigma=2.55$ MPa(吊索)

14-6　78 mm

14-7　$\sigma_{d,max}=\frac{Pl}{4W}\sqrt{\frac{48EI}{Pl^2}}$，　$\Delta_d=\frac{Pl^3}{48EI}\sqrt{\frac{48EI}{Pl^2}}$

14-8　$\sigma_{d,max}=\frac{Pl}{4W}\left(1+\sqrt{1+\frac{48EI}{Pl^2}}\right)$

14-9　$K_d=1+\sqrt{1+\frac{48EI}{Pl^3}\left(\frac{v^2}{g}+1\right)}$

14-10　$\sigma_{d,max}=80.2\ \mathrm{MPa}$

14-11　$\sigma_{d,max}=20.4\ \mathrm{MPa}$

14-12　$\sigma_{d,max}=15\ \mathrm{MPa}$(竖放)，　$\sigma_{d,max}=17.1\ \mathrm{MPa}$(横放)

14-13　$\sigma_{d,max}=\frac{Pa}{W}\left(1+\sqrt{1+\frac{3EIH}{2Pa^3}}\right)$

14-14　$F_{d1}=\left(1+\frac{\sqrt{2}}{2}\right)P$，　$F_{d2}=\frac{\sqrt{2}}{2}P$

14-15　$K_d=1+\sqrt{1+\frac{2H}{\Delta_{st}}}=1+\sqrt{1+\frac{96HEIA}{12PaI+Pa^3A}}$

第15章　疲　　劳

15-1　(a) $\sigma_m=15\ \mathrm{MPa}$，　$\sigma_a=45\ \mathrm{MPa}$，　$r=-0.5$；　(b) $\sigma_m=-15\ \mathrm{MPa}$，　$\sigma_a=45\ \mathrm{MPa}$，　$r=-2$；
(c) $\sigma_m=-75\ \mathrm{MPa}$，　$\sigma_a=45\ \mathrm{MPa}$，　$r=4$；　(d) $\sigma_m=-45\ \mathrm{MPa}$，　$\sigma_a=45\ \mathrm{MPa}$，　$r=-\infty$

15-2　(1) $[99.5\sin(\omega t)+4.0]\ \mathrm{MPa}$；　(2) $\sigma_{max}=103\ \mathrm{MPa}$，　$\sigma_{min}=-95.5\ \mathrm{MPa}$，　$\sigma_m=3.97\ \mathrm{MPa}$，　$\sigma_a=99.5\ \mathrm{MPa}$，　$r=-0.923$

15-3　$\sigma_{max}=60.3\ \mathrm{MPa}$，　$\sigma_{min}=-40.0\ \mathrm{MPa}$，　$\sigma_m=10.2\ \mathrm{MPa}$，　$\sigma_a=50.0\ \mathrm{MPa}$，　$r=-0.66$

15-4　$n_\sigma=2.01>n$

作者简介

王博，教授，博士生导师，国家杰出青年科学基金获得者，国家国防科技工业局“结构强度与轻量化设计”国防科技创新团队负责人。国家首批一流本科课程、国家精品在线开放课程“材料力学”负责人，教育部基础力学课程虚拟教研室负责人，教育部首批课程思政示范课“材料力学”负责人，教育部课程思政教学名师，辽宁省本科教学名师，曾获“辽宁省高等学校青年教师教学标兵”荣誉称号及辽宁省五一劳动奖章。主讲的“材料力学”在中国大学慕课平台选课超 13 万人，授课中强调面向学习兴趣和工科逻辑培养的教学模式，曾获全国基础力学青年教师讲课比赛一等奖、首届全国高校教师教学创新大赛二等奖，主持国家级质量工程项目 3 项，以及其他省、校多项教改项目。2018 年、2020 年、2022 年三次获辽宁省教学成果一等奖。主编《材料力学》（高等教育出版社）教材 1 部、电子化教材 1 部。作为第 1 完成人，曾获 2020 年度国家技术发明二等奖、2017 年度教育部技术发明一等奖。

马红艳，大连理工大学工程力学系教授，教育部课程思政教学名师，辽宁省本科教学名师。主讲的“理论力学”“材料力学”为国家首批一流本科课程，在提升教学水平、发展新的教学方法、完善课程教学内容和教学资源等方面进行了积极的改革和实践。构建了工程化教学内容、信息化教学手段和国际化教学体系，以及线上、线下和竞赛相结合的多维度立体化教学模式。近 5 年编写出版教材 9 部，完成国家级、省级、校级教学改革项目 12 项。曾获辽宁省优秀教学成果一等奖。